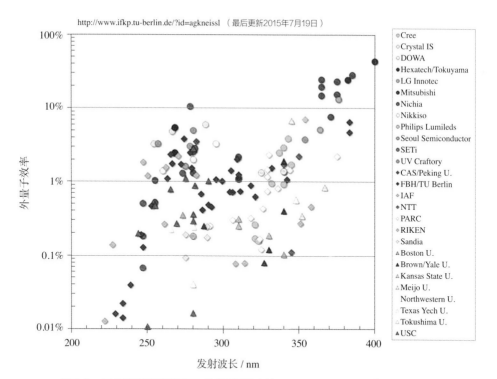

图1.1 已报道的发光在 UV 光谱范围内的 AlGaN，InAlGaN 和 InGaN 量子阱 LED 外量子效率值[6~32]

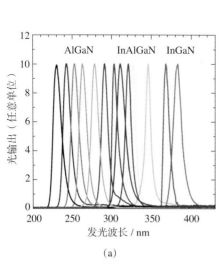

(a)

图1.4 （a）AlGaN，InAlGaN 和 InGaN 量子阱 LED 在 UVA，UVB 和 UVC 光谱范围的发射光谱

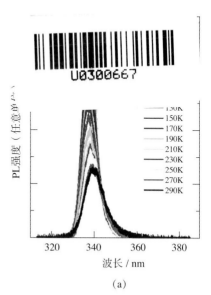

(a)

图4.16 测得在蓝宝石高温（HT）AlN 缓冲层上制备的 338nm 发光波长 InAlGaN/InAlGaN MQW PL 积分强度与温度的关系

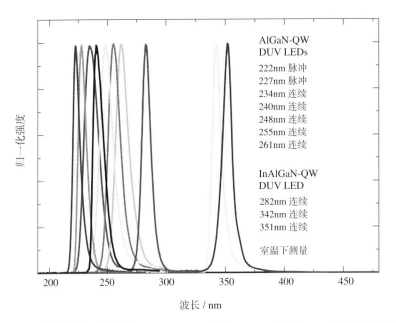

图4.20 制造的发光波长在222～351nm之间AlGaN和四元InAlGaN-MQW LED 电致发光谱（EL）

所有测试都在室温（RT）约50mA注入电流下进行

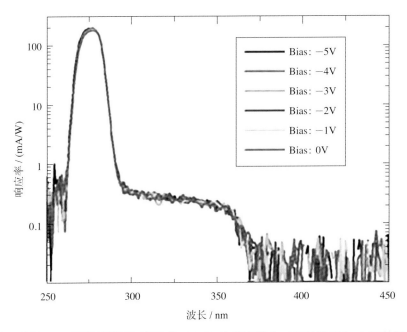

图9.16 高达-5V偏置时背面入光日盲PIN PD响应率谱（-5V时约200mA/W的最大峰值响应对应89%的外量子效率。授权转载自参考文献[104]，AIP出版有限责任公司2013年版权所有）

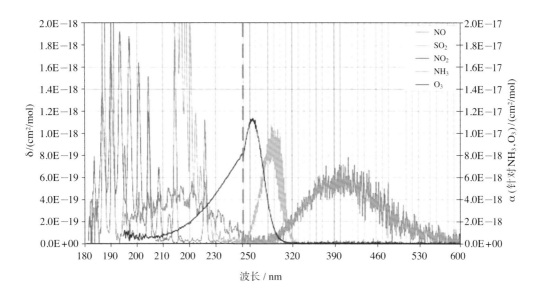

图12.2 气体 NO_2,SO_2,O_3,NO 和 NH_3 的 UV-VIS 吸收光谱

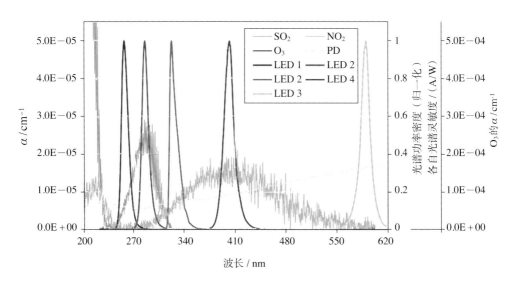

图12.7 SO_2、NO_2 和 O_3 的光谱吸收特性,定性叠加 LED 的归一化频谱功率密度,以及光电二极管探测器(PD)的光谱功率灵敏度

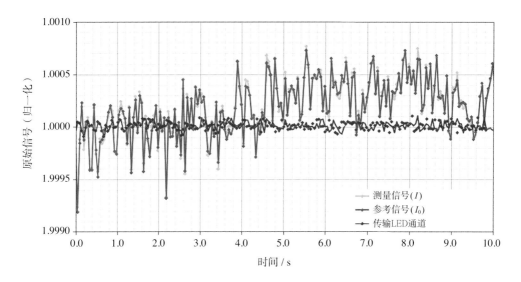

图12.8 LED光谱:单一 LED 信道测量和参考原始信号,以及由此计算的传输信号的信号扰动减小和使用参考信号进行漂移补偿的例子

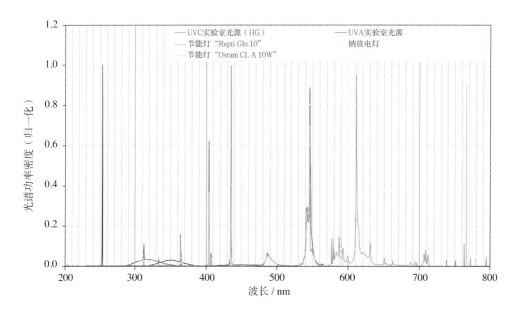

图12.10 不同低压气体放电灯的发光光谱特性

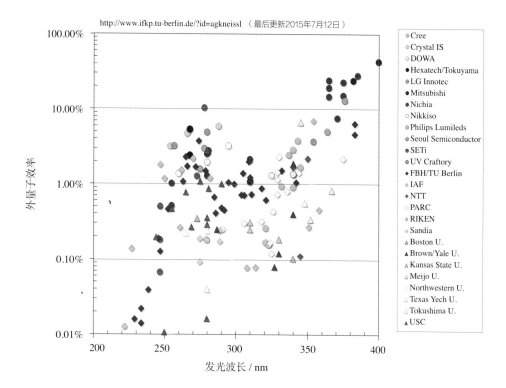

图12.13 UV-LED 概述：获得的 EQE 与波长关系（来自参考文献 [20]）

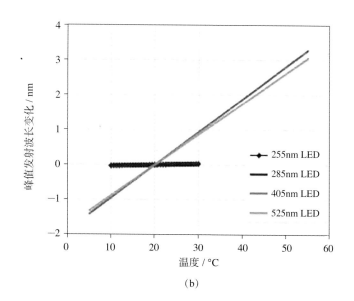

(b)

图12.16 LED 芯片温度对波长漂移（b）的影响

（注：线性和归一化图）

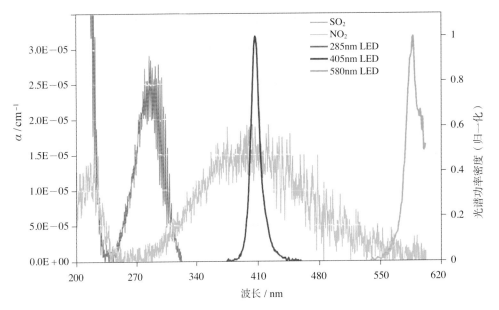

图12.20 SO_2/NO_2 排放气体传感器选择采用 LED 用于 SO_2，NO_2 传感和参考 LED（580nm）

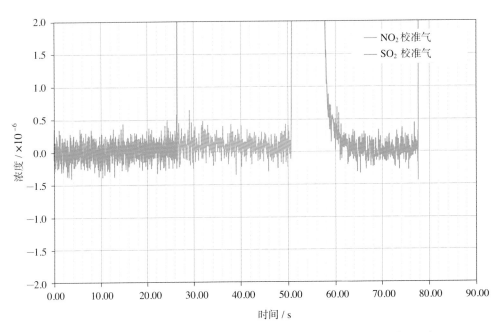

图12.22 UV-LED SO_2/NO_2 废气传感器：零浓度时的动态行为（噪声）

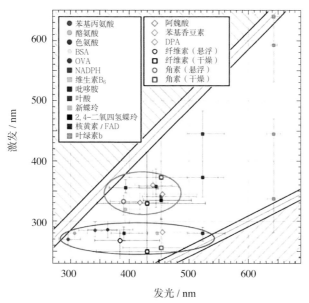

图13.7 概念性 EEM，显示各种生物荧光团的激发和发光范围
（红色和蓝色椭圆表示"发光热点"，其中有很多荧光团模式的聚集。授权转载自参考文献[18]，哥白尼出版社2012年版权所有）

（BSA — 牛血清白蛋白；OVA — 卵白蛋白；NADPH — 烟酰胺腺嘌呤二核苷酸磷酸；
FAD — 腺嘌呤二核苷酸；DPA — 吡啶二羧酸）

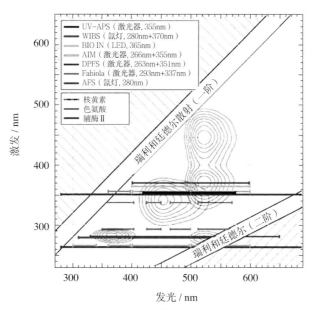

图13.9 荧光团色氨酸、NADPH 和核糖的概念 EEM，用水平彩色线条代表出轮廓线以及所选生物气溶胶探测器的工作范围（单个线长度表示特定激发波长的测量发光带，为清楚起见示为尖锐线段。单波长探测器显示为单一线段而双波长探测器显示为双线段。授权转载自参考文献[18]，哥白尼出版社2012年版权所有）

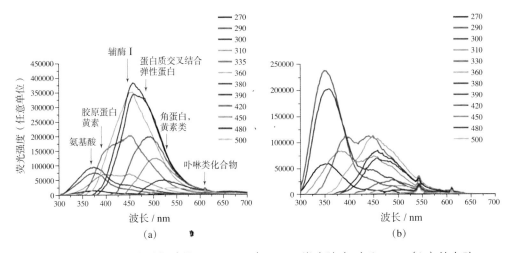

图13.10 不同激发波长（从270~500nm）下，正常皮肤（a）和BCC（b）的自动荧光光谱，以及观察到的主要内源荧光化合物鉴别
（BCC光谱从切除的病变组织中记录。授权转载自参考文献[140]，IEEE光电子协会2014年版权所有）

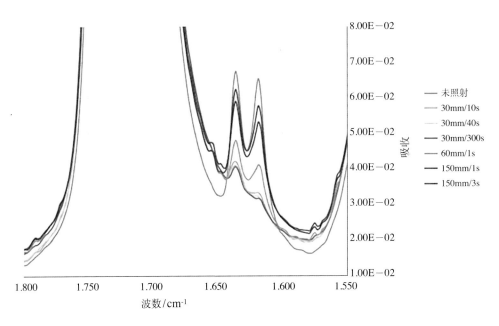

图15.9 通过365nm UV-LED固化的着色树脂局部红外光谱记录
[显示了光源不同距离（单位mm）和经过不同曝光时间（单位s）后双键吸光度的减少（吸收带1600~1650cm^{-1}）]

紫外光电子器件
——氮化物技术及应用

III-Nitride Ultraviolet Emitters:
Technology and Applications

(德) 迈克尔·尼塞尔（Michael Kneissl） 主编
延斯·拉斯（Jens Rass）

段瑞飞　王军喜　李晋闽　译

·北京·

本书全面介绍了基于Ⅲ族氮化物的紫外LED、激光器和探测器的最新技术，涵盖不同的衬底及外延方法，InAlGaN材料的光学、电学和结构特性以及各种光电子器件，如UV-LED、紫外激光器和紫外日盲探测器。此外，综述了紫外发光器件和探测的一些关键应用领域，包括水净化、光疗、气敏、荧光激发、植物生长照明和UV固化。

本书含有大量翔实的图表和参考文献，可供读者进一步了解和认识氮化物紫外光电器件及其应用。本书由德国、美国、日本、爱尔兰等国的知名专家共同执笔，各章的作者都在相关领域有着丰富的经验，其对技术发展的独到见解，能够开拓读者思路，为国内氮化物紫外光电子器件的发展提供借鉴和参考。

本书可供电气工程、材料科学、物理学研究生层次的学生、研究人员和科学家，以及将紫外发光器件和探测器用到各种领域的开发人员参考。

图书在版编目（CIP）数据

紫外光电子器件：氮化物技术及应用/（德）迈克尔·尼塞尔（Michael Kneissl），延斯·拉斯（Jens Rass）主编；段瑞飞，王军喜，李晋闽译.—北京：化学工业出版社，2017.11
书名原文：Ⅲ-Nitride Ultraviolet Emitters: Technology and Applications
ISBN 978-7-122-30359-2

Ⅰ.①紫… Ⅱ.①迈… ②延… ③段… ④王… ⑤李…
Ⅲ.①氮化物-应用-电致发光-发光器件-研究 Ⅳ.①TN383

中国版本图书馆CIP数据核字（2017）第183858号

Ⅲ-Nitride Ultraviolet Emitters: Technology and Applications, Edited by Michael Kneissl and Jens Rass
ISBN 978-3-319-24098-5
Copyright © 2016 by Springer International Publishing Switzerland. All rights reserved.
Authorized translation from the English language edition published by Springer International Publishing Switzerland
This Springer imprint is published by Springer Nature.
The registered company is Springer International Publishing AG.
本书中文简体字版由Springer International Publishing Switzerland授权化学工业出版社独家出版发行。
本版本仅限在中国内地（不包括中国台湾地区和香港、澳门特别行政区）销售，不得销往中国以外的其他地区。未经许可，不得以任何方式复制或抄袭本书的任何部分，违者必究。
北京市版权局著作权合同登记号：01-2017-3229

责任编辑：吴　刚　　　　　　　　　文字编辑：项　潋
责任校对：边　涛　　　　　　　　　装帧设计：关　飞

出版发行：化学工业出版社（北京市东城区青年湖南街13号　邮政编码100011）
印　　装：三河市延风印装有限公司
710mm×1000mm　1/16　印张26　彩插4　字数504千字　2018年2月北京第1版第1次印刷

购书咨询：010-64518888（传真：010-64519686）　售后服务：010-64518899
网　　址：http://www.cip.com.cn
凡购买本书，如有缺损质量问题，本社销售中心负责调换。

定　价：198.00元　　　　　　　　　　　　　　　　　　版权所有　违者必究

撰稿人名单

Vera Abrosimova，JENOPTIK 聚合物系统有限公司，德国柏林

Matthias Bickermann，莱布尼茨晶体生长学会（IKZ），德国柏林工业大学化学研究所，德国柏林

Moritz Brendel，费迪南德-布朗学院，莱布尼茨高频技术学院，德国柏林

Shigefusa F. Chichibu，先进材料多学科研究所，东北大学，日本仙台

Martin Degner，罗斯托克大学通用电气工程研究所，德国罗斯托克

Anke Drewitz，医学、生物和环保技术促进协会（GMBU），光子学与传感技术部门，德国耶拿

Christian Dreyer，弗劳恩霍夫高分子材料和复合材料研究院 PYCO，德国泰尔托

Florian Erfurth，医学、生物和环保技术促进协会（GMBU），光子学与传感技术部门，德国耶拿

Hartmut Ewald，罗斯托克大学通用电气工程研究所，德国罗斯托克

Johannes Glaab，费迪南德-布朗学院，莱布尼茨高频技术学院，德国柏林

James R. Grandusky，Crystal IS，美国纽约绿岛

Emmanuel Gutmann，医学、生物和环保技术促进协会（GMBU），光子学与传感技术部门，德国耶拿

Sylvia Hagedorn，费迪南德-布朗学院，莱布尼茨高频技术学院，德国柏林

Kazumasa Hiramtsu，三重大学机电与电子工程系，日本津市

Hideki Hirayama，理化研究所，量子光子器件实验室，日本光州埼玉

Marcel A. K. Jansen，科克大学生物、环境和地球科学学院，爱尔兰科克

Martin Jekel，柏林工业大学，水污染系，德国柏林

Noble M. Johnson，PARC 帕洛阿尔托研究中心有限公司，帕洛阿尔托，美国加州

Therese C. Jordan，Crystal IS，美国纽约绿岛

Arne Knauer，费迪南德-布朗学院，莱布尼茨高频技术学院，德国柏林

Michael Kneissl，工业大学固体物理研究所，德国柏林；费迪南德-布朗学院，莱布尼茨高频技术学院，德国柏林

Tim Kolbe，费迪南德-布朗学院，莱布尼茨高频技术学院，德国柏林

Marlene Lange，柏林工业大学，水污染系，德国柏林

Neysha Lobo-Ploch，费迪南德-布朗学院，莱布尼茨高频技术学院，德国柏林

Martina C. Meinke，查理特医科大学，皮肤生理学实验和应用（CCP），皮肤病，性病和变态反应系，德国柏林

Inga Mewis，植物质量部门，大贝伦和埃尔福特蔬菜和观赏作物莱布尼茨研究所，德国大贝伦

Franziska Mildner，弗劳恩霍夫高分子材料和复合材料研究院PYCO，德国泰尔托

Hideto Miyake，三重大学机电与电子工程系，日本津市

Susanne Neugart，植物质量部门，大贝伦和埃尔福特蔬菜和观赏作物莱布尼茨研究所，德国大贝伦

John E. Northrup，PARC帕洛阿尔托研究中心有限公司，帕洛阿尔托，美国加州

Enrico Pertzsch，JENOPTIK聚合物系统有限公司，德国柏林

Rajul V. Randive，Crystal IS，美国纽约绿岛

Jens Rass，费迪南德-布朗学院，莱布尼茨高频技术学院，德国柏林；工业大学固体物理研究所，德国柏林

Eberhard Richter，费迪南德-布朗学院，莱布尼茨高频技术学院，德国柏林

Armin Scheibe，医学、生物和环保技术促进协会（GMBU），光子学与传感技术部门，德国耶拿

Leo J. Schowalter，Crystal IS，美国纽约绿岛

Monika Schreiner，植物质量部门，大贝伦和埃尔福特蔬菜和观赏作物莱布尼茨研究所，德国大贝伦

Bernd Seme，医学、生物和环保技术促进协会（GMBU），光子学与传感技术部门，德国耶拿

Torsten Trenkler，JENOPTIK聚合物系统有限公司，德国柏林

Akira Uedono，筑波大学纯和应用科学系应用物理部，筑波大学，日本茨城

Markus Weyers，费迪南德-布朗学院，莱布尼茨高频技术学院，德国柏林

Melanie Wiesner，植物质量部门，大贝伦和埃尔福特蔬菜和观赏作物莱布尼茨研究所，德国大贝伦

Uwe Wollina，德累斯顿-弗雷德里希医院皮肤和变态反应系，德累斯顿技术大学学术教学医院，德国德累斯顿

Thomas Wunderer，PARC帕洛阿尔托研究中心有限公司，帕洛阿尔托，美国加州

Rita Zrenner，植物质量部门，大贝伦和埃尔福特蔬菜和观赏作物莱布尼茨研究所，德国大贝伦

译者前言

半导体领域中，Ⅲ族氮化物的发展一直是过去几十年，尤其是 1993 年以来至关重要的方向，特别是高能量光电子器件的技术进步和应用开发，是半导体领域最引人关注的研究工作。2014 年，随着氮化物蓝光 LED 发明人获得诺贝尔奖，蓝光 LED 的研发已经达到巅峰。

与此对应，技术难度更大的Ⅲ族氮化物基紫外光电器件正逐步向人们走来，这其中有紫外发光二极管、激光器以及相关的紫外探测器，其目标都是向更高 Al 组分、更短波长发展，以期实现 AlGaN 全系的高性能紫外光电器件。诺贝尔奖得主，日本名古屋大学教授天野浩就在蓝光之后一直从事紫外发光器件方面的研究，主要是波长为 250～350nm 的紫外 LED，这种 LED 除了杀菌用途外，预计还可应用于印刷、医疗、科学等领域。使用 AlGaN 或 InAlGaN 制作紫外光源的主要优点是：

① 具有通过量子阱（QW）获得高效率光发射的可能性；
② 具有在宽带隙光谱区域内同时产生 p 型和 n 型半导体的可能性；
③ 氮化物硬度高并且器件寿命更长；
④ 材料中没有砷、汞和铅等有毒有害物质；
⑤ LED 固有的优点，开关快速、能耗低、体积小等，不需要任何预热时间，并且可以几十纳秒或更快的切换速度开启和关闭。

根据光谱范围，人们划分了 UVA（320～400nm），UVB（280～320nm）和 UVC（200～280nm）的范围。而 LED 的优势使得研究人员预期了很多的应用领域：UVA 光谱范围内的重要应用包括油墨、涂料、树脂、聚合物和黏合剂的 UV 固化，以及快速原型和轻型结构的 3D 打印。其他应用可以在感测领域找到，例如，增白剂或荧光增白剂，探测安全的功能，例如，身份证和纸币以及医疗应用如血液气体分析。UVB 的关键应用是光疗，特别是牛皮癣和白癜风的治疗，以及植物生长照明，例如靶向触发次生植物代谢物。UVC 的大规模应用是水净化（例如末端系统）、废水处理和回收，以及医疗器械和食品的消毒。UVB 和 UVC-LED 也有许多传感应用，因为许多气体（如 SO_2，NO_x，NH_3）和生物分子在这些光谱区显示出吸收带，包括色氨酸、NADH、酪氨酸、DNA 和 RNA。UVC-LED 也可以用于非视距通信，也是重力传感器领域中基础科学实验的兴趣所在，例如 ESA/NASA 激光干涉仪空间天线（LISA）任务中，用于实现电荷管理系统。

诸多优势需要面对的现实就是技术上尚未成熟，需要更多的研发和合作，让产学研、产业链上下游能够协同起来，把氮化物紫外发光器件推向如蓝光 LED 般的高度。译者所在研发中心已有 10 多年深紫外 LED 的开发历程，深知其长产业链的难度以及技术开发积累的重要性。本书主编 Michael Kneissl 教授和 Jens Rass 教授均就职于德国柏林工业大学固体物理研究所与莱布尼茨高频技术学院，费迪南德-布朗学院。本书非常及时而且全面地总结了目前氮化物紫外发光器件的最新进展，对于我们进一步研发和产业化是很好的借鉴。希望本书的翻译出版能使更多的人了解这个领域，更多的人参与到这个领域，从而实现广泛的技术交流和应用开发，能够为Ⅲ族氮化物紫外光电器件产业提供帮助。

因本书原著中采用英制学非国际标准的计量单位，为了保持原书中数据的直观性，翻译时并未对单位进行改变，读者使用数据时请用本书列出的单位换算表进行换算即可。

鉴于专业所限以及文学修养不足，书中疏漏难免，希望读者海涵并能够指正为盼。

这里要感谢中国科学院半导体照明研发中心的全体同事在氮化物材料、器件、封装、应用方面的工作，尤其是他们在紫外器件方面的工作，也让译者能够更贴切地表达出原文的专业术语。谢海忠老师等对翻译进行了校对，在此一并致谢。

段瑞飞　王军喜　李晋闽
中国科学院半导体照明研发中心
2018 年于北京

前　言

过去的二十年中，Ⅲ族氮化物基紫外发光二极管（UV-LED）及其应用经历了飞速的发展。这可以通过许多方面来说明。例如，在紫外 LED 领域发表的文章数量正稳步上升，并在 2014 年时达到几乎每年 1000 篇期刊文章（图 1）。然而，我们发现，这样快速增长使得人们很难对所有研究进展有全面的概述。很多时候，当半导体材料和光电子器件领域的研究人员描述紫外发光器件的应用时，会发现这些信息的系统性不够。另一方面，在各个领域应用紫外发光器件和探测器的开发人员和工程师往往不理解材料和器件开发的复杂性。本书的目的就是把所有这些进展置于同一背景下，提供Ⅲ族氮化物材料、紫外光电器件及其应用的最新技术的全面综述。目标读者为研究人员和电气工程师，材料科学、物理学研究生以及科学家，将紫外发光器件和探测器应用到各领域的开发人员。本书提供了Ⅲ族氮化物材料的概述，包括其结构、光学和电学性质以及各种光电元器件，如 UV-LED、紫外激光器和光电探测器的关键性能。

本书还提供了一些关键紫外发光器件和探测器应用的介绍，包括水净化、光疗、气敏传感、荧光激发、植物生长照明和 UV 固化。虽然每个章节都是独立的，并可以不需其他章节的知识来理解，但对各章的组织也是有意选择的。首先集中于基础材料的属性，随后章节集中在紫外器件，而最后几个章节描述紫外发光器件和探测器的关键应用。在第 1 章，Michael Kneissl 介绍了Ⅲ族氮化物紫外发光器件的技术及其应用。第 2 章 Matthias Bickermann 回顾了氮化铝体衬底的生长和结构特性。第 3 章中，Eberhard Richter, Sylvia Hagedorn, Arne Knauer 和 Markus Weyers 回顾了使用蓝宝石作为衬底用于 UV 范围内氮化物基发光器件，尤其是氢化物气相外延生长低缺陷密度的 AlGaN 模板。第 4 章中，Hideki Hirayama 讨论了蓝宝石衬底上低缺陷密度的 AlN 以及 AlGaN 层晶体生长技术，并给出最先进的蓝宝石 DUV-LED 性能特性。第 5 章中，Shigefusa F. Chichibu, Hideto Miyake, Kazumasa Hiramtsu 和 Akira Uedono 深入讨论了位错和点缺陷对近带边发射 AlGaN 基 DUV 发光材料内量子效率的影响。第 6 章理解缺陷对 UV-LED IQE 的作用对于提高紫外 LED 效率和输出功率至关重要。器件方面，UV-LED 的光偏振和光提取等由 Jens Rass 和 Neysha Lobo-

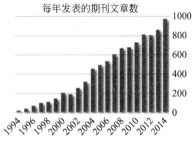

图 1　每年发表的期刊文章，关键字为 "ultraviolet" 和 "light emitting diode"（来源 Web of Science。检索时间 2015 年 7 月 17 日，http://apps.webofknowledge.com）

Ploch 给予综述。AlN 体衬底上 UVC-LED 的同质外延生长及其在水消毒中应用由 James R. Grandusky, Rajul V. Randive, Therese C. Jordan 和 Leo J. Schowalter 在第 7 章综述。Noble M. Johnson, John E. Northrup 和 Thomas Wunderer 在第 8 章讨论了 AlGaN 量子阱激光器异质结构中的光学增益，并展示了 AlGaN 基紫外激光二极管发展现状。而在第 9 章，日盲和可见光盲紫外光电探测器由 Moritz Brendel, Enrico Pertzsch, Vera Abrosimova 和 Torsten Trenkler 进行了回顾。第 10 章中，Marlene A. Lange, Tim Kolbe 和 Martin Jekel 检查了 UVC-LED 的水消毒应用，同时第 11 章中，Uwe Wollina, Bernd Seme, Armin Scheibe 和 Emmanuel Gutmann 描述了紫外发光器件在皮肤病光疗中的应用。第 12 章中，Hartmut Ewald 和 Martin Degner 回顾了紫外发光器件在气体传感中的应用，而第 13 章 Emmanuel Gutmann, Florian Erfurth, Anke Drewitz, Armin Scheibe 和 Martina C. Meinke 讨论了化学和生命科学领域的紫外荧光检测和光谱系统应用。第 14 章，Monika Schreiner, Inga Mewis, Susanne Neugart, Rita Zrenner, Melanie Wiesner, Johannes Glaab 和 Marcel. A. K. Jansen 综述了 UV LED 的植物生长照明应用，特别是适用 UVB 光谱的次生植物代谢物诱导。最后一章中，UV LED 固化应用由 Christian Dreyer 和 Franziska Mildner 综述。

我们要感谢各章的所有作者及时且准备充分的贡献。没有他们的付出，辛勤工作和持之以恒，不可能会有这本书。我们也要特别感谢施普林格科学出版社的 Claus Ascheron，他提供我们编辑这本书的机会并在此期间给予持续支持。

Michael Kneissl
Jens Rass
德国柏林

目 录

第1章 氮化物紫外光电子器件技术及应用概述 / 001

摘要 ··· 001
 1.1 背景 ··· 002
 1.2 UV 发光器件及其应用 ··· 003
 1.3 UV-LED 的最新技术和未来挑战 ·· 004
 1.4 UV-LED 的主要参数和器件性能 ··· 007
 1.5 缺陷对 UV-LED IQE 的作用 ··· 008
 1.6 UV-LED 的电注入效率和工作电压 ··· 010
 1.7 UV-LED 的光提取 ··· 011
 1.8 UV-LED 的热管理与退化 ··· 012
 1.9 展望 ··· 013
 1.10 小结 ··· 014
致谢 ··· 015
参考文献 ··· 015

第2章 AlN 体衬底的生长与性能 / 025

摘要 ··· 025
 2.1 AlN 晶体的特性与历史 ·· 026
 2.2 PVT 法生长 AlN 体单晶：理论 ·· 027
 2.3 PVT 法生长 AlN 体单晶：技术 ·· 029
 2.4 籽晶生长与晶体长大 ·· 031
 2.5 PVT 生长 AlN 体单晶的结构缺陷 ··· 033
 2.6 AlN 衬底的杂质及相应性质 ·· 034
 2.7 结论与展望 ·· 037
致谢 ··· 038
参考文献 ··· 038

第3章 蓝宝石衬底上氮化物 UV 发光器件用 AlGaN 层气相外延 / 044

摘要 ··· 044
 3.1 简介 ··· 045

3.2 MOVPE 生长 Al（Ga）N 缓冲层 ┈┈┈┈┈┈┈┈┈┈┈┈┈┈┈┈┈┈┈┈ 046
3.3 减少 MOVPE 生长 Al（Ga）N 层 TDD 的技术 ┈┈┈┈┈┈┈┈┈ 048
3.4 HVPE 生长 AlGaN 层 ┈┈┈┈┈┈┈┈┈┈┈┈┈┈┈┈┈┈┈┈┈┈┈ 050
 3.4.1 HVPE 技术基础 ┈┈┈┈┈┈┈┈┈┈┈┈┈┈┈┈┈┈┈┈┈┈ 050
 3.4.2 衬底的选择 ┈┈┈┈┈┈┈┈┈┈┈┈┈┈┈┈┈┈┈┈┈┈┈┈ 053
 3.4.3 HVPE 选择生长 AlGaN 层结果 ┈┈┈┈┈┈┈┈┈┈┈┈┈ 054
3.5 小结 ┈┈┈┈┈┈┈┈┈┈┈┈┈┈┈┈┈┈┈┈┈┈┈┈┈┈┈┈┈┈┈┈ 062
致谢 ┈┈┈┈┈┈┈┈┈┈┈┈┈┈┈┈┈┈┈┈┈┈┈┈┈┈┈┈┈┈┈┈┈┈┈┈ 063
参考文献 ┈┈┈┈┈┈┈┈┈┈┈┈┈┈┈┈┈┈┈┈┈┈┈┈┈┈┈┈┈┈┈┈ 063

第 4 章　AlN/AlGaN 生长技术和高效 DUV-LED 开发 / 067

摘要 ┈┈┈┈┈┈┈┈┈┈┈┈┈┈┈┈┈┈┈┈┈┈┈┈┈┈┈┈┈┈┈┈┈┈┈┈ 067
4.1 简介 ┈┈┈┈┈┈┈┈┈┈┈┈┈┈┈┈┈┈┈┈┈┈┈┈┈┈┈┈┈┈┈┈ 068
4.2 DUV-LED 研究背景 ┈┈┈┈┈┈┈┈┈┈┈┈┈┈┈┈┈┈┈┈┈┈┈┈ 068
4.3 蓝宝石衬底上高质量 AlN 的生长技术 ┈┈┈┈┈┈┈┈┈┈┈┈┈ 073
4.4 内量子效率（IQE）的显著提高 ┈┈┈┈┈┈┈┈┈┈┈┈┈┈┈┈┈ 076
4.5 222~351nm AlGaN 和 InAlGaN DUV-LED ┈┈┈┈┈┈┈┈┈┈┈ 080
4.6 电注入效率（EIE）通过 MQB 的增加 ┈┈┈┈┈┈┈┈┈┈┈┈┈ 086
4.7 未来高光提取效率（LEE）的 LED 设计 ┈┈┈┈┈┈┈┈┈┈┈┈ 092
4.8 小结 ┈┈┈┈┈┈┈┈┈┈┈┈┈┈┈┈┈┈┈┈┈┈┈┈┈┈┈┈┈┈┈┈ 098
参考文献 ┈┈┈┈┈┈┈┈┈┈┈┈┈┈┈┈┈┈┈┈┈┈┈┈┈┈┈┈┈┈┈┈ 098

第 5 章　位错和点缺陷对近带边发射 AlGaN 基 DUV 发光材料内量子效率的影响 / 101

摘要 ┈┈┈┈┈┈┈┈┈┈┈┈┈┈┈┈┈┈┈┈┈┈┈┈┈┈┈┈┈┈┈┈┈┈┈┈ 101
5.1 简介 ┈┈┈┈┈┈┈┈┈┈┈┈┈┈┈┈┈┈┈┈┈┈┈┈┈┈┈┈┈┈┈┈ 103
5.2 实验细节 ┈┈┈┈┈┈┈┈┈┈┈┈┈┈┈┈┈┈┈┈┈┈┈┈┈┈┈┈┈ 104
5.3 杂质和点缺陷对 AlN 近带边发光动力学的影响 ┈┈┈┈┈┈┈┈ 107
5.4 $Al_xGa_{1-x}N$ 薄膜的近带边有效辐射寿命 ┈┈┈┈┈┈┈┈┈┈┈ 112
5.5 硅掺杂及引起的阳离子空位形成对 AlN 模板上生长 $Al_{0.6}Ga_{0.4}N$ 薄膜近带边发光的发光动力学影响 ┈┈┈┈┈┈┈┈┈┈┈┈┈┈┈ 113
5.6 小结 ┈┈┈┈┈┈┈┈┈┈┈┈┈┈┈┈┈┈┈┈┈┈┈┈┈┈┈┈┈┈┈┈ 117
致谢 ┈┈┈┈┈┈┈┈┈┈┈┈┈┈┈┈┈┈┈┈┈┈┈┈┈┈┈┈┈┈┈┈┈┈ 118
参考文献 ┈┈┈┈┈┈┈┈┈┈┈┈┈┈┈┈┈┈┈┈┈┈┈┈┈┈┈┈┈┈┈┈ 118

第6章 UV-LED 的光偏振和光提取 / 122

摘要 ··· 122
6.1 紫外 LED 光提取 ··· 123
6.2 光偏振 ··· 125
    6.2.1 影响 AlGaN 层光偏振开关的因素 ························· 127
    6.2.2 光学偏振与衬底方向的关系 ······························ 130
    6.2.3 光学偏振对光提取效率的影响 ···························· 132
6.3 改善光提取的概念 ·· 134
    6.3.1 接触材料与设计 ·· 134
    6.3.2 表面制备 ·· 138
    6.3.3 封装 ·· 144
参考文献 ·· 145

第7章 半导体 AlN 衬底上高性能 UVC-LED 的制造及其使用点水消毒系统的应用前景 / 151

摘要 ··· 151
7.1 简介 ··· 153
    7.1.1 UVC 光源类型 ··· 153
    7.1.2 什么是 UVC 光？ ······································ 153
    7.1.3 紫外杀菌如何工作？ ···································· 155
7.2 AlN 衬底上 UVC LED 的制造 ··································· 156
7.3 提升 POU 水消毒用的 UVC-LED 性能增益 ······················ 162
    7.3.1 UVT 效应 ··· 162
    7.3.2 设计灵活性 ·· 164
    7.3.3 流动单元建模 ·· 165
    7.3.4 流动分析案例 ·· 165
    7.3.5 UVC 光的使用 ··· 168
参考文献 ·· 169

第8章 AlGaN 基紫外激光二极管 / 171

摘要 ··· 171
8.1 简介 ··· 172
8.2 AlN 体材上的最高材料质量生长 ································· 174
    8.2.1 AlN 体衬底 ·· 174

  8.2.2 同质外延 AlN ·· 174
  8.2.3 AlGaN 激光器异质结构 ··· 175
  8.2.4 多量子阱有源区 ·· 176
 8.3 宽带隙 AlGaN 材料的大电流能力 ·· 177
 8.4 大电流水平下的高注入效率 ··· 180
 8.5 光泵浦 UV 激光器 ··· 183
 8.6 紧凑深紫外Ⅲ-N 激光器的其他概念 ··· 186
  8.6.1 电子束泵浦激光器 ··· 186
  8.6.2 InGaN 基 VECSEL＋二次谐波产生 ······································ 187
 8.7 小结 ··· 187
致谢 ··· 188
参考文献 ··· 188

第 9 章　日盲和可见光盲 AlGaN 探测器 / 192

摘要 ··· 192
 9.1 简介 ··· 193
 9.2 光电探测器基础 ··· 195
  9.2.1 特征参数与现象 ·· 195
  9.2.2 各种类型的半导体光电探测器 ··· 202
 9.3 Ⅲ族氮化物用于固态 UV 光电检测 ·· 211
  9.3.1 AlGaN 基光电导体 ··· 213
  9.3.2 AlGaN 基 MSM 光电探测器 ·· 213
  9.3.3 AlGaN 基肖特基势垒光电二极管 ·· 214
  9.3.4 AlGaN 基 PIN 光电二极管 ·· 215
  9.3.5 AlGaN 基雪崩光电探测器 ·· 217
  9.3.6 AlGaN 基光阴极 ·· 219
  9.3.7 高度集成的Ⅲ氮族器件 ·· 220
 9.4 宽禁带光电探测器现状 ·· 221
 9.5 小结 ··· 223
参考文献 ··· 224

第 10 章　紫外 LED 水消毒应用 / 234

摘要 ··· 234
 10.1 简介 ··· 235
 10.2 紫外消毒的基本原则 ··· 235
  10.2.1 影响紫外能流的因素 ··· 237

         10.2.2 紫外反应器性能的建模与验证 ……………………………… 239
    10.3 案例分析 ……………………………………………………………… 240
         10.3.1 测试紫外LED的实验设置提案 ……………………………… 241
         10.3.2 测试条件 ……………………………………………………… 243
         10.3.3 使用紫外LED测试的结果 …………………………………… 246
    10.4 紫外LED水消毒应用潜力 …………………………………………… 251
致谢 …………………………………………………………………………………… 252
参考文献 ……………………………………………………………………………… 252

第11章 紫外发光器件皮肤病光疗应用 / 256

摘要 …………………………………………………………………………………… 256
    11.1 简介 …………………………………………………………………… 257
    11.2 紫外光疗的光源 ……………………………………………………… 257
         11.2.1 自然日光 ……………………………………………………… 258
         11.2.2 气体放电灯 …………………………………………………… 259
         11.2.3 激光器 ………………………………………………………… 261
         11.2.4 UV-LED ………………………………………………………… 261
    11.3 皮肤紫外光疗的变化 ………………………………………………… 262
         11.3.1 补骨脂素加UVA（PUVA）治疗 ……………………………… 262
         11.3.2 宽谱UVB（BB-UVB）治疗 …………………………………… 263
         11.3.3 窄谱UVB（NB-UVB）治疗 …………………………………… 264
         11.3.4 UVA-1治疗 ……………………………………………………… 265
         11.3.5 靶向紫外光疗 ………………………………………………… 265
         11.3.6 体外光化学治疗（ECP） …………………………………… 266
    11.4 主要皮肤适应证的作用机制 ………………………………………… 267
         11.4.1 牛皮癣 ………………………………………………………… 268
         11.4.2 特应性皮炎 …………………………………………………… 268
         11.4.3 白癜风 ………………………………………………………… 269
         11.4.4 皮肤T细胞淋巴瘤 ……………………………………………… 269
         11.4.5 扁平藓和斑秃 ………………………………………………… 269
         11.4.6 全身性硬化症和硬斑病 ……………………………………… 270
         11.4.7 移植体抗宿主病 ……………………………………………… 270
         11.4.8 多形性日光疹 ………………………………………………… 270
    11.5 采用新型UV发光器件的临床研究 …………………………………… 271
         11.5.1 使用无极准分子灯的研究 …………………………………… 271
         11.5.2 使用紫外LED的研究 ………………………………………… 272

11.6　总结与展望 ··· 273
　参考文献 ··· 273

第12章　紫外发光器件气体传感应用 / 281

　摘要 ·· 281
　　12.1　简介 ·· 282
　　12.2　吸收光谱 ··· 284
　　12.3　吸收光谱系统 ·· 288
　　12.4　紫外光谱仪光源 ··· 291
　　12.5　光谱仪用 LED 的光学和电学性质 ·· 295
　　12.6　UV-LED 吸收光谱仪的应用 ··· 298
　　　12.6.1　臭氧传感器 ·· 299
　　　12.6.2　臭氧传感器设计 ··· 299
　　　12.6.3　测量配置 ··· 300
　　　12.6.4　结果 ··· 300
　　　12.6.5　SO_2 和 NO_2 传感器 ·· 301
　　　12.6.6　SO_2/NO_2 气体排放传感器设计 ··· 301
　　　12.6.7　测量配置 ··· 302
　　12.7　结论与展望 ·· 303
　参考文献 ··· 304

第13章　化学与生命科学中的紫外荧光探测和光谱仪 / 306

　摘要 ·· 306
　　13.1　简介 ·· 307
　　13.2　荧光检测和光谱仪的基础和装置 ··· 308
　　13.3　实验室分析仪器用荧光 ·· 313
　　13.4　环境监测和生物分析用荧光化学传感 ·· 315
　　13.5　用自发荧光探测微生物 ·· 322
　　13.6　皮肤病医疗诊断用荧光 ·· 326
　　13.7　总结与展望 ·· 329
　参考文献 ··· 329

第14章　UVB 诱导次生植物代谢物 / 339

　摘要 ·· 339
　　14.1　次生植物代谢物的本质和形成 ·· 340

14.2 次生植物代谢物的营养生理学 ································ 341
14.3 水果蔬菜消费与慢性病的关系 ································ 342
14.4 植物-环境相互作用中的次生植物代谢物 ···················· 342
 14.4.1 植物的 UVB 感知和信令 ································ 342
 14.4.2 UVB 应激源及植物生长调节剂 ····················· 344
14.5 结构分化 UVB 响应 ··· 345
 14.5.1 类黄酮和其他酚类 ·· 346
 14.5.2 硫代葡萄糖苷 ··· 349
14.6 定制的 UVB-LED 次生植物代谢物 UVB 诱导 ············· 351
 14.6.1 研究现状：UVB-LED 用于植物照明 ············· 351
 14.6.2 UVB-LED 针对性植物属性触发的优势 ·········· 352
 14.6.3 UVB-LED 针对性植物属性触发实验装置 ······ 353
14.7 展望 ··· 354
参考文献 ··· 354

第 15 章　紫外 LED 固化应用 / 365

摘要 ·· 365
15.1 简介 ··· 366
15.2 光源 ··· 367
15.3 化学机制 ·· 368
15.4 动力学 ·· 371
15.5 医学应用 ·· 372
15.6 涂层、油墨和印刷 ··· 375
15.7 光固化快速成型 ·· 377
15.8 结论与展望 ··· 378
参考文献 ··· 379
专业术语中英文对照表 ·· 383
单位换算表 ··· 400

第 1 章
氮化物紫外光电子器件技术及应用概述

Michael Kneissl[1]

摘要

本章简要概述了Ⅲ族氮化物紫外发光二极管（LED）技术和一系列主要 UV-LED 的应用领域，涵盖了 UV-LED 技术的发展水平以及新的开发高性能 UV 发光器件方式的调研。

---

[1] M. Kneissl
工业大学固体物理研究所，德国柏林
电子邮箱：kneissl@physik.tu-berlin.de
费迪南德-布朗学院，莱布尼茨高频技术学院，德国柏林

1.1 背景

过去的二十多年中,由于氮化镓(GaN)半导体材料领域的一系列根本突破,产生了首个高效率高亮度的蓝光LED[1~4]。如今,GaN基蓝光和白光LED的效率已经超过任何传统光源,并且每天都在制造数以亿计的LED。伴随着这种巨大进步,越来越多的蓝光和白光LED渗透到新的应用领域和更大的市场,首先是手机液晶显示器、电脑屏幕和电视背光源,其次是汽车和路灯,而最终是占领所有的照明应用。因此,2014年瑞典皇家科学院非常恰当地授予赤崎勇、天野浩和中村修二诺贝尔物理学奖,表彰他们"发明高效蓝光LED,使得明亮而节能的白色照明光源成为可能"[5]。这个固态照明的案例清楚表明了新型半导体材料和器件技术发展的关键突破是如何引起完整产业模式的转变。瑞典皇家科学院在其新闻稿中指出,"阿尔弗雷德·诺贝尔设立诺贝尔奖的本旨是奖励对人类最有益的发明,使用蓝光LED可以新的方式来实现白光源"[5]。尽管取得了这些巨大的成就,我们至今仍然只使用了氮化镓器件发射光谱中很窄的一部分。通过添加氮化铝(AlN)到GaN合金体系中,AlGaN基LED的发光波长可以调节到几乎整个UVA(320~400nm)、UVB(280~320nm)和UVC(200~280nm)光谱范围,其中最短发光波长达到210nm。虽然相比可见光波长发光而言,目前AlGaN基UV-LED的效率和功率水平仍然偏低(图1.1),但是基于半

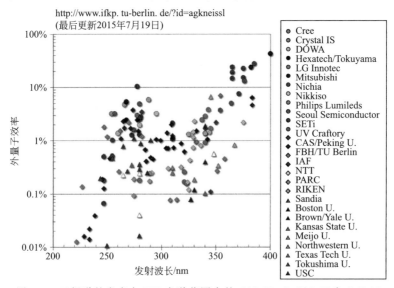

图1.1 已报道的发光在UV光谱范围内的AlGaN,InAlGaN和InGaN量子阱LED外量子效率值[6~32](彩图见彩插)

导体紫外光源领域的另一次模式转变已经指日可待。毫无疑问，在未来几年，UV-LED 的效率和输出功率将不断提高，而同时 LED 的每毫瓦 UV 光成本将持续显著下降。对于许多高端应用，例如，医学诊断、光疗和传感领域，UV-LED 已经很有竞争力了，因为它们能够使系统设计和性能有重大进步，同时只占总成本的很小一部分。随着 UV-LED 性能的不断提升，必然会有更多的应用跟进。

为了将所有这些发展置于同一个背景之下，本章将提供最新的 Ⅲ 族氮化物材料、紫外光电器件及其应用的全面概述。UV 发光器件和探测器的几个关键应用将在这里逐一讨论，包括水净化、光疗、气体传感、荧光激发、植物生长照明和UV 固化。此外，Ⅲ 族氮化物材料的光学、电学和结构特性以及紫外 LED 的设计和关键性能参数也将一一综述。同时，将逐项剖析实现高效率、高功率 UV 发光器件的最重要技术挑战，并且将列举克服这些障碍的多种方法。

1.2 UV 发光器件及其应用

相对于传统的 UV 光源，例如低、中压汞灯[33]，紫外发光二极管（UV-LED）有许多优点。UV-LED 非常坚固，结构紧凑，环保，并有很长的寿命。它们不需要任何预热时间，并且可以几十纳秒或更快的切换速度开启和关闭。这些独特的性质使得 UV-LED 作为关键组件用于许多新的应用，这些都不是传统 UV 光源可以实现的。例如，UV-LED 的快速开关能力实现了先进的测量检测算法和改进的基线校准，可以显著提高系统灵敏度。通过紧密排列不同的 UV-LED，可以实现多波长模块，能够识别特定气体、生物分子或生物。UV-LED 工作在适度的直流电压下，从而使它们非常适用于普通电池或太阳能电池供电工作。它们也可以方便地进行电学调光，这是一个重要的节能特性，比如在水净化应用中，所需要的紫外线辐射剂量在很大程度上取决于水流过的体积。但最重要的是，它们的发射可以调节来覆盖 UVA（320～400nm）、UVB（280～320nm）和 UVC（200～280nm）的任何波长光谱范围。不同的 UV-LED 应用汇总示于图 1.2 中。UVA 光谱范围内的重要应用包括油墨、涂料、树脂、聚合物和黏合剂的 UV 固化，快速原型和轻型结构的 3D 打印。其他应用包括感测领域如增白剂或荧光增白剂，安全探测功能如身份证和纸币，以及医疗应用如血液气体分析。UVB 的关键应用是光疗[34,35]，特别是牛皮癣和白癜风的治疗，以及植物生长照明，例如靶向触发次生植物代谢物[36]。UVC 的大规模应用是水净化[37~42]，例如使用点系统、废水处理和回收以及医疗器械和食品的消毒。UVB 和 UVC-LED 也有许多传感应用[42~44]，因为许多气体（如 SO_2，NO_x，NH_3）和生物分子在这些光谱区具有吸收带，包括色氨酸、NADH、酪氨酸、DNA 和 RNA。UVC-LED 还可以用于非视距通信[45]，同时也得到重力传感器领域中基础科学实验的关注，例如在 ESA/NASA 激光干涉仪空间天线（LISA）任务中实现的电荷管理系统[46]。当然，所有这些应用的基础是发展 AlGaN 基 UVA、UVB 和 UVC 光谱范围内的高效率和高功率 LED。

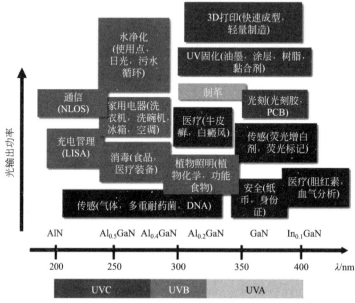

图 1.2　UVA（400～320nm），UVB（320～280nm）和 UVC（280～200nm）LED 的应用

因此，UV-LED 技术开发的广泛应用所产生的经济效益和社会效益是显而易见的。最新的市场研究预期了半导体 UV-LED 光源的快速技术进步。Yole Développement 预测，单是 UV-LED 组件的全球市场就有超过 28% 的年复合增长率，2019 年将达 5.2 亿美元的体量[47]。

1.3　UV-LED 的最新技术和未来挑战

很多研究小组报告了在紫外光谱范围内的 AlGaN 基 LED[6~32]，并且一些公司已经开始商业化生产 UV-LED 器件。在 365～400nm 波长范围内，许多公司已经能够提供高性能的 UVA-LED，包括日亚（日本），Nitride Semiconductor（日本），Epitex（日本），UVET 电子（中国），Tekcore（中国台湾），首尔光电（韩国），旭明光电（美国），Luminus Devices（美国），Lumex（美国），以及 LED

Engine（美国）。而进入商业 320～280nm 范围 UVB-LED 器件的公司相对分散，比如 SETi（美国），Dowa（日本），日机装（日本）以及 UVphotonics（德国）。同样在 UVC 领域，只有少数几家公司目前有 LED 器件销售，包括 SETi（美国），Nitek（美国），Crystal IS/日本旭化成（美国/日本），Hexatech（美国），UVphotonics（德国），日机装（日本），LG 电子（韩国）和青岛杰生（中国）。UVA-LED 尤其是波长范围在 365～400nm 的性能已经适用许多应用了，而大多数 UVB 和 UVC 发光器件的外量子效率（EQE）仍然在个位数的百分比范围内。目前，大多数 UVB-LED 和 UVC-LED 只能提供几个毫瓦的输出功率，且寿命通常仅限于 1000h 以内[30,41]。有多个原因限制了Ⅲ族氮化物基深紫外 LED 的性能，异质结构中几乎每一层都构成不同的挑战，如图 1.3 所示。

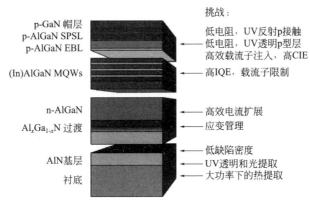

图 1.3 （In）AlGaN MQW UV-LED 异质结构示意图[48]

大多数 UV-LED 异质结构生长在（0001）取向的 c 面蓝宝石衬底上。蓝宝石衬底有各种尺寸，直径范围从 2～8in 都有商品，而且 12in 直径的蓝宝石衬底已经有研发样品展示[49]。由于蓝光 LED 生产使用大量的蓝宝石衬底，蓝宝石衬底片已经变得非常便宜。最重要的是，蓝宝石对整个 UVA，UVB 和 UVC 光谱范围完全透明，因为其带隙达到 8.8eV。大多数 AlGaN 基 LED 异质结构使用金属有机物气相外延法（MOVPE）生长，使用三甲基镓（TMGa）、三乙基镓（TEGa）、三甲基铝（TMAl）和三甲基铟（TMIn）作为Ⅲ族源，而氨（NH_3）作为Ⅴ族源。硅烷（SiH_4）和二戊镁（Cp_2Mg）作为 n 型和 p 型掺杂源，载气使用氢气或氮气。AlGaN 层沉积的典型生长温度为 1000～1200℃，但当沉积 AlN 基础层时，温度可高达 1500℃[50~52]。由于蓝宝石衬底是电绝缘的，随后要沉积一层 Si 掺杂 n 型 AlGaN 电流扩展层，以使电流均匀横向扩展，并使电子注入 AlGaN 多量子阱（MQW）有源区中。为了容纳 AlGaN 和 AlN 中 a 晶格常数的差异（图 1.6），AlN 基层和 AlGaN 电流扩展层之间通常插入 $Al_xGa_{1-x}N$ 过渡层来进行应变调控。通常发光的有源区由几个纳米厚的 AlGaN 或 InAlGaN 基量子阱（QW）和间隔的（In）AlGaN 量子垒组成。LED 的发光波长，如图 1.4

(a) 所示，主要由 AlGaN 或 InAlGaN 量子阱中 Al 和 In 的摩尔分数确定。

跃迁能量的额外贡献来自量子阱（QW）中电子和空穴的限制能量，并取决于 QW 宽度以及量子垒高度，即势垒的组分。图 1.4（b）示出具有 $Al_{0.82}Ga_{0.18}N$ 势垒的三个 $Al_{0.72}Ga_{0.28}N$ 量子阱，在不同 QW 宽度下的发光波长。由于几乎所有的紫外 LED 都生长在极性 c 面的纤锌矿晶体上，从而 AlGaN 异质结界面处具有很强的自发极化和压电极化电荷，导致量子阱中的极化电场，进而导致发光波长的红移。这个效应通常称为量子限制斯塔克效应（QCSE）[53]。极化场的大小很大程度上取决于 AlGaN 量子阱，AlGaN 势垒之间 Al 的摩尔分数差值，以及 QW 层的应变状态。

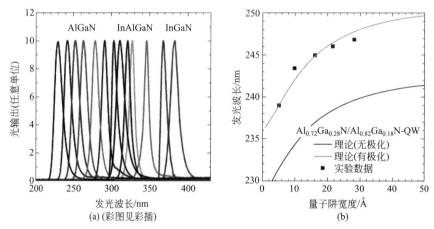

图 1.4 (a) AlGaN，InAlGaN 和 InGaN 量子阱 LED 在 UVA，UVB 和 UVC 光谱范围的发射光谱；(b) 不同量子阱宽度下 $Al_{0.72}Ga_{0.28}N$ 量子阱 LED 的发光波长（1Å＝0.1nm）

有源区上覆盖 Mg 掺杂 p 型 AlGaN 电子阻挡层（EBL），接着是 Mg 掺杂 p 型 AlGaN 短周期超晶格层（SPSL）和一个高掺杂 Mg 的 p 型 GaN 欧姆接触层。p 型 AlGaN 电子阻挡层（EBL）的作用是增强空穴注入 QW 有源区的效率，同时防止电子从 AlGaN 量子阱有源区泄漏到 p 层。理想情况下，Mg 掺杂 p 型 AlGaN SPSL 对紫外线透明，以避免对 UV 光子的吸收。当然在文献中可以看到不同的紫外 LED 实现方式，与这个基本的 UV-LED 结构有许多不同。例如，不使用 p 型 AlGaN 短周期超晶格层，而使用 Mg 掺杂的 AlGaN 体层。一些 LED 异质结构设计使用 Al 摩尔组分梯度变化的 p 型 AlGaN 层，以通过极化掺杂提高空穴载流子浓度[54]。然而，上述和图 1.3 中的关键部分在大多数 UV-LED 中都可以找到。虽然金属有机物气相外延（MOVPE）是实现 UV-LED 的主导生长技术，AlGaN 基 UV 发光器件也有使用分子束外延（MBE）[55]或者氢化物气相外延（HVPE）[56]的成功案例。

1.4 UV-LED 的主要参数和器件性能

表征紫外 LED 的性能特点有几个关键的参数。转换效率表示电输入功率转换成 UV 光输出的比例，用墙插效率（WPE）或功率转换效率（PCE）描述。一般情况下，LED 的墙插效率定义为总的紫外输出功率相对输入电功率，即器件的驱动电流乘以工作电压的比值。这可以由如下关系式描述：

$$\mathrm{WPE} = \frac{P_{\mathrm{out}}}{IV} = \eta_{\mathrm{EQE}} \frac{h\nu}{eV}$$

式中，e 为电子电荷；P_{out} 为紫外光的输出功率；I 为 LED 的驱动电流；V 为 LED 的工作电压；$h\nu$ 为光子能量；η_{EQE} 为 LED 的外量子效率（EQE）。根据下面的公式，UV-LED 的外量子效率可以通过测定总紫外输出功率 P_{out}，并除以驱动电流 I 和光子能量 $h\nu$ 很容易地确定：

$$\eta_{\mathrm{EQE}} = \frac{eP_{\mathrm{out}}}{I(h\nu)}$$

换言之，EQE 也可以描述为从 LED 发射 UV 光子数与注入器件中电荷载流子数目之比。外量子效率本身可以描述为注入效率 η_{inj}、辐射复合效率 η_{rad} 和光提取效率 η_{ext} 的乘积，如下式所示：

$$\eta_{\mathrm{EQE}} = \eta_{\mathrm{inj}} \eta_{\mathrm{rad}} \eta_{\mathrm{ext}} = \eta_{\mathrm{IQE}} \eta_{\mathrm{ext}}$$

因此，注入效率 η_{inj} 描述了到达 QW 有源区的电荷载流子，即电子和空穴相对于注入器件中总电流的比值。辐射复合效率 η_{rad} 是 QW 有源区中所有辐射复合，即产生 UV 光子的那部分电子-空穴对。内量子效率 η_{IQE}（或 IQE）可计算为辐射复合效率 η_{rad} 和注入效率 η_{inj} 的乘积。IQE 可以通过温度和激发功率依赖的光致发光测量来确定[57]，但是必须非常小心数据的解释。光提取效率 η_{ext} 定义为 LED 有源区中所生成紫外光子中提取出来的那部分 UV 光子。辐射复合效率 η_{rad} 可以表示为辐射复合率 R_{sp} 与辐射和非辐射复合率 R_{nr} 总和的比值，如下面的方程所示：

$$\eta_{\mathrm{rad}} = \frac{R_{\mathrm{sp}}}{R_{\mathrm{sp}} + R_{\mathrm{nr}}}$$

非辐射复合率可以表示为肖克莱-瑞德-霍尔复合项加上俄歇复合项，具体如下：

$$R_{\mathrm{nr}} = An + Cn^3$$

式中，A 为肖克莱-瑞德-霍尔（SRH）复合系数；C 为俄歇复合系数；n 为 QW 中电荷载流子密度。肖克莱-瑞德-霍尔复合系数 A 反比于 SRH 复合寿命，后者很大程度上取决于材料的缺陷密度。高缺陷密度的 AlGaN 层中测得短至几十皮秒的非辐射复合寿命。与此相反，已证实低缺陷密度大尺寸 AlN 衬底上 AlGaN 量子阱发光器件的非辐射复合寿命范围在纳秒量级[58,59]。Ⅲ族氮化物材

料俄歇复合系数 C 的大小仍有很多争议[60~65]，而蓝紫色 LED 的 C 系数介于 $1\times10^{-31}\sim2\times10^{-30}\,\mathrm{cm}^6/\mathrm{s}$ 之间。测量 UV 发光器件来确定 C 系数是更基础的工作[66]。理论模型表明，俄歇复合系数对于越短的发光波长会变得越小[67]。

最后，辐射复合或自发复合的复合率 R_{sp} 可以表示为

$$R_{\mathrm{sp}}=Bn^2$$

式中，B 为双分子复合系数。系数 B 很大程度上取决于有源区的设计，例如量子阱宽度、量子垒高度、AlGaN 量子阱中的应变状态和 QW 中极化场的大小。典型的 B 系数值在 $2\times10^{-11}\,\mathrm{cm}^3/\mathrm{s}$ 范围内[66,68]。

目前，最好的 InGaN 蓝光 LED 外量子效率（EQE）已达到 84%，而墙插效率（WPE）达到 81%[69]，同时商用蓝光 LED 分别有 69% 的 EQE 和 55% 的 WPE[70]。这些超高的效率只能通过改善对 WPE 和 EQE 有贡献的所有分量来实现。由于薄膜 LED 技术、高反射金属接触和先进封装方法的发展，现在蓝光 LED 的光提取效率超过了 85%。此外，低缺陷密度 GaN/蓝宝石模板和高效率 InGaN 量子阱有源区使得内量子效率接近 90%[70]。镁掺杂 GaN、AlGaN 电子阻挡层和低阻 n-GaN 电流扩展层，使得注入效率远远超出 90%[70]。最终，优化的 Mg 和 Si 掺杂分布和优化的欧姆接触保证极低的工作电压，这些都可转化为高的 WPE。然而，蓝光 LED 的出色性能并不能直接转化为更短波长 LED 的类似性能。虽然 365nm 附近的 UVA-LED 至少在研究原型中仍有超过 30% 的 EQE，但在 UVB 和 UVC 光谱范围内，典型 LED 则表现出仅 1%~3% 的外量子效率，如图 1.1 所示。许多因素导致了这个总体较小的值，包括较差的辐射复合效率和中等的注入效率、较低的内量子效率和较低的光提取效率以及高工作电压。根据目前最好的 UVC-LED 分析，可以估算出光提取效率低于 10%，而辐射和注入效率大约为 50%。下面一节将说明造成这种情况的主要原因，并讨论克服这些低效率的不同选项。

1.5 缺陷对 UV-LED IQE 的作用

紫外发光器件的低 IQE 可以归因于相对高缺陷密度的 AlN 以及 AlGaN 材料的显著贡献。例如，（0001）蓝宝石衬底上 AlN 层的生长通常产生 $10^{10}\,\mathrm{cm}^{-2}$ 的位错密度[50~52]。这些穿透位错形成了注入载流子的非辐射复合通道，导致显著的内（IQE）和外量子效率（EQE）降低[57,70,71]。减少蓝宝石衬底上 AlGaN 和 AlN 层位错密度的不同方法已有演示，包括侧向外延生长（ELO）可以形成 $10^8\,\mathrm{cm}^{-2}$ 中段范围的缺陷密度[72~76]。其他减少缺陷密度的方法包括，纳米蓝宝石图形衬底上的生长[29,77]、使用短周期 AlGaN 超晶格[78]、以及低温 AlN 或 SiN_x 插入层[18,79]。为了估算位错对紫外 LED 内量子效率的影响，人们基于

Karpov 等人最早发表的模型进行了 IQE 的仿真[71]。为计算 IQE，辐射和非辐射复合率作为穿透位错密度和注入电流密度的函数[23]。模型假定穿透位错形成带隙中的深能级，充当电子和空穴的非辐射复合中心。纤锌矿半导体材料 AlGaN 中有许多潜在缺陷可以形成深能级，例如，螺、刃或混合穿透位错以及 N 或 Ga 的空位[80~83]。虽然位错的性质和其电学性质不是模型的一部分，模拟中的参数 S 表征了位错核心上的电活性部分。此外，IQE 受电子和空穴迁移率、非平衡载流子浓度以及少数载流子扩散长度的控制。如图 1.5（a）中所示的模拟结果表明，为了达到内量子效率接近于 1，位错密度需要在 $10^7\,\mathrm{cm}^{-2}$ 范围内。通过采用先进的位错过滤技术，人们期待即使蓝宝石衬底异质外延生长也能实现此范围内的位错密度。同时从图 1.5（b）可以看到，对于一定的穿透位错密度，IQE 还强烈依赖于电子迁移率和电流密度。当载流子扩散长度和位错间隔尺寸大致相同时，这种依赖性在位错密度为 $10^8\,\mathrm{cm}^{-2}$ 中段到 $10^{10}\,\mathrm{cm}^{-2}$ 之间最为显著（图 1.6）。

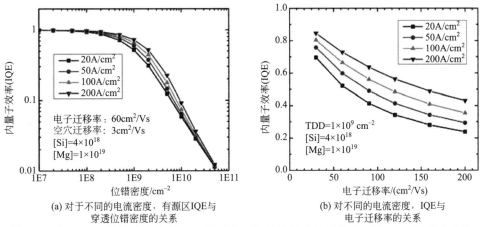

(a) 对于不同的电流密度，有源区 IQE 与穿透位错密度的关系

(b) 对不同的电流密度，IQE 与电子迁移率的关系

图 1.5　在 265nm 附近发光的 AlGaN MQW LED 的模拟内量子效率（IQE）（模拟来自柏林工业大学固体物理研究所 Martin Guttmann 和 Christoph Reich）

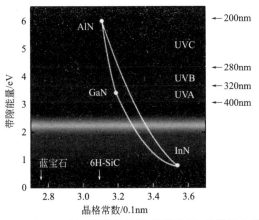

图 1.6　InN，GaN，AlN 以及其他Ⅲ-Ⅴ族和Ⅱ-Ⅵ族化合物半导体材料的带隙和发光波长图（绘制为与其晶格常数的关系）

我们甚至可以通过大尺寸 AlN 体衬底同质外延生长来实现更低的缺陷密度。例如，通过升华-凝结生长的 AlN 体衬底位错密度低至 10^4cm^{-2}[84~87]，但是这些衬底的可用性仍然有限，并且目前的典型衬底尺寸为 1in 直径或更小。除此之外，AlN 体衬底在 UVC 光谱范围内有强的吸收带[88,89]，这对于光提取是严重的挑战，因为通常是通过衬底提取 UV 光来实现 LED 的。各种研究表明，这些 UVC 吸收带的起源可追溯到碳杂质和形成的络合物[88~90]。因此这些 UVC 吸收带似乎不是根本性的问题，而是可以通过优化源纯度来减少碳杂质浓度，或者通过巧妙的共掺杂方案，或者通过厚的氢化物气相外延生长 AlN 基础层来解决的材料研究问题[91]。已有两个小组[22,92]验证了赝配生长在 AlN 体衬底上的接近 270nm UVC-LED 异质结构具有 5% 以上的外量子效率，而且已经开展了这些器件的初步商业化。

1.6 UV-LED 的电注入效率和工作电压

UV-LED 通常使用 Mg 掺杂 p 型 AlGaN 层，导致相对低的电导率和较差的注入效率以及高工作电压。这是由于 Mg 掺杂 p 型 AlGaN 层中，Mg 受主的电离能随 Al 摩尔分数逐步增加这样的事实[93,94]。对 Mg 掺杂的 AlN 层，受主能级已经确定为高于价带边约 510meV[70]，因此，Mg 掺杂的 AlGaN 体材料层中，室温下只有一小部分的 Mg 受主离化，从而导致非常低的自由空穴浓度。但是，即使对于 Si 掺杂的 n-AlGaN 层，对越来越高的 Al 摩尔分数，掺杂也变得越来越有挑战[95~97]。n 型和 p 型 AlGaN 层的电阻以及 n 和 p 金属的接触电阻带来了 UV 发光器件相对较高的工作电压。人们探索了各种提高 p-AlGaN 层导电性的方法，比如使用短周期 $Al_xGa_{1-x}N/Al_yGa_{1-y}N$ 超晶格[98,99]，渐变 $Al_xGa_{1-x}N$ 层极化掺杂[100]，以及替代 p 层材料，如掺镁的氮化硼（hBN）[101]。另外，Al 摩尔分数非常高时，人们已研究并取得在 60%~96% 组分范围内 Si 掺杂 n-AlGaN 层的低电阻率 AlGaN：Si 电流扩展层[102,103]。许多学者研究了 n-AlGaN 层的欧姆金属接触，并非常有希望在中等 Al 组分范围内得到低接触电阻结果[104~108]。由于蓝宝石衬底和 AlN 是电绝缘的，电子通常横向穿过 n-AlGaN 层注入。为了降低 n 层的串联电阻并实现均匀的电流注入，往往在芯片设计中采用叉指接触的几何结构。图 1.7 示出具有叉指接触的 UVB-LED 芯片照片，以及倒装芯片封装后的光输出与电流特性图。

另一个关键挑战是 AlGaN 量子阱的高效空穴注入以及来自有源区中的电子泄漏。注入效率和电子泄漏是 UV-LED 中两个很难确定的属性，其范围可以从深紫外发光器件的低于 10% 到 400nm 附近 UVA-LED 的 90% 以上[70,109]。特别

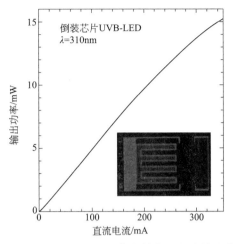

图 1.7 UVB-LED 倒装芯片固晶到陶瓷封装上的光输出与电流（L-I）特性（插图是固晶前具有叉指接触的 LED 芯片照片）

是对 UVB-LED 和 UVC-LED，为了在提高有源区空穴注入效率，同时减少电子泄漏，开发新型的注入方案是非常关键的。关于这个主题，人们已尝试了各种方法，例如 Mg 掺杂 AlGaN 电子阻挡层、AlN/AlGaN 电子阻挡异质结构[28,31]以及 AlGaN/AlGaN 多量子垒[19]。

1.7 UV-LED 的光提取

提高 UV-LED 的光提取是增加 UV-LED EQE 和 WPE 的主要挑战。目前，大多数 UV-LED 芯片没有采用任何高级光提取的功能。如表 1.1 所示，UV 透明的蓝宝石衬底上，单个正方形 LED 芯片的光提取效率仅在 8%～10% 的范围内[110]。这是因为很多蓝光和近紫外 LED 的最先进光提取方法无法应用到深紫外 LED 中。例如，高反射率和低电阻银基金属接触通常用于蓝光 LED 中。虽然银接触在可见光和近 UV 范围内作为优异的反射镜，但其反射率在 350nm 波长以下迅速下降（见第 6 章）。铝在整个紫外范围内是非常好的反射镜，但这种潜在的替代接触材料由于其功函数低，通常不能和 Mg 掺杂的 p 型 AlGaN 形成欧姆接触。另外，通常用于 GaN 基 LED 的薄膜技术尚未开发应用于深紫外发光器件。紫外线也对合适的封装和包装材料提出巨大的挑战。许多先进的封装材料，如高折射率透明有机硅胶和聚合物在蓝光 LED 中非常好用，但暴露在高能量 UV 光中却并不稳定。因此我们必须为 AlGaN 基深紫外发光器件开发全新的解决方案，研究更多方法来增强光提取效率，如光子晶体、LED 表面粗化、衬底图形化、LED晶粒整形、微像素LED和全向反射镜[111~115]。另一种实现欧姆和UV反射镜接触的方法是纳米像素LED。在这种情况下，低电阻欧姆接触通过间隔紧密的纳米像素尺寸Pd/p-GaN电极得以实现，而纳米像素之间的区域，覆盖反射紫外线的铝反射镜[116]。

表1.1 不同的紫外LED芯片技术光提取效率（LEE）估算

UV-LED芯片技术	LEE/%
晶圆上的LED	7~9
单个方形LED芯片	8~10
单个三角形LED芯片	11~13
有反射镜p接触的LED($R=40\%$)	~20
有反射镜p接触的LED($R=80\%$)	~30
薄膜LED芯片,包括背面粗化	30~50
薄膜LED芯片,有反射镜接触和背面粗化	40~60
薄膜LED,有反射镜接触和背面粗化以及先进封装	50~90

额外的复杂性源于AlGaN合金中较大的负晶体分裂场，这种现象导致更高Al摩尔组分下价带的重新排列，引起更短波长光的偏振从TE向TM转变[117]。因此，能够通过表面光逃逸锥或衬底提取出来的深紫外LED光子数目更少。虽然AlN材料的基本性质不会改变，但是光偏振可以通过AlGaN量子阱有源区和内置的压应变或张应变设计来控制。最近的研究表明，即使在低于250nm的非常短的波长下，LED所发光的偏振也可以通过采用高的压应变AlGaN有源区[118~121]，适当调整量子阱宽度和垒高度[122]来转换到强TE偏振。此外，最近有人通过在先进UVC-LED芯片设计中采用反射镜和散射结构，实现了TM偏振发射光的耦合输出增强[123,124]。

1.8 UV-LED的热管理与退化

由于UV-LED的光输出以及LED退化高度依赖于温度，热管理对高性能UV发光器件非常关键[125~127]。很多LED的失效机理也可以追溯到过热。因此，大多数高功率UV-LED是倒装芯片封装在陶瓷封装基座或直接集成到SMD（表面贴装器件）封装上。倒装芯片封装允许通过UV透明的蓝宝石衬底进行高效光提取，同时还为热管理提供了极好的热量提取。典型的封装材料包括AlN和BN陶瓷以及铝、铜钨、铜等。为了耗散LED接触和pn结上产生的功率，多余的热量必须通过封装提取。由于过量的功率只有一小部分可以通过辐射或对流从 LED 芯片中耗散掉,大部分热扩散是通过封装进行的。因此封装的热阻由 LED 管芯、管芯黏结剂、热沉以及最后黏结封装到电路板上焊料的热阻总和给出。当然对于总热阻,还必须考虑焊点和封装基板(例如印刷电路板)的热阻。封装热阻在很大程度上取决于封装技术的变化。取决于封装技术,通过蓝宝石衬底提取热量的顶部发射低功率紫外 LED 可能表现出 40K/W 至超过 200K/W 范围的热阻[128]。另一方面,大功率封装中,倒装芯片封装的 UV-LED 能实现 15K/W 至小到 5K/W 的热阻[129]。

UV-LED 的另一个复杂问题是退化。早期的器件表现出快速退化和很短的寿命,特别是 UVB-LED 和 UVC-LED[39,41]。在某些情况下,工作的首个 100h 内输出功率会下降 50% 以上,使得这些 LED 不符合实际应用。仅次于增加 LED 的效率,提高 UV-LED 的寿命是实现紫外 LED 更广泛集成到众多应用中需要解决的另一个关键问题。幸运的是,由于材料性能、芯片技术和热管理的改善,可以看出 UV-LED 寿命取得了显著改善,如图 1.8 所示。今天,最先进的 310nm 和 280nm 蓝宝石基 UVB-LED 展示出超过 10000h[130,131] 和 3000h[30] 的寿命。对于 AlN 体衬底上低于 270nm 发光的 UVC-LED,已有 L50 寿命远超 1000h 的报道[132]。很难预测这方面的进步会有多快,但更好地理解 UV-LED 的退化机理,对解决寿命问题至关重要[133,134],这当然不仅限于 LED 芯片和半导体材料,也包括封装方式和封装材料。

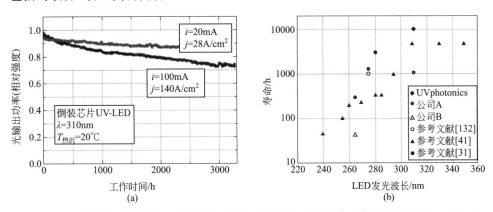

图 1.8 (a) UVB-LED 输出功率随时间的归一化变化,L50 寿命预期超过 10000h;(b) 不同年代和不同发光波长 UV-LED 的报道和测定的寿命

1.9 展望

总体而言,准确预测 UV-LED 未来性能会很困难。但是通过考虑过去十年

的发展速度,以及实现前面章节所述不同技术进步的潜力,人们可以编制出未来器件性能的路线图。基于这些假设,图 1.9 中显示出了 310nm、285nm 和 265nm 波长附近器件的预期性能。特别地,我们绘制了单芯片 LED 过去和未来的墙插效率和输出功率水平。此处实心数据点表示到 2015 年,不同时间市售 UV-LED 器件的现有技术状态。应当指出的是,这些值是我们实验室独立测量获得的。另外由于 UVB-LED 和 UVC-LED 的商业来源很少,且器件并不是都有现成的商业来源,我们所测试的器件数量有限。将来诸多因素会促进墙插效率(WPE)的改善,包括提高内量子效率、降低工作电压和增强光提取效率。随着 WPE 的改善,每颗 UV-LED 芯片的输出功率也将增加。除了效率改善,更大的芯片面积、改善热管理以及增加工作电流将进一步提高每颗 LED 芯片的总输出功率。例如,目前大多数 UVB-LED 和 UVC-LED 都在 20mA 或 100mA 的直流电流下工作,并且发射区的面积通常限制为小于 $0.1mm^2$。预计紫外 LED 芯片尺寸将增加至 $1mm^2$ 及以上,而 350mA、700mA 甚至 1A 的工作电流将成为标准。这些改进的实施步伐当然也依赖于研发这些器件的努力程度。幸运的是,UV 发光器件的开发研究工作在过去的几年里似乎是显著加快了,而且有越来越多的大企业(例如日亚化、LG 伊诺特、松下等)加入了进来。

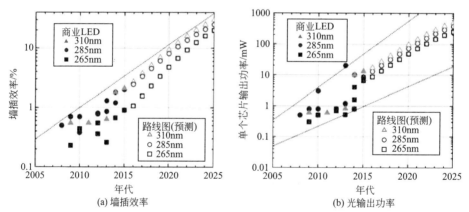

图 1.9 生产规模的 310nm、285nm 和 265nm 波长附近的 UV-LED 实际和预期墙插效率以及光输出功率(虚线给出预期的上限和下限,同时也给出预测的不确定性指标)

1.10 小结

自从 20 世纪 90 年代初首次示范了紫外 LED[135],以及 2000 年早期的 AlGaN 基 LED[136~138],紫外 LED 的发展已稳步前进。然而基于一些原因,紫外发光器件性能进步的速度远比 GaN 基蓝光和白光 LED 慢得多。本章讨论了各种技术上的挑战。另外一个原因是种类繁多的紫外发光器件应用。这使得 UV-LED 用途极为广泛，但另一方面因为取决于应用，产生了对紫外器件极为不同的要求（即发光波长、功率水平、寿命），这阻碍了器件的快速发展。总之，Ⅲ族氮化物 UV 发光器件的发展可分为三个阶段：第一个阶段的特点是基础材料的突破和器件工作的基本验证；第二个阶段是器件技术和 UVB-LED 及 UVC-LED 性能的稳定进展，以及 UVA-LED 的日趋成熟和广泛应用，如 UV 固化；现在已经进入第三阶段，其特点是越来越多的公司，尤其是较大的玩家，进入商业市场领域。这将加速 UVB-LED 和 UVC-LED 的发展步伐，并且性能水平很快将达到阈值，以促成其在传感、医疗诊断、光疗和使用点水消毒领域的应用开拓。并不过分地说，在整个 UV 光谱范围内，并没有根本性的技术障碍，阻止我们实现长寿命、高功率和高效率的 UV-LED。可以毫不夸张地说，AlGaN 基 LED 将是紫外发光器件的主流，并且在不远的将来，我们将会看到越来越多的应用通过 UV-LED 实现。

致谢

本综述若没有很多博士生、博士后研究人员、同事和合作者多年来辛苦投入发表的大量联合文章是没有办法与读者见面的，其中许多文章也有在本章中列出。这里不打算强调任何人，我必须感谢所有人的贡献。我还要感谢多个资助机构的财政支持，从 DARPA 2002 年和 2006 年间的"SUVOS"美国项目开始。回到德国后，我要感谢德国研究基金会（DFG）在协作研究中心"半导体纳光子学"（CRC 787）的资助，以及德国联邦教育与研究部（BMBF）"深紫外 LED"和"UltraSens"项目的资助，区域增长核心"WideBaSe"和"2020-合作创新"倡议中"生活用先进 UV"项目的资助。最后，我想借此机会感谢我的家人，尤其是我的妻子 Rebecca 对我的鼓励、持续的支持和耐心。

参考文献

[1] I. Akasaki, H. Amano, K. Hiramatsu, N. Sawaki, High efficiency blue LED utilizing GaN film with AlN buffer layer grown by MOVPE. in *Proceedings of 14th International Symposium on Gallium Arsenide and Related Compounds 1987*, pp. 633-636(1988).

[2] S. Nakamura, T. Mukai, M. Senoh, High-power GaN p-n junction blue-light-emitting diodes. Jpn. J. Appl. Phys. **30**, L1998-L2001(1991).

[3] S. Nakamura, M. Senoh, T. Mukai, p-GaN/n-InGaN/n-GaN double-heterostructure blue-light-emitting diodes. Jpn. J. Appl. Phys. **32**, L8-L11(1993).

[4] S. Nakamura, T. Mukai, M. Senoh, Candera-class high-brightness InGaN/AlGaN double-heterostructure blue-

light-emitting diodes. Appl. Phys. Lett. **64**, 1687-1689(1994).

[5] Press release of the The Royal Swedish Academy of Sciences. Retrieved 7 Oct 2014, www.nobelprize.org/nobel_prizes/physics/laureates/2014/press.html.

[6] "UV LED Efficiency 2015(last update 19-July-2015)". Retrieved 6 Oct 2015, www.researchgate.net/publication/280131929.

[7] T. Nishida, N. Kobayashi, T. Ban, GaN-free transparent ultraviolet light-emitting diodes. Appl. Phys.Lett. **82**, 1(2003).

[8] J. Edmond, A. Abare, M. Bergman, J. Bharathan, K. L. Bunker, D. Emerson, K. Haberern, J. Ibbetson, M. Leung, P. Russel, D. Slater, High efficiency GaN-based LEDs and lasers on SiC. J. Cryst. Growth **272**, 242(2004).

[9] M. Kneissl, Z. Yang, M. Teepe, C. Knollenberg, N. M. Johnson, A. Usikov, V. Dmitriev, Ultraviolet InAlGaN light emitting diodes grown on hydride vapor phase epitaxy AlGaN/sapphire template. Jpn. J. Appl. Phys. **45**, 3905(2006).

[10] Y. Taniyasu, M. Kasu, T. Makimoto, An aluminium nitride light-emitting diode with a wave-length of 210 nanometres. Nature **441**, 325(2006).

[11] H. Tsuzuki, F. Mori, K. Takeda, T. Ichikawa, M. Iwaya, S. Kamiyama, H. Amano, I. Akasaki, H. Yoshida, M. Kuwabara, Y. Yamashita, H. Kan, High-performance UV emitter grown on high-crystalline quality AlGaN underlying layer. Phys. Status Solidi(a)**206**, 1199(2009).

[12] J. P. Zhang, A. Chitnis, V. Adivarahan, S. Wu, V. Mandavilli, R. Pachipulusu, M. Shatalov, G. Simin, J. W. Yang, M. A. Kahn, Milliwatt power deep ultra-violet light-emitting diodes over sapphire with emission at 278 nm. Appl. Phys. Lett. **81**, 4910(2002).

[13] V. Adivarahan, S. Wu, J. P. Zhang, R. A. Chitnis, M. Shatalov, V. Mandavilli, R. Gaska, M. Khan, High-efficiency 269 nm emission deep ultraviolet light-emitting diodes. Appl. Phys. Lett. **84**, 4762(2004).

[14] J. Zhang, X. Hu, A. Lunev, J. Deng, Y. Bilenko, T. M. Katona, M. S. Shur, R. Gaska, M. A. Khan, AlGaN deep-ultraviolet light-emitting diodes. Jpn. J. Appl. Phys. **44**, 7250(2005).

[15] H. Hirayama, T. Yatabe, N. Noguchi, T. Ohashi, N. Kamata, 231-261 nm AlGaN deep-ultraviolet light-emitting diodes fabricated on AlN multilayer buffers grown by ammonia pulse-flow method on sapphire. Appl. Phys. Lett. **91**, 071901(2007).

[16] A. Khan, K. Balakrishnan, T. Katona, Ultraviolet light-emitting diodes based on group three nitrides. Nat. Photonics **2**, 77(2008).

[17] S. Sumiya, Y. Zhu, J. Zhang, K. Kosaka, M. Miyoshi, T. Shibata, M. Tanaka, T. Egawa, AlGaN-based deep ultraviolet light-emitting diodes, grown on epitaxial AlN/sapphire templates. Jpn. J. Appl. Phys. **47**, 43(2008).

[18] H. Hirayama, S. Fujikawa, N. Noguchi, J. Norimatsu, T. Takano, K. Tsubaki, N. Kamata, 222-282 nm AlGaN and InAlGaN-based deep-UV LEDs fabricated on high-quality AlN on sapphire. Phys. Stat. Sol. (a)**206**, 1176(2009).

[19] H. Hirayama, Y. Tsukada, T. Maeda, N. Kamata, Marked enhancement in the efficiency of deep-ultraviolet AlGaN light-emitting diodes by using a multiquantum-barrier electron blocking layer. Appl. Phys. Express **3**, 031002(2010).

[20] A. Fujioka, T. Misaki, T. Murayama, Y. Narukawa, T. Mukai, Improvement in output power of 280nm deep ultraviolet light-emitting diode by using AlGaN multi quantum wells. Appl. Phys. Express **3**, 041001(2010).

[21] C. Pernot, M. Kim, S. Fukahori, T. Inazu, T. Fujita, Y. Nagasawa, A. Hirano, M. Ippommatsu, M.

Iwaya, S. Kamiyama, I. Akasaki, H. Amano, Improved efficiency of 255~280 nm AlGaN-based light-emitting diodes. Appl. Phys. Express **3**, 061004(2010).

[22] J. R. Grandusky, S. R. Gibb, M. C. Mendrick, C. Moe, M. Wraback, L. J. Schowalter, High output power from 260 nm pseudomorphic ultraviolet light-emitting diodes with improved thermal performance. Appl. Phys. Express **4**, 082101(2011).

[23] M. Kneissl, T. Kolbe, C. Chua, V. Kueller, N. Lobo, J. Stellmach, A. Knauer, H. Rodriguez, S. Einfeldt, Z. Yang, N. M. Johnson, M. Weyers, Advances in group Ⅲ-nitride based deep UV light emitting diode technology. Semicond. Sci. Technol. **26**, 014036(2011).

[24] M. Shatalov, W. Sun, A. Lunev, X. Hu, A. Dobrinsky, Y. Bilenko, J. Yang, AlGaN Deep-ultraviolet light-emitting diodes with external quantum efficiency above 10%. Appl. Phys. Express **5**, 082101(2012).

[25] V. Kueller, A. Knauer, C. Reich, A. Mogilatenko, M. Weyers, J. Stellmach, T. Wernicke, M. Kneissl, Z. Yang, C. L. Chua, N. M. Johnson, Modulated epitaxial lateral overgrowth of AlN for efficient UV LEDs. IEEE Photonics Tech. Lett. **24**, 1603(2012).

[26] T. Kinoshita, T. Obata, T. Nagashima, H. Yanagi, B. Moody, S. Mita, S. Inoue, Y. Kumagai, A. Koukitu, Z. Sitar, Performance and reliability of deep-ultraviolet light-emitting diodes fabricated on AlN substrates prepared by hydride vapor phase epitaxy. Appl. Phys. Express **6**, 092103(2013).

[27] J. R. Grandusky, J. Chen, S. R. Gibb, M. C. Mendrick, C. G. Moe, L. Rodak, G. A. Garrett, M. Wraback, L. J. Schowalter, 270 nm pseudomorphic ultraviolet light-emitting diodes with over 60 mW continuous wave output power. Appl. Phys. Express **6**, 032101(2013).

[28] T. Kolbe, F. Mehnke, M. Guttmann, C. Kuhn, J. Rass, T. Wernicke, M. Kneissl, Improved injection efficiency in 290 nm light emitting diodes with Al(Ga)N electron blocking heterostructure. Appl. Phys. Lett. **103**, 031109(2013).

[29] P. Dong, J. Yan, J. Wang, Y. Zhang, C. Geng, T. Wei, P. Cong, Y. Zhang, J. Zeng, Y. Tian, L. Sun, Q. Yan, J. Li, S. Fan, Z. Qin, 282nm AlGaN-based deep ultraviolet light-emitting diodes with improved performance on nano-patterned sapphire substrates. Appl. Phys. Lett. **102**, 241113(2013).

[30] A. Fujioka, K. Asada, H. Yamada, T. Ohtsuka, T. Ogawa, T. Kosugi, D. Kishikawa, T. Mukai, High-output-power 255/280/310 nm deep ultraviolet light-emitting diodes and their lifetime characteristics. Semicond. Sci. Technol. **29**, 084005(2014).

[31] F. Mehnke, C. Kuhn, M. Guttmann, C. Reich, T. Kolbe, V. Kueller, A. Knauer, T. Wernicke, J. Rass, M. Weyers, M. Kneissl, Efficient charge carrier injection into sub-250 nm AlGaN multiple quantum well light emitting diodes. Appl. Phys. Lett. **105**, 051113(2014).

[32] H. Hirayama, N. Maeda, S. Fujikawa, S. Toyoda, N. Kamata, Recent progress and future prospects of AlGaN-based high-efficiency deep-ultraviolet light-emitting diodes. Jpn. J. Appl. Phys. **53**, 100209(2014).

[33] Information on low and medium pressure mercury lamps. Retrieved 5 Oct 2015, www.heraeus-noblelight.com.

[34] W. L. Morison, *Phototherapy and Photochemotherapy of Skin Disease*, 2nd edn. (Raven Press, New York, 1991).

[35] P. E. Hockberger, A history of ultraviolet photobiology for humans, animals and microorganisms. Photochem. Photobiol. **76**(6), 561-579(2002).

[36] M. Schreiner, J. Martínez-Abaigar, J. Glaab, M. Jansen, UVB induced secondary plant metabolites. Optik Photonik **9**(2), 34-37(2014).

[37] S. Vilhunen, H. Särkkä, M. Sillanpää, Ultraviolet light-emitting diodes in water disinfection. Environ. Sci. Pollut. Res. **16**(4), 439-442(2009).

[38] M. H. Crawford, M. A. Banas, M. P. Ross, D. S. Ruby, J. S. Nelson, R. Boucher, A. A. Allerman, Final LDRD report: ultraviolet water purification systems for rural environments and mobile applications. Sandia Report, SAND2005-7245(2005).

[39] M. A. Würtele, T. Kolbe, M. Lipsz, A. Külberg, M. Weyers, M. Kneissl, M. Jekel, Application of GaN-based deep ultraviolet light emitting diodes—UV-LEDs—for Water disinfection. Water Res. **45**(3), 1481(2011).

[40] W. Kowalski, *Ultraviolet Germicidal Irradiation Handbook* (Springer-Verlag, Berlin, Heidelberg, 2009).

[41] G. Y. Lui, D. Roser, R. Corkish, N. Ashbolt, P. Jagals, R. Stuetz, Photovoltaic powered ultraviolet and visible light-emitting diodes for sustainable point-of-use disinfection of drinking waters. Sci. Total Environ. **493**, 185(2014).

[42] J. Mellqvist, A. Rosen, DOAS for flue gas monitoring—temperature effects in the UV/visible absorption spectra of NO, NO_2, SO_2, and NH_3. J. Quant. Spectrosc. Radiat. Transf. **56**(2), 187-208 (1996).

[43] J. Hodgkinson, R. P. Tatam, Optical gas sensing: a review. Meas. Sci. Technol. **24**, 012004(2013).

[44] P. J. Hargis Jr, T. J. Sobering, G. C. Tisone, J. S. Wagner, Ultraviolet fluorescence detection and identification of protein, DNA, and bacteria. Proc. SPIE **2366**, 147(1995).

[45] Z. Xu, B. M. Sadler, Ultraviolet communications: potential and state-of-the-art. IEEE Commun. Mag. **67**(2008).

[46] K. -X. Sun, B. Allard, S. Buchman, S. Williams, R. L. Byer, LED deep UV source for charge management of gravitational reference sensors. Class. Quantum Grav. **23**, S141-S150(2006).

[47] "UV-LED market to grow from $90 m to $520 m in 2019". Retrieved 5 Oct 2015, www.semiconductor-today.com Semicond. Today **10**(1), 80(2015).

[48] F. Mehnke, Institute of Solid State Physics, TU Berlin, private communication(2014).

[49] T. Whitaker, Rubicon technology demonstrates 12-inch sapphire wafers. www.ledsmagazine.com/articles/2011/01/rubicon-technology-demonstrates-12-inch-sapphire-wafers.html.

[50] F. Brunner, H. Protzmann, M. Heuken, A. Knauer, M. Weyers, M. Kneissl, High-temperature growth of AlN in a Production Scale 11×2" MOVPE reactor. Phys. Stat. Sol. (c)**1**(2008).

[51] O. Reentilä, F. Brunner, A. Knauer, A. Mogi-latenko, W. Neumann, H. Protzmann, M. Heuken, M. Kneissl, M. Weyers, G. Tränkle, Effect of the AlN nucleation layer growth on AlN material qual-ity. J. Cryst. Growth **310**(23), 4932(2008).

[52] V. Kueller, A. Knauer, F. Brunner, A. Mogilatenko, M. Kneissl, M. Weyers, Investigation of inversion domain formation in AlN grown on sapphire by MOVPE. Phys. Stat. Sol. (c)**9**(3-4), 496-498 (2012).

[53] D. A. B. Miller, D. S. Chemla, T. C. Damen, A. C. Gossard, W. Wiegmann, T. H. Wood, C. A. Burrus, Band-edge electroabsorption in quantum Weil structures: the quantum-confined stark effect. Phys. Rev. Lett. **53**(22), 2173(1984).

[54] J. Simon, V. Protasenko, C. Lian, H. Xing, D. Jena, Polarization-induced hole doping in wide-band-gap uniaxial semiconductor heterostructures. Science **327**, 60(2009).

[55] Y. Liao, C. Thomidis, C. Kao, T. D. Moustakas, AlGaN based deep ultraviolet light emitting diodes with high internal quantum efficiency grown by molecular beam epitaxy. Appl. Phys. Lett. **98**, 081110

(2011).

[56] S. Kurin, A. Antipov, I. Barash, A. Roenkov, A. Usikov, H. Helava, V. Ratnikov, N. Shmidt, A. Sakharov, S. Tarasov, E. Menkovich, I. Lamkin, B. Papchenko, Y. Makarov, Characterization of HVPE-grown UV LED heterostructures. Phys. Stat. Sol(c)**11**(3-4), 813(2014).

[57] S. F. Chichibu, A. Uedono, T. Onuma, B. A. Haskell, A. Chakraborty, T. Koyama, P. T. Fini, S. Keller, S. P. DenBaars, J. S. Speck, U. K. Mishra, S. Nakamura, S. Yamaguchi, S. Kamiyama, H. Amano, I. Akasaki, J. Han, T. Sota, Origin of defect-insensitive emission probability in In-containing (Al, In, Ga)N alloy semiconductors. Nat. Mater. **5**, 810-816(2006).

[58] T. Wunderer, C. L. Chua, Z. Yang, J. E. Northrup, N. M. Johnson, G. A. Garrett1, H. Shen1, M. Wraback, Pseudomorphically grown ultraviolet C photopumped lasers on bulk AlN substrates. Appl. Phys. Express **4**, 092101(2011).

[59] T. Wunderer, C. L. Chua, J. E. Northrup, Z. Yang, N. M. Johnson, M. Kneissl, G. A. Garrett, H. Shen, M. Wraback, B. Moody, H. S. Craft, R. Schlesser, R. F. Dalmau, Z. Sitar, Optically pumped UV lasers grown on bulk AlN substrates. Phys. Stat. Sol. (c)**9**, 822(2012).

[60] Y. C. Shen, G. O. Mueller, S. Watanabe, N. F. Gardner, A. Munkholm, M. R. Krames, Auger recombination in InGaN measured by photoluminescence. Appl. Phys. Lett. **91**, 141101(2007).

[61] M. -H. Kim, M. F. Schubert, Q. Dai, J. K. Kim, E. Fred Schubert, J. Piprek, Y. Park, Origin of efficiency droop in GaN-based light-emitting diodes. Appl. Phys. Lett. **91**, 183507(2007).

[62] J. Hader, J. V. Moloney, B. Pasenow, S. W. Koch, M. Sabathil, N. Linder, S. Lutgen, On the importance of radiative and Auger losses in GaN-based quantum wells. Appl. Phys. Lett. **92**, 261103 (2008).

[63] A. Laubsch, M. Sabathil, W. Bergbauer, M. Strassburg, H. Lugauer, M. Peter, S. Lutgen, N. Linder, K. Streubel, J. Hader, J. V. Moloney, B. Pasenow, S. W. Koch, On the origin of IQE-'droop' in InGaN LEDs. Phys. Stat. Sol. (c)**6**(S2), S913(2009).

[64] J. Cho, E. Fred Schubert, J. K. Kim, Efficiency droop in light-emitting diodes: Challenges and countermeasures. Laser Photonics Rev. **7**(3), 408-421(2013).

[65] J. Iveland, L. Martinelli, J. Peretti, J. S. Speck, C. Weisbuch, Direct measurement of auger electrons emitted from a semiconductor light-emitting diode under electrical injection: identification of the dominant mechanism for efficiency droop. Phys. Rev. Lett. **110**, 177406(2013).

[66] J. Yun, J. -I. Shim, H. Hirayama, Analysis of efficiency droop in 280nm AlGaN multiple-quantum-well light-emitting diodes based on carrier rate equation. Appl. Phys. Express **8**, 022104(2015).

[67] E. Kioupakis, P. Rinke, K. T. Delaney, C. G. Van de Walle, Indirect Auger recombination as a cause of efficiency droop in nitride light-emitting diodes. Appl. Phys. Lett. **98**, 161107(2011).

[68] K. Ban, J. Yamamoto, K. Takeda, K. Ide, M. Iwaya, T. Takeuchi, S. Kamiyama, I. Akasaki, H. Amano, Internal quantum efficiency of whole-composition-range AlGaN multiquantum wells. Appl. Phys. Express **4**, 052101(2011).

[69] Y. Narukawa, M. Ichikawa, D. Sanga, M. Sano, T. Mukai, White light emitting diodes with super-high luminous efficacy. J. Phys. D Appl. Phys. **43**, 354002(2010).

[70] Solid-state lighting research and development: multi-year program plan. U. S. Department of Energy, DOE/EE-1089(2014).

[71] S. Karpov, Y. N. Makarov, Dislocation effect on light emission in gallium nitride. Appl. Phys. Lett. **81**, 4721(2002).

[72] C. Reich, M. Feneberg, V. Kueller, A. Knauer, T. Wernicke, J. Schlegel, M. Frentrup, R. Goldhahn,

M. Weyers, M. Kneissl, Excitonic recombination in epitaxial lateral overgrown AlN on sapphire. Appl. Phys. Lett. **103**, 212108(2013).

[73] V. Kueller, A. Knauer, F. Brunner, U. Zeimer, H. Rodriguez, M. Weyers, M. Kneissl, Growth of AlGaN and AlN on patterned AlN/sapphire templates. J. Cryst. Growth **315**(1), 200(2011).

[74] V. Kueller, A. Knauer, U. Zeimer, M. Kneissl, M. Weyers, Controlled coalescence of MOVPE grown AlN during lateral overgrowth. J. Cryst. Growth **368**, 83(2013).

[75] U. Zeimer, V. Kueller, A. Knauer, A. Mogilatenko, M. Weyers, M. Kneissl, High quality AlGaN grown on ELO AlN/sapphire templates. J. Cryst. Growth **377**, 32(2013).

[76] M. Martens, F. Mehnke, C. Kuhn, C. Reich, T. Wernicke, J. Rass, V. Küller, A. Knauer, C. Netzel, M. Weyers, M. Bickermann, M. Kneissl, Performance characteristics of UVC AlGaN-based lasers grown on sapphire and bulk AlN substrates. IEEE Photonics Tech. Lett. **26**, 342(2014).

[77] M. Kim, T. Fujita, S. Fukahori, T. Inazu, C. Pernot, Y. Nagasawa, A. Hirano, M. Ippommatsu, M. Iwaya, T. Takeuchi, S. Kamiyama, M. Yamaguchi, Y. Honda, H. Amano, I. Akasaki, AlGaN-based deep ultraviolet light-emitting diodes fabricated on patterned sapphire substrates. Appl. Phys. Express **4**, 092102(2011).

[78] J. Rass, T. Kolbe, N. Lobo Ploch, T. Wernicke, F. Mehnke, C. Kuhn, J. Enslin, M. Guttmann, C. Reich, J. Glaab, C. Stoelmacker, M. Lapeyrade, S. Einfeldt, M. Weyers, M. Kneissl, High power UV-B LEDs with long lifetime. Proc. SPIE **9363**, 93631K(2015).

[79] K. Forghani, M. Klein, F. Lipski, S. Schwaiger, J. Hertkorn, R. A. R. Leute, F. Scholz, M. Feneberg, B. Neuschl, K. Thonke, O. Klein, U. Kaiser, R. Gutt, T. Passow, High quality AlGaN epilayers grown on sapphire using SiNx interlayers. J. Cryst. Growth **315**, 216-219(2011).

[80] C. G. Van de Walle, J. Neugebauer, First-principles calculations for defects and impurities: applications to Ⅲ-nitrides. J. Appl. Phys. **95**(8), 3851(2004).

[81] M. A. Reshchikova, H. Morkoç, Luminescence properties of defects in GaN. J. Appl. Phys. **97**, 061301 (2005).

[82] S. F. Chichibu, T. Onuma, K. Hazu, A. Uedono, Major impacts of point defects and impurities on the carrier recombination dynamics in AlN. Appl. Phys. Lett. **97**, 201904(2010).

[83] T. A. Henry, A. Armstrong, A. A. Allerman, M. H. Crawford, The influence of Al composition on point defect incorporation in AlGaN. Appl. Phys. Lett. **100**, 043509(2012).

[84] J. Carlos Rojo, G. A. Slack, K. Morgan, B. Raghothamachar, M. Dudley, L. J. Schowalter, Report on the growth of bulk aluminum nitride and subsequent substrate preparation. J. Cryst. Growth **231**, 317 (2001).

[85] Z. G. Herro, D. Zhuang, R. Schlesser, Z. Sitar, Growth of AlN single crystalline boules. J. Cryst. Growth **312**, 2519-2521(2010).

[86] M. Bickermann, B. M. Epelbaum, O. Filip, P. Heimann, S. Nagata, A. Winnacker, UV transparent single-crystalline bulk AlN substrates. Phys. Stat. Sol. (C)**7**(1), 21(2010).

[87] C. Hartmann, J. Wollweber, A. Dittmar, K. Irmscher, A. Kwasniewski, F. Langhans, T. Neugut, M. Bickermann, Preparation of bulk AlN seeds by spontaneous nucleation of freestanding crystals. Jpn. J. Appl. Phys. **52**, 08JA06(2013).

[88] R. Collazo, J. Xie, B. E. Gaddy, Z. Bryan, R. Kirste, M. Hoffmann, R. Dalmau, B. Moody, Y. Kumagai, T. Nagashima, Y. Kubota, T. Kinoshita, A. Koukitu, D. L. Irvine, Z. Sitar, On the origin of the 265 nm absorption band in AlN bulk crystals. Appl. Phys. Lett. **100**, 191914(2012).

[89] K. Irmscher, C. Hartmann, C. Guguschev, M. Pietsch, J. Wollweber, M. Bickermann, Identification of a tri-

carbon defect and its relation to the ultraviolet absorption in aluminum nitride. J. Appl. Phys. **114**, 123505(2013).

[90] B. E. Gaddy, Z. Bryan, I. Bryan, J. Xie, R. Dalmau, B. Moody, Y. Kumagai, T. Nagashima, Y. Kubota, T. Kinoshita, A. Koukitu, R. Kirste, Z. Sitar, R. Collazo, D. L. Irving, The role of the carbon-silicon complex in eliminating deep ultraviolet absorption in AlN. Appl. Phys. Lett. **104**, 202106(2014).

[91] Y. Kumagai, Y. Kubota, T. Nagashima, T. Kinoshita, R. Dalmau, R. Schlesser, B. Moody, J. Xie, H. Murakami, A. Koukitu, Z. Sitar, Preparation of a freestanding AlN substrate from a thick AlN layer grown by hydride vapor phase epitaxy on a bulk AlN substrate prepared by physical vapor transport. Appl. Phys. Express **5**, 055504(2012).

[92] T. Kinoshita, K. Hironaka, T. Obata, T. Nagashima, R. Dalmau, R. Schlesser, B. Moody, J. Xie, S. Inoue, Y. Kumagai, A. Koukitu, Z. Sitar, Deep-ultraviolet light-emitting diodes fabricated on AlN substrates prepared by hydride vapor phase epitaxy. Appl. Phys. Express **5**, 122101(2012).

[93] K. B. Nam, M. L. Nakarmi, J. Li, J. Y. Lin, H. X. Jiang, Mg acceptor level in AlN probed by deep ultraviolet photoluminescence. Appl. Phys. Lett. **83**(5), 878(2003).

[94] M. L. Nakarmi, K. H. Kim, M. Khizar, Z. Y. Fan, J. Y. Lin, H. X. Jiang, Electrical and optical properties of Mg-doped $Al_{0.7}Ga_{0.3}N$ alloys. Appl. Phys. Lett. **86**, 092108(2005).

[95] X. T. Trinh, D. Nilsson, I. G. Ivanov, E. Janzén, A. Kakanakova-Georgieva, N. T. Son, Stable and metastable Si negative-U centers in AlGaN and AlN. Appl. Phys. Lett. **105**, 162106(2014).

[96] A. Kakanakova-Georgieva, D. Nilsson, X. T. Trinh, U. Forsberg, N. T. Son, E. Janzen, The complex impact of silicon and oxygen on the n-type conductivity of high-Al-content AlGaN. Appl. Phys. Lett. **102**, 132113(2013).

[97] J. R. Grandusky, J. A. Smart, M. C. Mendrick, L. J. Schowalter, K. X. Chen, E. F. Schubert, Pseudomorphic growth of thick n-type $Al_xGa_{1-x}N$ layers on low-defect-density bulk AlN substrates for UV LED applications. J. Cryst. Growth **311**, 2864(2009).

[98] B. Cheng, S. Choi, J. E. Northrup, Z. Yang, C. Knollenberg, M. Teepe, T. Wunderer, C. L. Chua, N. M. Johnson, Enhanced vertical and lateral hole transport in high aluminum-containing AlGaN for deep ultraviolet light emitters. Appl. Phys. Lett. **102**, 231106(2013).

[99] A. A. Allerman, M. H. Crawford, M. A. Miller, S. R. Lee, Growth and characterization of Mg-doped AlGaN-AlN short-period superlattices for deep-UV optoelectronic devices. J. Cryst. Growth **312**, 756-761(2010).

[100] J. Simon, V. Protasenko, C. Lian, H. Xing, D. Jena, Polarization-induced hole doping in wide-band-gap uniaxial semiconductor heterostructures. Science **327**, 60(2010).

[101] R. Dahal, J. Li, S. Majety, B. N. Pantha, X. K. Cao, J. Y. Lin, H. X. Jiang, Epitaxially grown semiconducting hexagonal boron nitride as a deep ultraviolet photonic material. Appl. Phys. Lett. **98**, 211110(2011).

[102] R. Collazo, S. Mita, J. Xie, A. Rice, J. Tweedie, R. Dalmau, Z. Sitar, Progress on n-type doping of AlGaN alloys on AlN single crystal substrates for UV optoelectronic applications. Phys. Stat. Sol. (c)**8**(7-8), 2031(2011).

[103] F. Mehnke, T. Wernicke, H. Pinhel, C. Kuhn, C. Reich, V. Kueller, A. Knauer, M. Lapeyrade, M. Weyers, M. Kneissl, Highly conductive n-$Al_xGa_{1-x}N$ layers with aluminum mole fractions above 80%. Appl. Phys. Lett. **103**, 212109(2013).

[104] S. Ruvimov, Z. Liliental-Weber, J. Washburn, D. Qiao, S. S. Lau, P. K. Chu, Microstructure of Ti/Al ohmic contacts for n-AlGaN. Appl. Phys. Lett. **73**, 2582(1998).

[105] J. H. Wang, S. E. Mohney, S. H. Wang, U. Chowdhury, R. D. Dupuis, Vanadium-based ohmic contacts to n-type $Al_{0.6}Ga_{0.4}N$. J. Electron. Mater. **33**, 418(2004).

[106] R. France, T. Xu, P. Chen, R. Chandrasekaran, T. D. Moustakas, Vanadium-based Ohmic contacts to n-AlGaN in the entire alloy composition. Appl. Phys. Lett. **90**, 062115(2007).

[107] M. Lapeyrade, A. Muhin, S. Einfeldt, U. Zeimer, A. Mogilatenko, M. Weyers, M. Kneissl, Electrical properties and microstructure of vanadium-based contacts on ICP plasma etched n-type AlGaN: Si and GaN: Si surfaces. Semicond. Sci. Technol. **28**, 125015(2013).

[108] M. Lapeyrade, F. Eberspach, N. Lobo Ploch, C. Reich, M. Guttmann, T. Wernicke, F. Mehnke, S. Einfeldt, A. Knauer, M. Weyers, M. Kneissl, Current spreading study in UVC LED emitting around 235 nm. Proc. SPIE **9363**, 93631P(2015).

[109] I. E. Titkov, D. A. Sannikov, Y.-M. Park, J. K. Son, Blue light emitting diode internal and injection efficiency. AIP Adv. **2**, 032117(2012).

[110] N. Lobo-Ploch, Chip designs for high efficiency III-nitride based ultraviolet light emitting diodes with enhanced light extraction. Ph. D. Thesis(2015).

[111] A. Khan, K. Balakrishnan, T. Katona, Ultraviolet light-emitting diodes based on group three nitrides. Nat. Photonics **2**, 77(2008).

[112] V. Adivarahan, A. Heidari, B. Zhang, Q. Fareed, S. Hwang, M. Islam, A. Khan, 280 nm deep ultraviolet light emitting diode lamp with an AlGaN multiple quantum well active region. Appl. Phys. Express **2**, 102101(2009).

[113] L. Zhou, J. E. Epler, M. R. Krames, W. Goetz, M. Gherasimova, Z. Ren, J. Han, M. Kneissl, N. M. Johnson, Vertical injection thin-film AlGaN/AlGaN multiple-quantum-well deep ultraviolet light-emitting diodes. Appl. Phys. Lett. **89**, 241113(2006).

[114] T. N. Oder, K. H. Kim, J. Y. Lin, H. X. Jiang, III-nitride blue and ultraviolet photonic crystal light emitting diodes. Appl. Phys. Lett. **84**, 466(2004).

[115] T. Gessmann, E. F. Schubert, J. W. Graff, K. Streubel, C. Karnutsch, Omnidirectional reflective contacts for light-emitting diodes. IEEE Electron Device Lett. **24**(10), 683(2003).

[116] N. Lobo, H. Rodriguez, A. Knauer, M. Hoppe, S. Einfeldt, P. Vogt, M. Weyers, M. Kneissl, Enhancement of light extraction in UV LEDs using nanopixel contact design with Al reflector. Appl. Phys. Lett. **96**, 081109(2010).

[117] K. B. Nam, J. Li, M. L. Nakarmi, J. Y. Lin, H. X. Jianga, Unique optical properties of AlGaN alloys and related ultraviolet emitters. Appl. Phys. Lett. **84**, 5264(2004).

[118] J. E. Northrup, C. L. Chua, Z. Yang, T. Wunderer, M. Kneissl, N. M. Johnson, T. Kolbe, Effect of strain and barrier composition on the polarization of light emission from AlGaN/AlN quantum wells. Appl. Phys. Lett. **100**, 021101(2012).

[119] T. Kolbe, A. Knauer, C. Chua, Z. Yang, V. Kueller, S. Einfeldt, P. Vogt, N. M. Johnson, M. Weyers, M. Kneissl, Effect of temperature and strain on the optical polarization of (In)(Al)GaN ultraviolet light emitting diodes. Appl. Phys. Lett. **99**, 261105(2011).

[120] T. Kolbe, A. Knauer, J. Stellmach, C. Chua, Z. Yang, H. Rodrigues, S. Einfeldt, P. Vogt, N. M. Johnson, M. Weyers, M. Kneissl, Optical polarization of UV-A and UV-B(In)(Al)GaN multiple quantum well light emitting diodes. Proc. SPIE **7939**, 79391G(2011).

[121] T. Kolbe, A. Knauer, C. Chua, Z. Yang, H. Rodrigues, S. Einfeldt, P. Vogt, N. M. Johnson, M. Weyers, M. Kneissl, Optical polarization characteristics of ultraviolet (In)(Al)GaN multiple quantum well light emitting diodes. Appl. Phys. Lett. **97**, 171105(2010).

[122] J. J. Wierer, I. Montano, M. H. Crawford, A. A. Allerman, Effect of thickness and carrier density on the optical polarization of $Al_{0.44}Ga_{0.56}N/Al_{0.55}Ga_{0.45}N$ quantum well layers. J. Appl. Phys. **115**, 174501(2014).

[123] J. J. Wierer Jr, A. A. Allerman, I. Montano, M. W. Moseley, Influence of optical polarization on the improvement of light extraction efficiency from reflective scattering structures in AlGaN ultraviolet light-emitting diodes. Appl. Phys. Lett. **105**, 061106(2014).

[124] H.-Y. Ryu, I.-G. Choi, H.-S. Choi, J.-I. Shim, Investigation of light extraction efficiency in AlGaN deep-ultraviolet light-emitting diodes. Appl. Phys. Express **6**, 062101(2013).

[125] N. Lobo Ploch, H. Rodriguez, C. Stölmacker, M. Hoppe, M. Lapeyrade, J. Stellmach, F. Mehnke, T. Wernicke, A. Knauer, V. Kueller, M. Weyers, S. Einfeldt, M. Kneissl, Effective thermal management in ultraviolet light emitting diodes with micro-LED arrays. IEEE Trans. Electron Devices **60**(2), 782-786(2013).

[126] N. Lobo Ploch, S. Einfeldt, T. Kolbe, A. Knauer, M. Frentrup, V. Kueller, M. Weyers, M. Kneissl, Investigation of the temperature dependent efficiency droop in UV LEDs. Semicond. Sci. Technol. **28**, 125021(2013).

[127] M. Shatalov, W. Sun, R. Jain, A. Lunev, X. Hu, A. Dobrinsky, Y. Bilenko, J. Yang, G. A. Garrett, L. E. Rodak, M. Wraback, M. Shur, R. Gaska, High power AlGaN ultraviolet light emitters. Semicond. Sci. Technol. **29**, 084007(2014).

[128] P. Scheidt, Thermal management of LED technology in applications. LED Prof. Rev. **19**(2007), Retrieved 7 Oct 2014, www.led-professional.com.

[129] R. Huber, Thermal management in high power LED systems. LED Prof. Rev. **22**(2007), Retrieved 7 Oct 2014, www.led-professional.com.

[130] J. Glaab, C. Ploch, R. Kelz, C. Stölmacker, M. Lapeyrade, N. Lobo Ploch, J. Rass, T. Kolbe, S. Einfeldt, F. Mehnke, C. Kuhn, T. Wernicke, M. Weyers, M. Kneissl, Temperature induced degradation of InAlGaN multiple-quantum well UVB LEDs. MRS Proc. **1792**, mrss15-2102646 (2015).

[131] J. Glaab, C. Ploch, R. Kelz, C. Stoelmacker, M. Lapeyrade, N. Lobo Ploch, J. Rass, T. Kolbe, S. Einfeldt, F. Mehnke, C. Kuhn, T. Wernicke, M. Weyers, M. Kneissl, Degradation of(InAlGa)N-based UV-B LEDs stressed by current and temperature. J. Appl. Phys. **118**(9), 094504(2015).

[132] C. G. Moe, J. R. Grandusky, J. Chen, K. Kitamura, M. C. Mendrick, M. Jamil, M. Toita, S. R. Gibb, L. J. Schowalter, High-power pseudomorphic mid-ultraviolet light-emitting diodes with improved efficiency and lifetime. Proc. SPIE **8986**, 89861V(2014).

[133] M. Meneghini, M. Pavesi, N. Trivellin, R. Gaska, E. Zanoni, G. Meneghesso, Reliability of deep-UV light-emitting diodes. IEEE Trans. Device Mater. Reliab. **8**(2), 248(2008).

[134] M. Meneghini, D. Barbisan, L. Rodighiero, G. Meneghesso, E. Zanoni, Analysis of the physical processes responsible for the degradation of deep-ultraviolet light emitting diodes. Appl. Phys. Lett. **97**, 143506(2010).

[135] H. Amano, I. Akasaki, GaN blue and ultraviolet light emitting devices. Solid State Phys. **25**, 399 (1990).

[136] A. Chitnis, A. Kumar, M. Shatalov, V. Adivarahan, A. Lunev, J. W. Yang, G. Simin, M. A. Khan, R. Gaska, M. Shur, High-quality p-n junctions with quaternary AlInGaN/InGaN quantum wells. Appl. Phys. Lett. **77**, 3880-3882(2000).

[137] V. Adivarahan, S. Wu, A. Chitnis, R. Pachipulusu, V. Mandavilli, M. Shatalov, J. P. Zhang, M. Asif

Khan, G. Tamulaitis, I. Yilmaz, M. S. Shur, R. Gaska, AlGaN single-quantum-well light-emitting diodes with emission at 285 nm. Appl. Phys. Lett. **81**(19), 3666(2002).

[138] A. Chitnis, J. P. Zhang, V. Adivarahan, W. Shuai, J. Sun, M. Shatalov, J. W. Yang, G. Simin, M. Asif Khan, 324 nm light emitting diodes with milliwatt powers. Jpn. J. Appl. Phys. **41**(Part 2), 4B, L450 (2002).

第 2 章
AlN 体衬底的生长与性能

Matthias Bickermann[❶]

摘要

为了获得深紫外光电子（发光二极管、激光器和传感器）用衬底，氮化铝（AlN）体单晶的生长成为关注焦点，因为这些深紫外光电子器件通常基于富 Al 的 AlGaN 外延层和结构。在 AlN 衬底上，赝配 AlGaN 层能够压应变沉积，并有很高的结构质量[1~3]。为此人们已证明，AlN 晶体通过温度超过 2000℃的升华和再凝结生长（物理气相传输）是可选的方法，因为晶棒和衬底在合理的生长速率下，展示出非常高的结构完整性。AlN 衬底的可用性及其使用面积、结构质量和电/光特性直接与生长技术相关，包括起始材料选择、籽晶策略和预净化处理。在简要概述 AlN 体的历史和应用之后，我们综述了 AlN 通过物理气相传输（PVT）体生长的基本原理，并对生长过程中扩展缺陷的形成和杂质的并入，以及它们对材料光学性能和电学性能的影响进行了详细讨论。本章的主要目的是为读者提供有关 AlN 衬底制备的足够信息，以了解并能就 AlN 衬底应用于深紫外光电子做出明智的选择。

---

❶ M. Bickermann
莱布尼茨晶体生长学会（IKZ），德国柏林
电子邮箱：matthias.bickermann@ikz-berlin.de
M. Bickermann
工业大学化学研究所，德国柏林

2.1 AlN 晶体的特性与历史

AlN 是二元化合物晶体,结构为六方纤锌矿（$P6_3/mmc$）。每个原子被另一种原子的正四面体包围。化学键的离子分数为 42%[4]。sp^3 键结合成分的低原子质量使得其具有异常高的化学稳定性、声子能量（大约 100MeV）、体声波速度（11270m/s）和热导率 [约 320W/(m·K)][5,6]。氮化铝晶体具有极性、双折射、热电和压电等性质。

高化学稳定性给晶体生长带来了相当大的挑战。在技术可行的条件下,氮化铝尚未熔化就已分解[7]。因此,通过类似大多数其他Ⅲ-Ⅴ族半导体的熔体生长是不可能的。另一方面,固体上方气态物质的总压力在低于分解温度 [1bar（$1bar=10^5Pa$）总压力下约 2430℃] 时已经达到相当高的值。这种升华可用于促进物质输运,例如,物质通过温度梯度诱导浓度梯度,从较热的源材料到较冷的生长区凝结形成晶体。高温升华和再凝结的相关过程称为物理气相传输（PVT）。PVT 法也用于生长体 SiC,并已发展成为工业技术。

如今,AlN 体晶体几乎全部使用 PVT 法生长。替代生长方法像高温化学气相沉积（HT-CVD/HVPE）[8~11]、热分解[12]、使用夹心升华法[13]或液体 Al 作为前体[14]的 PVT 变体以及高温溶液、流体和氨热法生长[15~20]也用于体材料生长,但目前受限于晶体尺寸、生长速度或良率等尚未解决,仍处于研究水平。另外,最近提出在 AlN 体衬底上制备 HVPE 层,随后除去衬底的方法,可以提供适合光耦合输出的 UV 透明模板[21]。

1862 年,人们首先通过熔融的铝与氮气反应合成了氮化铝（AlN）[22]。今天,AlN 粉末主要使用氧化铝的碳热氮化进行合成[23]

$$Al_2O_3 + 3C + N_2 \longrightarrow 2AlN + 3CO \tag{2.1}$$

氮化铝陶瓷用作耐火建筑部件、热沉和衬底,这些需要高热导率并有高的机械和热鲁棒性[24,25]。但是,由于相对于氧化铝,氮化铝陶瓷制备成本较高,从而仍局限于高端产品和利基市场应用。

第一次真正生长 AlN 体单晶的努力可以追溯到 20 世纪 60 年代[26~30]。源材料采用温度超过 1700℃氮气气氛中的 AlN 粉末或液体铝。实验在含碳配置中进行,从而导致晶体污染很严重。1976 年,Slack 和 McNelly 通过使用 Piper-Polich[33]生长技术,制备出高纯度的毫米尺寸的 AlN 单晶[7,31,32],其中,密封的锥形端铼/钨坩埚移动经过感应加热炉的热区。但是直到 20 世纪 90 年代后期,随着人们对宽带隙半导体兴趣的提升,才开始了研究生长 AlN 体单晶用于外延衬底制备[34~36]。反应器设计来自更先进的 SiC PVT 技术[37],其中石墨坩埚中的 SiC 升华和凝结温度为 2100~2500℃，这很快应用到 AlN 的生长。当然，很多初期工作是致力于寻找化学性质稳定的热区适用材料[38~41]。此外，初始 AlN 籽晶的缺乏促使人们采用不同策略来获得较大的体单晶[42]。

迄今，一些公司和研究机构已经演示了直径达 2in（1in=0.0254m）的 AlN 单晶[43~49]。相比 SiC 或蓝宝石，全球 AlN 衬底生产量仍然非常小。虽然主要目标仍然是生产用于紫外光电子的衬底[50~56]，但目前人们也在评估 AlN 体单晶的其他潜在应用，包括压电和热电、电声[57]和 AlGaN 基功率器件用衬底[58,59]。

2.2 PVT 法生长 AlN 体单晶：理论

在 Al-N 热力学系统[60]中，稳定的化合物是 Al，AlN 和 N_2，见图 2.1（a）。在相关晶体生长的温度和压力以及过量氮气下，只有气态 Al 和 N_2 与固态 AlN 保持平衡。计算出的其他产物只有很低的浓度[61]，从而它们的晶体生长相关性可以忽略不计。因此，升华-再凝结反应可以写为

$$2AlN(s) \rightleftharpoons 2Al(g) + N_2(g) \tag{2.2}$$

其中平衡常数 $K = e^{-\Delta G/RT} = p_{Al} p_{N_2}^{1/2}$，$\lg K = -32450/T + 16.08$[62]。$\Delta G \approx 630 kJ/mol$[63]是升华的吉布斯自由能，$R$ 是普适气体常数，T 是温度，而 p_{Al} 和 $p_{N_2} = p_{Al}/2$ 是依赖温度的气体产物平衡分压[7]，见图 2.1（b）。

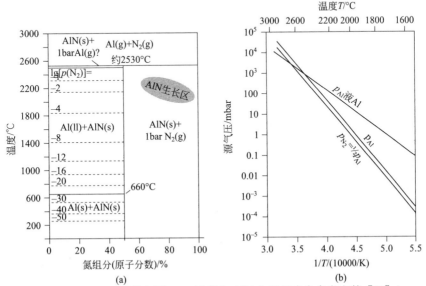

图 2.1　（a）1bar 时的相图（N_2 逸度和 AlN 生长区来自参考文献 [60]）；（b）Al 分压高于液体 Al 的 Al-N_2 系统中升华情形下的化学计量气相分压（来自参考文献 [7]）

不同于熔融生长中生长温度由化合物的熔点决定，升华生长一般可在任何温度下进行。在升华生长中，源和籽晶之间的温度差 ΔT 提供了物质通过生长空间的净质量流率 $J_{输运}$，这是基于温度依赖分压所形成的浓度梯度。即使在 1600℃，AlN 上方的 Al 分压也为质量传递提供充足的蒸气，但由于不充分的表面吸附原子迁移率和/或 N_2 的化学活性，在该温度下只能形成非常细的针状单晶[62]。更高的温度能更好地提高生长速率和表面动力学，即帮助原子在表面更好地排列。但在任何情况下，气相中物质的浓度值也比熔融生长低几个数量级，这限制了最终可实现的生长速率。

因为缺乏生长控制，化学计量的升华（"进入真空中"）有非常高的沉积速率，但会生长出多晶。相反，生长过程中的输运和沉积通过"过量" N_2 缓冲调节，即在生长气氛中加入 N_2，从而使系统中总压力 $p_{系统}$ 约比气体物质总压力高 2~10 倍。其结果是气相中 $N_{Al}/N_N = p_{Al}/(2 p_{系统})$ 为 0.1 的量级。当然过量的 N_2 并不一定会导致富 N 生长条件，这就是通常所认为 AlN 生长（AlN-N_2 系统）的生长区间。生长的 AlN 晶体仍然遵循化学计量，因为其存在范围是有限的，但是有可能形成空位。N_2 的化学活性最有可能通过如下表面反应动力学控制[62]

$$\text{Al(ads)} + N_2(\text{ads}) \rightleftharpoons \text{AlN(s)} + N(\text{ads}) \tag{2.3}$$

此外，氮的分解也可以通过与杂质的反应而有所增强。

在 AlN 升华生长的模型中，升华和凝结通常通过赫兹-克努森方程描述为

$$J_{升华/凝结} = \alpha (2\pi m RT)^{-1/2} \Delta p \tag{2.4}$$

式中，α 为（有效）升华/凝结系数；m 为摩尔质量；Δp 为源或籽晶区所输送物质的实际（过饱和或者欠饱和）分压和平衡分压之间的差值。假设 Al 作为速率限制的物质，因为 N_2 设置为过量[62]，所以只考虑 Al 物质就足够了，而 AlN 生长中 α 通常设置为 1。

人们一般认为气相中扩散主导着质量传递（菲克定律）。给定生长条件下，通常不存在自然对流（参考文献[64]），而平流（史蒂芬流动）由于 N_2 缓冲也微不足道。如果体材料生长的限制确实是扩散质量输运，则升华或冷凝运动远快于汽相中的扩散，生长速率 R_G 可以近似为[63,65]

$$R_G = J_{输运} m_{\text{AlN}} / \rho_{\text{AlN}} \propto \left(\frac{\Delta T}{L}\right) e^{-\frac{\Delta G}{RT}} / (T^{1.2} p_{系统}^{1.5}) \tag{2.5}$$

其中 m_{AlN} 和 ρ_{AlN} 为 AlN 固体的质量和密度，而 L 为源到籽晶的距离。

因此控制质量传输的参数是 T，$p_{系统}$ 和 $\Delta T/L$。生长速率随着温度梯度和温度（源于指数项）的增加而增加，而实际上在典型生长条件下，随着总压力的减小而增加微乎其微[66]。由于挥发性物质离开半开放的坩埚，并和坩埚材料反应，在实际情况中，R_G 很低。最后，杂质的存在可能显著改变生长行为，比如生长物质通过杂质辅助的输运，或通过其作为表面活性剂，从而改变生长表面的

动力学势垒[67~69]。其结果是，制备最高纯度的源材料不仅是控制生长晶体特性的必须要求，同时也是实现稳定和可重现晶体生长的需要。

如上所述，典型 AlN 体材料在温度 T 为 1800~2300℃和系统压力 $p_{系统}$ 为 300~900mbar 之间的范围内生长。AlN 稳定生长的工艺窗口依赖于加热区和籽晶材料（见下文）以及生长方向（极性）。更高的温度和过饱和似乎稳定为 N 极性生长[70,71]。因为只有相对低的生长速率 R_G（通常低于 200μm/h）允许单晶生长，且不劣化结构质量，而典型的轴向热梯度 $\Delta T/L$ 仅为 2~10K/cm。

2.3 PVT 法生长 AlN 体单晶：技术

常用的典型垂直配置热区包含圆筒形坩埚、安装于其上的籽晶、可拆卸上盖、环绕托盘、热绝缘材料，如图 2.2 所示。坩埚应是多孔或半封闭的，从而允许气体和压力与周围环境进行交换，通常通过上盖和坩埚之间非理想的连接提供。炉体中加入达其总高度 50%~80% 的固态 AlN 源材料（如粉末、烧结体或者前期实验的生长块体）。热区的几何形状必须精心设计，以实现生长温度，提供适当的热梯度，因为热主要通过辐射传递。

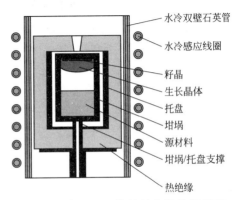

图 2.2 用于 AlN 体材料生长的坩埚和反应器配置

电功率或者通过感应来加热坩埚（8~50kHz 频率，取决于托盘材料），或者采用电阻加热，相比而言前者更加成熟。利用托盘的好处是，可以通过辐射将热汇聚到坩埚上，从而在生长室中提供了比直接加热坩埚更均匀的温场。如图 2.2 所示，设施位于水冷式生长容器内部，该容器提供了气密外壳、装样入口以及高温计探测连接点和气体入口/出口。一些反应器允许线圈相对于坩埚的受控运动，从而影响坩埚中的轴向温度梯度，这可以通过单独控制几个加热器来实现。

生长过程通常包括以下步骤：组装热区并置于反应器中；吹扫和预加热步骤后，在容器室充入 N_2，生长室加热至生长温度；升温过程中，籽晶保持在比源材料稍高的温度，以防止早期生长，清洁籽晶表面，并进一步除去挥发性杂质；达到生长温度后，通过反转轴向温度梯度，也就是在源处提供比籽晶更高的温度开始实现中速生长；生长过程中，通过恒定惰性气体输入同时控制排气量来保持系统压力恒定。

因为生长室内的温度无法直接探测,"生长温度"是通过高温计测量坩埚外表面的温度(如上盖和下盖表面)来获得的,并通过调整加热功率进行控制。需要注意的是,生长期间在生长界面保持温度梯度是获得高的化学和结构均匀性晶体的关键。因此,生长过程中,生长表面附近的热梯度需要通过数值模拟而取得。梯度依赖于完整的热区几何形状,包括辐射屏蔽和热绝缘材料(在此生长温度几乎没有准确的材料数据)和生长速率(源自潜热的释放),而瞬态仿真还需要考虑随着晶棒生长其生长界面的移动。

考虑典型的 $50\sim300\mu m/h$ 生长速率,这需要几天的时间来生长 $10\sim30mm$ 厚的晶体。如果通过半开放坩埚将蒸发的损失保持在较低水平,质量传输产率是可能超过 80% 的。可以通过减小加热器功率,也可以选择再次反转梯度来结束生长,同时减轻应变诱导的缺陷形成要求冷却过程受控。

热区材料的选择对 AlN 生长行为和性能有决定性的影响。通常情况下,坩埚或者使用钨(W)或者使用碳化钽(TaC)制成。石墨和氮化硼会导致晶体受到相当大的碳或硼污染;更多的材料已有正面评估(如 Re[7],TaN,HfN,TaB_2),但目前尚未使用[38~41]。即使温度高达 2250℃,钨在充足氮气情况下相对铝蒸气也是长期稳定的,其化学侵蚀可以忽略不计[31]。但是它很容易与氧、碳和硅反应。这里仅可以使用纯化的源材料,并且预热步骤必须在高真空条件下进行,以除去残余的氧。热绝缘通过钨隔热屏提供;如果非直接接触,可以采用石墨进行热绝缘,但会严重降低坩埚的寿命。

TaC 可以作为陶瓷粉末获得,并可以不需烧结剂烧结到 96% 的体积密度[38,72]。在温度远高于 2300℃ 的 AlN 生长条件下,TaC 有稳定的化学性质。TaC 元素部件即使直接接触也与石墨(对于托盘和绝缘部件)、钨(可能使用 TaC 作为托盘)和碳化硅(作为籽晶)兼容。长期稳定性一般受限于内部晶粒长大引起的开裂[38]。为了防止结构失效,坩埚通常封闭在石墨圆柱体中并充当托盘[49]。作为变体,可以使用渗碳的钽坩埚[73]。然而,因为它们通常与石墨部件一起使用,坩埚会持续渗碳,直至最终脆化。该过程在生长温度超过 2100℃ 时会加速。TaC 涂层并不是一个好的选择,因为它往往会由于热膨胀的差异和化学侵蚀而导致涂层破裂和剥落。

AlN 源材料来自市售的陶瓷粉末材料,通过碳热还原[74]、烧结或升华法[75]制备,较少直接通过高纯元素合成[31]。纯化工艺会去除最重要的杂质,并在空气处理过程中凝结源材料以减少水分吸收。典型的纯化起始材料沾污要求是氧和碳小于 100×10^{-6}(质量),硅小于约 2×10^{-6}(质量)[75]。另一方面,钨可充当碳和硅的吸收材料。与此相反,TaC 则是碳的来源,导致晶体遭受碳沾污,并同时因为残留氧化物的碳热还原,使得氧掺杂较低。

2.4 籽晶生长与晶体长大

此前，不同的研究小组已评估了籽晶制备和晶体长大[42]。无籽晶生长时，晶体成核在坩埚盖上，形成多晶棒生长并可以从中分离出大晶粒。采用锥形盖[31]或重复的二次生长[70]的晶粒选择是可行的。然而，晶粒往往应变或有结构劣化，因为它们与其他的相邻晶粒直接接触。几个研究小组报告了在接近热力学平衡和低成核密度条件下，坩埚部件上自发成核的自支撑单晶生长。通常情况下，钨网置于源材料上方，且轴向温度梯度尽可能降低到最低值，以实现最佳的成核和生长条件[76～78]。

AlN 除了在最高生长温度时，其生长速率是棱柱面最慢，从而随着温度的升高，晶体会从针状变到几乎等轴（等距）晶体[62,78]。在无碳的钨装置中，自发成核晶体的生长择优在 Al 极性方向生长，并具有非终结特性，这通过 Al 极性面上的金字塔面[76]以及仅有小的（0001）基平面进行控制［图 2.3（a）］。与此相反，TaC 坩埚中生长的晶体择优 N 极性方向生长，形成主导的（000$\bar{1}$）基面以及棱柱侧面[78]［图 2.3（b）、(c)］。在每一种情况下，沿"错误"方向成核的晶体会生长缓慢，并很容易被其邻近的生长覆盖。目前已经获得了尺寸达 15mm×15mm×10mm 的单晶，这可以切割并作为今后生长的籽晶之用。然而，这个工艺的重复性并不很好，而且大的结构完整晶体良率很低。

图 2.3 自发成核，自支撑的 AlN 体单晶 (a) 钨坩埚中生长（毫米网格），(0001) Al 面向上；(b)，(c) TaC 坩埚中生长，晶体尺寸约 8mm。(b) 铝极性面向上，注意没有出现 (0001) Al 极性面；(c) 平坦的 (000$\bar{1}$) N 面向上

AlN 的厚层可以生长在 SiC 籽晶上，后者有较大尺寸产品销售（4～6in 直径）。SiC 的根本缺点是当温度达 2000℃时，AlN 的存在会引起其部分分解，这会导致所生长晶体的污染，包含高达百分之几的硅和碳原子[79,80]。此外，晶格常数的失配导致 AlN 和 SiC 间形成倾斜区域，而不同的热膨胀系数导致降温过程中，通过形成位错来弛豫部分应力，这常会产生始于界面的裂纹网络[44,81]。

当然，边界之间区域的穿透位错密度可低至$10^5 cm^{-2}$[82,83]。晶体样品如图 2.4 (a) 所示。在极性 SiC 平面上，AlN 总是铝极性生长。这些层可以从 SiC 籽晶上分离，并用作后续 AlN 体材料生长的籽晶[44,45]。

在直径和结构质量方面，稳步提高的体单晶生长主要优点只能通过"同质外延生长"实现，即从生长晶体中切割出来的晶圆用作随后生长的籽晶。但不幸的是，生长特定直径的单晶时，籽晶必须具有大致相同的直径。籽晶法生长 AlN 晶体已成功地通过自发成核晶体切割，以及从 SiC 籽晶分离 AlN 层的 AlN 籽晶进行了尝试。前一种情况中的主要任务是延续高质量结构，同时提供晶体长大，后一种方法则关注从籽晶传递的缺陷密度和 Al 极性生长中，由于形成锥面而导致的直径缩小。图 2.4 (b) 显示出生长在 N 极性基面籽晶上晶体的典型特性。

图 2.4 (a) 相对于 (0001) 面斜切 7°的 SiC 籽晶上生长的 AlN 晶体 (铝极性)[82]；
(b) N 极性 (000$\bar{1}$) AlN 籽晶上生长的 AlN 晶体 (N 极性)[78]
(在 TaC 装置中生长，晶体翻转为生长面向上)

AlN 生长最好在极性基面 (c 面) 上进行，因为这些平面的面内性质是各向同性的。升华生长中的理想界面形状是稍微凸起，从而允许单一生长中心的台阶流 (例如，螺位错形成螺旋生长) 在整个表面区域进行传播。其他方向的 AlN 生长也有报道[84~86]，但生长表面的低对称性导致形成各向异性生长以及宏观台阶和扩展缺陷。

目前 AlN 籽晶生长的主要问题是籽晶、缓解籽晶背面的蒸发和防止相邻 ("寄生") 晶粒的生长。籽晶和顶盖之间的刚性连接可能导致相当大的应变，从而形成裂纹，而潜在的问题是籽晶和顶盖在升温阶段由于热胀系数的差异而分离。如果连接太软，籽晶可能在升温阶段移动或者跌落，且籽晶的外部可能因边缘和顶盖之间的空隙而气化。在任何情况下，籽晶和顶盖之间的孔或间隙会导致籽晶背面的气化。材料从籽晶朝向较冷的坩埚盖升华，从而关闭空隙，结果是它们穿过籽晶并最终穿过了生长的晶体 (负晶体生长，参考文献 [87]) 导致局部降低了晶体质量[86]。籽晶背镀[88]是一种同时缓解背面气化和开裂的可能手段。寄生晶粒的成核和生长也会在冷却过程中，由于 AlN 各向异性的热膨胀导致应变和晶体开裂，这可以通过合适的热场调节，即提高籽晶区域周围的温度来防止。

2.5 PVT 生长 AlN 体单晶的结构缺陷

对于任何体材料生长方法，得到的体单晶结构质量基本取决于籽晶质量和生长条件。来自籽晶内部和表面以及不合适的籽晶固定背面区域的缺陷，都将穿透到所生长晶体中来。当生长条件尚未稳定时，在籽晶表面或在生长最初阶段形成一些缺陷。生长过程中的缺陷是由于生长的不稳定造成的，如生长界面的过饱和以及热应力的局部变化，并通过高的温度与梯度、低压力和高生长速率强化。最后，冷却过程中的热应力可能导致滑移带形成（包括整排的基面位错）[89]或者甚至晶体外围的开裂[90]。

位错、小角晶界（LAGB）和反向畴的贯穿点可以用 KOH-NaOH 湿法化学蚀刻 Al 极性晶体基面和抛光晶圆来进行可视观察[91,92]，见图 2.5（a）。另一种有用的检测方法是 X 射线形貌技术[77,93,94]，见图 2.5（b）。在一些样品中，阴极射线成像也有成功应用[95]。一些穿透螺位错充当了螺旋生长的生长中心。如果密度较低时，所得到的螺旋可以延伸超过几平方毫米，并形成生长表面上的六角形小丘或圆台[45]。

 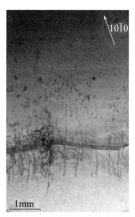

(a) 湿法化学蚀刻后Al极性(0001)面(籽晶生长)的扫描电子显微镜图

(b) 1mm厚基平面晶圆(自发成核晶体)的X射线透射形貌图像

图 2.5　AlN 体单晶中的位错

较大和较小的腐蚀坑分别表示穿透螺位错和混合/刃位错；显示出穿透位错的暗对比度（黑点）和基平面位错（黑色曲线）部分地进入应变区域（波纹状干涉对比度），因为生长表面有宏观台阶形成。注意图像底部和顶部的区域几乎无位错。

自发成核和自支撑晶体几乎可以达到零应变，并显示最高的结构完整性，其整体位错密度可以小于 $10^3 cm^{-2}$，而且不存在任何微管或体缺陷[77,78]。甚至在大面积和开放探测器的测量条件下，实现了摇摆曲线半高宽（FWHM）值为

12～20arcsec。晶体中的位错密度通常不均匀，基面位错主要因为局部形变而导致，例如在晶体边界或在宏观台阶处［参考图 2.5（b）］，而穿透位错通常在不稳定生长或缺陷处成核。另外，在一些较早的晶体中，人们也发现了高密度的微观夹杂，而这些夹杂也修饰着生长位错[93]。

AlN 体单晶通常为马赛克结构，特别是当其生长在有缺陷或非同质籽晶上时。AlN 生长初始阶段出现的几种生长中心导致倾斜的合并区域，这最终产生穿透刃位错组成的以 LAGB 为边界的子晶界[94,95]。一旦形成，籽晶的马赛克结构还会扩展到晶体生长中。不同区域之间的倾斜通常低于 100arcsec[1,3]，但在 SiC 籽晶上的生长会形成高达 0.5°的倾斜[83]以及表面的宏观六角形小丘[45,81]。另外在外部晶体区域直径增大过程中，可能形成 LAGB，其中有伴随多边形的棱柱面生长形成的横向扩展[96,89]。AlN 籽晶上生长 AlN 晶体的典型位错密度在 10^3～$10^5 cm^{-2}$ 范围内。

反向畴也可观察到，特别是在 SiC 籽晶生长的 AlN 晶体中[86,97]。它们可能源自不稳定生长而成核，并在后续生长中尺寸越来越大。

最后，AlN 体单晶会显示出畴结构。不同晶面的晶体具有不同的掺杂特性，从而相应的晶体畴——即在不同面上生长的晶体部分——显示出不同的光学（例如，传输和发光）和电学性能。由于明显的颜色差异，在抛光晶圆中，很容易区分这些畴[45,78,98]，如图 2.6 所示。晶体畴不以 LAGB 或其他结构缺陷作为分界。

(a) 侧视图，N 极性基面向上　(b) 顶部基面切割（毫米网格）显示出生长在 N 极性基面(中心区域)和棱面（外区）上的晶体部分　(c) 底部切割（毫米网格）显示出生长在 Al 极性基面（中心区）和 Al 极性锥面（外区）上的晶体部分

图 2.6　钨坩埚中生长的具有畴结构的自发成核、自支撑 AlN 体晶

2.6　AlN 衬底的杂质及相应性质

除了尺寸和结构质量，AlN 衬底应用于 UV 光电子的关键要求是，对发射/

探测波长光的高透过率。虽然因为氮化铝室温下的带隙约为 6.015eV，它应该对约 210nm 以上光透明[99]，但由于有深能级的光跃迁，这导致它在蓝光和紫外波长范围的宽吸收带。尽管人们已经认识到，这种光学性质是来自残留杂质如碳、硅、氧等，但基本的机制仍无定论[31,75,100~104]。除了化学分析，AlN 体单晶的电活性杂质浓度已经通过束缚激子发光[105,106]、电子顺磁共振[104,107,108]、红外光谱[103]和高温电阻率测量[75]等进行了评估。

由于高温升华生长中不可避免的沾污，从光学吸收或发光光谱中几乎不可能分离出不同杂质的影响。此外，本征缺陷（如空位）和缺陷团簇也会引起更多的光跃迁。人们对这些缺陷的形成及其掺杂依赖关系几乎不了解[109]，并且只有极少的技术[110,111]能用于验证其浓度。结果是，改善 AlN 体晶电学和光学性能的工作仍然集中于减少来自原料和装置材料的污染，而不是控制掺杂。

氧是源材料的主要污染物，它会在空气中的装/卸材料时引入生长室。在源材料中也发现了硅，尽管相比氧而言，硅杂质水平较低，但可能出现在 TaC 材料加热区中。碳主要通过加热区材料引入，如 TaC 坩埚、石墨托盘和石墨隔热部件。另一方面，晶体中的杂质含量受到加热区材料、晶体区即杂质并入面的影响。其结果是，纯钨配置和 Al 极性方向生长晶体比 TaC 坩埚中生长的 N 极性方向晶体的氧浓度和碳浓度要低很多，见表 2.1。需要注意的是，当要实现的目标是具有均匀吸收性质的衬底时，畴结构的形成也会带来问题。最后，杂质含量也依赖于生长温度[75]。

表 2.1 在不同区域的 AlN 体晶通过校准二次离子质谱法测得的杂质浓度典型值

（以 $10^{18}cm^3$ 为单位）[123]

编号	坩埚	畴	[O]	[Si]	[C]	参考文献
1	W	Al 极性(0001)	0.4	0.20	0.7	[45]
2	W	Al 极性{10$\bar{1}$3}	5.5	0.25	0.2	[45]
3	W	Al 极性{11$\bar{2}$5}	5	0.7	3.5	[45]
4	W	Al 极性(0001)	2.0	0.01	0.5	[112]
5	W	Al 极性{10$\bar{1}$2}	3.5	0.10	0.6	[112]
6	TaC	棱柱{10$\bar{1}$0}	7	0.03	6	[78]
7	TaC	N 极性(000$\bar{1}$)	30	0.1	5	[78]
8	TaC	N 极性(000$\bar{1}$)	20	5	30	[114]

图 2.7 示出表 2.1 中所列的 AlN 晶体光学吸收（OA）谱。晶体呈现出的约 2.8eV 的淡黄色宽 OA 带，主要由 N 极性（000$\bar{1}$）畴导致。因为它看上去并没有直接与单杂质浓度的关联，也有人怀疑是本征缺陷的作用[31,100,101]。人们推测 4.7eV 的陡峭 OA 带包括数个次级峰[112]，这主要出现在 TaC 坩埚生长晶体的光

谱中（且特别针对 SiC 籽晶上生长的晶体，参考文献 [44, 79]）。虽然该峰明显与晶体中的碳浓度相关，但对于形成该带的确切光跃迁，仍存在争议[45,103,113]。该带在氧或硅浓度明显超过碳污染的样品中并不存在，这将其指向费米能级的影响。5.3eV 以上单调增加的 OA 与 4.7eV 带相关，但无论如何，近带隙特征的出现都限制了 AlN 衬底对高于约 220nm 波长深紫外的有效透过率。最后，在某些褐色区域，可以观察到峰值位于约 4.0eV 的宽带，人们推测这是由于氧和/或本征缺陷引起的[112]。

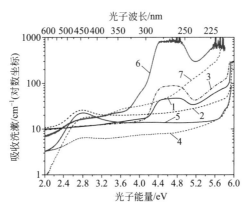

图 2.7　选取的 AlN 体晶体室温光吸收谱
样品编号对应表 2.1 中的序号[122]

4.7eV 吸收峰尤其对通过衬底进行光输出耦合的深紫外（250～280nm）发光器件十分不利。目前为止，PVT 法生长的抛光 AlN 的最好光吸收值（无反射修正）在局部点约 $8cm^{-1}$[112]，在整个黄色晶圆上约 $13cm^{-1}$，这些都是纯钨配置中生长的晶体（分别对应表 2.1 中的 4 号和 5 号）。与此相反，TaC 坩埚中生长的氮化铝几乎无法实现 265nm 吸收系数低于 $50cm^{-1}$（表 2.1 中 7 号）[78]。这需要人们在加工后将 AlN 衬底减薄到 $20\mu m$[50]，或者在衬底上沉积 HVPE 厚层（通常为 $250\mu m$），然后通过机械研磨除去衬底[21]。HVPE 生长的 AlN 在 265nm 的光吸收最佳报告值为 $6.6cm^{-1}$，这是在碳和氧浓度分别低于 $0.2\times10^{18}cm^{-3}$ 和 $0.4\times10^{18}cm^{-3}$ 的样品中测定的[114]。

使用高于带隙的激发，例如使用 193nm ArF 准分子激光器或通过电子显微镜的电子束辐照，我们可以观察到近带隙发光。低温下记录的激子发光揭示出材料的质量，如有关应变及位错密度的有用信息。此外，受主束缚激子发光的强度对应于相应受主（硅、氧）的浓度。然而，由于碳的显著补偿，导致激子发光快速湮灭，该技术目前只成功应用于纯钨配置的 AlN 体单晶[106]或同质外延 HPVE 层[105]。

AlN 陶瓷中低于带隙的发光，在紫外和电离辐射剂量分析应用中很有意义，但是也会产生深紫外发光器件不希望的副作用。氧和微量金属高度沾污的陶瓷样品显示出主要发光谱带大约为 2.1eV 和 2.8eV[115]。这些带也可以在 AlN 体晶体中观察到,另外还有 3.9eV 的发光谱带[45,116]。2.8eV 和 3.9eV 的带与样品的碳沾污相关[45,113,117]。在完全不同源的样品中都出现了 2.1eV 的发光,但是其起源目前仍不清楚。另一方面,在 SiC 上[79,118]或者纯钨配置中[98,101,119]所生长 AlN 的光谱中明显占主导的是 3.3~3.6eV 范围发光。通常的解释是,该带与浅施主(硅或氧)到 Al 空位或其络合物之间的跃迁有关[118,120]。显然,随着碳的浓度超过了浅施主的浓度,这些跃迁将淬灭。

AlN 晶体和衬底通常是不导电的。温度依赖的电导率测量显示,晶体在活化能为 0.6~1.0eV 范围的深能级处有强烈补偿[75,121]。但是电子照射后,晶体的不同区域表现出截然不同的荷电行为,如在扫描电子显微镜中所示[119]。温度依赖的自由载流子吸收测量表明,碳沾污可能导致半绝缘行为,而以氧杂质为主的淡黄色样品可能在高温下显示出很弱的导电性。

2.7 结论与展望

在过去 15 年,PVT 方法生长 AlN 体单晶已经从基础的输运实验中逐渐成熟,并得到了工业上可应用的多晶棒技术。在紫外光电热潮的推动下,研究目标集中在提供衬底材料,并主要侧重于晶体尺寸、工艺稳定性和良率。因此,这些进展几乎完全由实验室的工作推动,也就是解决技术问题如找到兼容的热区材料,找到用于提纯 AlN 起始材料的合适技术、最佳的生长条件以及减少缺陷形成、减少背部气化和寄生成核等。

虽然本章概述了这些问题的可能解决方案,一些重要的细节仍然是基于研究人员实验知识的专有技术。每个研究团队都受限于其开发的技术,尤其是坩埚材料和籽晶/长大的策略。SiC 籽晶上开发 AlN 的研究小组[44,45,49]已经展示了 2in 直径的单晶,但是要面对晶体的不均匀和结构缺陷,以及随后生长中直径保持的问题。另一方面,关注籽晶长大并探索高结构质量的团队[77,78]已经能够按照约每年仅 3mm 的速度来增加单晶的平均直径。

这给出 AlN 晶体和衬底未来发展至少两点重要的提示:首先,能够提供最先进衬底的团队仍然有限,因为新入者缺乏实验经验;第二,技术融合和进一步发展以及商业突破都取决于对 AlN 生长技术理解的进步,特别是污染和掺杂对晶体生长的影响。最后,高温度和低生长速率的 AlN PVT 生长会限制那些能使用 AlN 衬底材料独特性能并从中获益的应用。按照现在的情况来看,深紫外光电子就是其中之一。

致谢

作者感谢莱布尼茨晶体生长学会的 J. Wollweber, C. Hartmann, A Dittmar, K. Irmscher, T. Shulz, F. Langhans, S. Kollowa, C. Guguschev, M. Pietsch, A. Kwasniewski, M. Albrecht, M. Naumann, T. Neugut 和 U. Juda。作者还感谢德国埃尔兰根-纽伦堡大学材料科学 6 系的 B. M. Epelbaum, O. Filip, P. Heimann 和 A. Winnacker 在 AlN 体材料生长中的联合工作,专项工作现在仍在 Crystal-N 公司继续。

参考文献

[1] R. Dalmau, B. Moody, R. Schlesser, S. Mita, J. Xie, M. Feneberg, B. Neuschl, K. Thonke, R. Collazo, A. Rice, J. Tweedie, Z. Sitar, J. Electrochem. Soc. **158**, H530(2011).

[2] J. Tweedie, R. Collazo, A. Rice, J. Xie, S. Mita, R. Dalmau, Z. Sitar, J. Appl. Phys. **108**, 043526(2010).

[3] R. T. Bondokov, S. G. Mueller, K. E. Morgan, G. A. Slack, S. Schujman, M. C. Wood, J. A. Smart, L. J. Schowalter, J. Cryst. Growth **310**, 4020(2008).

[4] L. H. Dreger, V. V. Dadape, J. L. Margrave, J. Phys. Chem. **66**, 1556(1962).

[5] M. Levinshtein, S. Ruymantsev, M. Shur(eds.), *Properties of Advanced Semiconductor Materials*, GaN, AlN, InN, BN, SiC, SiGe(Wiley, New York, 2001). ISBN 978-0-471-35827-5.

[6] G. A. Slack, J. Phys. Chem. Solids **34**, 321(1973).

[7] G. A. Slack, T. F. McNelly, J. Cryst. Growth **34**, 263(1976).

[8] T. Baker, A. Mayo, Z. Veisi, P. Lu, J. Schmitt, Phys. Status Solidi C **11**, 373(2014).

[9] O. Kovalenkov, V. Soukhoveev, V. Ivantsov, A. Usikov, V. Dmitriev, J. Cryst. Growth **281**, 87(2005).

[10] Y. Katagiri, S. Kishino, K. Okuura, H. Miyake, K. Hiramatu, J. Cryst. Growth **311**, 2831(2009).

[11] Y. Kumagai, J. Tajima, M. Ishizuki, T. Nagashima, H. Murakami, K. Takada, A. Koukitu, Appl. Phys. Express **1**, 045003(2008).

[12] J. A. Freitas Jr, G. C. B. Braga, E. Silveira, J. G. Tischler, M. Fatemi, Appl. Phys. Lett. **83**, 2584(2003).

[13] T. Furusho, S. Ohshima, S. Nishino, Mater. Sci. Forum **389-393**, 1449(2002).

[14] R. Schlesser, Z. Sitar, J. Cryst. Growth **234**, 349(2002).

[15] K. Kamei, Y. Shirai, T. Tanaka, N. Okada, A. Yauchi, H. Amano, Phys. Status Solidi C **4**, 2211(2007).

[16] M. Bockowski, Cryst. Res. Technol. **36**, 771(2001).

[17] M. Yano, M. Okamoto, Y. K. Yap, M. Yoshimura, Y. Mori, T. Sasaki, Diam. Relat. Mater. **9**, 512(2000).

[18] Y. Kangawa, R. Toki, T. Yayama, B. M. Epelbaum, K. Kakimoto, Appl. Phys. Express **4**, 095501(2011).

[19] B. T. Adekore, K. Rakes, B. Wang, M. J. Callahan, S. Pendurti, Z. Sitar, J. Electron. Mater. **35**, 1104(2006).

[20] R. Dwilinski, R. Doradzinski, J. Garczynski, L. Sierzputowski, M. Palczewska, A. Wysmolek, M. Kaminska, MRS Internet J. Nitride Semicond. Res. **3**, 1(1998).

[21] T. Kinoshita, K. Hironaka, T. Obata, T. Nagashima, R. Dalmau, R. Schlesser, B. Moody, Xie, S. -I. Inoue, Y. Kumagai, A. Koukitu, Z. Sitar, Appl. Phys. Express **5**, 122101(2012).

[22] Fr. Briegleb, A. Geuther, Justus Liebigs Ann. Chem. **123**, 228(1877).

[23] W. Nakao, H. Fukuyama, K. Nagata, J. Am. Ceram. Soc. **84**, 889(2002).

[24] W. Werdecker, F. Aldinger, I. E. E. E. Trans, Hybrids Manuf. Technol. **7**, 399(1984).

[25] L. M. Sheppard, Am. Ceram. Soc. Bull. **69**, 1801(1990).

[26] G. A. Slack, M. R. S. Symp, Proc. **512**, 35(1998).

[27] K. M. Taylor, C. Lenie, J. Electrochem. Soc. **107**, 308(1960).

[28] H. -D. Witzke, Phys. Status Solidi **2**, 1109(1962).

[29] J. Pastrnak, L. Roskovcova, Phys. Status Solidi **7**, 331(1964)(in German).

[30] G. A. Cox, D. O. Cummins, K. Kawabe, R. H. Tredgold, J. Phys. Chem. Solids **28**, 543(1967).

[31] G. A. Slack, T. F. McNelly, J. Cryst. Growth **42**, 560(1977).

[32] G. A. Slack, *Aluminum Nitride Crystal Growth*, U. S. Air Force Office of Scientific Research(1979). DTIC document ADA085932(http://www.dtic.mil).

[33] W. W. Piper, S. J. Polich, J. Appl. Phys. **32**, 1278(1961).

[34] C. M. Balkas, Z. Sitar, T. Zheleva, L. Bergman, R. Nemanich, R. F. Davis, J. Cryst. Growth **179**, 363(1997).

[35] M. Tanaka, S. Nakahata, K. Sogabe, H. Nakata, M. Tobioka, Jpn. J. Appl. Phys. **36**, L1062(1997).

[36] J. C. Rojo, G. A. Slack, K. Morgan, B. Raghothamachar, M. Dudley, L. J. Schowalter, J. Cryst. Growth **231**, 317(2001).

[37] Yu. M. Tairov, Mater. Sci. Eng. B **29**, 83(1995).

[38] R. Schlesser, R. Dalmau, D. Zhuang, R. Collazo, Z. Sitar, J. Cryst. Growth **281**, 75(2005).

[39] R. Dalmau, B. Raghothamachar, M. Dudley, R. Schlesser, Z. Sitar, MRS Symp. Proc. **798**, Y2. 9(2004).

[40] B. Liu, J. H. Edgar, Z. Gu, D. Zhuang, B. Raghothamachar, M. Dudley, A. Sarua, M. Kuball, H. M. Meyer III, MRS Internet J. Nitride Semicond. Res. **9**, 6(2004).

[41] G. A. Slack, J. Whitlock, K. Morgan, L. J. Schowalter, MRS Symp. Proc. **798**, Y10. 74(2004).

[42] B. M. Epelbaum, M. Bickermann, A. Winnacker, J. Cryst. Growth **275**, e479(2005).

[43] S. G. Mueller, R. T. Bondokov, K. E. Morgan, G. A. Slack, S. B. Schujman, J. Grandusky, J. A. Smart, L. J. Schowalter, Phys. Status Solidi A **206**, 1153(2009).

[44] R. R. Sumathi, P. Gille, Jpn. J. Appl. Phys. **52**, 08JA02(2013).

[45] M. Bickermann, B. M. Epelbaum, O. Filip, B. Tautz, P. Heimann, A. Winnacker, Phys. Status Solidi C **9**, 449(2012).

[46] Z. G. Herro, D. Zhuang, R. Schlesser, Z. Sitar, J. Cryst. Growth **312**, 2519(2010).

[47] I. Nagai, T. Kato, T. Miura, H. Kamata, K. Naoe, K. Sanada, H. Okumura, J. Cryst. Growth **312**, 2699(2010).

[48] M. Miyanaga, N. Mizuhara, S. Fujiwara, M. Shimazu, H. Nakahata, T. Kawase, J. Cryst. Growth **300**, 45(2007).

[49] Yu. N. Makarov, O. V. Avdeev, I. S. Barash, D. S. Bazarevskiy, T. Yu. Chemekova, E. N. Mokhov,

S. S. Nagalyuk, A. D. Roenkov, A. S. Segal, Yu. A. Vodakov, M. G. Ramm, S. Davis, G. Huminic, H. Helava, J. Cryst. Growth **310**, 881(2008).

[50] J. R. Grandusky, J. Chen, S. R. Gibb, M. C. Mendrick, C. G. Moe, L. Rodak, G. A. Garrett, M. Wraback, L. J. Schowalter, Appl. Phys. Express **6**, 032101(2013).

[51] R. Collazo, S. Mita, J. Xie, A. Rice, J. Tweedie, R. Dalmau, Z. Sitar, Phys. Status Solidi C **8**, 2031(2011).

[52] T. Wunderer, C. L. Chua, Z. Yang, J. E. Northrup, N. M. Johnson, G. A. Garrett, H. Shen, M. Wraback, Appl. Phys. Express **4**, 092101(2011).

[53] M. Kneissl, Z. Yang, M. Teepe, C. Knollenberg, O. Schmidt, P. Kiesel, N. M. Johnson, S.Schujman, L. J. Schowalter, J. Appl. Phys. **101**, 123103(2007).

[54] M. Martens, F. Mehnke, C. Kuhn, C. Reich, V. Kueller, A. Knauer, C. Netzel, C. Hartmann, J. Wollweber, J. Rass, T. Wernicke, M. Bickermann, M. Weyers, M. Kneissl, IEEE Photonics Lett. **26**, 342(2014).

[55] J. Xie, S. Mita, Z. Bryan, W. Guo, L. Hussey, B. Moody, R. Schlesser, R. Kirste, M. Gerhold, R. Collazo, Z. Sitar, Appl. Phys. Lett. **102**, 171102(2013).

[56] T. Erlbacher, M. Bickermann, B. Kallinger, E. Meissner, A. J. Bauer, L. Frey, Phys. Status Solidi C **9**, 968(2012).

[57] G. Bu, D. Ciplys, M. Shur, L. J. Schowalter, S. Schujman, R. Gaska, IEEE Trans. Ultrasonics Ferroelectr. Freq. Control **53**, 251(2006).

[58] X. Hu, J. Deng, N. Pala, R. Gaska, M. S. Shur, C. Q. Chen, J. Yang, G. Simin, M. A. Khan, J.C. Rojo, L. J. Schowalter, Appl. Phys. Lett. **82**, 1299(2003).

[59] A. Dobrinsky, G. Simin, R. Gaska, M. Shur, ECS Trans. **58**(4), 129(2013).

[60] L. Siang-Chung, Mater. Sci. Lett. **16**, 759(1997).

[61] Y. Li, D. W. Brenner, Phys. Rev. Lett. **92**, 075503(2004).

[62] B. M. Epelbaum, M. Bickermann, S. Nagata, P. Heimann, O. Filip, A. Winnacker, J. Cryst.Growth **305**, 317(2007).

[63] V. Noveski, R. Schlesser, S. Mahajan, S. Beaudoin, Z. Sitar, J. Cryst. Growth **264**, 369(2004).

[64] Q. -S. Chen, V. Prasad, H. Zhang, M. Dudley, in: K. Byrappa, T. Ohachi(eds.), *Crystal Growth Technology*(Springer, Berlin, 2005). ISBN 978-3-540-00367-0, chap. 7.

[65] S. Yu. Karpov, D. V. Zimina, Yu. N. Makarov, E. N. Mokhov, A. D. Roenkov, M. G. Ramm, Yu. A. Vodakov, Phys. Status Solidi A **176**, 435(1999).

[66] A. S. Segal, S. Yu. Karpov, Yu. N. Makarov, E. N. Mokhov, A. D. Roenkov, M. G. Ramm, Yu. A. Vodakov, J. Cryst. Growth **211**, 68(2000).

[67] P. Heimann, B. M. Epelbaum, M. Bickermann, S. Nagata, A. Winnacker, Phys. Status Solidi C **3**, 1575(2006).

[68] S. Yu. Karpov, A. V. Kulik, I. N. Przhevalskii, M. S. Ramm, Yu. N. Makarov, Phys. Status Solidi C **0**, 1989(2003).

[69] M. Albrecht, J. Wollweber, M. Rossberg, M. Schmidbauer, C. Hartmann, R. Fornari, Appl.Phys. Lett. **88**, 211904(2006).

[70] Z. G. Herro, D. Zhuang, R. Schlesser, R. Collazo, Z. Sitar, J. Cryst. Growth **286**, 205(2006).

[71] M. Bickermann, B. M. Epelbaum, A. Winnacker, Phys. Status Solidi C **2**, 2044(2005).

[72] A. Dittmar, C. Guguschev, C. Hartmann, S. Golka, A. Kwasniewski, J. Wollweber, R. Fornari, J.Eur. Ceram. Soc. **31**, 2733(2011).

[73] C. Hartmann, J. Wollweber, M. Albrecht, I. Rasin, Phys. Status Solidi C **3**, 1608(2006).

[74] C. Guguschev, A. Dittmar, E. Moukhina, C. Hartmann, S. Golka, J. Wollweber, M. Bickermann, R. Fornari, J. Cryst. Growth **360**, 185(2012).

[75] M. Bickermann, B. M. Epelbaum, A. Winnacker, J. Cryst. Growth **269**, 432(2004).

[76] B. M. Epelbaum, C. Seitz, A. Magerl, M. Bickermann, A. Winnacker, J. Cryst. Growth **265**, 577(2004).

[77] B. Raghothamachar, J. Bai, M. Dudley, R. Dalmau, D. Zhuang, Z. Herro, R. Schlesser, Z. Sitar, B. Wang, M. Callahan, K. Rakes, P. Konkapaka, M. Spencer, J. Cryst. Growth **287**, 349(2006).

[78] C. Hartmann, J. Wollweber, A. Dittmar, K. Irmscher, A. Kwasniewski, F. Langhans, T. Neugut, M. Bickermann, Jpn. J. Appl. Phys. **52**, 08JA06(2013).

[79] M. Bickermann, O. Filip, B. M. Epelbaum, P. Heimann, M. Feneberg, B. Neuschl, K. Thonke, E. Wedler, A. Winnacker, J. Cryst. Growth **339**, 13(2012).

[80] R. R. Sumathi, P. Gille, Cryst. Res. Technol. **47**, 237(2012).

[81] O. Filip, B. M. Epelbaum, M. Bickermann, P. Heimann, S. Nagata, A. Winnacker, Mater. Sci. Forum **615-617**, 983(2009).

[82] C. Hartmann, M. Albrecht, J. Wollweber, J. Schuppang, U. Juda, Ch. Guguschev, S. Golka, A. Dittmar, R. Fornari, J. Cryst. Growth **344**, 19(2012).

[83] M. Bickermann, B. M. Epelbaum, O. Filip, P. Heimann, S. Nagata, A. Winnacker, Phys. Status Solidi C **5**, 1502(2008).

[84] B. M. Epelbaum, M. Bickermann, A. Winnacker, Mater. Sci. Forum **433-436**, 983(2003).

[85] D. Zhuang, Z. G. Herro, R. Schlesser, Z. Sitar, J. Cryst. Growth **287**, 372(2006).

[86] O. Filip, B. M. Epelbaum, M. Bickermann, P. Heimann, A. Winnacker, J. Cryst. Growth **318**, 427(2011).

[87] D. Hofmann, M. Bickermann, W. Hartung, A. Winnacker, Mater. Sci. Forum **338-342**, 445(2000).

[88] H. Helava, E. N. Mokhov, O. A. Avdeev, M. G. Ramm, D. P. Litvin, A. V. Vasiliev, A. D. Roenkov, S. S. Nagalyuk, Yu. N. Makarov, Mater. Sci. Forum **740-742**, 85(2013).

[89] R. Dalmau, B. Moody, J. Xie, R. Collazo, Z. Sitar, Phys. Status Solidi A **208**, 1545(2011).

[90] R. T. Bondokov, K. E. Morgan, R. Shetty, W. Liu, G. A. Slack, M. Goorsky, L. J. Schowalter, MRS Symp. Proc. **892**, FF30-03(2006).

[91] D. Zhuang, J. H. Edgar, Mater. Sci. Eng. R **48**, 1(2005).

[92] M. Bickermann, S. Schmidt, B. M. Epelbaum, P. Heimann, S. Nagata, A. Winnacker, J. Cryst. Growth **300**, 299(2007).

[93] B. Raghothamachar, M. Dudley, J. C. Rojo, K. Morgan, L. J. Schowalter, J. Cryst. Growth **250**, 244(2003).

[94] B. Raghothamachar, Y. Yang, R. Dalmau, B. Moody, S. Craft, R. Schlesser, M. Dudley, Z. Sitar, Mater. Sci. Forum **740-742**, 91(2013).

[95] M. Bickermann, S. Schimmel, B. M. Epelbaum, O. Filip, P. Heimann, S. Nagata, A. Winnacker, Phys. Status Solidi C **8**, 2235(2011).

[96] R. T. Bondokov, K. E. Morgan, R. Shetty, W. Liu, G. A. Slack, M. Goorsky, L. J. Schowalter, MRS Symp. Proc. **892**, FF30-03(2006).

[97] R. Dalmau, R. Schlesser, Z. Sitar, Phys. Status Solidi C **2**, 2036(2005).

[98] M. Bickermann, P. Heimann, B. M. Epelbaum, Phys. Status Solidi C **3**, 1902(2006).

[99] M. Feneberg, R. A. R. Leute, B. Neuschl, K. Thonke, M. Bickermann, Phys. Rev. B **82**, 075208

[100] G. A. Slack, L. J. Schowalter, D. Morelli, J. A. Freitas Jr, J. Cryst. Growth **246**, 287(2002).

[101] M. Bickermann, B. M. Epelbaum, O. Filip, P. Heimann, S. Nagata, A. Winnacker, Phys. Status Solidi B **246**, 1181(2009).

[102] L. Gordon, J. L. Lyons, A. Janotti, C. G. Van de Walle, Phys. Rev. B **89**, 085204(2014).

[103] K. Irmscher, C. Hartmann, C. Guguschev, M. Pietsch, J. Wollweber, M. Bickermann, J. Appl. Phys. **114**, 123505(2013).

[104] N. T. Son, M. Bickermann, E. Janzén, Appl. Phys. Lett. **98**, 092104(2011).

[105] B. Neuschl, K. Thonke, M. Feneberg, S. Mita, X. Xie, R. Dalmau, R. Collazo, Z. Sitar, Phys. Status Solidi B **249**, 511(2012).

[106] M. Feneberg, R. A. R. Leute, B. Neuschl, K. Thonke, M. Bickermann, Phys. Rev. B **82**, 075208(2010).

[107] S. B. Orlinskii, J. Schmidt, P. Baranov, M. Bickermann, B. M. Epelbaum, A. Winnacker, Phys. Rev. Lett. **100**, 256404(2008).

[108] S. M. Evans, N. C. Giles, L. E. Halliburton, G. A. Slack, S. B. Shujman, L. J. Schowalter, Appl. Phys. Lett. **88**, 062112(2006).

[109] C. Stampfl, C. G. van de Walle, Phys. Rev. B **65**, 155212(2002).

[110] N. T. Son, A. Gali, Á. Szabó, M. Bickermann, T. Ohshima, J. Isoya, E. Janzén, Appl. Phys. Lett. **98**, 242116(2011).

[111] F. Tuomisto, J.-M. Mäki, T. Yu. Chemekova, Yu. N. Makarov, O. V. Avdeev, E. N. Mokhov, A. S. Segal, M. G. Ramm, S. Davis, G. Huminic, H. Helava, M. Bickermann, B. M. Epelbaum, J. Cryst. Growth **310**, 3998(2008).

[112] M. Bickermann, B. M. Epelbaum, O. Filip, P. Heimann, S. Nagata, A. Winnacker, Phys. Status Solidi C **7**, 21(2010).

[113] R. Collazo, J. Xie, B. E. Gaddy, Z. Bryan, R. Kirste, M. Hoffmann, R. Dalmau, B. Moody, Y. Kumagai, T. Nagashima, Y. Kubota, T. Kinoshita, A. Koukitu, D. L. Irving, Z. Sitar, Appl. Phys. Lett. **100**, 191914(2012).

[114] T. Nagashima, Y. Kubota, T. Kinoshita, Y. Kumagai, J. Xie, R. Collazo, H. Murakami, H. Okamoto, A. Koukitu, Z. Sitar, Appl. Phys. Express **5**, 125501(2012).

[115] L. Trinkler, B. Berzina, in: *Advances in Ceramics: Characterization, Raw Materials, Processing, Properties, Degradation and Healing*, C. Sikalidis(ed.), InTech Open Access Book(2011). ISBN 978-953-307-504-4, chap. 4.

[116] A. Sedhain, L. Du, J. H. Edgar, J. Y. Lin, H. X. Jiang, Appl. Phys. Lett. **95**, 262104(2009).

[117] B. E. Gaddy, Z. Bryan, I. Bryan, R. Kirste, J. Xie, R. Dalmau, B. Moody, Y. Kumagai, T. Nagashima, Y. Kubota, T. Kinoshita, A. Koukitu, Z. Sitar, R. Collazo, D. L. Irving, Appl. Phys. Lett. **103**, 161901(2013).

[118] T. Schulz, M. Albrecht, K. Irmscher, C. Hartmann, J. Wollweber, R. Fornari, Phys. Status Solidi B **248**, 1513(2011).

[119] M. Bickermann, B. M. Epelbaum, O. Filip, P. Heimann, M. Feneberg, S. Nagata, A. Winnacker, Phys. Status Solidi C **7**, 1743(2010).

[120] T. Mattila, R. M. Nieminen, Phys. Rev. B **55**, 9571(1997).

[121] K. Irmscher, T. Schulz, M. Albrecht, C. Hartmann, J. Wollweber, R. Fornari, Phys. B **401-402**, 323(2007).

[122] 请注意，样品 6 和 7 的吸收光谱与[78]中所示的吸收光谱不同，因为它们在几乎相同杂质浓度的类似晶体上测量。此外，700cm^{-1}以上（样品 6）的吸收系数含有测量伪像。

[123] 对样品 1 至 7 的硅浓度进行校正，以反映出在已发表参考文献[75,78,112]中所引用值之后发现的校准误差。

第3章

蓝宝石衬底上氮化物 UV 发光器件用 AlGaN 层气相外延

Eberhard Richter，Sylvia Hagedorn，Arne Knauer 和 Markus Weyers[❶]

摘要

低位错密度、UV 透明、晶格匹配衬底如 AlN 和 AlGaN 是 UV-LED 结构外延生长的期望。但由于缺乏质优价廉的 UV 透明 AlN 体衬底，相对便宜和容易获得的蓝宝石衬底上，异质外延生长氮化铝基层是大多数 UVB-LED 和 UVC-LED 的常用方法。本章给出对金属有机物气相外延（MOVPE）AlN 层和氢化物气相外延（HVPE）AlGaN 层生长、应变管理和位错降低技术的深入探讨。对 MOVPE 和 HVPE 而言，图形化衬底上横向外延生长都是增加无裂纹层厚度的一项重要技术，这是改进 UV-LED 性能的重要途径。

[❶] E. Richter，S. Hagedorn，A. Knauer，M. Weyers
  费迪南德-布朗学院，莱布尼茨高频技术学院，古斯塔夫-基尔霍夫第 4 街，12489，德国柏林
  电子邮箱：eberhard.richter@fbh-berlin.de
  S. Hagedorn
  电子邮箱：sylvia.hagedorn@fbh-berlin.de
  A. Knauer
  电子邮箱：arne.knauer@fbh-berlin.de
  M. Weyers
  电子邮箱：markus.weyers@fbh-berlin.de

3.1 简介

选择合适的衬底是Ⅲ族氮化物技术的出发点，因为缺乏进行同质外延使用的单晶衬底或可用性有限，而且二元 AlN、GaN 和 InN 之间的晶格常数差距相当大。例如，电子-空穴对在近带隙能量复合的发光波长（AlN 在 210nm 而 GaN 在 365nm。）覆盖了紫外光谱的主要部分，但 AlN 和 GaN 的面内晶格常数的差异高达 2.4%。因此，器件层结构的同质外延和赝配生长决定了 AlN 衬底可用于 210~280nm 范围，GaN 衬底用于 340~400nm 以上，但 365nm 以下就存在着吸收和张应变的缺点。由于晶格弛豫，在其余波长范围即 UVB 部分或者更厚的弛豫层结构中，必须应对相当大密度穿透位错（TDD）的形成。因此，当前使用蓝宝石（而不是 AlN 或 GaN）作为衬底材料，尽管有大的晶格失配和另外的缺点——大的热膨胀系数失配而导致接近的 TDD，但却提供了几乎无限的可用性优势。蓝宝石以及其上的异质外延生长将是本章后面的重点。本章第一部分讨论使用金属有机物气相外延（MOVPE）生长 UV 器件层结构用模板，第二部分包括氢化物气相外延（HVPE）尝试生长厚 AlGaN 层，特别是针对 UVB 波长区间。在 UV 区域中，由于受激发载流子在位错处的非辐射复合，高的 TDD 导致内量子效率（IQE）的急剧下降。此外，位错会捕获载流子并阻碍载流子的输运。对于高的 Al 组分，低 TDD 是获得合理 n 型掺杂的先决条件[1]。这种行为使得外量子效率（EQE）随发光波长从 UVA 到 UVB 剧烈下降，如图 3.1 所示。人们已经通过仿真和实验证明了 TDD 必须低于 $7 \times 10^8 \mathrm{cm}^{-2}$，才能避免 IQE 限制 EQE 低于 50%[2,3]。在 UVC 范围内，相比 UVB 而言，具有低 TDD 的 AlN

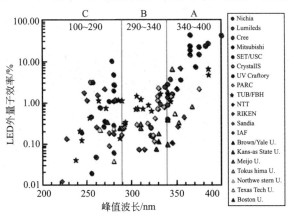

图 3.1 根据已发表 UV-LED 数据采集的 UV-LED 外量子效率与发光波长关系[4]

或弛豫 AlN 缓冲层上的赝配生长首先会有较高的 IQE/EQE，但对于更高的 Al 组分，EQE 会由于量子阱中载流子限制的减小以及 TM 偏振光部分增加，导致提取效率降低而再次减小。

3.2 MOVPE 生长 Al(Ga)N 缓冲层

UV 发光器件的层结构主要通过 MOVPE 制作[5]，因此使用该技术在蓝宝石上异质外延缓冲层也就更加直接[3]。多家设备供应商可以提供高产能的生产型 MOVPE 反应器。取决于反应器设计、生长条件和半导体材料的不同，生长速率通常高达 10μm/h。金属有机物前驱体像三甲（乙）基镓（TMG，TEG）和三甲（乙）基铝（TMAl，TEAl）用作Ⅲ族源，通常在热解后与过量供给的Ⅴ族原料气体氨气反应。然而，一旦直接开始所需组分的三元化合物半导体 AlGaN 生长，就意味着在大晶格失配和大热膨胀系数失配异质外延基本问题上，再增加 Al/Ga 浓度局部变化的复杂性[6]。如果不是碰巧两种晶格旋转 30°而导致只有 13% 的晶格失配，AlN 和（0001）蓝宝石之间的晶格失配将是 35%[7,8]。因此，AlN 在 c 面蓝宝石上的临界厚度小于 1 个单层，并且很快在界面处形成高密度的位错（图 3.2）。实践中，蓝宝石衬底在氢气中热退火之后，通常首先使用 600～1000℃ 的低到中等温度和大于 1000 的高Ⅴ/Ⅲ比，生长厚度高达 200nm 的缓冲层，或者直接在超过 1100℃ 的高温下生长 AlN。相比 GaN 镓而言，使用 AlN 缓冲层[9]，高温生长 AlN 层的特点具有更低的横向生长速度[10]。

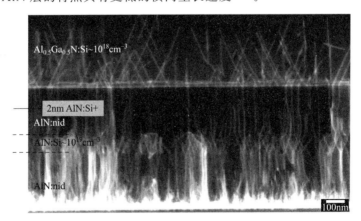

图 3.2 透射电子显微镜环形暗场模式（TEM-ADF）记录的 MOVPE 生长的 n-Al$_{0.5}$Ga$_{0.5}$N/AlN/蓝宝石的截面显微照片（其中包含 Si 浓度 $1×10^{19}$ cm^{-3} 和 $4×10^{19}$ cm^{-3} 的两个 Si 掺杂插入层[12]）

因此，大量独立小晶粒的合并会导致具有倾斜和扭曲的马赛克结构，而来自不同畴之间的边界会产生 $10^{10}\,\mathrm{cm}^{-2}$ 以上的穿透位错密度。源于不同晶粒方向的这些位错会在几百纳米后湮灭，但大部分仍然保留下来。针对更高横向生长速率，近年来引入了脉冲 NH_3 生长和实现了 1200～1400℃ 高温 MOVPE，可以产生更均匀的取向和更大的 AlN 区域，帮助减少了 TDD[11]。此外，人们发现通常氧终止的蓝宝石表面是稳定的，这需要在氢气氛下加热到高于 1050℃ 时才会产生 Al-H 终止并重构表面。研究发现这样的表面允许按照如下规律外延生长：

$$(0001)_{\mathrm{AlN}} \parallel (0001)_{\alpha\text{-}Al_2O_3} \text{ 和 } [2\bar{1}\bar{1}0]_{\mathrm{AlN}} \parallel [1\bar{1}00]_{\alpha\text{-}Al_2O_3}$$

但是小的附加旋转引起畴之间扭曲 3°～4° 的小角晶界，而且人们也观察到了等距的刃位错阵列[13]。这些小角晶界可通过使用台阶长度精确的蓝宝石衬底或通过适当的斜切[13]或表面粗化[14]或生长前预处理表面，来干扰蓝宝石表面重建，弱化外延法则从而得以避免。对于后者，已发现 TMAl 流量的预处理可以帮助取得均匀的 Al 终止表面，可用于随后 Al 极性 AlN 层的生长[15~17]。Al 和 N 极性畴的共存会产生粗糙形貌，因为 N 极性方向的生长速率远比金属极性方向的速率低[18,19]。第一步生长完 AlN 缓冲层后，可以将晶圆加热到 1200～1400℃ 生长温度，采用通常减小 V/Ⅲ 比到如 50～250 从而加强横向生长和晶粒合并。生长后期，可以通过降低生长温度到约 1100℃ 和使用低 V/Ⅲ 比来获得光滑的表面[17]。TDD 由于位错湮灭，随着厚度增加而减小，这是张应变在 AlN 层中积累的原因[21]。该应变导致随着层厚增加，曲率增加，而蓝宝石起始的凹形主要由蓝宝石的高温背面和气体冷却正面之间的温度差决定（图 3.3）。蓝宝石上 AlN 层开裂的典型临界层厚度为 1～1.5μm，同时 TDD 在 10^9～$10^{10}\,\mathrm{cm}^{-2}$ 范围[17]。进一步减小 TDD 到 $10^8\,\mathrm{cm}^{-2}$ 或以下，是改善 Al（Ga）N 量子阱结构内量子效率的需要[22]。然而，AlN 缓冲层上生长超过临界厚度的非赝配 $Al_xGa_{1-x}N$ 层，会由于晶格失配导致产生约 $10^{10}\,\mathrm{cm}^{-2}$ 密度的新位错。可以通过再次生长数微米

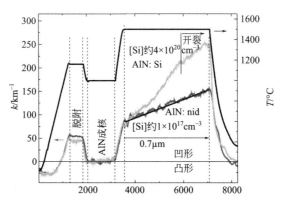

图 3.3 MOVPE 生长的蓝宝石上，非有意和 Si 掺杂 AlN 的原位曲率 k 和工艺温度 T 数据 [通过 EpiCurveTT™（LayTec 公司）记录[20]]

AlGaN 而湮灭来降低 TDD，但仍然会存在大约 $10^{10}\,\mathrm{cm^{-2}}$ 范围的位错[23]。因此，需要开发不同的生长机理。

3.3 减少 MOVPE 生长 Al（Ga）N 层 TDD 的技术

目前在 UV-LED 外延中，使用的 UVA 范围内的 GaN、UVC 范围内透明的 AlN 模板以及 UVB 范围内合金 AlN 组分为 $50\%\sim80\%$ 的 AlGaN 模板，具有 $10^8\,\mathrm{cm^{-2}}$ 中位的 TDD 合理值。一个有用的优值是不同反射面 X 射线摇摆曲线的宽度，它同时也包括了对于整个晶体质量的评价[24]。使用几平方毫米尺寸的大面积和双轴衍射几何配置，适合获得有意义的数据。（0002）面对称反射和（$30\bar{3}2$）面倾斜对称反射的半高宽应分别低于 150arcsec 和 450arcsec。对于未来的高端器件，会有更高的要求，需要低于 $10^6\,\mathrm{cm^{-2}}$ 的位错密度，从而得到（0002）和（$10\bar{1}2$）反射的 FWHM 低于 40arcsec[25]。

通常使用硅烷和氨分解形成的原位 SiN_x 掩模来减少 GaN 中的缺陷[26]。这些原位掩模可以通过横向外延生长，部分地阻挡位错的垂直传播[6]。这种方法也可以用于 UVA 范围内 x 低于 0.4 的 $Al_xGa_{1-x}N$ 化合物[27]，但并没有任何报道成功应用于 UVB 中必需的铝组分。对于 UVA 范围内，减少层材料 TDD 的另一个有效方法是利用生长温度下（0001）蓝宝石和 $x\approx0.22$ 的 c 面 $Al_xGa_{1-x}N$ 层之间表面网格相干的巧合[28]。其他成功方法包括使用低温 AlN 层或开槽的 AlGaN 层用于后续 $Al_xGa_{1-x}N$ 二次生长来减少 TDD[29~32]。对 UVB 器件，TDD 减小可以通过在 AlN 缓冲层[20]或蓝宝石上图形化 AlGaN 层[31]上继续生长更厚、压应变的 $Al_xGa_{1-x}N$ 层（$x\approx0.4\sim0.7$）来实现。如果进行了掺杂，此 AlGaN 缓冲层也可以作为器件的接触层。已证明交替的 Al（Ga）N/（Al）GaN 短周期超晶格可以通过位错的倾斜和部分位错消失，来容纳赝配生长薄层超晶格的应变。因此，已经实现具有 $10^9\,\mathrm{cm^{-2}}$ 量级 TDD 的几微米厚 AlGaN[33]。减少 TDD 的另一种方法是利用位错倾斜引起的湮灭增强，这可以用图 3.2 所示的具有 $10^{19}\,\mathrm{cm^{-3}}$ 掺杂水平的 Si 掺杂 AlN 插入层。这种方法只适用于 TDD 高达 $10^{10}\,\mathrm{cm^{-2}}$ 范围的层。但是即便 TDD 仅减少一半，也会因为张应变增大而导致开裂的临界厚度降低，如图 3.3 所示。

对于 UVC 器件，AlN 衬底提供了很低的位错密度，只要器件层结构在赝配生长过程中没有产生新的位错，这就对于器件性能有好处。然而，这种方法的挑战是氮化铝衬底的成本和吸收带。随厚度增加的位错湮灭有望让蓝宝石上的厚缓冲层实现较低位错密度。然而，由于张应变导致的裂纹形成是其挑战[11,34]。在蓝宝石上获得低 TDD 厚 AlN 层的一种方法是，通过脉冲 NH_3 流量生长形成粗糙表面,然后通过连续流量高速生长模式和适中温度下合并,以减小 TDD 和粗糙度。稳定的铝面+c 极性通过使用富铝条件生长来实现。通过重复这个过程,可以在 $5\mu m$ 左右的厚 AlN 中获得低于 $8\times10^8 cm^{-2}$ 的 TDD[35]。然而,粗糙和平整似乎只有很小的参数窗口,使得难以在不同反应器中广泛使用。另一种方法是采用沟槽图案 AlN/蓝宝石衬底[36~39]或自组装图案 AlN 纳米棒[40]。减小 TDD 和增加临界厚度是通过在沟槽或棒上形成跨空气桥的外延横向生长(ELO 或桥接生长)来实现的。由于铝化合物的高黏性,使用图形化 AlN 代替掩模材料是用于防止掩模上的多晶生长。典型图形是沿<$11\bar{2}0$>蓝宝石或<$1\bar{1}00$>AlN 方向的条纹分别使用 $1\sim4\mu m$ 宽的脊和 $0.5\sim7\mu m$ 的槽。横向生长沿 a 方向进行,从而使得沿 c 面取向的表面光滑(图 3.4)。倾斜的位错可以在空气隙自由内表面上终止或者湮灭。沿横向生长方向蓝宝石的斜切能够支持 AlN 层可重复的合并[41,42]。如果斜切角度大于或等于 $0.15°$,会在合并点形成宏观台阶。透射电子显微镜显示,倾斜的穿透位错起始于合并点并终结于宏观台阶。宏观台阶在合并沿表面传播的过程中产生,根据动力学,在其拐角处会捕获大多数位错[图 3.4(a)]。而在较小斜切或取向偏离 a 方向的样品中[图 3.4(b)],由于台阶高度太小而无法捕获位错。人们常常可以观察到合并点处发生的晶界倾斜。垂直传播的位错可以弯曲成这样的晶界,而当宏观台阶跨越位错富集区域时,这样的层可以进一步实现 TDD 减少到 $10^7 cm^{-2[42]}$,如图 3.4(a)所示。在沟槽图形化的 AlN 模板中,可以观察到脊形处富集的条状 TDD 分布。更均匀的 TDD 分布和避免宏观台阶出现可以通过纳米棒来实现。这两种情况下,总厚度 $4\sim5\mu m$ AlN 的 TDD 通常在中位 $10^8 cm^{-2}$ 范围。当氮化铝/蓝宝石模板从 $1100\sim1400℃$生长温度冷却下来时,热膨胀系数较大的 AlN 厚度产生很大的凸起弯曲。合并点的 AlN 层厚

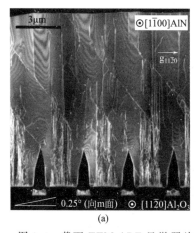
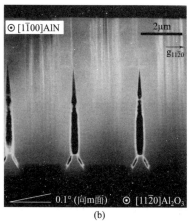

图 3.4 截面 TEM-ADF 显微照片[揭示出生长在向 m 面 $0.25°$斜切 (a)和向 m 面 $0.1°$斜切(b)蓝宝石上 ELO-AlN 层,包括合并晶界之间倾斜和垂直取向界面的穿透位错(TD)行为[42]]

度和空隙大小可以通过生长温度和Ⅴ/Ⅲ比来控制。在较低温度、较高Ⅴ/Ⅲ比[37,41,43]或添加抗表面活性剂硅[44]时，人们观察到较低的横向生长速率从而使得合并滞后。从TDD在$10^8 cm^{-2}$中位范围的5～15μm厚AlN层上，人们开始生长了具有相近TDD的$Al_{0.8}Ga_{0.2}N$层和量子阱结构[45]，获得了UVB和UVC范围内量子效率改善的发光[43,46,47]。由于AlN相对于蓝宝石有更好的热导率，厚AlN基层对沉积在其上的大功率器件热阻很有好处。即使对于倒装芯片器件，至少也有20%的热量要通过衬底散去[47]。

3.4 HVPE生长AlGaN层

氢化物气相外延（HVPE）有很高的生长速率，金属有机物气相外延（MOVPE）AlGaN受限于预反应是无法达到的[48]，因此HVPE是一种很有前途的厚缓冲层技术。然而，未来HVPE生长AlGaN的用途尚不完全清楚，因为通过HVPE生长此三元化合物仍有很大挑战，并且没有可用商用设备。目前只有几个小组基于不同目标在进行，如Mg掺杂AlGaN壳纳米线生长[49]，AlGaN中间层改善半极性GaN的后续生长[50]，UV-LED异质结构的生长[51]，无荧光粉直接白色发光的LED异质结构[52]，AlGaN基垂直结构LED[53]，AlGaN缓冲层用于UVB-LED异质结构降低位错密度[52,54]，Al（Ga）N缓冲层的UVC-LED异质结构[55]，或者用于器件的高透明AlN衬底[56~61]。不仅目标，生长技术和使用的衬底在这些活跃团队之间也有很大差异。我们将简要总结这些议题，但接下来的大部分内容将集中讨论使用常规石英管设备和c面蓝宝石作为起始衬底的生长过程以及遭遇的挑战。基于早期开展的HVPE氮化镓[62]和AlN[63]工作，实验条件已经基本不会改变。对于GaN和AlN，至少有望实现通过HVPE大规模和高质量结构层的均匀沉积，但对于三元化合物AlGaN仍然很有挑战。

3.4.1 HVPE技术基础

与MOVPE不同的是，HVPE用气态卤化物作为Ⅲ族反应物，通常由金属和卤素在工艺过程中形成。在氮化物的HVPE中，NH_3是Ⅴ族源。气体反应物通过载气在开管热壁反应器中输运，使得能够以最小侧壁沉积来持续生长。该过程通常包括在不同温度源区中形成Ⅲ族卤化物和在衬底区形成目标晶体层。HVPE往往允许主要靠Ⅲ族源和温度将生长速率控制在几个数量级范围内。然而，相对于MOVPE，源区大流量气体的切换往往很缓慢。生长层的纯度不仅取决于源（金属和气体）的纯度，还取决于衬底和反应器材料在包含卤化物生长环境中的稳定性。传统的反应器材料是石英。但是人们很早就知道石英对铝化物相当敏感。

传统 AlGaN 层生长的 HVPE 反应器如图 3.5 所示。

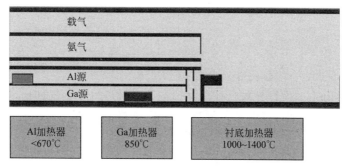

图 3.5 用于 AlGaN 层生长的传统 HVPE 水平反应器截面示意图
(为了描述方便，纵向尺寸进行了 4 倍拉伸)

实践中，使用石英管制造类似于图 3.5 中的反应器，其中含有高纯度金属源如镓 (≥99.9999%) 和铝 (≥99.999%)。气态氯化氢流经金属后，所产生的金属卤化物与氨混合，随之在衬底表面进行反应。反应器的几何形状、总压力、反应物和载气以及其衬底表面分压、不同加热器的温度、工艺时间序列等对生长结果都有关键作用。通过基本热力学处理，已经证明，化学过程可以用几个反应方程式来描述[64]。形成金属卤化物的最重要过程描述如下

$$Al(s) + 3HCl(g) \longrightarrow AlCl_3(g) + 3/2H_2(g) \quad (3.1)$$

$$Ga(l) + HCl(g) \longrightarrow GaCl(g) + 1/2H_2(g) \quad (3.2)$$

AlGaN 合金中 AlN 和 GaN 的生长可以描述如下

$$GaCl(g) + NH_3(g) \longleftrightarrow GaN(s) + HCl(g) + H_2(g) \quad (3.3)$$

$$AlCl_3(g) + NH_3(g) \longleftrightarrow AlN(s) + 3HCl(g) \quad (3.4)$$

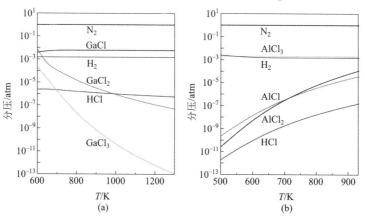

图 3.6 金属 Ga(a) 和 Al(b) 表面的平衡分压计算 [揭示出 GaCl 和 AlCl₃ 占主导，从而确定 HVPE AlGaN 中的反应物 (参考文献 [67, 68] 计算)]

上述研究结果促进了对生长过程的基本理解。当液态镓在约750℃或更高温度和铝在500～670℃熔点的温度时，会非常高效地形成金属卤化物。这已通过GaCl形成的实验证实[65]或者可以从550℃时固态Al源上AlCl$_3$相比盐酸的高平衡分压得出[66]，如基于图3.5实验条件计算得到的图3.6所示。AlN通过HVPE的生长，原则上并不是只限于使用固体Al，但是使用熔融Al的缺点是会在冷却重新硬化后，形成坩埚上巨大的材料应力，而且温度高于790℃时主要形成AlCl，它比AlCl$_3$对石英危害更大[66]。此外，根据式（3.3）和式（3.4）以及热力学计算和实验数据比较，所得结论是GaN和AlN生长过程是Ⅱ型质量传递限制过程[64,67,68]。这意味着，生长速率r_g受限于生长表面上通过边界层的扩散，因此可以通过边界层外表面处Ⅲ族的进入分压和衬底表面处的平衡分压之差$\Delta p_Ⅲ$进行描述，比例系数称为传质系数K_g。

$$r_g = K_g \Delta p_Ⅲ \tag{3.5}$$

虽然在平衡方程中，为方便起见，通常采用热力学描述，但是这种尽可能高生长速率的基础驱动力结果清楚地证明，HVPE工艺既不是也不可能接近热力学平衡[69]。然而，反应物和反应产物的比例会因式（3.3）在GaN形成过程中加入HCl(g)或H$_2$(g)[65,67]或者根据式（3.4）在AlN形成过程中加入HCl(g)[68]产生显著变化。因此，载气中加入氢气将减少AlGaN合金中Ga的并入量[64]。

不幸的是，目前给出的描述是不完全的。表面动力学效应造成不同晶体取向的不同生长速率或并入率。因此生长过程不是严格的Ⅱ型质量传递限制[70]，而更准确的描述则需要不同晶向的不同传质系数。这种各向异性的描述就产生了动力学Wulff图[71]。生长习性的预测可能会很复杂，因为GaN和AlN在不同面上的参数依赖生长速率和额外的几何形状效应，而且还需要考虑随时间的演化[72]。这些认知开启了任意反应器几何形状下生长过程综合数值模拟的可能性，包括流体力学计算（CFD）、传热、传质和表面非匀质转换的准热力学模型。人们已经成功开发出具有独特质量传递系数的仿真工具，并进行了实验验证[73,74]，3D模拟已有成功演示[75]，并具有时间演化的2D仿真[76]。

假设图3.5的反应器垂直图像平面直至无穷大，从而可以使用虚拟反应器进行二维仿真。图3.7（a）中温度和流动的模式以及图3.7（b）中Ⅴ/Ⅲ比的分布都可作为AlGaN生长的典型参数集。类似模拟有助于优化生长参数，并且有必要研究这些参数的变化，以了解所产生的影响。

还有一些AlGaN HVPE的变体，包括Ⅲ族反应物从单独的源路形成[53]具有混合单个和三种金属卤化物的AlGaN HVPE[77]（后者也称为THVPE[78,79]），以及MOVPE和HVPE依次进行的混合生长系统，其中，HVPE模式用于厚缓冲层，而MOVPE方式用于有源层生长[80]。

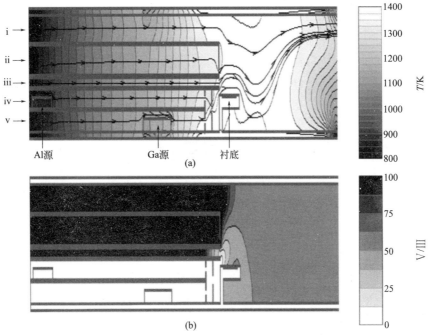

图 3.7　基于图 3.5 方案的水平 HVPE 反应器示意图

[具有温度和流动模式的 2D 模拟分布（a）以及 V 族和 III 族元素比例分布。$p_{total}=40\text{kPa}$，其中左侧从顶部至底部传入流量如（a）所示，i: $Q_{N_2}=5\text{slm}$, ii: $Q_{N_2}=0.9\text{slm}$ 中 $Q_{NH_3}=0.9\text{slm}$；iii: $Q_{N_2}=1\text{slm}$, iv: $Q_{N_2}=0.71\text{slm}$ 中 Al 表面上 $Q_{HCl}=0.19\text{slm}$; v: $Q_{N_2}=0.85\text{slm}$ 中 Ga 表面上 $Q_{HCl}=0.05\text{slm}$（出自文献 [76] 计算）。slm 为 L/min（标准状态下）]

3.4.2　衬底的选择

令人满意的大尺寸本征氮化物衬底很难买到。近来，人们已成功演示采用 HVPE 方法，在大面积的氨热法 GaN 衬底上生长 GaN[81] 和在大面积的 AlN 衬底上生长 AlN[56]。在这些实例中，HVPE 生长层具有很高的结构完整性，因为没有了异质外延中如晶格弯曲等问题，而低 TDD 衬底上同质外延生长低 TDD 层也不需通过厚度来湮灭位错[70,82,83]。在 AlN 实例中，HVPE 生长的材料纯度高于 PVT 的 AlN，且仅有极少吸收。PVT AlN 体的高结晶完整性和 HVPE AlN 的高光学质量结合，对于 UVC 器件相当有吸引力[56]。

虽然有些最新进展，AlGaN 层的外延生长仍然依赖于异质衬底。（0001）蓝宝石属于是各种起始衬底中人们研究最多的[84]。与异质外延生长相关的挑战是：晶格失配导致的高位错密度和应变，不同热膨胀系数尤其是蓝宝石在冷却期间的弯曲和开裂，以及硅衬底的 Ga 溶液回熔刻蚀[85]。此外，人们通常希望生长完成后去除异质衬底。当然，一旦克服了这些缺点，异质外延 HVPE 技术就可以提供快速、经济的规模扩张。无论采用什么起始衬底，大多数研发工作的目标是：致力于实现有竞争力的材料质量，并充分利用 HVPE 的优势如纯度、高生长速率来实现低穿透位错密度（TDD）缓冲层和衬底的制备。因此，HVPE 注定是制作高端器件结构的新一代同质外延衬底的优良生长技术。前述大多数缺点已在蓝宝石[86]、硅[87]和其他衬底[88]的二元氮化镓生长中得以解决，剩下的问题只是提升生产效率和降低价格。

3.4.3 HVPE 选择生长 AlGaN 层结果

下面的结果是通过在现有 GaN HVPE 反应器中加入 Al 源而取得的概念性学术研究验证。石英反应器类似图 3.5 所示，生长在单面抛光、开盒即用蓝宝石（0001）衬底上进行。Ⅲ族源气的混合通过如图 3.8 所示混气室实现。下方的狭缝用作Ⅲ族混合气入口，上方的狭缝作为氨气入口，向腔室之间的开放空间注入单独吹扫气流，以避免Ⅲ族源与氨气在到达衬底前的预反应。入口几何形状实现衬底上方的层流分布。实验中，样品托可通过气浮旋转来转动。AlGaN 层可以在整个组分范围内生长，组分的调整通过选择 HCl 气体与 Ga 和 Al 反应的比例进行。16mm×16mm 蓝宝石衬底上生长了约 2μm 厚的 AlGaN 层。这里使用了优化的 $AlCl_3$ 预处理、氮化和 AlN 起始层生长序列。反应器的基本生长条件包括总压力 40kPa，主载气氮气流量 9000sccm[sccm 为 cm^3/min（标准状态下）]，900sccm 氨气与 900sccm 氮气混合，50sccm HCl 与 850sccm 氮气混合用来与液态 Ga 在 850℃反应，90sccm HCl 混合 710sccm 氮气用于在 520℃与固态 Al 反应，生长温度为 1085℃。各层组分通过 X 射线衍射在 c 面蓝宝石（0006）和 c 面 $Al_xGa_{1-x}N$ 层（0002）两个位置反射峰之间的距离来确定，我们发现外延层是完全弛豫的。生长速率通过重量分析测定。结果示于图 3.9～图 3.11。此外，NH_3 流量变化和 HCl 气体只流过一种金属的纯 AlN 或 GaN 生长结果也在图中示出。

结果表明，$Al_xGa_{1-x}N$ 层的生长速度并不显著依赖于氨气的流量（图 3.9）。AlN 层和 GaN 层的生长速率总和仅略超过 $Al_xGa_{1-x}N$ 层的生长速率，并会得到相似的组分。但是，$Al_xGa_{1-x}N$ 层中的 AlN 含量随着氨气流量增加而降低。同时，在更高反应压力下 $Al_xGa_{1-x}N$ 层中 AlN 含量略有减少（图 3.10）。这可能是在给定条件下，由于反应器压力越高，气体速度越低，从而到达样品的 $AlCl_3$ 越少。图 3.11 中 $Al_xGa_{1-x}N$ 层的生长速率近线性依赖于Ⅲ族源供给，这与式（3.5）是一致的。$Al_xGa_{1-x}N$ 层的生长可以理解为 AlN 和 GaN 生长过程的叠加。根据方程式（3.5），只要 HCl 流经 Al 源和 Ga 源的流动速率是恒定的，$Al_xGa_{1-x}N$ 层的组分应该是恒定的。从图 3.11 可以看出，实验上观察到了随着Ⅲ族源供给增加，Al 含量增加。这种趋势类似于图 3.9 中的Ⅴ/Ⅲ比效应，即，在较低 V/Ⅲ 情况下，AlN 的形成相比 GaN 更容易。我们推测这个现象源自气相中氨气和 Al 源之间的均匀预反应效应。

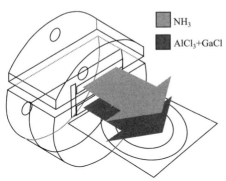

图 3.8　通过前方水平狭缝将反应物引入生长区的混合系统示意图（后侧圆形开口是 GaCl 和 AlCl$_3$ 进入下部腔室和氨气进入上部腔室的入口。下腔室用挡板来实现 Ga 和 Al 前驱体的有效混合。所有部件均采用石英制造）

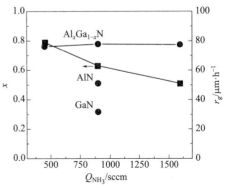

图 3.9　不同氨气流量 Q_{NH_3} 和 HCl 通过 Al、Ga 时，所生长 Al$_x$Ga$_{1-x}$N 层的生长速率 r_g 和组分 x 的依赖关系（仅通过 Al 源或 Ga 源的 AlN 和 GaN 生长速率也在此列出）

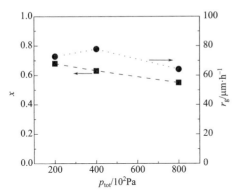

图 3.10　不同的反应器压力时，Al$_x$Ga$_{1-x}$N 层生长速率 r_g 和组分 x 的依赖关系

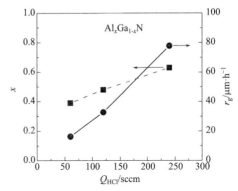

图 3.11　不同 HCl 流量时，Al$_x$Ga$_{1-x}$N 层的生长速率 r_g 和组分 x 的依赖关系（流经 Al 源和 Ga 源的比例恒定为 19∶5，Q_{HCl} 是 HCl 流量的总和）

3.4.3.1　横向均匀性

三元化合物的情形下，衬底旋转不仅影响横向生长速率的均匀性，而且如果单个元素的并入效率不同，也会改变组分的均匀性。为了研究衬底旋转的影响，我们分别在衬底不旋转和衬底以约 30r/min 转速旋转下，在 1/4 片 2in c 面蓝宝石样品上，生长了约 4μm 厚的中等组分 AlGaN 层。静止样品的结果如图 3.12

(a) 所示。从气体入口开始到整个样品最后，AlN 的组分下降了 2 倍。Al 相比 Ga 的更高化学反应活性导致气相中样品上方的 Al 比 Ga 更快耗尽。旋转样品上组分的径向分布示于图 3.12 (b)，旋转轴示于插图中。整个样品通过 XRD 测定其 AlN 含量，大致恒定在 $x=0.5$。我们的实例中，通过旋转，1in 直径上组分的横向均匀性可以提高到 $\pm 2\%$ [图 3.12 (b)]。考虑静止样品中的结果，可以预期出现更富 Al 和更富 Ga 层的渐变超晶格，这确实通过截面 TEM，在样品距其中心约 5mm 处看到 (图 3.13)。我们观察到，1in 直径样品高达 $\pm 15\%$ 的纵向组分变化，其中渐变超晶格的周期取决于径向距离和旋转速度。渐变超晶格的周期是 20nm，这与 $36\mu m/h$ 的生长速率非常吻合。因此，Ⅲ 族元素不同的耗尽行为导致几何配置中总体组分的不均匀，这里的流体图案平行于样品表面。

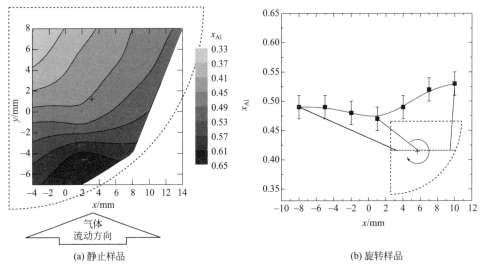

(a) 静止样品　　　　　　　　　　　　　(b) 旋转样品

图 3.12　通过 XRD 测定的静止和旋转样品上生长的 $4\mu m$ 厚 AlGaN 层组分横向均匀性

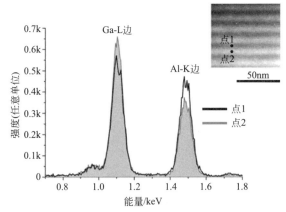

图 3.13　生长过程中旋转的 AlGaN 层 TEM 图像和 EDX 谱
(点 1 和点 2 表示记录相应 EDX 光谱的剖面 TEM 显微照片位置。
通过前驱体不同耗尽形成的超晶格清晰可见)

3.4.3.2 使用 MOVPE 生长的 AlN/蓝宝石模板

我们用蓝宝石晶圆上含 500nm 厚 MOVPE 生长 AlN 层的模板，来研究比较宏观缺陷的形成。生长在该模板上的 600nm 厚 $Al_{0.47}Ga_{0.53}N$ 层，采用诺马斯基光学显微镜采集的照片示于图 3.14（a）。由于表面受到多晶材料的干扰，当更多面倾斜于表面时，显示会更暗。在更广泛的生长条件下，也可以观察到这些微晶。表面缺陷主要包括三种倾斜微晶，通常的位置如图 3.15（a）、（b）中 SEM 显微照片的三角形所示。这些微晶的三重对称性展示出，相对于蓝宝石衬底的三重对称性［图 3.15（c）］。很有可能这些晶粒起始生长在 n 面蓝宝石上[89,90]，对称性是生长过程中无意提供的。我们发现不是必须使用 MOVPE 生长起始层。如图 3.14（b）所示，在蓝宝石上直接生长 $Al_{0.47}Ga_{0.53}N$ 的多晶区就少得多，只是会出现局部的层分离。

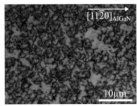

图 3.14　在 MOVPE 生长的 AlN/蓝宝石模板上和直接在蓝宝石上采用相同条件 HVPE 生长的 600nm 厚 $Al_{0.47}Ga_{0.53}N$ 层诺马斯基显微照片
［表面部分地受到多晶材料（较暗特征点）干扰。蓝宝石上直接生长中，
外延层与蓝宝石局部分离，如亮区（箭头）指示］

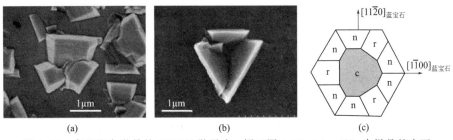

图 3.15　常见取向微晶的 SEM 显微照片，摄于图 3.14（a）、（b）中样品的表面
［AlN 模板上（a）和直接蓝宝石晶圆上（b）生长的 AlGaN 层表面缺陷看起来很相似。模板上非 c 面微晶的密度比蓝宝石晶圆上高得多。具有三重对称的蓝宝石稳定平面示于图（c）中[91]］

3.4.3.3 通过 HVPE 开始的直接生长

优化的 HVPE 起始程序包括：表面暴露 $AlCl_3$，表面暴露 NH_3，随后薄 AlN 缓冲层生长。晶圆上 1/4h 的预通 $AlCl_3$ 能有效降低错位微晶在 AlGaN 表面的凸出。我们推测，$AlCl_3$ 改变了 c 面蓝宝石上的成核条件，有可能会形成小的成核中心，类似于 HVPE 蓝宝石上生长 GaN 时的 GaCl 预处理效果[92]。

紧接着 $AlCl_3$ 预处理之后，执行氮化步骤。图 3.16 示出了生长前蓝宝石衬底上没有进行与进行了预通 NH_3 的两个 $Al_{0.98}Ga_{0.02}N$ 层的诺马斯基显微图像。没有氮化的生长表面在厚度为 680nm 后依然显示为多晶［图 3.16（a）］。与此相反，氮化后生长的 $2.5\mu m$ 厚层仍然没有微晶［图 3.16（b）］。X 射线衍射 ω 摇摆曲线测定表面，无氮化 AlGaN 的对称 002 和非对称 302 反射 FWHM 分别为 1129arcsec 和 3472arcsec，而有氮化 AlGaN 则分别为 626arcsec 和 1454arcsec。因此氮化允许实现更厚的 c 面取向 AlGaN，同时有更好的结构和外观质量。

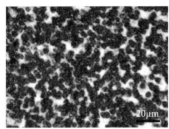
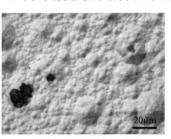

(a) 无氮化生长的680nm 厚$Al_{0.98}Ga_{0.02}N$层　　(b) 生长前氮化的$2.5\mu m$厚 $Al_{0.98}Ga_{0.02}N$层

图 3.16　无氮化生长的 680nm 厚和生长前氮化的 $2.5\mu m$ 厚 $Al_{0.98}Ga_{0.02}N$ 层的诺马斯基表面显微照片

图 3.17 所示为 $5\mu m$ 厚 $Al_{0.45}Ga_{0.55}N$ 层表面 SEM 显微照片，揭示出横向生长的裂纹。图 3.17（a）中记录的面积积分 CL 谱见图 3.17（b）。这里的两个峰分别对应富铝近带边发光（284nm，$x=0.47$）和富 Ga 区域发光（343nm，$x=0.07$）。284nm 的发光几乎遍布整个区域，如图 3.17（c）中的 CL 所示。343nm 的发光仅在沿横向生长裂纹和一些表面小丘的台阶处可见［图 3.17（d）］。裂纹和台阶处组分不均匀的原因可能是，镓比铝在生长表面上有更高的迁移率以及 Ga 在非 c 面生长中有更高的并入效率。因此，三元系中组分不均匀可能在蓝宝石表面的成核早期就很容易地引入。为了制备紫外 LED 后续生长用的赝配衬底，我们是不希望组分不均匀的，因为这可能会大幅降低透光率。

薄 AlN 缓冲层预期可以促进均匀的起始生长，并在随后生长的 $Al_{0.45}Ga_{0.55}N$ 层中，通过降低张应变减少开裂。因此，人们研究了 $AlCl_3$ 和 NH_3 预处理后使用 HVPE 生长 AlN 缓冲层的影响。作为对比，在 500nm 厚 AlN 缓冲层上，生长了 $5\mu m$ 厚 $Al_{0.45}Ga_{0.55}N$ 层（图 3.18）。$Al_{0.45}Ga_{0.55}N$（002）反射的 ω 摇摆曲线 FWHM 从 2310arcsec 下降到 1500arcsec，而 AlGaN（302）反射从 2200arcsec 降至 1640arcsec，这显示出晶体质量的改善。质量改善可能是由于样品中裂纹密度的降低。此外，X 射线衍射 $\omega/2\theta$ 扫描没有显示出由于不均匀 Al 组分导致的额外峰位，这会在无 AlN 缓冲层生长样品中看到。AlN 缓冲层也没有降低 365nm 和 $Al_{0.45}Ga_{0.55}N$ 截止波长 290nm 之间的透过率。虽然材料质量通过 AlN 缓冲层得到了改善，但不幸的是产生了一些新的错排晶体，扰乱了 c 面 AlGaN 的表面，

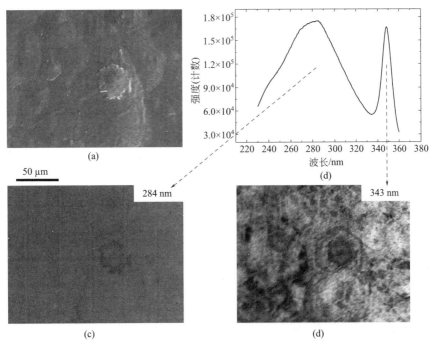

图 3.17 通过在蓝宝石上使用 $AlCl_3$ 和 NH_3 预处理生长的 $5\mu m$ 厚 $Al_{0.45}Ga_{0.55}N$ 层的 SEM 显微照片（a），对应的 90K 时 CL 谱（b），284nm 单色 CL 图像（c），以及 343nm 单色 CL 图像（d）

如图 3.18 所示。研究发现这些错排微晶起源于 AlN 缓冲层的微裂纹。因此，AlGaN 层生长过程中，需要采取进一步释放应变的措施来增加无裂纹层厚度，并继而基于位错随厚度增加的自然湮灭，来增加结晶质量。异质外延生长通常采用的方法包括，使用外延横向生长（ELOG）掩膜区或者图形化蓝宝石衬底（PSS）空隙来减少接触区面积。而像 SiO_2，SiN_x，TiN 和 WSiN 这些成功用于 HVPE 生长自支撑 GaN 的掩模材料[13]会导致形成多晶 AlGaN 的趋势，这是因为当 Al 的氯化物参与该过程时，Al 原子有极低的迁移率。因此，实验发现掩膜 ELOG 并不适用于 AlGaN。

图 3.18 采用 AlN 缓冲层上 HVPE 生长 $5\mu m$ 厚 AlGaN 层的诺马斯基表面显微图像

3.4.3.4 沿 $[11\bar{2}0]_{蓝宝石}$ 挖槽 PSS 上的生长

为了实现无掩模 ELOG，我们使用厚光刻胶，通过 ICP 刻蚀制备出沿 $[11\bar{2}0]_{蓝宝石}$ 深 $4\mu m$ 的高深宽比挖槽 PSS。PSS 上的参数研究集中于原位 AlN 缓冲层、衬底斜切、输入 V/Ⅲ 比、总压力和生长温度对 HVPE 生长中等组分

AlGaN 层的影响。

沟槽底部的生长由于很深的深度被成功地抑制，而 AlN 缓冲层已发现可以促进 c 面蓝宝石脊形顶部上的 c 面生长。然而，沟槽侧壁有 $(11\bar{2}2)$ 取向的 AlGaN 额外生长，并会产生锯齿状的表面结构，如图 3.19（a）所示。

这种半极性生长材料的取向，通过样品绕 $[11\bar{2}0]_{蓝宝石}$ 轴不同旋转角时的 XRD 测量推导得出 [图 3.19（b）~（d）]。$(1\bar{1}00)$ 取向蓝宝石侧壁的外延生长关系确定为如下：

$(1\bar{1}00)_{蓝宝石} \parallel (11\bar{2}2)_{AlGaN}$ 和 $[11\bar{2}0]_{蓝宝石} \parallel [1\bar{1}00]_{AlGaN}$

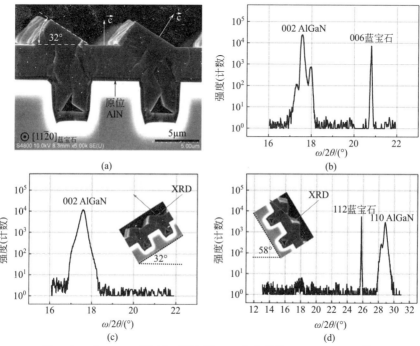

图 3.19 在 500nm 厚 AlN 缓冲层 PSS 上生长的 $Al_{0.45}Ga_{0.55}N$ 层

[侧壁上半极性生长和脊形上 c 面生长产生了不同取向的 AlGaN 表面（a）。XRD $\omega/2\theta$ 对称 AlGaN（002）和蓝宝石（006）反射的测量显示出 c 面蓝宝石上的 c 面 AlGaN（b），AlGaN 样品（002）反射绕 $[11\bar{2}0]_{蓝宝石}$ 轴旋转 32°排列（c），而样品 AlGaN（$1\bar{1}0$）反射绕 $[11\bar{2}0]_{蓝宝石}$ 轴旋转 58°排列（d）]

人们发现，半极性生长会发生在正 c 取向或取向偏向 a 面的 PSS 上，而不会发生在朝向 m 面斜切的 PSS 上。我们假设，平行于沟槽的额外表面台阶加速 c 面取向材料的横向生长速率。衬底朝向 m 面斜切的角度在 0.15°~4°的范围内变化。通过 XRD 的 ω 摇摆曲线形状，确定斜切 0.25°和 2°时 c 面取向闭合的 AlGaN 层具有最佳材料质量。下面就采用朝向 m 面 0.25°斜切的 c 面蓝宝石来获得 c 面取向的 AlGaN 层。

V/Ⅲ比和反应器压力作为输入参数的研究表明，这种沟槽 PSS 实现了均匀

的 c 面取向 $Al_{0.45}Ga_{0.55}N$ 层，且表面上并没有形成不同取向或多晶缺陷。人们发现，高 V/Ⅲ 比（约 40），高生长压力（约 80kPa）和高生长温度（约 1085℃，受限于使用的石英组件）有利于形成具有均匀组分的平坦 AlGaN 层，从而允许厚层的沉积。在 PSS 上的优化生长条件下，生长的 $Al_{0.45}Ga_{0.55}N$ 显示出对 280nm 截止波长以上紫外区的透明性质[93]。

图 3.20 所示为 40μm 厚 $Al_{0.45}Ga_{0.55}N$ 层截面 SEM 图像和诺马斯基显微照片。在厚度超过 5μm 处，AlGaN 层再次遭遇掩埋的裂纹，并部分在表面裂纹上横向生长。开裂的一个原因是，生长过程中条纹方向上张应变的不充分释放，特别是垂直于 PSS 条纹方向。预计观察到的垂直条纹各向异性裂纹，可以通过更各向同性的图案如六边形图案的柱子或蜂窝以及更窄的脊形来降低。另一个问题是随着层厚增加的裂纹连续重复。一个合理的解释是，基于最近几年才了解的硅与位错相互作用而连续形成的张应变[95]。为了避免这种情况出现，需要将位错密度降低到低于 $1\times10^7 cm^{-2}$ 范围，或者将硅掺杂抑制到低于 $1\times10^{17} cm^{-3}$ 范围。TEM 测定表面 PSS 上 5μm 厚 $Al_{0.45}Ga_{0.55}N$ 表面的穿透位错密度为，脊形区上方高达 $8\times10^9 cm^{-2}$ 而沟槽区上方高达 $5\times10^9 cm^{-2}$。通过 SIMS 确定 AlN 层中硅掺杂约为 $1\times10^{19} cm^{-3}$。这么高的硅掺杂极有可能是石英玻璃被 $AlCl_n$ 腐蚀后引入。

图 3.20　PSS 上 40μm 厚 $Al_{0.45}Ga_{0.55}N$ 截面 SEM 图像 (a) 和表面诺马斯基显微照片 (b)[94]

3.4.3.5　各向同性图案 PSS 上的生长

我们在 c 面蓝宝石晶圆上制备了六边形排列的柱子和蜂窝图案，用来确定蓝宝石侧壁上不同 AlGaN 晶体生长的取向，并实现合并 AlGaN 层面内应变的降低和更加各向同性。

NH_3 氮化期间的供给量不同，生长在柱子侧壁上的 AlGaN 相对于 c 面蓝宝石表面，可以从半极性为主改变到非极性为主。我们进行了柱子上 20μm 厚度 AlGaN 层的 ELOG（图 3.21），但是，明显看到 m 面 AlGaN 侧面上排列的合并势垒。

我们在蜂窝状图形化蓝宝石上，生长了具有不同 AlN 组分 x 为 0.3 [图 3.22 (c)]，0.5 或 0.7 和厚度为 10~20μm 范围的 $Al_xGa_{1-x}N$ 层。图 3.22 示出了 $x=0.3$ 层的不同生长阶段。适当的预处理和氮化有利于微晶在蜂窝内的生长 [图 3.22 (b)]，这可以很容易通过横向生长覆盖。这个概念适用于不同的合金

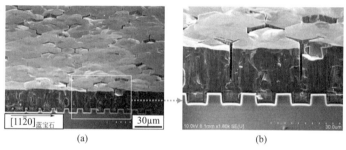

图 3.21 生长在六边形排列柱状 PSS 上 20μm AlGaN 层的解理面和表面鸟瞰视图（a）和放大的细节（b），显示出面对面的 m 面往往不合并

组分。前面介绍了厚度超过 $10\sim20\mu m$ 时由于 Si 和位错相互作用形成张应变而导致裂纹。AlGaN 层的渐变可以在生长过程中部分弥补张应变，并可以形成 AlGaN 层结构，这对随后的抛光和器件验证来说已经足够厚了。

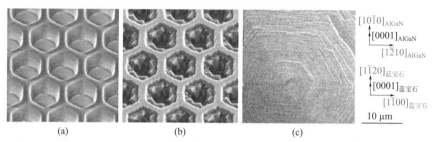

图 3.22 蓝宝石中的蜂窝图案（a），脊形上和侧壁上生长 15min 后的 $Al_{0.3}Ga_{0.7}N$（b）以及 120min 后完全合并的 20μm 厚 $Al_{0.3}Ga_{0.7}N$ 表面（c）

随着不断的研究和 GaN 和 AlN 用 HVPE 的商业化，可以预期模拟、反应器和工艺的进一步改进。因此，寻求更可持续的反应器材料，是实现高结晶质量 AlGaN 生长进一步发展的先决条件。

3.5 小结

为了生长 UVC-LED，原则上可采用 AlN 体衬底，但目前仍受限于高价格、小尺寸和有限的透明度。具有足够低缺陷密度的厚 AlN 缓冲层可以使用 MOVPE 生长，并采用如 ELOG 技术来消除缺陷。然后这样的低缺陷密度缓冲层则允许 UVC 发光器件的赝配生长。UVB 发光器件的层结构需要有低缺陷密度的 AlGaN 基层，因为 AlN 上的赝配生长不适用于高的 Ga 含量。这样厚度的 AlGaN 已通过 HVPE 在图形化衬底上生长，但目前减少缺陷密度仍然是三元赝配衬底进入 UVB-LED 制造中需要解决的挑战。

致谢

AlGaN 工作获得了德国研究基金会 RI1224/1-1 项目和合作研究中心 787 半导体纳米光子的支持。

参考文献

[1] F. Mehnke, T. Wernicke, H. Pingel, C. Kuhn, C. Reich, V. Kueller, A. Knauer, M. Lapeyrade, M. Weyers, M. Kneissl, Appl. Phys. Lett. **103**(21), 212109(2013).

[2] M. Kneissl, T. Kolbe, C. Chua, V. Kueller, N. Lobo, J. Stellmach, A. Knauer, H. Rodriguez, S. Einfeldt, Z. Yang, N. M. Johnson, M. Weyers, Semicond. Sci. Technol. **26**, 014036(2011).

[3] H. Hirayama, S. Fujikawa, N. Noguchi, J. Norimatsu, T. Takano, K. Tsubaki, N. Kamata, Phys. Status Solidi A **206**(6), 1176(2009).

[4] J. Rass, T. Kolbe, N. Lobo-Ploch, T. Wernicke, F. Mehnke, C. Kuhn, J. Enslin, M. Guttmann, C. Reich, A. Mogilatenko, J. Glaab, C. Stoelmacker, M. Lapeyrade, S. Einfeldt, M. Weyers, M. Kneissl, Proc. SPIE **9363**, 93631K(2015).

[5] J. E. Ayers, *Heteroepitaxy of Semiconductors: Theory, Growth, and Characterization* (Taylor & Francis Group LCC, 2007).

[6] O. Klein, J. Biskupek, K. Forghani, F. Scholz, U. Kaiser, J. Cryst. Growth **324**, 63(2011).

[7] C. J. Sun, P. Kung, A. Saxler, H. Ohsato, K. Haritos, M. Razeghi, J. Appl. Phys. **75**(8), 3964(1994).

[8] F. A. Ponce, J. S. Major, W. E. Plano, D. F. Welch, Appl. Phys. Lett. **65**(18), 2302(1994).

[9] H. Amano, N. Sawaki, I. Akasaki, Y. Toyoda, Appl. Phys. Lett. **48**(5), 353(1986).

[10] H. Amano, I. Akasaki, K. Hiramatsu, N. Koide, N. Sawaki, Thin Solid Films **163**, 415(1988).

[11] H. Hirayama, T. Yatabe, N. Noguchi, T. Ohashi, N. Kamata, Appl. Phys. Lett. **91**(7), 071901(2007).

[12] Ferdinand-Braun-Institut Berlin(unpublished).

[13] Y. Hayashi, R. G. Banal, M. Funato, Y. Kawakami, J. Appl. Phys. **113**(18), 183523(2013).

[14] K. Ueno, J. Ohta, H. Fujioka, H. Fukuyama, Appl. Phys. Express **4**(1), 015501(2011).

[15] K. Kawaguchi, A. Kuramata, Jpn. J. Appl. Phys. **44**(11L), L1400(2005).

[16] O. Reentilä, F. Brunner, A. Knauer, A. Mogilatenko, W. Neumann, H. Protzmann, M. Heuken, M. Kneissl, M. Weyers, G. Tränkle, J. Cryst. Growth **310**(23), 4932(2008).

[17] H. Li, T. C. Sadler, P. J. Parbrook, J. Cryst. Growth **383**, 72(2013).

[18] Q. S. Paduano, D. W. Weyburne, J. Jasinski, Z. Liliental-Weber, J. Cryst. Growth **261**, 259(2004).

[19] V. Kueller, A. Knauer, F. Brunner, A. Mogilatenko, M. Kneissl, M. Weyers, Phys. Status Solidi C **9**, 496(2012).

[20] A. Knauer, F. Brunner, T. Kolbe, V. Kueller, H. Rodrigues, S. Einfeldt, M. Weyers, Kneissl.Proc. SPIE **7231**, 72310G(2009).

[21] N. A. Fleck, M. F. Ashby, J. W. Hutchinson, Scripta Mater. **48**, 179(2003).

[22] M. Iwaya, S. Terao, T. Sano, S. Takanami, T. Ukai, R. Nakamura, S. Kamiyama, H. Amano, I.

Akasaki, Phys. Status Solidi A **188**(1), 117(2001).

[23] H. Amano, K. Nagamatsu, K. Takeda, T. Mori, H. Tsuzuki, M. Iwaya, S. Kamiyama, I. Akasaki, Proc. SPIE **7216**, 72161B(2009).

[24] M. A. Moram, M. E. Vickers, Rep. Progr. Phys. **72**, 036502(2009).

[25] T. Wunderer, C. L. Chua, Z. Yang, J. E. Northrup, N. M. Johnson, G. A. Garrett, H. Shen, M. Wraback, Appl. Phys. Express **4**(9), 092101(2011).

[26] P. Vennéguès, B. Beaumont, S. Haffouz, M. Vaille, P. Gibart, J. Cryst. Growth **187**(2), 167(1998).

[27] K. Forghani, M. Klein, F. Lipski, S. Schwaiger, J. Hertkorn, R. A. R. Leute, F. Scholz, B.Feneberg, M. Neuschl, K. Thonke, O. Klein, U. Kaiser, R. Gutt, T. Passow, J. Cryst. Growth **315**, 216(2011).

[28] A. Krost, J. Bläsing, F. Schulze, O. Schön, A. Alam, M. Heuken, J. Cryst. Growth **221**, 251. (2000).

[29] M. Iwaya, S. Terao, N. Hayashi, T. Kashima, H. Amano, I. Akasaki, Appl. Surf. Sci. **159160**, 405(2000).

[30] H. Tsuzuki, F. Mori, K. Takeda, M. Iwaya, S. Kamiyama, H. Amano, I. Akasaki, H. Yoshida, M. Kuwabara, Y. Yamashita, H. Kan, J. Cryst. Growth **311**, 2860(2009).

[31] A. A. Allerman, M. H. Crawford, S. R. Lee, B. G. Clark, J. Cryst. Growth **388**, 76(2014).

[32] K. Iida, T. Kawashima, M. Iwaya, S. Kamiyama, H. Amano, I. Akasaki, A. Bandoh, J.Cryst.Growth **298**, 265(2006).

[33] H. M. Wang, J. P. Zhang, C. Q. Chen, Q. Fareed, J. W. Yang, M. A. Khan, Appl. Phys. Lett. **81**(4), 604(2002).

[34] J. R. Grandusky, J. Chen, S. R. Gibb, M. C. Mendrick, C. G. Moe, L. Rodak, G. A. Garrett, M. Wraback, L. J. Schowalter, Appl. Phys. Express **6**(3), 032101(2013).

[35] H. Hirayama, T. Yatabe, N. Noguchi, T. Ohashi, N. Kamata, Phys. Status Solidi C **5**(9), 2969(2008).

[36] K. Nakano, M. Imura, G. Narita, T. Kitano, Y. Hirose, N. Fujimoto, N. Okada, T. Kawashima, K. Iida, K. Balakrishnan, M. Tsuda, M. Iwaya, S. Kamiyama, H. Amano, I. Akasaki, Phys. Status Solidi A **203**(7), 1632(2006).

[37] H. Hirayama, S. Fujikawa, J. Norimatsu, T. Takano, K. Tsubaki, N. Kamata, Phys. Status Solidi C **6**(S2), S356(2009).

[38] R. Dalmau, B. Moody, R. Schlesser, S. Mita, J. Xie, M. Feneberg, B. Neuschl, K. Thonke, R. Collazo, A. Rice, J. Tweedie, Z. Sitar, J. Electrochem. Soc. **158**(5), H530(2011).

[39] V. Kueller, A. Knauer, F. Brunner, U. Zeimer, H. Rodriguez, M. Kneissl, M. Weyers, J. Cryst. Growth **315**(1), 200(2011).

[40] M. Conroy, V. Z. Zubialevich, H. Li, N. Petkov, J. D. Holmes, P. J. Parbrook, J. Mater. Chem C **3**, 431(2015).

[41] V. Kueller, A. Knauer, U. Zeimer, M. Kneissl, M. Weyers, J. Cryst. Growth **368**, 83(2013).

[42] A. Mogilatenko, V. Küller, A. Knauer, J. Jeschke, U. Zeimer, M. Weyers, G. Tränkle, J. Cryst. Growth **402**, 222(2014).

[43] V. Kueller, A. Knauer, C. Reich, A. Mogilatenko, M. Weyers, J. Stellmach, T. Wernicke, M. Kneissl, Z. Yang, C. Chua, N. Johnson, IEEE **24**(18), 1603(2012).

[44] G. Nishio, S. Yang, H. Miyake, K. Hiramatsu, J. Cryst. Growth **370**, 74(2013).

[45] U. Zeimer, V. Kueller, A. Knauer, A. Mogilatenko, M. Weyers, M. Kneissl, J. Cryst. Growth **377**, 32 (2013).

[46] A. Knauer, V. Kueller, U. Zeimer, M. Weyers, C. Reich, M. Kneissl, Phys. Status Solidi A **210**(3), 451(2013).

[47] V. Adivarahan, Q. Fareed, S. Srivastava, T. Katona, M. Gaevski, Khan, Jap. J. Appl. Phys. **46**, L537

(2007).

[48] J. Han, J. Figiel, M. Crawford, M. Banas, M. Bartram, R. Biefeld, Y. Song, A. Nurmikko, J.Cryst. Growth **195**(14), 291(1998).

[49] G. Jacopin, L. Rigutti, S. Bellei, P. Lavenus, F. H. Julien, A. V. Davydov, D. Tsvetkov, K. A. Bertness, N. A. Sanford, J. B. Schlager, M. Tchernycheva, Nanotechnology **23**(32), 325701(2012).

[50] A. Usikov, V. Soukhoveev, L. Shapovalov, A. Syrkin, V. Ivantsov, B. Scanlan, A. Nikiforov, A. Strittmatter, N. Johnson, J. G. Zheng, P. Spiberg, H. El-Ghoroury, Phys. Status Solidi A **207**.(6), 1295(2010).

[51] S. Kurin, A. Antipov, I. Barash, A. Roenkov, A. Usikov, H. Helava, V. Ratnikov, N. Shmidt, A. Sakharov, S. Tarasov, E. Menkovich, I. Lamkin, B. Papchenko, Y. Makarov, Phys. Status Solidi C **11**(3-4), 813(2014).

[52] G. S. Lee, H. Jeon, S. G. Jung, S. M. Bae, M. J. Shin, K. H. Kim, S. N. Yi, M. Yang, H. S. Ahn, Y. M. Yu, S. W. Kim, H. J. Ha, N. Sawaki, Jpn. J. Appl. Phys. **51**(1S), 01AG06(2012).

[53] S. M. Bae, H. Jeon, S. G. Lee, G. S. Jung, K. H. Kim, S. N. Yi, M. Yang, H. S. Ahn, Y. M. Yu, S. W. Kim, S. H. Cheon, H. J. Ha, N. Sawaki, J. Ceram. Proc. Res. **13**, s75(2012).

[54] E. Richter, S. Fleischmann, D. Goran, S. Hagedorn, W. John, A. Mogilatenko, D. Prasai, U.Zeimer, M. Weyers, G. Tränkle, J. Electronic Mater. **49**, 814(2014).

[55] H. C. Chen, I. Ahmad, B. Zhang, A. Coleman, M. Sultana, V. Adivarahan, A. Khan, Phys. Status Solidi C **11**(3-4), 408(2014).

[56] T. Kinoshita, T. Obata, T. Nagashima, H. Yanagi, B. Moody, S. Mita, S. Ichiro Inoue, Y.Kumagai, A. Koukitu, Z. Sitar, Appl. Phys. Express **6**(9), 092103(2013).

[57] T. Baker, A. Mayo, Z. Veisi, P. Lu, J. Schmitt, Phys. Status Solidi C **11**(3-4), 373(2014).

[58] T. Nagashima, A. Hakomori, T. Shimoda, K. Hironaka, Y. Kubota, T. Kinoshita, R. Yamamoto, K. Takada, Y. Kumagai, A. Koukitu, H. Yanagi, J. Cryst. Growth **350**(1), 75(2012).

[59] T. Nomura, K. Okumura, H. Miyake, K. Hiramatsu, O. Eryu, Y. Yamada, J. Cryst. Growth **350**(1), 69(2012).

[60] Y. Kumagai, Y. Enatsu, M. Ishizuki, Y. Kubota, J. Tajima, T. Nagashima, H. Murakami, K. Takada, A. Koukitu, J. Cryst. Growth **312**(18), 2530(2010).

[61] H. Helava, T. Chemekova, O. Avdeev, E. Mokhov, S. Nagalyuk, Y. Makarov, M. Ramm, Phys. Status Solidi C **7**(7-8), 2115(2010).

[62] H. P. Maruska, J. J. Tietjen, Appl. Phys. Lett. **15**, 327(1969).

[63] F. Bugge, A. N. Efimov, I. G. Pichugin, A. M. Tsaregorodtsev, M. A. Chernov, Cryst.Res.Technol. **22**(1), 65(1987).

[64] A. Koukitu, J. Kikuchi, Y. Kangawa, Y. Kumagai, J. Cryst. Growth **281**, 47(2005).

[65] W. Seifert, G. Fitzl, E. Butter, J. Cryst. Growth **52**, 257(1981).

[66] Y. Kumagai, T. Yamane, T. Miyaji, H. Murakami, Y. Kangawa, A. Koukitu, Phys. Status Solidi C **0**, 2498(2003).

[67] A. Koukitu, S. Hama, T. Taki, H. Seki, Jpn. J. Appl. Phys. **37**, 762(1998).

[68] Y. Kumagai, K. Takemoto, J. Kikuchi, T. Hasegawa, H. Murakami, A. Koukitu, Phys. Status Solidi B **243**, 1431(2006).

[69] D. W. Shaw, *Crystal Growth* (Plenum, New York, 1978).

[70] E. Richter, U. Zeimer, S. Hagedorn, M. Wagner, F. Brunner, M. Weyers, G. Tränkle/J. Cryst. Growth **312**(18), 2537(2010).

[71] B. Leung, Q. Sun, C. D. Yerino, J. Han, M. E. Coltrin, Semicond. Sci. Technol. **27**, 024005(2012).
[72] D. Du, D. J. Srolovitz, M. E. Coltrin, C. C. Mitchell, Phys. Rev. Lett. **95**, 155503(2005).
[73] A. Segal, A. V. Kondratyev, S. Y. Karpov, D. Martin, V. Wagner, M. Ilegems, J. Cryst. Growth **270**, 384(2004).
[74] A. S. Segal, D. S. Bazarevskiy, M. V. Bogdanov, E. V. Yakovlev, Phys. Status Solidi C **6**(S2), S329 (2009).
[75] E. Richter, C. Hennig, M. Weyers, F. Habel, J. D. Tsay, W. Y. Liu, P. Brückner, F. Scholz, Y. Makarov, A. Segal, J. Kaeppeler, J. Cryst. Growth **277**, 6(2005).
[76] http://www.str-soft.com/products/Virtual_Reactor/hepigans/(2014).
[77] Y. Kumagai, T. Yamane, A. Koukitu, J. Cryst. Growth **281**, 62(2005).
[78] T. Yamane, K. Hanaoka, H. Murakami, Y. Kumagai, A. Koukitu, Phys. Status Solidi C **8**, 1471 (2011).
[79] K. Eriguchi, T. Hiratsuka, H. Murakami, Y. Kumagai, A. Koukitu, J. Cryst. Growth **310**(17), 4016 (2008).
[80] G. S. Solomon, D. J. Miller, M. Ramsteiner, A. Trampert, O. Brandt, K. H. Ploog, Appl. Phys. Lett. **87**(18), 181912(2005).
[81] T. Sochacki, Z. Bryan, M. Amilusik, M. Bobea, M. Fijalkowski, I. Bryan, B. Lucznik, R. Collazo, J. L. Weyher, R. Kucharski, I. Grzegory, M. Bockowski, Z. Sitar, J. Cryst. Growth **394**, 55(2014).
[82] S. Mathis, A. Romanov, L. Chen, G. Beltz, W. Pompe, J. Speck, Phys. Status Solidi A **179**(1), 125 (2000).
[83] Y. Kumagai, T. Nagashima, H. Murakami, K. Takada, A. Koukitu, Phys. Status Solidi C **5**(6), 1512 (2008).
[84] O. Kovalenkov, V. Soukhoveev, V. Ivantsov, A. Usikov, V. Dmitriev, J. Cryst. Growth **281**, 87(2005).
[85] A. Krost, A. Dadgar, Mater. Sci. Eng. B **93**, 77(2002).
[86] T. Yoshida, Y. Oshima, T. Eri, K. Ikeda, S. Yamamoto, K. Watanabe, M. Shibata, T. Mishima, J. Cryst. Growth **310**(1), 5(2008).
[87] M. Lee, D. Mikulik, J. Kim, Y. Tak, J. Kim, M. Shim, Y. Park, U. Chung, E. Yoon, S. Park, Appl. Phys. Express **6**(12), 125502(2013).
[88] K. Motoki, T. Okahisa, R. Hirota, S. Nakahata, K. Uematsu, N. Matsumoto, J. Cryst. Growth **305**(2), 377(2007).
[89] M. Takami, A. Kurisu, Y. Abe, N. Okada, K. Tadatomo, Phys. Status Solidi C **8**, 2101(2011).
[90] N. Goriki, H. Miyake, K. Hiramatsu, T. Akiyama, T. Ito, O. Eryu, Jpn. J. Appl. Phys. 52, 08JB**31** (2013).
[91] O. Ambacher, J. Phys. D Appl. Phys. **31**, 2653(1998).
[92] K. Naniwae, S. Itoh, H. Amano, K. Itoh, K. Hiramatsu, I. Akasaki, J. Cryst. Growth **99**, 381(1990).
[93] S. Hagedorn, E. Richter, U. Zeimer, D. Prasai, W. John, M. Weyers, J. Cryst. Growth **353**, 129 (2012).
[94] S. Hagedorn, E. Richter, U. Zeimer, M. Weyers, Phys. Status Solidi C **10**, 355(2013).
[95] D. M. Follstaedt, S. R. Lee, A. A. Allerman, J. A. Floro, J. Appl. Phys. **105**, 083507(2009).

第 4 章

AlN/AlGaN 生长技术和高效 DUV-LED 开发

Hideki Hirayama[1]

摘要

本章讨论 AlGaN 基深紫外（DUV）发光二极管（LED）性能的最新进展和宽禁带 AlN 以及 AlGaN 材料晶体生长技术的发展。我们展示了光谱在 222～351nm 之间的深紫外 LED。已经通过氨脉冲流量多层生长模式，生长低穿透位错密度（TDD）的 AlN，从而实现了 AlGaN 量子阱（QW）内量子效率（IQE）的显著增加。深紫外 LED 的电注入效率（EIE）通过引入多量子垒（MQB）得以显著改善，而光提取效率（LEE）则通过开发透明 p-AlGaN 接触层加以提升。获得了最大外量子效率（EQE）为 7% 的 279nm 深紫外 LED。预计在不久的将来可以获得两位数字百分比的 EQE，这需要通过进一步改善 LEE，比如采用透明接触层和柱形阵列的缓冲层来实现。

---

[1] H. Hirayama
理化研究所，量子光子器件实验室，日本光州埼玉县 351-0198，广泽 2-1
电子邮箱：hirayama@riken.jp

4.1 简介

本章综述了 AlN/AlGaN 半导体生长技术和 AlGaN 基深紫外（DUV）发光二极管（LED）的最新进展。220～350nm 波段 DUV LED 已经通过开发宽带隙 AlN 以及 AlGaN 半导体的晶体生长技术而实现。通过开发蓝宝石衬底上生长低穿透位错密度（TDD）AlN 缓冲层，我们显著增加了 AlGaN DUV 发光的内量子效率（IQE）。LED 的电注入效率（EIE）也通过引入多量子势垒（MQB）而显著增加。我们还讨论了光提取效率（LEE），这是实现高效率 DUV-LED 最重要的参数。通过开发透明的 p-AlGaN 接触层，我们成功提高了 LEE，并获得最大外量子效率（EQE）为 7% 的 279nm 深紫外 LED。EQE 可以通过透明接触层和光子纳米结构获得高达百分之几十的改进。

4.2 节描述研究背景，包括深紫外 LED 的器件应用、历史和当前现状。4.3 节描述获得高品质 AlN 以及 AlGaN 晶体的生长技术进展。4.4 节和 4.5 节中，我们将分别描述 AlGaN 深紫外发光的高 IQE 和深紫外 LED 的实现。我们将继续在 4.6 节讨论增加深紫外 LED 效率的几个问题，即 EIE 和 LEE。最后，4.7 节讨论深紫外 LED 的未来前景。

4.2 DUV-LED 研究背景

因为其广泛的应用需求，深紫外区域工作的半导体光源，如深紫外 LED 和激光二极管（LD）的发展是相当重要的课题。图 4.1 和图 4.2 总结了高效深紫

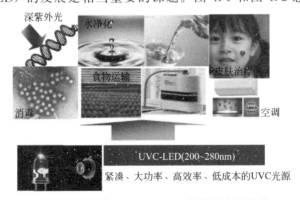

图 4.1 深紫外（DUV）LED 的消毒应用前景

外 LED 和 LD 消毒及其他广阔应用前景的概括。预期 230~350nm 波长范围内发光的 DUV-LED 和 LD 会应用于如灭菌、水消毒、医学和生物化学、高密度光记录光源、白光照明、荧光分析系统以及相关信息传感领域。它们对空气净化设施和零排放汽车也非常重要[1,2]。

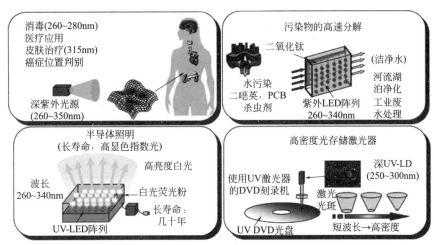

图 4.2　深紫外 LED 和 LD 的潜在应用

图 4.3 示出了紫外线的分类和已获得的 AlGaN 深紫外 LED 波长范围。对于涉及直接紫外线处理的灭菌或水消毒应用，紫外光波长范围在 260~280nm 之间最适合。对于使用钛氧化物（TiO_2）催化剂的 UV 净化，波长在 320~380nm 之间也是可用的。当 UV-LED 激发 RGB 荧光体混合物产生白光 LED，用于照明应用，同时考虑到荧光粉的高效率吸收（<350nm）以及高效率 AlGaN UV-LED 的工作波长范围，340nm（UVA）波长附近被认为是最合适的。如图 4.3 所示已获得覆盖 UVA 和 UVC 波长范围的 AlGaN LED。

基于直接的 6.2eV 的氮化铝（AlN）和 3.4eV GaN，其覆盖了 UV 中大面积能量区域范围，AlGaN 和四元 InAlGaN 作为实现 DUV-LED 和 LD 的候选材料，吸引了人们的广泛关注[2]。图 4.4 示出了直接跃迁带隙能量和纤锌矿（WZ）InAlGaN 材料体系的晶格常数和各种气体激光器激射波长之间的关系。使用 AlGaN 或 InAlGaN 作为 DUV 光源的主要优点是：(1) 通过量子阱（QW）获得高效率光发射的可能性；(2) 在宽带隙光谱区域内同时产生 p 型和 n 型半导体的可能性；(3) 氮化物机械强度高，并且器件有很长寿命；(4) 材料不含有害的砷、汞和铅[2]。

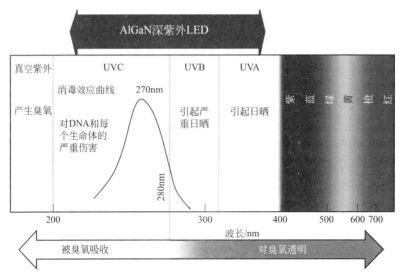

图 4.3 紫外线分类和已实现的 AlGaN 紫外 LED 波长范围

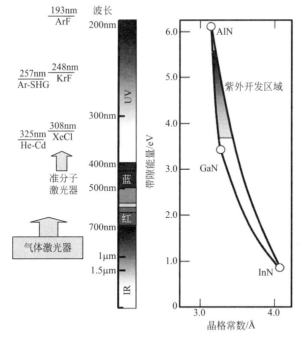

图 4.4 直接跃迁带隙能量和纤锌矿（WZ）InAlGaN 材料体系的晶格常数和各种气体激光器激射波长之间的关系

几个研究小组从 1996～1999 年间开始了波长小于 360nm 的 AlGaN 紫外 LED 研究[3~5]。美国面向 DUV 光源的努力主要源自 DARPA 的半导体紫外光源（SUVOS）计划驱动。2002～2006 年间，南卡罗来纳大学的一个小组首先报道了 250~280nm 的 AlGaN 基 DUV-LED[6~8]。2006 年，NTT 的一个小组报道了使用 AlN 发光层的最短波长 LED（210nm）[9]。我们从 1997 年开始研究基于 AlGaN 的深紫外 LED，并首先报告了 AlGaN/AlN 量子阱的高效 DUV（230nm）光致发光（PL）[10]，随后 1999 年报道了碳化硅基 AlGaN-QW 333nm 紫外 LED[4]。我们还开发了利用 AlGaN 的 In 掺入效应的高效紫外 LED[2,11,12]。我们已经演示了基于 GaN 单晶衬底[13]以及蓝宝石衬底[14]的几毫瓦连续工作 340~350nm InAlGaN-QW 紫外 LED。

图 4.5 示出了氮化物紫外 LED 外量子效率（EQE）的现状，特别针对室温（RT）下测定的 UVA 和 UVC。开发实现 280nm 波段的高率和高功率 AlGaN 深紫外 LED 的竞争最近已经变得十分激烈，因为预计它们将带来巨大的消毒应用市场。我们在 2007 年开发出蓝宝石衬底上低穿透位错密度（TDD）的 AlN 模板生长方法[15]，并在深紫外区域 AlGaN 和四元 InAlGaN 量子阱中取得了较高的 IQE（>60%）[16,17]。我们还通过引入多量子垒（MQB）设计作为电子阻挡层（EBL）实现了高电注入效率（EIE）[18]，并演示了具有宽发光范围（222~351nm）的 AlGaN 和 InAlGaN 基紫外 LED[17~21]。我们还通过开发透明 p-AlGaN 接触层和高反射 p 型电极改进了 DUV 的光提取效率（LEE）[22,23]，并在最近取得了 7% 的外量子效率（EQE）[24]。日本理化学研究所和松下已开始提供商用深紫外 LED 模块，用于消毒应用（270nm，10mW LED 模块，寿命超过 10000h，EQE 为 2%~3%）[25,26]。

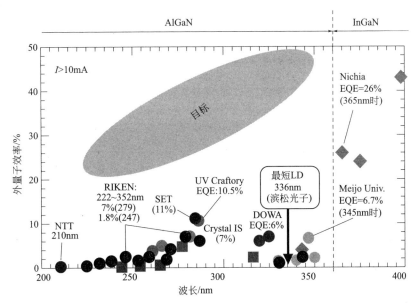

图 4.5 氮化物紫外 LED 的外量子效率（EQE）现状，特别是室温下测量的 UVA 和 UVC

表 4.1 总结了几家公司开发的 260nm 和 300nm 波长之间的高效 DUV-LED 最新进展。传感电子技术公司（SETi）已开发出具有商业价值的 240～360nm 波长范围紫外 LED[27~29]，并且报道了 278nm LED 11% 的最大 EQE[29]。Crystal IS 和德山已分别开发出采用升华法[30,31]和氢化物气相外延（HVPE）[32,33]制造的单晶 AlN 衬底上 DUV-LED，并报告了 5%～7% 的 EQE。此外，UV Craftory、Nitek 和日亚化学也已开发出高效率的 DUV-LED[34~37]。UV Craftory 报告了 14.3% 的创纪录深紫外 LED EQE，尽管这是在非常低的注入电流下获得的[27]。滨松光子实现了最短波长 336nm 的紫外 LD[38]。

表 4.1　几家公司所开发的 260～300nm 波长的高效 DUV-LED 的最新进展

小组	年份	参考文献	结构和技术	最大 EQE/%	波长/nm
UV craftory	2014	[37]	蓝宝石/AlN/AlGaN-QW（封装）	14.3（2mA 时）	280～300
				10.5（20mA 时）	
SETi	2012	[29]	蓝宝石/AlN/AlGaN-QW（封装），使用 p-AlGaN 接触层	11（10mA 时）	278
RIKEN	2014	[24]	蓝宝石/AlN/AlGaN-QW，使用高度透明 p-AlGaN 接触层	7（25mA 时）	279
Crystal IS	2013	[30]	单晶 AlN（升华法）/AlGaN-QW	7（50mA 时）	280
				5.4（50mA 时）	266
德山	2013	[33]	单晶 AlN（HVPE 生长）/AlGaN-QW	3.1（250mA 时）	265
				5.3（250mA 时，使用光子晶体）	265
日亚	2010	[36]	蓝宝石/AlN/AlGaN-QW	2.8（20mA 时）	281

UV 器件研究的下一个目标是开发百分之几十 EQE 的 220～350nm LED，实现 250～330nm 的激光二极管。然而，实现波长 360nm 以下高 EQE 的紫外 LED，由于一些重要难点而依然很有挑战性。360nm 以下紫外 LED 的效率骤降主要由于以下三个方面的原因：

① AlGaN 的 IQE 比 InGaN 的 IQE 对 TDD 更加敏感。
② p-AlGaN 的空穴浓度很低，导致注入效率（IE）很低。
③ UV 光在 p-GaN 接触层的吸收导致 LEE 很低。

低 TDD 氮化铝模板的开发是最重要的，因为如果我们使用传统的高 TDD 模板，AlGaN 量子阱的 IQE 将低至 1%。为了获得 60% 以上的高 IQE，TDD 必须减少到低于 $5×10^8 cm^{-2}$ [16,17]。为了在蓝宝石上制造这种低 TDD 的 AlN 模板，需要采用一些特殊的生长条件。低 TDD 的 AlN 单晶晶圆对高 IQE 很有好处[30~33]，虽然它们用于制造 DUV-LED 产品相当昂贵。我们使用"氨（NH_3）

脉冲流量多层（ML）生长"方法制造出蓝宝石上的 AlN 模板，并已在 AlGaN 量子阱中得到大约 60% 的 IQE[15～17]。此外，为实现高 IQE DUV 发光，使用含百分之几铟（In）的四元 InAlGaN 也很有效[2,17]。

AlGaN DUV-LED 的器件性能依赖于 p-AlGaN 的性质。因为很深的受主能级，GaN 为 240meV 而 AlN 为 590meV，高 Al 组分（Al>60%）p-AlGaN 的空穴浓度很低（低至 $10^{14}cm^{-3}$）。DUV-LED 的 EIE 也会因为电子在 p 型层的泄漏而减小。此外 p 型层的高串联电阻也是影响器件性能的问题之一。

由于缺乏空穴浓度高的 p 型 AlGaN，我们必须使用 p-GaN 接触层。使用 p-GaN 接触层，会因为对 DUV 光的强吸收而导致显著降低 LEE。深紫外 LED 的 LEE 通常低于 8%。通过透明 p-AlGaN 接触层和高反射 p 型电极来实现高 LEE 器件是可取的。

当前我们小组的 270nm DUV-LED 的 EQE 约为 7%，这是通过 60% 的 IQE、80% 的 EIE 和 15% 的 LEE 获得的。预计当我们开始生产并销售 DUV-LED 时，EQE 将进一步提升。改进这些效率的技术将在下面章节逐一叙述。

4.3 蓝宝石衬底上高质量 AlN 的生长技术

为了实现高效 DUV-LED，必须要开发低 TDD 的 AlGaN/AlN 模板。传统蓝宝石衬底 AlN 模板使用低温（LT）AlN 缓冲层制备，其 TDD 大于 2×10^{10} cm^{-2}。另一方面，为了获得百分之几十的高 IQE，还需要 AlGaN 量子阱的 TDD 达到低于 $10^8\sim10^9 cm^{-2}$。人们已经报道了几种用于获得高质量 AlN 缓冲层的制备方法，例如使用交替进气生长 AlN/AlGaN 超晶格（SL）[6]，通过横向外延生长（ELO）沉积 AlGaN 缓冲层[39]，以及 SiC 上结合 GaN/AlN SL 和交替供源外延（ASFE）生长 AlGaN[40]等。

早先的实验中，我们使用 NH_3 初始氮化处理后，高生长温度（HT）下在蓝宝石衬底上直接生长 AlN 层。生长温度大约 1300℃，而 V/Ⅲ 比为相对较低的值。图 4.6 示出了 X 射线衍射 $(10\bar{1}2)$，(0002) ω 扫描摇摆曲线（XRC）半高宽（FWHM）和蓝宝石衬底上生长 AlN 层初始氮化时间的关系。当氮化时间从 5min 增加到 10min 时，$(10\bar{1}2)$ XRC 半高宽降低至 560arcsec。$(10\bar{1}2)$ XRC 半高宽的值对应于刃型穿透位错密度。我们发现，通过生长过程初始阶段较长时间的氮化，蓝宝石上会产生更大的 AlN 核，刃位错可以通过嵌入厚 AlN 层中而减少。但是蓝宝石的长时间氮化会引起极性从 Al 极性到 N 极性的反转，导致 AlN 表面异常大晶核的形成。我们还发现，长时间氮化会导致 AlN 表面形成裂纹。

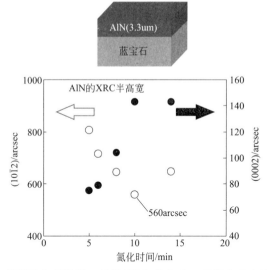

图 4.6 使用高生长温度、低 V/Ⅲ 生长方式，直接在蓝宝石衬底上生长 AlN 层的 X 射线衍射（0002）和（10$\bar{1}$2）ω 扫描摇摆曲线（XRC）半高宽（FWHM）与初始氮化时间的关系

实现高质量并且适用 DUV 发光器件的 AlGaN/AlN 模板必须满足几个条件，即低 TDD、无裂纹、原子级平整表面和稳定的 Al（+c）极性。为了满足上述所有的条件，我们在蓝宝石上制备 AlN 层时引入了"氨气（NH_3）脉冲流量多层（ML）生长"方法[15]。图 4.7 示出了典型的气流序列以及使用脉冲和连续气流供给生长的生长控制方法示意图，这是适用于 AlN 的 NH_3 脉冲式流量 ML 生长。

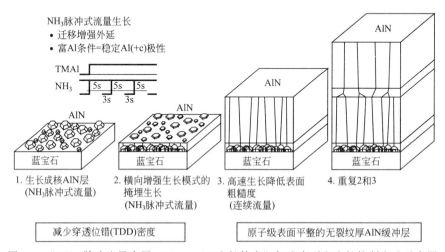

图 4.7 "NH_3 脉冲流量多层（ML）AlN 生长技术"气流序列和生长控制方法示意图

样品通过低压金属有机物化学气相沉积（LP-MOCVD）在蓝宝石（0001）衬底上生长。首先，沉积 AlN 成核层和一个"掩埋"AlN 层，都使用 NH_3 脉冲

流量模式生长。如图4.7所示，在NH_3脉冲式流量序列期间三甲基铝（TMAl）流量连续。低TDD的AlN可以通过促进AlN成核层的合并来实现。第一层AlN层生长后，因为采用低速率的脉冲流量模式生长，表面还是粗糙的。我们引入了高生长速度的连续流量模式来降低表面粗糙度。通过重复脉冲和连续流量模式，我们可以得到无裂纹、具有原子级平整表面的厚AlN层。NH_3脉冲流量生长因为前驱体迁移的增强，可以有效地获得高质量AlN。此外，它可以有效地获得稳定的Al（+c）极性，这通常需要通过维持富铝生长条件来抑制从Al到N极性的反转。

如上所述，我们的方法共使用了三种不同的生长条件，即制备AlN成核层的初始沉积条件，用于降低TDD的迁移增强外延，使用常规连续流量模式的高速生长条件。生长条件的详细描述见参考文献[15，19]。脉冲和连续流量模式的典型生长速率分别约为$0.6\mu m/h$和$6\mu m/h$。我们最近发现，低V/Ⅲ比和更高生长温度（约1400℃）更加适合蓝宝石上生长获得低TDD的AlN。

采用ML-AlN制备DUV-LED的优点在于，低TDD AlN可以不需使用AlGaN层获得，从而得到具有最小DUV吸收的器件结构。无AlGaN缓冲层也被认为是实现低于250nm波段高效LED的重要方向。

图4.8示出了相对于ML-AlN不同生长阶段的X射线衍射（$10\bar{1}2$）ω扫描摇摆曲线（XRC）的半高宽。通过引入"两次重复"NH_3脉冲流量ML-AlN生长，AlN的XRC（$10\bar{1}2$）FWHM从2160arcsec减小到550arcsec。图4.9示出，蓝宝石上ML-AlN不同生长阶段的表面原子力显微镜（AFM）图像。我们可以观察到生长多层AlN的表面改善，而我们可以最终获得原子级平整的表面，如图4.9所示。从AFM图像获得的ML-AlN表面粗糙度均方根（RMS）值是0.16nm。

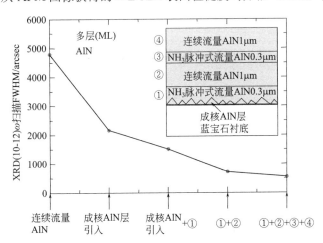

图4.8 不同ML-AlN生长阶段的X射线衍射（$10\bar{1}2$）ω扫描摇摆曲线（XRC）半高宽减小

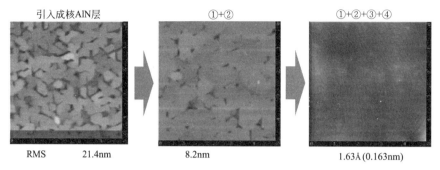

图 4.9　不同生长阶段的 ML-AlN 表面 $5\times5\mu m^2$ 面积的 AFM 图像

图 4.10 示出了蓝宝石衬底上生长了 5 步 ML-AlN 缓冲层的 AlGaN/AlN 模板的结构示意图和透射电子显微镜（TEM）横截面图像。通常 ML-AlN 缓冲层的总厚度为 $4\mu m$。典型的 ML-AlN X 射线衍射 $(10\bar{1}2)$，$(0002)\omega$ 扫描摇摆曲线（XRC）半高处全宽（FWHM）分别约为 370arcsec 和 180arcsec，这是在很高均匀性的 $3\times2in$ MOCVD 反应器中获得[25]。对于 $1\times2in$ MOCVD 反应器，获得的最小 FWHM 分别约为 290arcsec 和 180arcsec。通过 TEM 截面图观察 ML-AlN 的最低刃位错和螺位错密度分别低于 $5\times10^8 cm^{-2}$ 和 $4\times10^7 cm^{-2}$。

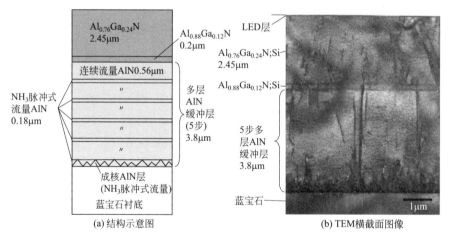

图 4.10　蓝宝石衬底上生长的包括 5 步 ML-AlN 缓冲层的 AlGaN/AlN 模板

4.4　内量子效率（IQE）的显著提高

我们观察到，在这些低 TDD 氮化铝模板上所制作 AlGaN 量子阱的深紫外发光显著增强[16,17]。图 4.11 示出 ML-AlN 缓冲层上制造的具有 227nm 发光波长

AlGaN 多量子阱 DUV-LED 的量子阱区域 TEM 截面图。我们使用薄量子阱来抑制阱中自发极化的影响，从而获得了高的 IQE。我们认为为了在这样薄的量子阱中实现高 IQE，特别重要的是获得原子级平滑界面。如在图 4.11 的 TEM 横截面图中所观察，1.3nm 厚的三层量子阱界面确认获得了原子级的平滑异质界面。

图 4.12 示出在 ML-AlN 模板上制造的，具有不同 XRC（$10\bar{1}2$）FWHM 值的 AlGaN 量子阱室温（RT）下所测的光致发光（PL）谱。量子阱的发光峰波长约为 254nm。我们使用 244nm 氩离子二次谐波生成（SHG）激光器来激发量子阱。激发功率密度固定为 $200W/cm^2$。如图 4.12 所示，AlGaN QW 的 PL 发光强度随 XRC（$10\bar{1}2$）FWHM 的改善有显著增加。我们还可以从图 4.12 中看到，AlGaN 的发光效率强烈依赖于刃型 TDD。

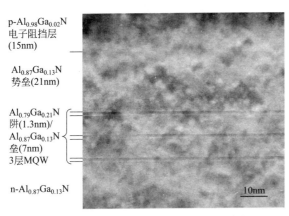

图 4.11　AlGaN MQW DUV-LED 量子阱区域的 TEM 截面图

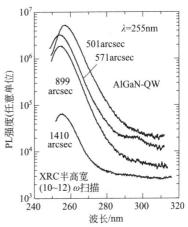

图 4.12　具有不同 XRC（$10\bar{1}2$）FWHM 值的多层（ML）AlN 模板上 AlGaN 量子阱的光致发光（PL）谱

图 4.13 显示了室温下 254nm 发光 AlGaN 量子阱中所测量 PL 峰值强度作为 XRC（$10\bar{1}2$）FWHM 的函数。通过将 XRC（$10\bar{1}2$）FWHM 从 1400arcsec 减少到 500arcsec，PL 的强度增加约 80 倍。发光强度在 XRC 的 FWHM 降低到 500~800arcsec 时快速增加。PL 强度的迅速增加可解释为，当位错之间距离相比 QW 载流子扩散长度更大时，非辐射复合速率降低。我们在各种波长的 AlGaN 量子阱发光中都得到了类似的增强。DUV 发光 AlGaN 量子阱中，参考文献 [27, 41] 也进行了 IQE 和 TDD 之间关系的研究。

图 4.14 示出在 ML-AlN 模板上制造的 288nm 发光波长 AlGaN MQW 例子，我们测定了温度依赖的 PL 积分强度。如果假设低温下非辐射复合速率很低，IQE 可以根据 PL 积分强度与温度的关系大致估计。我们估算出 288nm 发光 AlGaN 量子阱样品的 RT IQE 约为 30%。

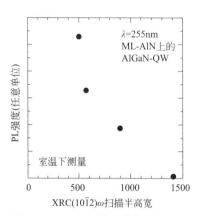
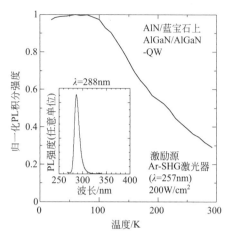

图 4.13　AlGaN 量子阱的发光强度作为 AlGaN 缓冲层 XRC（10$\bar{1}$2）FWHM 的函数

图 4.14　在 ML-AlN 模板上生长的 3 层 AlGaN MQW 的 PL 积分强度与温度的关系

作为实现 DUV-LED 的候选材料，四元合金 InAlGaN 吸引了人们的大量关注，这是因为可能通过 In 掺入效应来实现高效紫外发光以及更高的空穴浓度。一般认为百分之几的 In 掺入 AlGaN 中对获得高 IQE 会很有效，因为可能通过 In 偏析来实现高效 DUV 发光，这已成功应用到三元 InGaN 合金中。我们在参考文献 [2，11，12，17] 中描述了使用四元 InAlGaN 合金的优势。

图 4.15 示出了获得的四元 InAlGaN 层阴极荧光（CL）图像[2]和 InAlGaN 合金中载流子复合的示意图。从 CL 图像上可以清楚地观察到亚微米区域中发光的波动。我们认为发光波动源自 In 偏析区中载流子的局域化。从四元 InAlGaN 所获得的 CL 图像与从 InGaN 薄膜中所获得的图像非常相似。局域于低电势能谷的电子-空穴对，在被位错诱导非辐射中心捕获之前就发射出光子。因此，掺 In 的优点是发光效率相对 TDD 较不敏感。

图 4.16 示出了测得的蓝宝石高温（HT）AlN 缓冲层上制备的 338nm 发光波长 InAlGaN/InAlGaN MQW 中 PL 积分强度与温度的关系。HT-AlN 的 TDD 约为 $2 \times 10^{10} \mathrm{cm}^{-2}$。如图 4.16 所示，估计其 IQE 在室温下约为 47%。我们发现，InAlGaN 量子阱即使采用高 TDD 模板时，也可以在 310～380nm 波长范围内得到高的 IQE[2,11,12]。

我们随后开始挑战开发高质量 InAlGaN 合金，用于"杀菌"波长（280nm）发光晶体的生长[17]。高 Al 组分的四元 InAlGaN 晶体生长相对困难，因为随着生长温度的增加，In 掺入变得更加困难，而高温又是维持高 Al 组分 AlGaN 晶体质量的要求。我们使用相对较低的生长速度外延，即 0.03μm/h 实现了高 Al 含量（＞45%）的高品质四元 InAlGaN 层。通过生长速率从 0.05μm/h 降低到 0.03μm/h，280nm 波段的四元 InAlGaN QW 在室温下的发光强度提高了 5 倍。

图 4.17 示出了 77K 和室温下测定的四元 InAlGaN QW 的 PL 光谱。我们得到室温下非常高的 PL 发光强度。RT-PL 与 77K-PL 的积分强度之比为 86%。因此，使用四元 InAlGaN QW 可以获得室温下的高 IQE。

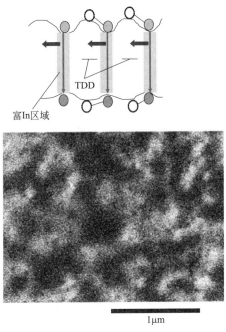

图 4.15 四元 InAlGaN 层的阴极荧光（CL）图像以及 InAlGaN 合金中载流子复合示意图

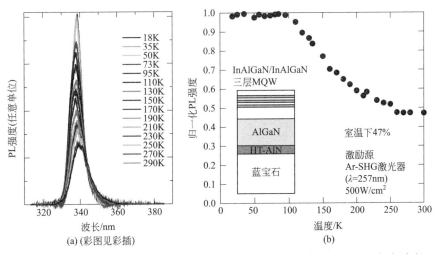

图 4.16 测得在蓝宝石高温（HT）AlN 缓冲层上制备的 338nm 发光波长 InAlGaN/InAlGaN MQW PL 积分强度与温度的关系

图 4.18 总结了 2008 年研究的 PL 积分强度比值[室温（RT）测量 PL 相对低温（通常低于 20K）测量 PL]与波长的关系[17]，这与 IQE 相关。即使我们使用了高 TDD 的模板（TDD 约 $2\times10^{10}\,cm^{-2}$），340nm 的 InAlGaN QW 的 IQE 估计也有 30%～50%。然而，即使我们用四元 InAlGaN 量子阱，对于短波长（280nm）量子阱，IQE 也下降到了低于 2%。另一方面，我们通过引入低 TDD 的 ML-AlN 模板，实现了高 IQE。当我们使用低 TDD ML-AlN 模板（TDD 约 $7\times10^{8}\,cm^{-2}$）时，得到的 280nm AlGaN QW 和 InAlGaN QW 的 PL 积分强度比值分别约为 30% 和 86%。从观察到的室温 PL 强度，也可以估计室温 IQE。通过进一步减小 TDD 和优化 AlGaN QW 生长条件，我们观察到 AlGaN 量子阱更高的 IQE 值（50%～60%）。

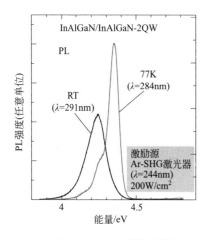

图 4.17 在 77K 和室温下所测 282nm 发光的四元 InAlGaN/InAlGaN QW 光致发光谱

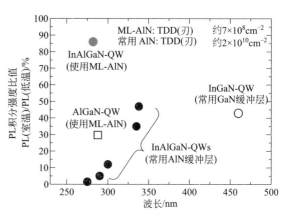

图 4.18 蓝宝石衬底上常规高 TDD AlN 和低 TDD ML-AlN 模板上，制备 AlGaN 和四元 InAlGaN 量子阱的 PL 积分强度比值（RT 测量 PL 相对于低温测量 PL）与波长的关系

4.5　222～351nm AlGaN 和 InAlGaN DUV-LED

我们在低 TDD 的 ML-AlN 模板上，分别制作了 AlGaN 和四元 InAlGaN MQW DUV-LED[15~25]。图 4.19 示出制造在蓝宝石衬底上 AlGaN 基 DUV-LED 的结构示意图和发光的数码相机照片。表 4.2 示出了 222～273nm 的 AlGaN-MQW LED 中 $Al_xGa_{1-x}N$ 阱、缓冲层、势垒层和电子阻挡层（EBL）的典型 Al 组分（x）设计值。使用高 Al 组分的 AlGaN 层，可以得到如表 4.1 所示的短波长 DUV 发光。典型 LED 结构包括：蓝宝石上生长约 4μm 厚未掺杂 ML-AlN 缓

冲层，2μm 厚 Si 掺杂 AlGaN 缓冲层，接着是 3 层非掺杂量子阱区，包括约 1.5nm 厚 AlGaN 阱和 7nm 厚 AlGaN 垒，约 20nm 厚未掺杂 AlGaN 势垒，15nm 厚 Mg 掺杂 AlGaN 电子阻挡层（EBL），10nm 厚 Mg 掺杂 AlGaN p 型层和大约 20nm 厚的 Mg 掺杂 GaN 接触层。量子阱厚度在 1.3nm 和 2nm 范围内变化。优选薄量子阱是为了抑制 AlGaN 量子阱中大的压电效应。n 型和 p 型电极同时使用 Ni/Au 电极制作。p 型电极的典型尺寸为 $300\mu m \times 300\mu m$。LED 背面的辐射输出功率使用位于样品背面的 Si 光电探测器测量，探测器经校准后用于测量光通量，制作的倒装芯片 LED 器件有准确的输出功率值。一般使用积分球系统精确地测定倒装芯片 LED 的输出功率[25]。LED 在"裸晶圆"或者"倒装芯片"条件下进行测试。裸晶圆和倒装芯片样品在 20mA 注入电流下的正向电压（V_f）分别为 15V 和 8.3V。

表 4.2 222～273nm AlGaN-MQW LED 中 $Al_xGa_{1-x}N$ 量子阱、缓冲层和量子垒以及电子阻挡层（EBL）中 Al 组分（x）的典型设计值

波长/nm	量子阱	量子垒和缓冲层	电子阻挡层
222	0.83	0.89	0.98
227	0.79	0.87	0.98
234	0.74	0.84	0.97
248	0.64	0.78	0.96
255	0.60	0.75	0.95
261	0.55	0.72	0.94
273	0.47	0.67	0.93

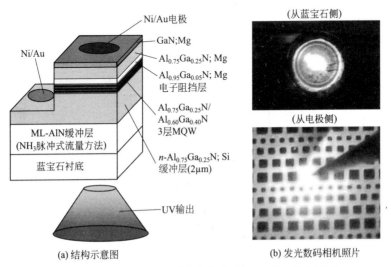

(a) 结构示意图　　(b) 发光数码相机照片

图 4.19　制造的蓝宝石衬底上典型 AlGaN-基 DUV-LED 结构示意图和发光数码相机照片

图 4.20 示出制造的发光波长在 222~351nm 之间 AlGaN 和 InAlGaN-MQW LED 的电致发光（EL）谱，测试全部使用室温（RT）下约 50mA 注入电流。如图 4.20 所示，每个样品都是单峰工作。深能级发光的幅值比主峰的要小两个数量级。

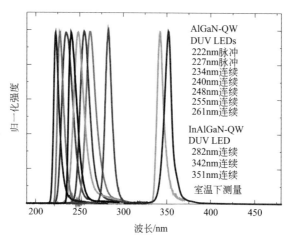

图 4.20 制造的发光波长在 222~351nm 之间 AlGaN 和四元 InAlGaN-MQW LED 电致发光谱（EL）
所有测试都在室温（RT）约 50mA 注入电流下进行（彩图见彩插）

图 4.21 示出了一个 227nm AlGaN LED 的对数坐标 EL 光谱[19]。即使对低于 230nm 波长的 LED，我们也得到单峰电致发光谱。深能级发光波长在约 255nm 和 330~450nm，且幅度比主峰低两个数量级以上。这些峰可能对应 Mg 受主或其他杂质相关的深能级发光。30mA 注入电流下，227nm LED 的输出功率为 0.15mW，其室温脉冲工作的最大 EQE 为 0.2%。脉冲宽度和重复频率分别为 $3\mu s$ 和 10kHz。

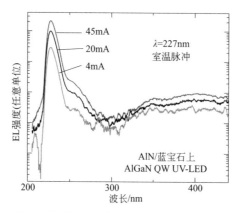

图 4.21 不同注入电流下，227nm AlGaN 深紫外 LED 的对数坐标电致发光谱

图 4.22 示出了测得的室温下脉冲工作 222nm AlGaN 多量子阱 LED 的不同注入电流电致发光谱和输出功率（I-L）以及 EQE（η_{ext}）特性[20]。我们实现了 222nm 深紫外 AlGaN 多量子阱 LED 单峰工作，这是迄今报道的最短波长量子阱 LED 记录。室温 80mA 注入电流脉冲工作下，222nm LED 的输出功率为 $0.14\mu\text{W}$，其最大 EQE 为 0.003%。

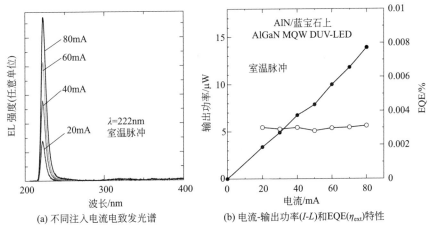

(a) 不同注入电流电致发光谱　　(b) 电流-输出功率(I-L)和EQE(η_{ext})特性

图 4.22　测得的室温脉冲工作 222nm AlGaN 多量子阱 LED 的不同注入电流电致发光谱和电流-输出功率（I-L）和 EQE（η_{ext}）特性

图 4.23 示出了室温连续（CW）工作的 250nm 波长 AlGaN-MQW LED 的电流-输出功率（I-L）与 EQE（η_{ext}）特性。我们制备了两种具有不同 Al 组分的 AlGaN EBL 样品，其中一种为 90%，另一种为 95%。EBL 在导带中的相应势垒高度分别为 280meV 和 420meV。如图 4.23 所示，LED 的 EQE 通过使用较高电子势垒而有了显著增加。这一事实表明，通过采用 EBL 的电子反射，电子过冲得到显著降低，因此电注入 QW 中的效率（EIE）有所增加。对于 RT 连续工作的 250nm 波长发光 LED，通过优化 EBL 高度，我们获得了最大输出功率和 EQE 分别为 2.2mW 和 0.43%[17]。

图 4.24 示出了 2007 年在不同 AlN 模板刃型 TDD 和 EBL 电子势垒高度时，得到的 245~260nm AlGaN-MQW LED 的输出功率与波长的关系[17]。通过减少 TDD 和增加 EBL 高度，我们观察到连续输出功率显著增加。当 TDD 从 $3\times 10^9 \text{cm}^{-2}$ 降低至 $7\times 10^8 \text{cm}^{-2}$ 时，250nm 波段的输出功率增加了 30 倍以上。我们还发现，更高的电子势垒对于高输出功率获取非常有效。

图 4.25 显示了测量的各种量子阱厚度时，225nm AlGaN QW DUV-LED 室温脉冲工作的电致发光谱。阱厚度在 1.6~4nm 范围内变化。薄量子阱的情况下获得更强的发光。从这个实验中，我们确定薄的阱厚适用于 AlGaN 量子阱抑制大的压电效应。我们发现，阱厚度从 1.6nm 增加至 4nm 时，发光效率减小约两个数量级。

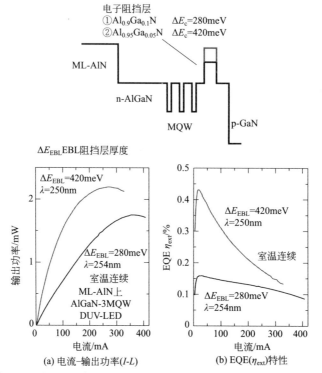

(a) 电流-输出功率(I-L) (b) EQE(η_{ext})特性

图 4.23 室温连续（CW）工作的 250nm 波段 AlGaN 多量子阱 LED 的电流-输出功率（I-L）和 EQE（η_{ext}）特性

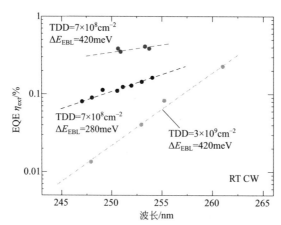

图 4.24 不同 AlN 模板刃型 TDD 和 EBL 电子势垒高度下，245~260nm 的 AlGaN-MQW LED 输出功率与波长的关系

据报道，从 AlN（0001）或高 Al 组分 AlGaN 表面获得"垂直" c 轴方向上的发光（纵向发光）很困难，因为导带和价带顶之间跃迁的光主要仅允许电场平行于 AlN c 轴方向（$E/\!/C$）[9]。纵向发光的抑制对于 AlGaN 基深紫外 LED 是相当严重的问题，因为它会导致光提取效率的显著降低。几个研究小组报道了高

Al组分AlGaN量子阱中的垂直c轴发光的抑制[42,43]。Banal等人报告,当使用非常薄(1.3nm)的量子阱用于AlN/蓝宝石模板上制备AlGaN QW时,"偏振切换"的临界Al组分可以增加到约0.82[42]。

图4.26示出了222nm AlGaN量子阱LED发射光谱与辐射角的关系。辐射角是采用裸芯片,而不是使用倒装芯片装载样品的情况下测试。衬底的背面没有抛光,只是粗糙的表面。我们证明,即使对于具有高Al组分的AlGaN量子阱短波长(222nm)LED,也可以得到"垂直"c轴方向发光(纵向发光),如图4.26所示[20]。结果表明,即使当AlGaN量子阱LED的Al组分高达83%,也可以在AlN/蓝宝石的AlGaN-QW上获得垂直c轴发光。

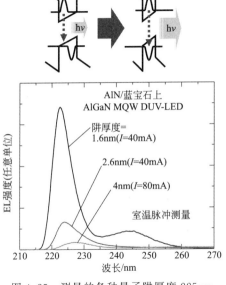

图4.25 测量的各种量子阱厚度225nm AlGaN QW DUV-LED,室温脉冲工作下的光致发光谱

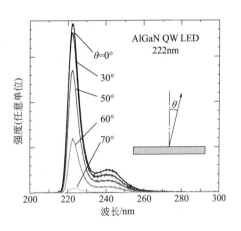

图4.26 222nm AlGaN量子阱DUV-LED发射光谱与辐射角的关系

为了增加深紫外LED的IQE和EIE,我们制作了四元InAlGaN基DUV-LED。图4.27示出InAlGaN QW DUV-LED的结构示意图和截面TEM图像。我们证实,InAlGaN层的表面粗糙度可以通过引入Si掺杂InAlGaN缓冲层得到显著改善。由于In偏析效应,InAlGaN基DUV-LED产生了更高的IQE和更高的空穴浓度,这被认为非常有潜力用于实现高EQE。图4.28示出具有282nm发光波长InAlGaN基QW DUV-LED的EL光谱和电流-输出功率(I-L)以及EQE特性。室温连续工作时,最大输出功率和EQE分别为10.6mW和1.2%。从这些结果,我们发现四元InAlGaN量子阱和p型InAlGaN,对于实现高效DUV-LED相当有效[17]。

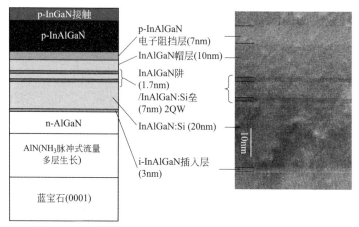

图 4.27　发光波长 282nm 的四元 InAlGaN QW DUV-LED 结构示意图和截面 TEM 图像

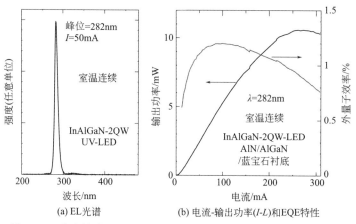

(a) EL 光谱　　(b) 电流-输出功率(I-L)和EQE特性

图 4.28　发光波长 282nm 四元 InAlGaN QW 深紫外 LED 的 EL 光谱和电流-输出功率（I-L）和 EQE 特性

4.6　电注入效率（EIE）通过 MQB 的增加

尽管获得上述的高 IQE，DUV-LED 的 EQE 仍然低至 1%～2%[17]。相比 InGaN 蓝光 LED，AlGaN DUV-LED 低 EQE 值，是 p 型 AlGaN 层的低空穴浓度引起电子泄漏造成低 QW 电子注入效率（EIE），以及 p-GaN 接触层和 p 侧电极的强紫外吸收造成低光提取效率（低于 8%）的结果。250～280nm 波段 AlGaN 基深紫外 LED 的 EIE 值粗略估计为 10%～30%[17]。我们已经在 AlGaN-QW LED 中引入了 MQB 作为 EBL，并因此实现了 EIE 的显著增加[18]。

图 4.29 示出了具有 MQB EBL 和传统单势垒 EBL 的 AlGaN DUV-LED 电子流动示意图。EBL 需要大的势垒高度,来抑制电子溢出量子阱进入 p 型 AlGaN 层,以便获得足够高的 EIE。我们已经尝试了使用 AlN 或高 Al 组分(Al>0.95)的 AlGaN 层作为 EBL[17,19,20],但是这些 EBL 的势垒高度仍然不足以获得所需的高 EIE。的确,对短波长 AlGaN LED(<250nm),EIE 估计值都特别低(<20%)。

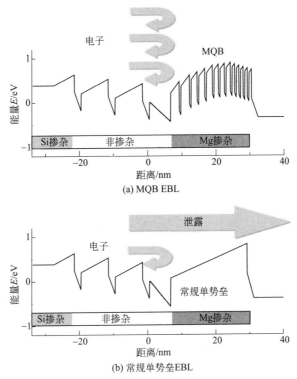

图 4.29 具有 MQB EBL 和常规单势垒 EBL 的 AlGaN 深紫外 LED 电子流动示意图

这些材料限制可以通过引进 MQB 增强"有效"势垒来克服,MQB 会在波函数中形成多次反射效应。MQB 理论由 Iga 等人在 1986 年预测[44],而实验上则是通过 GaInP/AlInP 红光激光二极管(LD)予以证实[45]。人们已经报道对 GaAs/AlAs 而言,MQB 有效势垒相比体势垒高度增加多达 30%,而对 GaInAs/InP MQB 而言则增加 50%。普遍认为使用 AlN/AlGaN 或 AlGaN/AlGaN MQB 将会有效地提高 EBL "有效"势垒高度,而这个结果将有助于实现高 EQE 的 AlGaN DUV-LED。

图 4.30 示出了针对 250nm AlGaN 量子阱 LED,计算出 AlGaN/AlGaN 势MQB(红色线)和传统单势垒 EBL(黑线)电子穿透率。通过转移矩阵法,分析了异质结构中的多重反射效应,表明与常规的单势垒 EBL 比较,通过使用具

有厚度调制势垒的 AlGaN/AlGaN MQB,"有效"电子势垒高度最大可增加 2 倍。

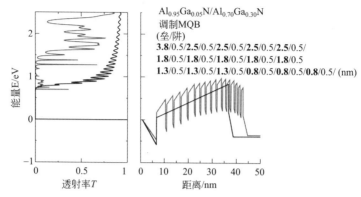

图 4.30　针对 250nm 波段计算的 AlGaN QW LED 的 AlGaN/AlGaN MQB(红线)和传统的单势垒 EBL(黑线)电子透过率

图 4.31 示出制作的 250nm、具有 MQB EBL 的 AlGaN QW DUV-LED 示意结构和截面 TEM 图像。我们研究了适用于 250nm 深紫外 LED 的 MQB 结构,发现插入初始厚势垒对获得低能量电子的反射很重要。我们还发现,薄势垒对于更高能量的电子有贡献。对于 250nm 的 AlGaN 量子阱 LED,优化的 MQB 结构是具有厚度(单位均为 nm)为 **7**/4/**5.5**/4/**4**/2.5/**4**/2.5/**4** 的 5 层 $Al_{0.95}Ga_{0.05}N$/$Al_{0.77}Ga_{0.23}N$ MQB,其中粗体数字对应势垒,而正常字体数字对应势阱。我们应该设计 MQB 的总厚度在 40nm 以内,因为这是具有获得 MQB 多重反射效应的相干长度。

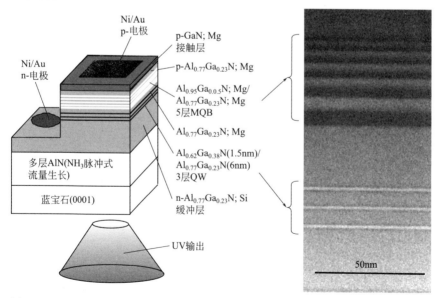

图 4.31　具有 MQB 的 250nm AlGaN QW DUV-LED 的示意结构和截面 TEM 图像

图 4.32 示出了测定的有 MQB 和有单势垒 EBL 的 250nm AlGaN MQW LED 室温连续工作的电流-输出功率（I-L）和 EQE（η_{ext}）特性。当把单 EBL 替换为 MQB 时，我们观察到输出功率和 EQE 显著增加。有 MQB 和有单势垒 EBL 的 250nm LED 最大输出功率分别为 15mW 和 2.2mW。250nm LED 的 EQE 通过引入 MQB 提高了大约 4 倍。从图 4.32 中，我们估计 250nm LED 的 EIE 通过引入 MQB 从约 25% 提高到 80% 以上。

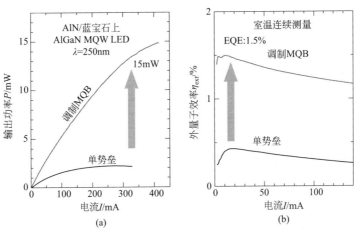

图 4.32 具有 MQB 和具有单 EBL 的 250nm AlGaN-MQW LED 的电流-输出功率（I-L）和 EQE（η_{ext}）特性

图 4.33 示出了 RT 连续波工作下，测定的有 MQB 和有单势垒 EBL 的 237nm AlGaN-MQW LED 的电流-输出功率（I-L）特性。我们发现当使用 MQW 时，短波长 DUV-LED 的 EIE 增强非常多，如图 4.33 所示。通过采用 MQB 取代单势垒 EBL，234nm LED 的输出功率提高了大约 12 倍。

图 4.34 总结了有 MQB 和有单势垒 EBL 的 AlGaN DUV-LED 的 EQE 与波长的关系。通过引入 MQB，235nm，250nm 和 270nm AlGaN LED 的 EQE 值增强因子分别约为 10 倍，4 倍和 3 倍。图 4.35 示出了测定的有 MQB 高输出功率 270nm

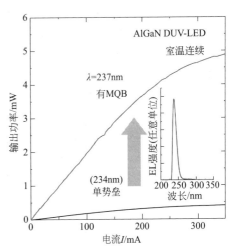

图 4.33 有 MQB 和单 EBL 的 237nm AlGaN 多量子阱 LED 的电流-输出功率（I-L）特性

AlGaN-MQW LED 室温连续工作下，电流-输出功率（I-L）和 EQE（η_{ext}）特性。裸芯片样品获得了 33mW 的连续输出功率。更高的输出功率可以利用倒装芯片形式进行散热而获得。对于有 MQB 的 270nm AlGaN DUV-LED，

EQE 值达 3.8%，其中没有使用任何增加 LEE 的结构[21]。

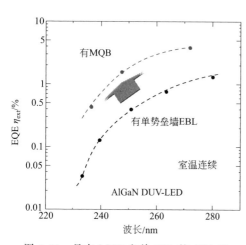

图 4.34 具有 MQB 和单 EBL 的 AlGaN
深紫外 LED
外量子效率与波长的关系

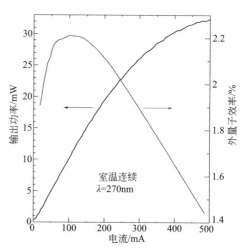

图 4.35 测定的高输出功率含 MQB 270nm
AlGaN MQW LED 室温连续工作时的
电流-输出功率（I-L）和
EQE（η_{ext}）特性

图 4.36 总结了制造在低 TDD ML-AlN 模板上的 AlGaN 和 InAlGaN 基 DUV-LED 最大输出功率，这是 2007~2012 年在日本理化学研究所实现的[16~22]。我们通过引入低 TDD AlN 模板和 MQB 电子阻挡层，有限增加了 AlGaN 基深紫外 LED 的外量子效率和输出功率。所获得的 245~270nm 单芯片 LED 最大输出功率为 15~33mW。这些成功将有助于加速 DUV-LED 的实际应用，并扩大它们的应用范围。

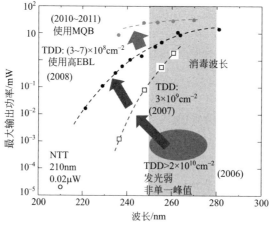

图 4.36 2007~2012 年，日本理化学研究所在低 TDD ML 氮化铝模板上
所制作 AlGaN 和 InAlGaN 基深紫外 LED 的最大输出功率[16~22]

日本理化学研究所和松下公司已经开发出用于消毒的商用深紫外 LED 模块。为了开发商用器件，要求实现均匀和重复的 AlN 模板和 AlGaN LED 层，从而可以获得恒定的高 EQE 和长器件寿命。获得 AlN 和 AlGaN 层的重复性困难，源于其生长条件对 NH_3 和 TMAl 之间的气相反应非常敏感，这是因为其高生长温度（1200~1400℃）所导致。图 4.37 示出了碳基座上 3×2in 晶圆的位置，观测到使用某生产型 MOCVD，在蓝宝石上用 NH_3 脉冲流量多层生长方法，生长的 AlN 模板 (0002) 和 (10$\bar{1}$2) XRC 半高宽的均匀性。蓝宝石上的 AlN 模板 XRC 的 FWHM 波动范围在 5% 以内。这种获取高度均匀模板晶圆的技术，适合于商业 DUV-LED 生产。图 4.38 示出 270nm 10mW DUV-LED 模块的鸟瞰图和消毒应用的工作特性。我们集成了 6 个芯片到深紫外 LED 模块中。对 2%~3% 的 EQE 器件，我们已经获得输出减小 30% 条件下超过 10000h 的寿命[25,26]。图 4.39 示出了图 4.38 (a) 中深紫外 LED 模块工作期间的数码相机照片。我们可以看到，复印纸受到 270nm 深紫外 LED 激发从而发出蓝光。

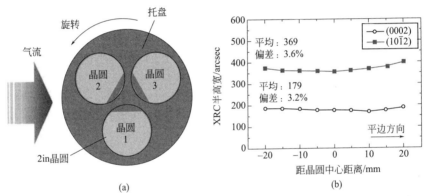

图 4.37 (a) 碳基座上 3×2in 晶圆的位置和 (b) 观察到的生产型 MOCVD 在蓝宝石上使用 NH_3 脉冲流量生长多层方法生长的 AlN 模板 (0002) 和 (10$\bar{1}$2) XRC FWHM 均匀性

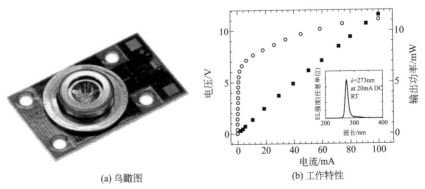

图 4.38 日本理化研究所和松下公司开发的市售 270nm 10mW 灭菌用 DUV-LED 模块

图 4.39　深紫外 LED 模块工作期间的数码相机照片（靠近 LED 的是复印纸）

4.7　未来高光提取效率（LEE）的 LED 设计

LEE 的改进对 AlGaN 深紫外 LED 特别重要，因为 AlGaN 深紫外 LED 的 LEE 相当低（8%～20%），而努力提高 LEE 是未来应用的关键。但是增加 LEE 相当有挑战性，因为缺乏合适的透明 p 型接触层、透明的 p 型电极以及在 DUV 波长范围内的高反射率 p 型电极。

图 4.40 示出了 AlGaN DUV-LED 中改善 LEE 的示意图，我们可以通过采用这里提出的新型 LED 结构，替换常规的 p-GaN 层结构来实现[24]。传统的 DUV-LED 中，QW 顶部发射完全被 p-GaN 接触层吸收。朝向衬底的深紫外器件发光受到蓝宝石/空气界面反射（由于全反射，小于 16% 的向下发光被提取，而大于 84% 的向下发光被反射回去）。这样的结果是，常规 DUV-LED 的 LEE 通常小于 8%。即使我们使用封装技术、蓝宝石衬底表面的纳米光子结构以及图形化蓝宝石衬底（PSS）外延生长，LEE 的改进仍然有限（最大 LEE 预期为 20% 左右），而这主要源自 p-GaN 接触层的紫外光强吸收。

为实现高 LEE，比较理想的是结合透明接触层、高反射率 p 型电极和垂直光传播光子构造。最近，我们制造了具有高 Al 组分 p-AlGaN 接触层的 DUV-LED。我们发现 p-AlGaN 可以作为高度透明的 p-接触层。常规 Ni/Au p 型电极的反射率很低（约 25%），并不适合作为高反射率反射镜。Al 在 DUV 中的反射率是 92%，但是很难获得欧姆接触。使用 Al 反射镜作为窗口的网格型电极，是高反射率 p 型电极的解决方案之一，如图 4.40 右侧所示。如果 p 型电极的反射率不

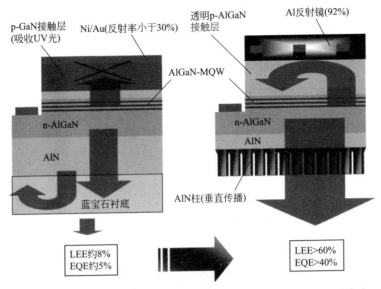

图 4.40 引入透明 p 型 AlGaN 接触层、高反射率 p 型电极和垂直光传播 AlN 柱形阵列改善 AlGaN DUV-LED LEE 的示意图

够高（约 80%），就需要具有最小反射的垂直光传播属性的光子结构进行光提取。换言之，为了获得高效率光提取，光高效耦合到光子构造如柱形阵列中是很重要的。

使用类似于我们提出的 AlGaN 深紫外 LED 结构，Ryu 等人用有限时域差分（FDTD）仿真进行了 LEE 的研究[46]。他们的计算也得出相似结论，具有光子纳米结构的垂直 LED 几何形状和透明 p-AlGaN 接触层组合，对于 AlGaN DUV-LED 获得高 LEE 非常重要。他们证明了，当 p-GaN 接触层的厚度从 25nm 减小到零时，垂直 AlGaN DUV-LED 的 LEE 可以有一个量级的改善。他们的仿真还表明，如果在垂直 LED 中引入透明 p-AlGaN 接触层，通过横向电场（TE）模式可获得的最大 LEE 高达 72%。这些模拟结果与我们提出的 LED 结构有很好的一致性。

我们将对所建议深紫外 LED 进行非常简单的 LEE 估计。我们假定向上发光的等效反射率是 80%，这可以通过 p 电极的反射率和 p 型 AlGaN 接触层的吸收来确定。我们还假设向下发光进入柱形阵列的等效耦合系数是 40%。换句话说，40% 的向下发光可以通过柱形阵列提取。当然，这是考虑所有的传播到各方向上光的平均值。首先，QW 的发光 50% 向下发射，而 40% 的光被反射并由 p 电极返回，从而到达柱形阵列前的光有 90%。在首次尝试中通过柱形阵列的光提取计算为 90%×0.4=36%，而 54% 的光由柱形阵列反射。在第二次尝试中通过柱形阵列提取的光计算为 54%×0.8×0.4=17.3%。使用同样的方法，进行第三和第四次尝试，光提取的百分比分别计算为 8.3% 和 4%。通过积分第一次到第三次提取的光,我们可以得到超过 61.6% 的 LEE。通过与 FDTD 结果比较,我们认为 40% 的等效耦合系数比较合理。通过上述估计,我们可以得到具有最小反射光的高 LEE。

我们演示展示了有高度透明 p-AlGaN 接触层的 DUV-LED,用于实验的 LED 结构示于图 4.41。量子阱的发光波长为 277nm,p-AlGaN 接触层的 Al 组分在 60%～63% 之间(对应组分波长为 270～265nm)。图 4.42 示出了通常用于 DUV-LED 的、AlGaN/AlN/蓝宝石模板上生长的、Mg 掺杂 p 型高 Al 组分 AlGaN 的透过率。我们使用分光光度计测量,确认了 120nm 厚 60% Al 组分的 p-AlGaN 层对 279nm DUV 光透过率达到 94% 以上。考虑到接触层厚度(70nm),用于实际 DUV-LED 的 p-AlGaN 接触层透过率估计约为 97%。

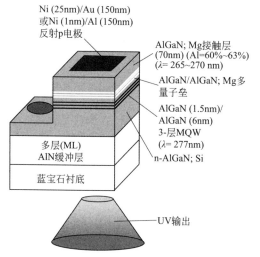

图 4.41 采用透明 p-AlGaN 接触层和高反射率 Ni/Al p 型电极的 AlGaN 深紫外 QW LED 结构示意图

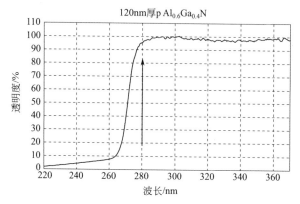

图 4.42 在 AlGaN/AlN/蓝宝石模板上生长的 Mg 掺杂 p 型高 Al 组分 AlGaN 层透过率

图 4.43 显示了采用透明 p-AlGaN 层和传统 Ni/Au p 型电极的 277nm AlGaN 多量子阱 DUV-LED，测量的室温连续工作下 EQE(η_{ext}) 特性。我们用高 Al 组分（60%～63%）的 p-AlGaN 接触层，实现了 DUV-LED 的工作。对铝组分为 60% 和 63% 的 p-AlGaN 接触层，我们获得的最大 EQE 分别为 3.1% 和 2.8%。我们发现尽管 p-AlGaN 层中只有非常低的空穴浓度，高 Al 组分 p-AlGaN 和 Ni/Au 或 Ni/Al 电极之间的直接接触适用于 DUV-LED。

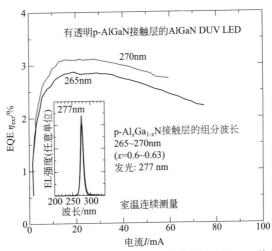

图 4.43 采用透明 p-AlGaN 接触层和常规 Ni/Au p 型电极的 277nm AlGaN 多量子阱 DUV-LED 的 EQE(η_{ext}) 特性测量为室温连续工作

我们用高反射 Ni(1nm)/Al(150nm) 作为 p 型电极，取代了常规的 Ni(25nm)/Au(150nm)。电流注入通过 Al 层和 p-AlGaN 层之间非常薄的 Ni 层（<1nm）实现。图 4.44 显示了不同类型 AlGaN 深紫外 LED p 型电极的波长与反射率的关系。实际的 270nm DUV-LED 器件中，使用 Ni(1nm)/Al(150nm) 电极取代传统的 Ni(25nm)/Au(150nm) p 型电极，其反射率从 30% 增加至 64%。

图 4.45 示出了采用透明 p-AlGaN 接触层的 279nm AlGaN 多量子阱 DUV-

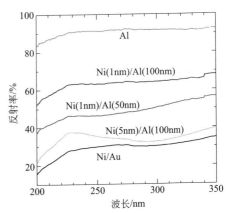

图 4.44 AlGaN 深紫外 LED 中各种 p 型电极的波长与反射率的关系

LED 的 EQE(η_{ext}) 特性，比较测量了室温连续工作下采用传统的 Ni(25nm)/Au(150nm) 和高反射 Ni(1nm)/Al(150nm) p 型电极 LED。EQE 从 4% 增加至 7%（1.7 倍），归功于高反射 Ni/Al 电极取代传统 Ni/Au p 型电极引起的高 LEE。我

们从 LEE 的增强因子，可以估计出 p-AlGaN 接触层的透射率在 95% 以上。通过在 265～279nm 深紫外 LED 中采用高反射率 Ni/Al 电极替换 Ni/Au p 型电极，可以实现为 1.3～1.7 的 LEE 增强因子。

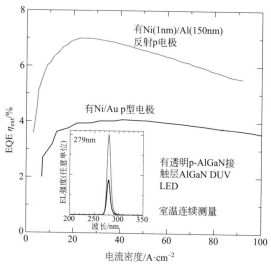

图 4.45　279nm AlGaN 多量子阱 DUV-LED 的 EQE（η_{ext}）特性
采用透明 p-AlGaN 接触层与传统 Ni/Au 和高反射 Ni/Al p 型电极
在室温连续工作下测量对比

当 Ni/Au p 型电极替换为 Ni/Al 电极后，正向电压（V_f）的增加很小，可以忽略不计。

我们观察到 p-GaN 替换为透明 p-AlGaN 接触层时，V_f 的增加。当接触层从 p-GaN 变为 p-AlGaN 时，裸芯片 DUV-LED 的 V_f 在 5mA 注入电流下从 11V 增加至 17V。因此，由低空穴浓度引起的 p 接触高电阻率，仍然是使用 p-AlGaN 接触层的一个问题。V_f 的增加会引起墙插效率（WPE）的减小。我们的目标是通过使用网格状 p 型电极来改善 V_f，如我们在图 4.40 中所建议。

为了实现高 LEE，我们正在蓝宝石图形衬底（PSS）上开发互连柱形 AlN 缓冲层。图 4.46 显示了 PSS 表面的扫描电子显微镜（SEM）图像，AlN 柱形阵列的光学显微镜表面图像和 SEM 鸟瞰图，以及互连柱形 AlN 缓冲层的 SEM 鸟瞰图。本实验中使用的 PSS 三角形晶格周期约为 3μm。PSS 通过纳米压印和感应耦合等离子体（ICP）干法刻蚀技术制备。我们已经使用高温和低 V/Ⅲ 比生长条件，成功地在 PSS 上生长出高纵横比的 AlN 六角柱形阵列。使用这样的柱形阵列结构，对于深紫外 LED 获得高 LEE 非常有效。通过低 V/Ⅲ 比生长条件下的横向生长工艺，AlN 柱形阵列被掩埋到平坦表面下，如图 4.46（d）所示。我们已经在互连柱形 AlN 缓冲层上，制作了 270nm 的 DUV-LED，获得的最大 EQE 为 0.4%，而连续输出功率为 5mW。我们正努力通过改善柱形缓冲层的表面粗糙度，从而来提高 LED 效率。

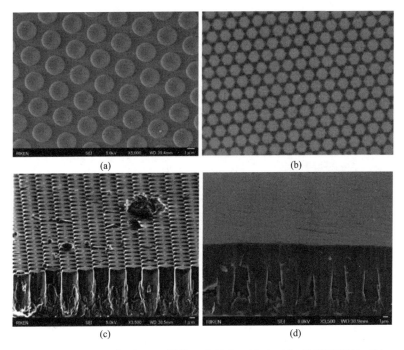

图 4.46 （a）PSS 表面 SEM 图像，生长在 PSS 上 AlN 柱形阵列的（b）光学显微镜表面图像和（c）SEM 鸟瞰图，以及（d）通过横向生长制备的柱形 AlN 缓冲层的 SEM 鸟瞰图

制造图 4.40 所示高 LEE 的 LED 结构，需要我们去除蓝宝石衬底。通过激光剥离（LLO）方法从 AlN 层去除蓝宝石的工艺不是非常适用于高效器件，因为它可能会引起外延层的破坏。然而，硅基 AlGaN DUV-LED 的 Si 衬底，能够很容易地从氮化物外延层上通过湿法化学腐蚀去除。使用 Si 衬底是无损伤去除衬底的解决方案之一。Si 晶圆上 DUV-LED 的制备还有其他优点，如大面积和低成本器件的可能性，而垂直结构 LED 也很容易通过去除 Si 衬底后进行制备。但是由于 Si 的热膨胀系数比 AlN 小得多，容易产生表面裂纹，使得硅衬底上 AlN 缓冲层的晶体生长相对更困难。

我们已经开发了 Si 衬底上 AlGaN 和四元 InAlGaN 深紫外 LED[47,48]。为了获得 Si 衬底上无裂纹的 AlN 缓冲层，我们采用 ELO 方法制备了 AlN 层[48]。图 4.47 示出了 Si 上的 ELO AlN 缓冲层截面 SEM 图像和 ELO Si 衬底 AlN 上的深紫外 LED 结构与光谱。我们已经首次成功地示范了 Si 衬底上制备的深紫外 LED。室温连续工作 LED 的发光波长为 256nm[48]。我们计划通过引入这些技术，来实现如图 4.40 所提议的结构，目标是显著改善深紫外 LED 的 LEE。我们希望在不远的将来能够通过实现高效 DUV-LED，从而使得这种器件的应用领域包括灭菌得以极大扩展。

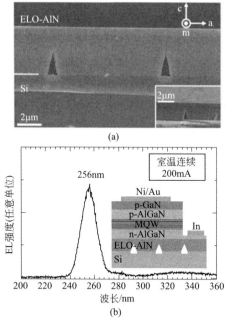

图 4.47 （a）Si 衬底上 ELO AlN 缓冲层的 SEM 截面图像和
（b）制备在 Si 衬底 ELO AlN 上的深紫外 LED 结构与光谱

4.8 小结

我们报道了 AlGaN 基 DUV-LED 性能方面的最新进展，相关进展也包括开发出宽带隙 AlN 以及 AlGaN 晶体生长的技术。我们已经通过采用蓝宝石上 NH_3 脉冲流量多层生长方法，生长低 TDD AlN 缓冲层的 AlGaN-QW DUV-LED 实现了 IQE 的显著增加，使用高 IQE 发光层了展示 222～351nm 深紫外 LED。深紫外 LED 的 EIE 通过采用 MQB 控制电子流动而显著增加。我们还展示了通过使用透明 p-AlGaN 接触层和高反射 p 型电极，取得 LEE 的改善。对于 279nm 的 DUV-LED，获得的最大 EQE 为 7%。在不久的将来，EQE 通过利用透明接触层和柱形阵列缓冲层，有望增加到高达百分之几十。

参考文献

[1] A. Zukauskas, M. S. Shue, R. Gaska, *Introduction to Solid-State Lighting* (Wiley, New York, 2002).
[2] H. Hirayama, J. Appl. Phys. **97**, 091101(2005).
[3] J. Han, M. H. Crawford, R. J. Shul, J. J. Figiel, M. Banas, L. Zhang, Y. K. Song, H. Zhou, A. V.

Nurmikko, Appl. Phys. Lett. **73**, 1688(1998).

[4] A. Kinoshita, H. Hirayama, M. Ainoya, A. Hirata, Y. Aoyagi, Appl. Phys. Lett. **77**, 175(2000).

[5] T. Nishida, H. Saito, N. Kobayashi, Appl. Phys. Lett. **78**, 711(2001).

[6] W. H. Sun, V. Adivarahan, M. Shatalov, Y. Lee, S. Wu, J. W. Yang, J. P. Zhang, M. A. Khan, Jpn.J. Appl. Phys. **43**, L1419(2004).

[7] V. Adivarahan, S. Wu, J. P. Zhang, A. Chitnis, M. Shatalov, V. Madavilli, R. Gaska, M. A. Khan, Appl. Phys. Lett. **84**, 4762(2004).

[8] V. Adivarahan, W. H. Sun, A. Chitnis, M. Shatalov, S. Wu, H. P. Maruska, M. Asif Khan, Appl. Phys. Lett. **85**, 2175(2004).

[9] Y. Taniyasu, M. Kasu, T. Makimoto, Nature **444**, 325(2006).

[10] H. Hirayama, Y. Enomoto, A. Kinoshita, A. Hirata, Y. Aoyagi, Appl. Phys. Lett. **80**, 37(2002).

[11] H. Hirayama, A. Kinoshita, T. Yamabi, Y. Enomoto, A. Hirata, T. Araki, Y. Nanishi, Y.Aoyagi, Appl. Phys. Lett. **80**, 207(2002).

[12] H. Hirayama, Y. Enomoto, A. Kinoshita, A. Hirata, Y. Aoyagi, Appl. Phys. Lett. **80**, 1589(2002).

[13] H. Hirayama, K. Akita, T. Kyono, T. Nakamura, K. Ishibashi, Jpn. J. Appl. Phys. **43**, L1241(2004).

[14] S. Fujikawa, T. Takano, Y. Kondo, H. Hirayama, Jpn. J. Appl. Phys. **47**, 2941(2008).

[15] H. Hirayama, T. Yatabe, N. Noguchi, T. Ohashi, N. Kamata, Appl. Phys. Lett. **91**, 071901(2007).

[16] H. Hirayama, T. Yatabe, T. Ohashi, N. Kamata, Phys. Status Solidi C **5**, 2283(2008).

[17] H. Hirayama, N. Noguchi, S. Fujikawa, J. Norimatsu, T. Takano, K. Tsubaki, N. Kamata, Phys. Status Solidi A **206**, 1176(2009).

[18] H. Hirayama, Y. Tsukada, T. Maeda, N. Kamata, Appl. Phys. Express **3**, 031002(2010).

[19] H. Hirayama, N. Noguchi, T. Yatabe, N. Kamata, Appl. Phys. Express **1**, 051101(2008).

[20] H. Hirayama, N. Noguchi, N. Kamata, Appl. Phys. Express **3**, 032102(2010).

[21] S. Fujikawa, H. Hirayama, N. Maeda, Phys. Status Solidi C **9**(3-4), 790-793(2012).

[22] N. Maeda, H. Hirayama, Phys. Status Solidi C **10**, 1521(2014).

[23] H. Hirayama, N. Maeda, S. Fujikawa, S. Toyoda, N. Kamata, Optronics **2**, 58(2014).

[24] H. Hirayama, N. Maeda, S. Fujikawa, S. Toyota, N. Kamata, Recent progress and future prospects of AlGaN-based high-efficiency deep-ultraviolet light-emitting diodes. Jap. J. Appl. Phys. (Selected Topic) **53**, 100209 1-10(2014).

[25] T. Mino, H. Hirayama, T. Takano, N. Noguchi, K. Tsubaki, Phys. Status Solidi C **9**, 749(2012).

[26] T. Mino, H. Hirayama, T. Takano, K. Tsubaki, M. Sugiyama, Proc. SPIE **8625**, 59(2013).

[27] M. Shatalov, W. Sun, Y. Bilenko, A. Sattu, X. Hu, J. Deng, J. Yang, M. Shur, C. Moe, M.Wraback, R. Gaska, Appl. Phys. Express **3**, 062101(2010).

[28] J. Mickevičius, G. Tamulaitis, M. Shur, M. Shatalov, J. Yang, R. Gaska, Appl. Phys. Lett. **103**, 011906(2013).

[29] M. Shatalov, W. Sun, A. Lunev, X. Hu, A. Dobrinsky, Y. Bilenko, J. Yang, Appl. Phys. Express **5**, 082101(2012).

[30] J. R. Grandusky, J. Chen, S. R. Gibb, M. C. Mendrick, C. G. Moe, L. Rodak, G. A. Garrett, M. Wraback, L. J. Schowalter, Appl. Phys. Express **6**, 032101(2013).

[31] J. R. Grandusky, S. R. Gibb, M. C. Mendrick, C. Moe, M. Wraback, L. J. Schowalter, Appl.Phys. Express **4**, 082101(2011).

[32] T. Kinoshita, K. Hironaka, T. Obata, T. Nagashima, R. Dalmau, R. Schlesser, B. Moody, J. Xie, S. Inoue, Y. Kumagai, A. Koukitu, Z. Sitar, Appl. Phys. Express **5**, 122101(2012).

[33] T. Kinoshita, T. Obata, T. Nagashima, H. Yanagi, B. Moody, S. Mita, S. Inoue, Y. Kumagai, A. Koukitu, Z. Sitar, Appl. Phys. Express **6**, 092103(2013).

[34] C. Pernot, M. Kim, S. Fukahori, T. Inazu, T. Fujita, Y. Nagasawa, A. Hirano, M. Ippommatsu, M. Iwaya, S. Kamiyama, I. Akasaki, H. Amano, Appl. Phys. Express **3**, 061004(2010).

[35] S. Hwang, D. Morgan, A. Kesler, M. Lachab, B. Zhang, A. Heidari, H. Nazir, I. Ahmad, J.Dion, Q. Fareed, V. Adivarahan, M. Islam, A. Khan, Appl. Phys. Express **4**, 032102(2011).

[36] A. Fujioka, T. Misaki, T. Murayama, Y. Narukawa, T. Mukai, Appl. Phys. Express **3**, 041001(2010).

[37] M. Ippommatsu, Optronics **2**, 71(2014).

[38] H. Yoshida, Y. Yamashita, M. Kuwabara, H. Kan, Appl. Phys. Lett. **93**, 241106(2008).

[39] K.Iida, T. Kawashima, A. Miyazaki, H. Kasugai, A. Mishima, A. Honshio, Y. Miyake, M.Iwaya, S. Kamiyama, H. Amano, I. Akasaki, Jpn. J. Appl. Phys. **43**, L499(2004).

[40] T. Takano, Y. Narita, A. Horiuchi, H. Kawanishi, Appl. Phys. Lett. **84**, 3567(2004).

[41] K. Ban, J. Yamamoto, K. Takeda, K. Ide, M. Iwaya, T. Takeuchi, S. Kamiyama, I. Akasaki, H. Amano, Appl. Phys. Express **4**, 052101(2011).

[42] R. G. Banal, M. Funato, Y. Kawakami, Phys. Rev. B **79**, 121308(R)(2009).

[43] H. Kawanishi, M. Senuma, M. Yamamoto, E. Niikura, T. Nukui, Appl. Phys. Lett. **89**, 081121(2006).

[44] K. Iga, H. Uenohara, F. Koyama, Electron. Lett. **22**, 1008(1986).

[45] K. Kishino, A. Kikuchi, Y. Kaneko, I. Nomura, Appl. Phys. Lett. **58**, 1822(1991).

[46] H. Y. Ryu, I. G. Choi, H. S. Choi, J. I. Shim, Appl. Phys. Express **6**, 062101(2013).

[47] S. Fujikawa, H. Hirayama, Appl. Phys. Express **4**, 061002(2011).

[48] T. Mino, H. Hirayama, T. Takano, K. Tsubaki, M. Sugiyama, Appl. Phys. Express **4**, 092104(2011).

第 5 章

位错和点缺陷对近带边发射 AlGaN 基 DUV 发光材料内量子效率的影响

Shigefusa F. Chichibu，Hideto Miyake，Kazumasa Hiramtsu 和 Akira Uedono[1]

摘要

本章中，我们将使用深紫外（DUV）时间分辨荧光谱和正电子湮灭测量，来研究 AlN 和高 AlN 摩尔分数（x）$Al_xGa_{1-x}N$ 合金中，点缺陷而不是穿透位错（TD）对近带边（NBE）激子发光的发光动力学的影响。我们将分别鉴别 AlN 中激子的极端辐射本质，因为确定出自由激子发射的辐射寿命 τ_R 为 7K 时短至 11ps 和 300K 时为 180ps，这是前所未有的体半导体最短自发发射报道。但是，表观 τ_R 随着杂质和 Al 空位（V_{Al}）浓度增加而增加，当不考虑 TD 密度在 7K 时高达 530ps。这个结果反映了束缚激子部分的贡献。随着重掺杂样品温度升高到 200K，τ_R 的连续下降反映出带尾态的载流子弛豫。 高 Al 组分

---

[1] S. F. Chichibu
先进材料多学科研究所，东北大学，日本仙台 980−8577 青叶，片平 2-1-1，
电子邮箱：chichibulab@yahoo.co.jp
H. Miyake，K. Hiramtsu
三重大学电气与电子工程系，日本津市 514-8507，
电子邮箱：miyake@elec.mie-u.ac.jp
K. Hiramtsu
电子邮箱：hiramatu@elec.mie-u.ac.jp
A. Uedono
筑波大学纯和应用科学系应用物理部，筑波大学，日本茨城 305-8573
电子邮箱：uedono.akira.gb@u.tsukuba.ac.jp

$Al_xGa_{1-x}N$ 合金的室温（RT）τ_R 在 300K 时仍然短至几纳秒。该结果表明了优良的辐射性能本质。最后，我们讨论了硅掺杂以及形成阳离子空位对 $Al_{0.6}Ga_{0.4}N$ NBE 发射中非辐射寿命（τ_{NR}）的影响。

5.1 简介

深紫外（DUV）UVC 发光二极管（LED）（$\lambda \leqslant 280\text{nm}$）[1~3]、电子束泵浦紫外光源[4,5]和激光二极管应用吸引了人们对高 AlN 摩尔分数（x）$\text{Al}_x\text{Ga}_{1-x}\text{N}$ 的广泛兴趣。最近，通过使用各种 Al_2O_3（0001）上的 AlN 模板[1~6]和自支撑 AlN 衬底[7,8]，即使对 x 高于 0.6，外延生长低穿透位错（TD）密度（$\leqslant 10^8\text{cm}^{-2}$）$\text{Al}_x\text{Ga}_{1-x}\text{N}$ 也已成为可能。但是 DUV-LED 的外量子效率（η_{ext}）仍然很低，最高仅为 10%[1~3]。

η_{ext} 是内量子效率（η_{int}）、载流子注入效率（η_{inj}）和光提取效率（η_{lee}）的乘积，因此这些因子都必须得到改善。其中 η_{int} 是辐射率与辐射和非辐射率总和的比值，即 $\eta_{\text{int}} = (1 + \tau_R/\tau_{NR})^{-1}$，其中 τ_R 和 τ_{NR} 分别是辐射和非辐射寿命。为了提高 η_{int}，希望的是短 τ_R 和长 τ_{NR}。一般情况下，通过增加量子阱（QW）结构中电子-空穴（e-h）对的波函数重叠来缩短 τ_R。此外，高温下必须降低非辐射复合中心（NRC）的浓度，以延长 τ_{NR}。

结合时间分辨光致发光（TRPL）和正电子湮没谱（PAS），研究了点缺陷对（Al，Ga，In）N 化合物和合金的发光动力学，认定氮化镓中 NRC 的起源是含 Ga 空位（V_{Ga}）缺陷络合物如 V_{Ga}-X，其中 X 是未识别的[9,10]。特别针对 $\text{Al}_x\text{Ga}_{1-x}\text{N}$ 合金，Polyakov 等人[11]，Bradley 等人[12]，Onuma 等人[13]和 Hashizume 等人[14]已经独立地使用光致发光（PL）[11,13]，阴极荧光（CL）[12,13]，TRPL[13]，PAS[13]以及 X 射线光电子能谱法和结电容法结合[14,15]，研究了具有中间能态的电学和光学活性本征缺陷。

同时，可以通过增加 p 型和 n 型层电导率，并保持电子和空穴浓度之间的平衡，来增加有源区 η_{int}。相应地，必须要通过最低的缺陷形成施主或受主杂质高浓度掺杂，因为由于费米能级效应，杂质掺杂可以产生某些具有相反电荷的本征缺陷[16~22]，而这些缺陷可能扩散到有源区。人们已经进行了广泛的研究来获得低电阻率 n 型硅掺杂 $\text{Al}_x\text{Ga}_{1-x}\text{N}$，关注重点在于金属有机物气相外延（MOVPE）[23,24]，激子局域化[25]，RT PL 光谱变化[26,27]，PAS[28,29]和 η_{int} 的估计[30]。重掺杂的另外一个严重问题是过度补偿，这将在稍后讨论。

由于有了非常低 TD 和结构缺陷密度的 AlN 模板和衬底，探索点缺陷对非辐射载流子复合的本征影响和正电子湮灭成为可能。与计算结果吻合，AlN 中 Al 空位（V_{Al}）的形成能（$E_{\text{形成}}$）非常低，甚至在 n 型材料中为负[31]；已发现 V_{Al} 是 AlN[32]以及 $\text{Al}_x\text{Ga}_{1-x}\text{N}$ 合金（$x \neq 0$）[29]中的主要空位缺陷。因此，必须仔细研究 AlN 和 $\text{Al}_x\text{Ga}_{1-x}\text{N}$ 中，由于点缺陷引入的杂质掺杂对 NBE 发射复合动力学的影响，因为 V_{Al}-配位体也可作为 NRC。然而，由于希望使用的 DUV 飞秒激发源受限，只有少数的论文[33~39]研究了 UVC 范围内（Al，Ga，In）N 的发光动力学。作者则一直在使用 DUV TRPL[34~38]和时间分辨阴极荧光（TRCL）测量[35~39]来研究非故意掺杂（UID）AlN 以及 AlGaN 合金中激子复合动力学。

虽然人们已报道了电子浓度 n 超过 10^{19} cm^{-3} 时，不需退火激活 Si 或 Ge 掺杂 GaN[40]，硅的过补偿问题在 $Al_xGa_{1-x}N$ 合金中仍然很显著。Shimahara 等[24]报道了 $Al_{0.6}Ga_{0.4}N$ 中，n 首先随 Si 掺杂浓度 [Si] 的增加而增加到达约 10^{18} cm^{-3}，然后饱和，并且最终在 [Si] $=4\times10^{18}$ cm^{-3} 时降低到 5×10^{17} cm^{-3}。Uedono 等人[29]用单能正电子（e$^+$）束线 PAS 研究了这些样品，从而探测 V_{Ga}，V_{Al} 及其配位体。他们观察到阳离子空位（$V_Ⅲ$）的浓度 [$V_Ⅲ$] 与 [Si] 同步增加，并报告了主要缺陷种类是 V_{Al}[29]。这样的过度补偿现象通常见于Ⅲ-Ⅴ和Ⅱ-Ⅵ族半导体中。例如，GaAs 中重掺杂硅施主在 Ga 位的过度补偿（Si$_{Ga}$），帮助形成了与 V_{Ga} 缺陷相关的络合物，如 V_{Ga}-Si$_{Ga}$[41~43]。因此，很可能 $Al_{0.6}Ga_{0.4}N$：Si 中形成了 $V_Ⅲ$-Si$_Ⅲ$ 缺陷络合物，尤其是在 Al 位（V_{Al}-Si$_Ⅲ$）。

本章中，我们将使用 DUV TRPL，TRCL 和 PAS 测量点缺陷而不是 TD，展示其对 AlN 和高 x 组分 $Al_xGa_{1-x}N$ 合金薄膜中 NBE 激子发光的发光动力学影响。确定了 AlN 的极端辐射性质，在弱激励区域中的辐射寿命（τ_R）对于自由激子发射确定为 300K 时短至 180ps，这是迄今为止体半导体中自发发射的最短寿命报道。但是，表观 τ_R 随着杂质和 V_{Al} 浓度的增加而增加，到 7K 时为 530ps，并与 TD 密度无关。该结果可能反映出束缚激子分量的贡献。重掺杂样品随温度上升到 200K 时，τ_R 的连续下降反映了带尾态的载流子弛豫。室温下高 x 组分 $Al_xGa_{1-x}N$ 合金的 τ_R 值在 300K 仍然短至几纳秒。该结果无疑表明了优良的辐射性能。最后，我们讨论了硅掺杂和相应阳离子空位的形成对 $Al_{0.6}Ga_{0.4}N$ 薄膜中 NBE 发射非辐射寿命（τ_{NR}）的影响。

5.2 实验细节

为研究 AlN 的发光动力学[34,35,37]，通过低压 MOVPE 使用三甲基铝（TMAl）和氨（NH$_3$）生长了约 $2\mu m$ 厚的外延层。c 面 AlN 薄膜（样品编号 A1~A5）生长在 c 面 Al_2O_3 衬底上，而 m 面 AlN 薄膜（编号 A6）生长在 m 面自支撑 GaN（FS-GaN）衬底上[44]。A1 的穿透位错密度刃型分量（N_E）为 2×10^8 cm^{-2}，A2 和 A6 为 1×10^9 cm^{-2}，A6、A4 和 A5 为 3×10^9 cm^{-2}，A3 为 1×10^{10} cm^{-2}。A1 生长温度（T_g）为 1500℃ 而 A2 和 A3 为 1350℃。这些样品归类为高温（HT）生长（HTG）样品。它们的 Si、C 和 O 浓度低于二次离子质谱

(SIMS) 的检测极限（分别为 [Si] $<5\times10^{17}\,\mathrm{cm}^{-3}$，[C] $<10^{17}\,\mathrm{cm}^{-3}$ 和 [O] $<5\times10^{17}\,\mathrm{cm}^{-3}$）。低温（LT）生长（LTG）样品 A4 和 A5 在 1200℃ 生长。样品 A6 在 1120℃ 生长以防止 FS GaN 分解。其中 A5 含有高浓度的杂质（[Si] = [C] $=4\times10^{19}\,\mathrm{cm}^{-3}$，而 [O] $=2\times10^{19}\,\mathrm{cm}^{-3}$）。A4 和 A6 中的这些浓度比 A5 低一个数量级[35,37]。所有的 AlN 外延层其表面都展示出单或双层原子台阶（表 5.1）。

为了研究高 x $\mathrm{Al}_x\mathrm{Ga}_{1-x}\mathrm{N}$ 合金的发光动力学[36]，通过 MOVPE 在 $1\mu\mathrm{m}$ 厚 AlN 外延模板上，在 $T_g=1120\sim1200$℃ 和 $2.0\times10^4\,\mathrm{Pa}$ 条件下，进生长了约 $1.3\mu\mathrm{m}$ 厚（0001）外延层（$x=0.65, 0.89, 0.97$）[6]，模板生长在 $\mathrm{Al}_2\mathrm{O}_3$ (0001) 衬底上。它们可以归类为 LTG 样品。三甲基镓（TMGa），TMAl 和 NH_3 用作前驱体。N_E 值根据 $\{10\bar{1}2\}$ X 射线 ω 摇摆曲线（1200～1500arcsec）半高宽（FWHM），使用参考文献 [45] 中给出的关系式估算为 $(2\sim3)\times10^9\,\mathrm{cm}^{-2}$。TD 密度的纯螺型分量（$N_\mathrm{S}$）估计低于 $(2\sim6)\times10^7\,\mathrm{cm}^{-2}$。我们使用 X 射线倒易空间映射（X-RSM）表征外延层，发现外延层相对于 AlN 模板有部分弛豫。x 值根据面内和面外晶格常数计算，而弛豫程度使用类似于参考文献 [46] 中的关系式给出。

表 5.1　AlN 样品列表（来自参考文献 [35, 37]）

编号	T_g/℃	衬底	$N_\mathrm{E}/\mathrm{cm}^{-2}$	杂质浓度/cm^{-3}	备注
A1	>1500	c 面 $\mathrm{Al}_2\mathrm{O}_3$	2×10^8	低于检测限	强压应力
				[Si]$<5\times10^{17}$	
A2	1350	HTG	c 面 $\mathrm{Al}_2\mathrm{O}_3$	1×10^9	[C]$<10^{17}$
A3	1350	c 面 $\mathrm{Al}_2\mathrm{O}_3$	1×10^{10}	[O]$<5\times10^{17}$	大多数弛豫的高 TD 密度
A4	1200	c 面 $\mathrm{Al}_2\mathrm{O}_3$	3×10^9	比 A5 低	
A5	1200	LTG	c 面 $\mathrm{Al}_2\mathrm{O}_3$	3×10^9	[Si]$=4\times10^{19}$	高杂质浓度
				[C]$=4\times10^{19}$	
				[O]$=2\times10^{19}$	
A6	1120	m 面氮化镓	1×10^9	比 A5 低	m 面

为了研究高 x $\mathrm{Al}_x\mathrm{Ga}_{1-x}\mathrm{N}$ 合金中，费米能级效应对于发光动力学的影响[16~22]，通过 MOVPE 在 $0.8\mu\mathrm{m}$ 厚的 AlN 外延模板上，在 $T_g=1180\sim1200$℃ 和 $6.7\times10^3\,\mathrm{Pa}$ 条件下，生长了约 $0.8\mu\mathrm{m}$ 厚的（0001）Si 掺杂 $\mathrm{Al}_{0.6}\mathrm{Ga}_{0.4}\mathrm{N}$ 外延（$\mathrm{Al}_{0.6}\mathrm{Ga}_{0.4}\mathrm{N}$：Si）[6]。采用单甲基硅烷（$\mathrm{CH}_3\mathrm{SiH}_3$）气体，控制固相中的 [Si] 从 $2\times10^{16}\,\mathrm{cm}^{-3}$ 变化至 $4\times10^{18}\,\mathrm{cm}^{-3}$，该值通过 SIMS 测量量化。所有样品通过 X-RSM 方法确认，都在模板上共格生长。N_E 值估计约 $3\times10^8\,\mathrm{cm}^{-2}$。生长细节在参考文献 [24] 中给出。

稳态大面积 CL 使用电子束（e^--beam），在 3.5kV 加速电压（V_acc）和

1.0×10^{-2} A/cm² 探测电流密度下激发。相应激发载流子浓度估计为 2×10^{18} cm⁻³。TRPL 测量使用约 200 飞秒脉冲频率的四倍频（4ω）锁模 Al_2O_3：Ti 激光器[34~37]，波长和功率密度分别约为 200nm 和每脉冲 40nJ/cm²。脉冲期间最大电子-空穴对（e-h）浓度估计为 4×10^{15} cm⁻³。为了测量宏观面积 TRCL 信号，我们构建了类似于参考文献 [47] 中描述的飞秒激励光电子枪（PE 枪），包括背部励磁配置的 15nm 厚 Au 膜、引出电极和加速电极来得到 V_{acc}，如图 5.1 所示。我们使用 Al_2O_3：Ti 激光器（240~260nm，100fs，每脉冲 1μJ/cm²）的三倍频（3ω）脉冲来激发 Au 薄膜。PE 枪和样品之间距离为 52.5mm。PE 枪的量子效率在 V_{acc}=10kV 时约 2.5×10^{-6} 电子/光子，而脉冲期间的电流密度为 1.8pA/cm²。TRPL 中相应的激励密度约为 10nJ/cm²。

空间-时间分辨阴极荧光（STRCL）系统[48,49]配备 PE 枪，通过 3ω 锁模 Al_2O_3：Ti 激光器以 200fs 脉冲驱动，这里用来测定作为温度 T 函数的 NBE 发光微区 CL 寿命。典型情况下，V_{acc} 为 6.5kV 而每个脉冲约有 1.5 个电子注入。在此条件下，$Al_{0.6}Ga_{0.4}N$ 合金中约生成 650 个 e-h 对。TRPL 和 TRCL 的激励强度都低到足以维持弱激发条件。能量分辨 TRPL 和 TRCL 信号利用条纹相机获得，其中的时间分辨率为 7~10ps。

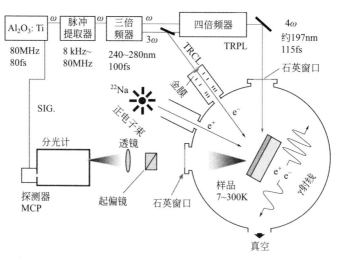

图 5.1 TRPL，TRCL 和 PAS 测量系统示意图（出自参考文献 [35, 37]，AIP 出版社有限责任公司 2010 年和 2013 年版权所有）

为了将 τ_R 和 τ_{NR} 与 [V_{III}] 关联，PAS[50,51]使用单能 e⁺ 束进行测试[29,32]。这里，使用 e⁺-e⁻ 湮灭 γ 射线多普勒展宽谱的 S 参数[9,10,13,28,29,32,35,38,43,50,51]来进行带负电荷 V_{III} 缺陷浓度或尺寸的测量[29,32,50,51]，测量和分析的细节见参考文献 [29]。

5.3 杂质和点缺陷对 AlN 近带边发光动力学的影响

AlN 外延层（A1～A6）的室温和低温宏观区域 CL 谱分别示于图 5.2（a）和（b）。如图所示，HTG 样品的光谱特征[52]是 2.5eV 和 4.2eV 间的尖锐激子峰，以及源于 V_{Al}-杂质络合物的微弱宽发光带[53~56]。LTG 样品的光谱与此相反，特征在于强的深态发光带和宽 NBE 发光带。A5 和 A6 的 NBE 峰能量分别约比禁带能量（E_g）低 200meV[57]。因为 LTG 样品有 Si、O 和 C 沾污，结果中显示为带尾的形成。但是我们也注意到其光谱特征并不是真正的 N_E 特征。

如图 5.2（c）所示 CL 谱放大图中，质量最好的样品 A1 显示出四个自由激子峰或肩。已经测到样品 A1 有强的面内压应力[34,52]，而发光的蓝移指认为是 6.27eV 的自由激子 B 和 C（$FX_{B,C}$），6.1768eV 的不可约表示 Γ_1 的自由激子 A 第一激发态 $[FX_A(\Gamma_1)]_{n=2}$，6.1383eV 的 Γ_1 对称的基态自由激子 A$[FX_A(\Gamma_1)]$ 6.1243eV 的 Γ_5 对称的自由激子 A$[FX_A(\Gamma_5)]$ 发光，目的是减小光子的能量。此外，观察到的 6.1153eV，6.1087eV 和 6.1040eV 三个发射峰是束缚于未知中性施主（D_1^0X），束缚于中性硅（Si^0X）[58]和束缚于中性氧（O^0X）[59]的激子复合。我们发现自由激子的纵光学（LO）声子伴线能量低于 6.05eV。我们还注意到这些发光峰值能量比无应变时高 95meV。最强 $FX_A(\Gamma_5)$ 峰具有 2.9meV 的最窄 FWHM 值，这显示晶体有极好的均匀性。我们也用 PAS 进行了结晶完整性检查。湮灭 γ 射线谱的多普勒展宽 S 参数反映带负电荷阳离子空位的尺寸或浓度（这里是 V_{Al} 和 V_{Al} 络合物[32]），数值为 0.458，这个值已接近无 V_{Al} 的 AlN 特征 S 值[32]。

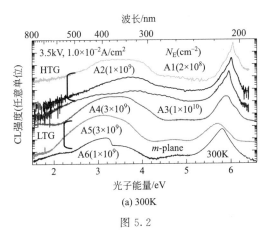

图 5.2

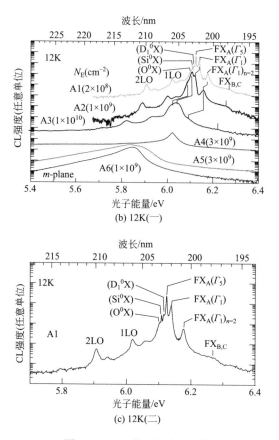

图 5.2 AlN 外延稳态 CL 谱

N_E 值在括号中显示。FX、I_2 和 LO 分别表示自由激子、中性施主束缚激子和 LO 声子伴线

(出自参考文献 [34, 35],AIP 出版社有限责任公司 2010 年版权所有)

图 5.3 示出 A1 在 7K 时的能量分辨 TRPL 信号。该信号显示出具有单或双指数衰减形状的极快初始寿命(τ_1)。这里,我们对能量分辨 FX_A(Γ_1),FX_A(Γ_5)和它们的 LO 声子峰的衰减信号进行了单指数函数拟合,而对(Si^0X)峰进行了双指数函数拟合。两个自由激子峰 FX_A(Γ_1)和 FX_A(Γ_5)的 τ_1 值通常短到 11ps。人们公认对于确定体材料中的 PL 寿命(τ_{PL}),测量 LO 声子伴线而不是零级声子线的寿命更加合适。这是因为 LO 声子伴线的能量低于 E_g,并且可以从体材料中提取,其中排除了任何可能的表面非辐射复合效应。如图 5.3 所示,6.016eV 的 FX_A-1 LO 峰的 τ_1 值为 9.6ps。Nam 等人[33]把 10K 时测量的 50ps τ_{PL} 归结为 FX_A 而 80ps 归结为 I_2。目前结果与他们结果[33]的差异可能源自不同的整体结晶质量,判断源自参考文献 [33] 中更宽光谱线形的发光,以及比 A1 样品宽 5 倍的 I_2 峰 15.5meV FWHM 值。我们注意到,7K 时(Si^0X)峰的较短寿命成分(τ_2)为 38ps,接近 FX_A 的 τ_{PL}[33]。

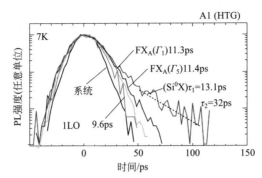

图 5.3 样品 A1 在 7K 时 FX_A（Γ_1）、FX_A（Γ_5）、（Si^0X）和 FX_A（Γ_5）声子伴线峰的能量分辨 TRPL 信号（出自参考文献 [34]，AIP 出版社有限责任公司 2010 年版权所有）

一般情况下，低温时 τ_{PL} 受 τ_R 支配，因为 NRC 会冻结。因此，7K 时 τ_{PL} 可以作为表征固有 τ_R 的一级近似。显然，约 10ps 的 FX_A（Γ_1）和 FX_A（Γ_5）峰（及其 1LO）τ_{PL} 比 GaN（35～220ps）[60] 和 ZnO（106ps）[61] 要短得多。Ⅲ-Ⅴ 和 Ⅱ-Ⅵ 族半导体中低温 NBE 发光有效辐射寿命 $\tau_{R,eff}$[60~66] 在图 5.4 中示出为 E_g 的函数。τ_R 的值一般表述为[67] $\tau_R = 2\pi\varepsilon_0 m_0 c^3/(ne^2\omega^2 f)$，其中，$f$ 是谐振强度，n 是折射率，ε_0 是真空介电常数，m_0 是真空中电子的质量。使用 $n=2.79$（2.67）和 $\omega = 9.3 \times 10^{15} s^{-1}$（$5.3 \times 10^{15} s^{-1}$），我们得到对于 AlN（GaN）的 FX_A，其 $\tau_R = 220/f_{AlN}$（$717/f_{GaN}$）ps。根据有效质量近似，f 表示为 $f = E_p V/(\pi\hbar\omega a_B^{*3})$，其中 E_p 是凯恩矩阵元，V 是单胞体积（AlN 为 $1.25 \times 10^{-22} cm^3$，而 GaN 为 $1.37 \times 10^{-22} cm^3$），$a_B^*$ 为自由激子的有效玻尔半径（AlN 为 1.7nm，而 GaN 为 3.4nm）。假设相同的 E_p 值（18.8eV[68]），分别计算出 f_{AlN} 和 f_{GaN} 为 2.6×10^{-2} 和 6.0×10^{-3}。使用这些值，计算出 AlN 中 FX_A 的 τ_R

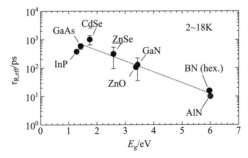

图 5.4 Ⅲ-Ⅴ 和 Ⅱ-Ⅵ 族化合物半导体中，NBE 发光的低温（有效辐射）PL 寿命（$\tau_{R,eff}$）作为 E_g 的函数

GaN，ZnO，GaAs，CdSe，InP，SeZn 和 BN 的 $\tau_{R,eff}$ 值分别来自参考文献 [61~66]

（出自参考文献 [34]，AIP 出版社有限责任公司 2010 年版权所有）

为 8.4ns，这比 GaN 短 14 倍 (120ns)。这个趋势与图 5.4 中的一致。然而，绝对值比测得的数值大三个数量级。

部分差异可以通过考虑激子极化声子的形成来解释[69,70]。一经激发，能带内的电子和空穴马上（通常只要亚皮秒）失去其多余能量和动量[71]。随后形成的激子在高纯高品质的半导体体材料中，尤其是低温下时，弛豫到激子-极化声子瓶颈区。激子-极化声子是激子和光波可以在材料中传播的通路，因此极化声子的寿命为其到表面的飞行时间[71]。由于群速度的剧烈变化，飞行时间非常依赖于能量特别是瓶颈区附近。另外它也强烈依赖于形成极化声子的空间。从而，测量得到的可能是空间平均飞行时间。此外，飞行时间寿命也只有极化声子无碰撞传播时才成立。因为我们的样品很厚，弹性碰撞可能会主导极化寿命。假设 AlN 瓶颈区附近的极化声子寿命接近于计算得到的 GaN 的几皮秒寿命[72]，测量得到的约 10ps 寿命可能是整个过程的反映。然而如图 5.4 所示，AlN 具有半导体中低温下最短的 $\tau_{R,eff}$，表明材料本质上是相当容易发光的。

和 HTG 样品不同，LTG 样品的低温 TRPL 信号通常表现出具有扩展指数衰变的较慢寿命，如图 5.5 (a) 所示，这是无定形或缺陷半导体发光过程的特性[73]。为了确认 TRCL 得出和 TRPL 一样的数据，我们比较了 LTG 样品 A5 相关信号的温度变化，如图 5.5 所示，数据非常相似。为了系统比较各种质量 AlN 的 τ_R 和 τ_{NR}，有效 PL（CL）寿命 $\tau_{PL(CL),eff}$ 定义为[10]当激发后 $\int_0^{\tau_{PL(CL),eff}} I(t)dt / \int_0^{t_{lim}} I(t)dt$ 变为 $1-1/e$ 时的时间，其中 $I(t)$ 是在时间 t 时的强度，而 t_{lim} 是 $I(t_{lim})$ 变为 $0.01I(0)$ 时的时间。有效寿命 $\tau_{R,eff}$ 和 $\tau_{NR,eff}$ 根据 $\eta_{int}=(1+\tau_{R,eff}/\tau_{NR,eff})^{-1}$ 和 $\tau_{PL(CL),eff}^{-1}=\tau_{R,eff}^{-1}+\tau_{NR,eff}^{-1}$ 推导得出，其中 η_{int} 近似

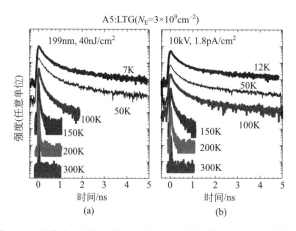

图 5.5 重掺杂 LTG AlN (A5) 的 NBE 发光 (a) TRPL 和 (b) TRCL 信号比较（出自参考文献 [35]，AIP 出版社有限责任公司 2010 年版权所有）

为[10]给定温度 T 与约 10K 的光谱 PL（CL）积分强度之比。因为施主掺杂如 Si（和 O）基于费米能级效应，导致 V_{Al} 浓度增加[18]，A4～A6 的 S 参数（>0.463）比 HTG 系列的（<0.462）更高。图 5.6 中低温 NBE 发光 $\tau_{R,eff}$ 表示为 S 参数的函数，其中 V_{Al} 浓度低于检测下限（<10^{15} cm^{-3}）的 AlN 特征 S 参数在水平轴上用箭头标示（S_{free} = 0.458[32]）。考虑到 $V_{Al}(O_N)_x$ 络合物有比孤立 V_{Al} 更小的特征 S 参数[32]，图 5.6 的结果表明，束缚到中性施主（A4）的激子和束缚到杂质诱导带尾（A5 和 A6）中 e-h 对的 $\tau_{R,eff}$，要比 HTG AlN（A1-A3）中自由激子（FX）的 10ps 固有 $\tau_{R,eff}$ 长得多[34]。然而，TD 本身（N_E）对 $\tau_{R,eff}$（和 $\tau_{NR,eff}$）的影响可以忽略不计。

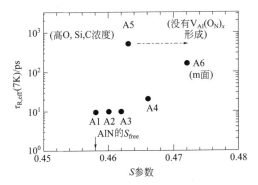

图 5.6 低温下 AlN 外延层 $\tau_{R,eff}$ 作为 S 参数的函数

无缺陷 AlN 的特征 S 参数（0.458）通过水平轴上的箭头示出（出自参考文献 [34]。AIP 出版有限责任公司 2010 年版权所有。与其他样品相比，A5 的 S 值由于形成 $V_{Al}(O_N)_x$ 络合物而减小[32]）。

图 5.7 中比较了 A1 和 A5 的 $\tau_{R,eff}$ 和 $\tau_{NDR,eff}$ 随温度的变化。对于 A_1，130K 以上 $\tau_{R,eff}$ 近似按照 $T^{1.5}$ 单调增加，反映出三维（3D）自由空间中量子粒子的特性[74]。300K 时，$\tau_{R,eff}$ 值达到 183ps，但仍是图 5.4 所示半导体中最短的。相反，由于 NRC 的热激活，$\tau_{NDR,eff}$ 随 T 增加而降低。另一方面，A5 的 $\tau_{R,eff}$ 首先随 T 增加到 200K，而降低。该结果可能反映了 e-h 对谐振强度的恢复，电子空穴对的形成源自低温的带电杂质和带相反电荷点缺陷，这使得导带最小值和价带最大值在空间上的分离，如图 5.7（b）所示。随着 T 的增加，载流子可能弛豫到三维空间以获得波函数重叠，而最终到了 230K 以上，$\tau_{R,eff}$ 按照 $T^{1.5}$ 增加。由于 NRC 激活，A5 随 T 增加的 $\tau_{NDR,eff}$ 减少远比 A1 显著，反映由于载流子弛豫，引起 NRC 捕获载流子能力增强。300K 时随 S 增加，$\tau_{NDR,eff}$ 表现为 10ps 到 7ps 的轻微下降，由于已接近分辨率极限，因此得不到这个阶段 $\tau_{NDR,eff}$ 和 V_{Al} 浓度关系令人信服的结论。然而，类似于 GaN[9,10] 和 ZnO[61]，AlN 中 NRC 可能鉴定为 V_{Al} 络合物。

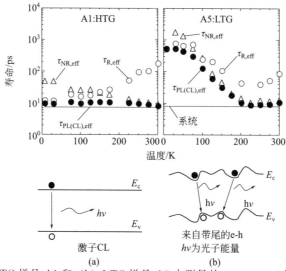

图 5.7 (a) HTG 样品 A1 和 (b) LTG 样品 A5 中测量的 $\tau_{\text{PL(CL),eff}}$（实心圆）和计算的 $\tau_{\text{R,eff}}$（空心圆）和 $\tau_{\text{NDR,eff}}$（空心三角形）随温度的变化，下面为载流子复合示意图（出自参考文献 [35]，AIP 出版有限责任公司 2010 年版权所有）

5.4 $\text{Al}_x\text{Ga}_{1-x}\text{N}$ 薄膜的近带边有效辐射寿命

高 x 的 $\text{Al}_x\text{Ga}_{1-x}\text{N}$ (0001) 外延层的低温稳态 PL 或 CL 谱示于图 5.8。样品在 AlN 外延模板上 1200℃生长[6]，归类为 LTG 样品（AlN 情形下的 A4），因为 T_g 远比适合高品质 AlN 薄膜生长的温度要低[34~39]。高光谱质量的两端化合物，即 GaN 和 HTG AlN（A1），通过源自中性施主的束缚激子（I_2）、FX_A 及其 LO 声子伴线的 NBE 激子线表征。合金光谱显示出宽而合理的强 NBE 发光峰。峰值能量大约比禁带能量低 200meV，类似于之前的报道[13,75,76]。与 LTG AlN 不同，虽然样品必然包含高浓度的 C、O 和 Si 杂质[35] 和 $V_{\text{Ⅲ}}$ 缺陷[35,36]，4.4eV 以下深态发光带的峰值强度比 NBE 峰弱两到三个数量级。由于 AlN 中 V_{Al} 的形成能比 GaN 中 V_{Ga} 的低得多，甚至在 n 型样品为负值[16~22]，$\text{Al}_x\text{Ga}_{1-x}\text{N}$ 中的主要 $V_{\text{Ⅲ}}$ 缺陷指认为 V_{Al}。

因为室温 $\tau_{\text{R,eff}}$ 反映材料的发光性能，图 5.9 中 300K 时 $\text{Al}_x\text{Ga}_{1-x}\text{N}$ 合金 NBE 发光的 $\tau_{\text{R,eff}}$ 值在绘制为 x 的函数。我们要注意，$x<0.64$ 的样品是 1150℃ 下生长在 (0001) Al_2O_3 衬底上的[13]。当 $x<0.5$ 时 $\tau_{\text{R,eff}}$ 值随 x 增加略有增加，并在 $x=0.5$ 附近有几十纳秒的最大值，随后降低到 $x=1$ 时的约 200ps。这个结果与 AlN 中三维 e-h 对（激子）的 f 是 GaN 中约 4~10 倍的事实一致[34,35,77]。事实上，HTG AlN 的 $\tau_{\text{R,eff}}$ 值短至 8K 时为 10ps，而在 300K 时为 180ps[34,35]。

因此，现在高 x $Al_xGa_{1-x}N$ 合金的几纳秒的短室温 $\tau_{R,eff}$ 是合理的，与 GaN 和 InGaN 薄膜的相当或者甚至更短[10]。

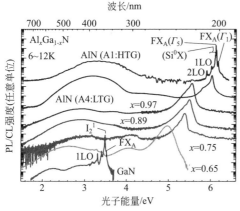

图 5.8　温度 6~12K 时，MOVPE 所生长 $Al_xGa_{1-x}N$ 合金外延层的稳态 PL 和 CL 谱（出自参考文献 [36]。AIP 出版社有限责任公司 2011 年版权所有）

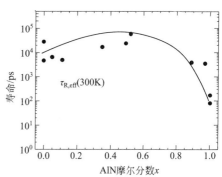

图 5.9　温度 300K 时 $Al_xGa_{1-x}N$ 的 NBE 发射 $\tau_{R,eff}$ 值

（出自参考文献 [36]，AIP 出版社有限责任公司 2011 年版权所有）

5.5　硅掺杂及引起的阳离子空位形成对 AlN 模板上生长 $Al_{0.6}Ga_{0.4}N$ 薄膜近带边发光的发光动力学影响

图 5.10（a）示出代表性的 $Al_{0.6}Ga_{0.4}N$：Si 薄膜 CL 谱温度依赖关系，其中 [Si] 为 1.9×10^{17} cm^{-3}。光谱特征是约 5eV 处的主导 NBE 峰和 3~4eV 范围内可辨识、但很微弱的深态发光带。相反，高温下重掺杂 Si（[Si] = 4×10^{18} cm^{-3}）的过补偿薄膜 CL 谱除了 NBE 发射峰，在绿光区域约 2.4eV 处显示出主导的深态发光带，如图 5.10（b）所示。结果表明重掺杂样品含有高浓度的 V_{III}，因为这些深态发光中心归结为具有不同电荷状态的 V_{III}[9,11~13,26-28,32]。

图 5.10（c），（d）示出了给定 T 时，约 5eV 的 NBE 发光谱积分 CL 强度 $[I_{CL}(T)]$ 相比 12K 时 $[I_{CL}(12K)]$ 比值的温度依赖，这在本文中用作 $\eta_{int}(T)$ 的等价数值 $[\eta_{int}^{eq}(T)]$。对 [Si] = 1.9×10^{17} cm^{-3} 和 4.0×10^{18} cm^{-3} 的薄膜，$\eta_{int}^{eq}(T)$(300K) 分别为 11% 和 0.015%，前者的值是目前样品中最高的。

$Al_{0.6}Ga_{0.4}N$ 薄膜 NBE 发光的室温 PL 光谱和 PL 衰减信号，分别示为图 5.11（a），（b）中 [Si] 的函数，可以看到 [Si] 超过 $10^{18}cm^{-3}$ 时，信号衰减突然缩短，在该浓度处，绿光波段的相对强度增加。我们通过双指数函数拟合衰减曲线，来提取快速衰减成分的特征寿命（τ_1），因为该值实际上决定了高温 NBE

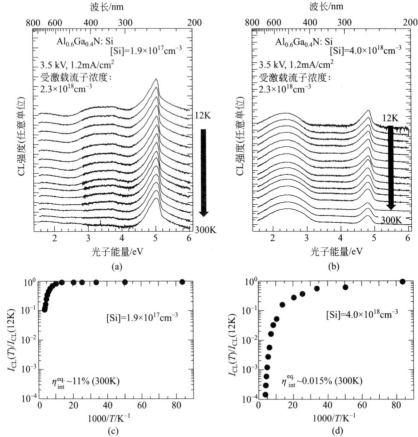

图 5.10 具有代表性的 $Al_{0.6}Ga_{0.4}N$:Si 薄膜 CL 谱作为温度 T 的函数,(a) [Si] = $1.9 \times 10^{17} cm^{-3}$ 和 (b) [Si] = $4.0 \times 10^{18} cm^{-3}$。给定 T 时,对约 5eV 的 NBE 发光谱积分 CL 强度 [$I_{CL}(T)$] 相比 12K [$I_{CL}(12K)$] 比值的温度依赖关系,这是 (c) [Si] = $1.9 \times 10^{17} cm^{-3}$ 和 (d) [Si] = $4.0 \times 10^{18} cm^{-3}$ $Al_{0.6}Ga_{0.4}N$:Si 薄膜 $\eta_{int}(T)$ 的等价值 [$\eta_{int}^{eq}(T)$]

(出自参考文献 [38],AIP 出版社有限责任公司 2013 年版权所有)

发光的强度,结果示于图 5.12 (d)。

图 5.12 (a)~(c) 分别总结了 $Al_{0.6}Ga_{0.4}N$:Si 薄膜作为 [Si] 函数的室温 n、S 和 I_{deep}/I_{NBE} 值。NBE 发光的 τ_1 和 η_{int}^{eq} 值分别示于图 5.12 (d)、(e)。n 和 S 值分别出自参考文献 [24,29]。如图 5.12 (b) 所示 [Si] < $10^{17} cm^{-3}$ 时,薄膜的 S 值大于 [Si] = $1.9 \times 10^{17} cm^{-3}$ 时最小为 0.457 的 S 值。该结果意味着一定量 Si 的存在抑制了可能在生长表面的空位型缺陷引入。这有几种可能的解释。其中之一是,硅充当表面活性剂,并提供浸润条件来改善外延层的表面形态[78],这降低了 [V_{III}],尽管 n 型掺杂减小了体材料中 V_{Ga} 和 V_{Al} 的 E 形成。另一种解释是掺杂剂的存在,让掺入时生长表面的表面能和内能降低。众所周知,MOVPE 中 Si 掺杂砷化镓(GaAs:Si)使用 $TMGa-AsH_3-SiH_4$ 和 $TMGa-C_4H_9AsH_2-SiH_4$ 系统,气相(边界层)中利用 SiH_4 和 AsH_3 或 $C_4H_9AsH_2$ 之间的反应形成 H_3SiAsH_2,而 H_3SiAsH_2 充当主要掺杂

剂[79,80]。在当前 TMGa-TMAl-NH$_3$-CH$_3$SiH$_3$ 系统中，H$_3$SiNH$_2$ 是最可能的高效 Si 掺杂剂，因为 CH$_3$SiH$_3$ 可以比 SiH$_4$ 更快分解成 SiH$_3$，并和 NH$_3$ 反应形成 H$_3$SiNH$_2$[81]。我们预计，随后 Si 以亚稳态 N-Si 键的形式并入，从而降低孤立 Si$_Ⅲ$ 施主[43]形成表面和体内的 Si$_{Ga}^{(+)}$—N$_N^{(0)}$（或 Si$_{Al}^{(+)}$—N$_N^{(0)}$）和自由 e$^-$ 的内能。我们注意到，N-Si 键会让 Si 占据 N 位置形成 Si$_N$ 受主的机会减少。当 N-Si 键存在时，[V$_Ⅲ$] 将比 UID 情况下更低，虽然 AlN 中孤立 V$_{Al}$ 的 E$_{形成}$ 非常低，甚至对 n 型材料为负值[31]。另一方面，随着 [Si] 进一步增加（>10^{17} cm^{-3}），S 的增加最有可能源自费米能级效应导致的 E$_{形成}$ 降低[16~22,31]。

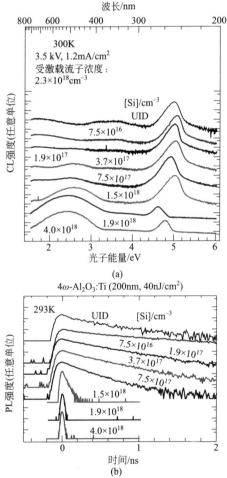

图 5.11 不同 [Si] 的 Al$_{0.6}$Ga$_{0.4}$N：Si 薄膜 NBE 发射的（a）室温光致发光光谱和（b）PL 衰减信号
(出自参考文献 [38]，AIP 出版社有限责任公司 2013 年版权所有)

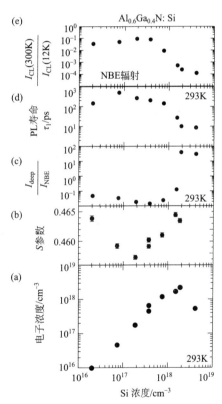

图 5.12 室温下 Al$_{0.6}$Ga$_{0.4}$N：Si 薄膜 NBE 发光作为 [Si] 的（a）电子浓度 n，（b）S 参数，（c）I$_{deep}$/I$_{NBE}$ 和（d）τ_1 和 η_{int}^{eq} 的函数。n 和 S 的值分别取自参考文献 [24] 和 [29]。
(出自参考文献 [38]，AIP 出版社有限责任公司 2013 年版权所有)

如图 5.12 (a) 所示，n 随 [Si] 增加至约 $10^{18}\,\mathrm{cm}^{-3}$ 而线性增加。然而，对更高的 [Si]，n 增加到饱和，然后当 [Si] 进一步增加至 $4.0\times10^{18}\,\mathrm{cm}^{-3}$ 时，n 降低到 $5\times10^{17}\,\mathrm{cm}^{-3}$，也就是说，电子过度补偿十分显著。图 5.12 (a)，(b) 中所示结果类似于观察到的 MOVPE 重掺硅 GaAs[80]，其中 [Si] $>10^{19}\,\mathrm{cm}^{-3}$ 时，Si 的过度补偿和 S 的急剧增加很显著。本例中 [Si] $>10^{18}\,\mathrm{cm}^{-3}$ 时，显而易见 $I_{\mathrm{deep}}/I_{\mathrm{NBE}}$ 急剧增加，而 τ_1 和 $\eta_{\mathrm{int}}^{\mathrm{eq}}$ 迅速下降，分别如图 5.12 (c)～(e) 所示。因为已经证实对于所有的 $\mathrm{Al}_{0.6}\mathrm{Ga}_{0.4}\mathrm{N}$ 薄膜，N_E 几乎相同[24,29]，$I_{\mathrm{deep}}/I_{\mathrm{NBE}}$、$\tau_1$ 和 $\eta_{\mathrm{int}}^{\mathrm{eq}}$ 的改变纯粹仅与 S 的增加即 $[V_\mathrm{III}]$ 和 V_III-络合物浓度的增加相关。相应地，通常将 GaN (2.2eV)，AlN (3.1eV) 以及 AlGaN (2.2～3.1eV 之间) 观察到的深态发光带归结为源于 V_III 或 V_III-O_N 络合物[9,29,32]。在 GaAs：Si 情况下，由于重掺杂的过补偿已归结为缺陷络合物的形成，如 V_{Ga}-$\mathrm{Si}_{\mathrm{Ga}}$[41～43]。依此类推，络合物缺陷如 V_III-Si_III（V_{Al}-$\mathrm{Si}_{\mathrm{Al}}$，$V_{\mathrm{Al}}$-$\mathrm{Si}_{\mathrm{Ga}}$ 等）是目前影响 $\mathrm{Al}_{0.6}\mathrm{Ga}_{0.4}\mathrm{N}$：Si 薄膜性质的主要因素。

值得注意的是 GaN 的 τ_1 和 S 之间（τ_1-S 关系），以及 $I_{\mathrm{CL}}(300\mathrm{K})/I_{\mathrm{CL}}(12\mathrm{K})$ 和 τ_1 之间（$\eta_{\mathrm{int}}^{\mathrm{eq}}$-$\tau_1$）所看到的显著相关性[9,10,82～84]，在 $\mathrm{Al}_{0.6}\mathrm{Ga}_{0.4}\mathrm{N}$：Si 薄膜中也很显著，分别示于图 5.13 (a)，(b)。几乎线性的 τ_1-S 关系表明，$\mathrm{Al}_{0.6}\mathrm{Ga}_{0.4}\mathrm{N}$：Si 薄膜中的主要 NRC 最有可能[9,10,82～84]由缺陷络合物并入 V_III 组成，如 V_{Al}-X（和 V_{Ga}-X），因为 τ_1 在 RT 时通常由 τ_{NR} 主导，而它随着 NRC 浓度的增加而减小。如图 5.13 (b) 所示，$\eta_{\mathrm{int}}^{\mathrm{eq}}$ 随 τ_1 的增加而线性增加。这个结果非常合理，因为 $\eta_{\mathrm{int}}^{\mathrm{eq}} = (1+\tau_{\mathrm{R}}/\tau_{\mathrm{NR}})^{-1}$，$\tau_{\mathrm{R}}$ 是特定材料的本征值，而根据方程 $\tau_1^{-1} = \tau_{\mathrm{R}}^{-1} + \tau_{\mathrm{NR}}^{-1}$，$\tau_1$ 在室温时由 τ_{NR} 主导。人们已发现 GaN 和 ZnO 中有非常相似的趋势[9,10,61,82～86]。

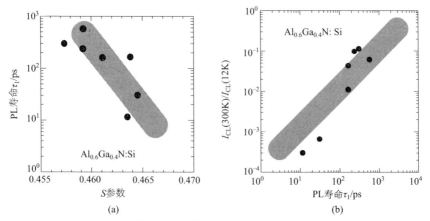

图 5.13　根据图 5.12，推导得出的 $\mathrm{Al}_{0.6}\mathrm{Ga}_{0.4}\mathrm{N}$：Si 薄膜在不同 [Si] 下的 (a) τ_1-S 和 (b) $\eta_{\mathrm{int}}^{\mathrm{eq}}$-$\tau_1$ 关系

(出自参考文献 [38]，AIP 出版社有限责任公司 2013 年版权所有)

通过测量 $Al_{0.6}Ga_{0.4}N$：Si 薄膜作为 T 函数的 NBE 发光 τ_1 和 η_{int}^{eq}，可以导出 τ_R 和 τ_{NR}。[Si] $= 1.9 \times 10^{17} cm^{-3}$ 和 $1.5 \times 10^{18} cm^{-3}$ 的薄膜代表性数据示于图 5.14 中。相应的 $\eta_{int}^{eq}(300K)$ 分别为 11% 和 0.07%。对于轻掺样品低温下的 τ_1 值（150ps），其中大部分是 τ_R，相比重掺样品 τ_1（约 300ps）更短，反映了电子和空穴波函数的更好重叠，这主要源于小的势能不均匀性，也就是浅带尾[36]。对于两个样品，τ_R 都随 T 增加而增加，反映了激子谐振强度的降低。因为较大的势能不均匀性（更深的带尾），重掺样品的 τ_R 表现出随着 T 的变化较小，在 300K 时约为 1ns。然而，对于两个样品绝对 τ_R 值是相似的，且两者之间不同之处在随 T 增加的 τ_{NR} 改变：由于高浓度 NRC（V_{III} 络合物）的存在，后者的 τ_{NR} 确实比前者降低更快。

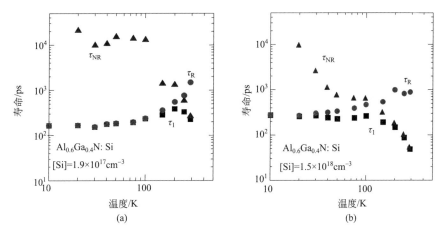

图 5.14 具有 [Si] 为（a）$1.9 \times 10^{17} cm^{-3}$ 和（b）$1.5 \times 10^{18} cm^{-3}$ 的 $Al_{0.6}Ga_{0.4}N$：Si 薄膜的实测 τ_1（正方形），推导 τ_R（圆形）和推导 τ_{NR}（三角形）值作为 T 的函数。相应的 $\eta_{int}^{eq}(300K)$ 分别为 11% 和 0.07%

（出自参考文献 [38]，AIP 出版有限责任公司 2013 年版权所有）

我们这里提到了费米能级控制方法[87]，MOVPE 生长期间，使用紫外光照射可以在 $Al_{0.65}Ga_{0.35}N$：Si 外延薄膜中产生更高的电子浓度最大值。这个概念在于改变掺杂期间的准费米能级位置，从而增加 V_{Al} 缺陷的 $E_{形成}$。他们最终得到的 n 大约为 $4 \times 10^{18} cm^{-3}$[87]，达本工作中的 2 倍。

5.6 小结

我们使用 DUV-TRPL 和 TRCL 测量，研究了 AlN 和高 AlN 摩尔分数 $Al_xGa_{1-x}N$ 合金薄膜中，点缺陷对 NBE 激子发光的发光动力学影响，并将其与

PAS 测定的结果进行比较。高质量 AlN 中激子的极端辐射性质得以确认,因为自由激子发光 τ_R 测定为 7K 时短至 11ps 而 300K 时为 180ps,这是体半导体自发辐射中最短的值。但是,表观 τ_R 随着杂质和 V_{Al} 浓度的增加而增加,在 7K 时会高达 530ps,并且与 TD 密度无关。这个结果反映了束缚激子部分的贡献。重掺样品中,τ_R 随温度上升到 200K 连续减小,反映了载流子从带尾态的释放。高 x 的 $Al_xGa_{1-x}N$ 合金室温 τ_R 值在 300K 时短至几纳秒,这确切地表明目前宽带隙 AlGaN 合金优异的发光性能。最后,我们展示了 Si 掺杂的影响,以及所导致 V_{III} 形成对 $Al_{0.6}Ga_{0.4}N$ 薄膜 NBE 发光 τ_{NR} 的影响。因此,控制点缺陷的浓度是增加量子效率并改善器件性能的关键手段。

致谢

作者首先要感谢与早稻田大学的 T. Sota 教授,蒙彼利埃第二大学的 B. Gill 教授,加利福尼亚大学圣巴巴拉分校的 C. Weisbuch 教授和 M. Tanaka 博士,以及中村修二教授富有成效的讨论。作者同时也要感谢 K. Furusawa 博士在实验中的帮助。这项工作部分得到日本经济产业省 NEDO 项目,文部科学省艾滋病科学研究项目 23656206 和 18069001 以及 G. Jessen 博士监督下的 AFOSR/AOARD 项目 FA2386-11-1-4013 和 FA2386-11-1-4108 资助。最后也要感谢 Micheal Kneissl 给我们这样的机会来探讨这个问题。

参考文献

[1] C. Pernot, M. Kim, S. Fukahori, T. Inazu, T. Fujita, Y. Nagasawa, A. Hirano, M. Ippommatsu, M. Iwaya, S. Kamiyama, I. Akasaki, H. Amano, Appl. Phys. Express **3**, 061004(2010).

[2] M. Shatalov, W. Sun, A. Lunev, X. Hu, A. Dobrinsky, Y. Bilenko, J. Yang, M. Shur, R. Gaska, C. Moe, G. Garrett, M. Wraback, Appl. Phys. Express **5**, 082101(2012).

[3] M. Kneissl, T. Kolbe, C. Chua, V. Kueller, N. Lobo, J. Stellmach, A. Knauer, H. Rodriguez, S. Einfeldt, Z. Yang, N. M. Johnson, M. Weyers, Semicond. Sci. Technol. **26**, 014036(2011).

[4] Y. Shimahara, H. Miyake, K. Hiramatsu, F. Fukuyo, T. Okada, H. Takaoka, H. Yoshida, Appl.Phys. Express **4**, 042103(2011).

[5] T. Oto, R. G. Banal, K. Kataoka, M. Funato, Y. Kawakami, Nat. Photonics **4**, 767(2010).

[6] T. Shibata, K. Asai, S. Sumiya, M. Mouri, M. Tanaka, O. Oda, H. Katsukawa, H. Miyake, K. Hiramatsu, Phys. Status Solidi C **0**, 2023(2003).

[7] A. Rice, R. Collazo, J. Tweedie, R. Dalmau, S. Mita, J. Xie, Z. Sitar, J. Appl. Phys. **108**, 043510(2010).

[8] J. R. Grandusky, Z. Zhong, J. Chen, C. Leung, L. J. Schowalter, Solid-State Electron. **78**, 127(2012).

[9] S. F. Chichibu, A. Uedono, T. Onuma, T. Sota, B. A. Haskell, S. P. DenBaars, J. S. Speck, S.

Nakamura, Appl. Phys. Lett. **86**, 021914(2005).

[10] S. F. Chichibu, A. Uedono, T. Onuma, B. A. Haskell, A. Chakraborty, T. Koyama, P. T. Fini, S. Keller, S. P. DenBaars, J. S. Speck, U. K. Mishra, S. Nakamura, S. Yamaguchi, S. Kamiyama, H. Amano, I. Akasaki, J. Han, T. Sota, Nat. Mater. **5**, 810(2006); Philos. Mag. **87**, 2019(2007).

[11] A. Y. Polyakov, M. Shin, J. A. Freitas, M. Skowronski, D. W. Greve, R. G. Wilson, J. Appl. Phys. **80**, 6349(1996).

[12] T. Bradley, S. H. Goss, L. J. Brillson, J. Hwang, W. J. Schaff, J. Vac. Sci. Technol. B **21**, 2558(2003).

[13] T. Onuma, S. F. Chichibu, A. Uedono, T. Sota, P. Cantu, T. M. Katona, J. F. Keading, S. Keller, U. K. Mishra, S. Nakamura, S. P. DenBaars, J. Appl. Phys. **95**, 2495(2004).

[14] T. Kubo, H. Taketomi, H. Miyake, K. Hiramatsu, T. Hashizume, Appl. Phys. Express **3**, 021004(2010).

[15] K. Ooyama, K. Sugawara, S. Okuzaki, H. Taketomi, H. Miyake, K. Hiramatsu, T. Hashizume, Jpn. J. Appl. Phys., Part 1 **49**, 101001(2010).

[16] J. Neugebauer, C. G. Van de Walle, Phys. Rev. B **50**, 8067(1994).

[17] J. Neugebauer, C. G. Van de Walle, Appl. Phys. Lett. **69**, 503(1996).

[18] C. Stampfl, C. G. Van de Walle, Appl. Phys. Lett. **72**, 459(1998).

[19] C. G. Van de Walle, J. Neugebauer, J. Appl. Phys. **95**, 3851(2004).

[20] A. F. Wright, U. Grossner, Appl. Phys. Lett. **73**, 2751(1998).

[21] K. Leung, A. F. Wright, E. B. Stechel, Appl. Phys. Lett. **74**, 2495(1999).

[22] A. F. Wright, J. Appl. Phys. **90**, 1164(2001).

[23] S. Keller, P. Cantu, C. Moe, Y. Wu, S. Keller, U. K. Mishra, J. S. Speck, S. P. DenBaars, Jpn. J. Appl. Phys. Part 1 **44**, 7227(2005).

[24] Y. Shimahara, H. Miyake, K. Hiramatsu, F. Fukuyo, T. Okada, H. Takaoka, H. Yoshida, Jpn. J. Appl. Phys. Part 1 **50**, 095502(2011).

[25] G. R. James, A. W. R. Leitch, F. Omnes, M. Leroux, Semicond. Sci. Technol. **21**, 744(2006).

[26] N. Nepal, M. L. Nakarmi, J. Y. Lin, H. X. Jiang, Appl. Phys. Lett. **89**, 092107(2006).

[27] K. X. Chen, Q. Dai, W. Lee, J. K. Kim, E. F. Schubert, W. Liu, S. Wu, X. Li, J. A. Smart, Appl. Phys. Lett. **91**, 121110(2007).

[28] J. Slotte, F. Tuomisto, K. Saarinen, C. G. Moe, S. Keller, S. P. DenBaars, Appl. Phys. Lett. **90**, 151908(2007).

[29] A. Uedono, K. Tenjinbayashi, T. Tsutsui, Y. Shimahara, H. Miyake, K. Hiramatsu, N. Oshima, R. Suzuki, S. Ishibashi, J. Appl. Phys. **111**, 013512(2012).

[30] H. Murotani, D. Akase, K. Anai, Y. Yamada, H. Miyake, K. Hiramatsu, Appl. Phys. Lett. **101**, 042110(2012).

[31] C. Stampfl, C. G. Van de Walle, Phys. Rev. B **65**, 155212(2002).

[32] A. Uedono, S. Ishibashi, S. Keller, C. Moe, P. Cantu, T. M. Katona, D. S. Kamber, Y. Wu, E. Letts, S. A. Newman, S. Nakamura, J. S. Speck, U. K. Mishra, S. P. DenBaars, T. Onuma, S. F. Chichibu, J. Appl. Phys. **105**, 054501(2009).

[33] K. B. Nam, J. Li, M. L. Nakarmi, J. Y. Lin, H. X. Jiang, Appl. Phys. Lett. **82**, 1694(2003).

[34] T. Onuma, K. Hazu, A. Uedono, T. Sota, S. F. Chichibu, Appl. Phys. Lett. **96**, 061906(2010).

[35] S. F. Chichibu, T. Onuma, K. Hazu, A. Uedono, Appl. Phys. Lett. **97**, 201904(2010).

[36] S. F. Chichibu, K. Hazu, T. Onuma, A. Uedono, Appl. Phys. Lett. **99**, 051902(2011).

[37] S. F. Chichibu, T. Onuma, K. Hazu, A. Uedono, Phys. Status Solidi (c) **10**, 501(2013).

[38] S. F. Chichibu, H. Miyake, Y. Ishikawa, M. Tashiro, T. Ohtomo, K. Furusawa, K. Hazu, K.

Hiramatsu, A. Uedono, J. Appl. Phys. **113**, 213506(2013).

[39] S. F. Chichibu, K. Hazu, Y. Ishikawa, M. Tashiro, T. Ohtomo, K. Furusawa, A. Uedono, S. Mita, J. Xie, R. Collazo, Z. Sitar, Appl. Phys. Lett. **103**, 142103(2013).

[40] S. Nakamura, T. Mukai, M. Senoh, Jpn. J. Appl. Phys. **31**, 2883(1992).

[41] R. T. Chen, V. Rana, W. G. Spitzer, J. Appl. Phys. **51**, 1532(1980).

[42] N. Furuhata, K. Kakimoto, M. Yoshida, T. Kamejima, J. Appl. Phys. **64**, 4692(1988).

[43] S. Chichibu, A. Iwai, Y. Nakahara, S. Matsumoto, H. Higuchi, L. Wei, S. Tanigawa, J. Appl. Phys. **73**, 3880(1993).

[44] K. Fujito, K. Kiyomi, T. Mochizuki, H. Oota, H. Namita, S. Nagao, I. Fujimura, Phys. Status Solidi A **205**, 1056(2008).

[45] C. G. Dunn, E. F. Koch, Acta Metall. **5**, 548(1957).

[46] K. Hazu, M. Kagaya, T. Hoshi, T. Onuma, S. F. Chichibu, J. Vac. Sci. Technol., B **29**, 021208 (2011).

[47] M. Merano, S. Collin, P. Renucci, M. Gatri, S. Sonderegger, A. Crottini, J. D. Ganiere, B. Deveaud, Rev. Sci. Instrum. **76**, 085108(2005).

[48] S. F. Chichibu, Y. Ishikawa, M. Tashiro, K. Hazu, K. Furusawa, H. Namita, S. Nagao, K. Fujito, A. Uedono, Electrochem. Soc. Trans. **50**(42), 1(2013).

[49] K. Furusawa, Y. Ishikawa, M. Tashiro, K. Hazu, S. Nagao, H. Ikeda, K. Fujito, S. F. Chichibu, Appl. Phys. Lett. **103**, 052108(2013).

[50] R. Krause-Rehberg, H. S. Leipner, *Positron Annihilation in Semiconductors*, Solid-State Sciences, vol. **127**(Springer, Berlin, 1999).

[51] P. G. Coleman, *Positron Beams and Their Application*(World Scientific, Singapore, 2000).

[52] T. Onuma, T. Shibata, K. Kosaka, K. Asai, S. Sumiya, M. Tanaka, T. Sota, A. Uedono, S. F. Chichibu, J. Appl. Phys. **105**, 023529(2009).

[53] G. A. Slack, L. J. Schowalter, D. Morelli, J. A. Freitas Jr, J. Cryst. Growth **246**, 287(2002).

[54] K. B. Nam, M. L. Nakarmi, J. Y. Lin, H. X. Jiang, Appl. Phys. Lett. **86**, 222108(2005).

[55] A. Dadgar, A. Krost, J. Christen, B. Bastek, F. Bertram, A. Krtschil, T. Hempel, J. Blasing, U. Haboeck, A. Hoffmann, J. Cryst. Growth **297**, 306(2006).

[56] T. Koyama, M. Sugawara, T. Hoshi, A. Uedono, J. F. Kaeding, R. Sharma, S. Nakamura, S. F. Chichibu, Appl. Phys. Lett. **90**, 241914(2007).

[57] H. Ikeda, T. Okamura, K. Matsukawa, T. Sota, M. Sugawara, T. Hoshi, P. Cantu, R. Sharma, J. F. Kaeding, S. Keller, U. K. Mishra, K. Kosaka, K. Asai, S. Sumiya, T. Shibata, M. Tanaka, J. S. Speck, S. P. DenBaars, S. Nakamura, T. Koyama, T. Onuma, S. F. Chichibu, J. Appl. Phys. **102**, 123707(2007); **103**, 089901(E)(2008).

[58] B. Neuschl, K. Thonke, M. Feneberg, S. Mita, J. Xie, R. Dalmau, R. Collazo, Z. Sitar, Phys. Status Solidi B **249**, 511(2012).

[59] Z. Bryan, I. Bryan, M. Bobea, L. Hussey, R. Kirste, Z. Sitar, R. Collazo, J. Appl. Phys. **115**, 133503 (2014).

[60] G. Pozina, J. P. Bergman, T. Paskova, B. Monemar, Appl. Phys. Lett. **75**, 4124(1999).

[61] S. F. Chichibu, T. Onuma, M. Kubota, A. Uedono, T. Sota, A. Tsukazaki, A. Ohtomo, M. Kawasaki, J. Appl. Phys. **99**, 093505(2006).

[62] R. Hoger, E. O. Göbel, J. Kuhl, K. Ploog, H. J. Quiesser, J. Phys. C **17**, L905(1984).

[63] C. Gourdon, P. Lavallard, M. Dagenais, Phys. Rev. B **37**, 2589(1988).

[64] S. Charbonneau, L. B. Allard, A. P. Roth, T. S. Rao, Phys. Rev. B **47**, 13918(1993).

[65] Y. Yamada, T. Mishina, Y. Masumoto, Y. Kawakami, S. Yamaguchi, K. Ichino, S. Fujita, S.Fujita, T. Taguchi, Phys. Rev. B **51**, 2596(1995).

[66] K. Watanabe, T. Taniguchi, T. Kuroda, H. Kanda, Diam. Relat. Mater. **15**, 1891(2006).

[67] G. W. p't Hooft, W. A. J. A. van der Poel, L. W. Molenkamp, C. T. Foxon, Phys. Rev. B **35**, 8281 (1987).

[68] S. Shokhovets, O. Ambacher, B. K. Meyer, G. Gobsch, Phys. Rev. B **78**, 035207(2008).

[69] H. Sumi, J. Phys. Soc. Jpn. **41**, 526(1976).

[70] C. Weisbuch, H. Benisty, R. Houdre, J. Lumin. **85**, 271(2000).

[71] J. Shah, *Ultrafast Spectroscopy of Semiconductors and Semiconductor Nanostructures* (Springer, Berlin, 1996).

[72] K. Torii, T. Deguchi, T. Sota, K. Suzuki, S. Chichibu, S. Nakamura, Phys. Rev. B **60**, 4723(1999).

[73] R. Kohlrausch, Ann. Phys. **12**, 393(1847).

[74] J. Feldmann, G. Peter, E. O. Göbel, P. Dawson, K. Moore, C. Foxon, R. J. Elliot, Phys.Rev. Lett. **59**, 2337(1987).

[75] N. Teofilov, K. Thonke, R. Sauer, L. Kirste, D. G. Ebling, K. W. Benz, Diam. Relat. Mater. **11**, 892 (2002).

[76] H. Murotani, Y. Yamada, H. Miyake, K. Hiramatsu, Appl. Phys. Lett. **98**, 021910(2011).

[77] H. Murotani, T. Kuronaka, Y. Yamada, T. Taguchi, N. Okada, H. Amano, J. Appl. Phys. **105**, 083533(2009).

[78] V. Lebedev, F. M. Morales, H. Romanus, S. Krischok, G. Ecke, V. Cimalla, M. Himmerlich, T. Stauden, D. Cengher, O. Ambacher, J. Appl. Phys. **98**, 093508(2005).

[79] M. Mashita, Jpn. J. Appl. Phys., Part 1 **28**, 1298(1989).

[80] S. Chichibu, A. Iwai, S. Matsumoto, H. Higuchi, Appl. Phys. Lett. **60**, 489(1992); Erratum **60**, 2439 (1992).

[81] B. T. Luke, J. A. Pople, M. K. Jespersen, Y. Apeloig, J. Chandrasekhar, P. R. Schleyer, J.Am.Chem. Soc. **108**, 260(1986).

[82] Y. Ishikawa, M. Tashiro, K. Hazu, K. Furusawa, H. Namita, S. Nagao, K. Fujito, S. F. Chichibu, Appl. Phys. Lett. **101**, 212106(2012).

[83] S. F. Chichibu, Y. Ishikawa, M. Tashiro, K. Hazu, K. Furusawa, H. Namita, S. Nagao, K. Fujito, A. Uedono, Electrochem. Soc. Trans. **50**(42), 1(2013).

[84] S. F. Chichibu, K. Hazu, Y. Ishikawa, M. Tashiro, H. Namita, S. Nagao, K. Fujito, A. Uedono, J. Appl. Phys. **111**, 103518(2012).

[85] S. F. Chichibu, A. Uedono, A. Tsukazaki, T. Onuma, M. Zamfirescu, A. Ohtomo, A. Kavokin, G. Cantwell, C. W. Litton, T. Sota, M. Kawasaki, Semicond. Sci. Technol. **20**, S67(2005).

[86] D. Takamizu, Y. Nishimoto, S. Akasaka, H. Yuji, K. Tamura, K. Nakahara, T. Onuma, T.Tanabe, H. Takasu, M. Kawasaki, S. F. Chichibu, J. Appl. Phys. **103**, 063502(2008).

[87] Z. Bryan, I. Bryan, B. E. Gaddy, P. Reddy, L. Hussey, M. Bobea, W. Guo, M. Hoffmann, R.Kirste, J. Tweedie, M. Gerhold, D. L. Irving, Z. Sitar, R. Collazo, Appl. Phys. Lett. **105**, 222101(2014).

第 6 章
UV-LED 的光偏振和光提取

Jens Rass 和 Neysha Lobo-Ploch[1]

摘要

固态器件中,光通过导带最低点和子价带最高点之间的辐射跃迁而产生。纤锌矿Ⅲ族氮化物材料中,价带劈裂为三个子带(重空穴带、轻空穴带和晶体场劈裂带),每个子带具有唯一的电子跃迁偏振态。这些子带的顺序从而光偏振,是通过应变状态,包括 $Al_xGa_{1-x}N$ 合金的 Al 摩尔分数 x 以及量子限制来确定的。这对于光的偏振性质,以及发光二极管(LED)自发发射光的提取效率有直接影响。此外,半导体材料的高折射率和吸光金属接触与 p 型半导体层的存在,导致紫外 LED 极低的提取效率。本章将讨论光提取的基本机制和紫外 LED 中偏振光的形成。我们提供了不同的提高光提取效率的概念,包括反射接触、接触设计、表面图形化和表面粗化、光子晶体、等离激元和封装技术。

---

[1] J. Rass,N. Lobo-Ploch
费迪南德-布朗学院,莱布尼茨高频技术学院,古斯塔夫-基尔霍夫 4 街,12489,德国柏林
电子邮箱:jens.rass@fbh-berlin.de;jens.rass@physik.tu-berlin.de
N. Lobo-Ploch
电子邮箱:neysha.lobo-ploch@fbh-berlin.de
J. Rass
工业大学固体物理研究所,德国柏林哈登贝格 36 街,10623

6.1 紫外 LED 光提取

为了得到最大的 LED 外量子效率 η_{EQE}，三个关键参数必须考虑，即内量子效率、注入效率和光提取效率。

内量子效率 η_{IQE}，也称为 IQE，是有源区中，每个带电载流子对所产生光子的比率。它主要受非辐射和辐射复合过程之间的比率控制，并因此与半导体器件中的缺陷密度强烈相关。降低 IQE 的典型损耗机制是量子阱有源区电子的过冲和 LED 异质结构 Mg 掺杂层中的非辐射复合。注入效率 η_{inj} 是注入有源区中载流子和注入到器件中载流子之间的比率。掺 Mg 的 AlGaN 电子阻挡层概念有利于提高注入效率。提取效率 η_{extr} 描述了从器件中提取的光子数与有源区中产生光子数之间的比率。整体效率是上述三个参数的乘积：

$$\eta_{EQE} = \eta_{IQE}\, \eta_{inj}\, \eta_{extr} \tag{6.1}$$

本章我们将重点关注提取效率，因为这个参数是影响整个器件性能的最关键因素。光提取是一个重大的挑战，因为半导体/衬底的高折射率，导致光在半导体-空气或衬底-空气界面的全反射。全反射临界角（θ_{crit}）可通过斯内尔定律确定，并由式（6.2）给出，其中 n_s 是半导体的折射率，而 n_0 是空气或周围介质折射率。只有以一定角度入射到表面上，相对垂直方向小于临界角的光，才能逃逸，据此可以定义光的逃逸锥（图 6.1）。

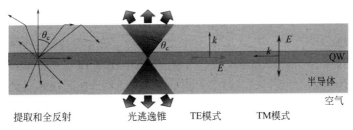

图 6.1 半导体界面处的折射和全反射，光逃逸锥和偏振模式

$$\theta_{crit} = \arcsin \frac{n_0}{n_s} \tag{6.2}$$

为了了解从 LED 中提取光的困难，我们考虑从光逃逸锥提取的部分。假设从有源区各向同性发光（这只对完全非简并价带的Ⅲ族砷化物或Ⅲ族磷化物发光器件才完全成立，见第 6.2 节），光发射到逃逸锥，因而可以被提取的部分由下式给出

$$\eta_{\text{extr}} = \frac{\int_0^{\theta_{\text{crit}}} \int_0^{2\pi} \sin\theta \, d\theta \, d\phi}{\int_0^{\pi} \int_0^{2\pi} \sin\theta \, d\theta \, d\phi} = \frac{1}{2}(1 - \cos\theta_{\text{crit}}) \tag{6.3}$$

假设发光波长为 300nm，蓝宝石的折射率 $n_{\text{Al}_2\text{O}_3} = 1.81$[1]，从而最大临界角 $\theta_{\text{crit}} = 33.5°$，因此提取效率 $\eta_{\text{extr}} = 8.3\%$。对于折射率 $n_{\text{AlN}} = 2.28$ 的 AlN[2]，最大临界角为 $\theta_{\text{crit}} = 26.0°$，而提取效率是 $\eta_{\text{extr}} = 5.1\%$。

常规 LED 结构是四边形平行六面体，具有六个光逃逸锥，两个垂直而四个平行于有源层。蓝宝石衬底上异质外延的长方体氮化物 LED 情况下，光子将根据其相对垂直有源区平面的有源区发射角（θ）耦合出光。发光将分为不同区域[3]：

（1）表面发射区

$$0° \leqslant \theta < \theta_1 = \arcsin\left(\frac{n_0}{n_s}\right)$$

如果包覆层和衬底透明而且欧姆接触透明或反射，这个区域内发射的光子可以提取。对于 GaN 基 LED，$\theta_1 = 23°$。

（2）非逃逸区

$$\theta_1 \leqslant \theta < \theta_2 = \arcsin \frac{n_{\text{sub}} \cos\left[\arcsin\left(\dfrac{n_0}{n_{\text{sub}}}\right)\right]}{n_s}$$

其中 n_{sub} 是衬底的折射率。这些光子在 LED 的表面和侧面都是全反射。对于生长在蓝宝石衬底上的 GaN LED，$\theta_2 \approx 35°$。

（3）衬底侧面发射区

$$\theta_2 \leqslant \theta < \theta_3 = \arcsin\left(\frac{n_{\text{sub}}}{n_s}\right)$$

这个角度区域内发射的光子可以从衬底侧壁耦合发出。对于生长在蓝宝石衬底上的 GaN LED，$\theta_3 = 44°$。光需要经过若干次反射才能到达结构的边缘从而被提取。

（4）波导区

$\theta_3 \leqslant \theta < 90°$。这些光子在包覆层被导引，并且可能经多次反射后在 LED 结构的后边缘被收集。

LED 结构内导引的光可能被缺陷、接触、有源区或其他吸收层再次吸收（图 6.2）。紫外 LED 中，p-GaN 接触层以及通常的 p 型 AlGaN 层都是吸光的。"光子回收"即有源区中吸收光子的再发射有可能会发生，这使得光子角分布随机化。然而，再发射的概率依赖于器件的 IQE，因此不是一种提高光耦合输出的可行方法。所以为了增加 LED 的效率，有必要适当地修改 LED 的几何形状，以耦合输出结构内的导引光。

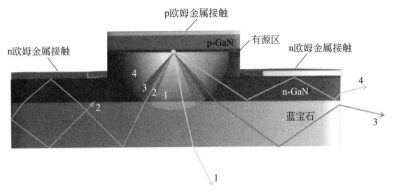

图 6.2 长方体氮化物 LED 发光的传播示意图

相对垂直有源区的有源区发射角（θ），图示了四个发射区即：
1—表面发射区；2—非逃逸区；3—衬底侧面发射区；4—波导区

6.2 光偏振

几乎所有可见和紫外 LED 和光电子器件，都生长在纤锌矿（WZ）相的Ⅲ族氮化物晶体结构上，因为这是Ⅲ族氮化物晶体的热稳定形式。因此，本节将讨论 AlInGaN 发光器件 WZ 相的能带结构。WZ Ⅲ族氮化物的电学和光学性质主要取决于布里渊区中心附近的能带结构（波矢 $k \approx 0$）。在 Γ 点，GaN 和 AlN 有一个具有原子 s 轨道特征状态的导带（CB）Γ_7。价带（VB）状态具有原子 p_x-，p_y- 和 p_z- 特征，其中 z 方向定义为平行于晶体的 c 轴。s 和类似 p_x-，p_y- 和 p_z- 状态之间的跃迁，分别涉及 x，y 和 z 偏振的光。由于纤锌矿晶体结构的对称性降低，Ⅲ族氮化物的材料沿着 c 轴和垂直于 c 轴方向是各向异性的。这种各向异性会导致 VB 的晶体场劈裂（Δ_{CF}）。VB 的顶部被分成双重简并态和单重简并态[4]。双重简并态具有原子 p_x^- 和 p_y^- 类似特征（波形类似 $|X \pm iY\rangle$），而单重简并态具有主要原子 p_z- 类似特征（波形类似 $|Z\rangle$）。两个能级的顺序取决于材料种类、晶格常数 c/a 比率和 N 亚晶格相对于 Al 或 Ga 亚晶格沿 c 方向的相对位移。如果引入自旋-轨道耦合 Δ_{SO}，双重简并态的简并将解除，形成 Γ_9 和 Γ_7 态，分别称为重空穴（HH）和轻空穴（LH）带。单重简并态（Γ_7）被称为晶体场劈裂空穴带（CH）。

基于准立方体模型[5]，Γ 点处 Γ_9 带相对于两个（Γ_7）带的能量位置由下式给出

$$\Gamma_9 - \Gamma_{7\pm} = \frac{\Delta_{CF} + \Delta_{SO}}{2} \pm \frac{1}{2}\sqrt{(\Delta_{CF} + \Delta_{SO})^2 - \frac{8}{3}\Delta_{CF}\Delta_{SO}} \quad (6.4)$$

自旋-轨道劈裂能量对 GaN (17meV)[6~8] 和 AlN (20meV)[9] 都为正。但是，离子性质更强的 AlN 的晶体场劈裂 Δ_{CF} 为负 (−206meV)，而不是和 GaN 一样为正 (10meV)[6~9]。由于晶体场劈裂的差异，AlN 中 Γ 点处的子价带顺序与 GaN 中不同（图 6.3）。对于 GaN，HH (Γ_9) 带是最顶层的子价带，能量紧随其后的是 LH (Γ_7) 带和 CH (Γ_7) 带[10]。而对于 AlN，最顶层的子价带是 CH 带 (Γ_7)，紧随其后的是 HH 带 (Γ_9) 和 LH 带 (Γ_7)。子价带命名为 A，B 和 C，这是根据其能量从最高到最低的顺序。

Chen 等人[10] 和 Li 等人[13] 分别针对 GaN 和 AlN 中涉及的三个子价带的能带-能带跃迁，使用准立方模型计算了跃迁矩阵元 (I_V) 的平方（参见表 6.1）。该跃迁矩阵元 (I_V) 的平方决定了偏振选择规则，由下式给出

$$I_V = |\langle \psi_V | H_{dipole} | \psi_C \rangle| \quad (6.5)$$

其中，ψ_V 和 ψ_C 是空穴和电子的波函数。

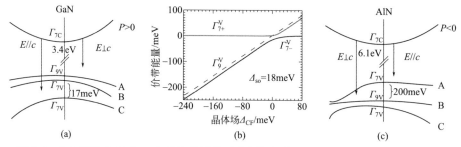

图 6.3 (a) WZ GaN 在 Γ 点的能带结构示意图[6,7,11]。(b) Γ 点处相对价带能量作为晶体场函数，自旋-轨道能量为 18meV。授权转载自参考文献 [12]。(c) WZ AlN 在 Γ 点的能带结构示意图[9,11]。

表 6.1 针对 WZ GaN[10] 和 WZ AlN[13] 当光偏振平行和垂直于 c 轴时跃迁矩阵元素 (I_V) 平方的计算值

	GaN			AlN		
跃迁	$E//c$	$E\perp c$	跃迁	$E//c$	$E\perp c$	
$E_A(\Gamma_{7C} \leftrightarrow \Gamma_{9V})$	0	1	$E_A(\Gamma_{7C} \leftrightarrow \Gamma_{7V})$	0.4580	0.0004	
$E_B(\Gamma_{7C} \leftrightarrow \Gamma_{7V})$	0.053	0.974	$E_B(\Gamma_{7C} \leftrightarrow \Gamma_{9V})$	0	0.2315	
$E_C(\Gamma_{7C} \leftrightarrow \Gamma_{7V})$	1.947	0.026	$E_C(\Gamma_{7C} \leftrightarrow \Gamma_{7V})$	0.0007	0.2310	

注：对于 WZ GaN，数值为相对所列的 E_A 值。

偶极跃迁矩阵计算表明，对于 AlN 情形，导带和最顶部子价带 Γ_7 中，空穴之间的复合几乎禁止 $E\perp c$[13]，即发光是 TM 偏振。另一方面对于 GaN 是和最上面的子价带 Γ_9 的复合，几乎禁止 $E//c$[10]，即发光是强烈 TE 偏振。

AlGaN 合金中，随着铝组分的增加，Δ_{CF} 从正变为负。Neuschl 等人[14] 提出，AlGaN 合金的晶体场弯曲介于 0 和 −0.18eV 之间，而 Coughlan 等人[15] 提

出，晶体场弯曲为 -23meV。随着 Δ_{CF} 减小，三个价带之间的能量间隔减小，直到 Δ_{CF} 变为负时，Γ_7 带变为最高带。Goldhahn 等人[12]计算出，当 $\Delta_{\text{SO}}=18\text{meV}$ 时，三个价带的相对位置作为 Δ_{CF} 的函数 [图 6.3（b）]。假设 Δ_{CF} 与合金中 Al 组分成线性关系，预计对于无应变 AlGaN 层，5% Al 组分时即有能带交叉。由于子价带顺序对 Al 组分的依赖性，AlGaN 层发光的偏振程度与合金组分相关。发光偏振度 ρ（也表示为 P）定义为

$$\rho = \frac{I_{\text{TE}} - I_{\text{TM}}}{I_{\text{TE}} + I_{\text{TM}}} \tag{6.6}$$

其中，I_{TE} 和 I_{TM} 分别是面内发射的 TE 和 TM 偏振光的积分强度。当达到临界 Al 组分时，AlGaN 层发光将从主要为 TE 偏振（$E\perp c$）转变成主要为 TM 偏振（$E/\!/c$）。当偏振为电场矢量位于量子阱平面（$E\perp c$）时，沿 c 轴生长的 UV-LED 发光可以从 LED 高效提取，而当发光偏振为电场矢量垂直于量子阱平面（$E/\!/c$）时，光在 LED 内传播，则有可能被 LED 结构再次吸收。因此临界 Al 组分值对于紫外 LED 的自发发射光提取十分重要，从而获得广泛的研究。

6.2.1 影响 AlGaN 层光偏振开关的因素

文献中已报道了发生 $Al_xGa_{1-x}N$ 层发光偏振特性转变的高 Al 组分变化。Nam 等人[11]测定了蓝宝石上生长 $1\mu\text{m}$ 厚未掺杂 $Al_xGa_{1-x}N$ 模板发光的偏振程度变化。他们发现发光从低 x 值（$x<0.25$）的主要为 TE 偏振，变换到更高 x 值的主要为 TM 偏振（图 6.4）。在 $x=0.25$ 时，他们发现偏振度是零，因为三个子价带在 Γ 点简并。Kolbe 等人[16]表明，对于 UV-LED，面内电致发光按 TE 偏振与 TM 偏振的强度比随着波长减小而降低，从而产生偏振。他们发现，从 TE 偏振主导到 TM 偏振主导的交叉在 300nm 附近（图 6.5）。Banal 等人[17]报道了蓝宝石（0001）衬底上生长的 $Al_xGa_{1-x}N$/AlN 多量子阱（MQW）中，在 Al 组分 $x\approx 0.83$ 处发生的偏振切换。对于生长在 SiC 衬底制备自支撑 AlN 模板上的 AlGaN 多量子阱激光器，Kawanishi 等人[18]基于实验结果估计出，当 Al 组分 $x\approx 0.36\sim 0.41$ 时，发生 TM 模到 TE 模激射的偏振转变。Netzel 等人[19]报道了赝配生长在 c 面蓝宝石衬底上 $4.4\mu\text{m}$ GaN 缓冲层顶部的 AlGaN 层，其光偏振在 Al 组分为 8% 时转换。

为了理解报道中临界 Al 组分值，即发光发生偏振切换时波长的差异，人们研究了许多影响因素例如量子阱的应变、量子阱厚度以及内部电场等。

6.2.1.1 AlGaN 层的应变状态

量子阱的应变状态强烈影响 Al 组分即波长，其中某处发光会发生偏振转换[17,20,21]。在衬底如 SiC、蓝宝石、GaN 和 AlN 上，外延生长 $Al_xGa_{1-x}N$ 量子阱层的应变取决于衬底或底层的 $Al_yGa_{1-y}N$ 模板（$x<y$）。

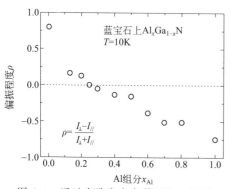
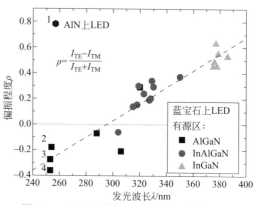

图 6.4 通过光致发光光谱测量, 得到的蓝宝石模板上生长的 $1\mu m$ 厚未掺杂 $Al_xGa_{1-x}N$ 层发光偏振对 Al 组分 (x) 的依赖程度
(基于参考文献 [11])

图 6.5 蓝宝石或者 AlN 衬底上制备 LED 的发光偏振程度 ρ
左上角器件 1 在 AlN 上生长并发出高度偏振的 253nm TE 光。器件 2, 3 和 4 中量子阱设计与器件 1 相同, 但在蓝宝石上生长。虚线示出蓝宝石上生长 LED 的趋势 (基于参考文献 [20])

应变层中由于晶格形变, 晶体场劈裂不同于非应变体单晶。Chuang 等人[22]使用立方近似的 kp 方法, 推导出解析表达式, 用于应变纤锌矿半导体的子价带排序。应变 $Al_xGa_{1-x}N$ 层具有各向同性面内应变的情况下, 相对于 Γ_7 带的 Γ_9 带能量位置由下式给出

$$\Gamma_9 - \Gamma_7 = -\frac{\Delta' + \Delta_{SO}}{2} + \sqrt{\left(\frac{\Delta' + \Delta_{SO}}{2}\right)^2 - \frac{2}{3}\Delta'\Delta_{SO}}$$

$$\Delta' = \Delta_{CF} + [D_3 - D_4(C_{33}/C_{13})]\varepsilon_{zz}$$

式中, Δ_{SO} 为劈裂偏移能; Δ_{CF} 为晶体场劈裂能; D_i 为形变势; C_{ij} 为弹性刚度常数; ε_{zz} 为沿 c 方向的应变张量元[17,22]。

$Al_xGa_{1-x}N$ 层发光的偏振转换发生在 $\Delta'=0$ 的 Al 组分处。因此, 偏振转换发生的 Al 组分可以按照层内应变, 来调整到更高或更低的值。理论计算表明, 沿 c 方向生长的 AlGaN 层中, 面内的压应变推动 $|X \pm iY>$ 状能带 (Γ_9 和 Γ_7) 上升, 而沿 c 方向的张应变推动 $|Z>$ 状能带 (Γ_7) 下降[17,20,23]。因此, 面内压应变将偏振转换的产生移动到更高 Al 组分值, 而面内张应变将 Al 组分移动到更低值。Sharma 等人[21]计算出, $Al_yGa_{1-y}N$ 模板上生长的应变 $Al_xGa_{1-x}N$ 层 ($x<y$) 沿 z 方向偏振发光的最低激子跃迁相对谐振强度 (参见图 6.6)。他们发现, 发光偏振转换的临界铝组分随着 $Al_yGa_{1-y}N$ 模板或衬底中 Al 含量的增加而线性增加。Northrup 等人[20]表明, 临界 Al 组分可以通过改变量子阱中的应变来控制。使用这种方法, 他们演示了 TE 发光占主导地位的 253nm LED (参见图 6.5)。Kolbe 等人[24]演示了 380nm LED 面内光偏振相对于有源区面内应变的依赖关系。他们发现, 对于 MQW 势垒面内张应变减小的多量子阱, 面内发光的 TM 偏振部分会比 TE 偏振部分更占主导地位。

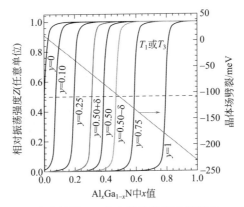

图 6.6　应变下，光偏振沿 $z-$方向的最低激子跃迁 $\Gamma_{7C} \to \Gamma_{9V}(T_1)$ 或 $\Gamma_{7C} \to \Gamma_{7V}(T_3)$ 的相对谐振强度，绘制为 $Al_y Ga_{1-y} N$ 模板上生长 $Al_x Ga_{1-x} N$ 层铝组分的函数

虚线定义出偏振转换发生的临界 Al 组分。假定 $Al_{0.50}Ga_{0.50}N$ 模板中的残余应变为 $\delta=0.4\%$。图中也示出了 $Al_x Ga_{1x} N$ 层的晶体场劈裂内插值（右侧轴）。

授权翻印自参考文献 [21]，美国物理协会（2011）版权所有

6.2.1.2　量子限制

$Al_x Ga_{1-x} N/Al_y Ga_{1-y} N$ 多量子阱中的量子限制影响着量子阱中子价带的排序并因而发光的偏振[17,20,21,25]。量子阱的厚度、势垒组分和内部电场（由于自发极化和压电极化）影响量子阱中载流子的量子限制。Banal 等人[17]提出了一种简单的定性模型，来描述量子限制对 $Al_x Ga_{1-x} N/AlN$ 单量子阱中子价带排序的影响。由于在最顶部 $|Z>$ 状能带（Γ_7）中，空穴有效质量比在 $|X \pm iY>$ 状能带（Γ_9 和 Γ_7）中轻得多，$Al_x Ga_{1-x} N$ 层中量子限制降低了 $|Z>$ 状能带（Γ_7）的能量。在足够强的量子限制下，将出现 Γ_9 和 Γ_7 带的交叉并引起光偏振转换。对于薄量子阱（<3nm），阱宽度主导量子限制效应，发光偏振转换的临界 Al 组分随着阱宽度减小而移向更高值（图 6.7）。对于厚量子阱（>3nm），临界 Al 组分依赖于内部电场，并与阱宽无关。Sharma 等人[21]报道了仅当三个子价带非常接近时，才发生源于量子限制的子价带转换。Tahtamouni 等人[26]使用光致发光谱研究了 $Al_{0.65}Ga_{0.35}N/AlN$ 单量子阱的光偏振。当阱宽为 2nm 时，带边发光的主导偏振分量从 $E \parallel c$ 转换到 $e \perp c$。Wierer 等人[27]报道了对于 $Al_x Ga_{1-x} N/Al_y Ga_{1-y} N$ 多量子阱的紫外 LED，随着量子阱厚度增加，其偏振程度降低。

Northrup 等人[20]研究了势垒组分对 $Al_x Ga_{1-x} N/Al_y Ga_{1-y} N$ 多量子阱临界 Al 组分的影响。相比 HH 带，CH 带有更轻的有效质量，因此相比 HH 态，CH 态的空穴波函数局域化更少。从而相比 HH 带，CH 带的能量对势垒更敏感。对于固定的量子阱厚度 3nm，通过在势垒中将 Al 组分从 $y=0.7$ 增加至 $y=1.0$，发光偏振转换的临界波长可以移动 15nm。

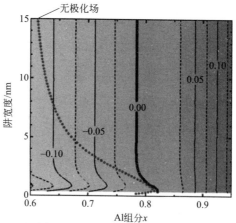

图 6.7 计算的无应变 AlN 上生长 $Al_xGa_{1-x}N/AlN$ 单量子阱的能量差 $[E(\Gamma_7)-E(\Gamma_9)]$ 的等高线图,单位为 eV [红/灰点状粗线是针对无偏振场平带量子阱的 $E(\Gamma_7)-E(\Gamma_9)=0$,而(黑色)粗和细线针对有偏振场的量子阱。自发极化假定为 $-0.040C/m^2$。授权转载自参考文献 [17],美国物理学会 (2009) 版权所有]

发光偏振转换的临界 Al 组分随载流子浓度增加而逐渐减小[27~29]。这可以通过以下事实加以解释,当载流子密度高时,载流子将占据导带和子价带中高于 $k=0$ 的更高能量状态,允许到更高的第二和第三子价带跃迁。因此发光特性将受远离 $k=0$ 跃迁矩阵元的影响。高于带边 TM 偏振的矩阵元远比 TE 偏振的大。因此,载流子密度较高时,发光中 TM 偏振比 TE 偏振更大。

6.2.2 光学偏振与衬底方向的关系

为了改善紫外 LED 性能,人们对生长在半极性和非极性衬底上的 AlGaN 量子阱自发发光的偏振特性进行了研究[25,30~32]。使用准立方近似的 6×6 k·p 哈密顿方程,Yamaguchi[30] 计算了 AlN 衬底上生长 1.5nm 厚 $Al_xGa_{1-x}N/AlN$ 量子阱情况下,相对于 c 平面取向为 θ 的衬底平面内和垂直于衬底平面的偏振光转换矩阵元(图 6.8)。c 平面内情况下,由于六倍对称性,三个子价带间只存在自旋轨道相互作用的较小相互作用。因此,在 Al 组分为 76% 时 [图 6.8 (a)],观察到从 TE 到 TM 偏振的突然转变。此外,面内的光学特性是各向同性的。对于取向 $\theta>0°$ 的衬底,量子阱对称性被打破,从而产生了三个子价带的混合。因此随着 Al 组分增加而逐步产生偏振转换。此外,出现由于六倍对称破坏和存在面内各向异性应变的较大面内光学各向异性。

对于 m 面 AlN 衬底($\theta=90°$)上生长 $Al_xGa_{1-x}N$ 薄膜的情况,价带排序受到面内各向异性压应变的影响[31]。跃迁矩阵的计算表明,发光主要是位于衬底平面内的 z 方向($E//c$)偏振光,因此可以从顶/底面很容易地提取[31,32]。因此 m 面 AlN 上生长的 LED 可用于制造高效面发射 LED。Banal 等人[33] 从实验上证明，部分弛豫 AlGaN 模板上生长的 m 面 AlGaN 量子阱的带边光致发光具有 $E\!/\!/c$ 方向的强偏振（图 6.9）。理论研究揭示，虽然半极性 AlGaN 量子阱相比 c 面 AlGaN 量子阱的发光表现出更强的面内偏振，但相比非极性情况，仍然仅显示为较弱的面内偏振[30,32]。Wang 等人[32]报道了 AlN 衬底上生长的 $(11\bar{2}2)$ 面 AlGaN 量子阱相比 $(20\bar{2}1)$ 面 AlGaN 量子阱的发光，有着更弱的面内偏振。

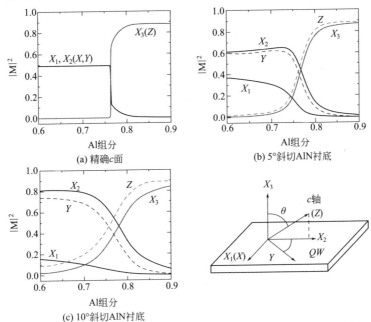

图 6.8　厚度 1.5nm 阱层的 AlGaN 单量子阱中光学矩阵元 X_1、X_2 和 X_3 偏振（实线）以及 Y 和 Z 偏振（虚线）与 Al 组分的关系（授权转载自参考文献［30］，AIP 出版有限责任公司 2010 年版权所有）

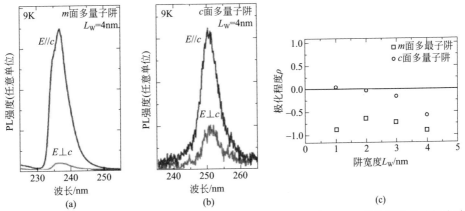

图 6.9　具有量子阱宽度 $(L_W)=4\mathrm{nm}$ 的 (a) m 面和 (b) c 面 AlGaN 多量子阱的偏振光致发光谱。(c) m 面和 c 面 AlGaN 多量子阱作为 L_W 函数的 PL 偏振程度 (ρ) LED 的波长从 225～250nm 变化（所有数据在 9K 测量得到。授权转载自参考文献［33］，AIP 出版有限责任公司 2014 年版权所有）

对于 InGaN 材料系统，Schade 等人进行了 InGaN 层和极性、半极性以及非极性晶体取向上，LED 偏振特性的实验研究和计算分析。他们确认了 c 平面和生长平面之间倾角，以及 In 组分进而各向异性的应变状态，都影响主导光学偏振状态之间的转换点[34,35]。InGaN 系统与 AlGaN 系统的主要区别是负晶体场劈裂 Δ_{CF}，因此模型本身对整个 AlInGaN 系统都是有效的。

6.2.3 光学偏振对光提取效率的影响

沿 c 轴生长紫外 LED 的发光偏振是光提取的一个重要问题，因为 LED 有源区中发光角分布依赖于偏振程度。这里，我们将采用定性方法，使用[34,36]中基于体哈密顿系统基态的简化模型，来估计Ⅲ族氮化物半导体中的角发射分布。

第一个近似，所有发光器件都可视为偶极子。然后偶极子的取向描述偏振状态和发光方向。发光的电场矢量 E 位于通过偶极子和光子矢量 k 定义的平面内。光子矢量 k 垂直于 E。

Ⅲ族氮化物半导体中，导带是完全对称的 s 轨道，而子价带由 p 轨道形成。非应变系统中的三个子价带具有沿 x 轴、y 轴和 z 轴对齐的 $|p\rangle$ 轨道偶极分布。$|p_x\rangle$ 和 $|p_y\rangle$ 轨道合并形成 HH 和 LH 空穴价带（波形 $|X\pm iY\rangle$ 状），具有围绕 c［0001］轴旋转的对称分布（图 6.10）。跃迁到该子带会在晶体内产生 TE 偏振发光。$|p_z\rangle$ 轨道形成沿 c 轴方向的 CH 带（波形 $|Z\rangle$ 状）。跃迁到该子带会产生偏振平行于 c 而发射垂直于 c 的发光。

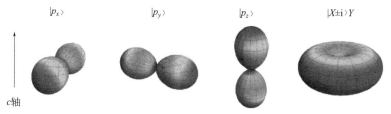

图 6.10　$|p_x\rangle$，$|p_y\rangle$ 和 $|p_z\rangle$ 方向以及 $|X\pm iY\rangle$ 轨道

在球坐标系中，p 轨道波函数的角度依赖关系可以描述如下：

$$|p_x\rangle = \sin\theta\cos\phi$$
$$|p_y\rangle = \sin\theta\sin\phi \quad (6.7)$$
$$|p_z\rangle = \cos\theta$$

因为要求 $E\perp k$，来自单偶极子发光的辐射强度分布为环状。强度 I 由下面的式子给出

$$I_x = I_{x0}(\sin^2\theta\sin^2\phi + \cos^2\theta)$$
$$I_y = I_{x0}(\sin^2\theta\cos^2\phi + \cos^2\theta)$$
$$I_z = I_{x0}\sin^2\theta \quad (6.8)$$

实际中，由于各个子带都有发光，因此发光并不是100%偏振的。各价带贡献的比例受控于能带分离，而根据费米-狄拉克分布的热占据，并表示为 I_{x0}，I_{y0} 和 I_{z0}。(0001)c 面上发光器件的旋转对称情况下，$I_{x0} = I_{y0}$。

图 6.11 示出了某种 TE-TM 偏振组合的发光角度分布，其中整体发光归一化为 $I_{x0} + I_{y0} + I_{z0} = 1$。

图 6.11 计算的半导体内部，从完全 TM 到完全 TE 偏振的不同偏振度偏振光发光分布

在 TE 偏振光为主的情况下，大部分光相对于 c 轴以小角度出射，即更多的光在顶部表面和底部衬底的光逃逸锥内发射，这就实现了高 η_{extr} 的器件。随着偏振程度降低，较高角度的发光增加，而在零偏振时发光是各向同性的。进一步降低偏振程度会使得发光以 TM 偏振为主，大部分光相对 c 轴大角度出射。如第 6.1 节所述，这些大角度发射的光子在 LED 结构中被捕获或者吸收，导致器件低的 η_{extr} 值。

图 6.12 示出了模拟的 320nm AlInGaN LED 的 η_{extr} 与有源区发光偏振程度的依赖关系。对于 TE 偏振发光，可以从 LED 中耦合出来 12% 的发光 [图 6.12(a)]。我们发现随着有源区发光越来越多转变为 TM 偏振时，η_{extr} 随之减小。对于完全 TM 偏振发光，仅有 3% 的发光可以耦合出来。其余部分的光则由于 LED 的吸收而损失了。LED 有源区发光的偏振程度也会影响器件的远场发光图案 [图 6.12(b)]。当偏振从 TE 偏振为主转换到 TM 偏振为主时，可以观察到"兔耳"的出现，这是因为蓝宝石衬底侧壁的光耦合输出。对于需要产生定向光输出的应用，这种紫外 LED 远场发光图案对偏振程度的依赖是一个重要的问题。

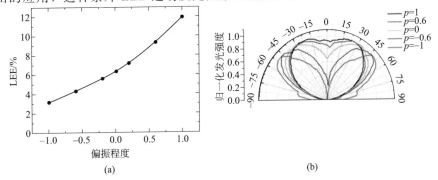

图 6.12 模拟的 (a) 320nm UV-LED 芯片光提取效率和 (b) 320nm UV-LED 远场发光图案与有源区发光偏振度 p 的依赖关系

因此，为了实现高效率紫外 LED，需要或者偏转波长在更短波长发生偏振转换，或者在非极性衬底上生长，或者开发新方法来提取相对 c 轴的大角度发光。

6.3 改善光提取的概念

LED 设计是一个复杂而艰巨的任务，因为有许多互相冲突的方向和边界条件需要考虑。p 型接触的接触金属需要面积大且均匀，因为它通常定义了二极管的发光区域。另一方面，n 型接触不能太远离 p 型接触的中心放置，因为横向电流传输是有限的，所以电流拥堵效应对器件性能下降有很大作用。为了 LED 中产生热量的耗散，需要有高效的热沉，这可能与接触的设计相冲突。LED 底部发光的情况下，p 型接触金属最好反射紫外光，从而可以提高光提取效率，但是同时还要求它有高的功函数，来实现低接触电阻和低工作电压。LED 的表面、背面和界面可以图形化或者更改以实现高效光提取，同时还不能恶化其他参数。以下章节将介绍和讨论 LED 的各种设计考虑和金属接触、表面图形化以及随后的封装要求。

6.3.1 接触材料与设计

紫外 LED 的金属接触设计对光提取效率有较大的影响。正如 6.1 节所述，只可以提取相对晶圆表面很窄角度的发光。一般而言，透明衬底通常是蓝宝石用于光提取。因此，朝向外延层和 p 型金属接触的相反方向发光通常都损耗了。通过采用 UV 反射金属接触和 UV 透明 p 层材料，部分发光可以反射回背面，从而增加通过衬底提取光的可能性。总体而言，提取效率增加因子高达 2 倍看来是可能的。此外，如果晶圆的表面不是平坦而是图形化的，逃逸角可以改变，并经界面或者接触（多次）反射后，那些开始时没有合适提取角度的光也可以得到提取。

为了通过反射接触增加光提取，必须满足几个边界条件：首先，半导体层结构必须不吸收光子。顶部接触层通常由 Mg 掺杂的 p 型 GaN 或 p 型 AlGaN 制成，带隙比量子阱带隙更小，因此会发生吸收。而源于高量级镁掺杂，p 型材料受主相关的深能级跃迁将显著增加 UV 吸收。LED 内的这个问题可能会由于多次反射而强化，它相当于延长了光子在结构内的吸收路径。为了避免吸收，p 型层的厚度应尽可能薄，而又不劣化电流扩展性能。使用倾斜或结构化表面或边发射，提取效率可以提高且光路径缩短。

另一个重要方向是金属接触上反射材料的选择。当选择 p 型接触的材料或材料体系时，不仅需要考虑反射率，而且需要考虑金属的功函数即欧姆接触的形成能力。

6.3.1.1 UV-LED 的欧姆接触

半导体和金属间界面处的载流子势垒 ϕ_B 是带隙 E_g、金属功函数 ϕ_m、半导体功函数 ϕ_s 和半导体电子亲和势 χ_s 的函数：

$$q\phi_B = q(\phi_m - \chi_s) \qquad \text{n 型半导体} \qquad (6.9)$$
$$q\phi_B = E_g - q(\phi_m - \chi_s) \qquad \text{p 型半导体}$$

为了让载流子通过热离子输运注入半导体中，需要势垒 ϕ_B 为零。对 Si 掺杂 n 型 GaN 的情况，这很容易实现，因为金属的功函数如 Ti（$\phi_m = 4.33\text{eV}$）或 Al（$\phi_m = 4.28\text{eV}$）[37] 与 n-GaN 的电子亲和势（$\chi_s = 4.1\text{eV}$）[38] 相近。随着 AlGaN 结构中 Al 组分的增加，χ_s 和 ϕ_s 增加，因此需要有更大功函数 ϕ_m 的金属。最近，人们演示了 ICP 刻蚀的 UVB 透明 $Al_{0.4}Ga_{0.6}N$ 上的钒基接触，其接触电阻低至 $\rho_c = 2.3 \times 10^{-6} \Omega \cdot \text{cm}^2$ [39]。

对于 p 型半导体材料的金属接触，欧姆接触的形成更有挑战性：由于 GaN 的带隙 E_g 很大，理想上需要约 7.2eV 功函数的金属，但这种金属并不存在。Mg 掺杂 p 型 AlGaN 的欧姆金属接触会更有挑战性，因为 χ_s，χ_s 和 E_g 进一步增加。为了减少紫外 LED 的 p 型接触电阻，通常在 p 型 AlGaN 顶部生长薄的重 Mg 掺杂 p-GaN 接触层。尽管考虑到 p-GaN 的高功函数仍很不理想，但高的镁掺杂浓度可以实现隧穿注入，从而实现低阻欧姆 p 型接触。然而如上面的讨论，Mg 掺杂 GaN 接触层应尽可能薄以避免光吸收。例如 50nm 厚 p-GaN 接触层的一次往返反射将从（UV 反射）金属接触中吸收 81% 以上的紫外光（假设发射峰接近 275nm）。通过将 p-GaN 厚度减薄至 5nm，每次往返吸收损失可减少到 16%。

p-GaN 的 p 型接触通常通过沉积 Pd、Pt、Ni 或 Ni-Au 形成金属层，并随后在氧气或氮气氛中退火形成欧姆接触而获得。但是根据式（6.9），所有这些金属的功函数都比理想值小得多，其中 Pt 最高（5.65eV），其次是 Pd（5.12eV）和 Ni-Au（Ni：5.15eV），在后一种情况下，Ni 在氧气氛中氧化为 p 型半导体 NiO[37,40]。另外，也有人使用 Ag（$\phi_m = 4.26\text{eV}$）[37]。

尽管事实上这些金属通常不满足 ϕ_B 的条件，人们已经在 p-GaN 上实现了欧姆接触。这得到以下事实的帮助，实验上确定，对于 Pt, Ni, Au, Ti, p-GaN 的金属接触肖特基势垒高度在 $0.5 \sim 0.65\text{eV}$ 范围内。这比式（6.9）的理论值低得多，其中预测的肖特基势垒高度近 2eV。另外，人们发现 ϕ_B 仅微弱地依赖于 ϕ_m [41,42]。这种差异可以通过存在表面态和费米能级钉扎来解释。此外，重掺杂 GaN 层的金属接触经常采用隧穿输运，而不是热电子发射[43~47]。

虽然上述金属因为高反射率或实现透明（NiO），以及与额外反射层结合的可能性而适合于可见光 LED，但对于深紫外发光就不再适用了。大多数金属在较短波长时变为高度吸收,从而它们不再适合作为反射接触。下面的部分将讨论各种金属的光学特性。

6.3.1.2 接触金属的反射率

垂直入射光的光学反射率 R 是复折射率 $\bar{n}=n-ik$ 的函数,其中 n 是实折射率而 k 是消光系数。$\bar{n}$ 的实部和虚部都是频率 ω 或波长 λ 的函数。

$$R(\hbar\omega)=\left|\frac{\bar{n}-1}{\bar{n}+1}\right|^2=\frac{n^2-2n+k^2+1}{n^2+2n+k^2+1} \tag{6.10}$$

因此反射率强烈依赖于入射光的波长,并由于能带结构中的跃迁导致强吸收,从而可以在更短波长时变小。图 6.13 示出了通常用于半导体接触的各种金属的反射率 R 和有效折射率 n。虽然许多金属在可见光范围内具有足够高的反射率,允许形成反射欧姆接触,但是对紫外光谱范围往往并不适用。Ag、Pd 和其他金属变为高度吸收,因此需要形成反射接触的新概念。Al 甚至在波长短到 200nm 以下还是高度反射的,但是已知它在 p 型 GaN 或 p 型 AlGaN 上沉积时,会显示肖特基行为,产生高的接触电阻和金属-半导体界面电压降,并因此导致温度升高、使用寿命缩短和最终器件失效。

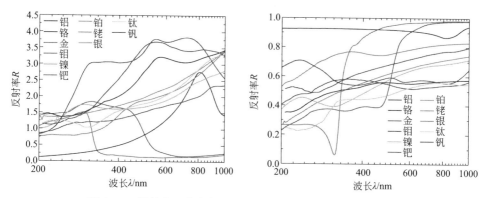

图 6.13 折射率 n 的实部(a)和计算出的各种金属反射率 R
通常计算金属和空气/真空之间的界面,基于参考文献 [1]

一种基于纳米像素接触设计的新概念,结合了高功函数的金属用于良好欧姆接触和 UV 反射金属用于高提取效率。纳米像素 LED 的几何形状包含:小的(<1μm 宽)侧向分布欧姆金属接触(例如 Pd、Ni)和紫外反射铝层,后者覆盖了大部分半导体表面并将光反射回 LED 中。已证明,这种设计在接触间距比电流扩散长度更小或者至少在相当的范围内时,可以实现均匀的电流注入,从而得以最好工作[48]。因此,典型纳米像素接触间距在几百纳米至几微米量级。图 6.14 示出了这种设计的示意图。纳米像素接触的大小、间隔和 p 型(Al)GaN 电流扩散层的厚度都必须仔细调整,以期实现均匀的侧向电流分布,以及与低反射欧姆 Pd 接触相比的 UV 反射 Al 金属的高表面覆盖率。

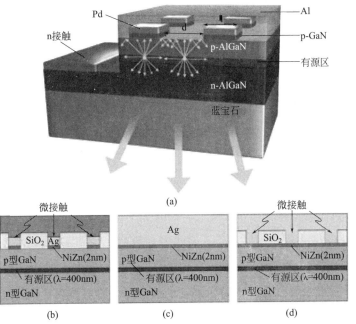

图 6.14 （a）具有 Pd 纳米像素 p 型接触外加 Al 反射镜的紫外 LED 示意图。
具有 Al 基（b）或 Ag 基（d）全向反射镜和微接触的紫光 LED，
（c）Ag 基标准反射镜（授权转载自参考文献 [49]，
AIP 出版有限责任公司 2006 年版权所有）

Kim 等人应用了类似的概念到近紫外 400nm 波长 LED 上。虽然在该波段，大多数金属仍显示可接受的反射率，但是使用 Al 基全向反射镜微接触依然可以增加提取效率[49]。对于该设计，微接触几何图形采用 Ag 接触（部分有额外的薄 NiZn 层），而接触之间沉积 SiO_2 绝缘层。结构顶部沉积大面积的 Al 或 Ag 反射层，相比标准的大面积 Ag 接触，增加的光输出分别达 38%（Al）和 16%（Ag）。Jeong 等人使用[50]包含 11 层四分之一波长厚度的 Ti_3O_5 和 Al_2O_3 交替层的分布式布拉格反射镜（DBR），另外还采用 p 型欧姆接触的 ITO 中间层，相比 Ag 反射镜的 LED，385nm LED 的输出功率又增加了 15%。

6.3.1.3 热管理和电流拥堵

高功率 LED 重要的挑战之一，就是器件有源区的高效热提取。特别是具有单个大面积 p 型接触的 LED，将受到不均匀热分布以及温度导致的内、外量子效率下降。不同小组研究应用不同的概念，进行了高效热提取如微像素接触阵列[51,52]和多指接触[53,54]。所有这些的目的，都是让热量在半导体芯片上更均匀地分布，并将其从器件中高效率地提取。Adivarahan 等人采用了微型 LED 设计，其中 10×10 阵列的 $26\mu m$ 直径台面蚀刻到半导体异质结构中[51]。n 型接触填满这些柱子间的整个面积，以减少电流拥堵效应，并帮助从有源区中提取热量。经过平面化之后，他们沉积了大面积的 p 型接触。结果表明，输出功率由于热管理和减少电流拥堵而增加了 50%。Choi 等人采用类似设计用于 InGaN 可见光 LED[55]。其中 8～20μm 直径的微型 LED 蚀刻到半导体表面，然后进行金属互连。较小尺寸的像素使得工作电压增加到高达 4V（2 倍），而单位有源区发射功率增加了 1.5～4 倍。这主要归功于热管理的改善和光提取效率的改善，因为在蚀刻侧壁的散射以及光子到侧壁更短的飞行距离，减少了发光再次吸收的可能性。

之后的研究中，Lobo 等人详细研究了微型 LED 的几何形状和像素尺寸对输出功率和效率的影响[56]。他们比较了不同的概念如微像素、叉指接触和大面积接触，并分析了像素大小及其间距的影响。这项研究表明，UVB-ED 采用 10μm×10μm 接触尺寸的微像素，可以比传统大面积接触的输出功率增加达 2 倍以上。串联电阻和工作电压也有降低，同时成功展示了倒装芯片封装。

Rodriguez 等人进一步研究了叉指接触的概念，表明更小的器件叉指宽度和相同的 p 型接触面积有更高的输出功率水平，更高的外量子效率，更低的工作电压，而直流电流热效率下降更多[53]。Chakraborty 等人进行了蓝光和紫外 LED 热分布、热阻和输出功率的详细研究，表明采用 300μm×300μm 有效接触面积的器件可在高达 3A 直流电流下驱动而无热效率下降[54]。

6.3.2 表面制备

本节将讨论用来改善半导体中光提取的各种概念。大多数情况下，通用的概念是改变有源区发射光子与半导体和空气或者衬底和空气间界面法线之间的角度 θ。如第 6.1 节所述，只有光逃逸锥内发射的光子可以从半导体中提取。因此我们使用了增加临界提取角度的概念。

6.3.2.1 表面图形化

许多技术概念之前已用于通过改变 θ 提高 η_{extr}。这些包括封装（见第 6.3.3 节）以及正面、背面、使用倾斜侧壁的粗化，以及采用比如光子晶体和等离激元等技术。

最有希望改变紫外 LED 的发光和表面法线间角度 θ 的方法是半导体芯片的成型。在可见光 LED 的情况下，倒金字塔（Truncated Inverted Pyramid，TIP）几何形状成功用来提高光提取效率[57]。这里，半导体芯片的侧壁以一种让光束在内部反射后重定向的方式倾斜，使得光束可以穿过表面离开 LED（图 6.15）。如果 LED 芯片的厚度接近其横向尺寸，可以得到最高效的工作。虽然可以很容易对可见光范围内的 LED 实现，例如利用厚的 GaP 衬底，但对于生长在异质衬底像蓝宝石或硅顶部、仅几微米厚 Al(Ga)N 层组成的紫外 LED，这却几乎不可能。

 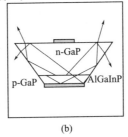 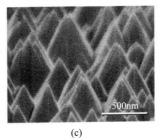

图 6.15　(a)、(b) AlInGaP LED 的倒金字塔设计（授权转载自参考文献 [57]，AIP 出版社有限责任公司 1999 年版权所有）；(c) 通过 PEC 刻蚀的 GaN 基 410nm LED 的 N 侧（授权转载自参考文献 [59]，AIP 出版有限责任公司 2004 年版权所有）

　　Wierer 等人[58]用深刻蚀形成沿着铝反射镜的一定角度台面侧壁，从而将 LED 中 TM 偏振的面内紫外发光通过蓝宝石衬底耦合输出。他们发现，光提取效率随着到台面侧壁的平均距离减小而增加。使用这种反射结构，270nm 的 LED 获得了比低偏振度的标准 LED 高 4 倍的功率输出，相对于外延层平面，侧壁的角度为 70°～80°。

　　另一种通过改变角度 θ 增加光子逸出可能性的方法是粗化发光界面的表面。这种技术不仅增加了一次反射提取效率，而且使得 LED 中出光的角分布随机化，允许光子经过多次反射达到光逃逸锥。粗化可以通过使用粗抛光剂、湿法化学或干法化学刻蚀[60,61]或者通过其他图形化技术进行。通过激光剥离去除衬底[62]或牺牲层[63,64]，人们可以制备出薄膜 LED，从而剩余层的图形化可以轻易实现。Fujii 等人组合了使用激光剥离去除蓝宝石衬底和随后 KOH 光电化学（PEC）刻蚀外露半导体表面的方法[59]，得到了具有圆锥状表面结构的 GaN 层粗糙背面（图 6.15）。针对 410nm LED 使用这种方法，已经取得 3 倍的输出功率增加。类似的方法也由 Zhou 等人成功演示[65]，显示出表面粗糙 AlGaN 基薄膜深紫外 LED 中光提取的增强（图 6.16）。他们使用消除应变的低温赝配 AlN 插入层，进行 GaN/蓝宝石模板生长，通过准分子激光剥离去除蓝宝石衬底。通过 KOH 光电化学刻蚀，实现了 n 型 AlGaN 层粗化，对于 280nm 和 325nm LED 光提取效率分别增加 4.6 倍和 2.5 倍。

　　对于 GaAs 基 LED，人们采用了另一种随机分布聚苯乙烯球充当掩模用于随后干法刻蚀工艺的表面图形化技术[66]。结果得到表面的圆柱覆盖，这改变了发光锥的角度。使用 300μm 厚球体，910nm 波长的角积分光提取增加了 2 倍。可以预期，对于很短波长的紫外 LED，更小直径的球将有更高的效率。

　　使用这些表面图形化的方法，不仅增加了光提取效率，而且会引起发光分布的变化。如果需要将光聚焦到点区间或者光纤中，这是很有好处的。实现这一目标的技术之一是 LED 表面覆盖微透镜阵列。通常通过标准的光刻技术和随后的等离子体干法刻蚀步骤，将图案转移到半导体或蓝宝石衬底上来制造。已证明非

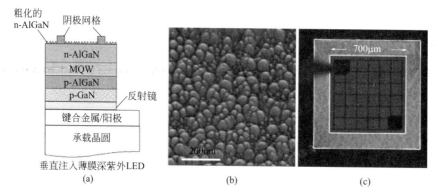

图 6.16 （a）具有粗糙 AlGaN 表面的紫外倒装芯片 LED 多层结构；（b）N 极性 n-AlGaN 表面 SEM 图像；（c）325nm LED 电流注入的发光图案
（授权转载自参考文献 [65]，AIP 出版有限责任公司 2006 年版权所有）

常有效的方法是使用回流技术进行光刻胶整形，从而形成微透镜。Khizar 等人的方法是将 280nm LED 的蓝宝石衬底抛光背面上的光刻胶阵列图形化成圆柱体[67]。一旦加热光刻胶，它就流动形成半球形，随后使用 ICP 等离子体蚀刻工艺将图形转移到蓝宝石上。通过这种方法，采用 12μm 直径和 1μm 高度的微透镜实现了 55% 的输出功率增加。

回流方法的一个缺点是，透镜的最终形状对于工艺参数相对敏感，并因此最终结果可能会变化很大。更稳定的方法由 Lobo 等人开发，他们在抛光蓝宝石衬底上形成的不是透镜，而是六边形阵列的微截头锥阵列，光刻后，使用干法刻蚀工艺，将圆柱形光刻胶图案转移到衬底中。优化干法刻蚀工艺参数以便改变侧壁刻蚀的倾角。这就实现了截头锥并获得光提取效率的增加。增加的幅度取决于倾角，另外他们还使用光线追踪分析进行了模拟。图 6.17 示出了所得图案和输出功率增加。使用这种方法，GaN 衬底上生长的 386nm LED 有大约 59°的刻蚀角，实现了 68% 输出功率增加，而蓝宝石衬底上生长的 323nm LED 输出功率增加了 27%。

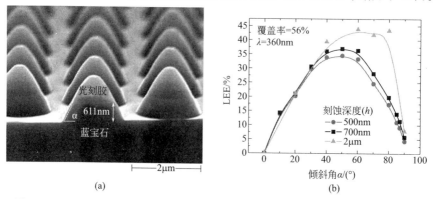

图 6.17 （a）蚀刻到蓝宝石中顶部有剩余光刻胶残留的微截头锥 SEM 图像；
（b）计算的提取效率增加作为倾斜角度和蚀刻深度的函数

一种有技术挑战但也非常有前途的方法是用光子晶体（PC），来抑制或增强某种光学模式的传播。这是在半导体中刻蚀出二维孔列阵，从而形成阻止光从面内方向行进的光子带隙。孔的间距和大小必须调整到发光波长尺度，这使得实现紫外 LED 中的 PC 非常有挑战性。Oder 等人给出了蓝光（460nm）和 UVA 区（340nm）中 LED 的发光结果[68]。通过电子束光刻和随后 250nm ICP 深刻蚀贯穿 LED 的 p 侧，我们形成了直径 300nm 和周期 700nm 的光子晶体。这分别产生了 63%（可见）和 95%（UVA）的发射功率增加。通过细致调整 PC 间距、大小和蚀刻深度，很有可能进一步增加发射功率。Wierer 等人报告了 460nm LED 上刻蚀到表面层的 PC[69]。六边形图案采用 270~340nm 的晶格常数和直径 200~250nm 的孔。他们的 InGaN 基 LED 中采用了掩埋隧穿结，以便能够让 PC 靠近 QW，同时保持与吸收接触有较大距离。发光图案显著改变，同时光提取增加了 50%。Shakya 等人[70]开发了一种 LED 中光产生区域与光提取区域分离的设计，光提取是通过在 p-GaN 层制备 2D PC 实现（图 6.18）。通过在垂直方向利用 PC 提取横向波导模式的光，LED 光输出得以增加。他们演示了 333nm LED 的 2.5 倍输出功率增加，其中使用了直径为 200nm、晶格常数为 600nm 圆孔的三角形晶格图案。

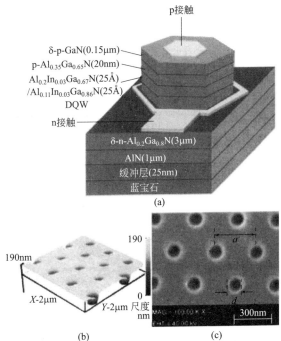

图 6.18　(a) 333nm UV-LED 的结构示意图，有蚀刻到 p-GaN 层的 2D PC，示出了台面和接触电极；(b) 紫外 LED 上晶格常数 $a=600$nm，孔径 $d=200$nm PC 的 AFM 图像。刻蚀深度约 190nm；(c) 紫外 LED 上 $a=300$nm，$d=100$nm PC 的 SEM 图像

（授权转载自参考文献 [70]，AIP 出版有限责任公司 2004 年版权所有）

6.3.2.2 图形化衬底

因为蓝宝石、SiC、Si 等外来衬底上,异质外延生长的氮化物基发光器件遭受高密度穿透位错的影响,人们已经发展了各种概念来减少缺陷密度,其中最常用的是外延横向生长(ELO)[71~73]。这里 GaN 或蓝宝石表面上部分覆盖 SiO_2,以防止 GaN 在该区域生长。通过采用正确的生长条件,GaN 侧向生长增强,而 SiO_2 覆盖区是横向生长。外延层合并后,横向生长区的缺陷密度显著降低。虽然这种技术非常适用于 GaN,但对 AlN 来说则非常困难,因为 AlN 有非常小的横向与纵向生长速度之比。尽管如此,人们也获得了蓝宝石上 AlN 层的合并[图 6.19(a)],而该模板上生长的紫外 LED 显示出 2 倍的输出功率增加[74]。虽然这主要是因为 ELO 结构中缺陷密度的减少,从而使得内量子效率改善来获得,通过 ELO 图案的合理设计,也可以增加光提取效率。

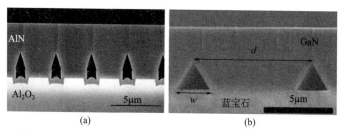

图 6.19 (a) 图形蓝宝石衬底上 AlN 合并的 ELO 条纹[75];
(b) GaN 中通过 ELOG 和随后 KOH 刻蚀形成的刻蚀空气隙
(授权转载自参考文献 [76],光学学会 2012 年版权所有)

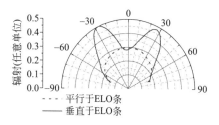

图 6.20 测得的 20mA 下,蓝宝石 ELO 模板上生长的倒装芯片封装 235nm LED 角发射图案 AlN 中的空气隙强烈影响角发射

由于 ELO 条纹与空气隙的界面处存在折射率的强烈变化,光发生散射和折射,导致光子的重定向,并因此潜在的光提取效率增加。

图 6.20 示出了图形化衬底 ELO AlN 上生长的、倒装芯片封装 235nm LED 的角分辨发射图案。虽然沿着条纹的发光显示出常规的各向同性分布,但垂直条纹的发光在空气-AlN 界面产生衍射,并且观察到具有最大 $\pm 27°$ 发射角的兔耳图案[77]。

蓝光 InGaN 基 LED 的 ELO 结构研究表明,输出功率的强烈增加依赖于 SiO_2 条纹上空气隙的大小和形状[76]。Kang 等人研究了 SiO_2 掩膜的蓝宝石晶圆上生长的 LED。横向生长后,他们使用 HF 除去 SiO_2,使用稀释的 KOH 刻蚀 N 面 GaN,形成具有 $\{10\bar{1}1\}$ 侧壁的三角形空气隙 [图 6.19(b)]。相比常规的平面 LED,获得了高达 117% 的光输出增加。此外,光输出角度和发光图形可以根据条纹间距而变化。

蓝光和 400nm 附近,近紫外 LED 中使用六角形图形蓝宝石衬底结合网状 Rh 基 p 型接触的研究显示,由于 GaN 缓冲层和蜂窝形蓝宝石结构之间界面处的散射,光发射功率得到增加[78]。相比非图形化的蓝宝石衬底,观察到 29% 的输出功率增加。接触网格的孔径大小也影响输出功率,这表明 p 型金属中的吸收起着显著的作用,当使用 70% 的开口率时获得了超过 40% 的输出功率增加。

6.3.2.3 等离激元

使用金属层和利用表面等离激元效应,是一种与上述完全不同的增加 LED 输出功率的方法。等离激元是一种准粒子,描述了高导电介质,尤其是金属中自由电子气的集体振荡[79]。在介电材料(即介电函数为正的材料)和金属(即介电函数实部为负的材料)之间的界面处,可以激发出表面等离激元(SP)。SP 是相干电子振荡产生的电磁场,受到等离子体频率 ω_{SP} 的扰动。金属以及介电材料内,SP 振荡相关的电磁场强度呈指数衰减。当 SP 与光子电磁波耦合时,形成表面等离激元(SPP)。由于其独特的性质,SPP 只能沿着界面传播,因此它在金属内行进一段距离后将强烈衰减。为了诱导光提取,需要进行如粗化或图形化等表面改性,以允许散射过程发生。半导体发光器件使用 SPP 的优点是,相比 LED 的辐射和非辐射复合过程,SPP 具有更短的寿命,因此有更高的复合速率,从而只要光从界面向外耦合,我们就可以实现更高的内量子效率。Okamoto 等人采用光致发光谱(PL)研究了 InGaN-GaN 量子阱中的 SPP 过程[80]。他们展示了通过沉积 10nm 银层,470nm 量子阱的发光强度增加了 14 倍。如果使用 Al,增幅也达到 7 倍,而使用 Au 则没有显示出任何发光性能的改善。材料的等离子体频率分别为 $\omega_{SP}(Ag)=2.84eV$,$\omega_{SP}(Al)=5.5eV$,而 $\omega_{SP}(Au)=2.46eV$。看起来 Al 非常适合于紫外的应用。同一文章中还表明,由于渐逝 SPP 场的指数衰减,金属层必须紧邻量子阱。Ag 层的增强因子从 14(10nm 距离)减少到 4(40nm 距离),而更大间距时则已没有强化效果。

这带来了采用等离激元增强制造 LED 的极大技术挑战,因为通常为了获得适当的电流注入,p 层要厚得多。人们已经采用两种主要方法将 SPP 功能集成到 LED 中。Yeh 等人使用 88nm 的 Ag 层和 InGaN 量子阱间间距的普通设计[81]。由于大间距,SPP 的耦合效率相对较弱,但对 440nm LED 的输出功率仍然有 25%~50% 的提升。为了实现高效耦合,Kwon 等人使用了 n-GaN 和 InGaN 量子阱之间的埋 Ag 层,这是通过二次生长和后工艺插入 LED 中[82]。使用 MOVPE 系统热退火后,很有可能是因为 Ostwald 成熟和蒸发,使得剩余 Ag 的覆盖仅为约 3%,这降低了耦合效率。LED 波长约 450nm,而通过比较使用和不使用 Ag 纳米粒子的 LED,也观察到有效激子寿命的显著改变。300K 时 SPP LED 的寿命为 80ps,相比而言,常规 LED 则为 140ps,这增加了辐射复合速率,从而使得输出功率增强了32%。Gao等人[83]展示了使用金属Al用于SP耦合的294nm AlGaN基LED，其峰值光致发光强度增加了217%。虽然没有观察到由于SP-QW耦合产生的内量子效率提高，但通过SP-横向磁场的耦合，增强了LED的提取效率。深紫外LED情况下，这种增加提取效率的技术越发有用，因为其主要为TM偏振发光。

由于技术上的挑战，人们仍然在质疑表面等离激元是否是用于增加LED效率和提高整个器件性能的最佳方式。

6.3.3 封装

如今几乎所有的LED都进行封帽和封装。这样做有几个原因：封装保护半导体芯片，特别是脆弱的键合线免受机械损伤。此外，密封的封装中可以避免接触或其他部分的氧化。封装的另一个重要限制是增加提取效率，因为有可能实现更宽的光提取锥以及光束整形，而且光学元件可以直接集成到封装中。虽然普通封装像TO支架仅提供机械保护，直接集成透明成型介电材料也增加了改善光学的优势。可见波长范围内，LED通常放置在与封装半导体材料接近或相似折射率的环氧树脂或硅树脂半球形圆顶内。如前所述，光提取角度通过两个介质之间的折射率对比来定义。因此，封装材料应当具有尽可能接近半导体的折射率。如果实现完美匹配，所有的LED发光都会耦合到封装中。如果现在的封装能够以半导体为中心成型为球体，则所有光束与空气和密封之间界面都是垂直入射，我们可以完全避免全反射。因此，使用环氧树脂或硅树脂的封装通常会显著增加提取效率。

但是这种理想的情况不容易实现。生产要求使得用于LED的材料必须是廉价的，可以通过流体、冲压或模制很容易成型，并且还理所当然地必须对所需波长透明。此外，还必须避免材料的褪色和氧化，因为这会降低LED的输出功率。唯一能满足大部分要求的合适材料是聚合物，它们有1.4~1.6之间的折射率，以及如上述需要的其他光提取技术。可见波长范围内，聚甲基丙烯酸甲酯（PMMA）广泛地用于廉价且容易使用的透明材料。然而，PMMA在紫外范围内有强烈的吸收。

用于LED封装的聚合物不容易直接转移到紫外封装中使用，因为许多环氧树脂和有机硅材料在近UV波长开始吸收，从而导致紫外透射降低和封装退化。因此，寻求UV透明、长期稳定并且高折射率的封装材料，对提高紫外LED的光提取和输出功率是至关重要的。

近年来，基于二链的聚合物已越来越多地用于UV应用，如紫外光刻、光互连以及LED封装[84]。该基团中最有前途的一种材料是聚二甲基硅氧烷（PDMS）。报道的300nm波长PDMS吸收低至0.09dB/cm[84]。

最近 Lobo 等人的实验已经表明，聚二甲基硅氧烷（PDMS）可能是紫外 LED 封装材料的一个极好候选。PDMS 在 UVA、UVB 和大部分 UVC 光谱范围内都是高度透明的，并且在 UV 光暴露下也相当稳定。使用 PDMS 封装的 UVC-LED 光线追踪分析表明，使用这种方法，LED 芯片的光提取效率可提高 2～3 倍。

Yamada 等人给出了使用聚合全氟（4-乙烯氧基-1-丁烯）封装 265nm 和 285nm UVC-LED 的结果[85]。他们比较了采用稳定终端（称为 S 型）和酸性终端（A 型）封装的两个版本。S 型材料低至 200nm 时仍具有 90％以上透明度，工作 3000h 后没有发现明显的老化或退化。

另一种增加提取效率的方法是 LED 倒装芯片键合[87]，其中 LED 管芯倒置，从而外延侧向下安装在支架上（图 6.21）。蓝宝石上生长倒装芯片紫外 LED 的情况下，光从透明的蓝宝石衬底提取，避免 p 型欧姆接触键合焊盘以及键合引线的吸收。此外，如果用高反射镜替换接触，向下传播的光可以重定向为朝上并穿过衬底提取，从而增加提取效率。倒装芯片键合的其他优点包括：由于金属键合焊盘的高效热传输而降低器件的热阻，以及由此产生的寿命增加，由于不存在键合引线使得发光图案不失真，此外还有与晶圆级封装的兼容。

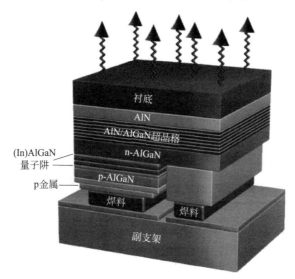

图 6.21　支架上倒装芯片封装的 UV-LED 示意图
光从透明衬底侧收集[86]

参考文献

[1] E. D. Palik, *Handbook of Optical Constants of Solids*(Academic Press Inc., Orlando, 1985).

[2] M. Bass, *Handbook of Optics: Fundamentals, techniques, and design*(McGraw-Hill, 1994).

[3] J.-S. Kim, P. K. H. Ho, N. C. Greenham, R. H. Friend, Electroluminescence emission pattern of

organic light-emitting diodes: Implications for device efficiency calculations. J. Appl. Phys. **88**(2), 1073-1081(2000).

[4] M. Suzuki, T. Uenoyama, A. Yanase, First-principles calculations of effective-mass parameters of AlN and GaN. Phys. Rev. B **52**, 8132-8139(1995).

[5] J. Hopfdeld, Fine structure in the optical absorption edge of anisotropic crystals. J. Phys. Chem. Solids **15**(12), 97-107(1960).

[6] A. A. Yamaguchi, Y. Mochizuki, H. Sunakawa, A. Usui, Determination of valence band splitting parameters in GaN. J. Appl. Phys. **83**(8), 4542-4544(1998).

[7] N. V. Edwards, S. D. Yoo, M. D. Bremser, T. W. Weeks, O. H. Nam, R. F. Davis, H. Liu, R. A. Stall, M. N. Horton, N. R. Perkins, T. F. Kuech, D. E. Aspnes, Variation of GaN valence bands with biaxial stress and quantification of residual stress. Appl. Phys. Lett. **70**(15), 2001-2003(1997).

[8] I. Vurgaftman, J. R. Meyer, Band parameters for nitrogen-containing semiconductors. J. Appl. Phys. **94**(6), 3675-3696(2003).

[9] A. Sedhain, J. Y. Lin, H. X. Jiang, Valence band structure of AlN probed by photoluminescence. Appl. Phys. Lett. **92**(4), 041114(2008).

[10] G. D. Chen, M. Smith, J. Y. Lin, H. X. Jiang, S. Wei, M. Asif Khan, C. J. Sun, Fundamental optical transitions in GaN. Appl. Phys. Lett. **68**(20), 2784-2786(1996).

[11] K. B. Nam, J. Li, M. L. Nakarmi, J. Y. Lin, H. X. Jiang, Unique optical properties of AlGaN alloys and related ultraviolet emitters. Appl. Phys. Lett. **84**(25), 5264-5266(2004).

[12] R. Goldhahn, C. Buchheim, P. Schley, A. T. Winzer, H. Wenzel, *Optical Constants of Bulk Nitrides* (Wiley-VCH Verlag GmbH & Co. KGaA, 2007).

[13] J. Li, K. B. Nam, M. L. Nakarmi, J. Y. Lin, H. X. Jiang, P. Carrier, S. -H. Wei, Band structure and fundamental optical transitions in wurtzite AlN. Appl. Phys. Lett. **83**(25), 5163-5165(2003).

[14] B. Neuschl, J. Helbing, M. Knab, H. Lauer, M. Madel, K. Thonke, T. Meisch, K. Forghani, F. Scholz, M. Feneberg, Composition dependent valence band order in c-oriented wurtzite AlGaN layers. J. Appl. Phys. **116**(11), 113506(2014).

[15] C. Coughlan, S. Schulz, M. A. Caro, E. P. O'Reilly, Band gap bowing and optical polarization switching in $Al_{1-x}Ga_xN$ alloys. Phys. Status Solidi(b)(2015).

[16] T. Kolbe, A. Knauer, C. Chua, Z. Yang, S. Einfeldt, P. Vogt, N. M. Johnson, M. Weyers, M. Kneissl, Optical polarization characteristics of ultraviolet (In)(Al)GaN multiple quantum well light emitting diodes. Appl. Phys. Lett. **97**(17), 171105(2010).

[17] R. G. Banal, M. Funato, Y. Kawakami, Optical anisotropy in [0001]-oriented $Al_xGa_{1-x}N/AlN$ quantum wells(x>0.69). Phys. Rev. B **79**, 121308(2009).

[18] H. Kawanishi, M. Senuma, T. Nukui, Anisotropic polarization characteristics of lasing and spontaneous surface and edge emissions from deep-ultraviolet(240 nm)AlGaN multiple-quantum-well lasers. Appl. Phys. Lett. **89**(4), 041126(2006).

[19] C. Netzel, A. Knauer, M. Weyers, Impact of light polarization on photoluminescence intensity and quantum efficiency in AlGaN and AlInGaN layers. Appl. Phys. Lett. **101**(24), 242102(2012).

[20] J. E. Northrup, C. L. Chua, Z. Yang, T. Wunderer, M. Kneissl, N. M. Johnson, T. Kolbe, Effect of strain and barrier composition on the polarization of light emission from AlGaN/AlN quantum wells. Appl. Phys. Lett. **100**(2), 021101(2012).

[21] T. K. Sharma, D. Naveh, E. Towe, Strain-driven light-polarization switching in deep ultraviolet nitride emitters. Phys. Rev. B **84**, 035305(2011).

[22] S. L. Chuang, C. S. Chang, k·p method for strained wurtzite semiconductors. Phys. Rev. B **54**, 2491-2504(1996).

[23] D. Fu, R. Zhang, B. Liu, Z. L. Xie, X. Q. Xiu, H. Lu, Y. D. Zheng, G. Edwards, Exploring optimal UV emission windows for AlGaN and AlInN alloys grown on different templates. Phys. Status Solidi(b) **248**(12), 2816-2820(2011).

[24] T. Kolbe, A. Knauer, C. Chua, Z. Yang, V. Kueller, S. Einfeldt, P. Vogt, N. M. Johnson, M. Weyers, M. Kneissl, Effect of temperature and strain on the optical polarization of (In)(Al)GaN ultraviolet light emitting diodes. Appl. Phys. Lett. **99**(26), 261105(2011).

[25] A. Atsushi Yamaguchi, Valence band engineering for remarkable enhancement of surface emission in AlGaN deep-ultraviolet light emitting diodes. Phys. Status Solidi(c)**5**(6), 2364-2366(2008).

[26] T. M. Al Tahtamouni, J. Y. Lin, H. X. Jiang, Optical polarization in c-plane Al-rich AlN/Al$_x$Ga$_{1-x}$N single quantum wells. Appl. Phys. Lett. **101**(4), 042103(2012).

[27] J. J. Wierer, I. Montao, M. H. Crawford, A. A. Allerman, Effect of thickness and carrier density on the optical polarization of Al$_{0.44}$Ga$_{0.56}$N/Al$_{0.55}$Ga$_{0.45}$N quantum well layers. J. Appl. Phys. **115**(17), 174501(2014).

[28] S.-H. Park, J.-I. Shim, Carrier density dependence of polarization switching characteristics of light emission in deep-ultraviolet AlGaN/AlN quantum well structures. Appl. Phys. Lett. **102**(22), 221109 (2013).

[29] S. Wieczorek, W. W. Chow, S. R. Lee, A. J. Fischer, A. A. Allerman, M. H. Crawford, Analysis of optical emission from high-aluminum AlGaN quantum-well structures. Appl. Phys. Lett. **84**(24), 4899-4901(2004).

[30] A. A. Yamaguchi, Theoretical investigation of optical polarization properties in Al-rich AlGaN quantum wells with various substrate orientations. Appl. Phys. Lett. **96**(15), 151911(2010).

[31] J. Bhattacharyya, S. Ghosh, H. T. Grahn, Are AlN and GaN substrates useful for the growth of non-polar nitride films for UV emission? The oscillator strength perspective. Phys. Status Solidi(b)**246**(6), 1184-1187(2009).

[32] C.-P. Wang, Y.-R. Wu, Study of optical anisotropy in nonpolar and semipolar AlGaN quantum well deep ultraviolet light emission diode. J. Appl. Phys. **112**(3), 033104(2012).

[33] R. G. Banal, Y. Taniyasu, H. Yamamoto, Deep-ultraviolet light emission properties of nonpolar M-plane AlGaN quantum wells. Appl. Phys. Lett. **105**(5), 053104(2014).

[34] L. Schade, U. T. Schwarz, T. Wernicke, M. Weyers, M. Kneissl, Impact of band structure and transition matrix elements on polarization properties of the photoluminescence of semipolar and nonpolar InGaN quantum wells. Phys. Status Solidi(b)**248**(3), 638-646(2011).

[35] L. Schade, U. T. Schwarz, T. Wernicke, J. Rass, S. Ploch, M. Weyers, M. Kneissl, On the optical polarization properties of semipolar InGaN quantum wells. Appl. Phys. Lett. **99**(5)(2011).

[36] S. L. Chuang, C. S. Chang, k·p method for strained wurtzite semiconductors. Phys. Rev. B **54**, 2491-2504(1996).

[37] H. B. Michaelson, The work function of the elements and its periodicity. J. Appl. Phys. **48**, 4729 (1977).

[38] E. Kalinia, N. Kuznetsov, V. Dmitriev, K. Iirvine, C. Carter, Schottky barriers on n-GaN grown on SiC. J. Electron. Mater. **25**, 831(1996).

[39] M. Lapeyrade, A. Muhin, S. Einfeldt, U. Zeimer, A. Mogilatenko, M. Weyers, M. Kneissl, Electrical properties and microstructure of vanadium-based contacts on ICP plasma etched n-type AlGaN:Si and

GaN:Si surfaces. Semicond. Sci. Technol. **28**(12), 125015(2013).

[40] J. -K. Ho, C. -S. Jong, C. C. Chiu, C. -N. Huang, K. -K. Shih, L. -C. Chen, F. -R. Chen, J. -J. Kai, Low-resistance ohmic contacts to p-type GaN achieved by the oxidation of Ni/Au films. J. Appl. Phys. **86**, 4491(1999).

[41] T. Mori, T. Kozawa, T. Ohwaki, Y. Taga, S. Nagai, S. Yamasaki, S. Asami, N. Shibata, M. Koike, Schottky barriers and contact resistances on p-type GaN. Appl. Phys. Lett. **69**, 3537(1996).

[42] C. I. Wu, A. Kahn, Investigation of the chemistry and electronic properties of metal/gallium nitride interfaces. J. Vac. Sci. Technol. B **16**, 2218(1998).

[43] C. -S. Lee, Y. -J. Lin, C. -T. Lee, Investigation of oxidation mechanism for ohmic formation in NiOAu contacts to p-type GaN layers. Appl. Phys. Lett. **79**, 3815(2001).

[44] H. W. Jang, S. Y. Kim, J. -L. Lee, Mechanism for ohmic contact formation of oxidized NiOAu on p-type GaN. J. Appl. Phys. **94**, 1748(2003).

[45] D. C. Look, D. C. Reynolds, J. W. Hemsky, J. R. Sizelove, R. L. Jones, R. J. Molnar, Defect donor and acceptor in GaN. Phys. Rev. Lett. **79**, 2273-2276(1997).

[46] K. Saarinen, T. Suski, I. Grzegory, D. C. Look, Thermal stability of isolated and complexed Ga vacancies in GaN bulk crystals. Phys. Rev. B **64**, 233201(2001).

[47] J. Neugebauer, C. G. van de Walle, Gallium vacancies and the yellow luminescence in GaN. Appl. Phys. Lett. **69**, 503(1996).

[48] N. Lobo, H. Rodriguez, A. Knauer, M. Hoppe, S. Einfeldt, P. Vogt, M. Weyers, M. Kneissl, Enhancement of light extraction in ultraviolet light-emitting diodes using nanopixel contact design with Al reflector. Appl. Phys. Lett. **96**(8), 081109(2010).

[49] J. K. Kim, J. -Q. Xi, H. Luo, E. Fred Schubert, J. Cho, C. Sone, Y. Park, Enhanced light-extraction in GaInN near-ultraviolet light-emitting diode with Al-based omnidirectional reflector having NiZn/Ag microcontacts. Appl. Phys. Lett. **89**(14), 141123(2006).

[50] T. Jeong, H. H. Lee, S. -H. Park, J. H. Baek, J. K. Lee, Ingan/algan ultraviolet light-emitting diode with a Ti_3O_5/Al_2O_3 distributed bragg reflector. Jpn. J. Appl. Phys. **47**(12), 8811-8814(2008).

[51] V. Adivarahan, S. Wu, W. H. Sun, V. Mandavilli, M. S. Shatalov, G. Simin, J. W. Yang, H. A. Maruska, M. A. Khan, High-power deep ultraviolet light-emitting diodes based on a micro-pixel design. Appl. Phys. Lett. **85**(10), 1838-1840(2004).

[52] S. Wu, V. Adivarahan, M. Shatalov, A. Chitnis, W. -H. Sun, M. A. Khan, Micro-pixel design milliwatt power 254 nm emission light emitting diodes. Jpn. J. Appl. Phys. **43**(8A), L1035-L1037(2004).

[53] H. Rodriguez, N. Lobo, S. Einfeldt, A. Knauer, M. Weyers, M. Kneissl, GaN-based ultraviolet light-emitting diodes with multifinger contacts. Phys. Status Solidi(a) **207**(11), 2585-2588(2010).

[54] A. Chakraborty, L. Shen, U. K. Mishra, Interdigitated multipixel arrays for the fabrication of high-power light-emitting diodes with very low series resistances, reduced current crowding, and improved heat sinking. IEEE Trans. Electron Dev. **54**(5), 1083-1090(2007).

[55] H. Choi, C. Jeon, M. Dawson, P. Edwards, R. Martin, Fabrication and performance of parallel-addressed InGaN micro-LED arrays. IEEE Photon. Technol. Lett **15**(4), 510-512(2003).

[56] N. Lobo Ploch, H. Rodriguez, C. Stolmacker, M. Hoppe, M. Lapeyrade, J. Stellmach, F. Mehnke, T. Wernicke, A. Knauer, V. Kueller, M. Weyers, S. Einfeldt, M. Kneissl, Effective thermal management in ultraviolet light-emitting diodes with micro-LED arrays. IEEE Trans. Electron Dev. **60**(2), 782-786(2013).

[57] M. R. Krames, M. Ochiai-Holcomb, G. E. Hifler, C. Carter-Coman, E. I. Chen, I. -H. Tan, A. Grillot, N. F. Gardner, H. C. Chui, J. -W. Huang, S. A. Stockman, F. A. Kish, M. G. Craford, T. S. Tan, C. P. Kocot, M. Hueschen, J. Posselt, B. Loh, G. Sasser, D. Collins, High-power truncated-inverted-pyramid(Al_xGa_{1-x})$_{0.5}$$In_{0.5}$P/GaP light-emitting diodes exhibiting $>50\%$ external quantum efficiency. Appl. Phys. Lett. **75**(16), 2365-2367(1999).

[58] J. J. Wierer, A. A. Allerman, I. Montao, M. W. Moseley, Influence of optical polarization on the improvement of light extraction efficiency from reflective scattering structures in AlGaN ultraviolet light-emitting diodes. Appl. Phys. Lett. **105**(6), 061106(2014).

[59] T. Fujii, Y. Gao, R. Sharma, E. L. Hu, S. P. DenBaars, S. Nakamura, Increase in the extraction efficiency of GaN-based light-emitting diodes via surface roughening. Appl. Phys. Lett. **84**(6), 855-857 (2004).

[60] C. Huh, K. -S. Lee, E. -J. Kang, S. -J. Park, Improved light-output and electrical performance of InGaN-based light-emitting diode by microroughening of the p-GaN surface. J. Appl. Phys. **93**(11), 9383-9385(2003).

[61] D. -S. Han, J. -Y. Kim, S. -I. Na, S. -H. Kim, K. -D. Lee, B. Kim, S. -J. Park, Improvement of light extraction efficiency of flip-chip light-emitting diode by texturing the bottom side surface of sapphire substrate. IEEE Photon. Technol. Lett. **18**, 1406-1408(2006).

[62] W. S. Wong, T. Sands, N. W. Cheung, M. Kneissl, D. P. Bour, P. Mei, L. T. Romano, N. M. Johnson, Fabrication of thin-film InGaN light-emitting diode membranes by laser lift-off. Appl. Phys. Lett. **75**(10), 1360-1362(1999).

[63] M. Takeuchi, T. Maegawa, H. Shimizu, S. Ooishi, T. Ohtsuka, Y. Aoyagi, AlN/AlGaN short-period superlattice sacrificial layers in laser lift-off for vertical-type AlGaN-based deep ultraviolet light emitting diodes. Appl. Phys. Lett. **94**(6), 061117(2009).

[64] S. -H. Chuang, C. -T. Pan, K. -C. Shen, S. -L. Ou, D. -S. Wuu, R. -H. Horng, Thin film GaN LEDs using a patterned oxide sacrificial layer by chemical lift-off process. IEEE Photon. Technol. Lett. **25**, 2435-2438(2013).

[65] L. Zhou, J. E. Epler, M. R. Krames, W. Goetz, M. Gherasimova, Z. Ren, J. Han, M. Kneissl, N.M. Johnson, Vertical injection thin-film AlGaN/AlGaN multiple-quantum-well deep ultraviolet light-emitting diodes. Appl. Phys. Lett. **89**(24), 241113(2006).

[66] R. Windisch, C. Rooman, S. Meinlschmidt, P. Kiesel, D. Zipperer, G. H. Dihler, B. Dutta, M.Kuijk, G. Borghs, P. Heremans, Impact of texture-enhanced transmission on high-efficiency surface-textured light-emitting diodes. Appl. Phys. Lett. **79**(15), 2315-2317(2001).

[67] M. Khizar, Z. Y. Fan, K. H. Kim, J. Y. Lin, H. X. Jiang, Nitride deep-ultraviolet light-emitting diodes with microlens array. Appl. Phys. Lett. **86**(17), 173504(2005).

[68] T. N. Oder, K. H. Kim, J. Y. Lin, H. X. Jiang, Ⅲ-nitride blue and ultraviolet photonic crystal light emitting diodes. Appl. Phys. Lett. **84**(4), 466-468(2004).

[69] J. J. Wierer, M. R. Krames, J. E. Epler, N. F. Gardner, M. G. Craford, J. R. Wendt, J. A.Simmons, M. M. Sigalas, InGaN/GaN quantum-well heterostructure light-emitting diodes employing photonic crystal structures. Appl. Phys. Lett. **84**(19), 3885-3887(2004).

[70] J. Shakya, K. H. Kim, J. Y. Lin, H. X. Jiang, Enhanced light extraction in Ⅲ-nitride ultraviolet photonic crystal light-emitting diodes. Appl. Phys. Lett. **85**(1), 142-144(2004).

[71] S. Nakamura, M. Senoh, S. Nagahama, N. Iwasa, T. Yamada, T. Matsushita, H. Kiyoku, Y. Sugimoto, T. Kozaki, H. Umemoto, M. Sano, K. Chocho, High-power, long-lifetime InGaN/GaN/

AlGaN-based laser diodes grown on pure GaN substrates. Jpn. J. Appl. Phys. **37**, L309(1998).

[72] A. Sakai, H. Sunakawa, A. Usui, Defect structure in selectively grown GaN films with low threading dislocation density. Appl. Phys. Lett. **71**, 2259(1997).

[73] T. S. Zheleva, O. -H. Nam, M. D. Bremser, R. F. Davis, Dislocation density reduction via lateral epitaxy in selectively grown GaN structures. Appl. Phys. Lett. **71**, 2472(1997).

[74] V. Kueller, A. Knauer, C. Reich, A. Mogilatenko, M. Weyers, J. Stellmach, T. Wernicke, M. Kneissl, Z. Yang, C. Chua, N. Johnson, Modulated epitaxial lateral overgrowth of AlN for efficient UV LEDs. IEEE Photon. Technol. Lett. **24**(18), 1603-1605(2012).

[75] S. Hagedorn, V. Küller et al., private communication, Ferdinand-Braun-Institut, Leibniz-Institut für Höchstfrequenztechnik, Berlin, Germany.

[76] J. H. Kang, H. G. Kim, S. Chandramohan, H. K. Kim, H. Y. Kim, J. H. Ryu, Y. J. Park, Y. S. Beak, J. -S. Lee, J. S. Park, V. V. Lysak, C. -H. Hong, Improving the optical performance of InGaN light-emitting diodes by altering light reflection and refraction with triangular air prism arrays. Opt. Lett. **37**, 88-90(2012).

[77] M. Guttmann et al., private communication, TU Berlin, Institute of solid state physics.

[78] M. Yamada, T. Mitani, Y. Narukawa, S. Shioji, I. Niki, S. Sonobe, K. Deguchi, M. Sano, T.Mukai, InGaN-based near-ultraviolet and blue-light-emitting diodes with high external quantum efficiency using a patterned sapphire substrate and a mesh electrode. Jpn. J. Appl. Phys. **41**(Part 2, No. 12B), L1431-L1433(2002).

[79] W. L. Barnes, A. Dereux, T. W. Ebbesen, Surface plasmon subwavelength optics. Nature **424**, 824-830 (2003).

[80] K. Okamoto, Y. Kawakami, High-efficiency InGaN/GaN light emitters based on nanophotonics and plasmonics. IEEE J. Sel. Topics Quant. Electron. **15**(4), 1199-1209(2009).

[81] D. -M. Yeh, C. -F. Huang, C. -Y. Chen, Y. -C. Lu, C. Yang, Surface plasmon coupling effect in an InGaN/GaN single-quantum-well light-emitting diode. Appl. Phys. Lett. **91**(17), 171103(2007).

[82] M. -K. Kwon, J. -Y. Kim, B. -H. Kim, I. -K. Park, C. -Y. Cho, C. C. Byeon, S. -J. Park, Surface-plasmon-enhanced light-emitting diodes. Adv. Mater. **20**(7), 1253-1257(2008).

[83] N. Gao, K. Huang, J. Li, S. Li, X. Yang, J. Kang, Surface-plasmon-enhanced deep-UV light emitting diodes based on AlGaN multi-quantum wells. Sci. Rep. **2**, 5(2012).

[84] J. V. DeGroot, Jr., A. Norris, S. O. Glover, T. V. Clapp, Highly transparent silicone materials(2004).

[85] K. Yamada, Y. Furusawa, S. Nagai, A. Hirano, M. Ippommatsu, K. Aosaki, N. Morishima, H. Amano, I. Akasaki, Development of underfilling and encapsulation for deep-ultraviolet LEDs. Appl. Phys. Exp. **8**(1), 012101(2015).

[86] R. Kremzow, private communication, TU Berlin, Institute of solid state physics.

[87] J. J. Wierer, D. A. Steigerwald, M. R. Krames, J. J. OShea, M. J. Ludowise, G. Christenson, Y. -C. Shen, C. Lowery, P. S. Martin, S. Subramanya, W. Götz, N. F. Gardner, R. S. Kern, S. A. Stockman, High-power AlGaInN flip-chip light-emitting diodes. Appl. Phys. Lett. **78**(22), 3379-3381 (2001).

第 7 章

半导体 AlN 衬底上高性能 UVC-LED 的制造及其使用点水消毒系统的应用前景

James R. Grandusky, Rajul V. Randive, Therese C. Jordan 和 Leo J. Schowalter[①]

摘要

  由于水源短缺和通过水传播疾病的惊人数量，水消毒一直是公众讨论的焦点。根据世界卫生组织（WHO）报道，每年有超过 340 万例由于水、卫生设施、卫生相关问题的死亡报道[1]。人们正在开发许多技术用于对抗和水传播疾病有关的问题。紫外线使用正在逐渐赶超氯消毒，因为紫外线处理后没有余味和有害副产物。特别是，已证明 250～280nm（UVC）波长范围内的紫外辐射能有效进行水消毒。当前使用低和中压汞灯的 UVC 技术，受限于使用脆弱的石英外壳、长预热时间以及汞的毒性[2]。基于半导体的 UVC-LED 技术领域进步巨大。该技术具有高效率、高性价比，而且是传统 UVC 技术更加环保的替换。新兴的 $Al_xGa_{1-x}N$ 和 AlN 基 UVC 发光二极管（LED）相比汞灯有许多优势，包括：设计灵活性、低功耗和环保结构[3]。不像低压汞灯技术限制在接近 254nm 的发光波长，LED 可以设计为整个 UVC 范围内的特定波长。已开发出用于消

[①] J. R. Grandusky, R. V. Randive, T. C. Jordan, L. J. Schowalter
Crystal IS, 科霍斯大道 70 号, 美国纽约绿岛 12183
电子邮箱: leo@cisuvc.com
R. V. Randive
电子邮箱: randive@cisuvc.com

毒的 265nm 波长范围 UVC-LED, 并且输出功率和器件寿命都显示出巨大的进步[4]。最近的进展是高质量单晶 AlN 衬底发展的推动。这些 AlN 衬底能够实现非常低缺陷密度的赝配 $Al_xGa_{1-x}N$ 器件层生长。正如本章将要讨论的，这种低缺陷密度改善了效率和功率。此外，UVC-LED 相比汞灯或其他替换的 UVC 光源，有完全不同的发光图案。例如，LED 可以设计成"朗伯"图案，允许 LED 作为近点源成像。水杀菌中采用 UVC-LED 需要仔细考虑 UVC 光源的配置，以实现高效系统。本章我们将讨论一些成功流体单元设计所需的重要参数。本章还将展示 UVC-LED 提供的设计灵活性，以及几个通过光学建模研究的潜在设计例。我们还将回顾，通过单晶 AlN 衬底上赝配生长 $Al_xGa_{1-x}N$，提高 UVC-LED 性能的一些最新进展。

7.1 简介

LED 由于其明显的优势，已经进入了主流照明。相比传统光源如白炽灯泡和荧光灯管，LED 具有环保、波长特定并提供高光输出、长寿命、低功耗和低维护成本。

同样，UVC-LED 正准备替换汞灯和其他 UVC 光源。UVC 发光可应用于结合传统氯化学处理，进行饮用水消毒，或者直接代替化学处理，因为化学处理会形成化学副产物，并且存在一些抗氯微生物。

7.1.1 UVC 光源类型

一般情况下，可以通过下列各种灯具产生 UVC 光：
- 低压（LP）汞灯；
- 中压（MP）汞灯；
- 金属卤素灯；
- 氙气灯（脉冲 UV）；
- 氘灯；
- UVC-LED。

半导体光源 UVC-LED 是一种新兴技术，其大规模制造使用还有很长的路要走。它们的优势包括环保结构、低能耗、低维护成本以及波长可定制，这些都促使这项新技术引起越来越多的关注[5]。

相比氯消毒，使用 UVC 的优势在于：
- UVC 不会过量；
- 无副产物或毒素；
- 无挥发性有机化合物（VOC）排放或有毒气体排放；
- 不需要储存危险物质；
- 只需要最小的装备和接触室空间；
- 不影响嗅觉、味觉或水中的矿物质。

7.1.2 什么是 UVC 光？

波长范围 100～400nm 的紫外（UV）线是太阳光谱的一部分，处于电磁频谱可见光和 X 射线之间的区域（图 7.1）。紫外线可进一步分类为如下独立的区域[6]。

- 远（或"真空"）紫外：100～220nm；
- UVC：220～280nm；
- UVB：280～315nm；
- UVA：315～400nm。

这些紫外区域中，UVC 具有显著的杀菌性能，但是它几乎完全被地球大气层吸收掉了。因此，为了利用 UVC 的杀菌特性，必须使用人造光源才能产生。

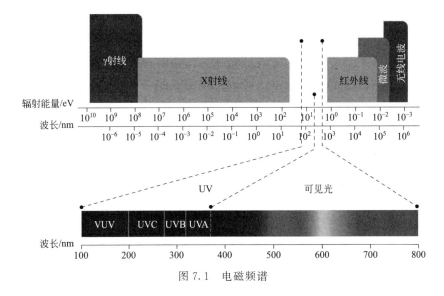

图 7.1　电磁频谱

尽管 UVC-LED 技术很新，但是相比现有的 UVC 技术，它有更多的优势（表 7.1）。

表 7.1　UVC-LED 与其他 UV 技术的比较

项目	UVC-LED	氘灯	氙灯	汞灯
光谱	单峰	宽谱	宽谱	宽谱
光输出稳定性	优秀	好	较差	较差
预热时间	瞬间	20～30min	瞬间	1～15min
正向热辐射	无	有	无	有
总拥有成本	低[①]	高	高	低
驱动电路	简单	复杂	复杂	复杂
环保	是	否	否	否
安全	低电压，冷光源，耐冲击结构	有高压电源的热灯泡表面	高压电源有点火和火花风险	高压电源且含有汞，脆弱的石英外壳

① 由于供电和省去外壳成本而降低了总成本。

UVC-LED 比其他产生紫外光的技术有诸多优势。UVC-LED 瞬间启动，非常适合用于发光迅速开启和关断的情景。同时，LED 的寿命不会由于多次周期性开关而退化,不像汞灯频繁开关循环会导致寿命降低。使用 LED 相对于其他 UVC 光源的另一个显著优势是简化了其工作的驱动电路。

热敏样品分析等这些应用也受益于 LED 没有正向热辐射。LED 背面浪费的热量通过热传导去除,典型方式为背面辐射,而不像其他 UVC 光源一样和 UVC 光一起向前辐射。

7.1.3 紫外杀菌如何工作?

UVC 波长范围光通过侵蚀细菌、病毒和其他病原体的 DNA 而使其失活。UVC 光能够穿透微生物的细胞,并破坏它们的 DNA 分子结构(图 7.2)[7]。通过此过程,微生物不能够存活和/或繁殖,从而使其失活并不再致病。

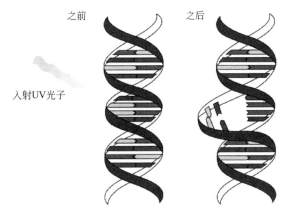

图 7.2 紫外光破坏 DNA(来自 David Herring,美国航空航天局开放资源[7])

目前低压和中压汞灯广泛用于消毒。然而,对于使用点(POU)水消毒,随着过去几年输出功率和墙插效率的改善,紫外 LED 技术引起了人们更多的兴趣。另外,UVC-LED 可以调整到期望的波长,使它们能够在 265nm 提供最大功率——这是用于大多数病原体消毒的理想波长。

基于 UVC-LED 的潜在优势,世界范围内对 AlN/GaN 化合物半导体体系的努力开发就不足为奇了,这个体系通常称为Ⅲ族氮化物半导体。该工作主要涉及蓝宝石衬底上,使用金属有机物气相外延(MOVPE)或分子束外延(MBE),来异质外延生长这些半导体合金。虽然蓝宝石衬底能够满足Ⅲ族氮化物半导体异质外延生长(本书其他章节有描述)的温度和化学兼容性要求,但是大的晶格和热膨胀系数失配导致高的缺陷密度,这会降低所制备 UVC-LED 的性能。异质外延层中缺陷的数量可以通过特殊的外延生长技术(也见本书其他章节)而急剧减少。但是,更高质量的高 Al 组分Ⅲ族氮化物半导体外延层可以在 AlN 衬底上赝配生长获得。

7.2 AlN 衬底上 UVC LED 的制造

AlN 衬底上 AlGaN 结构的赝配生长,产生了比常规蓝宝石或 SiC 上异质外延位错密度低得多的 LED[8]。为了定义赝配极限,人们进行了各种不同组分和厚度的生长[9]。这包括 n 型 $Al_xGa_{1-x}N$,其中 x 从 $0.45 \sim 0.75$,而厚度值从 $0.5 \sim 1.3 \mu m$。在这个范围内,发现外延层几乎从完全弛豫到了完全应变。数据示于图 7.3。可以看到,约 60% Al 的层可以完全赝配生长达 $0.5 \mu m$ 厚,而约 70% Al 的层可以接近赝配生长达 $1 \mu m$ 厚。数据中存在相当大的展宽,这可能是由于 AlN 衬底的表面斜切等性质。

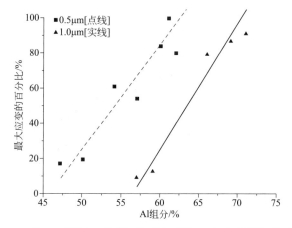

图 7.3 最大(赝配)应变百分比与不同 Al 组分层厚度的关系
[各厚度的线通过肉眼画出(虚线为 $0.5 \mu m$ 而实线为 $1.0 \mu m$)[8]]

赝配生长的主要优点是,由于没有失配位错产生,不会生成新的穿透位错。此外,有可能生长出具有与起始衬底相同穿透位错密度(TDD)的厚层。赝配层 X 射线摇摆曲线示于图 7.4(a),而图 7.4(b)显示的则是弛豫层。这些摇摆曲线进行了归一化并沿 ω 轴偏移绘制,从而允许 $Al_xGa_{1-x}N$ 峰叠加到 AlN 峰上。对于赝配样品,(0002) 摇摆曲线宽度从 AlN 的 64arcsec 增加到 $Al_xGa_{1-x}N$ 层的 81arcsec,而 $(10\bar{1}2)$ 摇摆曲线宽度从 89arcsec 增加到 104arcsec。

与此形成鲜明对比的是弛豫样品,其中 (0002) 摇摆曲线宽度从 AlN 的 49arcsec 增加到 $Al_xGa_{1-x}N$ 层的 239arcsec,而 $(10\bar{1}2)$ 摆动曲线宽度从 30arcsec 增加到 302arcsec。从这些扫描中可以看出,通过适当控制 Al 组分和厚度,异质外延过程可以产生很少位错。通过保持 Al 组分为 70% 和厚度固定在 $0.5 \sim 1.0 \mu m$ 之间,常规生长外延层的对称和非对称摇摆曲线可以小于 100arcsec。除了窄的摇摆曲线，赝配对于 n 型 $Al_xGa_{1-x}N$ 实现光滑表面，并在 p-n 结和薄有源区中实现陡峭界面非常重要。实验结果发现外延层通过表面粗糙机制来开始弛豫。最初，表面出现皱褶以减少层中的压应变。一旦继续生长，60% Al 的 $Al_xGa_{1-x}N$ 层在 $0.5\mu m$ 厚时产生很粗糙的表面。这类似于之前在低位错密度 AlN 体衬底上生长较低 Al 组分 $Al_xGa_{1-x}N$ 时所见的现象，其中表面上长出台状结构[10]。然而，70% Al 的 $Al_xGa_{1-x}N$ 层可以生长出非常光滑的表面，如图 7.5 所示。

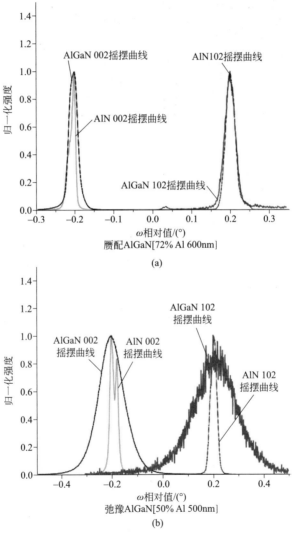

图 7.4 AlN 衬底和 (a) 赝配和 (b) 弛豫 $Al_xGa_{1-x}N$ 外延层的 X 射线摇摆曲线

（数据进行了归一化且 X 轴以相对角度绘制，从而允许对称及非对称 AlN 峰和 $Al_xGa_{1-x}N$ 峰的重叠[8]）

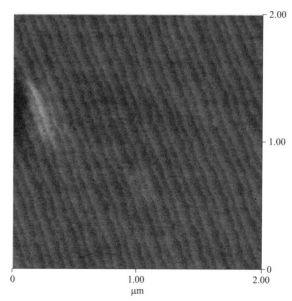

图 7.5 $2\times2\mu m^2$ AFM 扫描,显示出台阶流生长的 70% Al 组分赝配 n 型 $Al_xGa_{1-x}N$ 层 [RMS 粗糙度为 0.1nm,Z 的范围是 1.7nm($20\times20\mu m^2$ 扫描的均方根粗糙度为 0.4nm,Z 的范围是 2.1nm)[8]]

$20\times20\mu m^2$ 大面积扫描中,有很典型的原子级平整表面台阶流生长方式,显示出类似的 Z 范围和 RMS 值(未图示)。将这种 70% Al 组分 $Al_xGa_{1-x}N$ 层结合到 LED 结构中的一个挑战是电导率。随着 Al 组分的增加,电导率通常会下降,这主要是由于迁移率的减小[11]和导带中的深能级施主[12]。使用范德堡图形进行了霍尔测量,给出 LED 结构的合适电导率值:当载流子浓度为 2.4×10^{18} cm^{-3} 时,电阻率为 $0.0437\Omega\cdot cm$ 而迁移率为 $62cm^2/(V\cdot s)$。这些值为未优化掺杂水平或生长条件所得,预计优化后能得到更好的电导率。

获得完整 LED 结构的下一个步骤是多量子阱(MQW)生长[13]。这是在平整的 70% Al 组分 $Al_xGa_{1-x}N$ 层上进行的。多量子阱器件生长将延续台阶流生长模式和原子级平整表面,其表面粗糙度与 70% Al 的 $Al_xGa_{1-x}N$ 层相似。X 射线衍射用来进行结构测试并示于图 7.6。除了来自 AlN 衬底和 70% Al 的 $Al_xGa_{1-x}N$ 层尖峰,还观察到来自 MQW 的干涉条纹,这允许测量阱和垒层的组分和厚度,结果与期望结构非常吻合。最后,生长完整的 LED 结构,包括高 Al 组分电子阻挡层,p 型 $Al_xGa_{1-x}N$ 空穴注入层和 p 型 GaN 接触层。器件结构使用常规金属有机物化学气相沉积,在 c 面 AlN 衬底上生长,包含 $Al_{0.7}Ga_{0.3}N$:Si 层,5 个周期多量子阱(MQW)层包含 n 型 $Al_{0.7}Ga_{0.3}N$ 垒和 $Al_{0.55}Ga_{0.45}N$ 阱,$Al_{0.8}Ga_{0.2}N$ 电子阻挡层(EBL)以及 p-GaN 接触层[14]。再次从图 7.7 中可以看出延续了台阶流生长。X 射线衍射(未图示)也显示出窄的 GaN 峰,表明整个结构都有低的缺陷密度。这些缺陷密度和表面粗糙度的改善，预期将对制作 UVC-LED 的器件结构有显著改善。

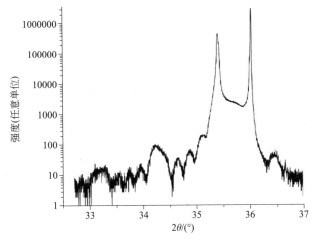

图 7.6 MQW 结构的 ω-2θ 扫描（示出了尖锐 AlN 和 70%Al 的 $Al_xGa_{1-x}N$ 层以及来自 MQW 的干涉条纹[8]）

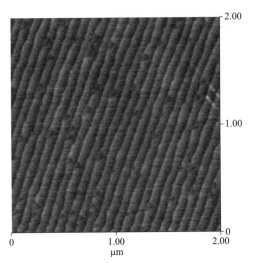

图 7.7 全 LED 结构（p 型 GaN 接触层）的 $2\times2\mu m^2$ AFM 扫描 [显示出台阶流生长。RMS 粗糙度为 0.2nm，而 Z 的范围是 1.6nm（对于 $20\times20\mu m^2$ 扫描，均方根粗糙度为 0.2nm，而 Z 的范围是 2.0nm)[8]]

虽然外延材料质量会由于低位错密度而提高，但是即使晶体质量非常高，使用体单晶 AlN 衬底的一个问题是对 UV 光的吸收。尽管体晶衬底本征上对这些波长是透明的，但其中的点缺陷可能导致光吸收，从而经常会导致衬底不透明。目前实现高透明衬底的技术之一是，在 PVT 生长 AlN 衬底上用 HVPE 再生长 AlN。HVPE 生长可以实现低掺杂，并能够很好地复制底层高质量衬底的低位错密度。人们已使用这种技术通过去除 PVT 衬底后，实现了 268nm LED 在外加 300mA 电流下 28mW 的输出功率值[15]。

最近人们已经演示了可靠性改善的 UVC-LED 赝配生长。LED 结构使用金属有机物化学气相沉积（MOCVD），在自支撑 AlN 衬底如上述方式生长[16]。器件通过标准的横向 LED 工艺制造，最终管芯尺寸为 820μm×820μm。叉指台面用来改进电流扩展，其发光面积约为 0.37μm^2。金属接触之后，将芯片减薄至 200μm 然后进行切割。倒装芯片键合后，一些 LED 进一步减薄到大约 20μm。根据 LED 最终的用途，他们选择使用两种封装，引线框架封装用于高功率测量，或者密封 TO-39 封装采用球透镜，提供仪器应用的近准直光束。对引线框架器件进行了封装以提高提取效率[17]。所有器件都封装在热沉上以获得最佳散热效果。

图 7.8 显示了最近美国陆军研究实验室（ARL）独立测量的两个结果，266nm 和 278nm 峰值波长 LED 的 L-I[18]。这些 LED 同时采用连续和脉冲模式驱动。两种输入方式下，电流略高于 150mA 时结果就开始不同，因为器件的自发热开始限制连续驱动下 LED 的输出功率。脉冲工作中，直至高达 120A/cm^2 电流密度，外量子效率都只有最小的效率下降。

衬底中紫外线的吸收仍然需要关注。虽然 AlN 的禁带宽度很大，应该能允许低至 205nm 的紫外线透射，但体晶生长过程中引入的缺陷和杂质可能导致显著的衬底吸收。我们在本工作使用的衬底中观察到 265nm 中心附近的吸收峰，峰值范围 20～85cm^{-1}。衬底减薄到 200μm 后，测量的输出功率提高大约 2 倍，而继续减薄到 20μm，光提取还会进一步提高达 2 倍。

光谱应用中，峰值波长发光与波长更长的光的比值影响测量质量。这些应用中，测量的许多生物化合物通过 UVC 光激发产生波长更长的光。自发荧光描述通过 LED 衬底的光吸收和再发射现象。LED 发射的这些较长波长杂散峰可能降低吸收和荧光光谱仪的精度。衬底低吸收的高质量 UVC-LED 将减少这种自发荧光的强度。

在衬底减薄到 20μm 的 UVC-LED 样品上，测量了自发荧光比率。如图 7.8 所示的 ARL 测量器件，10mA 驱动电流下峰值与 325nm 发光比为 1000，而峰值与 400nm 发光比是 2000。而在 Crystal IS 测量时，相同的器件在 100mA 下显示出 3000 的比值（由于信噪比导致的差异）。较厚衬底上的 721 个二极管样品的再发光机会增加，显示出峰值与可见光比值大于 100。

赝配生长改善了可靠性。图 7.9 示出了 100mA 电流下连续运行 1000h 后，170 个引线框架封装 LED 相对输出功率的直方图。中位数 LED 发光为其初始输出功率的 97.2%。21 个器件（12.4%）发光为其初始输出功率的不足 40%。后一种器件主要在 0 周围，显示由于接触金属或封装故障导致的灾难性失效。对失效器件的分析显示出腐蚀和金属迁移，这通常是环境条件造成的退化。密封 TO-39 封装的 40 个器件样品没有显示出这种性质的失效。

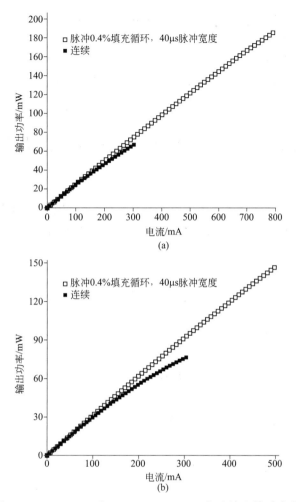

图 7.8 （a）266nm 和（b）278nm LED 在连续和脉冲条件下的 $L\text{-}I$ 曲线（美国陆军研究实验室测量[18]）

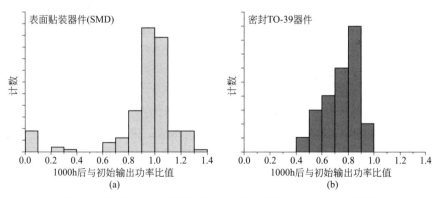

图 7.9 贴片（a）和密封 TO-39（b）封装时，100mA 电流下 1000h 连续工作 LED 的相对输出功率直方图

总之，通过器件设计改进获得了发光波长一致性、可靠性和发光峰保持度更好且不牺牲效率增益的 UVC 二极管。AlN 衬底的吸收对于芯片结果有显著影响，但可以通过先进的制造技术，在最终器件中缓解。封装的改进也可以避免器件的灾难性失效，并允许器件寿命 L_{50} 值一致超过 1000h。

7.3 提升 POU 水消毒用的 UVC-LED 性能增益

最近 UVC-LED 性能的提升，也增加了人们在使用点（POU）水消毒系统中使用这些光源的兴趣。设计这些系统时需要考虑以下因素：
- 水质；
- 流动单元尺寸；
- 剂量；
- 结构材料；
- 灭活的病原体；
- 热管理。

下面讨论针对所有这些因素的指导原则。

水质

水质对于确定需要用来消毒的 UVC 光通量是至关重要的。所有水质参数中，紫外透射率（UVT）又最重要。水的 UVT 决定了 UVC 光进入水中的深度，要确保水中病原体能暴露在足够量 UVC 光下被灭活。颗粒会屏蔽微生物并吸收 UVC 光，从而降低 UVC 的杀菌能力。通常会利用过滤器，事先过滤出去这些悬浮颗粒，然后再进行 UVC 处理。

作为通用规则，UVC 单元串联安装在过滤单元之后。如果反向实施，即先经过 UVC 单元后才到过滤单元，这需要更高的 UVC 剂量来达到同一水平的灭活，因为存在更大数量的天然有机物（NOM）浊度和颗粒物。

7.3.1 UVT 效应

UVT 描述 UV 光穿过水的剂量，公式如下：
$$\mathrm{UVT}(\%) = 100 \times 10^{[-(A254)d]}$$

式中　UVT——254nm 和 1cm 路径长度上 UV 的透过率；
　　　A254——254nm 和 1cm 路径长度上 UV 的吸光率；
　　　d——与 UV 灯间的距离，cm。

水中的浊度、颗粒物和有机物影响着 UVT。随着浊度上升，UVT 减小，而随着 UVT 减小，传输到微生物的 UV 光强度降低[19]。

流动单元尺寸

UVC 消毒系统的效率依赖于流动单元的尺寸。尺寸往往由特定设计中可用的空间和需要消毒的水量决定。另外这些尺寸决定消毒所需的光功率量。

利用管径尺寸和流动速率来计算微生物在流动单元停留的时间。典型使用点应用的流动速率是 1gal/min，而接入点系统可能有 1~8gal/min 范围的流动速率。

剂量

确定 UVC 光有多有效灭活病原体的一个关键因素是，在水中接收到的病原体剂量。该剂量定义为紫外光的强度乘以停留时间：

$$紫外剂量 = 强度(I) \times 停留时间(t)$$

其中强度（I）以 mW/cm^2 计量，而停留时间（t）以 s 来计量。

停留（或曝光）时间越长，越多的 UVC 辐射会穿透病原体细胞，因而灭活过程也就越有效。水通过 UVC 系统的流动速率越慢，UVC 停留时间越长，反之亦然。因此，在特定的系统中，考虑水的最大必要和最小容许流动速率，是设定应用中功率需求的决定性因素。

结构材料

用于流动单元的材料将影响系统的效率。例如，对于 UVC 光具有高反射属性的材料将增强有效性。在国际紫外协会（IUVA），可以找到一系列在 UVC 特别是在 250nm 附近光处具有不同反射率的材料[20]。

目前基于汞灯的系统中最常使用的材料是不锈钢，虽然它只有 28%~33% 的反射率[20]。人们正在考虑使用在 UVC 范围内超过 90% 反射率的电子聚四氟乙烯材料[20]，这可能会形成更有效的系统。抛光 Al 也有较高的 UVC 反射率，然而由于 Al 离子的析出，它用于反应器设计有时是不能接受的。

灭活的病原体

另一个要考虑的因素是需要灭活的微生物类型。不同病原体对不同紫外线有耐受性；某些相比会更敏感，因此需要不同曝光量来灭活。为了合适 UV 系统尺寸和选择，通常建议针对病原体来建立系统。

常见的微生物灭活用对数量度来测量。因此，1 级对数减少描述的是受影响的病原体数量减少 90%。2 级对数减少描述了 99% 的减少，3 级对数描述的是 99.9% 的减少，依此类推。以往所需灭活剂量的测量仅针对低压或中压汞灯，利用紫外 LED 实现相同对数的减少需要有合适的测试。

科学家们已经计算了灭活所有级别对数减少范围的各种不同病原体所需的 UV 曝光量。NSF 55 标准描述了用来满足使用点和/或使用入口水消毒规格的要求[21]。A 级要求，对应于细菌的 6 级对数，病毒的 4 级对数和原虫的 3 级对数减少，制定为基于标准汞灯光谱的 $40mJ/cm^2$ 剂量。B 级制定为 $16mJ/cm^2$，对应所有滋扰微生物的绝大多数灭活。

热管理

当 LED 结上外加电压或电流时，注入的电能转换成光，其余的则转换成了热。LED 温度越低，性能越好，如图 7.10 的光输出与温度关系所示。管理 LED 背侧的热传导路径将促进基于 LED 应用的最佳性能。

电能转化成热的数量（P_D）可以通过使用这些参数：正向电压（V_f）、外加电流（I_f）以及 LED 墙插效率（WPE）来估计，表示为如下方程式

$$P_D = V_f I_f (1 - \text{WPE})$$

这意味着，如果 UVC-LED 的墙插效率为 1%，则 99% 的输入电功率需要以热量来去除。

图 7.10 示出 LED 工作产生热量并导致 LED 的结温增加，对光功率输出的影响。结温可以通过采用适当的热沉来维持。如果工作条件需要来进一步改善简单被动热沉-空气界面热传递，则可以在系统中增加风扇，以实现强制对流，并使鳍之间的冷空气流动起来。其他强化热传递的类似主动冷却技术包括，流经处理单元的水和热管[22]。

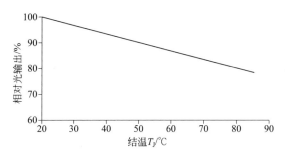

图 7.10 光输出作为结温函数的效应

7.3.2 设计灵活性

一旦知道了关键应用的要求，就可以认为系统达到了 UVC 消毒的目标水平。作为极其紧凑的光源，LED 的一个主要优点是可以放置到任何设计、主体或物体中。不同于传统的 UVC 光源，如汞灯只能提供单一的管灯形式，LED 是点光源并可根据应用制作成各种形式。LED 的小尺寸、阵列可扩展性和定向光发射很容易实现，而且非常适用于线性、平面或圆形区域的应用。例如，传统水消毒的流动单元系统将汞灯置于一个不锈钢管中心，灯管周围环绕石英管，如图 7.11（a）所示。使用 LED 的情形中，根据不同的流动速率可以有多种安装形式。图 7.11（b）～(d)示出 LED 在管的端盖上、在流动单元的外侧或作为垂直阵列位于管的内侧等不同放置方式。

7.3.3 流动单元建模

人们通常希望流动单元中水有最长的停留时间。计算流体动力学（CFD）是了解特殊设计流量极限的一个有用工具。光学建模也可以用来检查给定系统的 LED 各种布置和位置可行性。光学模型可以指导二极管的合理排列，以实现流动单元能最均匀地完全照亮，并确定其最小和最大光照度。

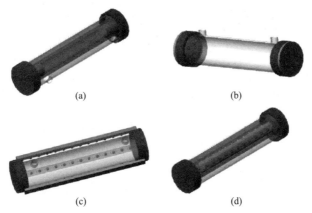

图 7.11　(a) 中心安装汞灯的流动单元；(b) LED 安装在端盖的流动单元；(c) LED 位于 UV 透明管外侧的流动单元；(d) LED 阵列单元安装在内部的流动单元

7.3.4 流动分析案例

下面的例子概述了使用 UVC-LED 作为紫外消毒流动单元的开发过程。这个过程开始于对给定应用的流动分析。

我们使用 OpenFOAM 的开源 CFD 软件进行流型的计算[23]。流型可以帮助确定微生物需要通过流动单元的最短和平均时间。这里提供了满足 NSF 55 要求的 6 级对数细菌、4 级对数病毒和 3 级对数原虫减少所需的辐照量。

这个例子评估了三个不同流动单元，它们有相同尺寸但有不同的内部设计，以增加微生物在流动中停留的时间（图 7.12）。

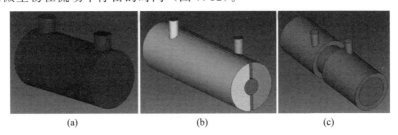

图 7.12　具有相同体积的不同流体空间概念设计

我们对这些流动单元设计进行了建模，以便确定从水进入流动单元开始，到其从出口流出的最短和平均流程。这提供了典型微生物停留在流动单元的时间，并确定了灭活微生物所需 UVC 光的合适通量。可以对每个流动单元建模其可能流动路径的流线。总停留时间则基于这些流线进行计算。图 7.13 (a)、(c)、(e) 示出图 7.12 中三个不同流动单元的流线。图 7.13 (b)、(d)、(f) 所示的单根流线表明水从入口到出口的直接路径。

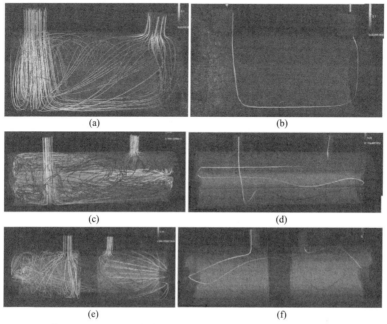

图 7.13　使用 OpenFOAM 软件针对三个不同流体空间中水流动的流线模型

建模展示出不同流体空间设计中，目标微生物的平均路径。表 7.2 为针对三个概念所计算最小和平均停留时间与理想流动时间的对比。

最小停留时间对所有三个流动单元概念设计都类似。然而，平均停留时间则有所变化。本实例中，概念 B 和 C 显然是更希望看到的，因为它们使水在流动单元中有最长的滞留时间。

我们通过 Zemax® 光学建模，进一步分析有助于预测流动单元中发光的模式。图 7.14 示出具有最低平均滞留时间的图 7.11 (b) 的光学模型。利用排列在流动单元端盖上的 LED，我们利用该模型来预测流动单元的发光模式。图 7.15 显示了光学模型的剖面视图——靠近端盖和处于中间的流动单元。

表 7.2　针对三个流动单元概念计算的最小和平均停留时间与理想流动时间对比

模型	最小保持/s	比例(与理想①流动)	平均保持/s	比例(与理想①流动)
概念 A	1.16	0.39	3.09	1.03

续表

模型	最小保持/s	比例(与理想①流动)	平均保持/s	比例(与理想①流动)
概念 B	1.19	0.40	3.84	1.27
概念 C	1.12	0.37	3.76	1.25

① 流动单元中水的流动时间，理论计算为 3s。

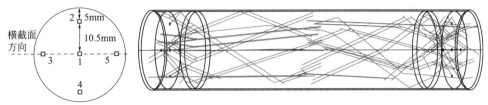

图 7.14　安装在端盖位置的二极管和流动单元中有最短平均停留时间光的光学模型

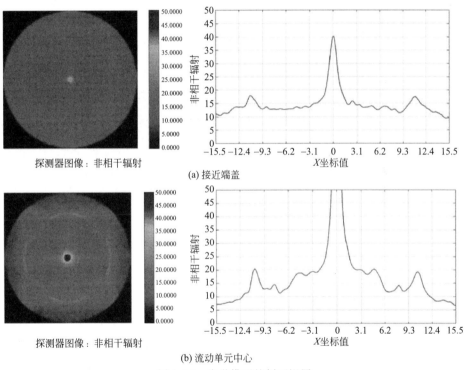

(a) 接近端盖

(b) 流动单元中心

图 7.15　光学模型的剖面视图

光学建模完成之后，我们马上制造了流动单元和电路。电路板安装在合适的热沉上，以维持系统的热管理。完全组装之后就进行基于 EPA（环境保护署）协议的生物试验[24]。

基于 CFD 建模的水流动模式和光学建模，我们决定制备两种流动单元，最好和最坏的情况——概念 A 和概念 C。这两种极端情况的比较示出了停留时间的重要性。我们进行了 3 种流速的实验，其中 UVT 为 90% 和功率输入唯一

（100%）。各实验样本取自入口和出口。入口放入 T1 和 MS2 大肠杆菌噬菌，而实验台测试分析了入口和出口样品的所有噬菌体。

所得 MS2 和 T1 噬菌体数据示于图 7.16。

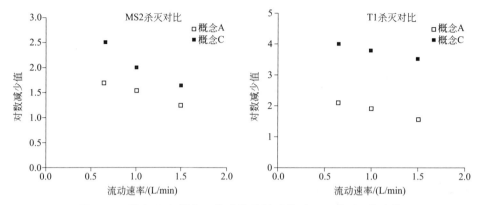

图 7.16　概念 A 和概念 C 流动单元用于杀灭 MS2 和 T1 的比较

这些数据表明，概念 C 对于 MS2 和 T1 都有更高级对数减少。基于 CFD 建模也预测了，概念 C 相比概念 A 有更长的停留时间。光学模型显示出，流动单元光通量和功率对于两个流动是一致的。因此，数据表明，增加对数减少的主要参数是保持时间——或者更确切地说停留时间。如果流动单元设计有越长的停留时间，就可以实现越好的水消毒。

7.3.5　UVC 光的使用

本章讨论了一些考虑将 LED 用于 POU 水消毒流动单元设计的设计原则，并阐述了如何建模和测试来验证这些原则。下面还将给出一些针对工作单元需要采取的预防措施。

UVC 源的前石英窗结垢

石英窗口允许 UVC 光到达水中，同时保护 LED 和电路免受水的损害。因为水的硬度和/或水中铁的存在，可能导致石英窗结垢（也称为灯护套结垢）。如果发生这种情况，UVC 光进入系统的量会减少，因而可能影响消毒效果。

表面结垢是一个问题，因为它吸收 UVC 辐射，减小处理水的光剂量，而且当水中有高浓度的溶解金属时最显著。我们怀疑可能的灯护套结垢来源是水磷酸盐[25]。饮用水经常添加磷酸盐来帮助螯合溶解的金属，并防止水管路的腐蚀。然而，正磷酸盐和缩合磷酸盐与溶解金属结合后，会沉淀到灯护套表面，可能加快灯护套的结垢。

UVC 光输出监测

监测 UV 光可确保满足进行消毒要求的合适剂量。UVC 监测设备将探测系统的光输出水平，并让最终用户指导设备在高效运行。设计可以结合一些现有的 UVC 范围测量用光度计，或使用硅基 PIN 二极管的附加电路。

安全性

取决于曝光长度，UVC 光可以对人的皮肤和眼睛产生不良影响。在开发、测试和运行过程中，如果采取的措施得当，UVC 曝光完全可以预防。美国政府工业卫生学家会议（ACGIH）[26]提供了正确使用个人防护装备的指导，以及允许人体暴露的极限。

安全设计控制永远是在用设备设计的一个重要方面。同样，对在用紫外线灯进行例行设备维护，并提供适当的培训是非常可取的。

参考文献

[1] http://whqlibdoc.who.int/publications/2008/9789241596435_eng.pdf.

[2] W. Heering, UV Sources-basics, properties and applications. IUVA News **6**(4)(2004).

[3] M. A. Wurtele, T. Kolbe, M. Lipsz, A. Kulberg, M. Weyers, M. Kneissl, M. Jekel, Application of GaN-based ultraviolet-C light emitting diodes UV LEDs for water disinfection. Water Res. 1481-1489 (2011).

[4] J. R. Grandusky, J. Chen, S. R. Gibb, M. C. Mendrick, C. G. Moe, L. Rodak, G. A. Garrett, M. Wraback, L. J. Schowalter, Appl. Exp. Lett. **6**(2013).

[5] R. Schaefer, M. Grapperhaus, I. Schaefer, K. Linden, Pulsed UV lamp performance and comparison with UV mercury lamps. J. Environ. Eng. Sci. **6**, 303-310(2007).

[6] B. L. Diffey, Sources and measurement of ultraviolet radiation. Methods **28**, 4-13(2002).

[7] http://www.nasa.gov/topics/solarsystem/features/uv-exposure_prt.htm.

[8] J. R. Grandusky, J. A. Smart, M. C. Mendrick, L. J. Schowalter, K. X. Chen, E. F. Schubert, Pseudomorphic growth of thick n-type $Al_xGa_{1-x}N$ layers on low-defect-density bulk AlN substrates for UV LED applications. J. Cryst. Growth **311**, 2864(2009).

[9] J. Z. Ren, Q. Sun, S. Y. Kwon, J. Han, K. Davitt, Y. K. Song, A. V. Nurmikko, H.-K. Cho, W.Liu, J. A. Smart, L. J. Schowalter, Appl. Phys. Lett. 91, 051116(2007).

[10] A. A. Allerman, M. H. Crawford, A. J. Fischer, K. H. A. Bogart, S. R. Lee, D. M. Follstaedt, P. P. Provencio, D. D. Koleske, J. Cryst. Growth 272, 227(2004).

[11] J. T. Xu, C. Thomidis, I. Friel, T. D. Moustakas, Phys. Status Solidi(c)**2**, 2220(2005).

[12] F. Mehnke, T. Wernicke, H. Pingel, C. Kuhn, V. Kueller, A. Knauer, M. Lapeyrade, M. Weyers, M. Kneissl, Highly conductive n-$Al_xGa_{1-x}N$ layers with aluminum mole fractions above 80%. Appl. Phys. Lett. 1103 212109(2013).

[13] J. R. Grandusky, S. R. Gibb, M. C. Mendrick, C. G. Moe, M. Wraback, L. J. Schowalter, Properties of mid-Ultraviolet light emitting diodes fabricated from pseudomorphic layer on bulk aluminum nitride substrates. Appl. Phys. Exp. 3, 072103(2010).

[14] T. Kinoshita, K. Hironaka, T. Obata, T. Nagashima, R. Dalmau, R. Schlesser, B. Moody, J. Xie, S. Inoue, Y. Kumagai, A. Koukitu, Z. Sitar, Deep-ultraviolet light-emitting diodes fabricated on AlN

substrates prepared by hydride vapor phase epitaxy. Appl. Phys. Exp. 5, 122101(2012).

[15] J. R. Grandusky, S. R. Gibb, M. C. Mendrick, C. G. Moe, M. Wraback, L. J. Schowalter, High output power from 260 nm pseudomorphic ultraviolet light emitting diodes with improved thermal performance. Appl. Phys. Exp. 4(8), 082101(2011).

[16] J. Chen, J. R. Grandusky, M. C. Mendrick, S. R. Gibb, L. J. Schowalter, Improved photon extraction by substrate thinning and surface roughening in 260 nm pseudomorphic ultraviolet light emitting diodes, in Lester Eastman Conference on High Performance Devices(2012).

[17] J. R. Grandusky, J. Chen, S. R. Gibb, M. C. Mendrick, C. G. Moe, L. E. Rodak, G. A. Garrett, M. Wraback, L. J. Schowalter, 270 nm pseudomorphic ultraviolet light-emitting diodes with over 60 mW continuous wave output power. Appl. Phys. Express 6(3), 032101(2013).

[18] C. G. Moe, J. R. Grandusky, J. Chen, K. Kitamura, M. C. Mendrick, M. Jamil, M. Toita, S.R. Gibb, L. J. Schowalter, High-power pseudomorphic mid-ultraviolet light-emitting diodes with improved efficiency and lifetime. SPIE 89861V(2014).

[19] M. Templeton, R. C. Andrews, R. Hofmann, Particle characteristics influencing the UV disinfection of drinking water, in *Water Quality Technology Conference*, *American Water Works Association*(2004).

[20] http://iuva.org/sites/default/files/IUVAG01A-2005.pdf, 50(2005).

[21] https://www.water2drink.com/resource-center/how-it-works-nsf-testing-standards.asp.

[22] https://www.cooliance.com/custom_heatpipes.html.

[23] https://www.openfoam.com.

[24] Ultraviolet disinfection guidance manual for the final long term 2 enhanced surface water treatment rule: office of water(4601), EPA 815-R-06-007, November 2006.

[25] I. W. Wait, C. T. Johnston, E. R. Blatchley III, ASCE 110, 343(2004).

[26] Ultraviolet Radiation, ACGIH(2001).

第 8 章
AlGaN 基紫外激光二极管

Thomas Wunderer，John E. Northrup 和 Noble M. Johnson[1]

摘要

本章综述了紫外激光器和Ⅲ族氮化物基激光二极管（LD）的现状。其中重点是高质量 AlN 衬底上，金属有机气相外延（MOVPE）生长 AlGa（In）N 激光器异质结构的设计、制造和性能。我们首先综述了激光二极管工作的基础，并确定了实现宽带隙材料短波长器件所面临的挑战。特别是对于高铝组分外延薄膜，同时实现高质量材料和良好 p 型导电性变得越来越有挑战性。采用低缺陷密度 AlN 体衬底，是实现高内量子效率并最终有源区高增益的极佳策略。克服热激活 p 型掺杂局限的一个可行方法是采用短周期超晶格包覆层，产生极化辅助空穴。我们具体介绍了宽带隙材料 LD 的工艺考虑，高效的 LD 工作所需高电流密度载流子注入，以及提高电子阻挡层性能的特别方法。随后，列出波长低至 $\lambda=237\text{nm}$、低的激射阈值、光学泵浦紫外激光器结果，并且描述了用来操纵发射激光偏振的设计选项。本章最后讨论了使用氮化物半导体实现深紫外激光发光的替代激光器设计。

---

[1] T. Wunderer，J. E. Northrup，N. M. Johnson
PARC 帕洛阿尔托研究中心有限公司，狼山路 3333 号，帕洛阿尔托，美国加州 94304
电子邮箱：Thomas. Wunderer@parc.com
N. M. Johnson
电子邮箱：noble. johnson@parc.com

8.1 简介

自从 1958 年 A. L. Schawlow 和 C. H. Townes[1]发明激光器以来，这种复杂的器件就持续改变着我们的生活。它们实现了如通信、数据存储、消费电子、光谱学、材料加工、生物光子学和生命科学等领域的庞杂新应用。激光由于其独特的高度空间和时间相干性能，特别适合光聚焦到微小斑点，以实现极高功率密度，或者对发射光谱质量或者调制速度有很高要求的领域。

半导体激光器通常为边发射型激光二极管（图 8.1）。异质结构外延使用金属有机物气相外延（MOVPE）或分子束外延（MBE）生长。有源区往往包括嵌入 p 型和 n 型包覆层所包围波导层中的几个量子阱（QW），包覆层限制激光器横向光学模式。对于电驱动器件，电子和空穴从两侧注入，在有源区复合产生期望的光子。为了实现几每平方厘米几个安培的电流密度和横向限制光学模式，电流通常通过狭窄的脊形注入，脊形宽仅几个微米，且被刻蚀至半导体材料。通过解理或刻蚀镜面，形成典型的 $400\sim2000\mu m$ 长法布里-珀罗谐振腔，并利用半导体/空气界面的反射，来实现光子反馈。此外，人们在反射镜上沉积薄膜，以改变高功率或低阈值器件的反射率属性。

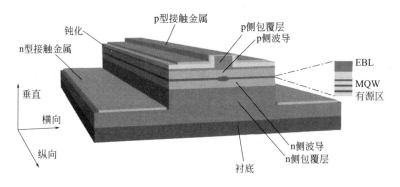

图 8.1 横向电流注入激光二极管器件的截面示意图

基于Ⅲ族氮化物材料系统的激光二极管由中村和同事在 1996 年首先实现[2]，而此后波长介于 $400\sim500nm$ 之间的商业化激光器输出功率达几瓦[3,4]。对于更长波长的发光，激光器性能通常会显著降低，这就是通常所说"绿光隙"，这是由于生长高品质、高 In 组分 InGaN 层的难度和强的内建电场降低了量子阱中的辐射复合概率所致。随着可用低缺陷密度 GaN 衬底的出现，人们已展示了几千小时寿命的低阈值、连续（CW）激光二极管[5]。

尽管 GaN 衬底是用于发光波长超过约 370nm 激光器的很好选择,但对于较短波长发光的器件,外延层和衬底之间的晶格失配却越来越大。更短发光波长需要更高铝组分,从而导致晶体应力显著增加。如果超过临界厚度[6],穿透位错型晶体缺陷就会形成。更糟糕的是,GaN 衬底上的 AlGaN 层受到张应力,这可能让异质结构形成扩展裂纹,导致完全无用。无功能激光器件可以使用这样的材料制造。除了缺少合适的衬底外,由于含 Al 材料的低迁移率,高 Al 组分层的生长变得越来越困难。还有一个更严重的问题:随着带隙增大,热激活载流子的浓度显著降低[7]。这对于 Mg 用作 p 型掺杂剂的 p 型 AlGaInN 尤其有挑战性。我们需要高的掺杂浓度,来补偿低效率的空穴激活过程,而这通常会降低材料质量、提高吸收损失并增加激射阈值性质。p 型掺杂的困难也导致载流子高效注入有源区很困难。通常在多量子阱(MQW)和 p 波导或 p 包覆层之间,插入 p 掺杂电子阻挡层(EBL)。EBL 的设计是为了防止电子过冲到 p 区进行非辐射复合。然而,非常不容易来实现一种 EBL,能在高带隙材料中实现电子阻挡能力的同时,提供高驱动电流下良好的空穴注入。不像 UV-LED 中可以通过 p 侧完全或部分吸收所需波长发光,来实现令人满意的性能,激光二极管的 p 侧必须高度透明。激光模式的波导只能通过比有源区和其周围波导层折射率更低的包覆层来实现,也就是说必须用高带隙材料制备 p 侧波导和包覆层。通常在 p 层,低于约 $100cm^{-1}$ 的吸收水平是可接受的。

图 8.2 示出了电注入激光二极管测量性能指标的集合[8]。迄今为止,具有最短发光波长的激光二极管是由滨松光子公司在 2008 年演示[9]。该公司使用基于选区外延特别制备的厚 $Al_{0.3}Ga_{0.7}N$ 模板,从而改善了穿透位错密度和异质结构中的应变情况。在波长为 $\lambda=336nm$ 和 $17.6kA/cm^2$ 阈值电流密度下,使用脉冲电流注入条件(10ns,5kHz)取得激射,输出功率水平达到每腔面约 $3mW^{[9]}$。

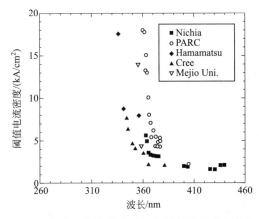

图 8.2 电流注入紫外激光二极管测试性能指标的集合
(授权转载自参考文献 [8]。美国光学学会 2011 年版权所有)

8.2 AlN 体材上的最高材料质量生长

由于上述使用 GaN 作为短发光波长紫外激光器基层的困难，人们已考虑使用 AlN 体材作为替代衬底来源。AlGa（In）N 基外延异质结构可以在 AlN 上压应变生长。但是即便超过临界厚度，外延层开始（部分）弛豫，并有新穿的透位错形成，仍然可以实现功能器件，因为这些层不需要开裂。这与 GaN 衬底上 AlGaN 薄膜的情况正好相反。AlN 衬底上第一个电驱动激光二极管由帕洛阿尔托研究中心于 2007 年实现[10]。虽然 AlGaN 层完全弛豫，仍然实现了波长短至 368nm，而阈值电流密度为 13kA/cm^2 的激射发光。脉冲条件下的最大光输出功率接近 300mW，差分量子效率 $\eta_d=6.7\%$。随后的几年中，AlN 晶棒生长和高品质 AlN 衬底制造取得了显著进展[11~13]。在此，我们将讨论使用 AlN 衬底实现目标发光波长短于 300nm 的 AlGaN 激光二极管异质结构。

8.2.1 AlN 体衬底

本工作使用单晶 AlN 衬底由 HexaTech 公司制造。AlN 晶锭使用物理气相传输法（PVT）生长。典型生长条件包括：高生长温度 $T=2200\sim2300℃$ 和 N_2 压力 600~800torr。更多的衬底制造工艺细节可在参考文献 [14] 中找到。图 8.3 示出 HexaTech 的一个单晶 AlN 晶锭。切片后，对衬底进行机械化学抛光（CMP），原子力显微镜（AFM）测得的典型方均根（RMS）表面粗糙度约为 0.1nm[15]。位错密度典型值小于 $10^5 cm^{-2}$[14]。生长激光器结构前，衬底会在 $H_3PO_4：H_2SO_4：H_2O$（1∶1∶1）腐蚀溶液中进行化学清洗[15]。

图 8.3 HexaTech 公司生长的单晶 AlN 晶锭，使用物理气相传输（PVT）技术生长
（授权转载自参考文献 [16]。Wiley-VCH Verlag 出版社有限公司 2012 年版权所有）

8.2.2 同质外延 AlN

PARC 的激光器异质结构外延生长使用金属有机物气相反应器，采用常规的

Ⅲ族氮化物生长前驱体，包括三甲基铝（TMA）、三甲基镓（TMG）和三甲基铟（TMI）作为Ⅲ族源，而 NH_3 作为Ⅴ族源。激光二极管异质结构的生长通常开始于 AlN 同质外延层，之后开始向 AlGa（In）N 层过渡。

图 8.4 示出了 AlN 体衬底上同质外延生长的约 500nm 厚 AlN 的 AFM 图像，AlN 层 RMS 粗糙度小于 0.15nm，具有原子级平整度。X 射线衍射和低温光致发光（PL）测量也确认了优异的材料质量。图 8.5 示出 $T=10K$ 时使用 ArF（193nm）准分子激光激发所记录的 PL 近带边发光，由德国乌尔姆大学量子物质/半导体物理组研究所的 B. Neuschl 等人测量[17]。Si^0X 跃迁仅 $500\mu eV$ 的超窄线宽是外延层非常高材料质量的明确标志。

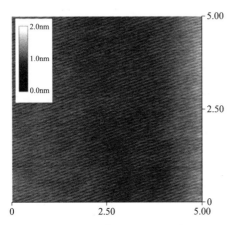

图 8.4 AlN 体衬底上同质外延
生长的 AlN 层 AFM 图像
（$5\mu m \times 5\mu m$ 扫描的均方根
表面粗糙度小于 0.15nm）

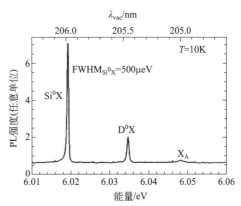

图 8.5 低温下 AlN 体衬底
同质外延 AlN 的 PL 测量结果
（Si^0X 跃迁仅 $500\mu eV$ 的超窄线宽是
外延层非常高材料质量的明确标志。
德国乌尔姆大学 B. Neuschl 等测量[17]）

8.2.3 AlGaN 激光器异质结构

AlN 基层生长后，异质结构继续进行 $Al_xGa_{1-x}N$ 的过渡。激光器异质结构通常由 n 型和 p 型 AlGaN 包覆层、n 型和 p 型波导层以及嵌入在其中的 MQW 有源区构成。理想中，为了保持初始高质量衬底的低缺陷密度材料性能，Al 组分不宜太低，且外延层不能太厚，避免扩展缺陷以穿透位错形式产生。另一方面，所有层都有特定的功能，这决定了特定的边界条件。例如，无论是 n 型和 p 型包覆层，必须提供一定的厚度以有效抑制电场扩展，并允许适当的激射模式波导有好的限制因子。同时为了维持每平方厘米几十千安培的电流密度，各层的导电性必须足够高，而这通常需要较低的 Al 组分。异质结构的合理设计对于实现高性能的器件至关重要。

如图 8.6 的 X 射线倒易空间映射所示，AlN 体衬底上可生长 $1\mu m$ 厚度的完全应变 n 型 $Al_x Ga_{1-x} N$（$x=74\%$）薄膜。此外，该层对大于约 $\lambda=250nm$ 的波长高度透明（透射曲线未示出），样品霍尔效应测量揭示出良好的电学性能，其中 n 型载流子浓度 $h=4\times 10^{18} cm^{-3}$，而载流子迁移率 $\mu=32 cm^2/(V \cdot s)$[18]。这些都是令人满意的紫外激光器 n 型包覆层性能参数。

8.2.4 多量子阱有源区

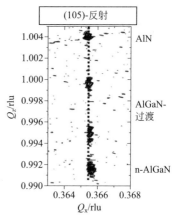

图 8.6 AlN 衬底上 $1\mu m$ 厚 n 型 $Al_x Ga_{1-x} N$（$x=74\%$）的 X 射线倒易空间映射（采用了过渡 AlGaN 层，各层相对于衬底完全应变）

激光器异质结构的下一层是嵌入波导层中的多量子阱有源区，如图 8.7 扫描透射电子显微镜（STEM）图像所示。有源层实现了非常尖锐和陡峭的界面，也反映了异质结构很高的结构材料质量。

激光器异质结构的光学特性通过变激发功率的时间分辨光致发光测量进行了评估，此研究工作由美国阿德菲陆军研究实验室的 G. Garrett 进行[19]。图 8.8 示

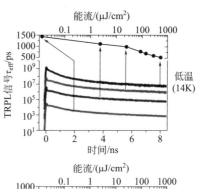

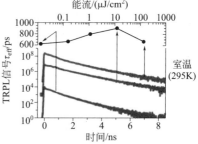

图 8.7 发光波长 $\lambda=267nm$ 的 AlGaN 基激光异质结构有源区 STEM 图像

图 8.8 温度 14K 和 295K 时，作为泵浦能流函数的初始有效 PL 寿命，同时还记录了时间分辨 PL 曲线

（授权转载自参考文献 [19]。日本应用物理学会 2011 年版权所有）

出了 14K 和 295K 时，作为泵浦能流函数的 PL 初始有效寿命。低温下，瞬态 PL 表现出初始有效衰变时间延长的行为，并随着泵浦能流的增加而逐渐变短，最高能流为 $525\mu J/cm^2$ 时达到 528ps。这符合对氮化物材料体系内量子阱的预期，因其能带结构由于高的内建电场而强烈倾斜[20]。AlGaN 量子阱中的内建电场值依赖于阱和周围势垒的材料组分。平均电场典型值为 0.1~0.05eV/nm，随阱中载流子浓度而变化。由于较低温度下，非辐射复合大部分被冻结，依赖载流子密度的量子阱极化场的部分屏蔽，导致波函数重叠改变，这与随泵浦功率增加导致的寿命减少相关联。室温下，我们观察到随着能流的增加，寿命更长，在 $10\mu J/cm^2$ 时达到约 900ps 峰值，能流继续升高一个量级后，寿命开始降低。初始 PL 寿命的增加与更高泵浦能流下非辐射中心的饱和相一致。随后更高能流时，PL 寿命的下降可能与接近受激发射时，非线性辐射复合的开始相关联。随后作为激光器件工作时，我们可以看到类似样品显示出非常低的光激射阈值功率密度，这与 TRPL 研究所得结果一致。

8.3　宽带隙 AlGaN 材料的大电流能力

实现 UV 激光二极管的一个最大挑战，是随着半导体带隙的增加，掺杂效率显著下降。这与 p 型Ⅲ族氮材料特别相关。不像紫外 LED，感兴趣波长激光二极管异质结构的 p 侧层有低吸收，并提供高效模式限制是至关重要的。这意味着，对于常规的 LD 设计，p 包覆层应具有类似于 n 侧包覆层并比波导层组分更高的 Al 组分。取决于不同的感兴趣波长，实现所需电学性能并提供低吸收相当有难度，特别对波长小于 300nm 的激光器设计更是如此。

这个问题可以通过 Nakarmi 等人的工作很好地说明[21]。他们在 AlN/蓝宝石模板上沉积了 p 型 $Al_xGa_{1-x}N$：Mg，其中 Al 组分为 $x=70\%$，并测量了电学性质。他们确定空穴的热激活能约为 400meV，并测量出外延层电阻率高达 $10^5\Omega\cdot cm$[21]，这比已实现的 p 型 GaN：Mg 的电阻率高五个数量级以上。这样的 p 包覆层对于 UV 激光二极管是不够用的。

我们需要的 AlGaN 基 p 型异质结构不（单纯）依赖热激活而产生空穴。详细的第一原理计算表明，具有极薄层短周期的成对 $Al_xGa_{1-x}N/Al_yGa_{1-y}N$ 超晶格（SPSL）异质结构，可以成为克服热激活产生空穴限制的替代方法[22]。氮化物材料体系中的强压电和自发极化场，结合交替层界面处能带的偏移，可以不需额外热辅助来有效电离 Mg 掺杂原子。假设超晶格层足够薄，这个设计可以同时允许高纵向和横向空穴传输。我们已制成 AlGaN 层厚度为 1nm 量级的超晶格。我们已经计算研究了不同周期的 $Al_{0.75}Ga_{0.25}N/Al_{0.5}Ga_{0.5}N$ 超晶格，纵向方向空穴的隧穿速率预期与 c 轴的有效质量成反向变化。我们的密度泛函计算表明,当超晶格从 1nm×1nm 变为 0.75nm×0.75nm 时,价带沿 c 轴最高处的有效质量降低为以前的 1/5。图 8.9 示出了 PARC 的 p 型 AlGaN SPSL 的 STEM 图像,平均 Al 组分约 60%[22]。

我们使用高能椭圆偏振光谱法测量,来确定 p 型 SPSL 的光学特性[23]。如图 8.10 所示,使用了复杂的模型分析了所收集的椭偏仪数据,以获得精确折射率 n 和消光系数 k 值,这些值作为激光器波导仿真的输入参数特别有用。

为了评估 p 型 SPSL 的电学性能,我们使用平面试验器件来测定横向电导率,而用全 LD 测试器件来测试纵向载流子传输。图 8.11 示出了平均 60% Al 组分 p 型 SPSL 的温度相关电阻率。为了比较,也示出了均质

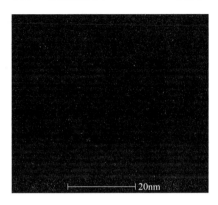

图 8.9 生长在 AlN 体衬底上,具有 60% 平均 Al 组分的 p 型 AlGaN 基 SPSL 的 STEM 图像
(授权转载自参考文献 [22]。AIP 出版有限责任公司 2013 年版权所有)

的 GaN 和 $Al_{0.7}Ga_{0.3}N$ 电阻率曲线[21,24]。室温下,SPSL 的电阻率只有 9.6Ω·cm,这是 p 型 GaN 报告值的 1/10,同时比类似 Al 组分的均匀 AlGaN 要低几个量级。结果表明,即使在室温下,也可以激活相当数量的空穴。弱温度依赖性提供了极化激活空穴的进一步证据,空穴即使冷却到 100K 也不会冻结。有效激活能 E_A 可以通过测量曲线,使用 Arrhenius 方程提取,这里采用迁移率的温度依赖关系较弱的近似。我们的 SPSL 显示出有效 E_A 只有 17meV 的值,比 p 型 GaN 和 $Al_{0.7}Ga_{0.3}N$ 分别为 146meV 和 323meV 的值低得多[22]。

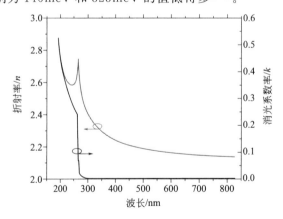

图 8.10 实验确定的 p 型 AlGaN 基 SPSL 折射率和消光系数值
(测量由德国马格德堡大学的 M. Feneberg 和 R. Goldhahn 进行[23])

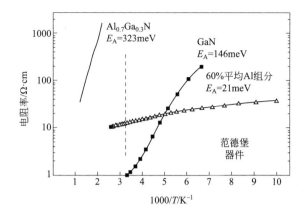

图 8.11 平均 Al 组分约 60% 的 p 型 SPSL 的温度相关电阻率值（空心三角形）
（实心正方形对应于报道的同质 p 型 GaN 电阻率[24]。
实线对应于报道的 p 型 $Al_{0.7}Ga_{0.3}N$ 电阻率值[21]）

p 型 SPSL 的纵向载流子传输采用全 LD 测试器件进行评价，设计为约 $\lambda=$ 295nm 发光，包括 MQW 有源区和电子阻挡层（EBL）。图 8.12 示出了全工艺 LD 测试器件的 I-V 特性。直流条件下，器件保持到高达 $11kA/cm^2$ 的电源极限。脉冲电流注入下，实现高达 $21kA/cm^2$ 的电流密度水平。全 LD 的电压在最高电流密度 $21kA/cm^2$ 时约为 25V。如图 8.12 所示，器件电性能显著好于目前滨松的最短发光波长激光器，他们的 n 型和 p 型包覆层 Al 组分只有 30%[9]。大电流密度下，通过近似，认为二极管异质结构中，p-SPSL 电阻率为主导成分，估计出了 p-SPSL 的纵向电导率下限。根据该假设，导通以上 I-V 曲线的微分电阻近似为 p-SPSL 的电阻。$20A/cm^2$ 的电流密度下，纵向电导率约为 $7\times10^{-5}S/cm$，$1kA/cm^2$ 电流密度下增加至约 $0.01S/cm$，而最高 $11kA/cm^2$ 电流密度下则达到 $0.1S/cm$。

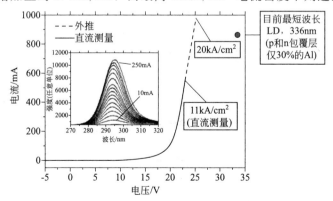

图 8.12 采用厚 p 型 AlGaN SPSL 包覆层（60% 平均 Al 组分）的
全 LD 测试器件 I-V 特性［直流条件下 $11kA/cm^2$（电源限制）和
脉冲条件下高达 $21kA/cm^2$ 的电流密度都可以实现。
插图是 LD 测试器件的电致发光谱］

高电流密度时，纵向电导率量级接近上述使用霍尔效应测量确定的横向电导率。垂直方向上，载流子传输依赖于通过 SL 更高带隙层的隧穿过程，并可能随工作期间施加电压和温度的变化而变化。对不同电流下 QW 发光波长的监测显示出，器件随温度的变化，特别是当电流密度高达 $0.5kA/cm^2$ 时，我们观察到量子阱发光的蓝移。对于更高的驱动电流密度，发光则偏移到更长波长。向更高能量的偏移可以通过注入载流子屏蔽内部电场，从而降低量子限制斯塔克效应来予以说明，而向更低能量的偏移则与有源区内的温度升高有关。这表明，低电流水平时，纵向电导率的剧烈增加可能受到能带弯曲的影响，而当电流密度大于 $0.5kA/cm^2$ 时，热可能对于高电流水平时纵向电导率的增加有额外贡献。p 层的实际纵向电导率可能比估计值更高，因为估算中把整个串联的若干有贡献电阻元件的电势差归结为仅有 p 型层[22]。p 型 AlGaN SPSL 看来是 UV 激光二极管 p 型包覆盖层的一种可能候选材料。

8.4 大电流水平下的高注入效率

宽带隙材料实现高电导率（p 型）的困难，不仅对可实现的最大电流水平有影响，也对器件的串联电阻有影响。它也强烈影响载流子注入有源区产生所需光子的效率。众所周知，氮化物材料体系中，强的内部自发极化和压电极化场改变了激光器异质结构的能带[20]。例如，强的内部电场使得有源区中导带和价带倾斜，从而电子和空穴积聚在量子阱内相反的区域。这显著降低了辐射复合概率，结果导致内量子效率降低。内部电场、电子和空穴迁移率以及有效载流子浓度之间强烈不对称结合起来，使得来自 n 侧的电子可以很容易地到达二极管的 p 侧，而不是在有源区内辐射复合[25]。这就是为什么通常要在有源区和 p 型层之间，插入一层所谓的电子阻挡层（EBL）。常规的 EBL 厚 10~30nm，带隙比 MQW 势垒组分的明显更高，并且通常也显著高于 p 型包覆层。EBL 减小了电子过冲到器件 p 区的概率。然而，EBL 材料更高的带隙，也阻碍了空穴从 p 侧很容易地进入有源区。这就是为什么 EBL 要 p 型掺杂的意义，这将减少价带中空穴的势垒高度。然而，如上所述，高 Al 组分 AlGaN 中，实现高效 p 掺杂是相当有挑战的。因此，我们必须处理 PN 结的非对称性，特别是电子和空穴浓度和迁移率之间的差异。这种差异可能使得，即使用了 EBL 也会产生载流子从有源区的泄漏[25]。

图 8.13 示出了采用常规 EBL 且发光在 $\lambda = 295nm$ 的 L-I 和效率（归一化的外量子效率）特性。通常使用 ABC 模型来描述发光器件的复合过程 $R = A + Bn^2 + Cn^3 + f(n)$，其中 n, A, B 和 C 分别代表载流子浓度、肖克莱-瑞德-霍尔

(SRH) 复合系数、辐射复合系数和俄歇复合系数,而 $f(n)$ 表示泄漏出有源区的载流子[25]。如图 8.13 所示,甚至在只有几百微安培的低注入水平时,发光输出也在双对数图中以斜率 1 上升。这意味着,即使在非常低的注入时,辐射复合依然起主要贡献。这是在 AlN 体衬底上生长器件时,材料质量非常高的直接验证。然而,发光输出从大约 1mA 后,开始偏离线性增加,并以斜率 2/3 继续,到热效应进一步降低输出功率为止。虽然Ⅲ族氮化物可见光 LED 中,有持续的发光效率下降问题的起源讨论[26],我们认为紫外 LD 异质结构情况下,低效率载流子注入是其严重制约。

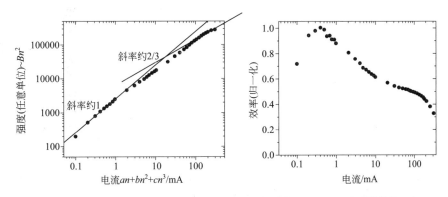

图 8.13 实验确定的发光波长 $\lambda=295$nm 的常规 EBL LD 测试器件的双对数坐标 L-I 和效率特性[不同斜率(1,2/3)确定了 A~C 模型中不同注入水平下的主导复合过程]

我们使用 STR 集团的商用软件包 SiLENSe,建模了我们的激光器异质结构注入效率。图 8.14 示出了目标发光波长为 $\lambda=295$nm 的紫外 LD、在不同的注入水平下计算得到的注入效率。LD 设计包括 Al 组分为 85%、厚度为 10nm 的标准 EBL。$10kA/cm^2$ 的模拟结果也显示了 5nm 和 15nm EBL 厚度的结果。如图所示,在激光器工作相关的电流密度下(大于 $1kA/cm^2$),效率从接近 100% 单调下降至仅约 40%(针对 10nm 厚 EBL)。根据模拟,较薄(5nm)和较厚(15nm)EBL 效果更差。图 8.14 右侧示出了有源区附近的能带图和位置相关的电子和空穴电流。浅绿色部分突出了量子阱的位置,深绿色部分则表示 EBL。可以看到,p 区总电流的主要部分(右侧图),可以归结为电子电流而不是空穴电流。这意味着,尽管有 EBL,相当部分电子(此处约 60%)过冲穿过势垒进入了 p 区。或者换句话说,为了允许空穴高效通过 EBL 进入有源区,有限高度的 EBL 要对大驱动电流下效率下降承担责任。

为了改善上述问题,我们评价了同时提供良好的电子阻挡和良好的空穴注入能力的特定 EBL 设计。作为仅靠热激活在宽带隙材料中产生空穴的替代材料,Simon 等人开发了使用组分渐变 AlGaN:Mg 的偏振诱导实现 3D 空穴[24]。当在

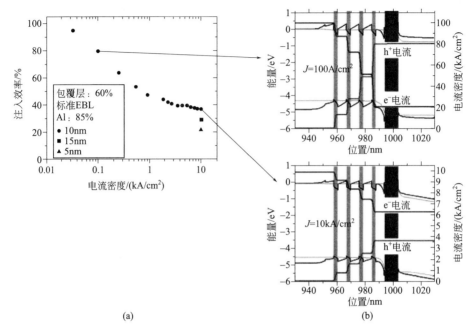

图 8.14 针对厚度为 10nm、5nm 和 15nm，Al 组分为 85% 的标准 EBL，在不同电流注入水平下（a）紫外 LD（目标发光波长 λ=295nm）的注入效率计算值 [能带图和位置相关的电子和空穴电流为有源区附近。浅绿色部分是量子阱，深绿色部分表示 EBL（b）]

N 面 GaN 晶体上生长时，Al 组分必须从低到高增加以达到预期效果[24]。根据这个思想，Zhang 等人随后实现了 Al 面 AlN 上的导电 p 型材料，其中 Al 组分由高变低[27]。通过组分渐变 AlGaN 的偏振诱导实现 3D 空穴的思想，对作为 UV 发光器件中 EBL 单元相当有吸引力。我们通过模拟注入效率，评估了紫外发光器件中组分渐变 AlGaN EBL 的概念。我们在 Al 面 AlN 衬底上，生长了紫外 LD，这就是为什么 EBL 中的 Al 组分应从高变低 [图 8.15（a）]。图 8.15（b）示出了建模器件的能带图，其中包括位置相关的电子和空穴浓度。可以看到，组分渐变 EBL 内可以实现很强的空穴浓度增强，这将有助于空穴注入有源区。同时，由于在 EBL/最后一个 QW 势垒界面处，能带偏移首先出现在导带中，因此可以高效阻挡电子。我们的模拟结果表明，引入新颖的 EBL 设计，可以预期显著改善注入效率。

我们通过实验，在全 LD 测试器件中，实现了渐变组分 EBL 设计，并与采用传统 EBL 设计的 LD 进行了比较。如图 8.16 所示，通过新颖的设计，可以实现性能的显著改善。虽然异质结构还需要进一步优化，但显而易见的是，高效载流子注入对于高性能 UV 激光二极管至关重要，而我们提出的概念是满足这个要求的可行方法。

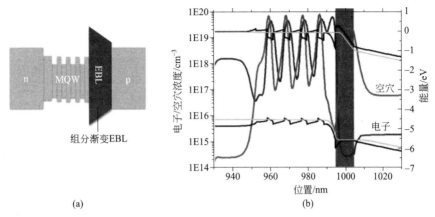

(a) (b)

图 8.15 改善载流子注入效率的组分渐变 EBL 设计［该 EBL 提供了良好的电子阻挡（能带偏移主要出现在导带中）和良好的空穴注入能力（偏振感应 3D 空穴气）］

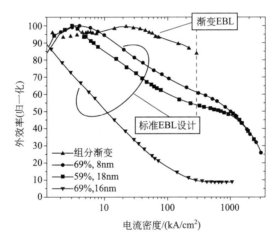

图 8.16 紫外 LD 测试器件中不同 EBL 设计的实验评价
（未完全优化的渐变 EBL 设计比标准 EBL 展示出显著的性能改善）

8.5 光泵浦 UV 激光器

本节我们提出并讨论 AlN 体衬底上，生长的光泵浦紫外激光器实验结果。研究光泵浦激光器的性能，是优化材料质量和器件异质结构设计，包括有源区、波导和包覆层的极好工具。这些实验提供了全 LD 开发非常有价值的信息，因为激光器异质结构非常类似于电注入器件。我们长期开发半导体激光器的经验，给了我们很好地进行光泵和电泵激光器相对比较的数据库和量度。我们通过解理半

导体晶体形成 m 面腔面，制备了约 1mm 长度的激光谐振腔。这里没有使用反射镜镀膜。为了泵浦 300nm 以下紫外激光器，我们使用了 KrF（$\lambda=248$nm）或 ArF（$\lambda=193$nm）受激准分子激光器作为激发源。条形宽度大约 $100\mu m$ 量级。图 8.17 示出了选出的 AlN 体衬底上，生长 300nm 以下紫外激光器的激射光谱。我们成功地在一定波长范围内演示出最短试验波长达 $\lambda=237$nm 的光泵浦激光器。就我们所知，这是目前最短发光波长的半导体激光异质结构（图 8.17）。我们所有的 300nm 以下激光器显示出低于 $200kW/cm^2$ 的激射阈值功率密度[16,19]，这显著优于 SiC 或蓝宝石衬底上获得的结果[28,29]。最近，其他小组也成功地展示了 AlN 体衬底上的光泵浦激光器[30~32]。我们最好的器件显示出，发光波长在 $\lambda=266$nm 处仅 $41kW/cm^2$ 的激光阈值功率密度（图 8.18）。此值媲美我们最好的基于 GaN 的 InGaN 蓝紫色光谱区域发光量子阱激光器的结果，其 IQE 值接近 90%。

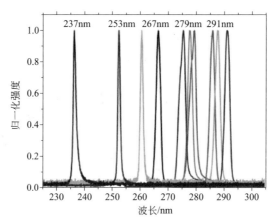

图 8.17　PARC 的 AlN 体衬底上 AlGaN 的 300nm 以下紫外激光器激射光谱
[光学激发使用 KrF（$\lambda=248$nm）或 ArF（$\lambda=193$nm）准分子激光器进行]

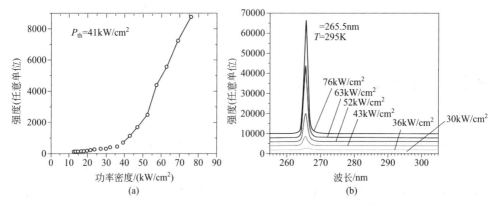

图 8.18　$\lambda=266$nm 的 AlGaN 基光泵激光器输出功率与泵浦功率密度关系（a）；室温下记录的不同激发水平激射光谱（b）

AlGaN 基器件的一个重要材料事实问题是：GaN 和 AlN 有不同符号的晶体场劈裂。AlN 是负的（$\Delta_{cr} = -217\text{meV}$），而 GaN 是正的（$\Delta_{cr} = 10\text{meV}$）[33]。结果导致 AlN 和 GaN 价带之间顺序不同（Γ_7 与 Γ_9）。这意味着，GaN 层内产生的光以 TE 偏振为主，电场矢量 $E \perp c$ 方向。而 AlN 中光发射主要是 TM 偏振为主，$E // c$。对于紫外发光器件使用的三元 AlGaN 材料，我们可以预期随着有源区中 Al 组分的增加，会有 TE 到 TM 的转变[34]。这个物理事实，是紫外 LED 性能通常会随着波长减小而降低的另外一个原因。TM 偏振光不能平行 c 方向提取，而这是最常用的 III-N 材料生长方向（图 8.19）[35]。对于边发射激光器，偏振也是一个重要的方面。虽然在此情况下，应该能够实现独立于光偏振的激光器，更希望的则是 TE 偏振发光。对于边发射激光器中波导模式的电场分布，TE 模式不会扩展深入激光异质结构 p 型区，而 TM 模式则可以。由于重掺杂 p 区对器件固有损耗的显著贡献[36]，TE 偏振应可以提供更低阈值电流的激光器。

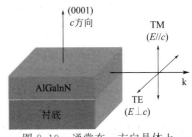

图 8.19　通常在 c 方向晶体上生长的 AlGaN 材料的光偏振示意图

UV-LED 和 LD 异质结构中，不仅是产生光子的 AlGaN 材料组分，决定所发射光的偏振，其他参数诸如量子阱内的量子化和各层的应变状态，也起着重要作用。这意味着，包括量子阱的厚度和势垒组分以及衬底选择，都是有源区设计需要考虑的设计参数。Kolbe 等人研究了蓝宝石衬底上生长的完全弛豫异质结构紫外 LED 的偏振程度。在约 300nm 波长处，他们观察到从主要为 TE 偏振光到主要为 TM 偏振光的转换[34]。然而，对于那些 AlN 体衬底上的赝配生长，其异质结构中的 AlGaN 层呈高度压应变，可以偏移到低得多的波长时转换。对于 AlN 体衬底上的 UVC 激光器，我们的观察如下：对于在 $\lambda = 253\text{nm}$，261nm 和更长波长发光的器件，激射仍然是高度 TE 偏振，而在 $\lambda = 237\text{nm}$ 发光的激光器是高度 TM 偏振 [图 8.20 (a)]。我们采用 k·p 理论模型，针对不同有源区，设计计算了 TE 和 TM 偏振之间的转换波长，以便更好地了解其底层机制。计算结果示于图 8.20 (b)，其中包括室温下，我们的紫外激光器实验测量值。图中 x 轴表示 QW 的 a 晶格常数 a_{QW} 相比 AlN 衬底的 a_{AlN} 之差，或者换句话说，它代表了量子阱内的应变。y 轴示出 TE 和 TM 偏振之间的转换波长。本例针对 3nm 量子阱厚度进行计算。黑线和红线分别表示 70% 和 80% Al 势垒组分的转换波长。对于所有器件，参数落入适用线之上的发光都是 TE 极化，之下的都是 TM 极化。观察我们 70% 铝势垒组分且与衬底完全应变（$a_{QW} - a_{AlN} = 0$）的 253nm 器件，TE 偏振在长于约 245nm 波长时占主导地位。我们的 237nm 器件具有 80% 的势垒组分且与衬底完全应变。因为它低于红线，预测为 TM 偏振，实际的实验结果与 k·p 计算完全一致[33]。

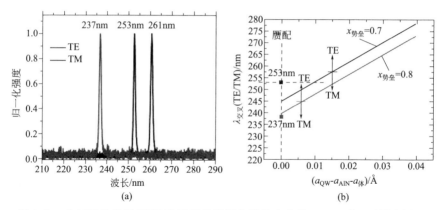

图 8.20 PARC 的光泵 UVC 激光器的偏振分辨激光光谱（a）；对于不同有源区设计，计算的 TE 和 TM 偏振转换波长与弛豫度关系（b）

8.6 紧凑深紫外Ⅲ-N 激光器的其他概念

前面部分演示了可以在低位错密度 AlN 体衬底上，生长高质量Ⅲ-N 异质结构，并实现了高性能光泵紫外激光器，其发光波长低至 $\lambda=237nm$。然而，实现电泵浦激光二极管仍然有很多问题。迄今演示的最短波长氮化物 LD 是 336nm。这表明，可以在更短波长达到的光学增益并不够高，还难以克服本征材料和镜面损耗。在很大程度上，这归结为 p 型层的高掺杂浓度，这是补偿低效空穴激活过程和优化载流子注入有源区效率的需要。

人们自然会问，是否有经由 pn 结载流子注入的替代泵浦概念，可以来实现紧凑的高性能 UV 激光器？换句话说，有没有可能构造一个不使用 p 型材料的紧凑型大功率紫外激光源呢？事实上，两个潜在的候选方案尤为有趣，我们将在下文简要讨论。

8.6.1 电子束泵浦激光器

第一个替代方法是基于电子束泵浦的半导体激光异质结构。电子-空穴对可以通过高能电子撞击材料实施弹道能量转移来产生。价带的电子激发到导带，留下一个空穴。通常约 1/3 的电子束能量转换为电子空穴对。随后的辐射复合则可用来产生希望的光子。这种现象众所周知，如用于阴极射线管电视中的电子束激发磷光粉，磷光粉的相应激发发射出可见光。载流子产生的位置及其期望的辐射复合不能和 pn 二极管一样，通过异质结构的设计而精确地操控。它主要由入射电子能量和器件所用材料来主导。这些参数决定了，能量进入的体积近似等于电子-空穴对产生的位置。

Ⅲ族氮化物材料体系中，Kozlovsky等人首先在1997年演示了采用电子束作为激发源的激射[37]。器件在蓝宝石衬底上生长，作为边发光器件工作。他们报道了在 $\lambda = 409$nm 和室温下以短脉冲工作（1ns）的激射。在150keV电子能量时，阈值电流密度为 $200 \sim 300$A/cm^2。另外还演示了垂直腔配置Ⅱ-Ⅵ族半导体材料的激射[38]。扫描电子束模式的大面积器件，实现了达10W的高输出光功率。此外，电子束激发还用于AlGaN异质结构 $\lambda = 240$nm 处的自发发射[39]。45μA电流电平和8keV电压时，光输出功率达到100mW。这对应于功率-功率转换效率约为30%，而较低工作条件下，有40%的峰值效率。这个值比现在可实现的类似波长传统LED高一个数量级以上。

要实现基于电子束激发的紧凑UV激光源，仍然需要克服重要的挑战。这包括真空工作、感兴趣波长的激光级增益芯片开发、激光器镜面实现和热管理。尽管存在这些挑战，避免了宽带隙p型材料的需求是其最吸引人的地方。通过这种方法，半导体材料深紫外光谱区域的直接激射是完全可行的。

8.6.2　InGaN基VECSEL+二次谐波产生

另一种实现紧凑深紫外激光源的替代方法基于可见光谱范围内激射的二次谐波产生（SHG）。采用非线性晶体（如BBO）的高效SHG，依赖于高电场强度并需要窄的基本激射线宽以及极好的光束整形。我们认为，高效SHG的最佳解决方案，是在垂直腔面发射激光器腔体内放置非线性晶体。垂直外腔面发射激光器（VECSEL），也称为光泵浦半导体激光器（OPSL）或薄片激光器，提供了这些期望的激光器特性。高光输出功率与接近衍射极限的光束整形和窄的发射线宽能够同时实现[40]。使用和不使用倍频的高性能VECSEL已在Ⅲ族砷化物和磷化物材料体系中演示[40]并且可以购买。GaN基VECSEL仍处于开发早期[41~44]。然而，并没有阻碍GaN材料高功率连续工作VECSEL的根本限制。随着可以用作泵浦激光器的紫-蓝光LD性能不断取得进展，以及增益芯片异质结构设计和开发的推进，高性能连续工作GaN基VECSEL预期可以在不久的将来实现。这将允许实现连续工作、结构紧凑、高功率、发光范围 $\lambda = 200 \sim 265$nm、具有优良的空间和光谱特性的UVC激光器。一旦实现了这种激光源，科学、商用和军用领域的新应用将逐步开启，而应用如拉曼光谱仪将经历系统功能和性能的显著提升。

8.7　小结

本章回顾了AlGaInN基紫外激光二极管的发展现状和问题，着重于紫外发光器件的实际应用，讨论了材料的挑战和激光器的设计考虑。这里证明，通过使用低缺陷密度的 AlN 体衬底，可以制造出发光波长短至 $\lambda=237nm$，阈值功率密度与最好 InGaN 基器件相类比 [$P_{th}=41kW/cm^2$（266nm 浓度时）] 的高性能光泵浦激光器。此外，演示了热激活空穴产生的限制可通过 p 型 AlGaN 基 SPSL，利用氮化物材料体系的强内建极化电场来予以克服。讨论了新型异质结构器件概念，以提高载流子注入效率。组分渐变电子阻挡层既可以实现良好的电子阻挡，同时又有高效的空穴注入。然而，尽管 300nm 以下激光测试器件有了显著进展，可实现的光学增益还没有超过可以通过直接电流注入而产生的固有和镜面损耗。简要讨论了替代的激光器概念，这些概念具有不需要克服提供宽带隙 p 型层主要障碍，就可以实现深紫外 LD 的优点。这里包括了高能量电子束源泵浦 AlGaN 基激光异质结构和 InGaN 系垂直发射激光器泵浦结合倍频。这些方法用于 250nm 以下发光特别有吸引力。

基于 AlGaInN 材料体系的宽带隙半导体，提供了实现紫外光谱范围内紧凑高效激光光源的最大保证。合金组分、激光器件类型、器件结构和激光器系统的组合将为紫外激光应用需求提供最全面而迅速的解决方案，这些仍然是悬而未决的问题。每种替代方案都绕过了深紫外氮化物半导体激光器面临的最严重困难，但是每种又都有自己特定的材料、器件或系统挑战。未来几年之内预计会有有趣的发展和突破。

致谢

我们要感谢 PARC 的 Chris Chua 博士，Zhihong Yang，Mark Teepe，Clifford Knollenberg，Bowen Cheng 博士和 Suk Choi 博士对整个项目的关键支持。特别感谢美国阿德菲陆军研究实验室 Gregory A. Garrett 博士和 Michael Wraback 博士，德国马格德堡 OvG 大学的 Martin Feneberg 博士和 Rüdiger Goldhahn 教授以及德国乌尔姆大学博士 Benjamin Neuschl 博士和 Klaus Thonke 教授。我们很高兴感谢美国国防部高级研究计划局（DARPA）和国防减少威胁局（DTRA）提供的美国军队合作协议 W911NF-10-02-0102 和 W911NF-10-2-0008 的资助。

参考文献

[1] A. L. Schawlow, C. H. Townes, Infrared and optical masers. Phys. Rev. **112**, 1940(1958).

[2] S. Nakamura, M. Senoh, S. Nagahama, N. Iwasa, T. Yamada, T. Matsushita, Y. Sugimoto, H.

Kiyoku, Room-temperature continuous-wave operation of InGaN multi-quantum-well structure laser diodes. Appl. Phys. Lett. **69**, 4056(1996).

[3] S. Brüninghoff, C. Eichler, S. Tautz, A. Lell, M. Sabathil, S. Lutgen, U. Strauß, 8 W single-emitter InGaN laser in pulsed operation. Phys. Status Solidi A **206**, 1149(2009).

[4] S. Nagahama, Current Status and future prospects of GaN-based LDs, in *IWN 2012 Conference, Sapporo*(2012).

[5] K. Yanashima, H. Nakajima, K. Tasai et al., Long-lifetime true green laser diodes with output power over 50 mW above 525 nm grown on semipolar 2021 GaN substrates. Appl. Phys. Exp. **5**, 082103(2012).

[6] S. R. Lee, D. D. Koleske, K. C. Cross, J. A. Floro, K. E. Waldrip, A. T. Wise, S. Mahajan, In situ measurements of the critical thickness for strain relaxation in AlGaN/GaN heterostructures. Appl. Phys. Lett. **85**, 6164(2004).

[7] K. B. Nam, M. L. Nakarmi, J. Li, J. Y. Lin, H. X. Jiang, Mg acceptor level in AlN probed by deep ultraviolet photoluminescence. Appl. Phys. Lett. **83**, 878(2003).

[8] M. Kneissl, T. Kolbe, J. Schlegel, J. Stellmach, C. Chua, Z. Yang, A. Knauer, M. Weyers, N. M. Johnson, *AlGaN-Based Ultraviolet Lasers—Applications and Materials Challenges. OSA Technical Digest*(CD)(Optical Society of America, 2011), JTuB1(2011).

[9] H. Yoshida, Y. Yamashita, M. Kuwabara, H. Kan, Demonstration of an ultraviolet 336 nm AlGaN multiple-quantum-well laser diode. Appl. Phys. Lett. **93**, 241106(2008).

[10] M. Kneissl, Z. Yang, M. Teepe, C. Knollenberg, O. Schmidt, P. Kiesel, N. M. Johnson, S. Schujman, L. J. Schowalter, Ultraviolet semiconductor laser diodes on bulk AlN. J. Appl. Phys. **101**, 123103(2007).

[11] S. B. Schujman, L. J. Schowalter, R. T. Bondokov, K. E. Morgan, W. Liu, J. A. Smart, T. Bettles, Structural and surface characterization of large diameter, crystalline AlN substrates for device fabrication. J. Cryst. Growth **310**, 887(2008).

[12] R. Dalmau, B. Moody, R. Schlesser, S. Mita, J. Xie, M. Feneberg, B. Neuschl, K. Thonke, R. Collazo, A. Rice, J. Tweedie, Z. Sitar, Growth and characterization of AlN and AlGaN epitaxial films on AlN single crystal substrates. J. Electrochem. Soc. **158**, H530(2011).

[13] C. Guguschev, A. Dittmar, E. Moukhina, C. Hartmann, S. Golka, J. Wollweber, M. Bickermann, R. Fornari, Growth of bulk AlN single crystals with low oxygen content taking into account thermal and kinetic effects of oxygen-related gaseous species. J. Cryst. Growth **360**, 185(2012).

[14] P. Lu, R. Collazo, R. Dalmau, G. Durkaya, N. Dietz, B. Raghothamachar, M. Dudley, Z. Sitar, Seeded growth of AlN bulk crystals in m-and c-orientation. J. Cryst. Growth **312**, 58(2009).

[15] A. Rice, R. Collazo, J. Tweedie, R. Dalmau, S. Mita, J. Xie, Z. Sitar, Surface preparation and homoepitaxial deposition of AlN on(0001)-oriented AlN substrates by metalorganic chemical vapor deposition. J. Appl. Phys. **108**, 043510(2010).

[16] T. Wunderer, C. L. Chua, J. E. Northrup, Z. Yang, N. M. Johnson, M. Kneissl, G. A. Garrett, H. Shen, M. Wraback, B. Moody, H. S. Craft, R. Schlesser, R. F. Dalmau, Z. Sitar, Optically pumped UV lasers grown on bulk AlN substrates. Phys. Status Solidi(c)**9**, 822-825(2012).

[17] B. Neuschl, K. Thonke, M. Feneberg, R. Goldhahn, T. Wunderer, Z. Yang, N. M. Johnson, A. Xie, S. Mita, A. Rice, R. Collazo, Z. Sitar, Direct determination of the silicon donor ionization energy in homoepitaxial AlN from photoluminescence two-electron transitions. Appl. Phys. Lett. **103**, 122105 (2013).

[18] R. Collazo, S. Mita, J. Xie, A. Rice, J. Tweedie, R. Dalmau, Z. Sitar, Progress on n-type doping of AlGaN alloys on AlN single crystal substrates for UV optoelectronic applications. Phys. Status Solidi(c)

8, 2031(2011).

[19] T. Wunderer, C. L. Chua, Z. Yang, J. E. Northrup, N. M. Johnson, G. A. Garrett, H. Shen, M. Wraback, Pseudomorphically grown ultraviolet-C photopumped lasers on bulk AlN substrates. Appl. Phys. Exp. **4**, 092101(2011).

[20] F. Bernardini, in *Nitride Semiconductor Devices: Principles and Simulations*, ed. by J. Piprek(Wiley-VCH, Weinheim, 2007), pp. 49-67.

[21] M. L. Nakarmi, K. H. Kim, M. Khizar, Z. Y. Fan, J. Y. Lin, X. Jianga, Electrical and optical properties of Mg-doped $Al_{0.7}Ga_{0.3}N$ alloys. Appl. Phys. Lett. **86**, 092108(2005).

[22] B. Cheng, S. Choi, J. E. Northrup, Z. Yang, C. Knollenberg, M. Teepe, T. Wunderer, C. L. Chua, N. M. Johnson, Enhanced vertical and lateral hole transport in high aluminum-containing AlGaN for deep ultraviolet light emitters. Appl. Phys. Lett. **102**, 231106(2013).

[23] R. Goldhahn, M. Feneberg, Private communication.

[24] J. Simon, V. Protasenko, C. Lian, H. Xing, D. Jena, Polarization-induced hole doping in wide-band-gap uniaxial semiconductor heterostructures. Science **327**, 60-64(2010).

[25] J. Cho, E. F. Schubert, J. K. Kim, Efficiency droop in light-emitting diodes: Challenges and countermeasures. Laser Photon. Rev. **7**, 408(2013).

[26] C. Verzellesi, D. Saguatti, M. Meneghini, F. Bertazzi, M. Goano, G. Meneghesso, E. Zanoni, Efficiency droop in InGaN/GaN blue light-emitting diodes: Physical mechanisms and remedies. J. Appl. Phys. **114**, 071101(2013).

[27] L. Zhang, K. Ding, J. C. Yan, J. X. Wang, Y. P. Zeng, T. B. Wei, Y. Y. Li, B. J. Sun, R. F. Duan, J. M. Li, Three-dimensional hole gas induced by polarization in (0001)-oriented metal-face III-nitride structure. Appl. Phys. Lett. **97**, 062103(2010).

[28] T. Takano, Y. Narita, A. Horiuchi, H. Kawanishi, Room-temperature deep-ultraviolet lasing at 241.5nm of AlGaN multiple-quantum-well laser. Appl. Phys. Lett. **84**, 3567(2004).

[29] M. Martens, F. Mehnke, C. Kuhn, C. Reich, V. Kueller, A. Knauer, C. Netzel, C. Hartmann, Wollweber, J. Rass, T. Wernicke, M. Bickermann, M. Weyers, M. Kneissl, Performance characteristics of UV-C AlGaN-based lasers grown on sapphire and bulk AlN substrates. IEEE Photon. Tech. Lett. **26**, 342(2014).

[30] Z. Lochner, T. -T. Kao, Y. -S. Liu, X. -H. Li, M. Satter, S. -C. Shen, P. D. Yoder, J. -H. Ryou, R.D. Dupuis, Y. Wei, H. Xie, A. Fischer, F. A. Ponce, Deep-ultraviolet lasing at 243 nm from photopumped AlGaN/AlN heterostructure on AlN substrate. Appl. Phys. Lett. **102**, 101110(2013).

[31] J. Xie, S. Mita, Z. Bryan, W. Guo, L. Hussey, B. Moody, R. Schlesser, R. Kirste, M. Gerhold, R. Collazo, Z. Sitar, Lasing and longitudinal cavity modes in photo-pumped deep ultraviolet AlGaN heterostructures. Appl. Phys. Lett. **102**, 171102(2013).

[32] M. Martens, F. Mehnke, C. Kuhn, C. Reich, T. Wernicke, J. Rass, V. Küller, A. Knauer, C.Netzel, M. Weyers, M. Bickermann, M. Kneissl, Performance characteristics of UV-C AlGaN-based lasers grown on sapphire and bulk AlN substrates. IEEE Photon. Tech. Lett. **26**, 342(2014).

[33] J. E. Northrup, C. L. Chua, Z. Yang, T. Wunderer, M. Kneissl, N. M. Johnson, T. Kolbe, Effect of strain and barrier composition on the polarization of light emission from AlGaN/AlN quantum wells. Appl. Phys. Lett. **100**, 021101(2012).

[34] T. Kolbe, A. Knauer, C. Chua, Z. Yang, S. Einfeldt, P. Vogt, N. M. Johnson, M. Weyers, M. Kneissl, Optical polarization characteristics of ultraviolet (In)(Al)GaN multiple quantum well light emitting diodes. Appl. Phys. Lett. **97**, 171105(2010).

[35] K. B. Nam, J. Li, M. L. Nakarmi, J. Y. Lin, H. X. Jiang, Unique optical properties of AlGaN alloys and related ultraviolet emitters. Appl. Phys. Lett. **84**, 5264(2004).

[36] D. S. Sizov, R. Bhat, A. Heberle, K. Song, C. Zah, Internal optical waveguide loss and p-type absorption in blue and green InGaN quantum well laser diodes. Appl. Phys. Express **3**, 122104(2010).

[37] V. I. Kozlovsky, A. B. Krysa, Y. K. Skyasyrsky, Y. M. Popov, A. Abare, M. P. Mack, S. Keller, U. K. Mishra, L. Coldren, Steven DenBaars, Michael D. Tiberi, T. George, Electron beam pumped MQW InGaN/GaN laser. MRS Internet J. Nitride Semicond. Res. **2**, 38(1997).

[38] M. Tiberi, V. Kozlovsky, P. Kuznetsov, Electron beam pumped lasers based on II-VI compound nanostructures from the visible to UVA. Phys. Status Solidi(B)**247**, 1547(2010).

[39] T. Oto, R. G. Banal, K Kataoka, M. Funato, 100 mW deep-ultraviolet emission from aluminium-nitride-based quantum wells pumped by an electron beam. Nat. Photon. **4**, 767(2010).

[40] O. G. Okhotnikov, *Semiconductor Disk Laser*(Wiley-VCH Verlag GmbH & Co, KGaA, Weinheim, 2010).

[41] S. -H. Park, J. Kim, H. Jeon, T. Sakong, S. -N. Lee, S. Chae, Y. Park, C. -H. Jeong, G. -Y.Yeom, Y. -H. Cho, Room-temperature GaN vertical-cavity surface-emitting laser operation in an extended cavity scheme. Appl. Phys. Lett. **83**, 2121(2003).

[42] R. Debusmann, N. Dhidah, V. Hoffmann, L. Weixelbaum, U. Brauch, T. Graf, M. Weyers, M. Kneissl, InGaN-GaN disk laser for blue-violet emission wavelengths. IEEE Photon. Technol. Lett. **22**, 652(2010).

[43] T. Wunderer, J. E. Northrup, Z. Yang, M. Teepe, A. Strittmatter, N. M. Johnson, P. Rotella, M. Wraback, In-well pumping of InGaN/GaN vertical-external-cavity surface-emitting lasers. Appl. Phys. Lett. **99**, 201109(2011).

[44] X. Zeng, D. L. Boïko, G. Cosendey, M. Glauser, J. -F. Carlin, N. Grandjean, Optically pumped long external cavity InGaN/GaN surface-emitting laser with injection seeding from a planar microcavity. Appl. Phys. Lett. **101**, 141120(2012).

第 9 章
日盲和可见光盲 AlGaN 探测器

Moritz Brendel，Enrico Pertzsch，Vera Abrosimova，Torsten Trenkler 和 Markus Weyers[1]

摘要

本章概括介绍基于 $Al_xGa_{1-x}N$ 材料体系的紫外探测器。介绍紫外光探测以及材料相关的问题后，我们将简要介绍当前最主流光电探测器类型，包括光电导器件、肖特基势垒二极管、金属-半导体-金属结构、PIN 二极管、雪崩探测器以及光电管和光电倍增管等的主要物理基础、工作原理和器件特性参数。此外，我们编辑了基于 $Al_xGa_{1-x}N$ 光电探测器的科学结果，以此说明不同的光探测器器件类型在广泛的紫外应用中的潜力。最后我们将介绍最先进的紫外探测和监控用的市售光电探测器。

---

[1] M. Brendel，M. Weyers
费迪南德-布朗学院，莱布尼茨高频技术学院，古斯塔夫-基尔霍夫 4 街，德国柏林 12489
电子邮箱：moritz.brendel@fbh-berlin.de
M. Weyers
电子邮箱：markus.weyers@fbh-berlin.de
E. Pertzsch，V. Abrosimova，T. Trenkler
JENOPTIK 聚合物系统有限公司，Köpenicker 大街 325B，德国柏林 12555
电子邮箱：enrico.pertzsch@jenoptik.com
V. Abrosimova
电子邮箱：vera.abrosimova@jenoptik.com
T. Trenkler
电子邮箱：torsten.trenkler@jenoptik.com

9.1 简介

电磁频谱的紫外（UV）部分，即 400～10nm 之间波长范围内的电磁辐射，分为几个子区间，例如 UVA（315～380nm），UVB（280～315nm），UVC（200～280nm）和 VUV（10～200nm）❶，这有助于光电器件分类，也就是可以根据它们工作区间，划分发光器件和探测器。仅对 UV 范围内光敏感的光电探测器❷可以是可见光盲或甚至是日盲的，只要其检测能力极限分别为低于 380nm 或 280nm 波长。这些器件在工业、军事、医学和科学等领域都有应用场合，包括紫外剂量、火焰探测、非视距通信以及生物和化学传感。一些特定例子如下。

- 紫外光刻（193nm）；
- 涂料、黏合剂、化合物和聚酯塑料的 UV 固化（例如，365nm）；
- 水、空气和表面的消毒（240～290nm）；
- 电晕放电探测（<280nm）；
- 导弹羽焰探测和内燃发动机控制；
- 化学和生物威胁探测；
- 紫外光谱；
- 紫外天文学。

作为例子，用于水和空气消毒的 UVC 灯必须加以监控，以检测故障并确保所需的 UVC 剂量。只要是这种系统采用中压汞灯❸，为了精确测量 254nm 波长 UVC 的剂量，寄生的 UVA 和 UVB 发光必须排除在外。类似的例子还有：断续传输线或者导弹羽焰和其他发射行为的电晕放电成像，通常面对的背景是地球大气层内部的日光。Ⅲ-Ⅴ族半导体材料能够用于设计出相应的 PD 光谱特性，并且不需使用很昂贵且常常在 UV 辐射下老化的外接频谱滤波器，这对类似应用非常有利。

三元 $Al_xGa_{1-x}N$ 材料系统包括二元 GaN 的 3.5eV 和 AlN 的 6.2eV 这些值之间的一系列带隙能量[1]，覆盖介于约 360nm 和 200nm 的带边截止值。AlGaN 基光电二极管可见光盲和日盲可以通过 Al 摩尔组分 $x_{Al} \geqslant 0.45$ 来调节，其中替代材料如 Si、GaAs、GaP 和 SiC 本质上就不是可见光盲。由于宽直接能隙产生的高抗辐射性能及高抗热应力能力，AlGaN 体系在许多紫外应用中非常有利。另外必须考虑纤锌矿单晶沿 c 轴的高自发极化及应变依赖的压电极化，因为二者

---

❶ VUV：真空紫外。
❷ 缩写 PD 在本章中专指光电探测器和光电二极管。
❸ 汞灯提供 10^{-4}～$0.1W \cdot cm^{-2}$ 的所需强度，其中 UVC-LED 具有 $10^{-4} W cm^{-2}$ 是市售的，但仍然对水消毒来说太弱。

都影响Ⅲ族氮化物的异质结器件光学和电学性质[1]。然而即使经过近二十年的 UV 光电探测器发展过程，随着 Al 含量增加，仍然存在几个困难需要解决。

- 首先，由于晶格和热失配导致的张应变，GaN/蓝宝石模板上直接异质外延生长一定厚度的 $Al_xGa_{1-x}N$ 层，其 AlN 摩尔分数限制为低于约 30%，否则外延层会产生裂纹（参见参考文献 [2] 和其中的参考文献）。已知材料缺陷如堆垛层错、穿透位错和晶界会劣化任何光电器件的性能。人们已报道了生长高质量 $Al_xGa_{1-x}N$ 材料的几种方法，例如使用低温（LT）AlN 缓冲层[3]，GaN/AlN 超晶格[4]，GaN/AlGaN 和 AlN/AlGaN[5] 层和不同的外延横向生长技术[6~8]。无论如何，对于背照式 PD 而言，衬底以及缓冲层都可能由于开始吸收而限制短波长性能，因此应合理选择材料体系。

- 另一个主要问题是 p 型 $Al_xGa_{1-x}N$ 层的导电性。Mg 掺杂 GaN 是在 GaN 晶格中，引入 Mg 替代 Ga 位的浅受主能级 Mg_{Ga}，激活能为 200meV[9]。但由于掺入的 Mg 被氢钝化，需要生长后采用高于 600℃的温度进行退火工艺，来得到导电的 p 型 GaN：Mg[10,11]。目前可以获得的最大空穴浓度约 $10^{18}cm^{-3}$，Mg 掺杂浓度约 $3.3 \times 10^{19}cm^{-3}$[12]，而进一步增加 Mg 浓度会导致自由空穴浓度的减少，因为预期 Mg_{Ga} 受主将通过氮空位 V_N^{3+} 进行自补偿[13,14]。随着 x_{Al} 增加，Mg 受主能级的激活能也将增加，直至 AlN 中的 0.51eV[15,16]，这将导致在相同净受主浓度下，AlN：Mg 相比 GaN：Mg 的自由空穴浓度大幅降低。

- 最后但很重要的是，开发 n 型和 p 型 $Al_xGa_{1-x}N$ 层的合适欧姆接触，以及形成非泄漏肖特基型金属-$Al_xGa_{1-x}N$ 结也不很容易。欧姆接触的主要问题是缺乏足够高功函数的金属，从而必须在金属化后进行热退火工艺，以便获得相应金属-$Al_xGa_{1-x}N$ 结的欧姆行为。对于 n-GaN 层，可以通过使用 Ti/Al 层在 900℃下退火 20~30s，而对于 p-GaN 层，可以通过 Ni/Au 在 700℃进行 30s 退火来完成[17,18]。这些例子说明，因为退火温度和时间的不同，使用 n 型以及 p 型欧姆接触器件，需要两个不同的工艺步骤来形成接触。如上所述，对于 $Al_xGa_{1-x}N$ 材料，似乎肖特基势垒势垒高度（介于使用 Ti 的 0.1eV 和使用 Pt 的大于 1.1eV 之间）因为省去退火工序而更容易制造。但是为确保所需的金属-$Al_xGa_{1-x}N$ 结，金属化之前必须经过合适的表面处理工艺，例如用 N_2^+ 离子溅射[19]或 HCl 湿法腐蚀[20]去除原生氧化物。依赖于使用的金属，肖特基接触的热稳定性受到一定限制，因为高于退火效应的热过程会改变接触的电学性能。因此，必须合理安排相应的工艺流程，即任何欧姆接触的形成需要在肖特基金属化之前完成，而器件工作的温度范围必须合理选择。已有一些金属被用来进行欧姆以及肖特基接触，感兴趣的读者可以参考 Pearton 等人的综述文章[21]。

当然，过去的二十年中，许多研究小组已经开发出不同的策略，来应对这些困难。尽管已经有大量的Ⅲ族氮化物紫外探测器综述文章发表（例如参考文献 [22~28]），本章还会给出某些器件类型的开发概括，并阐述实现高性能器件的各种方法。

9.2 光电探测器基础

本节将介绍光电探测器的相关基础。概述光电探测物理本质的部分之后，我们将介绍特定类型的光电探测器结构和工作原理。需要强调的是，本节基于若干参考文献的贡献，读者可以参考这些文献对相关问题进行更深入的了解，如参考文献[29～35]。由于空间有限，这里无法进行完整覆盖。但是，我们希望结合本节的学习后，能够有充足的基础知识架构，来处理第9.3节后更多的材料和相关研究部分。

9.2.1 特征参数与现象

在此，将介绍决定光电探测器（PD）性能如光学特性、量子效率和响应率、上升和下降时间、线性度以及噪声特性等的主要物理参数。

9.2.1.1 半导体的光学性质

固体的介电函数决定了它的光学常数，即折射率 n_{ref} 和消光系数 κ。一方面，这些数值定义了功率为 $P_j(\lambda)$ 的光信号，从具有 n_j 和 $\kappa_j = 0$ 介质 j 内，入射到具有 n_i 和 κ_i 材料 i 的反射部分 R_{ji} [图9.1（a）][36]。

$$R_{ji} = \frac{(n_i - n_j)^2 + \kappa_i^2}{(n_i + n_j)^2 + \kappa_i^2} \tag{9.1}$$

其中所有的数值取决于入射光子的光学波长 λ ❶。因此，只有 P_j 的一部分 $T_{ji} = 1 - R_{ji}$ 传输到介质 i 中。另一方面，光吸收系数 $\alpha_{opt,i} = \dfrac{4\pi\kappa_i(\lambda)}{\lambda}$ 确定了光生自由电荷的数量，即电子-空穴对，并根据朗伯-比尔斯定律 $P(x) \propto \exp(-\alpha x)$，给出光功率 P 沿着距离 x 衰减的量度。如图9.1（a）的底部所示，考虑基本的带-带吸收过程，即电子从能量 $E_{初始} \leqslant E_V$ 的满价带态到 $E_{终止} \geqslant E_C$ 的空导带态的本征激发，可以推导出光吸收阈值波长 $\lambda_{阈值} \leqslant hc/E_{带隙}$，其中 h 是普朗克常数，c 是真空电磁辐射速率，而 $E_{带隙} = E_C - E_V$ 是材料的直接或间接带隙能量。通过进一步忽略带隙间来自或者到往能级内的吸收过程，从而 $\lambda_{阈值}$ 定义了材料适合于光电探测的波长范围。图9.1（b）概括了室温下，各种适于制造光电探测器的间接带隙（Si、GaP、SiC 和金刚石）以及直接带隙（GaAs、ZnO 以及 AlGaN）半导体材料的 α_{opt} 谱，$\lambda_{阈值}$ 从近红外（NIR）到 UVC 区域❷。Si、

---

❶ 本（λ）依赖性有时会为清楚起见而省略。

❷ α_{opt} 的数据或者直接提取自文献（表：Si、GaAs、GaP[37] 或数字化图表：Si[35]；SiC[39]；金刚石[42]；GaAs[38]；ZnO[40]，或者通过介质函数计算（全部数字化：金刚石[43]；AlGaN[41]）。

GaAs 以及 GaP 对 380nm 以上波长显示出相对高的值 $\alpha_{opt} \geqslant 10^3 cm^{-1}$，宽带隙材料 ZnO、SiC、$Al_xGa_{1-x}N$ 和金刚石则与此相反，因此可以作为可见光盲或日盲光电探测有潜力的替代。

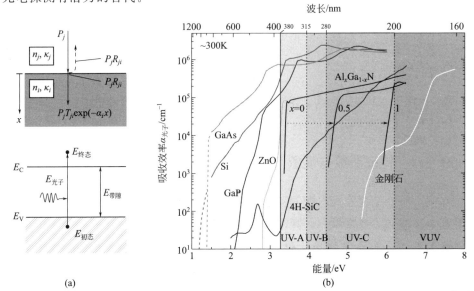

图 9.1 （a）（顶）光束通过介质 j 入射到材料 i 的表面传播，并在材料 i 内由于吸收而衰减，（底）基本的带-带吸收过程示意图；（b）各种半导体的光学吸收系数 α_{opt}（Si：虚线[35]，全部[37]；GaAs：虚线[38]，全部[37]；GaP[37]；4H-SiC[39]；ZnO[40]；AlGaN[41]；金刚石[42,43]，更多解释见正文和脚注❶）

9.2.1.2 量子效率和响应率

光电探测器量子效率（QE），也叫外量子效率（EQE）是一个可实验获取的数值，通过测量的外电路中电荷和照射到有源区的入射光子数量比值给定。因此，当入射光子能量 $E_{opt}(\lambda)$ 的光功率 $P_{opt}(\lambda)$ 已知时，它可以通过直接测量器件光电流 $I_{光子}(\lambda)$ 确定[31]

$$\eta_{ext}(\lambda) = \frac{测量的电荷}{入射的光子} = \frac{I_{光子}(\lambda)/q}{P_{opt}(\lambda)/E_{opt}(\lambda)} \quad (9.2)$$

其中，q 是单位电荷。为了将 η_{ext} 与器件的基本物理过程关联，Geist 在参考文献 [33] 中提出了有用的理论方法，其中垂直入射的 EQE 由式（9.3）给出

$$\eta_{ext}(\lambda) = T_{opt}(\lambda)Y(\lambda)CE(\lambda) = T_{opt}\eta_{int} \quad (9.3)$$

这里 T_{opt} 是功率传输到光探测器中的部分，Y 是量子产率，CE 是收集效率，而 η_{int} 是只考虑复合损失，并通过所产生电子-空穴对与器件中光子吸收比例，给出的内量子效率（IQE）。只要自由载流子吸收或碰撞电离可以忽略不计，量子

---

❶ α_{opt} 的数据或者直接提取自文献（表：Si、GaAs、GaP[37]或数字化图表：Si[35]；SiC[39]；金刚石[42]；GaAs[38]；ZnO[40]），或者通过介质函数计算（全部数字化：金刚石[43]；AlGaN[41]）。

产率 $Y \approx 1$。收集效率 CE 考虑了结构和电气特性（载流子扫出），以及特定光探测器器件中的光学特性（光吸收），可通过如下积分来计算

$$CE = \int \alpha_{opt} \exp[-\alpha_{opt} x] P(x) \mathrm{d}x \tag{9.4}$$

针对整个器件的 x 积分 [参考图 9.2 (a)]。$P(x)$ 描述了载流子收集概率，可以通过漂移扩散模型近似[33]。作为一个经验法则，当光生载流子进入电场区域时，受限于漂流或者扩散时，$P(x)$ 很高（→1）；而当复合损失占主导地位时，$P(x)$ 很低（→0）。

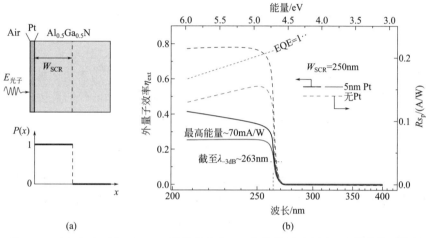

图 9.2 (a) Pt/n-$Al_{0.5}Ga_{0.5}N$ 肖特基势垒 PD 的横截面示意图，以及器件可能的收集效率概率 $P(x)$；(b) 针对有限（实线）和零（虚线）Pt 层厚度计算得到的 EQE 和响应率

参照图 9.2 (a)，从 Pt 侧照射的简化 Pt/n-$Al_{0.5}Ga_{0.5}N$ 肖特基势垒光电探测器❶横截面，EQE 可以利用式（9.3）和式（9.4）估算如下。

① 当涉及的所有材料光学常数 n_{ref} 和 κ 已知时❷，式（9.3）中的光传输可以估计为

$$T_{opt} = (1 - R_{空气-Pt}) \exp(-\alpha_{Pt} t_{Pt})(1 - R_{Pt-AlGaN}) \tag{9.5}$$

其中 R_{ji} 通过式（9.1）计算，衰减的指数因子为针对 Pt 层厚度为 $t_{Pt} = 5nm$。忽略了所有层内的多次反射。

② 假设 n 型 $Al_{0.5}Ga_{0.5}N$ 层中，宽度为 $w_{SCR} = 250nm$ 空间电荷区（SCR）的光生载流子都被收集，载流子收集概率可写为

$$P(x) = \begin{cases} 1 (w_{SCR} \text{ 内}) \\ 0 (\text{其他地方}) \end{cases} \tag{9.6}$$

❶ 后面将给出该类型 PD 的更详细描述。
❷ 本例中 Pt 的 n 和 k 数据取自参考文献 [44]，$Al_{0.5}Ga_{0.5}N$ 根据参考文献 [41] 中给出的介电函数推导得到。

如图 9.2（a）所示。

③ 实例中 PD 的 EQE 所得谱形可计算为

$$\eta_{\text{ext}} = T_{\text{opt}}[1 - \exp(-\alpha_{\text{opt}} w_{\text{SCR}})] \tag{9.7}$$

示于图 9.2（b）（蓝线，左坐标轴）。

起始吸收使得 EQE 在低于约 270nm 波长时增加。当比较急剧降低的 EQE（实线）与无 Pt 层（虚线）假想情况，其中 $R_{\text{空气-Pt}}$，$t_{\text{Pt}} \to 0$ 而 $R_{\text{Pt-AlGaN}} \to R_{\text{空气-AlGaN}}$ 时，Pt 层的光学性质，特别是其反射对于 EQE 的影响很明显。此外，体材料表面以及接触处的复合损失可能减小 CE，从而显著降低 EQE。无论如何，式（9.2）有效性的主要限制是光电流 $I_{\text{光子}}$ 和光功率 P_{opt} 之间的线性关系

$$I_{\text{光子}} = R_{\text{sp}} P_{\text{opt}} \Longleftrightarrow P_{\text{opt}} = \frac{I_{\text{光子}}(\lambda)}{P_{\text{opt}}(\lambda)} \tag{9.8}$$

其中，P_{opt} 为响应率，这是最基本的优值，在实践中，用来描述探测器将以瓦特为单位测量的光信号转换到以安培为单位测量的电流信号的能力。组合式（9.2）和式（9.8），响应率通过如下关系式与 EQE 关联

$$R_{\text{sp}}(\lambda) = \eta_{\text{ext}}(\lambda) \frac{q}{I_{\text{光子}}(\lambda)} \tag{9.9}$$

实例中，由此得到的 PD 响应率也绘于图 9.2（b）中（红线，右坐标轴），而上述对 EQE 的解释也随之变换到该响应率谱中。但是除了绝对 R_{sp} 的减少，考虑到 Pt 层的光学性质，我们可以看出，半透明 Pt 层的存在，使得该谱形从平坦改变为随波长增加，直到 $\lambda > 255$nm 时 R_{sp} 突然下降 [已引入 R_{sp}(EQE=1) 线进行比较]。

截止波长 λ_{co} 往往定义作为谱的量度，指示出光电探测器的工作波长范围。谱的截止定义为响应率下降到长波长最大值一定百分比，如 50% 或 10% 时的波长。正如同阈值波长 $\lambda_{\text{阈值}}$ 一样，截止波长直接对应于吸收的开始，因此与带隙能量相关。图 9.2 中 50% 截止波长是 263nm，图中示出此 Pt/$Al_{0.5}Ga_{0.5}N$ 肖特基势垒 PD 的日盲工作波长范围。

9.2.1.3　上升和下降时间

入射光信号强度开始变化时，测量到电信号-电流或电压一定变化的响应时间，对于光探测应用十分重要。实际中，从暗信号上升到照射时 90% 最大信号的时间 $\tau_{\text{上升}}$ 和下降到 10% 的时间 $\tau_{\text{下降}}$，是针对特定器件规格的常用参数，如图 9.3（a）所示。这些时间常数受多个因素影响，主要与材料特性、光探测器结构和输出电路等相关。为了说明这些关系，我们参考了图 9.3（a）中所示的 PIN 二极管结构❶。光电二极管的等效电路参数示于图 9.3（b）。根据式（9.2），光电二极管的静态响应可以看作，照射时功率为 P_{opt} 的光信号所产生的光电流 I_{p}。

---

❶　后面将给出该类型 PD 的更详细描述。

该电流源并联着整流二极管结,以及结的反向偏置依赖二极管电容 C_D。几欧姆量级的串联电阻 R_S 对于欧姆接触和体材料电阻而言很重要。源自如导线的寄生电感串联 R_S,源自如键合焊盘的寄生电容并联 C_D 以及通常大于 10^7 的结并联分路电阻往往忽略不计。据此可以预期,光电二极管对于调制入射信号响应的电流或电压低通滤波器特性。因此响应率 R_{sp} 对信号调制频率 f 的依赖性近似为[31]

$$R_{sp}(f) = \frac{R_{sp0}}{\sqrt{1+(f/f_{CO})^2}}, \quad f_{CO} = \frac{1}{2\pi\tau_r} \quad (9.10)$$

其中,R_{sp0} 为静态响应率而 f_{CO} 为截止频率,也称为光电二极管的带宽。图 9.3 (c) 所示为代表 $f_{CO}=3\mathrm{MHz}$ 情况下的行为。截止频率测量光探测器跟踪频率调制输入信号的能力❶,并且它通过响应时间 τ_r 依赖于不同的贡献而确定。

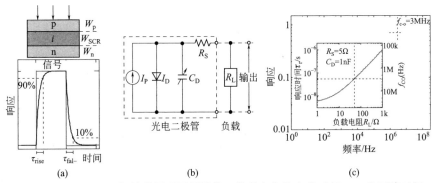

图 9.3 (a) PIN 二极管的原理图层结构,信号变化的上升时间 $\tau_{上升}$ 和下降时间 $\tau_{下降}$ 系统响应;(b) 有读出电路的光电二极管等价电路(已简化,见正文);(c) 频率调制输入光信号上的光电二极管响应低通输出特性[插图显示对响应时间的依赖(左轴),进而负载电阻上的截止频率(右轴)]

- 器件在高电场区即 i 层中光激发载流子的漂移。对应的响应时间 τ_{tr},由电场依赖的载流子传输时间 t_{tr} 设定,并可以近似为[31]

$$\tau_{tr} \approx 0.36 t_{tr}, \quad t_{tr} = w_{SCR}/(\mu F) \quad (9.11)$$

其中,w_{SCR} 为空间电荷区宽度;μ 为行进载流子的迁移率;F 为电场强度。因而这个贡献可以通过耗尽层的宽度和外加偏置进行调节。

- 光激发少数载流子在无电场区即 p 型和 n 型区的扩散:复合前的扩散时间 τ_{diff} 是由少数载流子寿命 τ_{rec} 通过下式给出[31]

$$\tau_{diff} \approx \frac{w^2}{2D}, \quad D = L^2/\tau_{rec} \quad (9.12)$$

其中,w 为无电场区的长度;D 为扩散常数;L 对应于扩散长度❷。当 w 尽可

---

❶ 根据式 (9.10),响应率在带宽 f_{CO} 处下降因子为 $1/\sqrt{2}$,这对应于功率水平 $-3\mathrm{dB}$ 的减少(约 $-1/2$)。因此,f_{CO} 也称为 3dB 带宽 f_{3dB}。

❷ D 和 L 用于少数载流子的值,例如宽度 w_p 的 p 型区中电子具有 D_n 和 L_n。

能小和 D 足够大时，该响应时间的贡献减少。

- 负载电阻 R_L 与读出探测器信号、二极管串联电阻 R_S 以及结电容 C_D 的组合产生了 RC 时间常数 τ_{RC}，由下式给出

$$\tau_{RC} = (R_S + R_L)C_D \tag{9.13}$$

它会限制带宽。减少 R_S 和 C_D 可以降低这项的贡献。由于 $C_D \sim A/w_{SCR}$，其中 A 为结面积，对于小的结面积和大的空间电荷区，二极管电容将降低。

总响应时间 τ_r，即上升或下降时间，则估算为

$$\tau_r = \sqrt{\tau_{tr}^2 + \tau_{diff}^2 + \tau_{RC}^2} \tag{9.14}$$

其中，τ_{tr}、τ_{diff} 和 τ_{RC} 的贡献可以通过器件几何形状和材料特性进行改变，以符合应用的需要。图 9.3（c）中，响应时间 τ_r 对负载电阻 R_L 的依赖性显示为 5Ω 串联电阻，1nF 结电容和消失的 τ_{tr} 及 τ_{diff} 贡献。截止频率 $f_{co}=3$MHz 可以采用 50Ω 负载电阻来实现，并且进一步减少 τ_r，甚至可能实现更小 R_L。

我们通过光诱导自由载流子增强随时间变化 $\Delta n(t)$ 的简单理论分析，可以对响应时间 τ_r 有贡献的过剩载流子复合寿命 τ_{rec} 进行更仔细的研究[29]。仅考虑单分子复合过程，指数项形式的结果在信号增长时为 $\Delta n(t) \sim [1-\exp(-t/\tau_{增长})]$，而在信号衰减时为 $\Delta n(t) \sim -\exp(-t/\tau_{衰减})$❶，这很容易通过相应时间常数来解释[29,32]。当在这个分析中考虑俘获过程时，可以近似得到更复杂的 $\Delta n(t)$ 项来拟合实验数据，例如 9.2 节 Bube 在参考文献 [29] 中给出的汇总表。一般情况下，已经发现，具有一定移动载流子俘获截面的深中心会导致长寿命的瞬态过程，参见下节。此外，载流子俘获过程依赖于外部或内部的电场和温度。因此，工作中可能会出现不可预测的不稳定性，劣化调制辐射源应用中光探测器的性能。

9.2.1.4 持续光电导（PPC）

自从柯尔劳施 1854 年检查了莱顿瓶的残余放电后，已有许多不同光学激励系统的报道，其中多晶和单晶半导体材料以及合金具有超过数 1000s 的上升和下降时间[45]。这种现象通常称为持续光电导（PPC），表现为光感应电流的瞬时积聚和衰减，通常发现可以通过弛豫的指数形式 $I(t) \sim \exp[(-t/\tau)^\beta]$ 很好地描述，其中 τ 是具有时间维度的常数，而 $0 < \beta \le 1$ 是柯尔劳施拉伸参数，它反映了测出的非指数变化电导率的底层电子和原子弛豫过程微观本质[46,47]。然而，迄今为止，已发表了大量Ⅲ族氮化物 PPC 的文献，并且大多都提出不同的模型来解释 PPC 的起源。GaN MSM 光电探测器样品中的光电流瞬时积聚和衰减曲线的例子示于图 9.4。可以看出，恒定的光功率照射期间光电流稳定增加。关掉

---

❶ 时间常数 $\tau_{增长}$ 和 $\tau_{衰减}$ 描述信号的相应变化，比如或者增长到最大信号的 $1-1/e \approx 64\%$ 或衰减到最大信号的 $1/e \approx 37\%$。

光源后，可以看到衰减瞬态过程中的几个过程。多指数函数（插入表中给出了参数）非常好地再现了这种开关行为。然而，已有的理论和实验研究认为，表面、界面、晶界和掺杂或材料不均匀处的宏观势垒阻碍了复合过程，并以此解释 GaN 光电导体中所观察到的长衰减常数 τ 约 10^3 s，以及超大光电导增益约 10^3[49]。但大部分研究报道均指向微观层面的过程，即局域缺陷处自由载流子的俘获。Park 等人提出，p 型 GaN：Mg 中的 PPC 源自伴随电荷状态变化的 N 空位 V_N 双稳定性[50]。Ursaki 等人报道称，对于 n 型 GaN：Si，测量的光电导结果揭示了与位于导带 2.2eV 以下电子陷阱宽分布相关联的机制[51]。他们还得出结论，Ga 空位 V_{Ga} 或 N 反位 N_{Ga} 是 PPC 的可能原因。Katz 等人提出了 n-GaN 肖特基势垒 PD 的一种 PPC 模型，考虑了关掉光照后，电子在半导体-金属界面重新占领已填充的空穴陷阱，这随之导致肖特基势垒的逐渐恢复[52]。

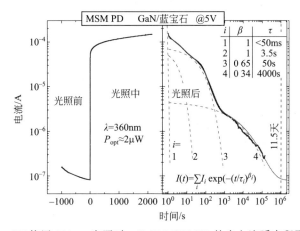

图 9.4　5V 偏压 360nm 光照时，GaN MSM PD 的光电流瞬态积聚（左）和衰减曲线（右）[衰减瞬态可以用拉伸指数函数总和来建模；表中列出用于每种贡献的相关参数（未发表数据参见参考文献［48］）]

然而，尽管对 PPC 起源的争论还没有完结，人们已报道多种 AlGaN 基光电探测器件，而这些并没有显示出这种不希望的效应。深入讨论 PPC 超出了本章的范围，读者可参考这里引用的工作以及其中的参考文献。

9.2.1.5　线性

光电导器件中 I_{photo} 和 P_{opt} 之间的线性有重要的作用，不仅定义了如式（9.8）中描述的功率无关响应 R_{sp}，也用于实现可靠的器件工作。正如前述上升和下降时间一样，线性也受到吸收体材料中载流子复合动力学、光电探测器及读出电路等效电路的影响。

考虑暗载流子密度为 n_0，光产生率 $G_{opt}(\sim P_{opt})$，光照时，载流子密度增强为 Δn 的无陷阱半导体材料中，通过单中心的单分子复合可以简单地通过用稳态条件速率方程讨论加以研究[29]。对于绝缘体的情况（$n_0 \ll \Delta n$），他们发现平

方根依赖关系 $\Delta n \sim \sqrt{G_{\text{opt}}}$ 成立，而对于半导体的情况（$n_0 \gg \Delta n$），线性依赖关系 $\Delta n \sim G_{\text{opt}}$ 是有效的。考虑俘获中心后，情况变得更加复杂，但这可以概括为取决于陷阱态的能量分布。首先，例如导带以下的陷阱密度均匀分布，可以将绝缘体的平方根依赖改变为线性关系。但是同样在绝缘体情况中，当入射功率使光生自由载流子密度 Δn 保持低于陷阱载流子浓度 ΔN_t 时，陷阱指数分布可以将 G_{opt} 的指数从 1/2 改变为 1。当高强度的 Δn 比 ΔN_t 更高时，双分子复合可能会占据主导地位，因此甚至对于捕获，都可能有 $\Delta n \sim \sqrt{G_{\text{opt}}}$。要避免任何陷阱相关的非线性，因为它能以不可控的方式改变某些器件属性。

即使材料本身对入射光子通量有线性响应，连接到外部电路也会造成低和高功率区域的极限。在低端，引入更低的噪声等效功率限制了任何类型器件的光电流信号。在高功率水平，比如 PIN PD 中的光电流饱和设置了高于如下近似点的值为[53]

$$P_{\text{opt, sat}} = \frac{q\phi_{\text{bi}} - U_{\text{bias}}}{(R_S + R_L)R_{\text{sp}}(\lambda)} \tag{9.15}$$

其中，$q\phi_{\text{bi}}$ 为零偏置时，跨过 PIN 结的内置压降；U_{bias} 为外加偏压。因此，这种上限可通过外加更高的反向偏压（$U_{\text{bias}} < 0$），或利用更小的负载电阻来增强。此外还应注意对响应度的依赖。

9.2.1.6 探测能力

光电探测器的最小可检测光功率受限于不同的噪声来源。噪声或者产生自某些探测器的属性和读出设置，例如放大晶体管中的噪声，或者来自辐射信号的统计波动和检测过程中任何显著的背景辐射。对于噪声源的详细描述，读者可参考文献[31，32，54]。一个非常有用的辐射诱导信号和检测系统总噪声的比较量度是信噪比 S/N。当已实验确定检测系统中的噪声水平时，可根据 $S/N=1$ 估计最小可检测功率和噪声等效功率（NEP）。为了比较不同检测系统的性能，人们常用的是比探测率 $D^* = \sqrt{AB}/(\text{NEP})$，其中，$A$ 为探测器面积；B 为带宽。显然，噪声源及其 D^* 的表达式不仅取决于探测器的类型及其设计，而且还取决于所使用的读出电路组件。所以当依托于高速、高精度的应用设计探测器和读出电路时，电路的噪声必须低于探测器的噪声水平。

9.2.2 各种类型的半导体光电探测器

本节概述了最常见类型半导体光电探测器的设计和工作原理，包括光电导体、肖特基势垒光电二极管（肖特基 PD）、金属-半导体-金属光电探测器（MSM PD）、PIN PD 和雪崩光电二极管（APD）。由于日益增加的发展宽禁带半导体阴极作为高效电子发光器件兴趣，在此也介绍了光电管（PT）和光电倍增管

（PMT）及相关问题。

9.2.2.1 光电导体

光电导探测器，也称为光电导体，通常包含一对半导体表面的欧姆电极[图 9.5（a）]，大探测面积可以利用多对电极的叉指排列来实现。但这种平面设计也导致光信号由于电极的阴影效应而损失。器件电流通过一对电极之间的电场驱动，这可以由外加偏压 U_{bias} 调节。暗场下，也就是没有吸收辐射时，暗电流 I_{dark} 由下式给出，$I_{dark}=U_{bias}/R_{dark}$，其中 R_{dark} 是通过材料暗电阻率给出的电阻[如图 9.5（b）中虚线所示]。当用光照射偏置的光电导体，到有足够能量产生自由载流子时，即 $E_{opt} \geqslant E_{gap}$，电阻率下降到 $R_{illum} < R_{dark}$。光电流随之变为 $I_{photo}=U_{bias}(R_{illum}^{-1}-R_{dark}^{-1})$，如图 9.5（b）中实线所示。当光电导体与负载电阻 R_{load} 串联工作时，电极之间均匀照射光功率为 P_{opt} 的光子，$R_{load}=0$ 处的短路光电流 I_{photo}^{SC} 由式（9.16）给出[31]：

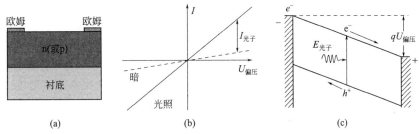

图 9.5 （a）光电导体的横截面示意图；（b）光电导体 I-V 特性示意图，
暗场（虚线）和光照下（实线）（出自参考文献 [34]）；
（c）光照条件下偏置光电导体的示意能带图

$$I_{photo}^{SC}=\frac{qP_{opt}}{E_{opt}}\eta_{ext}g \tag{9.16}$$

其中，q 为基本电荷；η_{ext} 为外量子效率；g 为增益因子。由于通常电子和空穴的迁移率不同，例如 n 型材料中 $\mu_e > \mu_h$，增益因子可写为：

$$g=\frac{\tau_{rec,h}}{t_{tr,e}} \tag{9.17}$$

其中，$\tau_{rec,h}$ 是空穴复合寿命，而 $t_{tr,e}$ 是电子跃迁时间。这样，光电导体在 $\tau_{rec,h}$ 和 $t_{tr,e}=d^2/\mu_e U_{bias}$ 的某些值发生光电导增益机制，因为后者依赖于电极间隔 d、电子迁移率 μ_e 以及偏置电压 U_{bias}。如图 9.5（c）所示简化画面中，光激发电子将早于空穴到达阳极，这里用不同箭头长度表示，而由于电中性要求，阴极必须注入一个额外的电子。这种反馈一直持续到陷阱中的空穴捕获自由电子为止。因此，电子回路的数量增加了 g。应当强调的是，这种增益并不是指单个光子的吸收过程中会产生多个载流子，而是循环次数，快载流子可以在同较慢（或陷阱中）的载流子复合前，流经整个半导体。

当缩放光电导体到应用中时，由于电场效应，例如空间电荷限制电流对光电流的限制，雪崩和介质击穿开始发挥作用。此外，需要找到高增益因子和快速响应之间的平衡点，因为当 τ_{rec} 变长时，器件变慢。光电导体的主要缺点是非零偏压工作的要求，因为暗电流水平产生了额外的噪声，从而减少了器件的探测率。然而，当半导体上能够有金属用来形成欧姆行为的电极时，相比有若干层外延的器件如 PIN PD 或 APD，光电导体器件的制造是相当简单的。

9.2.2.2 肖特基势垒光电二极管

肖特基势垒光电二极管是基于整流电流-电压特性的肖特基型金属-半导体结。如图 9.6（a）所示，金属可以沉积到 n 型或 p 型或甚至非掺杂的光学活性半导体层上。适中掺杂 n 型（或 p 型）吸收层之前，往往生长高掺 n^+ 层（或 p^+ 层）以减小欧姆接触的接触电阻。下面将简要说明 n 型肖特基势垒二极管及其特征。有关金属-半导体接触的更深入研究，建议读者参考 Rhoderick 和 Williams 的详细专著[55]以及 Tung 最近发表的肖特基势垒物理和化学综述[56]。图 9.6（b）左边表明，要形成肖特基势垒接触，测得的从费米能级 $E_{F,m}$ 到真空能级 E_{vac} 的金属功函数 ϕ_m 和测得的从导带最低 E_C 到真空能级的半导体电子亲和势 χ_S 之间的关系是十分重要的。根据肖特基-莫特理论的概念，如果 $\chi_S < \phi_m$，存在针对电子的，从金属侧指向结，高度为 $\phi_b = \phi_m - \chi_S$ 的理想肖特基势垒。金属电极下面形成空间电荷区（SCR），自由电子在此耗尽。因为带正电荷的离化施主有大致恒定的密度，使得指向金属-半导体结的电场增加。电场变化引起能带指向表面的向上弯曲，从而半导体内的自由电子必须克服内建电势 ϕ_{bi}，才能到达金属接触。如图 9.6（b）右上图所示的反向偏置肖特基，接触提高相应势垒为 $\phi_{bi} - qU_{rev}$，其中 q 为基本电荷，而 $U_{rev} < 0V$ 是反向偏压。从金属产生的净热离子电子发射可以饱和，电流密度表示[55]

$$J_0 = A^{**} T^2 \{ -(\phi_b - \Delta\phi_b)/kT \} \tag{9.18}$$

式中，k 为玻尔兹曼常数；A^{**} 为理查森常数；T 为绝对温度。肖特基势垒高度的偏置依赖降低值 $\Delta\phi_b(U)$，源自金属/半导体界面的镜像力和偶极相互作用。在很高的反向偏置条件下，能带到能带的齐纳隧道效应或雪崩效应会让自由载流子密度很快增加，从而迅速导致介质击穿。相反，图 9.6（b）的右下图展示了正向偏置条件下（$U_{fwd} > 0V$），势垒减少。这产生了增强的电子注入金属行为❶，使得电流指数级增加。因此，理想肖特基二极管的暗场电流密度遵从以下形式的二极管特性[55]

$$J_{dark} = J_0 \{ \exp(qU/kT) - 1 \} \tag{9.19}$$

其中，J_0 通过式（9.18）给出。这种关系会进一步改变，源自通过肖特基势

---

❶ 电子通过欧姆接触输运。

垒的陷阱辅助或声子辅助隧穿过程,即热电子场发射或者甚至场发射,它们都会随着靠近结的电场强度从而反向偏压 U_{rev} 的增加而增加。此外,通过缺陷和杂质引入的浅能级和深能级,可能会影响整个 SCR 上的电荷分布,并因此导致目前讨论的暗电流特性改变(例如见参考文献[57])。

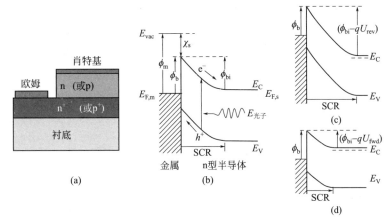

图 9.6　(a) 肖特基 PD 的横截面示意图;零偏压光照下 (b) 和暗场反向偏置 $U_{rev} < 0V$ (c) 以及正向偏置 $U_{fwd} > 0V$ (d) 时的金属/n 型半导体结能带图

对用于辐射探测器工作的肖特基二极管,偏置依赖的调制耗尽区特性,即宽度和电场分布是极其重要的,因为 SCR 中的光生载流子通过电场分离,并扫出来形成漂移电流的贡献。如果距 SCR 在扩散长度以内产生时,无场接触层中的过剩少数载流子将贡献扩散电流。因此,一方面,所产生的光电流信号 I_{photo} 取决于载流子输运机制,如过剩载流子的跃迁时间和少数载流子的扩散长度。另一方面,入射光子束流、吸收系数和少数载流子寿命决定光生和复合过程。肖特基 PD 的 I-V 特征非常类似于其他光电二极管结构,为简化,我们特指图 9.8 (b) 中所示的 PIN PD。对应地,非偏置肖特基 PD 光照时,已经引入了短路电流,这使得肖特基 PD 成为需要外加偏压的光电导体的有潜力的替代。

考虑正面光照型肖特基 PD 的设计,必须沉积半透明金属层,以便靠近肖特基结的 SCR 内具有最佳的光生电流。此外,为了使得光学反射损失最小,顶部金属层必须非常薄 (<10nm),并且可以使用针对特定波长优化的额外减反射镀膜。

9.2.2.3　金属-半导体-金属光电探测器

金属-半导体-金属(MSM)光电探测器包含"背靠背"相连的两个肖特基势垒结,如图 9.7 (a) 所示。这意味着,分开的金属电极交叉边靠边,沿平面放置在光学活性的半导体吸收层表面上。因为器件的工作和肖特基 PD 一样,依赖于靠近金属电极的 SCR 区变化,我们借此区分 MSM PD 和光电导体,后者有两个欧姆接触，理想情况下，不存在耗尽区来分离光生电荷。

源于肖特基势垒接触，暗电流受到从金属到半导体的热离子发射、热离子场发射或者场发射和势垒降低效应控制，和以上肖特基 PD 一样[55]。但对于 MSM 器件，必须同时考虑阴极电子和阳极空穴的饱和电流[58]。任何极性的偏压，都是一个电极反偏而另外一个正偏 [图 9.7（b）]，形成暗场和光照条件下对称的 I-V 特性 [图 9.7（c）]。通过利用一维结构光电流的解析表达式，Sarto 等人发现，光激发载流子的复合，对完全耗尽吸收层的 DC 特性和脉冲响应几乎没有影响[59]。

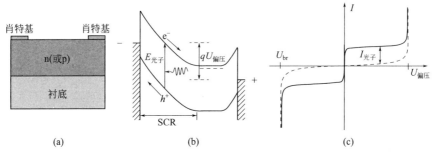

图 9.7 （a）MSM 光电探测器的横截面示意图；（b）光照条件下偏置 MSM 的能带示意图；（c）MSM PD 在暗场（虚线）和光照下（实线）的 I-V 特性示意图

因为缺乏针对 MSM 的光伏模式，必须考虑由于外加偏压导致的额外噪声。然而，小的接触面积降低了器件的电容，从而产生短 RC 时间常数。利用几十纳米的电极间距，甚至能够实现大赫兹范围的高速工作[60,61]。

9.2.2.4 PIN 光电二极管

PIN 光电二极管包括 n 型层，非掺杂 i 层（i = 本征）和 p 型层。如图 9.8 （a）所示，额外的 p^+ 和 n^+ 层用来形成具有低接触电阻的合适欧姆接触。对比 pn 结，PIN 二极管的耗尽区由 i 层提供，并且可以使之更宽，以便允许更有效的吸收和更低的结电容，这对于高频工作非常有利。由于 i 层内几乎恒定的电场，SCR 的宽度与外加偏置电压接近无关，从而获得稳定工作以及击穿电压 U_{br} 增加。

忽略中性 i 区的产生和复合，PIN 二极管的暗电流示出类似式（9.19）的二极管行为，但有通过少数载流子扩散确定的饱和电流密度 J_0。[34]

$$J_0 = qn_i^2 \left(\frac{D_p}{L_p N_D} + \frac{D_n}{L_N N_A} \right) \tag{9.20}$$

这里 D_j 为扩散常数，$L_j = \sqrt{D_j \tau_{rec,j}}$ 为少数载流子的扩散长度，$\tau_{rec,j}$ 为载流子寿命，其中 $j = n$ 针对电子，$j = p$ 针对空穴。此外，n_i 是本征载流子浓度，而 N_D 和 N_A 分别是施主和受主的浓度。图 9.8（b）中的虚线示出 PIN 二极管的暗电流特性。高正向偏压时，电流受到串联电阻（图中未示出）的限制，而高反向偏压时，由于雪崩效应和能带到能带齐纳隧道效应，从而发生击穿。如图 9.8 (c) 所示，即使在零偏压下，i 层中光生过剩带电载流子也会被电场扫出，并为漂移电流做贡献，通过施加反向偏压则略有增强。当各自距耗尽区在扩散长度 L_j 以内时，光生少数载流子也扫过整个电场区，并形成了相应的扩散电流。总光电流增加到超过暗电流，如图 9.8 (b) 中的实线所示。然而，根据光照情形（正面或背面），必须要特别小心，避免入射信号进入吸收层之前在这些无场层中的吸收损失。这种吸收损失能够减少，而随时间变化的电流信号的扩散尾也可以抑制，例如使用非常薄的 p 型或 n 型层。此外适当的异质结也可以用来减少扩散尾；相比于吸收 i 层，当选择更宽带隙材料作为掺杂入光层时，一定光谱范围内的光可以达到 i 层。但是，这种方法在制造方面有挑战，关于Ⅲ族氮化物中掺杂和欧姆接触形成的问题，我们将在下面进一步讨论。

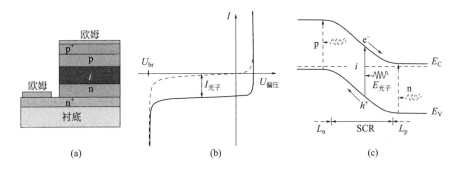

图 9.8　(a) PIN PD 的剖面示意图；(b) PIN 光电二极管的电流-电压特性；(c) 零偏压光照下 PIN 结的能带图

9.2.2.5　雪崩光电二极管

因为雪崩光电二极管（APD）工作原理基于接近击穿的碰撞电离过程中，高电场下载流子的倍增机制，它可以通过几种方式设计。高电场区通常是根据器件结构，具有不同电场分布的耗尽区，并存在于足够高反向偏压下肖特基接触边缘以下，特别是临近处（MSM 和肖特基 PD）或 pn 结处或 PIN PD 的 i 层内。当自由载流子获得足够动能（$>E_{\mathrm{gap}}$），即行进期间与晶格发生碰撞的能量损失可以忽略不计时，可以激发出额外的电子-空穴对，如图 9.9 (a) 中的 (1)，(2)，(1′) 和 (2′)，而这些碰撞电离过程进而产生了载流子倍增。一般情况下，电子和空穴的碰撞电离概率是不同的，并描述为每单位长度（cm^{-1}）相对对应电离系数 α_n 和 α_p，它们与电场强度 F 的关系为[31]：

$$\alpha_i = \alpha_{i,0} \exp(-F_i/F)^\gamma \tag{9.21}$$

其中，$i=$n，p 对应于电子和空穴，而 γ，$\alpha_{i,0}$ 以及 F_i 是根据实验结果或计算得到的拟合参数。图 9.9 (b) 中示出碰撞电离系数作为反向电场的函数，这是由 Oguzman 等人对纤锌矿相 GaN 电子（深色正方形）和空穴（浅色正方形）计算[62]，并通过式（9.21），对 $\gamma=1$ 时进行了这些数据（实线）拟合。根据这些结果，电场低于 3.7MV/cm 时，GaN 中空穴电离系数比电子大，表明空穴以更高速率开始雪崩过程。因此，虽然低电场时，PIN 的 I-V 特性类似上述其他类型 PD，高电场时，由于器件中的碰撞电离，使得载流子倍增以倍增因子 M_i 增加。这些倍增因子可以从任何特定的 PD 类型推导得到。宽度 w 且有恒定电场 π 区的 p^+-π-n^+ 二极管（π=非常低的 p 型）中，倍增因子可写为[31]：

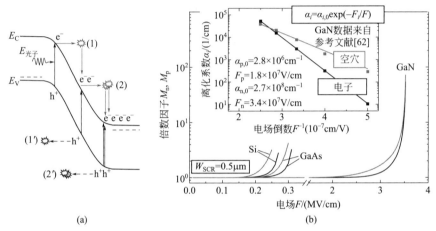

图 9.9　(a) 高反向偏置 PIN 结构中的载流子倍增示意（电子注入 p 侧后发生碰撞电离）；(b) 单纯电子（深色）或空穴（浅色）注入 Si、GaAs 或 GaN 基 p^+-π-n^+ 光电二极管反向偏置倍增区时，根据式（9.22）计算的倍增因子；插图示出 GaN 电子和空穴电离系数的数据（来自参考文献 [62]）

根据式（9.21）所做拟合（文中进一步解释）

$$M_i = \frac{(1-k_i)\exp[\alpha_i(1-k_i)]}{1-k_i\exp[\alpha_i(1-k_i)]}, \quad (i=\text{n, p}) \tag{9.22}$$

其中，$k_n=\alpha_p/\alpha_n$ 是电离率，而 $k_p=1/k_n$。针对 Si、GaAs 和 GaN 的电子（深色）和空穴（浅色）倍增，利用式（9.22）计算的倍增因子示于图 9.9（b），其中 i 层厚度为 $w_{SCR}=0.5$，这里 Si 和 GaAs 的 α_i 值已经根据参考文献 [31] 计算，GaN 的示于图 9.9（b）中。因此，预计 GaN 的载流子倍增将出现在大小比 Si 和 GaAs 高一个量级的电场中。然而，由于 α_i 以及 k_i 是反向电场的指数函数，对于 $k_n>1$，F 的小变化导致击穿电场附近 M_i 非常急剧的增加。这种情况下，这样的 p^+-π-n^+ 二极管稳定工作变得很关键，其中电子和空穴在任何时候都同时注入相同的高电场区域。由于空间电荷区掺杂分布或宽度 w_{SCR} 的空间不均匀性，电场强度会局域变化，因此如果 $\alpha_n<\alpha_p$ 成立，电子的突然倍增会导致器件性能恶化，甚至引起局域击穿效应。

因此，最好将光生电子和空穴的 i 层吸收区域，与另外的 i 层倍增区域分离，比较理想的是注入单一类型的载流子来引发倍增。实现的分离吸收和倍增（SAM）APD 结构有很多种，例如 p^+-n-v-n^+（v=非常低 n 型）或 p^+-n^--n-v-n^+（低高低）结构，并且因此，目标光谱范围、时序行为以及碰撞电离的通用载流子类型，必须针对它们的设计予以考虑。实验上，固定偏压中，光电流信号的倍增系数可使用参考文献 [31] 推导为

$$M_{\text{photo}} = \frac{I_{\text{M, photo}} - I_{\text{M, dark}}}{I_{\text{pr, photo}} - I_{\text{pr, dark}}} \tag{9.23}$$

其中，I_M 和 I_{pr} 分别是倍增和初级（未倍增）电流信号。对于调制发光的探测，由于倍增因子 M 和带宽 $f_{c\text{-}o}$ 的恒定乘积，以及通过有效过剩噪声因子测量的噪声影响对器件性能的限制，必须针对最优工作予以考虑（例如见参考文献 [31，63]）。最后应该注意，源于雪崩过程的击穿电压随温度的增加而增加（正温度系数），因为晶格振动会冷却热载流子。齐纳隧穿导致了相反的行为（负温度系数），因为在较低电压下，束缚载流子获得能量来克服隧穿势垒。因此，这些过程可以通过它们的温度依赖性加以区别。

9.2.2.6 光电管和光电倍增管

光电管是包含源自外部光电效应而对辐射敏感元件的充气或真空管。这种管子包含在玻璃管内密封的两个相反电极，阴极和阳极。位于入射窗口的透射式或者反射式阴极上，涂有对所需波长范围敏感的光激发材料。进入入射窗口的光子撞击光电阴极材料，并激发电子，如果光子传递的过剩动能足够大，电子可能从阴极表面射出，下面将对此进行讨论。阴极释放电子，随后加速向正偏压阳极运动，并引起外电路中几个微安的电流。光电倍增管（PMT）是真空光电管的改进，其中从阴极发射的初级光电流经其后电极倍增，图 9.10 示出了倍增电极。当每个倍增电极处于比其前级电极更正的电势时，真空中的电子获得相应的动能。外加电压必须根据倍增电极材料进行相应选择，以便每级都会产生二次电子。因此，阴极发射的电子撞击第一级倍增电极，并产生二次电子加速向第二级倍增电极运动，依此类推，直至数量增加的电子到达阳极形成电流信号，这和入

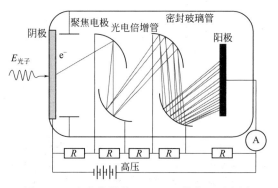

图 9.10 光电倍增管（PMT）的截面示意图

射光子的数量成正比。入射光产生的倍增电流可以增加高达 10^7 个量级，这取决于倍增极的级数。这使得 PMT 可用于必须探测单光子的场合。

PMT 可以像简单的光电管那样，通过选择合适的光发射阴极材料设计，以满足紫外、可见光和近红外光谱区的不同波长范围。由于其高灵敏度，PMT 需要受到保护远离辐射，因为这可能会由于过高的电流水平，而不可逆地损害倍增电极涂层。对于任何光电探测器类型，窗口材料的透射限制了光谱带宽和器件响应率的幅度。光照时阴极材料中发生的物理过程，可以利用简单的光发射三步模型来理解，这由 Spicer 和 Berglund 开发用于碱基锑化物[65~67]。如图 9.11 (a) 所示，光激发、p 型固体中的电子传输和载流子通过表面逃逸，这些步骤可以单独处理[64]。光阴极的电子发射效率 η_e 近似为

$$\eta_e = (1 - R_{opt}) \frac{\alpha^\dagger}{\alpha} \left\{ \frac{P_e}{1 + 1/\alpha L_n} \right\} \tag{9.24}$$

式中，R_{opt} 为光反射率；α 为光吸收系数；$\alpha^\dagger$ 为激发进入真空以上能态的吸收系数；P_e 为电子逃逸到真空的概率；L_n 为 p 型材料中电子的扩散长度。忽略源于费米能级钉扎的能带弯曲效应，这由表面上的高密度缺陷水平造成，根据式 (9.24) 显然有，η_e 的谱形由阈值能量 $E_{thr} = E_{gap} + \chi$ 管控，其中 χ 是材料的电子亲和势，定义为表面的真空能级和导带底之间的能量差 [参照图 9.10 (a)]。由于吸附物诱导表面偶极子和表面状态的电子表面性能改变，可能导致体材料中表面处，能带低于导带最小值的弯曲，有可能得到负的电子亲和势（NEA），例如 p 型 GaAs 表面上由于 Cs，Cs_2O，Li 或 NF_3 吸附层形成而具有的 n 型属性[68,69]，如图 9.11 (b) 所示。半导体 NEA 可能对低于体导带最低 E_C^s 的 E_{vac} 是有效的，或当 E_{vac} 低于表面导带最小 E_C^s 时是真实的。对有效 NEA，亲和势 χ 是正的小值，且能带在表面向下弯曲，因为它可能会出现在 p 型半导体中。如果体内激发的电子热激发到 E_C^b，并进一步弹道行进，穿过耗尽区向表面移动，它们就有足够的动能从半导体中逃逸。真实 NEA 的情况下，甚至表面热激发的电子都

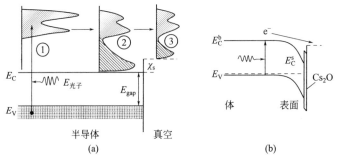

图 9.11　(a) 半导体/真空结能带示意图，示出电子光电发射的三个步骤：
激励、输运和逃逸（出自参考文献 [64]）；(b) p 型半导体表面
Cs_2O 吸附层辅助有效负电子亲和势（NEA）能带示意图
1—激励；2—输运；3—逃逸

有足够能量从固体中逃逸。从而，NEA 半导体中，电子发射的阴极阈能量减少，可以实现增强的 η_e。这使得这种材料很有吸引力作为光电管或光电倍增管用高效电子发光器。

9.3 Ⅲ族氮化物用于固态 UV 光电检测

通过有源层 Al 摩尔分数 x_{Al} 直接调节探测器截止波长的能力，是 $Al_x Ga_{1-x} N$ 材料体系相比如 SiC、金刚石或其他元素材料的主要优点。这取决于 x_{Al}，可以实现阻挡不需要的高于 365～200nm 波长信号，因此探测 UVA，UVB，UVC 光谱范围，而不需要使用额外的滤波器。肖特基（GaP，GaN，AlGaN）以及 PIN（SiC）光电二极管的典型响应光谱比较，示于图 9.12（未发表的数据[70]）。GaP 光电二极管 EPD-150 涵盖从 150nm 到可见光光谱范围的广泛波长，EQE 水平在 150nm 时约 8%，而在 410nm 时为 30%。组合截止波长 365nm 的外部低通滤波器，光电二极管 EPD-365（GaP+滤波器）的频谱显示在 UVC 约 260nm，而在 UVA 约 380nm 截止。但由于 GaP 对 $\lambda \geqslant 360nm$ 的高吸收 [比照图 9.1 (b)]，UVA 的截止对高达 400nm 的信号有相当弱的抑制：380nm 处，70mA/W 的响应率对应相当高的 EQE（约 22%）。类似情形也可以在 SiC 光电二极管中观察到。由于其间接带隙，EPD-280（SiC）无外部滤波器时，涵盖范围为 200～400nm，但没有示出明显的截止，但 280nm 处，有约 100mA/W 的峰值响应率。UVC 外部滤波器限制其探测范围为 220～315nm，如 SiC EPD-270（SiC+滤波器）所示那样。因此，我们可以使用外部滤波器，来调节光电探测器的响应率，但是当结合了所用半导体的光学性质时，光谱性能往往受到限制。当然，需要讨论的主要缺点是产品可用性、价格和滤波器特性的退化。特定 UV 应用的精确要求依赖于滤波器特性时，$Al_x Ga_{1-x} N$ 材料都因为其可调谐的固有截止特性，有潜力实现真正的可见光盲或日盲工作，如图 9.12 中 GaN 光电二极管 EPD-365 及 $Al_{0.45} Ga_{0.55} N$ 光电二极管 EPD-280 所示。

尽管简介中提及 AlGaN 外延和工艺的困难，Pankove 和 Berkeyheiser 早在 1974 年就报道了第一个基于 GaN 样品的光电导测量。在此早期工作中，近带隙光电导边，确定为通过氢化物气相外延（HVPE）生长 GaN：Zn 晶体的基本吸收边[71]。样品通过焊接 In 制备接触，研究了材料光电导特性作为 Zn 掺杂的函数。当时直接生长的 HVPE GaN 薄膜通常会发现，由于非常高浓度的氮空位而呈现出本征 n 型[72]，并观察到了随着 Zn 浓度增加，电学性能从导电到绝缘突然转变并且材料质量改善。从这些发现得出的结论是，Zn 原子会占据 N 空位，因而可以减小暗电导率。

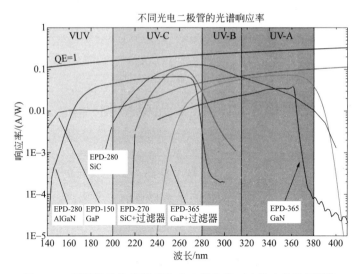

图 9.12 不同类型光探测器的响应谱比较（未发表的数据[70]）

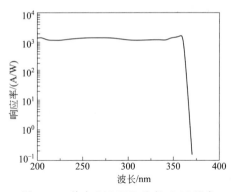

图 9.13 首个 MOCVD 生长 GaN 基光电导体器件 5V 偏压下响应率谱（授权转载自参考文献 [73]，AIP 出版有限责任公司 1992 年版权所有）

Khan 等人在 1992 年利用低压金属有机物化学气相沉积（MOCVD）生长技术上，采用称为开关原子层外延（SALE）获得了绝缘 GaN 薄膜[3]，并在不久后，也展示了首个利用生长在 AlN/蓝宝石模板上的 GaN 层所制备紫外探测器的表征结果[73]。他们制备的 GaN 光电导体具有叉指 Au 电极排布，这些传感器的 I-V 特性和暗电流水平呈线性关系，在 200V 时低至 2nA。在 5V 外加偏压时，得到 200～365nm 的相当平坦的 1000～2000A/W 响应率谱，在带边 10nm 范围内，信号则急剧下降三个数量级（图 9.13）。尽管在 365nm 处，有 6×10^3 的非常高光电流增益，他们发现，这些器件 254nm 与入射光功率成线性的响应要高 5 个量级，而带宽超过 2kHz。总之，这些最早的结果都说明 GaN 材料在 UV 探测应用方面有非常高的潜力。

下文将介绍许多其他研究小组也成功开发出的 AlGaN 基紫外光敏器件，如光电导体、光电晶体管、MSM 探测器、肖特基势垒光电二极管、MIS 二极管以及 pn 和 PIN 二极管。人们甚至实现了 AlGaN 基焦平面阵列与硅读出电路的集成，这证明了Ⅲ族氮化物也适用于相当复杂的技术之中[74]。

9.3.1 AlGaN 基光电导体

最早 AlGaN 基光电导体的研究表明了Ⅲ族氮化物的潜力，尽管发现也有一些可能会妨碍器件在若干应用中的工作。如报道了高光电导增益水平产生毫秒范围的长衰减时间，因此器件的工作通常仅限于 kHz 带宽。增益机制归因于捕获光生空穴，并导致有效电子寿命增强[75]，或者导电体的光致调制[49,76]。此外，光电导体器件对偏置的需求，导致了额外的暗电流噪声。因此，报道的比探测率低至 $10^7 \sim 10^9$ cm•$Hz^{1/2}$/W[73,77]。随着 $Al_xGa_{1-x}N$ 层中 Al 组分的增加，人们发现，自由载流子寿命随着材料更加绝缘而减小。这一结果是由于缺陷密度增加，带尾态的指数分布出现的势能波动[78]。即使大范围功率水平内，也观察到线性的光电流-功率依赖关系[79]，以及线性的响应和激励依赖响应时间[80]。此外，也在 p 型[81]及 n 型[82]材料中观察到了亚稳态和持续光电导（PPC）效应，这可能导致衰减时间达几千秒量级。

总之，尽管 GaN 光电导体实现了高的光电流，但是增益相关的问题，如器件的带宽和线性限制这种类型 PD 主要只能用于低频。除此之外，工艺中，随 x_{Al} 增加导致合适欧姆接触难度增加，这也阻碍了 UVC 范围内 AlGaN 基光电导体的发展。

9.3.2 AlGaN 基 MSM 光电探测器

考虑到制作工艺简单，不需要 p 型或 n 型掺杂，并且平面工艺技术易于集成，AlGaN 基金属-半导体-金属（MSM）光电探测器提供了一些优于其他类型器件的优势。但是，和光电导体一样，金属-半导体-金属 PD 需要外加偏压来驱动，这使得科学报告评价变得复杂，因为还没有需要用该 MSM PD 来工作的偏置电压标准。

然而，首个 GaN MSM PD 器件展示了 6V 下约 50% 的外量子效率、350nm 截止波长、高度的可见光盲以及 10V 时 800fA 的低暗电流[83]。完全耗尽时，MSM PD 能够非常高速地工作。人们已演示了 $2\mu m$ 电极间距、23fs 上升时间和 16GHz 3dB 截止频率的 GaN MSM 器件[84]。考虑偏压和电极间距的 MSM PD 性能，分析表明了跃迁时间限制的工作，而时间响应的建模揭示了 GaN 中相比电子而言，较慢的空穴要对实验测得的缓慢尾部负责（图 9.14）。但是，MSM PD 已经有了巨大数量的出版物。2000 年就已出现具有 260nm 峰值波长的背照式日盲 $Al_xGa_{1-x}N$ MSM PD[85]。如参考文献 [86] 所示，必须增大偏置电压，或者足够降低吸收层厚度，以便形成前表面上、偏压接触下方的耗尽区和器件背面、光子吸收深度之间显著的重叠。由于这个原因，在参考文献 [85] 中发现 EQE

从 4V 时约 4.7%，增加至 100V 时约 48%。该器件中暗电流水平一直保持低于 20fA 的实验检测极限。最近人们已演示 150℃ 温度下，日盲 MSM PD 器件的工作[87]。$Al_{0.4}Ga_{0.6}N$ MSM PD 采用半透明 Ni/Au 接触电极，显示出高温和高达 20V 偏压下，飞安范围内的低暗电流，同时击穿电压超过 300V。10V 偏压下，275nm 和室温时 EQE 峰值约 64%，随温度升高只降低了 20%~40%，这可能是由于高温时，载流子复合损失增大造成的。Pt-AlN MSM 探测器有高达 200V 时，低于 100fA 超低暗电流和非常陡峭的 207nm 截止，并示出 100V 偏压时 200nm 处 0.4A/W 的峰值响应。报道的约 200nm 时 EQE 约 2.4 的数据，表明了偏置依赖的增益。当然这些结果都表明，AlN MSM 是 DUV 器件应用的合适候选[88]。

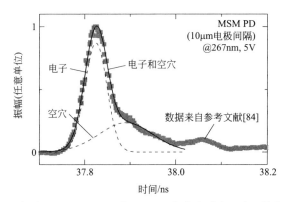

图 9.14　实测 GaN MSM PD 的 267nm 光响应瞬态（点）[采用 10 个电极间距，25V 脉冲激发。对于模拟的数据（线）假设了快电子和慢空穴的贡献（数据来自参考文献 [84]）]

条纹图案 AlN/蓝宝石模板横向外延 AlN 上生长的 $Al_{0.4}Ga_{0.6}N$ 层，表现出整个外延层中的各向异性组分波动[89]。高偏压下，这种材料的日盲 MSM PD，随入射光功率线性工作，但有各向异性的特征。电极垂直于底层条纹图案的器件，表现出光电导增益 [EQE≫（30V 时）]，而有平行方向电极的器件，并不存在增益。随温度从室温升高到约 150℃，观察到了该各向异性 EQE 的指数级淬灭，人们建议，增益必然是源于高 Al 组分基体材料和较小带隙富 Ga 条纹之间界面处的载流子积聚机制[90]。这不仅对高灵敏度器件允许，而且也允许在同一晶圆上集成不同探测器特征。

总之，利用电极形状获取高探测能力，肖特基电极工艺，以及整个组分范围内外延实现非有意掺杂 $Al_xGa_{1-x}N$ 层，AlGaN 基 MSM PD 是一种易于制造的器件。另外，通过合理设计 MSM PD 的背部入射，可以避免由于电极遮蔽造成的光损失。

9.3.3　AlGaN 基肖特基势垒光电二极管

第一个 AlGaN 基肖特基型 PD 是背面光照的 $1mm^2$ Ti/Au p 型 GaN：Mg 器

件，320nm 时零偏 EQE 为 50%（$R_{sp} \sim 0.13 \mathrm{A/W}$），响应时间为 $1\mu s$[91]。n 型 GaN 材料上，Au、Pd、Ni 和 Pt 的肖特基势垒高度分别为 0.88eV、0.92eV、0.99eV 和 1.08eV[92]。人们制备了包含半透明 Pd 层的 n-GaN 前照式器件，表征得到 R_{sp} 为 0.18A/W，而 RC 限制的衰减时间为 118ps[93]。最近发现，贯穿 GaN 及 AlGaN 肖特基界面的主要漏电流机制，可以很好地描述为类施主表面态，它减小耗尽宽度，并增强隧穿输运过程[94]。光电导增益机制归因于，半导体/金属界面处，少数载流子俘获与随之的肖特基势垒高度减小相结合，从而使得穿过势垒的电子隧穿过程增强[52]。生长在 $Al_{0.2}Ga_{0.8}N$/GaN 超晶格（SL）叠层上的 $Al_{0.25}Ga_{0.75}N$ 有源层 UVB 探测器，相比那些没有 SL 的 PD 器件，显示出更优良的器件性能[95]：报道的暗电流在 -5V 低至 100pA，零偏响应率 97mA/W，而比探测率在 290nm 为 $8 \times 10^{13} \mathrm{cm \cdot Hz^{1/2}/W}$。人们制备了直径为 $800\mu m$ 的日盲 AlGaN 肖特基光电探测器[96]，这些 AlN/蓝宝石模板上的器件包括：半透明的 Ni/Au 电极，掺杂 n-AlGaN 层上沉积的 200nm 非掺杂 $i\text{-}Al_{0.5}Ga_{0.5}N$ 与 Ni/Al 欧姆接触相连。器件在正面光照下表现出 100~265nm 范围之间的响应。n 型 SiC 衬底上高质量 AlN 肖特基 PD 器件展现 210nm 截止，200nm 的 0.12A/W 的零偏压峰值响应，对应于约 74% 的 EQE（图 9.15）。高达 150V 反向偏置下，低于 1pA 的极低暗电流水平以及约 $10^{15} \mathrm{cm \cdot Hz^{1/2}/W}$ 的零偏置探测率，与常规的光电倍增管探测率相当，展示了 AlN 肖特基二极管在 DUV 光电子器件应用中的潜力[97]。

迄今开发的 AlGaN 基肖特基型光电探测器，由于阻断式肖特基接触而获得很低的暗电流，并且尽管使用半透明金属，仍可以实现高的零偏压 EQE 值。相比 MSM PD，随 x_{Al} 增加导致掺杂和欧姆接触的形成困难，仍然是该类型 PD 的一大问题。

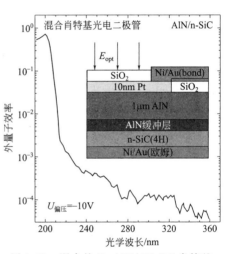

图 9.15 混合的 Pt-AlN/4H-SiC 肖特基 PD 在 -10V 偏置下的外量子效率 [插图示出了具有 SiO_2 钝化层的器件结构（EQE 根据参考文献 [97] 计算）]

9.3.4 AlGaN 基 PIN 光电二极管

可见光盲的 GaN 基 PIN 光电二极管器件结构通常包含：自由电子浓度为 n 约 $10^{19} \mathrm{cm^{-3}}$ 的 n 型 GaN:Si 层，接着是背景浓度 n 约 $10^{16} \mathrm{cm^{-3}}$ 的本征 GaN 区和顶部空穴浓度范围在 $10^{17} \sim 10^{18} \mathrm{cm^{-3}}$ 间的 p 型 GaN:Mg 层（例如见参考文献

[98])。此外,使用高掺杂的 n^+ 和 p^+ 层,来降低器件终端的接触电阻。将台面向下蚀刻到 n 型层区域后,需要在两个掺杂层上实现低接触电阻的适当欧姆接触。然后可以实现器件正面或背面光照的入口区。在这两种情况下,需要最小化源自界面反射以及吸收的光学损耗。对正面入光 PD,p 层上的网格接触可用来降低电极遮蔽损失[99]。已报道了在光敏本征 GaN 区域,采用半透明 $p-Al_{0.13}Ga_{0.87}N$ 入光窗口的 GaN 器件[100]。蚀刻 p^+-GaN 盖层上的 Ni/Au 欧姆接触环,定义出到吸收层的入光窗口,SiO_2 是适用的钝化层。365~330nm 波段之间 1V 的 EQE 谱约为 45% 的平坦水平,然后短波长时,由于 p 型 AlGaN 层开始吸收而降低。对背面入光 GaN PIN 器件,这里使用了 $n-Al_{0.28}Ga_{0.72}N$ 层/i-GaN 异质结,可以得到 355nm 下 75% 的零偏压 EQE[101]。为实现背面入光器件的日盲工作,有源 $Al_xGa_{1-x}N$ 层下面,所有的 $x_{Al} \geq 0.45$ 层必须对入射辐射透明。因此,对 UVC 辐射不透明的衬底(Si,SiC)必须去除,或者是必须使用蓝宝石。使用这种方法,背面入射器件的响应光谱局限在窄波长带,它通过叠层中不同的带隙能量来定义。除了足够的光学透明度,n 和 n^+-$Al_xGa_{1-x}N$ 层的电子性能必须适当优化,以实现低的串联电阻,即高的迁移率和电子浓度。当 x_{Al} 约 60% 时,室温下

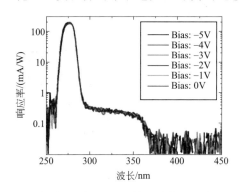

图 9.16 高达 $-5V$ 偏置时背面入光日盲 PIN PD 响应率谱($-5V$ 时约 200mA/W 的最大峰值响应对应 89% 的外量子效率。授权转载自参考文献[104],AIP 出版有限责任公司 2013 年版权所有)(彩图见彩插)

可获得 $20cm^2/(V \cdot s)$ 的电子迁移率和 $1 \times 10^{19} cm^{-3}$ 的电子浓度,这使得日盲 PD 在 274nm 获得 58% 的零偏压 EQE[102]。任何减小跨 p 或 n 层电压降的方法都是必要的,这样可以限制耗尽区在 i 层内,并通过减少少数载流子的损失,来提高载流子收集效率 CE[103]。最近报道在 275nm 背面入射日盲二极管中,实现了约 80% 的创纪录高零偏压 EQE 值(图 9.16)[104]。据称电阻率、迁移率和载流子浓度分别为 $1.55 \times 10^{-2} \Omega \cdot cm$、$74cm^2/(V \cdot s)$ 和 $4.41 \times 10^{18} cm^{-3}$ 的 Si-In 共掺杂高质量 n^+ 型 $Al_{0.5}Ga_{0.5}N$ 窗口层对这些结果有显著贡献。

过去二十年里,已经报道了 PIN 型 PD 在 $10^{13} cm \cdot Hz^{1/2}/W$ 和 $10^{15} cm \cdot Hz^{1/2}/W$ 范围内的比探测率[99,105~107],这是需要探测低强度信号时,代替 PMT 的有吸引力器件。已经使用正面入光、$n-Al_{0.44}Ga_{0.56}N/i-Al_{0.44}Ga_{0.56}N/p$-GaN/p-网格的异质结光电二极管,在室内荧光灯光线下,进行了低至 250~280nm 之间每平方厘米纳瓦范围内的火焰发光检测演示[108]。

由于 PIN 样品叠层中的异质结,我们必须考虑压电极化(以及吸收层的自发极化)效应。根据 Kuek 等人建模结果,处理了 UVB p-GaN/i-$Al_{0.33}Ga_{0.67}N$/

n 型 GaN PD 中的极化电荷效应[109]，极化诱导的界面电荷增加了 GaN 区域内光生载流子的势垒，从而产生增强的 UVA 光盲。

PIN PD 的发展受益于 AlGaN 基发光器件，如 LED 和激光二极管的发展，反之亦然。然而，高电场的均匀性及其对 i 层的限制，都对器件稳定性和可靠性起着关键作用。宽范围紫外区域可利用异质结器件，以及背面入射的方法来涵盖。掺杂和接触形成问题通常利用包括异质结的复杂层结构来处理。因此，AlGaN 基 PIN 制造的任何进展，都支持 AlGaN 基雪崩光电探测器的开发，这将在下一节讨论。

9.3.5 AlGaN 基雪崩光电探测器

雪崩光电二极管（APD）通常在 PIN 二极管类型、或 9.2 节引入的 SAM 光电二极管的优化结构中，利用载流子倍增实现。然而由于软击穿特性，在许多常规 AlGaN 基器件中，发现有雪崩倍增。我们将首先讨论这些结果。

平面整流电极的可见光盲 MSM 结构，受到金属接触边缘内的半导体增强电场管控。通过模拟该器件的电性能，估计出 134V 偏压下最大 3.5MV/cm 的电场强度。这些电场已高到足以引发碰撞电离，人们测到 145V 下超过 1188 的雪崩增益[110]。对于日盲 PIN 结构，取得了 60V 反向偏置下高达 700 的最大光学增益，且没有出现任何突发击穿[111]。开始碰撞电离的电场强度估计约为 1.7MV/cm。报道的日盲肖特基 PD 在 68V 时，具有 1560 的增益和高达 1.4×10^{14} cm·Hz$^{1/2}$/W 的探测率。对于 n-SiC 衬底上的 Pt/AlN 肖特基 PD，取得 250V 时，高达 1200 反向偏置时增益[112]。所有提及的例子中，都研究了偏压和温度的关系，试图得出是齐纳隧道效应、还是光电导增益作为击穿过程的主导机制。

Dupuis 等人报道了光从顶面入射的同质外延 GaN APD[113]。如图 9.17 所示，已实现 20V 以下，几乎恒定的 5×10^{-9} A/cm^2 低漏电流电平以及超过 100 的雪崩增益。

已演示 GaN 体衬底上制作的、正面入射 GaN PIN APD，在 280nm 具有 10^4 的光学增益，高达 45V 时，暗电流密度低于 10^{-7} A/cm^2，而击穿电压约 92V，这对应于该结构的 2.6MV/cm^2 [111]。对于很多 AlGaN APD，人们发现反向偏置电压升高时，靠近截止处有很宽的响应边[112,114,115]。这可以归因于 Franz-Keldysh 效应，但也有提议认为，此行为与 pn 结 p-GaN 耗尽部分的杂质相关吸收带有关。

对于盖革模式，即高于击穿的某个过压下稳定运行的 APD，空间上均匀的倍增区域，没有源自材料缺陷的微等离子体，是非常重要的。APD 则可以短暂使用微秒脉冲进行过偏置，以避免暗电流的过大倍增[116]。这通常用于光电倍增管中，以便光子计数测量有足够的增益。这样的实验中，不是 EQE 和暗电流，

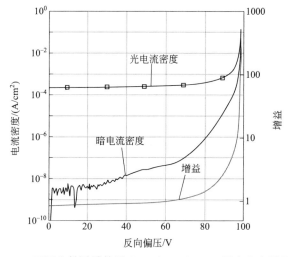

图 9.17 正面入射同质外延 GaN APD（PIN）无光和光照下的 I-V 特性（右侧轴显示倍增增益。授权转载自参考文献 [113]，爱思唯尔 2008 年版权所有）

而是由记录的和入射的脉冲之间比率确定的光子检测效率（PDE），以及每秒平均数量计数的暗计数率，给出显著的品质因数。2000 年，人们已经演示了 300K 时，HVPE 生长 GaN π-i-n APD 在 325nm 的 13% PDE 和 400kHz 暗计数率[117]。同时也制造了日盲 AlGaN 基 PIN APD，获得 60V 反向偏置时，700 的倍增增益[118]。

背面入光的独立吸收、倍增（SAM）AlGaN p-i-n-i-n 结构、日盲 APD 性能的最新结果显示出，暗电流密度低达 20V 反向偏置下 1.06×10^{-8} A/cm², 而 91V 时，倍增增益约 3000[115]。Zhen 等人最近探索了 SAM 结构（p-i-n-i-n）背面入射配置中，空穴沿上述纤锌矿 GaN（0001）方向的高电离系数，甚至实现了 84V 反向偏压下更高的 1.2×10^4 增益[119]。虽然这些以及类似结果给出，AlGaN 基 APD 优于光电倍增管或 Si 基光子计数单元的前景，但是除了 AlGaN APD，还必须考虑读出电路。这意味着，即使宽带隙探测器的背景噪声很低，读出电路的噪声也可能会限制给定采样时间内单个光子的测量。因此，不是 NEP，而是采用无信号入射的均方根噪声等效电子数量，适合作为设计光子计数传感器的品质因数[120]。

Dong 等人建模了极化对背面入射 AlGaN SAM PD 器件特性的影响[121]。根据他们的分析，p-AlGaN 层 Al 摩尔分数增加，使得 APD 的雪崩击穿电压显著减小。此外，倍增区引入偏振诱导电场，导致了倍增增益的增加。最后，利用 p 型 AlGaN 层中的偏振掺杂效应，模拟的雪崩光电二极管最大增益可以进一步提高。

如上所述，PIN PD 是 APD 或 SAM PD 的基础。为了满足光子计数应用的条件，一方面由于结构的复杂性，另一方面是良好定义的要求以及同质高场区域，我们必须实现器件最高级别的可靠性。当然，给出的科学结果清楚地证明，即便是在大的紫外线范围内，利用 AlGaN 基雪崩光电二极管也可以获得卓越性能。

9.3.6　AlGaN 基光阴极

对于清洁的 n 型和 p 型 GaN（0001）表面，Eyckeler 等人实验得出 3.88eV 和 3.6eV 的功函数，并分别揭示了耗尽和反型层的存在[122]。他们发现，p-GaN 暴露到氧气中，随后沉积 Cs，会将真空能级降低到体导带最低点的 0.7eV 以下，即负电子亲和势（NEA）结果[123]。

Machuca 等人利用同步辐射光电子能谱，在 NEA 活化过程以及超高真空条件下光阴极工作过程中，通过监控氧元素，研究了 Cs/O 活化 p 型 GaN NEA 光电阴极的 O 元素[124]。他们发现，分子氧中离子是激活 GaN 表面薄 Cs/O 吸附层的主要氧元素。经过约 10hUV 光照射后，观察到 QE 在额外 7.5h 后，从约 20% 减小到不足 10%。价带和核心能级态的分析表明，QE 漂移期间，Cs/O 层的物理变化，导致初始的双氧电子结构从 -2 价态向 -1 价态变化。

Siegmund 等人报告了 p-GaN（Cs）光阴极的稳定性[125]。暴露 1atm（1atm=101325Pa）的 N_2 后，量子效率并不消失，并可以通过 200℃ 真空烘烤，恢复到大于 50% 的初始 QE。正如假设的电子表面逃逸特征，他们仅发现邻近截止是长波长 QE 的显著变化。如图 9.18 所示，他们发现密封管中，光电阴极可以稳定存在超过 3 年，而在 10^{-9} 托工艺槽中，测定样品 6 个月时间也没有发现退化。他们还指出这种稳定水平要优于普通的，如 CsI 或 CsTe 制作阴极材料。

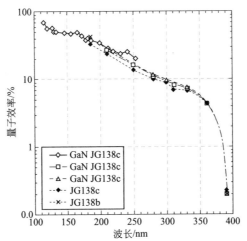

图 9.18　整 3 年时间测得的光阴极器件外量子效率，
没有观察到显著的老化

（授权转载自参考文献 [125]，爱思唯尔 2006 年版权所有）

基于铯化 p-GaN 光阴极的室温可见光盲光电管，已经制作成功[126]。2cm 直径和 7cm 长密封玻璃管中，$0.5\times0.3cm^2$ 面积的 NEA 阴极样品，相对 1mm 厚的金属线环阳极放置。此配置中，测得 200nm 波长下，30%的 QE 和可见/紫外盲幅度高达四个量级。作者还表明，其铯化阴极的长期稳定性，因为所测 QE 在两个月存储时间内的改变小于 1%。此外，他们还报道了，采用 p 型导电材料时 QE 的增加。这表明了高 Al 组分材料的困难所在，因为较高的受主激活能会使 QE 相应减小。

人们发现清洁 AlN 表面的电子亲和势是 $\chi_{AlN}\approx 1.9eV$，而 Cs 吸附则使得真正的 NEA 具有 $\chi_{Cs/AlN}\approx -0.7eV$[123,127,128]，但目前为止，尚没有 AlN 光阴极性能的报道。

总之，p-GaN 光阴极的量子效率值范围，从阈值波长的约 10%[125]到 230nm 的约 72%[129]都有。对于 p 型 AlGaN 基光阴极，和肖特基和 PIN PD 一样，掺杂问题仍然存在。最后，Cs 吸附层的化学不稳定性，仍然是将来需要解决的主要障碍，特别是针对器件退化。当然电子倍增配置的集成可以基于成熟技术直接进行。

9.3.7 高度集成的Ⅲ氮族器件

自从首次报道了包含 GaN/AlGaN PIN 光电二极管结合硅读出集成电路（ROIC）的 GaN 基可见光盲 32×32 像素焦平面阵列（FPA）相机后[130,131]，已实现更多 GaN 或 AlGaN FPA 线性[132,133]和二维阵列。制备的主要探测器类型，如肖特基二极管[132,134]、MSM 探测器[132]和 p-i-n 二极管[74,135]，而标准的表征结果类似于上述单个器件，这表明可见光盲以及日盲用 8×8[136]、128×128[137]、256×256[74]或者甚至 320×256[104,137~140]像素二维成像是可能的（参见图 9.19）。

但是，这种大面积器件的一大挑战是晶格失配和缺陷。最近 Cicek 等人报道了一种有效的方法，利用减小外延面积，来减少日盲 PIN 焦平面成像结构中的裂纹数目[141]。通过这种方法，可以实现 97%的像素无裂纹。相比传统方法生长的参考样品，器件表现出约 10%的 EQE 峰增强。然而，相比传统台面构造的完整 PIN 器件所达到的 73%像素填充因子，器件生长之前，AlN 模板的预图形化过程使得该因子减少到约 48%（$30\mu m\times$

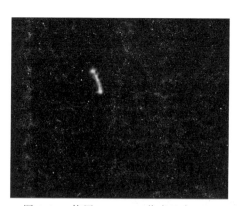

图 9.19 使用 320×256 像素日盲 FPA 摄像头记录的电弧（授权转载自参考文献［138］，AIP 出版有限责任公司 2005 年版权所有）

30μm 周期下 22μm×22μm 完整器件)[104]。

这样的 FPA 系统设计中,通常通过 In 凸点技术,将 AlGaN 光电探测器倒装芯片封装,来集成到 Si 读出集成电路（ROIC）芯片上。如前所述,背部入射 PD 导致波长高于来自任何辐射滤波层,如衬底上相应的截止响应限制,这对低于 140nm 的 VUV 辐射检测至关重要。去除蓝宝石衬底需要很高的机械应力,并可能导致对剩余器件薄层的有害损伤。为了克服这些困难,Malinowski 等人将膜面朝下集成到硅 ROIC 后,通过局部腐蚀掉硅（111）衬底制备出 400nm 厚 AlGaN 膜[134]。7×3 矩阵的单个日盲肖特基 PD 显示,具有较高 VIS/UV 盲的日盲检测能力。

总之,在Ⅲ族氮化物光检测研究较早阶段,已经实现了 AlGaN 基光电探测器到 ROIC 的集成。已成功实现有用的工艺步骤和技术,来提高组成这样大规模器件中每个 PD 的良率。

9.4 宽禁带光电探测器现状

早在 20 世纪 80 年代,GaN 和 AlGaN 生长的开发过程就产生了主要是单层外延的不同专利[142~151]。虽然随后公开了更多的完整光电探测器结构专利[152~154],并且出现很多新材料,如氧化物 TiO_2、SnO_2、ZrO_2 或 ZnO[155,156],到现在为止,改善材料质量的工作,仍是紫外光探测器领域的一个关键问题[157,158]。这里不完整的列表简要概述了生产紫外光电二极管的公司❶。1993 年,APA 光学公司撰写了 GaN 和 AlGaN 基光电导体专利[159]。2000 年,SANYO 公司提出了有关 n-SiC 衬底上 Pd 肖特基电极的专利[160],而 APA 光学公司提出 GaN 基 200μm×200μm 像素大小的,8×8 肖特基型光电探测器阵列[161]。第二年,通用电气获得同质外延 GaN 基、低于 $10^5 cm^{-2}$ 位错密度的光电探测器专利[162]。2002 年,Sglux 公司注册了采用 Pt、Pd、Ni、Au 或者 Ag 制作肖特基接触的金属氧化物 TiO_2、ZnO、SnO_2、SiO_2、ZrO_2、PbO、MnO、Fe_2O_3 或 In_2O_3 基肖特基 PD[155]。2005 年,滨松光子公司注册了背面入射光电二极管阵列用来计算断层成像的专利[163],而大阪气体公司注册了使用 ELO GaN 层工艺的 AlGaN PIN 光电二极管火焰传感器专利[164]。2007 年,岩手信息系统公司注册了基于 ZnO 衬底和 AlGaN 有源层的紫外 PD 专利[156]。此外 2008 年,佳能注册了周期性凹凸结构化表面的较高效率肖特基光电二极管专利[165],而 NEC 注册了采用表面等离子体周期结构,以结合灵敏度和速度的背面入射肖

---

❶ 公司如：Kyosemi 公司,滨松光子株式会社,三洋电机有限公司,通用电气公司,Cree 公司和其他。

特基光电二极管专利[166]。2010 年 7 月，滨松光子公开了首个 UV 范围用 GaN 基传输光阴极[167,168]。2012 年，Lai 等人发布了基于 Au/纤锌矿 MgS/n$^+$-GaAs (111) 衬底的日盲肖特基二极管文章和专利[169,170]。该探测器截止波长为 240nm，显示了 225nm 峰值波长时 10% 的 EQE。2013 年，NEC 注册了基于 GaN 的波导耦合 MSM 光电探测器专利。MSM 电极减少了光反射并提高了效率，从而偏置电压得以减小[171]。

表 9.1 商售光电探测器的典型参数

材料类型	A_{sens} /mm^2	$\Delta\lambda\lambda_{peak}$ /nm	$R_{sp}@\lambda, U_{rev}$ /(mA/W)	$I_{dark}@U_{rev}$ /pA	NEP@λ /(W/$\sqrt{Hz}$)	τ_{rise}/τ_{fall}/ns	$C_t@0V$ /pf
GaP[172]	1.2	150~550	28	10	1.1×10^{-14}	1/20	300
肖特基		440	254nm,5V	5V	440nm		
CsTe[173]	78.5	160~320	1.4×10^7	300		2.5/24	2
PMT		240	254nm,1kV	1kV			
TiO$_2$[174]	4.18	215~385	21	30			1000
肖特基		300	300nm,3V	1V			
ZnO[175]		225~380	2600			10/960	
光电导体		370	370nm,10V				
GaN[176]		200~365	1,500,000	5		300/600	
光电导体		365	254nm,10V	10V			
GaN[177]	0.8	290~365	150	1000			
PIN		365	350nm,0V	1V			
GaN[178]	0.09	230~375	80	50			24
肖特基		365	254nm,0V	1V			
AlGaN[179]	1.0	150~282	66	5	1.33×10^{-14}	40/60	320
肖特基		260	254nm,0V	1V	254nm		
AlGaN[180]	1.536	210~280	50	20			
PIN		280	254nm,0V	0.1V			
AlGaN[181]	0.031	240~278	66.3	145			
APD①		260	260nm,0V	20V			
SiC[182]	0.056	230~285	84	0.005	9×10^{-16}		20
PIN		270	254nm,0V	1V	270nm		
SiC[183]	1	220~275	80	0.001			195
PIN		265	254nm,0V	1V			

① 非商售，科研报道（仅用于比较）。

注：参数说明如下。1. 敏感面积 A_{sens}，波长 λ，光谱范围 $\Delta\lambda$（$R_{sp}\geq 1\% R_{spmax}$），峰值波长 λ_{peak}，响应率 R_{sp}，反向偏压 U_{rev}，暗电流 I_{dark}，噪声等价功率 NEP，上升和下降时间 $\tau_{rise,fall}$（10%~90%）和器件电容 C_t。

表 9.1 中列出了不同类型的 UV 光电探测器，它们基于若干材料系统，且有源面积在 $0.031 \sim 78.5 mm^2$ 之间。除了 GaP 肖特基 PD 外，所有 PD 都在 UV 区单独工作，有 $370 \sim 240 nm$ 间的峰值波长，因此适用于要求可见光盲，甚至日盲检测能力的应用。对基于 $Al_xGa_{1-x}N$ 可在零偏压下工作的 PD，其响应度范围在 $60 \sim 150 mA/W$ 之间，可以与约 $80 mA/W$ 的 SiC 基础 PIN PD 相媲美。除了 10V 偏压下增强响应度的 GaN 以及 ZnO 光电导体，小偏压下，GaP 肖特基 PD 器件以及 TiO_2 肖特基 PD 实现了低于 $28 mA/W$ 的响应率值。与此相比，CsTe PMT 需要 1kV 的高压，来获得 254nm 工作下 $1.4\times 10^7 mA/W$ 的响应率，因为在此偏压下有 5×10^5 的增益。暗场中储存器件 30min 后，该 PMT 已有了 300pA 的暗电流水平。但相比所有其他器件，PMT 非常短的上升和下降时间以及低器件电容都非常突出。因而，基于 SiC PIN PD、GaP 和 $Al_xGa_{1-x}N$ 肖特基 PD 的 $10^{-16} \sim 10^{-14} cm \cdot Hz^{1/2}/W$ 范围 NEP 值，有望实现高性能的低功率水平探测。

我们的结论是，相比较为成熟的 SiC 或 GaP 器件制造技术，$Al_xGa_{1-x}N$ 基紫外 PD 毫无疑问在当前很有竞争力，而且任何器件类型都可以获得出色的性能。

9.5 小结

本章为 AlGaN 基紫外光电探测器（PD）概述，覆盖了简单的器件类型，如光电导体、金属-半导体-金属（MSM）PD 和肖特基 PD 以及相对复杂的 PIN PD，雪崩 PD（APD）、分离吸收倍增 PD（SAM PD）、1D 甚至 2D 阵列集成以及 AlGaN 光阴极材料用于光电倍增管（PMT），这些都是过去二十年中开发的。根据不同的器件结构和设计，和根据 $Al_xGa_{1-x}N$ 层结构外延的挑战和相关工艺问题，目前已有各种性能数据的相关报道。

GaN 光导体中观察到的大光电流，以及通常与光电导增益关联的欧姆接触，导致低频带宽，而非有意掺杂 AlGaN 层上，易于制造的两个阻挡接触 MSM PD 可以利用合适的电极几何形状，实现低暗电流水平和高探测能力。由于这些器件依赖于外加偏置电压，肖特基 PD 以及 PIN PD 形成了非常有吸引力的替代方案，因为它们可以在零偏压模式下工作。一般而言，PIN 设计相比肖特基 PD，提供了潜在更高的稳定性，因为可以通过 i 层的特性来控制电场。但为了便于调整，采用 PIN 设计的 UVA 到 UVC 甚至 VUV 的整个 UV 范围，要求高质量的任意 Al 摩尔分数 x_{Al} 的 p 型或 n 型 $Al_xGa_{1-x}N$ 材料。然而，即使到今天，AlGaN 掺杂和 AlGaN 层的欧姆接触工艺也不是直线前进的，尤其是对于不断增加的 x_{Al}。因此，AlN 层上，只制备出有相应截止波长 λ_c 约 200nm（VUV）的 MSM PD 和肖特基 PD。当然，人们通过利用复杂的异质结构设计和背面入射概念，获得了非常高效的日盲（$\lambda_c = 280\text{nm}$）PIN PD。对于所有这些器件类型，低于击穿、且没有显示任何增益机制时的外量子效率（EQE）典型范围为，百分之几十到约 90%。此外，已获得 AlGaN 基 APD 甚至 SAM PD，可实现光子计数测量，证明了 AlGaN 基 APD 具有相对传统光电倍增管的竞争性能。另外展示了晶圆级肖特基 PD 和 PIN PD 的成功实现，并得到 1D 或 2D 焦平面与读出电路集成的阵列。虽然，开发的 p-GaN 光阴极材料可能遭受 UV 照射下，铯化表面的化学改性以及更高 x_{Al} 下 EQE 的减少（应该与增加的受主激活能相关），所实现的光阴极整体性能结果非常有潜力。

总之，$Al_xGa_{1-x}N$ 基光电探测器已经实现了多种器件类型，对于某些应用提供了强于其他材料如 Si、SiC 以及 GaP 所制备器件的优点。虽然有关材料的质量和工艺技术的改进仍有空间，$Al_xGa_{1-x}N$ 基 PD 已经商用。特别是宽带隙和可调带隙能量，可以实现高的辐射硬度以及定制的截止波长，$Al_xGa_{1-x}N$ 基光电探测器，正成为日盲和可见光盲光检测紫外应用极有希望的候选。

参考文献

[1] I. Vurgaftman, J. R. Meyer, L. R. Ram-Mohan, Band parameters for Ⅲ-Ⅴ compound semiconductors and their alloys. J. Appl. Phys. **89**(11), 5815-5875(2001).

[2] S. Einfeldt, V. Kirchner, H. Heinke, M. Dießelberg, S. Figge, K. Vogeler, D. Hommel, Strain relaxation in AlGaN under tensile plane stress. J. Appl. Phys. **88**(12), 7029-7036(2000).

[3] M. Asif Khan, R. A. Skogman, J. M. Van Hove, D. T. Olson, J. N. Kuznia, Atomic layer epitaxy of GaN over sapphire using switched metalorganic chemical vapor deposition. Appl. Phys. Lett. **60**(11), 1366-1368(1992).

[4] E. Valcheva, T. Paskova, G. Radnoczi, L. Hultman, B. Monemar, H. Amano, and I. Akasaki, Growth-induced defects in AlN/GaN superlattices with different periods. Phys. B:Condens. Matter **340-342**(0), 1129-1132(2003). (Proceedings of the 22nd international conference on defects in semiconductors).

[5] J. P. Zhang, H. M. Wang, M. E. Gaevski, C. Q. Chen, Q. Fareed, J. W. Yang, G. Simin, M. A. Khan, Crack-free thick AlGaN grown on sapphire using AlN/AlGaN superlattices for strain management. Appl. Phys. Lett. **80**(19), 3542-3544(2002).

[6] K. Nagamatsu, N. Okada, H. Sugimura, H. Tsuzuki, F. Mori, K. Iida, A. Bando, M. Iwaya, S. Kamiyama, H. Amano, I. Akasaki, High-efficiency AlGaN-based UV light-emitting diode on laterally overgrown AlN. J. Cryst. Growth **310**(7-9), 2326-2329(2008). (The Proceedings of the 15th international conference on crystal growth(ICCG-15)in conjunction with the international conference on vapor growth and epitaxy and the US Biennial workshop on organometallic vapor phase epitaxy).

[7] H. Hirayama, S. Fujikawa, J. Norimatsu, T. Takano, K. Tsubaki, N. Kamata, Fabrication of a low threading dislocation density ELO-AlN template for application to deep-UV LEDs. Phys. Status Solidi(C) **6**(S2), S356-S359(2009).

[8] V. Kueller, A. Knauer, C. Reich, A. Mogilatenko, M. Weyers, J. Stellmach, T. Wernicke, M. Kneissl,

Z. Yang, C. Chua, N. Johnson, Modulated epitaxial lateral overgrowth of AlN for efficient UV LEDs. IEEE Photonics Technol. Lett. **24**, 1603-1605(2012).

[9] H. Harima, T. Inoue, S. Nakashima, M. Ishida, M. Taneya, Local vibrational modes as a probe of activation process in p-type GaN. Appl. Phys. Lett. **75**(10), 1383-1385(1999).

[10] S. Nakamura, N. Iwasa, M. Senoh, T. Mukai, Hole compensation mechanism of p-type GaN films. Jpn. J. Appl. Phys. **31**(Part 1, No. 5A), 1258-1266(1992).

[11] S. Nakamura, T. Mukai, M. Senoh, N. Iwasa, Thermal annealing effects on p-type mg-doped GaN films. Jpn. J. Appl. Phys. **31**(Part 2, No. 2B), L139-L142(1992).

[12] H. Obloh, K. Bachem, U. Kaufmann, M. Kunzer, M. Maier, A. Ramakrishnan, P. Schlotter, Self-compensation in mg doped p-type GaN grown by MOCVD. J. Cryst. Growth **195**(1-4), 270-273(1998).

[13] U. Kaufmann, M. Kunzer, M. Maier, H. Obloh, A. Ramakrishnan, B. Santic, P. Schlotter, Nature of the 2.8 eV photoluminescence band in mg doped GaN. Appl. Phys. Lett. **72**(11), 1326-1328(1998).

[14] M. L. Nakarmi, N. Nepal, J. Y. Lin, H. X. Jiang, Photoluminescence studies of impurity transitions in Mg-doped AlGaN alloys. Appl. Phys. Lett. **94**(9)(2009).

[15] K. B. Nam, M. L. Nakarmi, J. Li, J. Y. Lin, H. X. Jiang, Mg acceptor level in AlN probed by deep ultraviolet photoluminescence. Appl. Phys. Lett. **83**(5), 878-880(2003).

[16] M. L. Nakarmi, N. Nepal, C. Ugolini, T. M. Altahtamouni, J. Y. Lin, H. X. Jiang, Correlation between optical and electrical properties of mg-doped AlN epilayers. Appl. Phys. Lett. **89**(15)(2006).

[17] Q. Liu, S. Lau, A review of the metal-GaN contact technology. Solid-State Electron. **42**(5), 677-691(1998).

[18] S. Pal, T. Sugino, Fabrication and characterization of metal/GaN contacts. Appl. Surf. Sci. **161**(1-2), 263-267(2000).

[19] V. M. Bermudez, Study of oxygen chemisorption on the GaN(0001)-(1×1) surface. J. Appl. Phys. **80**(2), 1190-1200(1996).

[20] Q. Z. Liu, S. S. Lau, N. R. Perkins, T. F. Kuech, Room temperature epitaxy of Pd films on GaN under conventional vacuum conditions. Appl. Phys. Lett. **69**(12), 1722-1724(1996).

[21] S. J. Pearton, J. C. Zolper, R. J. Shul, F. Ren, GaN:Processing, defects, and devices. J. Appl. Phys. **86**(1), 1-78(1999).

[22] M. Razeghi, A. Rogalski, Semiconductor ultraviolet detectors. J. Appl. Phys. **79**(10), 7433-7473(1996).

[23] E. Muñoz, E. Monroy, J. L. Pau, F. Calle, F. Omnès, P. Gibart, III nitrides and UV detection. Phys.: Condens. Matter **13**(32), 7115(2001).

[24] M. Razeghi, Short-wavelength solar-blind detectors-status, prospects, and markets. Proc. IEEE **90**, 1006-1014(2002).

[25] M. A. Khan, M. Shatalov, H. P. Maruska, H. M. Wang, E. Kuokstis, III-nitride UV devices. Jpn. J. Appl. Phys. **44**(10R), 7191(2005).

[26] E. Muñoz, (Al, In, Ga)N-based photodetectors. some materials issues. Phys. Status Solidi(b)**244**(8), 2859-2877(2007).

[27] Wide bandgap UV photodetectors:a short review of devices and applications **6473**(2007).

[28] L. Sang, M. Liao, M. Sumiya, A comprehensive review of semiconductor ultraviolet photodetectors:From thin film to one-dimensional nanostructures. Sensors **13**(8), 10482-10518(2013).

[29] R. Bube, *Photoconductivity of solids*(Wiley, 1960).

[30] H. Tholl, *Bauelemente der Halbleiterelektronik: Teil 2 Feldeffekt-Transistoren, Thyristoren und Optoelektronik(Leitfaden der Elektrotechnik)(German Edition)*, (Vieweg+Teubner Verlag, 1978).

[31] G. Winstel, C. Weyrich, *Optoelektronik II: Photodioden*(Phototransistoren, Photoleiter und

[32] P. Dennis, *Photodetectors: an introduction to current technology* (Springer, 1986).

[33] J. Geist, Planar silicon photosensors. In: *Sensor Technology and Devices* (*Optoelectronics Library*), ed. by L. Ristic (Artech House Publishers, 1994).

[34] K. K. Ng, *Complete Guide to Semiconductor Devices*, McGraw-Hill Education (ISE Editions), 1995.

[35] S. M. Sze, K. K. Ng, *Physics of Semiconductor Devices* (Wiley-Interscience, 2006).

[36] J. I. Pankove, H. P. Maruska, J. E. Berkeyheiser, Optical absoption of GaN. Appl. Phys. Lett. **17**(5), 197-199(1970).

[37] D. E. Aspnes, A. A. Studna, Dielectric functions and optical parameters of Si, Ge, GaP, GaAs, GaSb, InP, InAs, and InSb from 1.5 to 6.0 eV. Phys. Rev. B **27**, 985-1009(1983).

[38] M. D. Sturge, Optical absorption of gallium arsenide between 0.6 and 2.75 eV. Phys. Rev. **127**, 768-773(1962).

[39] S. Zollner, J. G. Chen, E. Duda, T. Wetteroth, S. R. Wilson, J. N. Hilfiker, Dielectric functions of bulk 4 h and 6 h SiC and spectroscopic ellipsometry studies of thin SiC films on Si. J. Appl. Phys. **85**(12), 8353-8361(1999).

[40] V. Srikant, D. R. Clarke, Optical absorption edge of ZnO thin films: the effect of substrate. J. Appl. Phys. **81**(9), 6357-6364(1997).

[41] M. Röppischer, *Optische Eigenschaften von Aluminium-Galliumnitrid-Halbleitern* (Südwestdeutscher Verlag für Hochschulschriften, Saarbrücken, 2011).

[42] H. R. Phillip, E. A. Taft, Kramers-Kronig analysis of reflectance data for diamond. Phys. Rev. **136**, A1445-A1448(1964).

[43] A. D. Papadopoulos, E. Anastassakis, Optical properties of diamond. Phys. Rev. B **43**, 5090-5097(1991).

[44] E. Palik, *Handbook of Optical Constants of Solids*, Volumes Ⅰ, Ⅱ, and Ⅲ: *Subject Index and Contributor Index*. Academic Press Handbook Series (Elsevier Science & Technology, 1985).

[45] R. Kohlrausch, Theorie des elektrischen Rückstandes in der Leidener Flasche. Ann. Phys. **167**(1), 56-82(1854).

[46] J. Phillips, Kohlrausch relaxation and glass transitions in experiment and in molecular dynamics simulations. J. Non-Cryst. Solids **182**(1-2), 155-161(1995).

[47] M. Cardona, R. Chamberlin, W. Marx, The history of the stretched exponential function Ann. Phys. **16**(12), 842-845(2007).

[48] M. Brendel, *Build-up and decay transient of a GaN MSM photodetector showing persistent photoconductivity (PPC)*. Unpublished data from Ferdinand-Braun-Institut, Leibniz-Intitut für Höchstfrequenztechnik (FBH).

[49] J. A. Garrido, E. Monroy, I. Izpura, E. M. Noz, Photoconductive gain modelling of GaN photodetectors. Semicond. Sci. Technol. **13**(6), 563(1998).

[50] C. H. Park, D. J. Chadi, Stability of deep donor and acceptor centers in GaN, AlN, and BN. Phys. Rev. B **55**, 12995-13001(1997).

[51] V. V. Ursaki, I. M. Tiginyanu, P. C. Ricci, A. Anedda, S. Hubbard, D. Pavlidis, Persistent photoconductivity and optical quenching of photocurrent in GaN layers under dual excitation. J. Appl. Phys. **94**(6), 3875-3882(2003).

[52] O. Katz, V. Garber, B. Meyler, G. Bahir, J. Salzman, Gain mechanism in GaN schottky ultraviolet detectors. Appl. Phys. Lett. **79**(10), 1417-1419(2001).

[53] K. K. Hamamatsu Photonics, Si photodiodes.

[54] R. Müller, *Rauschen: Zweite, überarbeitete und erweiterte Auflage* (*Halbleiter-Elektronik*) (*Volume 15*) (*German Edition*) (Springer, 1989).

[55] E. Rhoderick, R. Williams, *Metal-semiconductor contacts*, Monographs in electrical and electronic engineering(Clarendon Press, 1988).

[56] R. T. Tung, The physics and chemistry of the schottky barrier height. Appl. Phys. Rev. **1**(1)(2014).

[57] K. Böer, *Introduction to space charge effects in semiconductors*. Springer Series in Solid-State Sciences (Springer, 2009).

[58] S. M. Sze, D. J. Jr Coleman, A. Loya, Current transport in metal-semiconductor-metal (MSM) structures. Solid-State Electron. **14**(12), 1209-1218(1971).

[59] A. Sarto, B. Van Zeghbroeck, Photocurrents in a metal-semiconductor-metal photodetector. IEEE J. Quantum Electron. **33**, 2188-2194(1997).

[60] S. Chou, M. Y. Liu, Nanoscale tera-hertz metal-semiconductor-metal photodetectors. IEEE J. Quantum Electron. **28**, 2358-2368(1992).

[61] Z. Marks, B. Van Zeghbroeck, High-speed nanoscale metal-semiconductor-metal photodetectors with terahertz bandwidth. In:2010 10th International Conference on Numerical Simulation of Optoelectronic Devices(NUSOD)(2010), pp. 11-12.

[62] I. H. Oguzman, E. Bellotti, K. F. Brennan, J. Kolnk, R. Wang, P. P. Ruden, Theory of hole initiated impact ionization in bulk zincblende and wurtzite GaN. J. Appl. Phys. **81**(12), 7827-7834(1997).

[63] B. E. A. Saleh, M. C. Teich, *Fundamentals of Photonics*(Wiley, 2007).

[64] W. E. Spicer, The use of photoemission to determine the electronic structure of solids. Phys. Colloques **34**, C6-19-C6-33(1973).

[65] W. E. Spicer, Photoemissive, photoconductive, and optical absorption studies of alkali-antimony compounds. Phys. Rev. **112**, 114-122(1958).

[66] W. E. Spicer, Photoemission and related properties of the alkali-antimonides. J. Appl. Phys. **31**(12), 2077-2084(1960).

[67] C. N. Berglund, W. E. Spicer, Photoemission studies of copper and silver: Theory. Phys. Rev. **136**, A1030-A1044(1964).

[68] J. Scheer, J. van Laar, GaAs-Cs: A new type of photoemitter. Solid State Commun. **3**(8), 189-193 (1965).

[69] Y. Sun, R. E. Kirby, T. Maruyama, G. A. Mulhollan, J. C. Bierman, P. Pianetta, The surface activation layer of GaAs negative electron affinity photocathode activated by Cs, Li, and NF_3. Appl. Phys. Lett. **95** (17)(2009).

[70] E. Pertzsch, Responsivity spectra:Comparison between several AlGaN-based photodetectors and SiC as well as GaP photodetectors. Unpublished data from JENOPTIK Polymer Systems GmbH(JOPS).

[71] J. I. Pankove, J. E. Berkeyheiser, Properties of Zn-doped GaN. II. Photoconductivity. J. Appl. Phys. **45** (9), 3892-3895(1974).

[72] H. P. Maruska, J. J. Tietjen, The preparation and properties of vapor-deposited single-crystalline GaN. Appl. Phys. Lett. **15**(10), 327-329(1969).

[73] M. A. Khan, J. N. Kuznia, D. T. Olson, J. M. Van Hove, M. Blasingame, L. F. Reitz, High-responsivity photoconductive ultraviolet sensors based on insulating single-crystal GaN epilayers. Appl. Phys. Lett. **60**(23), 2917-2919(1992).

[74] P. Lamarre, A. Hairston, S. Tobin, K. Wong, A. Sood, M. Reine, M. Pophristic, R. Birkham, I. Ferguson, R. Singh, C. Eddy, U. Chowdhury, M. Wong, R. Dupuis, P. Kozodoy, E. Tarsa, AlGaN

[75] F. Binet, J. Y. Duboz, E. Rosencher, F. Scholz, V. Haerle, Mechanisms of recombination in GaN photodetectors. Appl. Phys. Lett. **69**(9), 1202-1204(1996).

[76] E. Monroy, F. Calle, J. A. Garrido, P. Youinou, E. Muñoz, F. Omnès, B. Beaumont, P. Gibart, Si-doped $Al_xGa_{1-x}N$ photoconductive detectors. Semicond. Sci. Technol. **14**(8), 685(1999).

[77] D. Walker, X. Zhang, A. Saxler, P. Kung, J. Xu, M. Razeghi, $Al_xGa_{1-x}N(0 \leqslant x \leqslant 1)$ ultraviolet photodetectors grown on sapphire by metal-organic chemical-vapor deposition. Appl. Phys. Lett. **70**(8), 949-951(1997).

[78] T. D. Moustakas, M. Misra, Origin of the high photoconductive gain in AlGaN films. Proc. SPIE **6766** (2007).

[79] K. S. Stevens, M. Kinniburgh, R. Beresford, Photoconductive ultraviolet sensor using Mg-doped GaN on Si(111). Appl. Phys. Lett. **66**(25), 3518-3520(1995).

[80] P. Kung, X. Zhang, D. Walker, A. Saxler, J. Piotrowski, A. Rogalski, M. Razeghi, Kinetics of photoconductivity in n-type GaN photodetector. Appl. Phys. Lett. **67**(25), 3792-3794(1995).

[81] C. Johnson, J. Y. Lin, H. X. Jiang, M. A. Khan, C. J. Sun, Metastability and persistent photoconductivity in Mg-doped p-type GaN. Appl. Phys. Lett. **68**(13), 1808-1810(1996).

[82] H. M. Chen, Y. F. Chen, M. C. Lee, M. S. Feng, Persistent photoconductivity in n-type GaN. J. Appl. Phys. **82**(2), 899-901(1997).

[83] J. Carrano, T. Li, P. Grudowski, C. Eiting, R. Dupuis, J. Campbell, High quantum efficiency metal-semiconductor-metal ultraviolet photodetectors fabricated on single-crystal GaN epitaxial layers. Electron. Lett. **33**, 1980-1981(1997).

[84] J. C. Carrano, T. Li, D. L. Brown, P. A. Grudowski, C. J. Eiting, R. D. Dupuis, J. C. Campbell, Very high-speed metal-semiconductor-metal ultraviolet photodetectors fabricated on GaN. Appl. Phys. Lett. **73**(17), 2405-2407(1998).

[85] B. Yang, D. J. H. Lambert, T. Li, C. Collins, M. Wong, U. Chowdhury, R. Dupuis, J. Campbell, High-performance back-illuminated solar-blind AlGaN metal-semiconductor-metal photodetectors. Electron. Lett. **36**, 1866-1867(2000).

[86] M. Brendel, M. Helbling, A. Knauer, S. Einfeldt, A. Knigge, M. Weyers, Top-and bottom-illumination of solar-blind AlGaN metal-semiconductor-metal photodetectors. Phys. Status Solidi(A) (2015).

[87] F. Xie, H. Lu, D. Chen, X. Ji, F. Yan, R. Zhang, Y. Zheng, L. Li, J. Zhou, Ultra-low dark current AlGaN-based solar-blind metal-semiconductor-metal photodetectors for high-temperature applications. IEEE Sens. J. **12**, 2086-2090(2012).

[88] J. Li, Z. Y. Fan, R. Dahal, M. L. Nakarmi, J. Y. Lin, H. X. Jiang, 200 nm deep ultraviolet photodetectors based on AlN. Appl. Phys. Lett. **89**(21)(2006).

[89] A. Knigge, M. Brendel, F. Brunner, S. Einfeldt, A. Knauer, V. Kueller, M. Weyers, AlGaN photodetectors for the UV-C spectral region on planar and epitaxial laterally overgrown AlN/sapphire templates. Phys. Status Solidi(C) **10**(3), 294-297(2013).

[90] M. Brendel, A. Knigge, F. Brunner, S. Einfeldt, A. Knauer, V. Kueller, U. Zeimer, M. Weyers, Anisotropic responsivity of AlGaN metalsemiconductormetal photodetectors on epitaxial laterally overgrown AlN/sapphire templates. J. Electron. Mater. **43**(4), 833-837(2014).

[91] M. Asif Khan, J. N. Kuznia, D. T. Olson, M. Blasingame, A. R. Bhattarai, Schottky barrier photodetector based on Mg-doped p-type GaN films. Appl. Phys. Lett. **63**(18), 2455-2456(1993).

[92] A. C. Schmitz, A. T. Ping, M. A. Khan, Q. Chen, J. W. Yang, I. Adesida, Schottky barrier properties of various metals on n-type GaN. Semicond. Sci. Technol. **11**(10), 1464(1996).

[93] Q. Chen, J. W. Yang, A. Osinsky, S. Gangopadhyay, B. Lim, M. Z. Anwar, M. Asif Khan, D. Kuksenkov, H. Temkin, Schottky barrier detectors on GaN for visible-blind ultraviolet detection. Appl. Phys. Lett. **70**(17), 2277-2279(1997).

[94] T. Hashizume, J. Kotani, H. Hasegawa, Leakage mechanism in GaN and AlGaN schottky interfaces. Appl. Phys. Lett. **84**(24), 4884-4886(2004).

[95] K. Y. Park, B. J. Kwon, Y. -H. Cho, S. A. Lee, J. H. Son, Growth and characteristics of Ni-based schottky-type $Al_xGa_{1-x}N$ ultraviolet photodetectors with AlGaN/GaN superlattices. J. Appl. Phys. **98**(12)(2005).

[96] H. Miyake, H. Yasukawa, Y. Kida, K. Ohta, Y. Shibata, A. Motogaito, K. Hiramatsu, Y. Ohuchi, K. Tadatomo, Y. Hamamura, K. Fukui, High performance schottky UV detectors(265-100nm)using n-$Al_{0.5}Ga_{0.5}N$ on AlN epitaxial layer. Phys. Status Solidi(A)**200**(1), 151-154(2003).

[97] R. Dahal, T. M. Al Tahtamouni, Z. Y. Fan, J. Y. Lin, H. X. Jiang, Hybrid AlN/SiC deep ultraviolet schottky barrier photodetectors. Appl. Phys. Lett. **90**(26)(2007).

[98] C. J. Collins, T. Li, A. L. Beck, R. D. Dupuis, J. C. Campbell, J. C. Carrano, M. J. Schurman, I. A. Ferguson, Improved device performance using a semi-transparent p-contact AlGaN/GaN heterojunction positive-intrinsic-negative photodiode. Appl. Phys. Lett. **75**(14), 2138-2140(1999).

[99] C. Pernot, A. Hirano, M. Iwaya, T. Detchprohm, H. Amano, I. Akasaki, Solar-blind UV photodetectors based on GaN/AlGaN p-i-n photodiodes. Jpn. J. Appl. Phys. **39**(5A), L387(2000).

[100] T. Li, A. L. Beck, C. Collins, R. D. Dupuis, J. C. Campbell, J. C. Carrano, M. J. Schurman, I. A. Ferguson, Improved ultraviolet quantum efficiency using a semitransparent recessed window AlGaN/GaN heterojunction p-i-n photodiode. Appl. Phys. Lett. **75**(16), 2421-2423(1999).

[101] W. Yang, T. Nohova, S. Krishnankutty, R. Torreano, S. McPherson, H. Marsh, Back-illuminated GaN/AlGaN heterojunction photodiodes with high quantum efficiency and low noise. Appl. Phys. Lett. **73**(8), 1086-1088(1998).

[102] U. Chowdhury, M. M. Wong, C. J. Collins, B. Yang, J. C. Denyszyn, J. C. Campbell, R. D. Dupuis, High-performance solar-blind photodetector using an $Al_{0.6}Ga_{0.4}N$ n-type window layer. J. Cryst. Growth **248**(0), 552-555(2003). (Proceedings of the eleventh international conference on Metalorganic Vapor Phase Epitaxy).

[103] D. J. H. Lambert, M. M. Wong, U. Chowdhury, C. Collins, T. Li, H. K. Kwon, B. S. Shelton, T. G. Zhu, J. C. Campbell, R. D. Dupuis, Back illuminated AlGaN solar-blind photodetectors. Appl. Phys. Lett. **77**(12), 1900-1902(2000).

[104] E. Cicek, R. McClintock, C. Y. Cho, B. Rahnema, M. Razeghi, $Al_xGa_{1-x}N$-based back-illuminated solar-blind photodetectors with external quantum efficiency of 89%. Appl. Phys. Lett. **103**(19)(2013).

[105] C. J. Collins, U. Chowdhury, M. M. Wong, B. Yang, A. L. Beck, R. D. Dupuis, J. C. Campbell, Improved solar-blind detectivity using an $Al_xGa_{1-x}N$ heterojunction p-i-n photodiode. Appl. Phys. Lett. **80**(20), 3754-3756(2002).

[106] N. Biyikli, I. Kimukin, O. Aytur, E. Ozbay, Solar-blind AlGaN-based p-i-n photodiodes with low dark current and high detectivity. IEEE Photonics Technol. Lett. **16**, 1718-1720(2004).

[107] H. Jiang, T. Egawa, Low-dark-current high-performance AlGaN solar-blind pin photodiodes.Jpn. J. Appl. Phys. **47**(3R), 1541(2008).

[108] A. Hirano, C. Pernot, M. Iwaya, T. Detchprohm, H. Amano, I. Akasaki, Demonstration of flame

detection in room light background by solar-blind AlGaN pin photodiode. Phys. Status Solidi(A) **188** (1), 293-296(2001).

[109] J. Kuek, D. Pulfrey, B. Nener, J. Dell, G. Parish, U. Mishra, Effects of polarisation on solar-blind AlGaN UV photodiodes. In Proceedings conference on optoelectronic and microelectronic materials and devices, 2000. COMMAD 2000(2000), pp. 459-462.

[110] F. Xie, H. Lu, D. Chen, X. Xiu, H. Zhao, R. Zhang, Y. Zheng, Metal-semiconductor-metal ultraviolet avalanche photodiodes fabricated on bulk GaN substrate. IEEE Electron Device Lett. **32**, 1260-1262(2011).

[111] S. -C. Shen, Y. Zhang, D. Yoo, J. -B. Limb, J. -H. Ryou, P. Yoder, R. D. Dupuis, Performance of deep ultraviolet GaN avalanche photodiodes grown by mocvd. IEEE Photonics Technol. Lett. **19**, 1744-1746(2007).

[112] T. Tut, M. Gokkavas, A. Inal, E. Ozbay, Al_xGa_{1-x}N-based avalanche photodiodes with high reproducible avalanche gain. Appl. Phys. Lett. **90**(16)(2007).

[113] R. D. Dupuis, J. -H. Ryou, S. -C. Shen, P. D. Yoder, Y. Zhang, H. J. Kim, S. Choi, Z. Lochner, Growth and fabrication of high-performance GaN-based ultraviolet avalanche photodiodes.J. Cryst. Growth **310**(23), 5217-5222(2008). (The Fourteenth International conference on Metalorganic Vapor Phase Epitax The 14th International conference on Metalorganic Vapor Phase Epitaxy).

[114] J. L. Pau, C. Bayram, R. McClintock, M. Razeghi, D. Silversmith, Back-illuminated separate absorption and multiplication GaN avalanche photodiodes. Appl. Phys. Lett. **92**(10)(2008).

[115] Y. Huang, D. J. Chen, H. Lu, K. X. Dong, R. Zhang, Y. D. Zheng, L. Li, Z. H. Li, Back-illuminated separate absorption and multiplication AlGaN solar-blind avalanche photodiodes. Appl. Phys. Lett. **101**(25)(2012).

[116] R. Mcintyre, On the avalanche initiation probability of avalanche diodes above the breakdown voltage. IEEE Trans. Electron Devices **20**, 637-641(1973).

[117] K. A. McIntosh, R. J. Molnar, L. J. Mahoney, K. M. Molvar, N. Efremow, S. Verghese, Ultraviolet photon counting with GaN avalanche photodiodes. Appl. Phys. Lett. **76**(26), 3938-3940(2000).

[118] R. McClintock, A. Yasan, K. Minder, P. Kung, M. Razeghi, Avalanche multiplication in AlGaN based solar-blind photodetectors. Appl. Phys. Lett. **87**(24)(2005).

[119] Z. G. Shao, D. J. Chen, H. Lu, R. Zhang, D. P. Cao, W. J. Luo, Y. D. Zheng, L. Li, Z. H. Li, High-gain AlGaN solar-blind avalanche photodiodes. IEEE Electron Device Lett. **35**, 372-374(2014).

[120] S. Verghese, K. A. McIntosh, R. Molnar, L. J. Mahoney, R. Aggarwal, M. Geis, K. Molvar, E. Duerr, I. Melngailis, GaN avalanche photodiodes operating in linear-gain mode and geiger mode. IEEE Trans. Electron Devices **48**, 502-511(2001).

[121] K. X. Dong, D. J. Chen, H. Lu, B. Liu, P. Han, R. Zhang, Y. D. Zheng, Exploitation of polarization in back-illuminated AlGaN avalanche photodiodes. IEEE Photonics Technol. Lett. **25**, 1510-1513(2013).

[122] M. Eyckeler, W. Mönch, T. U. Kampen, R. Dimitrov, O. Ambacher, M. Stutzmann, Negative electron affinity of cesiated p-GaN(0001)surfaces. J. Vac. Sci. Technol., B **16**(4), 2224-2228(1998).

[123] C. I. Wu, A. Kahn, Electronic states and effective negative electron affinity at cesiated p-GaN surfaces. J. Appl. Phys. **86**(6), 3209-3212(1999).

[124] F. Machuca, Z. Liu, Y. Sun, P. Pianetta, W. E. Spicer, R. F. W. Pease, Oxygen species in Cs/O activated gallium nitride(GaN)negative electron affinity photocathodes. J. Vac. Sci. Technol., B **21**(4), 1863-1869(2003).

[125] O. Siegmund, J. Vallerga, J. McPhate, J. Malloy, A. Tremsin, A. Martin, M. Ulmer, B. Wessels,

Development of GaN photocathodes for UV detectors. Nucl. Instrum. Methods Phys. Res. Sect. A: Accelerators, Spectrometers, Detectors Associated Equipment **567**(1), 89-92(2006). (Proceedings of the 4th international conference on new developments in photodetection BEAUNE 2005 fourth international conference on new developments in photodetection).

[126] F. Shahedipour, M. Ulmer, B. Wessels, C. Joseph, T. Nihashi, Efficient GaN photocathodes for low-level ultraviolet signal detection. IEEE J. Quant. Electron. **38**, 333-335(2002).

[127] M. C. Benjamin, C. Wang, R. F. Davis, R. J. Nemanich, Observation of a negative electron affinity for heteroepitaxial AlN on α(6 h)-SiC(0001). Appl. Phys. Lett. **64**(24), 3288-3290(1994).

[128] C. Wu, A. Kahn, Negative electron affinity and electron emission at cesiated GaN and AlN surfaces. Appl. Surf. Sci. **162-163**, 250-255(2000).

[129] S. Uchiyama, Y. Takagi, M. Niigaki, H. Kan, H. Kondoh, GaN-based photocathodes with extremely high quantum efficiency. Appl. Phys. Lett. **86**(10)(2005).

[130] J. Brown, J. Matthews, S. Harney, J. Boney, J. Schetzina, J. Benson, K. Dang, T. Nohava, W. Yang, S. Krishnankutty, High-sensitivity visible-blind AlGaN photodiodes and photodiode arrays. MRS Proc. **595**, 1(1999).

[131] J. Brown, J. Matthews, S. Harney, J. Boney, J. Schetzina, J. Benson, K. Dang, T. Nohava, W. Yang, S. Krishnankutty, Visible-blind UV digital camera based on a 32×32 array of GaN/AlGaN p-i-n photodiodes. MRS Internet J. Nitride Semicond. **4**(1999).

[132] Status of AlGaN based focal plane arrays for UV solar blind detection **5964**(2005).

[133] G. Mazzeo, J. -L. Reverchon, J. Duboz, A. Dussaigne, AlGaN-based linear array for UV solar-blind imaging from 240 to 280 nm. IEEE Sens. J. **6**, 957-963(2006).

[134] P. E. Malinowski, J. -Y. Duboz, P. De Moor, J. John, K. Minoglou, P. Srivastava, H. Abdul, M. Patel, H. Osman, F. Semond, E. Frayssinet, J. -F. Hochedez, B. Giordanengo, C. Van Hoof, R. Mertens, Backside illuminated AlGaN-on-Si UV detectors integrated by high density flip-chip bonding. Physica Status Solidi(C)**8**(7-8), 2476-2478(2011).

[135] E. Cicek, R. McClintock, C. Cho, B. Rahnema, M. Razeghi, Al_xGa_{1-x}N-based solar-blind ultraviolet photodetector based on lateral epitaxial overgrowth of AlN on Si substrate. Appl. Phys. Lett. **103**(18), 181113(2013).

[136] K. C. Kim, Y. M. Sung, I. H. Lee, C. R. Lee, M. D. Kim, Y. Park, T. G. Kim, Visible-blind ultraviolet imagers consisting of 8 × 8 AlGaN p-i-n photodiode arrays. J. Vac. Sci. Technol., A **24**(3), 641-644(2006).

[137] J. Long, S. Varadaraajan, J. Matthews, J. Schetzina, UV detectors and focal plane array imagers based on AlGaN p-i-n photodiodes. Opto-Electron. Rev. **10**(4), 251-260(2002).

[138] R. McClintock, K. Mayes, A. Yasan, D. Shiell, P. Kung, M. Razeghi, 320x256 solar-blind focal plane arrays based on Al_xGa_{1-x}N. Appl. Phys. Lett. **86**(1)(2005).

[139] First demonstration and performance of AlGaN based focal plane array for deep-UV imaging **7474**(2009).

[140] E. Cicek, Z. Vashaei, E. K. -W. Huang, R. McClintock, M. Razeghi, Al_xGa_{1-x}N-based deep-ultraviolet 320 × 256 focal plane array. Opt. Lett. **37**(5), 896-898(2012).

[141] E. Cicek, R. McClintock, Z. Vashaei, Y. Zhang, S. Gautier, C. Y. Cho, M. Razeghi, Crack-free AlGaN for solar-blind focal plane arrays through reduced area epitaxy. Appl. Phys. Lett. **102**(5)(2013).

[142] E. Michael, N. C. J, Ⅲ-V direct-bandgap semiconductor optical filter. 11(1981).

[143] H. M. Manasevit, Epitaxial composite and method of making. 1(1983).

[144] K. M. ASIF, S. R. G, and S. R. A, UV detector and method for fabricating it. 4(1986).

[145] K. M. Asif [US], S. R. G [US], S. R. A [US], Tunable cut-off UV detector based on the aluminum gallium nitride material system. 9(1986).

[146] K. M. Asif [US], S. R. G [US], UV photocathode using negative electron affinity effect in $Al_xGa_{1-x}N$. 10(1986).

[147] S. W. H [US], Interference filter design using flip-flop optimization. 5(1987).

[148] H. Kai-Feng [CN], J. J. L [US], M. J. S. L [US], T. Kuochou [US], Quantum well vertical cavity laser. 3(1991).

[149] I. Toshihide [JP], O. Yasuo [JP], H. Ako [JP], Semiconductor light-emitting diode and method of manufacturing the same. 4(1991).

[150] L. Sergey [US], X. Ya-Hong [US], Vertical cavity semiconductor laser with lattice-mismatched mirror stack. 4(1991).

[151] K. P. C [AU], Current injection laser. 9(1991).

[152] S. J. Hwan, Semiconductor element for detecting ultraviolet rays at constant reliability and manufacturing method thereof. 12(2004).

[153] N. Katsuhiko, T. Toshiyuki, Ultraviolet ray detector. 5(2006).

[154] S. Charles [HK], Ultraviolet detector. 12(2006).

[155] W. Tilman [DE], T. Christoph [DE], L. Stefan [DE], H. Oliver [DE], K. H. Georg [DE], S. Sebastian [DE], S. Stephan [DE], Semiconductor component, electronic component, sensor system and method for producing a semiconductor component. 8(2002).

[156] S. Mayo [JP], T. Kohsuke [JP], G. Shunsuke [JP], K. Yasube [JP], E. Haruyuki [JP], H. Tatsuo [JP], I. Fukunori [JP], O. Eriko [JP], Photovoltaic ultraviolet sensor. 6(2007).

[157] K. Satoshi [JP], A. Hiroshi [JP], Nitride semiconductor substrate production method thereof and semiconductor optical device using the same. 2(2005).

[158] S. R. P [US], S. S. T [US], P. J. W [US], Dielectric passivation for semiconductor devices. 11(2005).

[159] J. M. Van Hove, J. N. Kuznia, D. T. Olson, M. A. Khan, M. C. Blasingame, High responsivity ultraviolet gallium nitride detector. 12(1993).

[160] T. Tadao, Semiconductor optical sensor. 6(2000).

[161] C. Qisheng [US], Schottky barrier detectors for visible-blind ultraviolet detection. 8(2000).

[162] D. M. Philip [US], E. N. Andrea [US], C. Kanin [US], Homoepitaxial gallium nitride based photodetector and method of producing. 2(2005).

[163] S. Katsumi [JP], I. Masayuki [JP], Y. Takafumi [JP], Backside-illuminated photodiode array, method for manufacturing same, and semiconductor device. 8(2005).

[164] H. Hikari, K. Satoshi, A. Hiroshi, A. Isamu, GaN-based compound semiconductor light receiving element. 9(2005).

[165] O. Ryota, D. Toru, Photoelectric conversion element, and its manufacturing method. 3(2008).

[166] F. Junichi [JP], O. Daisuke [JP], M. Kikuo [JP], N. Kenichi [JP], O. Keishi [JP], Photodiode, optical communication device, and optical interconnection module. 6(2008).

[167] K. K. Hamamatsu Photonics, Hamamatsu develops a new, highly sensitive GaN photocathode for UV detection(2010).

[168] K. K. Hamamatsu Photonics, Photocathode technology(2014).

[169] Y. -H. Lai, W. -Y. Cheung, S. -K. Lok, G. K. L. Wong, S. -K. Ho, K. -W. Tam, I. -K. Sou, Rocksalt mgs solar blind ultra-violet detectors. AIP Adv. **2**(1)(2012).

[170] S. I. Keong [CN], L. Y. Hoi [CN], L. S. Kin [CN], C. W. Yip [CN], W. G. K. Lun [CN], T. K. Weng [CN], H. S. Kam [CN], Mgs solar-blind UV radiation detector. 12(2012).

[171] F. Junichi [JP], N. Takahiro [JP].

[172] Jenoptik Polymer Systems GmbH, Data sheet epd-440-0-1. 4(2014).

[173] K. K. Hamamatsu Photonics, Data sheet r759(2014).

[174] sglux GmbH, Data sheet tw30sx(2014).

[175] J. Sun, F. -J. Liu, H. -Q. Huang, J. -W. Zhao, Z. -F. Hu, X. -Q. Zhang, Y. -S. Wang, Fast response ultraviolet photoconductive detectors based on Ga-doped ZnO films grown by radio-frequency magnetron sputtering. Appl. Surf. Sci. **257**(3), 921-924(2010).

[176] D. K. Wickenden, Z. Huang, D. B. Mott, P. K. Shu, Development of gallium nitride photoconductive detectors. Johns Hopkins APL Technical Digest **18**(2)(1997).

[177] ITME-Institute of Electronic Materials Technology Poland, Catalog of 2010(2010).

[178] IL-Metronic Sensortechnik GmbH, Data sheet UVD 370(2014).

[179] Jenoptik Polymer Systems GmbH, Prototype data sheet epd-260-1. 0(2014).

[180] Genicom, Data sheet GUVC-T10GD-L(2014).

[181] L. Jian-Fei, H. Ze-Qiang, Z. Wen-Le, J. Hao, Large active area AlGaN solar-blind schottky avalanche photodiodes with high multiplication gain. Chin. Phys. Lett. **30**(3), 037803(2013).

[182] Jenoptik Polymer Systems GmbH, Data sheet epd-270-0-0. 3-1(2014).

[183] IFW Optronics, Data sheet jec 1c(2014).

第 10 章
紫外 LED 水消毒应用

Marlene A. Lange，Tim Kolbe 和 Martin Jekel[1]

摘要

本章介绍紫外光水消毒的基本原则。这里给出常规 UV 光源和紫外发光二极管的比较。此外基于详细的案例分析，我们讨论了紫外 LED 用于水消毒系统的潜力。这项研究给出使用不同发光波长紫外 LED，进行静态和连续过流式测试的结果。

[1] M. A. Lange，M. Jekel
柏林工业大学，水污染系，KF4 区，17-135 街，德国柏林 10623
电子邮箱：marlange@posteo.de
M. Jekel
电子邮箱：martin.jekel@tu-berlin.de
T. Kolbe
费迪南德-布朗学院，莱布尼茨高频技术学院，古斯塔夫-基尔霍夫-斯特罗 4 街，德国柏林 12489
电子邮箱：tim.kolbe@fbh-berlin.de

10.1 简介

当今全世界的人们,对饮用水质量比以往任何时候都更加关注,尤其是涉及医疗保健和健康防护时。现在,全球每年有 220 万人,死于饮用水传播病原体导致相关腹泻[52]。

作为减少过量微生物导致感染危险的一种量度,人们已使用物理或化学消毒技术,进行了水消毒方法开发[23]。

一种经过验证的饮用水净化物理消毒方法,是用波长大约 200～300nm 间紫外(UV)光来灭活微生物[5,17]。所用的 UV 光波长,取决于采用的 UV 发光器件。传统上使用低中压汞灯,这在固定供水系统水消毒应用已有很好的研究(参见参考文献 [3,27,32])。近年来,发光波长可以调整到目标波长的紫外发光二极管(LED),引起人们将其用于水消毒的极大兴趣。

与其他技术相比,紫外消毒相对便宜、投资和使用成本低。紫外反应器重量轻、占地面积小、操作简易[5]。由于这些性能,紫外消毒成为确保饮用水安全的一种很有前途的技术。然而,紫外消毒高度依赖于电能,如果电源中断则不会产生 UV 光。此外,一些微生物经过紫外线照射后,可能恢复活性(参见参考文献 [22] 的综述)。最后,紫外光无驻留消毒能力和紫外消毒后的再生,可能使水质恶化[5]。

水净化应用,特别是非连续工作、分散和移动的供水系统中,紫外 LED 相比传统的 UV 发光器件有一定的优势:LED 不含汞,从而整体系统架构不需要额外措施,来预防工作期间汞 UV 灯破裂污染水的可能,也不会存在处理问题。LED 是无玻璃或灯丝的紧凑和坚固设计,因此在运输和装卸过程中,更加坚固耐用。LED 电力需求低,相比传统汞灯只要更低的电压,因此提供了使用太阳能电池或可充电电池供电的选项。它们更适合于实时的应用,因为 LED 不需要预热时间,并能够实现高频开启和关闭,而且效率不会降低[10,48]。然而,目前的发展现状是,紫外 LED 受制于高成本、低输出功率和高早期退化[32,53]。

10.2 紫外消毒的基本原则

基于常规或新光源产生 UV 光,来实现广谱抗菌,具有短接触时间和形成最少消毒副产物的能力,这是化学消毒剂的可行替代。适当波长和能流密度的 UV

光，通过破坏微生物的 DNA 或 RNA，使其无法繁殖而实现灭活[20]。

（1）波长　水净化中，水分子吸收低于 230nm 波长的光。因此只有 230～300nm 之间的 UV 波长可用于消毒。这个波长范围内，微生物成分的 DNA 和 RNA 主要吸收紫外光。蛋白质也吸收紫外光，但需要波长低于 230nm 的很高能流，才会遭到破坏（不适用于水消毒）。因此消毒主要通过 DNA/RNA 破坏来实现（参见参考文献［3，17，21，27］）。

DNA 和 RNA 由核苷酸形成多核苷酸构成。这些核苷酸组成由交替的糖和磷酸基团构造的主链；而核碱基［RNA 中的鸟嘌呤（G）、腺嘌呤（A）、胸腺嘧啶（T）或尿嘧啶以及胞嘧啶（C）］附连到糖。DNA/RNA 的特定序列由核酸碱基的顺序确定[31]。

所有的核碱基都吸收 UV 光。然而，UV 光可能诱导碱基之间化学键，从而形成相邻胸腺嘧啶/尿嘧啶碱基的二聚体（参考图 10.1）。这些二聚体破坏 DNA/RNA 的结构，并且高于临界数量的二聚体会妨碍 DNA/RNA 的复制。微生物可能仍然会有代谢活性，但因为繁殖受阻可以预防感染[5]。

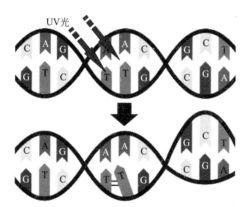

图 10.1　紫外光诱导胸腺嘧啶二聚体形成，导致
DNA 结构的破坏（A 腺嘌呤，G 鸟嘌呤，
T 胸腺嘧啶，C 胞嘧啶）

DNA 的 UV 光吸收通常在约 260nm 波长时，达到最大，但峰值波长的分布取决于目标生物体[5,11,15]。例如枯草芽孢杆菌，它往往用作原虫卵囊替代生物[22]和紫外反应器认证[17,38,47]，有两个吸收极大值：一个低于 240nm，另一个约 270nm[7,11,33]。Chen 等人[11]还证实了，枯草芽孢杆菌在 254～279nm 波长有相似的能流-失活响应曲线（参考图 10.2）。❶

（2）能流　紫外消毒中的术语能流，用于描述使用 UV 的"剂量"。剂量是涉及总吸收能量的术语。因为微生物仅吸收百分之几的 UV 光，光的其余部分则

---

❶　两种波长中需要相同的能流来得到可比的灭活结果。

穿过生物体，术语能流比术语剂量更适合于紫外消毒。能流涉及入射 UV 能量，而不是吸收的紫外能量[5]。

能流（J/m²）定义为各个方向上，通过无限小的球形截面积（dA）的辐射能量总和除以 dA。它计算为入射辐照（或能流速率，W/m²）和曝光时间（s）的乘积 [式（10.1）][6]：

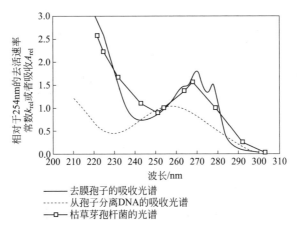

图 10.2　不同波长下去除保护层的枯草芽孢杆菌，从枯草芽孢杆菌分离出的 DNA 和枯草芽孢杆菌的失活速率常数（k）（参考 10.3.2.2 节）[11]

$$H_0 = E_0 t \tag{10.1}$$

式中，H_0 为能流，J/m²；E_0 为入射辐照，W/m²；t 为曝光时间，s。

（3）辐照　表面上方各个方向 UV 光照射表面时的合适术语。在精心设计的工作台规模配置中，能流速率和辐照几乎相同，正如案例"准直光束设备"（CBD）中，培养皿为水样提供了高度均匀的 UV 光束。UV 反应器中紫外消毒的适当术语是能流速率，而不是辐照或强度，因为 UV 光可以从任何方向穿透微生物[4]。能流速率则是从各个方向，通过无限小的球形截面积（dA）的辐射功率除以 dA（单位 W/m²）[6]。

为获得最佳消毒，精确确定能流是关键。由于发现各种因素都对紫外反应器的能流有影响，理解这些因素与 UV 反应器性能关系（参考 10.2.1 节），使用合适的建模和验证工具（参考 10.2.2 节），将这些影响因素考虑在内就非常重要了。

10.2.1　影响紫外能流的因素

人们已经进行了大量的研究，来解释对紫外能流有影响的因素。研究人员发现灯的性能、水质以及曝光时间都影响能流的输运（参见参考文献 [8，9，46]）。

（1）灯的性能　取决于发射出不同波长光的 UV 光源（参考图 10.3）。通常，UV 光通过汞灯产生。低压（LP）与低压高输出（LPHO）灯产生 254nm

波长处近单色的 UV 光，而中压灯发出各种波长的多色光[5]。

图 10.3 典型的低压和中压紫外灯发射光谱（经授权使用，Pentair Aquatic 生态系统公司保留所有权利）

低压汞灯有较高的杀菌效率，但输出功率较低。因此，它们更适合于较小规模的应用。低压汞灯的最佳工作温度一般为 40℃。随着温度的升高或者降低，灯的性能会下降[5]。

中压汞灯的杀菌效率较低，但是它们可以安装到高流动速率的应用中，因为它们有更高的输出功率，并且只需要较少数目的灯，从而降低了维护成本。它们的工作温度在 600~900℃ 之间，因而对温度变化较不敏感[5]。

产生紫外线相对较新的一种方法是 LED[48]。紫外 LED 提供了通过控制基体材料/合金（氮化铝镓，AlGaN）组分，来实现靶向微生物最佳消毒波长的可能性，而不仅是使用低压汞灯发射的 254nm 波长[48]。

当然目前的发展状态是，紫外 LED 受制于低输出功率和高早期退化。即使最好的 UV-LED，也只实现了 10% 左右❶的外部量子效率❷。早期退化的原因还没有得到完全理解，但最可能的原因是与 AlGaN 材料的高缺陷密度相关❸[26]。几个研究人员预测了减小缺陷密度以及增加热提取，从而来改善输出效率，实现紫外 LED 更高的物理性能提升潜力[1,24,25]。例如，Adivarahan 等人[1]实现了 280nm 发光时输出功率为 42mW 的 4×4 LED 阵列灯（约 2.6mW/LED）❹。

由于 UV 光源的性能在其寿命时间内一直变化，灯的性能需要使用 UV 传感器监测。传感器在紫外线反应器的特定位置测量辐照。测量结果依赖于 UV 灯的输出、传感器窗口的透射率、石英套管的透射率和水的透射率。除了对 UV 光的透射率有直接影响，水的质量也可能通过结垢（或无机结垢），影响传感器窗口和石英套管的透射率。相比紫外 LED，温度引起的结垢对常规汞灯 UV 发光器件更加重要（由于其更高的表面温度）。然而，与温度无关的结垢过程，也可能

---

❶ 用于照明应用 LED 的典型外量子效率在 60%~70% 范围内[34]。
❷ 外量子效率：每秒发射到自由空间的光子数目除以每秒注入 LED 中的电子数量。
❸ 缺陷密度：起源于半导体生产时每单位表面积的局部缺陷数目。
❹ 为了比较，本研究使用的 282nm LED 具有 20mA 下 0.65mW 的输出功率。

会影响紫外 LED。因此，水的质量对消毒效果有着显著的影响[6]。

（2）理化水质 通过在目标波长（通常 254nm），测量过滤和未过滤水的光谱吸收系数（α），发现溶解和良好分散的水中成分，对紫外线存在吸收，从而减少了可用于微生物灭活的 UV 光。因此，理化水质是一个重要的紫外线消毒设计准则。紫外透射率❶可以通过光谱吸收系数来计算[5]：

$$UVT_{cm} = 100 \times 10^{-\alpha \times 0.01m} \tag{10.2}$$

悬浮颗粒造成混浊，可能通过散射、吸收紫外光或通过将微生物屏蔽于紫外辐射外，而影响紫外消毒。散射仅改变紫外线方向，对紫外线消毒的影响是最小的，但吸收和屏蔽则会减少紫外消毒的效率[8,9,46]。

紫外光源上结垢沉积物，减少了穿过结垢层的辐射，从而减少了可用于微生物灭活的 UV 光。尤其是铁、锰、钙也可能在石英套管上结垢[29,43,49]。要恢复套管的透射率，必须进行普通的人工或自动设备的清洗。据报道，机械清洗设备能有效去除结垢沉积物[37]。不过，也有报道机械清洗设备可能会划伤石英套管表面，造成不可逆的结垢[39]。在通过清洗恢复紫外透射率需求和不可逆结垢影响间的平衡，可能会限制机械清洗的频率[50]。因为没有预测水结垢可能性的方法[49]，推荐使用中水[47,50]。

（3）曝光时间 与准直光束设备（CBD）或化学消毒系统相反，连续过流式紫外线反应器中，微生物的曝光时间并不等于样品照射的时间。曝光时间必须从 UV 反应器的流动速率和流体动力学导出，因此无法直接监测。流动速率和流体动力学确定生物体通过反应器的特定路径，以及生物体在此期间被照射的时间[3,15]。通过紫外线反应器的途中，一些微生物会接受更多，一些则小于平均能流，而接收较低能流的微生物将决定紫外线反应器的性能[5]。

由于 UV 反应器中，微生物上施加的能流取决于这些多种因素，进行能流的计算时必须细心。下节将描述紫外线反应器性能的建模和验证方法实施。

10.2.2 紫外反应器性能的建模与验证

上述影响连续过流式反应器的紫外消毒性能的因素复杂相互作用，促成了使用准直光束设备（CBD），来校准工程规模反应器期望性能方法的开发。这个称为生物剂量的实验方法，最早由 Qualls 和 Johnson 提议[40]。它包括以下方案。

第一步，依次在培养皿中辐照包含测试有机体的试验悬浮液。每步辐照后，取样并确定测试生物体的菌落形成单位（cfu）数目。通过比较不同辐照步骤的 cfu 数目，推导出灭活-响应率曲线。第二步，改变水的质量和流动速率，并确定

---

❶ UVT_{cm}（%）：当路径长度为 1cm，波长为 254nm 时介质中透射光的百分比；α（1/m）：特定波长下光谱的吸收系数，相对于 1m 的路径长度。

工程规模紫外线反应器中,加载测试生物体的灭活。测定的灭活速率根据实验室规模上得到的能流来赋值。此能流称为还原当量能流(REF)。此过程的详细说明可在参考文献[6,28,45]中找到。

除了这些紫外线消毒反应器的广泛生物剂量学测试,REF 可以使用数学模型来确定❶[41]。使用数学模型计算 REF,需要知道微生物通过反应器的路径和 UV 反应器中辐射的分布。当紫外线反应器中,无限小单元的有机物停留时间和能流速率已知时,能流可以通过沿微生物的路径积分来确定。微生物的路径通过建模湍流中,动量与质量的传输来确定。对于紫外线反应器,采用了不同的模型确定辐射分布,其假设和边界都不同。紫外线反应器经常使用的计算方法是点源求和(PSS)模型。更多湍流和辐射分布模型的细节见参考文献[30]。

为了研究实验室规模的传统汞灯紫外线消毒,研究人员在标准化实验方案方面取得了重要进展。例如,欧洲和美国都有标准,来给出基于汞灯使用如枯草芽孢杆菌进行微生物灭活与能流关系测量的方案[18,47]。然而,至今尚未提出标准化方案来测试紫外 LED。采用紫外 LED 方案是必要的,因为传统的设计中,自上而下辐照水样并不适用于紫外 LED:自上而下方法需要 UV 光源和水样之间大功率输出光源的损失(例如吸收或散射)补偿,而这是 LED 不能提供的。Bolton 和 Linden[6]认为,没有必要完全标准化实验室规模的设备,而是应该考虑针对特定应用设计,修改方案的基本准则。所有其他方面包括,设计必须保证照射水样的光束相当均匀,且发散角足够小,从而确保传感器的准确读数。必须通过仔细控制无涡流搅拌,来保持悬浮液对所有微生物的能流相等[6]。

10.3 案例分析

过去几年中,不同研究人员已经测试了紫外 LED 用于水消毒应用(参见参考文献[2,12,14,35,36,48,51,53])。这些工作研究了发光波长在 255~405nm 之间的 LED。实验主要是通过自上而下照射的几何分布,辐照体积为 190μL 和 100mL 间的水样。

大多数研究采用紫外敏感微生物,如大肠杆菌作为测试有机体,因为 LED 灯目前阶段输出功率低而开发成本高。下面的案例研究中,我们给出一种实验配置,以实现较不敏感生物体如枯草芽孢杆菌的检测,这是通常的 UV 单元验证有机体。我们讨论了针对两种不同发光波长 LED 阵列的单批次和连续过流式测试。

---

❶ REF 也可以使用染色的微球辐射测量仪来确定。参考文献[3]。

10.3.1 测试紫外 LED 的实验设置提案

发光为 269nm 和 282nm 的两个 AlGaN 基 UV-LED 消毒模块，由固体物理研究所与柏林工业大学水质控制中心合作设计，费迪南德-布朗学院用它们搭建进行生物剂量试验。LED 放置在两个不同测试模块的基板上，进行静态和连续过流式测试。模块Ⅰ仅设计用于静态测试。模块Ⅱ设计用于静态和连续过流式测试。实验设置示意见图 10.4。

对于静态测试 [图 10.4 (a)]，直径 6cm、厚 2mm Suprasil® 基板的培养皿放置到 UV-LED 阵列的顶部。Suprasil® 基板允许超过 90% 的深紫外光透射。安装在培养皿顶部的电驱动搅拌器进一步保证整个水体均匀辐照。使用紫外敏感的硅光电二极管测量 LED 的输出功率，从而确保所有微生物测试中受到恒定的辐射。

为了进行连续过流式测试 [图 10.4 (b)]，培养皿由连续过流式反应器替代。连续过流式反应器主体由铝制成，以提高紫外反射率。在铝中研磨出宽 6mm、深 5mm 的水通道，然后反应器主体覆盖 2mm 厚 Suprasil® 窗口，以便对水通道进行 UV 曝光。测试水从进料储存器流经连续过流式反应器，并在集水罐中收集。

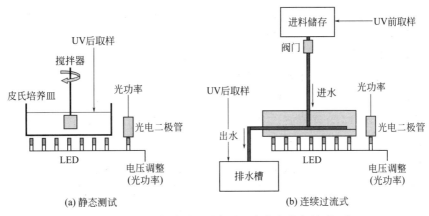

图 10.4 测试的实验设置示意图（出自参考文献 [53]）

入射辐照度根据式（10.3）计算[6]（Suprasil® 窗口的紫外吸收忽略不计）：

$$E_0 = \frac{P_{\text{LED}}}{A_{\text{petri}}} N_{\text{LED}} \tag{10.3}$$

式中，E_0 为入射辐照度，W/m^2；P_{LED} 为单个 LED 的功率输出，W；A_{petri} 为培养皿的辐照面积，m^2；N_{LED} 为发光 LED 的数量。

测试模块Ⅰ只针对静态消毒试验设计，配备的是 269nm LED。33 个 LED 布置在每平方厘米 1 个 LED 的六边形网格中。由于 LED 阵列的设计，只有 28.5

个LED与培养皿的面积相重叠。

测试模块Ⅱ中，35个发光波长282nm的LED放置在三个直径为1.8cm、3.5cm和5.2cm的同心圆上。这些LED相隔1cm距离，放置在水消毒模块的基板上，以便获得足够高功率密度和近乎均匀UV光分布。这个模块用于静态配置[图10.5（a）]和连续过流式反应器[图10.5（b）]，最大流动速率约12mL/min。

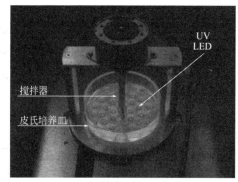 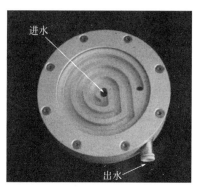

(a) 有搅拌器单元的LED陈列　　　(b) 连续过流式反应器(出自参考文献[53])

图10.5　测试模块Ⅱ

我们对采用的紫外LED进行了一系列表征，研究了它们用于水消毒模块的最佳工作条件。模块特性总结在表10.1中。

根据发射光谱、电流-电压和功率-电流特性以及发射功率随时间的变化，我们进行了LED表征，从而选择有类似特性的LED。

我们在连续（CW）20mA条件下，使用光纤光谱仪测定了光谱。没有观察到不同的269nm LED峰值波长变化。282nm发光紫外LED显示出不同LED之间小于1nm的差异。两种波长的典型发射光谱示于图10.6（a）。

表10.1　消毒模块静态测试中的LED参数（平均值）

模块	LED波长/nm	LED输出功率/mW	LED数量	工作LED数量	LED配置	模块输出功率/mW
Ⅰ	269	0.16	33	28.5	1/1cm²（六角网格）	4.56
Ⅱ	282	0.19	35	35	3个圆形	6.65

注：模块Ⅱ也可构建用于进行连续过流式测试（出自参考文献[53]）。

紫外LED的电流-电压特性在20mA连续（CW）条件下进行了测量。所有LED具有非常类似的电流-电压特性，典型工作电压约为5.8V（269nm LED）和6.3V（282nm LED）。所有LED显示出类似的功率-电流特性。发光功率使用校准的100mm²面积的硅光电二极管探测器测量。20mA的电流下，我们观测到269nm LED有0.33mW的发光功率，而282nm LED有0.65mW的发光功率

[参考图 10.6（b）]。

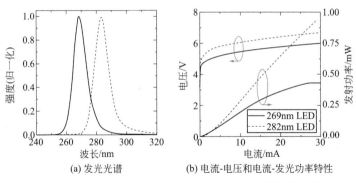

(a) 发光光谱　　(b) 电流-电压和电流-发射功率特性

图 10.6　波长 269nm 和 282nm LED 的典型电气和光学特性

我们监测了 269nm 和 282nm LED 发光功率随时间的变化。两种情况下，在 20mA 恒定电流工作 100h 后，发光功率约下降 30%～40%。而工作时间 100h 后，269nm 和 282nm LED 的电流-电压特性测量结果仅显示微不足道的变化。此外，并没有观察到发光光谱随着时间的变化。经过初始下降，发光功率在长于 100h 的工作时间内几乎稳定。由于维持恒定的输出功率对水消毒模块非常关键，发光功率的强烈退化需要测试过程中，对光输出的主动监测，并调整驱动电流以保持恒定的光功率密度和能流。

10.3.2　测试条件

10.3.2.1　使用紫外 LED 进行消毒测试

采用专为紫外 LED 设计的实验装置，得到有 6633 个孢子的枯草芽孢杆菌 ATCC 紫外能流-灭活响应曲线。试验有机体来自卫生和公共健康研究所（德国波恩大学），他们培育并用单色低压紫外灯，按照德国标准 DVGW 表征[18]。

对于辐照测试，根据 DVGW，测试水中添加测试悬浮生物体以得到 $10^6 \sim 10^7$ cfu/mL 浓度[18]。试验在室温 [(23±2)℃] 下进行。他们使用 30mL 静态样品进行，在逐渐降低的能流下辐照。

考虑紫外吸收水的因素后，矫正的能流为如式（10.4）所示的形式，

$$H_0 = E_0(WF)t \tag{10.4}$$

式中，H_0 为能流，J/m^2；E_0 为入射辐照，W/m^2；WF 为水因子；t 为辐照时间，s。

水因子通过 Beer-Lambert 定律 [式（10.6）]，沿完全混合样品的深度积分推导得出[6]，如式（10.5）所示：

$$WF = \frac{1-10^{-ad}}{ad\ln(10)} \tag{10.5}$$

式中，α 为光谱吸收系数，m^{-1}；d 为悬浮深度，m；t 为辐照时间，s。
Beer-Lambert 定律如下

$$\alpha = \lg \frac{E_0}{E_t} \tag{10.6}$$

式中，E_0 为入射辐照，W/m^2；E_t 为穿透辐照，W/m^2。

为了避免因微生物交叉导致的污染，消毒试验首先从最高能流开始进行。

采用 269nm LED 的静态试验时，分别在 372s，248s，155s，62s 和 0s 后提取 1.5mL 的样品。使用 282nm LED 进行的测试样本，分别在 255s，170s，106s，43s 和 0s 后提取以获得可比的能流（约 $600J/m^2$，$400J/m^2$，$250J/m^2$，$100J/m^2$，$0J/m^2$）。

连续过流式测试使用 282nm 的 LED，在单通工作模式下进行。通过改变流动速率和 LED 的光输出功率，得到不同的能流。基于模块设计的极限和紫外 LED 可用输出光功率，选择流动速率以产生层流。表 10.2 总结了连续过流式测试的测试条件。

实验基于 DVGW 进行[18]，从最高能流开始。实施的实验方案如下：
① 初始化系统（调整流动速率和紫外功率）；
② 紫外辐照前蓄水池采样；
③ 开紫外灯；
④ 流动开始，丢弃 5 个测试单元体积；
⑤ 紫外辐照后采样（1min，2min，3min，4min 后）；
⑥ 紫外辐照前，进料蓄水池中重复采样。

紫外线消毒前测定的枯草芽孢杆菌浓度，通过平均紫外辐照前蓄水池取样测试结果进行计算。

表 10.2 使用 282nm 紫外 LED 在连续过流式测试期间应用的试验条件

流动速率/(mL/min)	停留时间/s	LED 功率/mW
10.8±0.4	45.8	0.50；0.70
7.8±0.4	63.5	0.35；0.49

10.3.2.2 微生物数据分析

枯草芽孢杆菌的灭活，表示为十倍减少因子（RF），基于式（10.7）进行计算

$$RF = \lg \frac{N_0}{N} \tag{10.7}$$

式中，RF 为十倍减少因子；N_0 为 UV 辐照之前确定的 cfu 浓度；N 为 UV 辐照之后确定的 cfu 浓度。

RF 相对能流作图来推导出能流-灭活的关系。枯草芽孢杆菌的能流-灭活响

应曲线可以通过三个阶段来描述[22]：肩部阶段、对数-线性阶段和拖尾阶段。当外加低能流时，RF 随能流的增加只是轻微变化。研究人员认为，这阶段对应 DNA 修复或若干 DNA 损伤位置的要求[33,44]。经过偏移能流后，灭活开始进入对数-线性关系，紧接着偶尔出现的拖尾阶段，其中 RF 再次随能流增加缓慢改变。拖尾阶段的原因仍在讨论之中，可能的原因是微生物体聚集或与粒子结合、实验偏差或液压效应[13]。曲线的发展如果不考虑拖尾阶段，可以通过肩部模型来描述[22]：

$$RF = k \times 能流 - b \qquad (10.8)$$

式中，RF 为十倍减少因子；k 为灭活速率常数，m^2/J；b 为偏移值（能流轴上穿过对数-线性关系开始的能流）。

枯草芽孢杆菌的灵敏度通过对数-线性关系能流之间的 RF 线性回归求出。线性回归拟合的优度使用确定系数（r^2）和标准误差（StE，StE 通过针对单独 x 在回归中预测 $f(x) = y$ 来测量误差）分析。

平均值的误差根据以下方程计算出[19]：

$$\sigma_{\bar{\mu}} = \pm \frac{\sqrt{\mu}}{\sqrt{n}} \qquad (10.9)$$

式中，$\sigma_{\bar{\mu}}$ 为平均值的误差；$\bar{\mu}$ 为标准偏差；n 为测量次数。

10.3.2.3 理化水质

测试使用了不同的水质：去离子水（DI）、自来水（TW）、地表水（SW）和二次废水（SE）。水样取自德国柏林。自来水从柏林市当地的供水中获得。地表水取自 Landwehrkanal，而二次污水由污水处理厂 Ruhleben 提供❶。

表 10.3 概括了常规低压汞灯（254nm）和具有 282nm 发光的 UV-LED 波长测得和计算的水吸收参数。紫外吸收率（a）使用 5cm 石英比色皿内的双光束分光光度计进行测量。随后 UV 透射率（UVT）根据式（10.2）计算。

表 10.3 所用测试水的水质参数（平均值）

	参数	单位	DI	TW	SW	SE
用 269nm LED 进行测试的测试水						
未过滤	$a(254)$	1/m	1.1	—	—	—
	UVT(254)	%	97.5	—	—	—
过滤	$a(254)$	1/m	0.8	—	—	—
	UVT(254)	%	98.2	—	—	—

---

❶ 污水处理厂 Ruhleben 通过机械分离，硝化活化污泥工艺，后脱氮和生物除磷综合处理市政废水与雨水。

续表

	参数	单位	DI	TW	SW	SE
用282nm LED进行测试的测试水						
未过滤	a(254)	1/m	2.7	10.8	18.4	28.7
	UVT(254)	%	94.1	78.0	65.5	51.7
	a(282)	1/m	2.3	8.2	13.4	22.1
	UVT(282)	%	94.8	82.8	73.5	60.1
过滤	a(254)	1/m	0.7	7.9	15.9	23.6
	UVT(254)	%	98.4	83.4	69.3	58.1
	a(282)	1/m	0.4	5.4	11.0	17.6
	UVT(282)	%	99.0	88.3	77.6	66.7

注：DI为去离子水；TW为自来水；SW为地表水；SE为二次废水。

枯草芽孢杆菌悬浮物的高浊度，降低了未过滤去离子水样的UVT(254nm)。实验中用于282nm LED的测试水具有的更高吸收率，是由更高的初始孢子浓度引起的。柏林市的自来水中含有大量的紫外活性溶解有机物，导致自来水测试样品中的高UV吸光度。

10.3.3 使用紫外LED测试的结果

紫外LED用于流动水消毒的潜力，通过三个步骤进行了研究：首先，构建紫外LED模块，使用各种水质进行测试，并将结果与常规标准汞灯系统获得的结果进行对比（参考10.3.3.1节）。然后，基于杀毒能力和功耗，比较两种不同LED波长对枯草芽孢杆菌杀菌的影响（参考10.3.3.2节）。最后，使用实验室规模的连续过流式反应器，模拟了真正的水消毒应用（参考10.3.3.3节）。

10.3.3.1 模块开发和验证

测试模块基于低输出功率的紫外LED开发，导致长的辐照时间和较低的流动速率。该设计包括LED阵列自下而上照射水样，这与传统的准直光束设备（CBD）相反，后者汞灯位于水样的顶部。静态测试中发光的不均匀性，通过不断搅拌处理。验证测试使用282nm发光的紫外LED阵列。枯草芽孢杆菌作为试验有机体，依次暴露在UV光里。

验证过程的第一步，设计模块测试结果的可重复性，通过重复试验平均值的误差并应用各种水质来评估。验证过程的第二步，检测结果与标准汞灯CBD消毒试验进行了比较。

采用不同水质来评价测试模块可重复性的灭活结果示于图10.7。能流计算考虑增加了UVT，对于较高含量紫外吸收化合物的水而言，相同辐照时间内会产生更低的外加能流 [参考公式（10.4）]。

对 97~581J/m² 之间的所有数据点进行线性回归，我们得到很高的拟合优度（StE=0.44；r^2=0.94）。低于 97J/m² 的数据点没有用于数据分析，因为不是对数-线性关系（肩部效应，参考10.3.2.2节）。

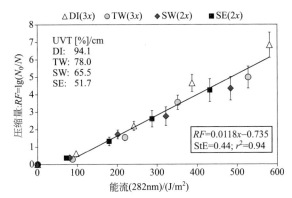

图 10.7　具有不同性质（UVT$_{254}$作为代表参数）的水中
枯草芽孢杆菌相对于 282nm LED 的能流-灭活响应和线性回归得出的曲线（括号中是测试批次的数目。所列数据是几何平均值±三个测试列的平均指误差。测试组一式三份栽培）
DI—去离子水；TW—自来水；SW—地表水；SE—二次污水

去离子水测试中，RF 平均值的最大误差与三次分析平均值的最大误差相同（均为1.5；n=3）。这种比较表明，测试设置获得了可重复的结果，都在三次分析的范围内。使用 UV-LED 测试模块进行的测试重复性还表明，所有流动实验之间平均值为 0.9 的最大误差（n=9）。

第二验证步骤中，在不同的实验条件下使用了枯草芽孢杆菌：282nm 的 LED 模块和 254nm 的汞灯 CBD❶。根据文献数据，枯草芽孢杆菌的能流-灭活响应曲线在 254~279nm 波长应当是可比拟的（图10.2[11]），因此，替代孢子的灵敏度在这两个实验设置中都应当可比拟。

微生物的紫外线敏感性，通过灭活速率常数 k(m²/J) 和偏移值 b（参考10.3.2.2节）来描述，后者通过能流关系曲线上缩减因子（RF）的线性回归推导得到。282nm LED 和常规汞灯得到的 DI 水中孢子灭活率示于图10.8。

对高于 100J/m² 的能流进行线性回归，因为更低能流时对数-线性关系（偏移值）缺失。对于 282nm 的 LED，观察到了低能流处的肩部效应（负偏移值）。在 282nm LED 灯和汞灯的能流研究中，都没有观察到拖尾。两个实验设置中，能流介于 100~600J/m² 间都观察到了线性的能流-灭活关系。回归分析得出了低的 StE 和 r^2 值，282nm LED：StE=0.28，r^2=0.99；而汞灯，则 StE=0.19，r^2=0.98。

---

❶　这些使用汞灯进行的 CBD 测试由外部实验室进行（波恩大学卫生和公共健康研究所）。

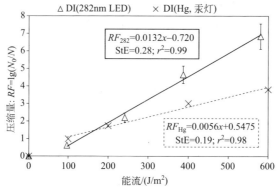

图 10.8　使用 282nm LED 和汞灯 UV 光，辐照去离子水中
枯草芽孢杆菌的能流-灭活响应和通过线性回归得到的曲线
（所列数据是几何平均值±三个测试列的平均值误差。
测试组一式三份栽培）

比较 282nm LED（0.0132J/m^2）和汞灯（0.0056J/m^2）的灭活速率常数 k 表明，LED 模块中，枯草芽孢杆菌有高 2 倍的灵敏度。因此，282nm LED 和汞灯随着能流的增加，其孢子减少的差异将更高。基于不同波长具有相同灵敏度的假设（出自参考文献[11]），消毒动力学的差异可能必须归结为不同的实验设置。各种因素，如试验悬浮液的条件、能流计算和/或 LED 装置和 CBD 的不同结构，都可能影响测试结果。目前阶段，更高能流下，LED 相比传统 UV 光源更高消毒能力的明确解释仍需要进一步研究。

当然，由于 LED 系统产生出可重复的结果，相同的实验设置下，不同波长获得的灭活结果具有可比性。不同的紫外 LED 波长对枯草芽孢杆菌消毒的影响将在下一部分中讨论。

10.3.3.2　发光在 282nm 和 269nm LED 的比较

269nm 和 282nm 发光 LED 的消毒能力，通过使用去离子水消毒试验进行研究。根据此前的研究，269nm 波长对应于枯草芽孢杆菌的最大吸收[7,11,33]，因此，应比 282nm LED 显示出更大的灭活率。另一方面，282nm LED 有更高的输出光功率。这些结果将在下面讨论。图 10.9 给出静态设施配置中，根据不同 UV-LED 波长获得结果而推导出的灭活曲线。

根据线性回归推导，枯草芽孢杆菌对超过 100J/m^2 的两种波长同样敏感（$k_{282}=0.0132$；$k_{269}=0.0133$）。282nm LED 的偏移值是负的，表现出如前述的肩部效应。而 269nm LED 的偏移值是正的，因此不存在肩部效应。由于 269nm LED 没有显示出肩部效应，所研究能流范围内，相差多达 1 级对数的绝对值表明，使用 269nm LED 有更高的绝对消毒能力。这种消毒能力增强可以归因于 269nm 波长的杀菌效率更高。

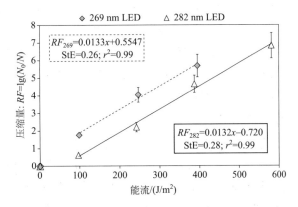

图 10.9 去离子水静态设备中枯草芽孢杆菌采用 269nm 和 282nm 紫外 LED 所获得能流-灭活响应和以及通过线性回归推导的曲线（所列数据为几何平均值±平均值误差）

下一步，基于考虑相同输入功率和时间的模型计算，我们比较 269nm 和 282nm LED，得到了不同的能流。基于 20mA 额定驱动电流进行的模型计算，269nm LED 具有 0.33mW 的光功率输出，而 282nm LED 具有 0.65mW 的光功率输出。所得不同能流是根据式（10.3）计算得到的。所得灭活率通过图 10.9 中推导的灭活曲线计算而得。模型计算的结果总结于表 10.4 中。

表 10.4 模型计算的 269nm 和 282nm LED 功耗和灭活性能比较总结

时间/s	269nm 输出:0.33mW		282nm 输出:0.65mW		差别
	能流/(J/m^2)	RF_{269} (lgN_0/N)	能流/(J/m^2)	RF_{282} (lgN_0/N)	$RF_{282}-RF_{269}$ (lgN_0/N)
200	117	1.9	230	2.4	0.5
250	146	2.3	287	3.0	0.7
300	175	2.7	345	3.7	1.0
350	204	3.1	402	4.4	1.3
400	233	3.6	460	5.1	1.5

注：1. 边界条件：输入电流 20mA 且共有五个 LED。
2. 缩减因子：$RF_{269}=0.01133x+0.5547$；$RF_{282}=0.0132x-0.720$。

虽然 269nm LED 表现出更高的杀菌效率，但 282nm LED 的孢子灭活在相同时间跨度内和相同输入功率下，比 269nm LED 的更高。例如 300s 时间辐照时，269nm LED 产生的外加能流为 175J/m^2，而 282nm LED 外加能流为 345J/m^2。在此能流值，269nm LED 的减少因子比 282nm LED 的低 1.0 级对数。这是源于 282nm LED 更高的输出功率（相同电流下）。269nm LED 的更高消毒能力是由于输出波长接近枯草芽孢杆菌的吸收最大值（约270nm），而282nm LED 的更高输出功率则有所补偿。结果是，只要较短波长 LED 的性能得不到提高，则基于整体性能而优先使用282nm LED 紫外净化模块。未来，随着两个波长 LED 可用输出功率的增加，现在的趋势可能会变化。选择最佳波长必须基于使用相同能流时，紫外输出功率和缩减因子的比较。

10.3.3.3 连续过流式测试

本项研究中，连续过流式测试通过具有较高输出功率的 282nm LED 进行。连续过流式测试使用连续过流式反应器进行，以便得到紫外 LED 适用于实际条件的首个结果。通过改变流动速率和282nm LED 的光功率输出，获得不同能流（参考10.3.2节）。流动速率调整为 (10.8 ± 0.4)mL/min 和 (7.8 ± 0.4)mL/min，形成层流条件。结果示于图 10.10。

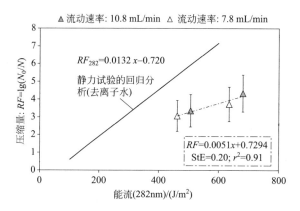

图 10.10 去离子水中枯草芽孢杆菌的能流-灭活响应以及通过线性回归推导的曲线［通过设计 282nm 紫外 LED 装置，比较静态试验中（DI 水中静态试验回归分析）与连续过流式测试中获得的结果。所列数据为几何平均值±平均值误差。］

我们对流动速率 (10.8 ± 0.4) mL/min 和 (7.8 ± 0.4) mL/min 时获得的所有数据进行线性回归，研究流动速率是否对孢子灭活有影响。应用层流条件下 0.20 的低 StE 和模拟优度 $r^2=0.91$ 表明，流动速率对孢子减少没有显著的影响。因此，采用包括不同流动速率数据的能流-灭活响应曲线做进一步评估。根据该曲线，示出静态测试枯草芽孢杆菌的灵敏度（灭活速率常数 k），结果相比连续过流式测试减少了一半以上（图 10.10 所示为静态试验回归分析）。虽然名义上采用了相同的能流，连续过流式测试反应器中，枯草芽孢杆菌的灭活相比静态测试有降低。这是扩展紫外反应器和构建连续过流式反应器，而不是静态反应器的一个普遍现象。这些结果表明，流动条件导致较低 UV 辐照的区域，这是由于不完全光照和连续过流式测试反应器源自屏蔽效应的短路，减小了总体的消毒效率。然而，增加外加能流会产生更高的灭活，表明这是连续过流式反应器中一个有希望的 UV-LED 配置设计。

德国的饮用水生产紫外线反应器认证程序设定的目标能流为 $400J/m^2$[16]。基于 CBD 试验中外加测试生物体的灵敏度，当孢子减少三级对数时要达到 $400J/m^2$（参考 10.3.2 节）。然而，即使连续过流式测试中，外加测试孢子灵敏度较低，只要采用比 CBD 测试所需最低限度略高的约 $450J/m^2$ 能流，就可以实现枯草芽孢杆菌数目的 3 级对数减少。

10.4 紫外 LED 水消毒应用潜力

本章的目标是评估 AlGaN 基紫外 LED 用于水消毒的适合性。因此综述了使用紫外 LED 发表的研究工作，并总结了案例研究的结果。

案例研究包括不同工作条件下，紫外 LED 性能特征的评估以及鉴于水处理应用要求的 UV-LED 模块设计和开发。使用枯草芽孢杆菌作为测试生物体，发光波长 269nm 和 282nm 的紫外 LED 进行了生物分析测试。

试验结果表明，发光波长在 269nm 和 282nm 的紫外 LED，将有效灭活枯草芽孢杆菌，因此紫外 LED 对水进行消毒是基本适用的。269nm LED 比 282nm LED 有更高的消毒效率，这通过 282nm LED 的高输出光功率加以补偿。

通常情况下，紫外 LED 的光输出功率仍然非常低，需要进一步改进使它们适合于实际应用。水净化应用中，必须在几秒钟内消毒水，这仍然是使用紫外 LED 通过长时间辐照的限制。其结果是，设计的反应器必须有很小的直径。因此，紫外 LED 目前可能只适用于水流量较低的自来水出水口。一方面，这种紫外消毒系统设计，将减少管道系统中微生物的再生对取用水的影响，并提升使用点水的质量。另一方面，各种 UV 光点源的安装，需要开发全新的监测系统。特别注意，必须给每个单独的 UV-LED 进行紫外辐射监测，以避免未察觉的 UV-LED 失效和消毒效率损失。

但是，由于紫外 LED 巨大的优势。如发光波长可调、低电压、紫外辐射瞬时可用、坚固和紧凑的设计以及更长预测寿命，紫外 LED 将是流动消毒系统领域实现新型消毒应用的候选。此外，它们也将是取代传统紫外消毒系统，特别是只需要低流速应用的不错候选。由于对紫外 LED 器件不断增加的需求，这一过程将在今后经而不断增加的开发而得到支持，并预期会通过生产规模化降低 LED 的成本。

致谢

作者感谢柏林水能力中心的 Boris Lesjean 和 Eric Hoa 和安茹研究所威立雅水务的 Florencio Martin 的专业帮助，Katharina Kutz 的实验室工作和 Berliner Wasserbetriebe 提供的二次污水样品。这项工作部分资助来自柏林水能力中心 TECHNEAU 框架下的 FP6 项目，并得到欧盟委员会和威立雅水务的资助。

参考文献

[1] V. Adivarahan, A. Heidari, B. Zhang, Q. Fareed, S. Hwang, M. Islam, A. Khan, 280 nm deep ultraviolet light emitting diode lamp with an AlGaN multiple quantum well active region. Appl. Phys. Exp. **2**(102101)(2009).

[2] J. Bak, S. D. Ladefoged, M. Tvede, T. begovic, A. Gregersen, Disinfection of Pseudomonas aeruginosa biofilm contaminated tube lumens with ultraviolet C light emitting diodes. Biofouling **26**(1), 31-38(2010).

[3] E. R. Blatchley, C. Shen, O. K. Scheible, J. P. Robinson, K. Ragheb, D. E. Bergstrom, D. Rokjer, Validation of large-scale, monochromatic UV disinfection systems for drinking water using dyed microspheres. Water Res. **42**(3), 677-688(2008).

[4] J. R. Bolton, Calculation of ultraviolet fluence rate distributions in an annular reactor: Significance of refraction and reflection. Water Res. **34**(13), 3315-3324(2000).

[5] J. R. Bolton, C. A. Cotton, *The Ultraviolet Disinfection Handbook* (American Water Works Association, Denver, 2008).

[6] J. R. Bolton, K. G. Linden, Standardization of methods for fluence(UV dose) determination in bench-scale UV experiments. J. Environ. Eng. ASCE **129**(3), 209-215(2003).

[7] A. Cabaj, R. Sommer, W. Pribil, T. Haider, The spectral UV sensitivity of microorganisms used in biodosimetry. Water Suppl. IWA Publ. **2**(3), 175-181(2002).

[8] R. E. Cantwell, R. Hofmann, Inactivation of indigenous coliform bacteria in unfiltered surface water by ultraviolet light. Water Res. **42**(10-11), 2729-2735(2008).

[9] E. Caron, G. Chevrefils, B. Barbeau, P. Payment, M. Prévost, Impact of microparticles on UV disinfection of indigenous aerobic spores. Water Res. **41**, 4546-4556(2007).

[10] C. Chatterley, K. Linden, Demonstration and evaluation of germicidal UV-LEDs for point-of-use water disinfection. J. Water Health IWA Publ. **8**(3), 479-486(2010).

[11] R. Z. Chen, S. A. Craik, J. R. Bolton, Comparison of the action spectra and relative DNA absorbance spectra of microorganisms: Information important for the determination of germicidal fluence(UV dose) in an ultraviolet disinfection of water. Water Res. **43**(20), 5087-5096(2009).

[12] A. C. Chevremont, A. M. Farnet, M. Sergent, B. Coulomb, J. L. Boudenne, Multivariate optimization of fecal bioindicator inactivation by coupling UV-A and UV-C LEDs. Desalination **285**, 219-225(2012).

[13] S. A. Craik, G. R. Finch, J. R. Bolton, M. Belosevic, Inactivation of Giardia muris cysts using medium-

pressure ultraviolet radiation in filtered drinking water. Water Res. **34**(18), 4325-4332(2000).

[14] M. H. Crawford, M. A. Banas, M. P. Ross, D. S. Ruby, J. S. Nelson, R. Boucher, A. A. Allerman, *Final LDRD Report: Ultraviolet Water Purification Systems for Rural Environments and Mobile Applications*(Sandria National Laboratories, Albuquerque, New Mexico, 2005), pp. 1-37.

[15] J. C. Crittenden, R. R. Trussell, D. W. Hand, K. J. Howe, G. Tchobanoglous, Disinfection with ultraviolet light, in *Water Treatment: Principles and Design*, Chapter 13. 8(Wiley, Hoboken, 2005).

[16] DVGW, *Arbeitsblatt W 290: Trinkwasserdesinfektion -Einsatz und Anforderungskriterien* (Deutsche Vereinigung des Gas-und Wasserfaches, Bonn, 2005).

[17] DVGW, *Arbeitsblatt W 294-1: UV-Geräte zur Desinfektion in der Wasserversorgung Teil 1: Anforderungen an Beschaffenheit, Funktion und Betrieb* (Deutsche Vereinigung des Gas-und Wasserfaches, Bonn, 2006a).

[18] DVGW, *Arbeitsblatt W 294-2: UV-Geräte zur Desinfektion in der Wasserversorgung Teil 2: Prüfung von Beschaffenheit, Funktion und Desinfektionswirkung* (Deutsche Vereinigung des Gas-und Wasserfaches, Bonn, 2006b).

[19] F. Embacher, *Mathematische Grundlagen für das Lehramtsstudium Physik* (Vieweg + Teubner | GWV Fachverlage GmbH, Wiesbaden, 2011).

[20] F. L. Gates, A study of the bactericidal action of ultraviolet light: III. The absorption of ultraviolet light by bacteria. J. Gen. Physiol. **14**(1), 31-42(1930).

[21] W. Harm, *Biological Effects of Ultraviolet Radiation*(Cambridge University Press, New York, 1980).

[22] W. A. M. Hijnen, E. F. Beerendonk, G. J. Medema, Inactivation credit of UV radiation for viruses, bacteria and protozoan(oo)cysts in water: A review. Water Res. **40**(1), 3-22(2006).

[23] K. Höll, *Wasser. Nutzung im Kreislauf. Hygiene, Analyse und Bewertung.* (Walter de Gruyter, Berlin, 2002).

[24] A. Khan, K. Balakrishnan, T. Katona, Ultraviolet light-emitting diodes based on group three nitrides. Nat. Photon. **2**, 77-84(2008).

[25] M. Kneissl, Ultraviolet light-emitting diodes promise new solutions for water purification. World Water & Environmental Engineering **31**(3), 35(2008).

[26] T. Kolbe, *Einfluss des Heterostrukturdesigns auf die Effzienz und die optische Polarisation von (In) AlGaN-basierten Leuchtdioden im ultravioletten Spektralbereich*. Ph. D. Thesis, Fakultät II-Mathematik und Naturwissenschaften; Technische Universität Berlin, Berlin, 2012.

[27] A. Kolch, UV-Disinfection of drinking water—the new DVGW work sheet 94 Part 1-3. IUVA News **9**, 17-20(2007).

[28] J. Kuo, C. L. Chen, M. Nellor, Standardized collimated beam testing protocol for water/wastewater ultraviolet disinfection. J. Environ. Eng. ASCE **129**(8), 774-779(2003).

[29] L. -S. Lin, C. T. Johnston, E. R. Blatchley III, Inorganic fouling at quartz: Water interfaces in ultraviolet photoreactors: II. Temporal and spatial distributions. Water Res. **33**(15), 3330-3338(1999).

[30] D. Liu, *Numerical Simulation of UV Disinfection Reactors: Impact of Fluence Rate Distribution and Turbulence Modeling*. Dissertation, North Carolina State University, 2004.

[31] M. T. Madigan, J. M. Martinko, J. Parker, *Makromoleküle*. In: *Brock Mikrobiologie*, Chapter 24(W. Goebel. Spektrum Akademischer Verlag GmbH, Heidelberg, 2001).

[32] J. P. Malley, UV in water treatment issues for the next decade. IUVA News **12**(1), 18-25(2010).

[33] H. Mamane-Gravetz, K. G. Linden, A. Cabaj, R. Sommer, Spectral sensitivity of Bacillus subtilis spores and MS2 Coliphage for validation testing of ultraviolet reactors for water disinfection. Environ.

Sci. Technol. **39**(20), 7845-7852(2005).

[34] T. Miyoshi, T. Yanamoto, T. Kozaki, S. -I. Nagahama, Y. Narukawa, M. Sano, T. Yamada, T. Mukai, *Recent status of white LEDs and nitride LDs*(2008).

[35] K. Y. Nelson, D. W. McMartin, C. K. Yost, K. J. Runtz, T. Ono, Point-of-use water disinfection using UV light-emitting diodes to reduce bacterial contamination. Environ. Sci. Pollut. Res. **20**(8), 5441-5448 (2013).

[36] K. Oguma, R. Kita, H. Sakai, M. Murakami, S. Takizawa, Application of UV light emitting diodes to batch and flow-through water disinfection systems. Desalination **328**, 24-30(2013).

[37] M. Oliver, UV cleaning system performance validation. IUVA News **5**(1).

[38] ÖNORM, *Plants for Disinfection of Water Using Ultraviolet Radiation: Requirements and Testing, Part 1: Low Pressure Mercury Lamp Plants*(Austrian Standards Institute, Vienna, 2001), www. onorm. at.

[39] J. Peng, Y. Qiu, R. Gehr, Characterization of permanent fouling on the surfaces of UV lamps used for wastewater disinfection. Water Environ. Res. **77**(4), 309-322(2005).

[40] R. G. Qualls, J. D. Johnson, Bioassay and dose measurement in UV disinfection. Appl. Environ. Microbiol. **45**(3), 872-877(1983).

[41] C. Reichl, C. Buchner, G. Hirschmann, R. Sommer, A. Cabaj, *Development of a Simulation Method to Predict UV Disinfection Reactor Performance and Comparison to Biodosimetric Measurements*. Conference on Modelling Fluid Flow, Budapest(2006).

[42] M. Shatalov, W. Sun, A. Lunev, X. Hu, A. Dobrinsky, Y. Bilenko, J. Yang, M. Shur, R. Gaska, C. Moe, G. Garrett, M. Wraback, AlGaN deep-ultraviolet light-emitting diodes with external quantum efficiency above 10%. Appl. Phys. Exp. **5**(8), 082101 1-3(2012).

[43] M. Sheriff, R. Gehr, Laboratory investigation of inorganic fouling of low pressure UV disinfection lamps. Water Qual. Res. J. Can. **36**(1), 71-92(2001).

[44] R. Sommer, A. Cabaj, T. Sandu, M. Lhotsky, Measurement of UV radiation using suspensions of microorganisms. J. Photochem. Photobiol. B **53**(1-3), 1-6(1999).

[45] R. Sommer, A. Cabaj, D. Schoenen, J. Gebel, A. Kolch, A. H. Havelaar, F. M. Schets, Comparison of three laboratory devices for UV-inactivation of microorganisms. Water Sci. Technol. **31**(5-6), 147-156(1995).

[46] M. R. Templeton, R. C. Andrews, R. Hofmann, Inactivation of particle-associated viral surrogates by ultraviolet light. Water Res. **39**, 3487-3500(2005).

[47] USEPA, *Ultraviolet Disinfection Guidance Manual for the Final Long Term 2 Enhanced Surface Water Treatment Rule*. 815-R-06-007, Washington DC(2006).

[48] S. Vilhunen, H. Särkkä, M. Sillanpää, Ultraviolet light-emitting diodes in water disinfection. Environ. Sci. Pollut. Res. **16**(4), 439-442(2009).

[49] I. W. Wait, C. T. Johnston, E. R. Blatchley III, The influence of oxidation reduction potential and water treatment processes on quartz lamp sleeve fouling in ultraviolet disinfection reactors. Water Res. **41**(11), 2427-2436(2007).

[50] I. W. Wait, M. Yonkin, E. R. Blatchley III, *Quartz lamp sleeve fouling and cleaning system evaluation at the Albany, New York Loudonville UV treatment facility*. IUVA News **8**(4), 11-14(2006).

[51] S. Wengraitis, P. McCubbin, M. M. Wade, T. D. Biggs, S. Hall, L. I. Williams, A. W. Zulich, *Pulsed UV-C disinfection of Escherichia coli with light-emitting diodes, emitted at various repetition rates and duty cycles*. Photochem. Photobiol. **89**, 127-131(2013).

[52] WHO, *Water for Health—WHO Guidelines for Drinking-water Quality* (WHO Press, 2010).
[53] M. A. Würtele, T. Kolbe, M. Lipsz, A. Külberg, M. Weyers, M. Kneissl, M. Jekel, Application of GaN-based ultraviolet-C light emitting diodes—UV LEDs—for water disinfection. Water Res. **45**(3), 1481-1489(2011).

第11章
紫外发光器件皮肤病光疗应用

Uwe Wollina，Bernd Seme，Armin Scheibe 和 Emmanuel Gutmann[●]

摘要

UV光疗是皮肤疾病治疗中非常有效的可选治疗法。本章介绍皮肤病光疗的光源和变化，以及它们的适应证和作用机理。此外，我们还讨论了使用新颖UV发光器件，包括紫外发光二极管进行临床研究的结果。

[●] U. Wollina
德累斯顿-弗雷德里希医院皮肤科和变态反应系，德国德累斯顿技术大学学术教学医院，德累斯顿，弗里德里希大街41，01067
电子邮箱：Wollina-Uw@khdf.de
B. Seme，A. Scheibe，E. Gutmann
医学、生物和环保技术促进协会（GMBU），光子学与传感技术部门，德国耶拿，费斯巴赫7号，07745
电子邮箱：gutmann@gmbu-jena.de

11.1 简介

皮肤是人体最大的器官，是我们身体和环境之间的生物屏障。皮肤功能的损伤是很常见的。它们通常让病人痛苦，并可能导致急性或慢性疾病，有时甚至需要住院治疗。光疗的目的是利用光来治愈或缓解皮肤疾病，并尽量不对未感染的皮肤产生不良影响。

光疗在医学上具有悠久的历史，可以追溯到古埃及。1903年，Niels Ryberg Finsen 因为光疗用于治疗寻常狼疮，获得诺贝尔奖。这可以说是现代基于人造光源光疗的起源。1926年，梅奥诊所的 William Goeckerman 发明了组合的粗焦油光疗，后来以他的名字命名为 Goeckerman 方法。PUVA 疗法，也就是补骨脂素加 UVA（320~400nm）光照，开始于 20 世纪 70 年代初，而 1984 年，飞利浦 TL-01 灯允许使用 311nm±2nm 波长的窄谱 UVB（280~320nm）进行光疗。从那时起，另一类型发光约 308nm 的准分子灯和激光器光源，在过去几十年成功开发并应用于光疗[1]。最近采用固态紫外发光二极管（UV-LED）的装置，开始以特有方式进入了临床实践。紫外光疗中使用的不同光源将在 11.2 节进行介绍。

目前 UVB 和 UVA 光谱都有用于治疗。光照可以作为单一或单用治疗，但经常是和 PUVA 疗法一样，与药物组合应用[2]。由于人类皮肤的光学特性，UVB 仅穿透表皮和表皮突表层的大部分，而 UVA 则深入到达血管床。这当然对不同光疗的适用性变化有一些影响，我们将在 11.3 节予以讨论。

光疗的基础有若干光生物学机制在内。第 11.4 节针对主要现象进行了说明。同时也给出对机体产生不良影响机制的简短介绍。随后，综述了最近研究的、采用新开发无极准分子灯或 UV-LED 作为光源的光疗演示设备，也给出了对光疗未来发展方向的展望。

11.2 紫外光疗的光源

用于皮肤光疗的紫外光源可分为两大类：荧光灯和白炽发光器件。白炽发光器件是按照普朗克定律，发出连续光谱的热辐射光源。现代光疗之父 Niels Ryberg Finsen 首先应用碳弧白炽灯模仿自然阳光，并用于治疗寻常狼疮[2,3]。白炽灯作为低效紫外光源是它们的使用问题，因为会产生很多不必要的红外

(IR)和可见光（VIS）光谱范围内辐射。因此，目前使用于紫外光疗目的的白炽光源只有太阳光。现在皮肤科中，人造治疗紫外发光器件只有荧光发光器件。这些是通过原子、分子或固体激发态产生紫外光子的非热光源。相关的跃迁导致不连续的光谱。根据所用光源的类型，线谱可以通过像多普勒效应、轫致、复合辐射或热发射的不同物理过程展宽，或与真空能级叠加。气体放电灯和准分子激光器是现代皮肤病实践中认可的 UV 荧光发光器件[4]。UV-LED 代表固态荧光发光器件。LED 因为易于操作、性价比高、结构紧凑、安全且无汞，可能会成为未来皮肤病的标准工具。

11.2.1 自然日光

太阳是表面温度约 5800K 的白炽发光体。大约在 3500 年前，人们已使用太阳辐射来治疗皮肤疾病[2]。太阳辐射穿过其气体范围，并通过地球大气层到达地球表面。因此，地球表面上测得的太阳光光谱分布，与黑体辐射光谱有所不同。UVC 辐射（200～280nm）主要被地球的大气层阻挡，而太阳大气产生了夫琅和费吸收线，如图 11.1 所示。到达地球地面的太阳光只有约 5% 是紫外光，而其中 90% 以上是 UVA 辐射。德国中部夏天时，总自然紫外照度约为 $30W/m^2$。当然，这个值随着时间的推移、季节、云层等而波动。因此，很难实现精确和可重复剂量的天然紫外光应用。此外，UV 辐射的光谱分布一般很宽，窄带曝光就需要额外的滤波。但是，在某些地区，例如死海地区[5]，因为低于海平面的地理位置和气候，来自太阳的紫外辐射是可预测的，并且光谱也是有益的，自然日光成功地用于进行光疗。

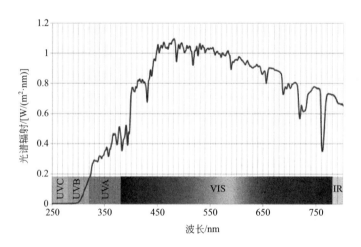

图 11.1　德国中部地区地面上的夏季自然日光光谱分布

由于不可能任何时候任何地点都有充足的日光，人们引入了模仿太阳治疗效果的人造紫外光源。这些光源可以根据期望的治疗效果进行优化，另外它们还能实现只辐射感染皮肤区域，从而保护周围健康皮肤（靶向治疗）。

11.2.2 气体放电灯

气体放电灯中电流通过气体、蒸汽或二者的混合物，也就是说自由电荷载流子通过穿透玻璃容器中封闭气体介质的电场加速。通过碰撞自由荷电载流子，气体原子接收能量或者被离化。气体原子以辐射的形式再次发射出所吸收的能量。从而气体种类和气体压力决定发射光谱线的波长和宽度。这与白炽灯相比有重要差异，其连续发射光谱仅由加热材料的温度决定。由于气体压力显著影响发光辐射的光谱分布，气体放电灯分为低、中和高压灯。

11.2.2.1 汞放电灯

低压汞放电荧光灯

低压放电灯中采用高达 10mbar（1mbar＝100Pa）的压力。由此皮肤科用的最重要填充介质为汞蒸气。上述压力下主要产生 254nm 波长的 UVC 光谱。为了将短波输出改变为 UVB 或 UVA 范围，灯具的玻璃外壳内部需要涂覆特殊的荧光团，通常是荧光粉。荧光团的确切组分决定灯的发射光谱，这种灯基本上就是荧光灯。可用的灯有宽带 UVA 和 UVA-1（340～400nm）、宽带 UVB 和窄带 311nm 周围 UVB 发光[6]，见图 11.2。低压荧光灯是 UV 光疗最常用的光源[3]。通过使用长的放电管（＞1m），允许实现大面积辐照，紫外输出功率范围为 10W/m，但也已实现了紧凑折叠的荧光灯管[6]。这些灯有非常高的性价比，可以连续使用约 1000h[7]。

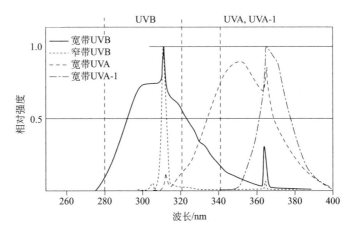

图 11.2 典型 UV 荧光灯谱示意图

中和高压汞放电灯

当汞蒸气放电灯工作在中压（10^{-1}bar）、高压（$1\sim20$bar）或甚至最大（>20bar）压力下时，297nm，302nm，313nm，334nm 和 365nm 紫外发光就很显著[3]。此外，谱线变得越来越宽并和连续光谱叠加。汞的中、高压和最大压力放电灯可以实现短的精准的弧光、紧凑的灯具以及很高的辐照度[8,9]。因此，它们非常适用于需要光纤耦合的辐照装置。对于直接光疗应用，金属卤化物灯比较常见。这些灯是中或高压汞放电光源，其中添加金属卤化物，如铁或钴的卤化物。由此，汞发光之间的频谱间隙部分填充，从而产生准连续光[6]。几乎任何 UVA 或 UVB 光谱强度分布都可以通过选择不同的金属卤化物，并采用光谱滤波器等来生成。金属卤化物灯更难以操作，也比低压汞荧光灯更贵，但允许更高的 UV 功率，从而可缩短治疗时间[3,4]。金属卤化物灯长度在 $50\sim200$mm 范围内[9]。由此很难均匀地整体辐照，但可以通过使用多个灯结合反射镜来实现[4]。

11.2.2.2 介质势垒放电灯

介质势垒放电（DBD）紫外灯是高或中压放电光源的特殊形式，它们不使用有毒的汞。它们设法通过在金属电极之间插入至少一个绝缘层（电介质），从而在高压稀有气体卤化物混合物的放电灯中，提取窄带（半高宽小于 5nm）的 UV 辐射[10]。电极要加载高的交流电压。连续放电发光在大约 10ns 后自动熄灭，因为电介质中，积累电荷建立起来的电场抵消和弱化了外部电场，即电介质阻止灯形成弧光，结果是其在整个电极区域内，以多个微放电的形式传播放电。由于短的放电时间，只有很少的气体加热，等离子体保持非热[11]，从而可以实现从高能电子到气体原子的能量转移。皮肤病学用 DBD 灯采用玻璃容器中的氙和氯气混合气体工作。激发的氙-氯分子络合物（激发络合物）在 DBD 微放电中产生，而激发络合物随后的分解，伴随 308nm 附近窄带 UVB 发光。由于产生了激发络合物，这种光源也称为激发络合物灯或准分子灯。准分子灯是非激光源，而且也不能将它们与准分子激光混淆。相比于荧光灯管，准分子灯更环保，因为它们避免了使用有毒的汞。市场上有辐射表面高达 $500cm^2$，约 $50mW/cm^2$ 功率的窄带 UVB 装置。目前准分子灯在皮肤科主要用于靶向治疗。皮肤病 DBD 灯的缺点是其 1000h 的有限寿命[12,13]和使用高电压，这可能会有安全问题。

11.2.2.3 无极准分子灯

无极准分子灯采用氙-氯激发络合物，通过低压气体放电实现，不需使用电介质。这非常有意义，因为这种情况下，可以不需高压驱动放电，而是通过激发络合物分解，产生 308nm 附件的窄带 UVB 光。此外，能量使用兆赫兹范围的射频（RF），感应耦合到低压气体中放电。因此，这种灯是完全无电极的。由于不存在电介质和电极，灯的磨损非常小，其耐用性估计在 50000h 范围。目前，无极准分子灯只用于进行皮肤病项目研究[14]，而且它们也没有光疗用途的市场销售。导致这种情况的原因是缺乏足够紧凑、低成本的电路,迄今只取得约 20mW/cm² 的较低窄带 UVB 功率,并且现在仅有几平方厘米的小辐射面积。

11.2.3 激光器

激光器(通过受激发光的光放大器)是荧光发光体,特征在于其通过受激发射过程产生光。也就是说,如果处于激发态的原子,遇到能量与激发态和较低能级之间能量差完全匹配的光子,原子可通过这些光子受激跃迁到较低的能级[8]。由此原子发出的光子与激发光子完全相同。如果激发态中原子数量比较低能态中原子数量更多,一定波长的辐射可以在能量介质中,通过光子倍增来放大。激光器装置利用反射镜,让光多次通过能量激活介质。通过这种方法,激光器能够产生非常高强度的单色光。这需要能量永久泵入激光介质,来保持其粒子数反转的激活状态。

针对皮肤科的 UV 光疗目的,使用了 308nm 波长的氙-氯准分子激光器单色 UVB 发光[15,16]。就像准分子灯,准分子激光使用激发络合物的分解,产生窄谱 UVB 辐射。然而,基于上述放大原理,准分子激光器提供的皮肤病 UVB 强度比准分子灯高约 10 倍[16]。此外,激光辐射比准分子灯辐射有更窄的带宽。束缚的 XeCl* 激发络合物态和自由氙加氯状态之间所需的粒子数反转,通过脉冲高压气体放电实现[17]。因此,激光发射是非连续的,具有 10ns 的典型脉冲宽度和高达 200Hz 的频率[15,16]。准分子激光器只能提供几平方厘米的小尺寸光斑,因此仅适合于靶向治疗。此外,皮肤病用激光器是昂贵和笨重的设备。尽管如此,它们提供了针对特定病人顽固性病变的有效和经济治疗选择[18]。

11.2.4 UV-LED

LED 是固态荧光发光体,它由 n 型和 p 型掺杂半导体结构成。它们通过半导体材料中能带之间电子的跃迁产生 UV 光[19]。类似气体放电灯的情况,通过 LED 的电流对 UV 光源运行是必须的。为了实现这一点,将在二极管上正向施加外部低电压。当半导体导带中电子与价带中能量较低的正电载流子("空穴")复合时,产生光子。虽然 LED 已有超过 50 年的历史,UV-LED 的发展只有十年左右的时间[20],目前只有很少一些皮肤病用 UVA-LED 器件,当然市场上甚至已有 UVB 光谱范围内的 LED 出售,见表 11.6。370nm 附近 UVA 区域中,最好的器件在 15cm² 面积上产生高达约 250mW/cm² 的辐照度。当前商业用皮肤病用 UVB-LED 器件远不够强大。这些光源的光谱带宽在任何情况下都很窄,处于 10nm 范围内。

相比于气体放电光源，LED 具有几个显著的优势。LED 非常紧凑，并且不需要高电压。它们无汞，持久，而且工作时不需要昂贵的电路。从经济角度来看，它们目前还不适合用于大面积甚至全身辐照，但它们用于靶向治疗很有意义。因为 LED 是半导体器件，因此预计未来其价格将下降，而功率将增加。因此皮肤科医生会对 UV-LED 越来越有兴趣。

11.3 皮肤紫外光疗的变化

临床实践中，几种光疗技术如今都已开发并使用。主要的应用领域是皮肤科，但并不是唯一的。只举几个例子，肿瘤、移植医学、儿科、血管医学、牙科和风湿病等也都使用光疗。

皮肤病光疗一般不适用于患有皮肤癌或光敏疾病史的患者、有 DNA 修复机制缺陷（如着色性干皮）的患者、服用光敏药物和怀孕期间的患者，这可能会导致这些疾病在治疗过程中加重。光疗规程对儿童和青少年更加严格。所有的治疗需要适当的设备、患者的临床调查、剂量学、资料和跟进调查。

11.3.1 补骨脂素加 UVA（PUVA）治疗

PUVA 是补骨脂素加紫外 A 辐射的缩写。该治疗包括药物治疗与 UVA 辐照的组合。最常用的药物是 8-甲氧基补骨脂（8-MOP）。较不常用的药物是 5-甲氧基补骨脂素（5-MOP）。在斯堪的纳维亚，三甲基补骨脂（Trioxsalen）用于洗浴 PUVA。补骨脂必须在辐照约 0.5h 之前使用，然后才可以作为光敏剂。补骨脂可以口服、外用（药膏）或用于 PUVA 洗浴疗法。用于口服 PUVA 的初始 UVA 剂量是最小光毒性剂量（MPD）的 75%。对洗浴或乳油 PUVA 治疗，开始用 20%~30% 的 MPD。口服 8-MOP 按照 0.6mg/kg（体重）给药，口服 5-MOP 的剂量为 1.2mg/kg（体重）。对于洗浴 PUVA，使用 0.5~1.0mg/L 的 8-MOP，药膏外用的浓度介于 0.0006%~0.005% 之间。PUVA 疗法每周进行 2~4 次[21]。它已成功用于一些皮肤病，见表 11.1。相对于窄谱 UVB（NB-UVB），PUVA 对银屑病需要更少的次数，并有更持久的疗效[27]。

PUVA 疗法的潜在风险和限制依赖于使用补骨脂素的方法。通过口服治疗，常见恶心和呕吐。所以现在优选洗浴或乳油 PUVA，以避免胃肠道的不良反应。事实上，洗浴 PUVA 可达到相当于口服的全身补骨脂素浓度，只是半衰期较短[28]。一般来说，建议保护眼部，以避免晶状体混浊及白内障[29]。有一种 PUVA 的变化称为 PUVAsol，常用于日光资源丰富的国家如印度。这是补骨脂素与自然的日光相结合，对治疗白癜风非常流行[30]。

表 11.1 PUVA 疗法可能的适应证

疾病	备注
银屑病,中度至重度[21]	经 6 周治疗后 PASI① 75~100
脓疱型银屑病[22]	最好结合口服维甲酸使用
皮肤 T 细胞淋巴瘤	特别针对大斑形和塞扎里综合征[23]
播散性环状肉芽肿	结合使用富马酸酯[24]
全身性硬化症,硬斑病	皮肤硬化的改善[25]
移植物抗宿主病	苔藓类有些改进[25]
过敏性皮炎	严重形偶尔使用[26]

① PASI，银屑病面积和严重程度指数。PASI 75 意味着银屑病面积和严重程度减少 75%。

PUVA 治疗的急性不利影响是瘙痒和灼伤（图 11.3）。这些患者可能发展为持续性炎症后的色素沉着[31]。常见着色斑的产生[32]。口服 8-MOP 的 PUVA 高暴露，有增加皮肤鳞状细胞癌（SCC）发生的风险，如美国 PUVA 前沿试验所示[33]。与此相反，欧洲 PUVA 疗法随访研究记录显示，不存在增加癌症的风险[34]。使用补骨脂素的药物代谢动力学总体表明，本身较低的皮肤癌风险[35]。

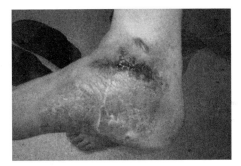

图 11.3 跖牛皮癣治疗过程中的大疱性 PUVA 灼伤

斯堪的纳维亚大规模试用三甲补骨脂内酯洗浴 PUVA，也完全没有发现非黑色素瘤皮肤癌风险的增加[36]。但是应保护外阴皮肤，有药物治疗史或者可能增加皮肤癌发病率的患者应避免使用 PUVA。意外灼伤可能对白癜风有不利的影响。如果患者还有特应性皮炎，也可能会导致结节性痒疹[37]。

11.3.2 宽谱 UVB（BB-UVB）治疗

BB-UVB 涵盖 280~320nm 的波长范围。发光谱 300~320nm 的灯泡至少在欧洲已用于治疗。BB-UVB 已是几十年来标准的轻度至中度银屑病光疗法[38]。初始剂量应为最小红斑量（MED）的约 70%。通过红斑的临床评估监测来增加剂量。当治疗斑块型银屑病时，50%~75% 的患者六个星期可达到 PASI 75（参见表 11.1 注释）[21]。BB-UVB 治疗前的温泉盐水洗浴增加了短期临床反应[39]。另一方面，它对脓疱型银屑病无效[21]。其他可能的适应症是片式蕈样肉芽肿[23] 和白癜风[40]。副作用可能包括晒伤和角膜炎。必须使用护目镜。

相比窄谱 UVB（NB-UVB），宽谱 UVB（BB-UVB）有几个缺点。研究表明 BB-UVB 治疗牛皮癣不太有效，而且非感染皮肤的红斑和晒伤风险更高[21]。相反，包括 12 名牛皮癣患者使用 BB-UVB 或 NB-UVB 的研究，比较了对未感染皮肤的红斑剂量反应，并没有发现显著差异[41]。此外，一些 BB-UVA 治疗牛皮癣患者的长期随访研究，并没有观察到增加非黑色素瘤皮肤癌风险[42]，而在白癜风患者的单一随机对照试验中，BB-UVB 比 NB-UVB 更有效[43]，与最近一项荟萃分析[44]和追溯试验[40]结果相反。

11.3.3 窄谱 UVB（NB-UVB）治疗

NB-UVB 疗法采用发光峰 311nm 附近的灯进行。初始剂量和剂量增加类似于 BB-UVB 疗法中使用的值。灯光的 311nm 峰值发光接近牛皮癣 313nm 的最大清除率[45]。20 个星期后，40%～100%的案例可以实现 PASI 75，这取决于银屑病的严重程度和每周光疗的频率[21]。通过辐照前盐水沐浴，得以增加银屑病治疗效率。随机对照试验报道，每周采用综合治疗三次使 68.1%的牛皮癣患者达到 PASI 75，而单独采用 NB-UVB 则为 16.7%[46]。协同效应也用作 NB-UVB 和肿瘤坏死的阿尔法抑制剂[47]。白癜风荟萃分析表明，NB-UVB 是副作用最小、效果最好的疗法[44]。NB-UVB 可能的适应症总结于表 11.2 中。

表 11.2　NB-UVB 可能的适应症

疾病	备注
牛皮癣，斑块型	20 周后 40%～100%达 PASI 75[21]
过敏性皮炎	对于慢性和严重类型[48]
白癜风	16 周后提高大约 44%[43]
皮肤 T 细胞淋巴瘤	片状[23]
多形性日光疹	日光季前进行用于紫外硬化[48]

急性不良反应率是很低的。多中心研究评估了 8784 个光治疗。NB-UVB 显示只有 0.6%急性不良反应，相比而言，口服和沐浴 PUVA 为 1.3%[49]。最常见的副作用是红斑。虽然采用 PUVA 增加患癌症的风险，但没有数据显示 UVB 光疗增加癌症风险。当然出于安全考虑，法国光疗协会的指导原则设定了 250 次的最大疗程数[50]。

在一些国家如西班牙、美国和荷兰进行以家庭为基础的光疗。在荷兰，基于家庭的 NB-UVB 疗法已评价作为治疗银屑病的安全和有效疗法门诊方法[51,52]。相比生物药剂，NB-UVB 是成本更低和效率更高[53]。需要注意的是必须保护眼睛，以防止白内障。

11.3.4 UVA-1 治疗

采用 340～400nm 波长范围特定光疗方式的 UVA-1 光疗正逐渐兴起。由于深层透入皮肤，UVA-1 影响 T 淋巴细胞并激活皮内细胞，从而促进新血管形成[54]。此外，UVA-1 可通过诱导 FAS-FAAD（死区 FAS 相关蛋白）-半胱天冬酶 8 死亡络合物，来实现迅速凋亡[55]。

UVA-1 可用于各种慢性炎性皮肤病。它成为了硬化性皮肤病，如硬斑病、环状肉芽肿和结节病的首要疗法[56]。与 PUVA 和 UVB 光疗相反，大型试验完全缺失，但肤色较深的患者似乎比Ⅰ和Ⅱ型皮肤的患者更有益[57]。可能选择的适应症总结于表 11.3。急性不良反应罕见且最小[21]。皮肤癌的长期风险未知[57]。目前，UVA-1 治疗的主要限制是昂贵的大型设备[62]。

表 11.3　UVA-1 治疗可能的适应症

疾病	备注
硬斑病	改善皮肤硬化[58]
过敏性皮炎	重症病例[26]
亚急性皮肤型红斑狼疮	只用于皮损[59]
全身性红斑狼疮	辅助用于温和病例[60]
亚急性痒疹	混合反应[58]
皮肤 T 细胞淋巴瘤	斑块和片状类型[23]
移植物抗宿主病	参考文献[58]
结节病	参考文献[61]

11.3.5 靶向紫外光疗

靶向光疗指皮损部位的小面积辐照，经常用于牛皮癣或白癜风[63]。基本概念是保护未受影响皮肤，同时针对目标病灶，使用最高耐受剂量，以获得可靠和快速的作用。可用的靶向光疗有以下几种类型：

- 靶向 UVB 光疗；
- 单色光靶向治疗（308nm 准分子激光或准分子光）；
- 靶向 PUVA 治疗；
- 靶向光动力治疗。

靶向 UVB 光疗也称为局部或聚焦或微光疗。靶向 NB-UVB 设备 Biopsorin™ 展示了 12 个疗程后，64% 的牛皮癣病变患者 75% 的改善[64]。比较白癜风的不同方式，靶向 NB-UVB 和外用药膏倍他米松最为有效[65]。

308nm准分子激光用于多种皮肤病。银屑病准分子激光疗法荟萃分析得出，激光器并不比 NB-UVB 更有效的结论，尽管它不会影响未感染的皮肤[66]。而另一方面，对难以处理的区域像头皮或手脚掌，308nm 准分子激光似乎可以更安全、快速进行[67]。个体比较中，308nm 准分子光和局部的地蒽酚一样有效，但刺激性更小[68,69]。准分子激光和非相干准分子灯对白癜风似乎效率相当[70,71]。直接比较研究中，308nm 准分子激光不如靶向 NB-UVB 有效[72]。表 11.4 中提供了可能的适应症列表。

表 11.4　靶向光疗可能的适应症

疾病	靶向治疗
银屑病	靶向 NB-UVB[64]
	308nm 准分子激光[66]
	准分子光[68,69]
白癜风	靶向 NB-UVB[65]
	308nm 准分子激光[71]
	准分子光[71]
斑秃	靶向 UVA[73]
蕈样肉芽肿	308nm 准分子激光[74]
化学白斑病	308nm 准分子激光[75]
白色糠疹	308nm 准分子激光[76]
扁平苔藓	308nm 准分子激光[77]

11.3.6　体外光化学治疗(ECP)

体外光化学治疗（ECP）是以血液分离为基础的免疫调节治疗，主要针对血细胞循环。以可溶形式，暴露通过白细胞分离获取的自体外周单核细胞，到光敏剂 8-MOP（Uvadex®）中。这些细胞受到接近 $1.5J/cm^2$ 的 UVA 曝光。光活性血细胞随后输回患者体内。Therakos 公司（美国宾夕法尼亚州韦斯特切斯特）已研制开发出第三代技术和设备，称为 Cellex。标准的治疗时间表包括每 2～4 周连续 2 天的 ECP[78]。

食品和药物管理局（FDA）20 世纪 80 年代末批准 ECP 可用于皮肤 T 细胞淋巴瘤。它可以作为单独疗法，或与干扰素或口服全身类视色素结合使用（图 11.4）[23]。响应病人显示出长期存活率[79]。已研究的一些其他适应症汇总于表 11.5。

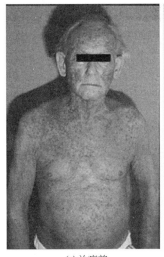 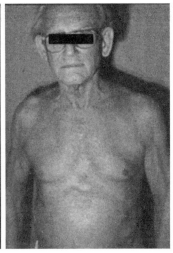

(a) 治疗前　　　(b) 单独ECP治疗6个月疗程后症状完全缓解

图 11.4　有预红皮皮肤的 T 细胞淋巴瘤病人

表 11.5　ECP 可能的适应症

疾病	备注
皮肤 T 细胞淋巴瘤	与干扰素 α 或维甲酸组合更有效[80]
移植体抗宿主病	慢性比急性移植物抗宿主病有更多数据可用[81]
全身硬化症	对皮肤硬化的影响[82]
克罗恩病	50% 的响应率[83]和类固醇的降低[84]
过敏性皮炎	严重类型中 73% 的响应率[85]
天疱疮和类天疱疮	激素难治性病例[86]
固体器官移植排斥	心脏和肺移植中显著的排斥反应降低[87]

11.4　主要皮肤适应证的作用机制

UV 辐照一般诱导组织的细胞和细胞因子进行响应。UVB 可诱导角质形成细胞的单细胞死亡（凋亡），一般称为晒伤细胞。此外，表皮尿酸会异构，并释放促炎症反应细胞活素，如白细胞介素 1，这是严重晒伤后的发热反应。此外，UVB 通过和表皮角化细胞的瞬时受主势能离子通道，进行相互作用，从而对感觉皮肤功能产生影响，这是晒伤疼痛的机制[88]。

UVA 会加快皮肤衰老（外在老化），并且增强吸烟这种促进老化外在因素的负面影响。UVA 特别影响皮肤相关淋巴组织（SALT），并引起皮肤弹性纤维分子损伤，从而导致弹性组织变性。当与如 PUVA 治疗的补骨脂素结合使用时，发生氧相关以及氧无关的光反应。后一种反应类型产生 DNA 交联和环丁烷环。氧相关途径产生活性氧，这会导致膜损伤、蛋白质和脂质氧化以及线粒体紊乱。相比炎症细胞，角质形成细胞似乎更不敏感[89～92]。

光疗的主要皮肤病适应症是慢性炎性疾病如牛皮癣，皮肤自免疫疾病如地衣曲霉或白癜风，以及选择性的皮肤恶性肿瘤尤其是皮肤 T 细胞淋巴瘤。下面章节将讨论这些作用相应的光生物学机制。

11.4.1 牛皮癣

牛皮癣是来源不明的慢性或慢性复发性疾病。T 淋巴细胞和树突状细胞似乎在银屑病发病机理中起了主要作用。牛皮癣影响 2%～3%的世界人口。它可以在任何年龄发生，最常见是较年轻和中年的成年人。牛皮癣有各种广泛的皮肤损伤和严重程度。光疗通常结合局部治疗和/或全身治疗来实施。治疗的目标是完全缓解，即 PASI 100。作用模式似乎是抑制白细胞和 T 淋巴细胞的促炎症反应活性和炎性细胞的凋亡。对于脓疱型银屑病，光疗与口服维甲酸结合，即 Re-PUVA。光疗对真皮外的牛皮癣，如关节炎、指炎、附着点炎和虹膜睫状体炎等没有显著效果[93]。

11.4.2 特应性皮炎

特应性皮炎是一种常见的炎症性疾病，与花粉症和过敏性哮喘一样属于同组特应性疾病。特应性皮炎发病率逐年增加，受影响西方人口高达 20%。大约三分之二患者在学龄前，首次表现出特应性皮炎。伴随着疾病，还有干燥和敏感的肌肤。它可能以有限或一般严重程度出现，见图 11.5。

对于特应性皮炎，UVB、UVA、UVB/UVA 混合光谱、高强度 UVA-1 和 ECP 都可以用于维持期的辅助治疗。所有基于 UV 的治疗都改善了主要症状——瘙痒。出现表皮胰岛细胞减少，炎症细胞凋亡，促炎症反应细胞活素减少并且细菌定植减少。另一种可能的影响是维生素 D 水平的提高。单独光疗对特应性皮炎没有效果。基础治疗采用保湿液进行皮肤护理，来修复表皮屏障功能，同时外用抗炎症药物治疗。宽谱 UV/UVB/UVA/PUVA 治疗平均包含 2～3 周的疗程，每周至少 3 次[94,95]。

图 11.5 眼睑亚急性过敏性湿疹（眼睑水肿明显）

11.4.3 白癜风

白癜风是一种色素沉着的疾病,称为白点病。虽然这种病不会危及生命,但会产生巨大的社会和心理负面影响。约 2% 的世界人口受到这种疾病的影响。包括自身免疫性发病都有一些假设,但是对其起因,人类还没有完全理解。皮损中有色素沉着损失和黑色素细胞损失,这导致了 UV 辐照期间活性氧产生和氧自由基清除剂的不平衡。白癜风的光疗已被人们广泛接受,但需要很多个月到 2 年时间来得到稳定的响应,而且常常仅为部分响应。UV 作用至少是双重的:静息的黑素细胞通过 UV 照射再次受激产生黑色素;生长前期损伤的细胞炎性浸润得以抑制。我们认为 75% 的重新色素化是很好的结果。手脚肢端的白癜风几乎对光疗没有响应。广义白癜风完全不是光疗适应症。由于白癜风皮肤的晒伤风险更高,增加剂量应该缓慢并应该小心监控。

11.4.4 皮肤 T 细胞淋巴瘤

皮肤 T 细胞淋巴瘤是罕见疾病。最常见的类型是蕈样肉芽肿和塞扎里综合征。蕈样肉芽肿的片状和斑块类型可以通过光疗治疗。片状对于 UVB 有响应,斑块则需要 PUVA。PUVA 与口服维甲酸组合时,其效率可以进一步提高。这也称为 Re-PUVA。治疗集中在表皮内的恶性 T 淋巴细胞,旨在诱导细胞凋亡。

当对皮肤 T 细胞淋巴瘤使用 ECP 治疗时,目的是通过循环巨噬细胞产生更多树突状细胞,来抗拒恶性 T 淋巴细胞。该行为的假定模式是皮肤 T 细胞淋巴瘤中,针对肿瘤性 T 淋巴细胞的免疫刺激。凋亡的淋巴细胞刺激单核细胞分化为树突状细胞,从而释放肿瘤坏死因子 α 和白细胞介素-6。这些细胞也产生具有免疫抑制作用的细胞活素,如白细胞介素-10 和白细胞介素-1Ra[96]。

治疗目标是完全缓解或至少部分缓解以控制疾病[23]。

11.4.5 扁平藓和斑秃

扁平藓和斑秃病患的任何基底角质形成细胞或毛囊上皮的自身免疫 T 细胞,都产生临床症状响应。两种疾病都比较常见。它们可以影响任何年龄的患者。光疗用于中断 T 细胞反应,并只用作诱导治疗而不是维持治疗。由于真皮中炎性浸润所在位置,PUVA 似乎比 UVB 效果更好[58]。

11.4.6 全身性硬化症和硬斑病

全身性硬化症和硬斑病是自身免疫性结缔组织疾病。硬斑病通常比较温和，常常有自限过程，而全身性硬化症是一种多脏器疾病，并有着很高的死亡率。皮肤纤维化的主要参与者是肿瘤坏死因子-β。光疗包括 ECP 减少该细胞因子，并局部缓解皮肤纤维化。光疗对内脏没有着显著效果，因此仅用作辅助治疗[58,82]。

11.4.7 移植体抗宿主病

移植体抗宿主病（GVHD）是提供者成熟的 T 淋巴细胞移植后，输入到不同基因造血细胞中的结果。临床上，GVHD 有急性和慢性类型。根据提供者和患者之间的基因差异，急性 GVHD 的发病率从 20% 变化到 70%。提供者 T 淋巴细胞侵蚀皮肤、胃肠和肝等系统。对皮质类固醇不响应的患者可以作为 ECP 的候选人，因为其死亡率高达 70%。慢性 GVHD 影响大约 50%～70% 同种异体移植后的患者。这里皮肤是受影响最大的器官，但几乎所有的器官都可能会受到影响。急性 GVHD 显示出三个不同的阶段。它开始于细胞毒性调节治疗过程中的细胞因子释放。移植过程中转移了同种异体 T 淋巴细胞，而最后一个阶段，它们发展成细胞毒性的 T 淋巴细胞，侵蚀多个组织中的不同抗原。我们对慢性 GVHD 了解较少，但其中提供者的 T 淋巴细胞也会侵蚀提供者和受体的共同抗原[81]。

ECP 的作用模式是炎症细胞的凋亡，诱导受体树突状细胞并发展对自身外周的耐受性[96]。大多数可用的 ECP 治疗数据都来自慢性 GVHD[97]。

11.4.8 多形性日光疹

多形性日光疹（PLE）是一种光敏瘙痒性皮肤病。它在欧洲中北部和美国有高达 20% 的患病率。已发现，PLE 患者的中性粒细胞对白三烯 B4 和甲酰甲硫亮氨酰苯丙氨酸响应受到损害。基于初夏时阳光暴露部位临床表现的瘙痒丘疹和斑块做出诊断，并通过 UVA 和 UVB 的光刺激进行了确认。PLE 光疗是一种预防措施，但不适合产生临床表现后的治疗。它适合在阳光季节前让皮肤适应更高剂量的光照。治疗原理称为皮肤硬化。在皮肤暴露到强度更高的阳光之前，进行皮肤硬化的目的是刺激皮肤的保护措施。这种作用包括增加表皮厚度和增加黑色素的色素沉着。此外，皮肤硬化会恢复中性粒细胞对白细胞的响应[98]。根据对应波长，采用 UVA 和/或 UVB 设备的皮肤硬化都是有效的。家庭为基础的 UVB 装置（Sunshower Medical™）和荷兰小规模试验的办公室为基础的宽谱 UVB 辐照，也同样有效和安全[99]。

11.5 采用新型 UV 发光器件的临床研究

皮肤光疗的有效性已通过大量临床研究证明，而 NB-UVB 治疗牛皮癣是世界各个国家推荐的方案[21,50,100]。该领域可以确定的主要代表性技术趋势，是以无汞紫外光源进行靶向 NB-UVB 光疗应用。这种方法的实例是准分子灯和 UV LED。本章详细讨论了使用无极准分子灯和 UVB LED 进行银屑病的最新临床研究，以说明临床方法，并示出基于 UVB LED 的光疗是一种有前途且可行的概念，特别适用于家庭治疗。

11.5.1 使用无极准分子灯的研究

已有各种出版物描述了 UVB 准分子灯光疗治疗牛皮癣的有效性[101~103]。本章中，作者使用 11.2 节描述的独特无极准分子灯演示装置，进行了银屑病的临床研究[14,68,69]。最初验证人群包括 21 位住院患者。15 例患者为男性，6 例为女性。患者的年龄在 26~84 岁范围。研究期间的两个斑点看似与 UVB 治疗无关。此研究中选定为有小局部病灶的患者，病灶尺寸大致与 $3cm^2$ 的最大可辐射面积相匹配。所有患者均患银屑病多年，并于近期急性发作，在进行必要的固定治疗。15 例患者为寻常型银屑病，3 例患者为斑块状银屑病，3 例患者为斑块寻常型银屑病。对于每位病人，选择一个病灶进行 UVB 辐照，而其他所有包括比较病灶，每日进行两次地蒽酚治疗，这是抗银屑病的强作用外敷药物。每次使用 UVB 前，进行临床检查以及病灶的目标分光光谱测定。对于几乎所有患者，都是每隔约一周进行 3 次 UVB 治疗。所用剂量取决于患者的皮肤类型以及疾病类型，通过辐照时间来调节。当然，每种情况下，起始剂量都是患者的最小红斑剂量。单次治疗的辐照周期在 10~30s，平均值为 20s，辐照度约 $20mW/cm^2$。

对于患者的临床诊断，使用局部银屑病严重程度指数（PSI）。PSI 是选定斑块指数变化的 PASI[104]，用于描述红斑、脱屑和渗透作为局部牛皮癣强度的特性。基于 PSI 评分，成功的 NB-UVB 治疗如图 11.6 所示。总的平均 PSI 改善为 3.0 分。这相当于 40% 的增强。此外结果表明，根据 PSI 评分，NB-UVB 辐照等效于外敷地蒽酚。但是，总体而言，UVB 治疗花费更少的时间，并且相比外敷地蒽酚，不会引起皮肤染色。准分子光治疗最常见的副作用是，轻度至中度的红斑和短暂性皮肤起泡。

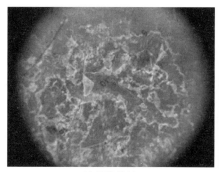 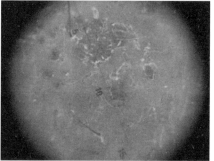

(a) 初始状态　　　　　　　　　(b) 辐射病灶的最终状态

图 11.6　银屑病病灶的照片档案（mm）

11.5.2　使用紫外 LED 的研究

使用 UV-LED 进行靶向光疗的设备尚不多见。当前市场上，能够鉴定为开发用于商业化设备的不超过 3 个，见表 11.6。据预计，基于 LED 的皮肤病辐射装置数量，将随着多种高效 UV-LED 的出现而增加。由于市售辐照设备很少，紫外 LED 用于皮肤光疗只有极少的临床研究。其中之一是 Kémeny 等人的研究[105,106]，他们使用了 72 个 UVB-LED 阵列，作为以家庭为基础的银屑病治疗的特定参考治疗。所用 LED 器件由 Allux 医疗公司专门制造用于研究目的，并未市售。310nm 中心波长 LED 的发光功率为 $1mW/cm^2$，带宽为 15nm，最大辐射面积约 $100cm^2$。虽然辐照度相对较低，研究表明该装置能够成功地治疗牛皮癣皮损。20 例慢性斑块型银屑病病人参与了这项研究。其中 3 名女性，17 名男性。年龄范围从 29～71 岁（平均 51.7 岁）。所用 LED 辐照设备的尺寸很紧凑，只有 $128mm \times 90mm \times 38mm$，从而治疗单元可以贴附到患者身上，见图 11.7。为了保护周围健康的肌肤，在 UVB 照射期间使用了阻隔紫外线的聚合物箔膜。

图 11.7　UVB-LED 辐射装置贴附患者身上（授权转载自参考文献 [106]，约翰·威利父子 2010 年版权所有）

表 11.6　使用 UV-LED 的紫外光疗设备

设备	生产商	光谱范围
LEDA HP 370	阿尔玛激光有限公司	UVA
Psoria-Light	Psoria Shield 公司	UVA 和 UVB
Resolve UVB 光疗系统	Allux 医疗公司	UVB

为了评估治疗成功与否，选择了位于四肢或躯干的对称银屑病皮损。病灶之一采用 LED 设备处理，而另一个对照病灶则不做处理。如 11.5.1 节所述，数值上使用 PSI 来评估临床改善。紫外治疗每周 4 次，最多 8 周或直至完全清除为止。研究采用两种不同的辐照方案，一个针对每次治疗快速增加剂量，这是门诊治疗通常的做法；而一个则缓慢增加剂量，类似家庭为基础的治疗方案。每种情况下都治疗十个受试者。第一种方案的起始剂量为 1MED。该剂量每次增加 20%～50%，直至增加到最大剂量 5MED。该最大剂量相当于 $1.75J/cm^2$。第二个方案（低剂量家庭治疗范围）的起始剂量只有 0.7MED，每次只增加 0.1MED 剂量，直至达 3.8MED 的最大值。

两组患者都对 UVB 治疗有非常好的响应。治疗结束时，高和低剂量方案的 PSI 总体改善分别为 93% 和 84%。因此，这项研究的一个重要成果是，高、低剂量组都实现了类似的结果。但是，与高剂量组相反，低剂量方案没有副作用的报告。这也说明了 UVB-LED 非常适用家庭银屑病治疗。这种疗法的安全性极好，而且该治疗还可以用于其他 UV 响应疾病[106]。

11.6 总结与展望

紫外光疗是公认的范围广泛的光响应性皮肤病治疗方法。受益于紫外光源领域的技术创新，已进化出历史上若干变化，而现在则成为临床实践中的常规应用。UV-LED 的引入无疑是光疗新光源发展的最新一步。这些安全和经济的光源与额外集成了安全功能的设备组合，极大地扩展了光疗应用的潜力——走出诊所，进入患者家庭。家庭光疗设备首先出现在 20 世纪 80 年代，从那时起，家用光疗就一直稳步增长，尤其是对于牛皮癣治疗[107]。未来，配备柔性有机发光二极管的智能纺织品可用于家庭光疗[108]。尽管如此，必须在专业皮肤科医生指导下进行适当的治疗管理，以保证正确的光疗。

参考文献

[1] E. A. Sosnin, T. Oppenländer, V. F. Tarasenko, Applications of capacitive and barrier discharge excilamps in photoscience. J. Photochem. Photobiol. **7**, 145-163(2006).

[2] H. Hönigsmann, History of phototherapy in dermatology. Photochem. Photobiol. Sci. **12**, 16-21(2013).

[3] H. Lui, R. Rox Anderson, Radiation sources and interaction with skin, in *Photodermatology*, ed. by H. W. Lim, H. Hönigsmann, J. L. M. Hawk(Informa Healthcare, New York, 2007).

[4] AWMF online, Empfehlungen der deutschen dermatologischen Gesellschaft, Empfehlungen zur UV-

Phototherapie und Photochemotherapie, http://www.awmf.org/leitlinien/detail/ll/013-029.html. Accessed 17Jan2014.

[5] The dead sea research center 2006, http://www.deadsea-health.org/new_html/general_main.html. Accessed17Jan2014.

[6] Philips brochures: Philips lamps for phototherapy treatment. And: Light sources for phototherapy. Philips Electronics N. V., http://www.lighting.philips.com/pwc_li/main/subsites/special_lighting/phototherapy/assets/Phototherapy_range_brochure_2012.pdf. Accessed17Jan2014. http://www.lighting.philips.com/pwc_li/main/application_areas/assets/phototheraphy/phototherapy_treatment.pdf. Accessed 10Feb2014.

[7] S. Lautenschlager, Phototherapie (UVB/Schmalspektrum UVB/UVA), in *Physikalische Therapiemaβnahmen der Dermatologie*, 2nd edn. (Steinkopf Verlag, Darmstadt, 2006).

[8] D. Kühlke, *Optik* (Verlag Harri Deutsch, Frankfurt a. M, 2007).

[9] L. Endres, R. Breit, UV radiation, irradiation and dosimetry, in *Dermatological Phototherapy and Photodiagnostic Methods*, ed. by J. Krutmann, H. Hönigsmann, C. A. Elmets, 2nd edn. (Springer, Berlin, 2009).

[10] U. Kogelschatz, Dielectric barrier discharge: Their history, discharge physics and industrial applications. Plasma Chem. Plasma Process. **23**, 1-46(2003).

[11] A. Chirokov, A. Gutsol, A. Fridman, Atmospheric pressure plasma of dielectric barrier discharges. Pure Appl. Chem. **77**, 487-495(2005).

[12] Cin Laser, Corporacion internaciolal del laser, http://www.cinlaser.com/pdf/308Excimer_es.pdf. Accessed 22 Jan 2014.

[13] V. F. Tarasenko, Excilamps as efficient UV-VUV light sources. Pure Appl. Chem. **74**, 465-469(2002).

[14] B. Seme, A. Meyer, S. Marke, I. Streit, Light for treating skin diseases. Optik und Photonik. (4), 44-46(2010).

[15] T. Passeron, J. -P. Ortonne, Use of the 308-nm excimer laser for psoriasis and vitiligo. Clin. Dermatol. **24**, 33-42(2006).

[16] S. R. Feldman, B. G. Mellen, T. S. Housman, R. E. Fitzpatrick, R. G. Geronemus, P. M. Friedman, D. B. Vasily, W. L. Morison, Efficacy of the 308-nm excimer laser for treatment of psoriasis: Results of a multicenter study. J. Am. Acad. Dermatol. **46**, 900-906(2002).

[17] H. V. Bergmann, U. Rebhan, U. Stamm, Design and technology of excimer lasers, in *Excimer Laser Technology*, ed. by D. Basting, G. Marowsky(Springer, Berlin, 2005).

[18] A. Marchetti, S. R. Feldman, A. Boer Kimball, R. Rox Anderson, L. H. Miller, J. Martin, P. An, Treatments for mild-to-moderate recalcitrant plaque psoriasis: Expected clinical and economic outcomes for first-line and second-line care. Dermatol. Online J., **11**, 1(2005).

[19] L. Halonen, E. Tetri, P. Bhusal(eds.), Lighting technologies, in *Guidebook on Energy Efficient Electric Lighting for Buildings* (Aalto University School of Science and Technology, Department of Electronics, Lighting Unit, Aalto, Finland, 2010).

[20] C. Edwards, A. V. Anstey, Therapeutic ultraviolet light-emitting diode sources: A new phase in the evolution of phototherapy. Br. J. Dermatol. **163**, 3-4(2010).

[21] A. Nast, W. H. Boehncke, U. Mrowietz, H. M. Ockenfels, S. Philipp, K. Reich, T. Rosenbach A. Sammain, M. Schlaeger, M. Sebastian, W. Sterry, V. Streit, M. Augustin, R. Erdmann, J. Klaus, J. Koza, S. Müller, H. D. Orzechowski, S. Rosumeck, G. Schmid-Ott, T. Weberschock, B. Rzany, Deutsche Dermatologische Gesellschaft(DDG); Berufsverband Deutscher Dermatologen(BVDD); S3—

Guidelines on the treatment of psoriasis vulgaris(English version)Update. J. Dtsch.Dermatol. Ges. **10**(Suppl 2), S1-S95(2012).

[22] X. Chen, M. Yang, Y. Cheng, G. J. Liu, M. Zhang, Narrow-band ultraviolet B phototherapy versus broad-band ultraviolet B or psoralen-ultraviolet A photochemotherapy for psoriasis. Cochrane Database Syst. Rev. **10**, CD009481(2013).

[23] U. Wollina, Cutaneous T-cell lymphoma: Update on treatment. Int. J. Dermatol. **51**, 1019-1036(2012).

[24] U. Wollina, D. Langner, Treatment of disseminated granuloma annulare recalcitrant to topical therapy: A retrospective 10-year analysis with comparison of photochemotherapy alone versus photochemotherapy plus oral fumaric acid esters. J. Eur. Acad. Dermatol. Venereol. **26**, 1319-1321(2012).

[25] F. Breuckmann, T. Gambichler, P. Altmeyer, A. Kreuter, UVA/UVA I phototherapy and PUVA photochemotherapy in connective tissue diseases and related disorders: A research based review. BMC Dermatol. **4**, 11(2004).

[26] F. M. Garritsen, M. W. Brouwer, J. Limpens, P. I. Spuls, Photo(chemo)therapy in the management of atopic dermatitis:an updated systematic review with the use of GRADE and implications for practice and research. Br. J. Dermatol. (in press).

[27] E. Archier, S. Devaux, E. Castela, A. Gallini, F. Aubin, M. Le Maître, S. Aractingi, H. Bachelez, B. Cribier, P. Joly, D. Jullien, L. Misery, C. Paul, J. P. Ortonne, M. A. Richard, Efficacy of psoralen UV-A therapy vs. narrowband UV-B therapy in chronic plaque psoriasis:a systematic literature review. J. Eur. Acad. Dermatol. Venereol. **26**(Suppl. 3), 11-21(2012).

[28] U. P. Kappes, U. Barta, U. Merkel, A. Balogh, P. Elsner, High plasma levels of 8-methoxypsoralen following bath water delivery in dermatological patients. Skin Pharmacol. Appl. Skin Physiol. **16**, 305-312(2003).

[29] A. N. Abdullah, K. Kevczkes, Cutaneous and ocular side-effects of PUVA photochemotherapy—a 10-year follow-up study. Clin. Exp. Dermatol. **14**, 421-424(1989).

[30] R. Rai, C. R. Srinvinas, Phototherapy:An Indian perspective. Indian J. Dermatol. **52**, 169-175(2007).

[31] H. Herr, H. J. Cho, S. Yu, Burns caused by accidental overdose of photochemotherapy(PUVA). Burns. **33**, 372-375(2007).

[32] M. B. Abdel-Naser, U. Wollina, M. El Okby, S. El Shiemy, Psoralen plus ultraviolet A irradiation-induced lentigines arising in vitiligo:involvement of vitiliginous and normal appearing skin. Clin. Exp. Dermatol. **29**, 380-382(2004).

[33] R. S. Stern, E. J. Liebman, L. Vakeva, Oral psoralen and ultraviolet-A light(PUVA)treatment of psoriasis and persistent risk of nonmelanoma skin cancer, PUVA Follow-up Study. J. Natl. Cancer Inst. **90**, 1278-1284(1998).

[34] T. Henseler, E. Christophers, H. Hönigsmann, K. Wolff, Skin tumors in the European PUVA Study. Eight-year follow-up of 1, 643 patients treated with PUVA for psoriasis. J. Am. Acad. Dermatol. **16**, 108-116(1984).

[35] S. E. Shephard, R. G. Panizzon, Carcinogenic risk of bath PUVA in comparison to oral PUVA therapy. Dermatology **199**, 106-112(1999).

[36] A. Hannuksela-Svahn, B. Sigurgeirsson, E. Pukkala, B. Lindelöf, B. Berne, M. Hannuksela, K. Poikolainen, J. Karvonen, Trioxsalen bath PUVA did not increase the risk of squamous cell skin carcinoma and cutaneous malignant melanoma in a joint analysis of 944 Swedish and Finnish patients with psoriasis. Br. J. Dermatol. **141**, 497-501(1999).

[37] S. B. Verma, U. Wollina, Accidental PUVA burns, vitiligo and atopic diathesis resulting in prurigo

nodularis: a logical but undocumented rarity. An. Bras. Dermatol. **87**, 891-893(2012).

[38] J. A. Parrish, Phototherapy and photochemotherapy of skin diseases. J. Invest. Dermatol. **77**, 167-171(1981).

[39] W. Lapolla, B. A. Yentzer, J. Bagel, C. R. Halvorson, S. R. Feldman, A review of phototherapy protocols for psoriasis treatment. J. Am. Acad. Dermatol. **64**, 936-949(2011).

[40] A. Akar, M. Tunca, E. Koc, Z. Kurumlu, Broadband targeted UVB phototherapy for localized vitiligo: A retrospective study. Photodermatol. Photoimmunol. Photomed. **25**, 161-163(2009).

[41] S. Das, J. J. Lloyd, P. M. Far, Similar dose-response and persistence of erythema with broad-band and narrow-band ultraviolet B lamps. J. Invest. Dermatol. **117**, 1318-1321(2001).

[42] Medical Advisory Secretariat, Ultraviolet phototherapy management of moderate-to-severe plaque psoriasis: An evidence-based analysis. Ont. Health Technol. Asssess. Ser. **9**, 1-66(2009).

[43] M. El-Mofty, W. Mostafa, R. Youssef, M. El-Fangary, A. El-Ramly, D. Mahgoub, M. Fawzy, M. El-Hawary, BB-UVA vs. NB-UVB in the treatment of vitiligo: a randomized controlled clinical study(single blinded). Photodermatol. Photoimmunol. Photomed. **29**, 239-246(2013).

[44] R. M. Bacigalupi, A. Postolova, R. S. Davis, Evidence-based, non-surgical treatments for vitiligo: A review. Am. J. Clin. Dermatol. **13**, 217-237(2012).

[45] J. A. Parrish, K. F. Jaenicke, Action spectrum for phototherapy of psoriasis. J. Invest. Dermatol. **76**, 359-362(1981).

[46] J. H. Eysteinsdóttir, J. H. Olafsson, B. A. Agnarsson, B. R. Lùðviksson, B. Sigurgeirsson, Psoriasis treatment: faster and long-standing results after bathing in geothermal seawater. A randomized trial of three UVB phototherapy regimens. Photodermatol. Photoimmunol. Photomed. **30**, 25-34(2014).

[47] P. G. Calzavara-Pinton, R. Sala, M. Arisi, M. T. Rossi, M. Venturini, B. Ortel, Synergism between narrowband ultraviolet B phototherapy and etanercept for the treatment of plaque-type psoriasis. Br. J. Dermatol. **169**, 130-136(2013).

[48] T. Gambichler, F. Breuckmann, S. Boms, P. Altmeyer, A. Kreuter, Narrowband UVB phototherapy in skin conditions beyond psoriasis. J. Am. Acad. Dermatol. **52**, 660-670(2005).

[49] J. A. Martin, S. Laube, C. Edwards, B. Gambles, A. V. Anstey, Rate of acute adverse events for narrow-band UVB and Psoralen-UVA phototherapy. Photodermatol. Photoimmunol. Photomed. **23**, 68-72(2007).

[50] J. C. Beani, M. Jeanmougin, Narrow-band UVB therapy in psoriasis vulgaris: Good practice guideline and recommendations of the French Society of Photodermatology. Ann. Dermatol. Venereol. **137**, 21-31(2010).

[51] M. B. Koek, E. Buskens, H. van Weelden, P. H. Steegmans, C. A. Bruijnzeel-Koomen, V. Sigurdsson, Home versus outpatient ultraviolet B phototherapy for mild to severe psoriasis: Pragmatic multicentre randomised controlled non-inferiority trial(PLUTO study). BMJ **338**, b1542(2009).

[52] A. N. Rajpara, J. L. O'Neill, B. V. Nolan, B. A. Yentzer, S. R. Feldman, Review of home phototherapy. Dermatol. Online J. **16**, 2(2010).

[53] S. Vañó-Galván, M. T. Gárate, B. Fleta-Asín, A. Hidalgo, M. Fernández-Guarino, T. Bermejo, P. Jaén, Analysis of the cost effectiveness of home-based phototherapy with narrow-band UV-B radiation compared with biological drugs for the treatment of moderate to severe psoriasis. Actas. Dermosifiliogr. **103**, 127-137(2012).

[54] N. R. York, H. T. Jacobe, UVA1 phototherapy: A review of mechanisms and therapeutic applications. Int. J. Dermatol. **49**, 623-630(2010).

[55] S. Zhuang, I. E. Kochevar, Ultraviolet A radiation induces rapid apoptosis of human leukemia cells by

FAS ligand-independent activation of the Fas death pathways. Photochem. Photobiol. **78**, 61-67(2003).

[56] S. Rombold, K. Lobisch, K. Katzer, T. C. Grazziotin, J. Ring, B. Eberlein, Efficacy of UVA1 phototherapy in 230 patients with various skin diseases. Photodermatol. Photoimmunol. Photomed. **24**, 19-23(2008).

[57] H. T. Jacobe, R. Cayce, J. Nguyen, UVA1 phototherapy is effective in darker skin: A review of 101 patients of Fitzpatrick skin types I-V. Br. J. Dermatol. **159**, 691-696(2008).

[58] T. Gambichler, S. Terras, A. Kreuter, Treatment regimens, protocols, dosages, and indications for UVA1 phototherapy: Facts and controversies. Clin. Dermatol. **31**, 438-454(2013).

[59] N. Sönnichsen, H. Meffert, V. Kunzelmann, H. Audring, UV-A-1 therapy of subacute cutaneous lupus erythematosus. Hautarzt **44**, 723-725(1993).

[60] M. C. Polderman, S. le Cessie, T. W. Huizinga, S. Pavel, Efficacy of UVA1 cold light as an adjuvant therapy for systemic lupus erythematosus. Rheumatology(Oxford)**43**, 1402-1404(2004).

[61] T. Graefe, H. Konrad, U. Barta, U. Wollina, P. Elsner, Successful ultraviolet al treatment of cutaneous Sarcoidosis. Br. J. Dermatol. **145**, 354-355(2001).

[62] A. C. Kerr, J. Ferguson, S. K. Attili, P. E. Battie, A. J. Coleman, R. S. Dawe, B. Eberlein, V. Goulden, S. H. Ibbotson, P. Menage Hdu, H. Moosley, L. Novakovic, S. L. Walker, J. A. Woods, A. R. Young, R. P. Sarkany, Ultraviolet A1 phototherapy: A British photodermatology group workshop report. Clin. Exp. Dermatol. **37**, 219-226(2012).

[63] T. Lotti, R. Rossi, P. Campolmi, Targeted UV-B phototherapy: when and why to start. Arch. Dermatol. **142**, 933-934(2006).

[64] T. Lotti, L. Tripo, M. Grazzini, A. Krysenka, G. Buggiani, V. De Giorgi, Focused UV-B narrowband microphototherapy(Biopsorin). A new treatment for plaque psoriasis. Dermatol. Ther. **22**, 383-385 (2009).

[65] T. Lotti, G. Buggiani, M. Troiano, G. B. Assad, J. Delescluse, V. De Giorgi, J. Hercogova, Targeted and combination treatments for vitiligo. Comparative evaluation of different current modalities in 458 subjects. Dermatol. Ther. **21**(Suppl. 1), S20-S26(2008).

[66] T. Mudigonda, T. S. Dabade, C. E. West, S. R. Feldman, Therapeutic modalities for localized psoriasis: 308nm UVB excimer laser versus nontargeted phototherapy. Cutis **90**, 149-154(2012).

[67] N. Al-Mutairi, A. Al-Haddad, Targeted phototherapy using 308 nm Xecl monochromatic excimer laser for psoriasis at difficult to treat sites. Lasers Med. Sci. **28**, 1119-1124(2013).

[68] U. Wollina, A. Koch, A. Scheibe, B. Seme, I. Streit, W. D. Schmidt, W. D. ; Targeted 307 nm UVB-phototherapy in psoriasis. A pilot study comparing a 307 nm excimer light with topical dithranol. Skin Res. Technol. **18**, 212-218(2012).

[69] U. Wollina, A. Koch, A. Scheibe, B. Seme, I. Streit, W. D. Schmidt, Targeted 307 nm UVB-excimer light vs. topical dithranol in psoriasis. J. Eur. Acad. Dermatol. Venereol. **26**, 122-123(2012).

[70] K. K. Park, W. Liao, J. E. Murase, A review of monochromatic excimer light in vitiligo. Br. J. Dermatol. **167**, 468-478(2012).

[71] Q. Shi, K. Li, J. Fu, Y. Wang, C. Ma, Q. Li, C. Li, T. Gao, Comparison of the 308nm excimer laser with the 308nm excimer lamp in the treatment of vitiligo-a randomized bilateral comparison study. Photodermatol. Photoimmunol. Photomed. **29**, 27-33(2013).

[72] E. Verhaeghe, E. Lodewick, N. van Geel, J. Lambert, Intrapatient comparison of 308nm monochromatic excimer light and localized narrow-band UVB phototherapy in the treatment of vitiligo: a randomized controlled trial. Dermatology **223**, 343-348(2011).

[73] G. Açikgöz, H. Yeşil, E. Calışkan, M. Tunca, A. Akar, Targeted photochemotherapy in alopecia areata. Photodermatol. Photoimmunol. Photomed. (in press).

[74] J. Huang, S. Cowper, J. Moss, M. Girardi, Case experience of 308-nm excimer laser therapy compatibility with PUVA and oral bexarotene for the treatment of cutaneous lesions in mycosis fungoides. J. Drugs Dermatol. **12**, 487-489(2013).

[75] E. Ghazi, J. Ragi, S. Milgraum, Treatment of chemical leukoderma using a 308-nm excimer laser. Dermatol. Surg. **38**, 1407-1409(2012).

[76] N. Al-Mutairi, A. A. Hadad, Efficacy of 308-nm xenon chloride excimer laser in pityriasis alba. Dermatol. Surg. **38**, 604-609(2012).

[77] A. A. Navarini, A. G. Kolios, B. M. Prinz-Vavricka, S. Haug, R. M. Trüeb, Low-dose excimer 308-nm laser for treatment of lichen planopilaris. Arch. Dermatol. **147**, 1325-1326(2011).

[78] R. Knobler, G. Berlin, P. Calzavara-Pinton, H. Greinix, P. Jaksch, L. Laroche, J. Ludvigsson, P. Quaglino, W. Reinisch, J. Scarisbrick, T. Schwarz, P. Wolf, P. Arenberger, C. Assaf, M. Bagot, M. Barr, A. Bohbot, L. Bruckner-Tuderman, B. Dreno, A. Enk, L. French, R. Gniadecki, H. Gollnick, M. Hertl, C. Jantschitsch, A. Jung, U. Just, C. D. Klemke, U. Lippert, T. Luger, E. Papadavid, H. Pehamberger, A. Ranki, R. Stadler, W. Sterry, I. H. Wolf, M. Worm, J. Zic, C. C. Zouboulis, U. Hillen, Guidelines on the use of extracorporeal photopheresis. J. Eur. Acad. Dermatol. Venereol. **28** (Suppl 1), 1-37(2014).

[79] U. Wollina, K. Liebold, M. Kaatz, A. Looks, A. Stuhlert, D. Lange, Survival of patients with cutaneous T cell lymphoma after treatment with extracorporeal photochemotherapy. Oncol. Rep. **7**, 1197-1201(2000).

[80] U. Wollina, M. Kaatz, Extracorporeal photochemotherapy in cutaneous T-cell lymphoma. An overview of current status. Int. J. Immunopathol. Pharmacol. (Section Dermatol). **13**, 479-488(2000).

[81] J. W. Hart, L. H. Shiue, E. J. Shpall, A. M. Alousi, Extracorporeal photopheresis in the treatment of graft-versus-host disease: Evidence and opinion. Ther. Adv. Hematol. **4**, 320-334(2013).

[82] R. M. Knobler, L. E. French, Y. Kim, E. Bisaccia, W. Graninger, H. Nahavandi, F. J. Strobl, E. Keystone, M. Mehlmauer, A. H. Rook, I. Braverman, Systemic sclerosis study group: A randomized, double-blind, placebo-controlled trial of photopheresis in systemic sclerosis. J. Am. Acad. Dermatol. **54**, 793-799(2006).

[83] M. T. Abreu, C. von Tirpitz, R. Hardi, M. Kaatz, G. Van Assche, P. Rutgeerts, E. Bisaccia, S. Goerdt, S. Hanauer, R. Knobler, P. Mannon, L. Mayer, T. Ochsenkuhn, W. J. Sandborn, D. Parenti, K. Lee, W. Reinisch, Crohn's disease photopheresis study group: Extracorporeal photopheresis for the treatment of refractory Crohn's disease: Results of an open-label pilot study. Inflamm. Bowel Dis. **15**, 829-836(2009).

[84] W. Reinisch, R. Knobler, P. J. Rutgeerts, T. Ochsenkühn, F. Anderson, C. von Tirpitz, M. Kaatz, C. Janneke van der Woude, D. Parenti, P. J. Mannon, Extracorporeal photopheresis(ECP)in patients with steroid-dependent Crohn's disease: An open-label, multicenter, prospective trial. Inflamm. Bowel Dis. **19**, 293-300(2013).

[85] M. Radenhausen, S. Michelsen, G. Plewig, F. G. Bechara, P. Altmeyer, K. Hoffmann, Bicentre experience in the treatment of severe generalised atopic dermatitis with extracorporeal photochemotherapy. J. Dermatol. **31**, 961-970(2004).

[86] U. Wollina, D. Lange, A. Looks, Short-time extracorporeal photochemotherapy in the treatment of drug-resistant autoimmune bullous diseases. Dermatology **198**, 140-144(1999).

[87] M. B. Marques, J. Schwartz, Update on extracorporeal photopheresis in heart and lung transplantation. J. Clin. Apher. **26**, 146-151(2011).

[88] C. Moore, F. Cevikbas, H. A. Pasolli, Y. Chen, W. Kong, C. Kempkes, P. Parekh, S. H. Lee, N. A. Kontchou, I. Yeh, N. M. Jokerst, E. Fuchs, M. Steinhoff, W. B. Liedtke, UVB radiation generates sunburn pain and affects skin by activating epidermal TRPV4 ion channels and triggering endothelin-1 signaling. Proc. Natl. Acad. Sci. U. S. A. **110**, E3225-E3234(2013).

[89] H. Chang, W. Oehrl, P. Elsner, J. J. Thiele, The role of H_2O_2 as a mediator of UVB-induced apoptosis in keratinocytes. Free Radic. Res. **37**, 655-663(2003).

[90] K. A. Hwang, B. R. Yi, K. C. Choi, Molecular mechanisms and in vivo mouse models of skin aging associated with dermal matrix alterations. Lab. Anim. Res. **27**, 1-8(2011).

[91] C. -H. Lee, S. -B. Wu, C. -H. Hong, H. -S. Yu, Y. -H. Wei, Molecular mechanisms of UV-induced apoptosis and its effect on skin residential cells:implication in UV-based phototherapy. Int. J. Mol. Sci. **14**, 6414-6435(2013).

[92] M. Egbert, M. Ruetze, M. Sattler, H. Wenck, S. Gallinat, R. Lucius, J. M. Weise, The matricellular protein periostin contributes to proper collagen function and is downregulated during skin aging. J. Dermatol. Sci. **73**, 40-48(2014).

[93] U. Wollina, L. Unger, B. Heinig, T. Kittner, Psoroatic arthritis. Dermatol. Ther. **23**, 123-136(2010).

[94] J. Ring, A. Alomar, T. Bieber, M. Deleuran, A. Fink-Wagner, C. Gelmetti, U. Gieler, J. Lipozencic, T. Luger, A. P. Oranje, T. Schäfer, T. Schwennesen, S. Seidenari, D. Simon, S. Ständer, G. Stingl, S. Szalai, J. C. Szepietowski, A. Taïeb, T. Werfel, A. Wollenberg, U. Darsow, European Dermatology Forum; European Academy of Dermatology and Venereology; European Task Force on Atopic Dermatitis;European Federation of Allergy;European Society of Pediatric Dermatology;Global Allergy and Asthma European Network;Guidelines for treatment of atopic eczema(atopic dermatitis)Part Ⅰ. J. Eur. Acad. Dermatol. Venereol. **26**, 1045-1060(2012).

[95] J. Ring, A. Alomar, T. Bieber, M. Deleuran, A. Fink-Wagner, C. Gelmetti, U. Gieler, J. Lipozencic, T. Luger, A. P. Oranje, T. Schäfer, T. Schwennesen, S. Seidenari, D. Simon, S. Ständer, G. Stingl, S. Szalai, J. C. Szepietowski, A. Taïeb, T. Werfel, A. Wollenberg, U. Darsow, European Dermatology Forum; European Academy of Dermatology and Venereology; European Task Force on Atopic Dermatitis;European Federation of Allergy;European Society of Pediatric Dermatology;Global Allergy and Asthma European Network;Guidelines for treatment of atopic eczema(atopic dermatitis)Part Ⅱ. J. Eur. Acad. Dermatol. Venereol. **26**, 1176-1193(2012).

[96] R. L. Edelson, Mechanistic insights into extracorporeal photochemotherapy:Efficient induction of monocyte-to-dendritic cell maturation. Transfus. Apher. Sci. pii:S1473-0502(13)00258-9(2013).

[97] P. Perseghin, M. Marchetti, C. Messina, A. Mazzoni, P. Carlier, C. Perotti, L. Salvaneschi, M Risso, R. Fanin, A. Olivieri, P. Accorsi, F. Locatelli, A. Bacigalupo, L. Pierelli, A. Bosi, Società Italiana di Emaferesi e Manipolazione Cellulare; Gruppo Italiano Trapianto di Midollo Osseo: Best practice recommendations in:(1)Peripheral blood stem cell mobilization and collection and(2)acute and chronic GvHD treatment using extracorporeal photopheresis. A joint effort from SIdEM(Società Italiana di Emaferesi e Manipolazione Cellulare) and GITMO(Gruppo Italiano Trapianto di Midollo Osseo). Transfus. Apher. Sci. **48**, 195-196(2013).

[98] P. Wolf, A. Gruber-Wackernagel, B. Rinner, A. Griesbacher, K. Eberhard, A. Groselj-Strele, G. Mayer, R. E. Stauber, S. N. Byrne, Phototherapeutic hardening modulates systemic cytokine levels in patients with polymorphic light eruption. Photochem. Photobiol. Sci. **12**, 166-173(2013).

[99] S. M. Franken, R. E. Genders, F. R. de Gruijl, T. Rustemeyer, S. Pavel, Skin hardening effect in patients with polymorphic light eruption: comparison of UVB hardening in hospital with a novel home UV-hardening device. J. Eur. Acad. Dermatol. Venereol. **27**, 67-72(2013).

[100] S. H. Ibbotson, D. Bilsland, N. H. Cox, R. S. Dawe, B. Diffey, C. Edwards, P. M. Farr, J. Ferguson, G. Hart, J. Hawk, J. Lloyd, C. Martin, H. Moseley, K. McKenna, L. E. Rhodes, D. K. Taylor, British association of dermatologists: An update and guidance on narrowband ultraviolet B phototherapy: A British photodermatology group workshop report. Br. J. Dermatol. **151**(2), 283-297 (2004).

[101] Y. Niwa, T. Hasegawa, S. Ko, Y. Okuyama, A. Ohtsuki, A. Takagi, S. Ikeda, Efficacy of 308-nm excimer light for Japanese patients with psoriasis. J. Dermatol. **36**, 579-582(2009).

[102] L. Mavilia, M. Mori, R. Rossi, P. Campolmi, A. Puglisi, Guerra, T. Lotti, 308 nm monochromatic excimer light in dermatology: Personal experience and review of the literature. G. Ital. Dermatol. Venereol. **143**, 329-337(2009).

[103] S. P. Nistico, R. Saraceno, C. Schipani, A. Costanzo, S. Chimenti, Different applications of monochromatic excimer light in skin diseases. Photomed. Laser Surg. **27**(4), 647-654(2009).

[104] S. M. Taibjee, S. T. Cheung, S. Laube, S. W. Lanigan, Controlled study of excimer and pulsed dye lasers in the treatment of psoriasis. Br. J. Dermatol. **153**, 960-966(2005).

[105] L. Kemény, A. Koreck, Z. Csoma, Ultraviolet B treatment of plaque-type psoriasis using light-emitting diodes: A new phototherapeutic approach. J. Am. Acad. Dermatol. **60**, AB8(2009).

[106] L. Kemény, Z. Csoma, E. Bagdi, A. H. Banham, L. Krenacs, A. Koreck, Targeted phototherapy of plaque-type psoriasis using ultraviolet B-light-emitting diodes. Br. J. Dermatol. **163**, 167-173(2010).

[107] A. N. Rajpara, J. L. O'Neill, B. V. Nolan, B. A. Yentzer, S. R. Feldman, A review of home phototherapy for psoriasis. Dermatol. Online J. 16, 12(2010).

[108] K. van Os, K. Cherenack, Wearable textile-based phototherapy systems. Stud. Health Technol. Inform. **189**, 91-95(2013).

第 12 章
紫外发光器件气体传感应用

Martin Degner 和 Hartmut Ewald[❶]

摘要

本章介绍基于 LED 的光谱仪，使用 O_3、SO_2 和 NO_2 气体给出测量实例。结合紫外 LED 的独特性能与标准的宽带光电二极管（PD），通过简单设计，可以布置低成本的组件，获得与最先进的电流测量系统相比拟的，低成本高分辨率传感器。宽紫外吸收线/带对基于 UV 发光器件探测非常适用。

[❶] M. Degner，H. Ewald
罗斯托克大学通用电气工程研究所，阿尔伯特-爱因斯坦街 2 号，德国罗斯托克 D-18059
电子邮箱：hartmut.ewald@uni-rostock.de
M. Degner
电子邮箱：martin.degner@uni-rostock.de

12.1 简介

光学光谱很早就已广泛用于物质分析和浓度测量，如气体感测应用。当光通过介质传播时，介质中的分子和原子与光子以与其能量，也即波长相关的方式相互作用。光子能量可以转移给物质。入射光光谱的特定部分基于每种物质特性被吸收。吸收光谱中这种选择性的光衰减很有用处。

光相互作用基于分子中电荷的空间分布，这导致通过高能量光子振动和旋转的分子和原子激发，以及价电子激发。

红外（IR）区通常是物质鉴定和浓度测定的区域。该波长范围内，对于几乎每个分子或分子团，光与分子间的相互作用，都有独特和高分辨的特征谱。特别是中红外（MIR）区域称为指纹区。MIR 吸收的倍频出现在近红外（NIR）范围内，这通常由于该范围内良好的技术支持（光学、光电子）而用于测量。很长时间以来，就有相当数量的可用红外光源和探测器。因此，市场上大量基于热光源，如辉光棒或红外激光器的系统已实现极高精度的测量。

可见光波长范围的主要特点是缺乏强吸收，特别是我们的周围环境（空气、水）。因此自然界中，该光学窗口主要用于一般观察和眼睛的光谱响应。可见光范围内（VIS）仅出现分子相互作用的微弱红外泛音。然而，主要的复合连接分子电子激发吸收位于可见光区。

紫外范围以电子激发为主，如 NH_3，NO，O_3，SO_2，NO_2 和一些烃类分子在此区域显示出强吸收[1]。环境中没有 200nm 以上高浓度吸收物质，如水蒸气或 CO_2，这是紫外传感器应用相比红外波长范围传感的一大优势。这些物质以及氧和氮主要吸收远紫外（100～200nm）。因此，短于 200nm 波长区域称为真空紫外（VUV）范围，因为正常大气压下吸收过强而无法用于测量。

通常情况下，紫外不用于传感，因为缺乏此波长范围内易用、且持久的光源。通常必须要使用力学性能脆弱、寿命短、成本高的气体放电灯如氘灯等。半导体光源的发展改变了这一切（见第 1 章）。

第一个发光二极管（LED）在红光和红外区开发，接着是更多可见光 LED。然而，由于它们发光的低光功率，这些 LED 主要用于指示。随着更短波长蓝光 LED 效率的进步[2]，一系列照明应用变得可行。与此同时，近和中红外范围的 LED 也已开发用于光谱应用[3]。更重要的是，最近几年紫外 LED 逐渐可以实用。UV 波长范围 AlGaN 基 LED 的开创性工作，由诸如日亚❶，SETi❷ 等公司

---

❶ Nichia：日亚化学工业公司，日本。
❷ SETi：传感器电子技术公司，美国。

以及 RIKEN❶ 等研究所完成[4,5]。SETi 是目前峰值发光从 240～355nm 深紫外线 LED 产品的主要供应商[6]。UV-LED 显示出相比较长波长 LED 典型的窄发光带宽。与线性结构分子吸收和宽带 LED 红外发射相反，UV-LED 的发光带宽可以比 UV-VIS 的宽吸收带带宽更窄。因此，UV-LED 预计可以用作光谱测量的波长选择光源[7,8]。

可以通过正向偏置半导体 pn 结，来产生光实现了新的电致发光光源。这种"冷"光源具有独特的性能，可用于许多应用。"颜色"或称发射光子的波长范围源自发射光子的叠加，波长 λ_{photo} 为

$$\lambda_{photo} = \frac{hc}{\Delta E} \tag{12.1}$$

式中，c 为光速；h 为普朗克常数。

根据导带电子到价带空穴复合的带隙能量，$\Delta E = E_2 - E_1$ 确定。考虑可能跃迁数量和占据概率的最高跃迁概率，定义了 LED 的峰值发光波长。发射光子的带隙能量（eV）与波长（μm）之间关系示于图 12.1[9]。不同半导体材料的带隙能量直接影响 LED 的正向电压。带隙可以选择半导体材料及其材料组分，进行控制和调整。因此，现在可以实现从深紫外到中红外，几乎所有波长的非常宽光谱范围的 LED。这使得 LED 光谱的广泛应用得以实现。

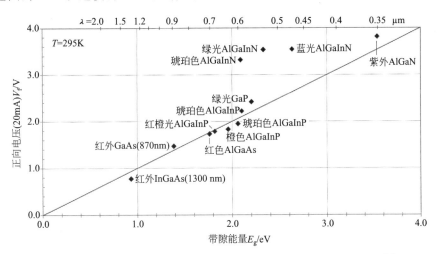

图 12.1　不同半导体材料的发光波长和正向电压与带隙能量的关系[9]

紫外 LED 光谱利用了重要气体在该波长范围内的强吸收，其中新开发的 UV-LED 必不可少。LED 光谱特别适合于设计低成本传感器，进行浓度测量，而且它能够实现可靠的高分辨浓度测量。根据基本测量原理，无滤波 LED 可以直接用作波长选择光源。

---

❶　RIKEN：日本理化研究所，独立法人研究所，日本。

由于光谱分辨率有限,并且各种物质在电子激发范围吸收(UV-VIS)中吸收会有重叠,这种方法不适用进行物质选择性分析,但可以非常成功地应用于所测物质种类已知的,如过程控制应用中。下面章节将对此方法进行说明。此外,紫外 LED 也可用作紫外光源,结合专用的光谱选择探测器单元和光路,用于光谱高分辨分析装置,有望取代常用的紫外光源。

12.2 吸收光谱

吸收光谱基于波长选择的光与物质相互作用。与红外区域振动或旋转分子激发,或如 Röntgen 范围内高能辐射的原子相互作用不同,UV-VIS 范围的主要吸收机理是价电子跃迁。

电子跃迁的寿命比红外振动跃迁的短几个数量级。因此,所得到的紫外自然吸收线宽比红外的尖锐吸收线更宽。因为电子激发也激发振动和旋转模式,紫外光中,这些作为电子吸收线旁边的附加精细结构出现。分子越复杂,就存在越多的共轭双键,就会出现越多的电子能级,也会有越小的间隙。这导致了更多数量的可能跃迁或吸收线,并且整个光谱会红移。高密度吸收线数目结合精细结构,以及附加的谱线增宽效应形成吸收线的重叠。UV-VIS 范围中,这个叠加经常导致具有大量重叠吸收线的宽带吸收光谱。图 12.2 示出气体 NO_2,SO_2 和 O_3 典型的宽带吸收光谱实例。具有简单键的分子显示出明显分开的吸收带,如 NO 和 NH_3。

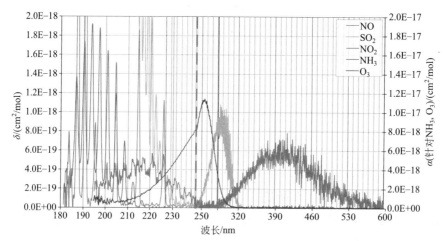

图 12.2 气体 NO_2,SO_2,O_3,NO 和 NH_3 的 UV-VIS 吸收光谱(彩图见彩插)

虽然紫外吸收的吸收线大小和形状,以及由此产生的结构差异受到周围环境参数如压力和温度的影响，但整体吸收带几乎不受外界影响[10]。因此，非滤波 LED 测量的低分辨率光谱相对环境影响参数相当稳定。但是，温度和压力对气体密度以及实际传感器设计有一定影响，所以这些必须进行测量用于进行传感器信号的补偿。

以一个基本形式，光吸收函数上可描述为 BOUGUER-LAMBERT-BEER 定律：通过样品单元光强（I）的衰减是波长相关的 $I(\lambda)$。穿过介质 $\mathrm{d}x$ 路径长度光束的强度变化 $\mathrm{d}I(\lambda)$ 正比于局域光强度 $I(\lambda)$，路径长度 $\mathrm{d}x$，吸收剂浓度 $c(\times 10^{-6})$ 和其吸收系数 $\alpha(\lambda)(\mathrm{cm}^{-1})$：

$$\mathrm{d}I(\lambda) = -\alpha(\lambda)cI(\lambda)\mathrm{d}x \tag{12.2}$$

通过在样品单元的光路长度 x 上对式（12.2）积分，得到测量的通过单元强度 $I(\lambda)$ 与入射光 $I_0(\lambda)$ 结果之间的关系，具有相对于浓度 c、路径长度 x 和吸收系数 $\alpha(\lambda)$ 的指数关系如下：

$$I(\lambda) = I_0(\lambda)\mathrm{e}^{-\alpha(\lambda)cx} \tag{12.3}$$

此波长相关吸收示于图 12.3，为一个 NO_2 吸收线的例子。这个基本吸收定律假设，均匀的吸收体分布且没有散射和几何损失。相对这个定律的更多非线性出现在高浓度的实例中。

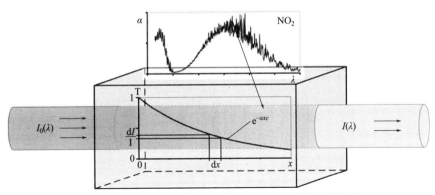

图 12.3　光吸收波长依赖原则［对应 NO_2 吸收光谱中的吸收线，入射光强度 $I_0(\lambda)$ 衰减］

通过测量吸收单元的光传输，考虑式（12.3）和已知的吸收长度 x 以及吸收系数 $\alpha(\lambda)$，浓度可以很容易地确定为：

$$c = \frac{\ln[T(\lambda)]}{-\alpha(\lambda)x}; \quad T(\lambda) = \frac{I(\lambda)}{I_0(\lambda)} \tag{12.4}$$

经常使用更容易比较的每个分子吸收截面 $\sigma(\lambda)$，代替长度依赖衰减系数。分子的体积密度可用吸收系数进行转换。方程式（12.5）示出标准条件下气体的计算，使用阿伏加德罗常数（$N_A = 6.022136 \times 10^{23}\,\mathrm{mol}^{-1}$）和摩尔体积（$V_m = 22414\,\mathrm{cm}^3/\mathrm{mol}$）：

$$\sigma(\lambda)\frac{N_A}{10^6 V_m}=\alpha(\lambda) \qquad (12.5)$$

实际应用中，还必须考虑传感器系统的光谱分辨率，当传感器内有气体吸收时，需要计算传感器测量的效应。在宽谱吸收气体的 LED 光谱情况下，通常不使用额外的滤波器。LED 发出的所有波长，基于气体吸收特性有针对性地相互作用。由此得到的吸收将比该范围内的最大可能值更小。计算针对分布的有效吸收系数 $\bar{\alpha}$，对于估计传感器效应，并允许进一步计算传感器分辨率是非常有用的。$I_0(\lambda)$ 是 LED 发光强度的光谱分布，因为它通过传感器系统检测得到，所以包括光传输和系统的（相对）响应。通常，LED 发光中，波长依赖的光传输和响应在几个纳米内几乎恒定，因此这些特性可以忽略不计，从而 LED 发光可以用作 $I_0(\lambda)$。

$$T_{\text{ges}}=\frac{I_{\text{ges}}}{I_{0\text{ges}}}=e^{-\bar{\alpha}xc}=\frac{\int I_0(\lambda)T(\lambda)d\lambda}{\int I_0(\lambda)d\lambda}$$

$$\rightarrow \bar{\alpha}=\ln\frac{\int I_0(\lambda)T(\lambda)d\lambda}{\int I_0(\lambda)d\lambda}/(-xc) \qquad (12.6)$$

图 12.4 中示出基于 LED 的 SO_2 示例测量计算。

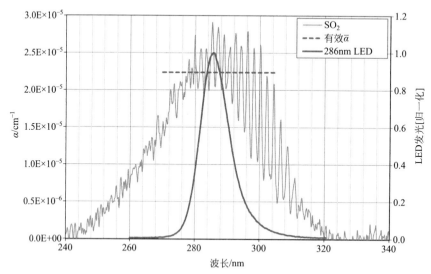

图 12.4 SO_2 吸收特性与 286nm LED 归一化发光特性的重叠
（虚线为相对 LED-气体组合的有效吸收系数 $\bar{\alpha}$）

传感器应用中，光传输系统的电子分辨率（信噪比），可从接收器的预期光功率进行估计。结合有效吸收系数，测量系统所得到的浓度分辨率可以按照给定的路径长度来计算。电子传感器分辨率、吸收路径长度和所得浓度分辨率之间的关系绘于图 12.5。因此，传感器系统的设计，可以相对于所要求的分辨率以及最大浓度进行动态优化，后者形成非线性与饱和效应的强吸收极限。另外必须考虑光路长度及其光学设计（如反射单元、多径单元），这可能显著影响光功率的探测。

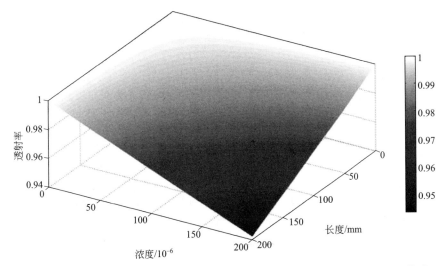

图 12.5　NO_2 气体吸收传感：气体浓度（分辨率），吸收路径长度（相对于传感器单元尺寸）和光透射（与电子分辨率相关）之间的关系

实际应用中浓度测量需要很高的可靠性。高可靠性与光路内波长无关的衰减，可以通过使用具有不同波长的第二个 LED 光源作为参考来实现。根据式 (12.7)，正式解释为影响气体吸收波长 $T_{\lambda gas}$ 和参考波长 $T_{\lambda ref}$ 的透射测量，k 是波长无关的扰动。所得的透射 T_{res} 根据与波长无关的干涉进行补偿，并可以用于浓度计算：

$$T_{res} = \frac{T_{\text{inferf}\lambda gas}}{T_{\text{inferf}\lambda ref}} = \frac{kT_{\lambda gas}}{kT_{\lambda ref}} = e^{-xc(\alpha_{\lambda gas} - \alpha_{\lambda ref})} \tag{12.7}$$

还可以通过更多参考波长来平滑波长依赖干涉，如温度引起光学装置色散的变化，从而进行补偿。

除了干涉补偿，式 (12.7) 表明参考波长应设置为远离气体吸收，否则所得到的吸收系数会减小。TDLAS（可调谐二极管激光器吸收光谱）系统用于宽带电子吸收带，如 NO_2 就面临着这样的问题[11]。因为激光器小的波长漂移，吸收光谱中，用于测量的只有"针尖"大小的小吸收变化，尽管测量点的吸收积分可以相当强。

基于如光谱仪探测器或 TDLAS 系统的高分辨光谱测量系统，使用更多数量的光谱参考点，因此可以鉴定吸收形状，并且波长依赖的干涉如交叉干扰气体可以得到有效抑制。

如 LED 光谱仪的低分辨率光谱系统中，交叉干扰物质能够通过采用更多附加 LED 测量信道，测量该物质来主动补偿。有时可通过采用与干扰物质有相同吸收（$\alpha_{\lambda gas}$）位置的参考波长（$\alpha_{\lambda ref}$），来实现被动补偿。

12.3 吸收光谱系统

光学光谱在极宽范围内都有应用，既用于苛刻的工业应用，也用于干净的实验室环境；既可用于长距离遥感，也可用于小到诸如生物细胞的分析。因此，有数量庞大的不同光谱方法和系统。

一般而言，光谱方法可以区别为直接和间接测量原理。使用直接测量原理如光声或荧光光谱，当研究物质存在时会产生测量信号。相比间接方法，这是其优点。吸收光谱是一种间接方法，通过分析测量信号的特定衰减，并与所研究物质特征相关联以估计其浓度。吸收测量系统一般功能原理的概述示意见图12.6。

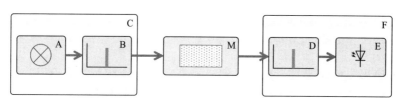

图 12.6　光吸收测量系统的框图/原理[12]
A—宽带光源；B—单色仪；C—选择性光源；D—单色仪；E—宽带接收器；
F—选择性接收器；M—测量室/相互作用体积

吸收测量系统需要发射所需波长的光源（还有系统利用可用的背景辐射无源光源）。更多光电探测器和适当信号处理是必要的。光源（A）或/和探测器（E）经过光学滤波，以便研究物质的光谱选择特性和效率测量。可以使用不同的光学滤波如二色性或可调滤波器、衍射和折射滤波方法（例如，单色仪或光谱仪）。激光器也可以取代滤波宽带光源，用作光源选择（C）。激光器利用发光波长偏移（例如 TDLAS 中）来检测吸收的形状和强度，从而实现研究物质的浓度选择测量。

测量单元（M）或相互作用空间内的研究物质产生光吸收。这里根据应用要求和光源的光学特性，使用数量庞大的不同设计和原理。例如，使用自由程吸收单元、反射和多路径单元、渐逝场或自由大气的相互作用（例如激光雷达-光探测和测距光谱）区域。

根据所研究物质的吸收特性，可以使用基于 LED 光谱的两种基本方法。

① 离散和窄线宽吸收特性情况下（例如 NH_3，见图 12.2），LED 发光看起来是宽带的。使用光学滤波器如二色性滤波，对增加有效吸收系数和随之实现高分辨浓度测量是有益的。这里 LED 用作常规宽带光源，但相比典型的宽带光源，由于有限发射范围，有低得多的滤波要求。LED 不采用光学滤波器，而是气体相关滤波器技术。LED 有限的发光范围在这里也是有利的[13]。

② 第二类应用中，吸收特性受宽吸收带支配，因为对于紫外这很典型（例如 O_3、SO_2，见图 12.7）。LED 发光相比物质吸收是窄带。使用不同发射光谱的 LED 作为选择性光源，人们采样物质的吸收特性，并实现频谱的参考测量（图 12.7）[14,15]。

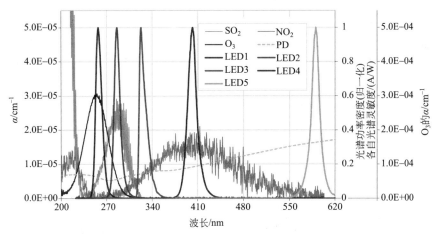

图 12.7　SO_2、NO_2 和 O_3 的光谱吸收特性，定性叠加 LED 的归一化频谱功率密度，以及光电二极管探测器（PD）的光谱功率灵敏度（彩图见彩插）

以下的说明与第二类应用相关，因为这里 LED 特性最有益。

LED 光谱情况下，图 12.6 中解释的吸收测量概念相当简化，因此可以实现非常低成本的系统。具有不同波长的 LED 发光，光学耦合到测量单元，并通过具有宽带响应的标准光电二极管接收器来检测。为了区分不同的 LED，对不同波长 LED 进行电调制，而探测器对信号进行解调。这里不需机械移动部件，如光机械开关或遮光器等。电调制可以选择使用不同的时间或频率复用，使用哪种电调制类型最好，取决于测量时间的要求和特定应用探测器放大单元的要求。

与 TDLAS 或经典宽带光源光谱相反，基于 LED 的设施中，没有气体发光功率和参考波长之间的固定关系。因此，该关系需要根据入射光强度，来计算光传输，对于通过传输测量计算浓度，这是首要的［见式（12.4）］。下面的方程为估算的固定比率（k）发光波长光源间的传输：

$$I_{0\lambda \text{ref}} = k I_{0\lambda \text{gas}}$$

$$T_{\text{res}} = \frac{T_{\lambda\text{gas}}}{T_{\lambda\text{ref}}} = \frac{\dfrac{I_{\lambda\text{gas}}}{I_{0\lambda\text{gas}}}}{\dfrac{I_{\lambda\text{ref}}}{I_{0\lambda\text{ref}}}} = k\,\frac{I_{\lambda\text{gas}}}{I_{\lambda\text{ref}}} = k\,\mathrm{e}^{-xc(\alpha_{\lambda\text{gas}}-\alpha_{\lambda\text{ref}})} \tag{12.8}$$

LED 光谱中,参考光探测器用于确定正比于入射光强度 $I_0(\lambda)$ 的信号。这使得能够计算每个 LED 信道的传输,并确定最终的物质浓度。

TDLAS 应用中,宽带光源发光光谱的光谱涨落,以及波长偏移条件的改变,往往还需要附加参考测量用于强度比(k)校正[式(12.8)],相应地通过附加光学元件实现高浓度分辨率,来直接测定入射光强度 $I_0(\lambda)$。激光器应用中,监控二极管很适合执行这项任务。

单一"LED 信道"信号的典型 LED 光谱信号时间序列[光电二极管无检测气体时接收的信号 $I_1(\lambda)$]示于图 12.8。测量的原始数据和参考信号对应光学强度 $I_{\lambda\text{gas}}$ 和 $I_{0\lambda\text{gas}}$。根据这些原始信号,计算了传输 $T_{\lambda\text{gas}}$。这里并不存在气体吸收,明显可以看到波动减少和漂移效应补偿。降低干扰噪声和偏置电子检测单元很重要,因为这可以提高传感器的分辨率和精度。相反,传感器尺寸(吸收单元长度)可以减小(图 12.5)。

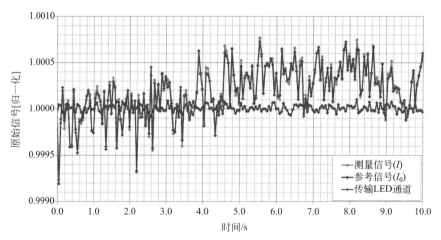

图 12.8 LED 光谱:单一 LED 信道测量和参考原始信号,以及由此计算的传输信号的信号扰动减小和使用参考信号进行漂移补偿的例子(彩图见彩插)

基于 UV-LED 的 LED 光谱测量原理,示出了相比其他最先进光谱方法的优势:紫外 LED 的宽带吸收,可有效用于传感器效应和单线形状的变化,因为周围参数仅最低限度影响积分测量。由于没有强干扰吸收剂如水蒸气,使得感测气体制备能够很容易实现,而不必像红外线分析仪常做的那样费力。即使恶劣环境下的现场测量,也已在许多应用中实现,如尾气探测[12,14,15]。除了强吸收带,紫外光电探测器显示出比红外探测器低得多的热噪声。因此,小的吸收单元也可以实现高的浓度分辨率。进一步,LED 光谱使得一个传感器单元可以测量一种以上气体。对于每种附加物质，必须安装至少一个附加 LED 信道。双色滤波器可以实现光联动，但由于这需要一些特定适应性的滤波器，系统成本将上升。从而，几何光学可以用于将不同 LED 的光输出组合。因此，每个 LED 信道光衰减的增加，随着每个额外的 LED 而显著增加。所以，传感器系统中的 LED 数量应尽可能低。UV-LED 光谱的另一个缺点是，由许多不同的物质吸收带的重叠引起，并且缺乏光谱分辨率来区分这些吸收剂（参照图 12.2）。因此，传感器设计，特别是 LED 的光谱范围，必须适应于应用。

12.4 紫外光谱仪光源

一般情况下，光源可以区分为热光源和冷光源。热光源发射仅取决于发光体温度的宽连续发光光谱，并可通过普朗克定律来描述。温度越高，频谱从 IR 向 VIS 移动越多（图 12.9）。材料限制发光体的最高温度，而且即使在高温下，紫外范围内的发光也相当少。所以热光源不适合用于 UV 传感。"冷"光源是基于荧光效应，从激发态跃迁到较低能态而产生光子。已有许多不同类型的荧光激发。气体放电灯属于冷光源，目前它们仍是主要的紫外探测用光源。基于最近紫外半导体光源的发展，预期不久这种状况将改变。

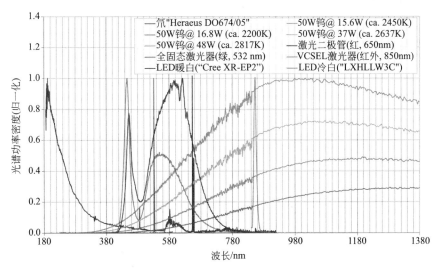

图 12.9　不同类型光源的发光光谱特性（氘灯的连续光谱，不同色温的白炽灯，白色荧光 LED 和激光器）

气体放电灯的发射光谱可根据气体组分、压力以添加荧光材料而改变。通常情况下，气体放电灯利用汞基气体混合物，但也广泛使用氙和氘。

图 12.10 示出不同的低压气体放电灯发光光谱。窄发光通常主导光谱。宽带荧光在各自不同波长范围内也很明显，这根据荧光材料和应用的需求而选定。

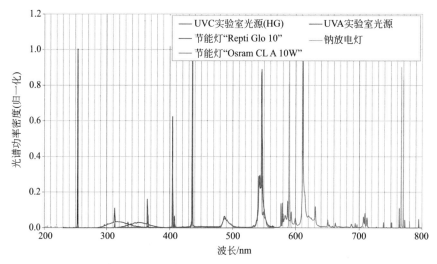

图 12.10　不同低压气体放电灯的发光光谱特性（彩图见彩插）

高压气体放电灯的发光展宽很大，从而生成叠加大量发光谱线的连续发射光谱。氙灯是典型的例子，根据设计可以显示紫外范围的强发光。但该光谱的稳定性常常不适合于光谱应用。

氘灯是紫外气体放电灯的明显例外，发光特性为很连续的强的深紫外，只有少数发光谱重叠。基于这些性质，氘灯是紫外光谱仪使用的主要光源。氘灯的发光光谱示于图 12.9。

紫外放电灯，例如氙灯或氘灯的主要缺点是：需要复杂的控制电路、寿命相当有限、力学性能脆弱，通常体积庞大且成本较高。激光器也可以用于一定波长的紫外范围。这些至少是倍频的系统，设计且不适于低成本传感器应用。随着 AlGaN 基 LED 的发展[16]，近年来也开展了紫外激光二极管的研究，特别是针对气体传感应用，但往往可用性有限的各种波长。

约 10 年前，低于 370nm 的 AlGaN 基紫外范围发光 LED 首先由传感器电子科技公司（SETi）开始市售。目前，这些 LED 主要用于消毒应用和涂料、环氧树脂和聚合物的固化。当前 240~400nm 之间，几乎任何波长的 UV-LED 都有市售[6,17]。对于光学光谱仪和传感器应用，UV-LED 有几个优点：

UV-LED 发光光谱的半高宽（FWHM）很有限，因此非常适合作为波长选择的光源。通常，UV-LED 发光光谱的半高宽为 10~20nm。尽管 UV-LED 的总发射功率相当一般，但其光功率密度却相当高，原因就是其窄发射带。相比于气体放电灯，LED 类似于点发光，从而可以实现光学系统中的高效耦合。例如，可以使用光纤组合不同 LED 的光。

图 12.11 示出 5 个 LED 的光功率密度，它们耦合到一根 $200\mu m$ 的阶梯折射率光纤中，与之相比的是商业氘/卤钨灯光纤输出光谱（AvaLight-DH-S-DUV[18]），也耦合到同类光纤中。

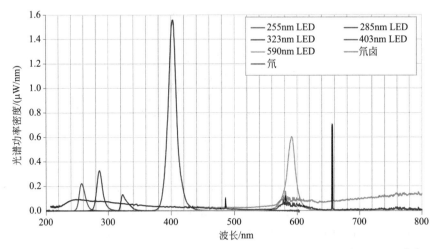

图 12.11　光源的光谱功率密度：不同 UV-LED 与氘放电灯及卤素灯的比较[13]

虽然深紫外线 LED 的效率其实并不高，但光纤耦合 LED 的光谱功率密度却比氘光源的高。本测试中所有 LED 的总电力消耗约 750mW，而宽带光源的总电力消耗约为 78W。光纤耦合使得人们可以实现数个 LED 的专用组合，而不需使用复杂的自由路径光学。此外，恶劣环境（如高温、强电磁场）中传感器的应用也成为可能（见 12.5 节）。

相对于其他光源，LED 的光输出可以通过电路更好地控制。例如，光功率可以容易地从最小控制到最大，也可以实现高达兆赫兹范围的高调制频率。这些优点不仅可以与放电灯，而且也可以与二极管激光器相比拟。良好的调制对于结合不同光源，并实现正确无干扰信号检测的光谱测量很重要。LED 光谱仪不需机械运动部件，而 LED 相对于其他光源能够防震抗振，结合其小尺寸，可以设计出非常坚固和紧凑的传感器。对一些应用，损坏时组件中无有害物质，也是非常重要的。这可以通过 LED，但不能是通常使用的放电灯来保证。LED 例如蓝光的发展历史表明，LED 可以低成本大批量生产。今天，几乎从深紫外到可见光（也到了 IR）范围的所有峰值发光波长都可以实现，参见图 12.12 的发光光谱。

LED 寿命强烈依赖于工作模式，并与其效率有关。例如，由于高效率从而低热消耗，高输出光功率蓝光 LED 可以有达到和超过 10 万小时的长寿命。目前，UV-LED 尤其是深紫外发光器件仍然只有很短的寿命。

当然，310nm LED 已展示了 10000h 的寿命[20]，并预期可以进一步提高。

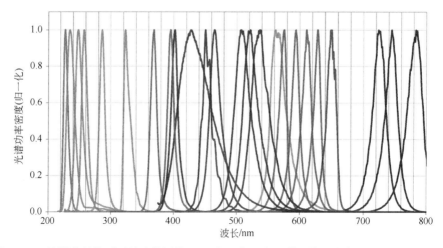

图 12.12 从深紫外线到可见光范围的 LED 归一化发光光谱（修订自参考文献 [12，19]）

LED 的主要缺点是发光功率及其光谱特性的温度依赖。特别是用于工业应用时，其最高工作温度受限。这些性质必须在传感器设计中考虑，并进行补偿。对于高分辨率测量，LED 发光的有限稳定性也需要予以考虑。

光谱应用方面，上述光源特性的定性比较以简化形式列于表 12.1 中。光谱应用的重要特性在此列出并重点标注。

表 12.1 光谱用光源的性能比较

光谱特性	热光源	气体放电灯		激光器	LED
		低压	高压		
可用性	−	O	O	−	+
选择性	− −	++	−	++	O
功率密度	−	+	+	++	O
指向特性	−	− −	O	++	+
调制能力	O	− −	−	+	++
稳定性	+	− −	−	+	−
可靠性	O	−	−	+	+
结构形状	+	−	−	−	++
寿命	−	+	−	+	+
大批量成本	+	O	O	−	++

注：− − 表示非常不利；− 表示不利；O 表示中性；+ 表示有利；++ 表示非常有利。

比较常用的光谱用光源（紫外）中，LED 的特性很独特。这些器件能够实现全新的可能传感应用，如 LED 光谱仪。然而，必须考虑其限制，特别是低效率的深紫外-LED 限制。

12.5 光谱仪用 LED 的光学和电学性质

UV-LED 发光受光子自发发射支配,因此发光在所有方向是各向同性和非相干的。半导体 LED 产生光子的效率由内量子效率(IQE)表征。由于半导体异质结构中,光子的重吸收和光子在半导体/空气界面处的反射,只有一小部分光子能够逃逸出半导体芯片。因此,外量子效率(EQE)通常比 IQE 低得多。

图 12.13 概述紫外 LED 可用波长范围[20]。此外也标记出最大外量子效率。400nm 附近 LED 具有高得多的 EQE,但对于传感器设计,必须考虑目前更短波长 LED 低几十个百分点的外量子效率。相关的带间低效率荧光材料中,深能级荧光也变得很显著。深能级荧光是额外的较长波长发光,会强烈影响 LED 吸收的测量,可能导致有效吸收系数减小和附加的交叉灵敏度。

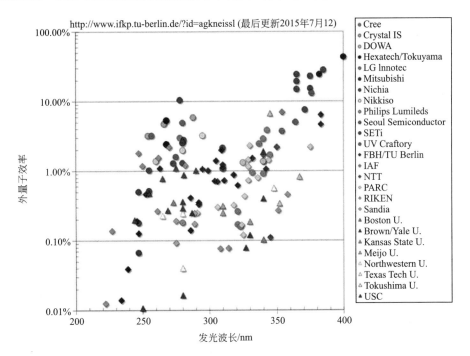

图 12.13 UV-LED 概述:获得的 EQE 与波长关系(来自参考文献 [20])(彩图见彩插)

因此,当前很难在深紫外区进行高浓度分辨率气体测量。

图 12.14 中,示意图直观显示了电学参数以及芯片温度和光输出参数,如发

射光功率 P_{opt}、峰值波长 λ 和发射带宽 $\Delta\lambda$ 以及发射形状之间的联系。沿着每条黑线，可以确定特定的曲线，来表征和优化 LED 控制。根据材料和设计，每种

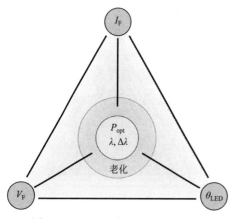

图 12.14 LED 光源：电学和光学参数之间关系 [正向电流 (I_F)、正向电压 (V_F)、LED 温度 (θ_{LED})、光输出功率 (P_{opt})、峰值波长 (λ) 和 FWHM 波长 ($\Delta\lambda$)]

类型的 LED 将具有可以由特定表征曲线表示的不同的电-光特性。例如发射光功率强烈依赖于温度，而发光峰值波长也可能随温度显著变化。重要的是要注意，各种类型 LED 之间的差异可以很显著（参照图 12.16）。进一步还必须考虑，LED 整个寿命期间这些曲线的改变，统称退化。例如，退化过程中，非辐射缺陷密度可能上升，从而 LED 的 IQE 变得更小。因此，可用于传感器测量的光在减少，因此传感器分辨率降低。此外耗散的热量增加，如果假定恒定热阻，则 LED 温度也会增加。随着温度升高，LED 效率降低，同时退化过程加剧[21,22,23]。

仅通过控制特定工作点的电气参数特性曲线，就有可能检测半导体发光器件的老化。这实现了传感器功能的控制，对于对传感器可靠性有特别高要求的工业应用非常重要。

吸收传感器中，所安装 LED 的不同电光参数变化可能导致浓度测量的误差。例如 LED 芯片随温度变化，引起相应发光形状和位置的轻微改变，可能导致有效吸收系数的变化，进而影响通过浓度确定的衰减误差。芯片温度和不同类型 LED 的不同行为对发射光谱的影响示于图 12.15。

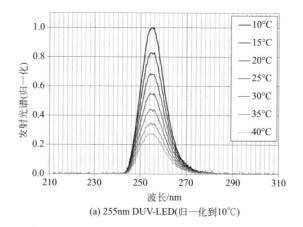

(a) 255nm DUV-LED(归一化到10℃)

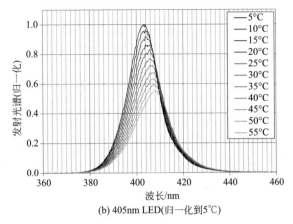

(b) 405nm LED(归一化到5℃)

图 12.15 两种不同类型 LED 的光谱温度依赖性

对于有高准确度要求的应用，应当在系统设计和精度估计时，充分考虑 LED 的典型行为。不同 LED 的线性温度依赖关系示于图 12.16，其中对于 20℃ 时输出光功率和峰值波长变化（10mA 连续波下）进行了归一化。

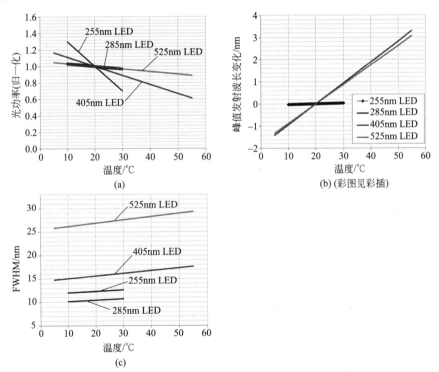

图 12.16　LED 芯片温度对其输出光功率（a）、波长漂移（b）、线宽（FWHM）（c）的影响（注：线性和归一化图）[12]

LED 的空间和角发光随时间变化不恒定。因为局域化的电流分布的变化，以及辐射和非辐射跃迁区域分布的变化，导致其出现波动。针对 LED 光谱仪应用，这提出了考虑（光学）布局的设计要求[12]。

所有 LED 在 pn 结正偏下工作。直流或低频时的 LED 等效电路可描述为，正偏方向的串联电阻加上理想整流二极管和并联电阻，但所有参数都与温度有关。高频等效电路还包括，接触电容、来自正向区（电荷分布）半导体结构以及连接导线的串联电感[24]。

低电流工作时，正向电流和光输出（发光）之间的关系大致呈线性，并且直流模式和毫秒范围内的脉冲工作之间并没有太大差异。采用微秒范围的短脉冲，通过增加电流幅值，峰值输出功率可以提高几倍。作为效率和工作周期函数的脉冲峰值功率，决定了 LED 升温的平均电能损耗。

芯片温度影响电压-电流特性曲线。不同发光波长 LED 的正向特性示于图 12.17。发光波长和正向电压之间的关系（参照图 12.1）是显而易见的。此外，绘制了 405nm LED 的正向电压温度依赖关系实例。

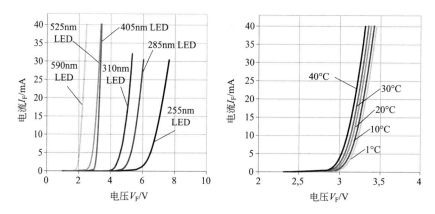

图 12.17　不同 UV-VIS LED 正向特性及其温度影响（405nm LED）[12]

除了光学参考外，LED 的电流、电压和温度控制是任何 LED 基光谱系统的关键因素。LED 的老化（退化过程）主要由工作温度、正向电流和 LED 所处环境条件来决定。

12.6　UV-LED 吸收光谱仪的应用

如前所述，LED 光源非常适合吸收光谱仪的应用。1980 年代初，提出了第一个基于 LED 的吸收光谱系统，采用黄橙色 LED 进行臭氧测量，利用了其可见光 600nm 附近的吸收带[7,8]。更多波长范围 LED 的应用实现了更多气体的检测。人们已建议分析装置中使用蓝、绿、黄和红光 LED[8]，用于检测不同的气体如

O_3、Br_2 和 NO_2，这里也列出了实验结果。

参考文献 [14] 中提出一种基于光纤耦合 LED 的传感器，可以用于原位检测苛刻环境，如尾气系统中的有害废气。另外演示了纯光纤而没有机械运动部件的内部参照系统，以获得高的传感器分辨率和稳定性[13]。

这里展示两个基于紫外发光器件的 LED 光谱仪应用实例：光纤耦合光学传感器用于 10^{-9} 范围的臭氧检测；UV-LED 光谱仪作为探测有害气体 SO_2 和 NO_2 的探测器。

12.6.1 臭氧传感器

臭氧是强氧化和有毒的气体。即使高于约 100×10^{-9} 的浓度也可会对人体产生刺激。自然界中 O_3 主要通过太阳紫外辐射，诱导空气中氧的裂解而产生。它的浓度会影响人类生活，尤其是山区（高自然紫外辐射）和夏季雾霾时，雾霾中特定的污染物会促使生成 O_3[15]。臭氧用于多种工业应用中，化学上它作为氧化剂以及漂白和消毒。空气中放电产生额外 O_3，可以用作机械功率电子开关故障或老化的指标。

12.6.2 臭氧传感器设计

实现的传感器设计是基于光学自由路径反射的传感器单元。测量单元完全采用光纤耦合。因此，敏感电路在空间上与测量位置的恶劣环境分离，这对强电磁干扰的应用情形非常重要，比如功率电子开关中，产生电弧的情形。255nm 附近 UV-LED 用于测量臭氧，该波长接近其最大吸收，使用额外 LED，进行 O_3 旁更短波长吸收作为频谱参考。O_3 吸收特性以及频谱 LED 发光特性示于图 12.18 中。这里实现了两种不同吸收长度的测量单元。

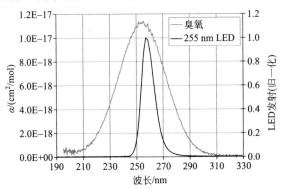

图 12.18　UV-LED 发光（选定波长为 255nm）和 O_3 吸收的光谱特征

数字信号处理器（DSP）用来控制 LED 的调制，以获得探测器原始信号和附加的传感器信号（例如单元温度）。进一步的解调、信号处理和气体浓度计算也通过 DSP 进行。

12.6.3 测量配置

已经开展了采用氙闪光灯臭氧发生器和商业电化学参照设备的实验室测试。

12.6.4 结果

采用 4cm 反射光单元，700ms 测量时间，得到臭氧分辨率结果约 30×10^{-9}，最高 O_3 浓度测试为约 100×10^{-6}。40cm 反射单元测量结果示于图 12.19。

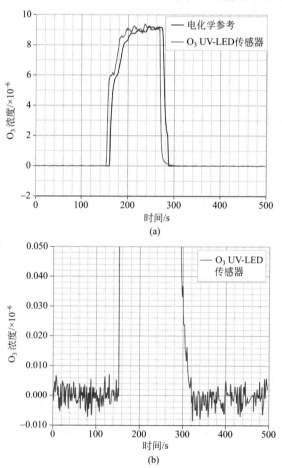

图 12.19 采用 40cm 反射单元和 1.4s 测量时间获得的基于 UV-LED 的臭氧测量［图（b）为低浓度］[15]

黑色标记的时间偏移信号对应于电化学参考探测器。1.4s 的测量时间中，传感器的浓度分辨率约为 3×10^{-9}，而最大臭氧浓度约为 10×10^{-6}。由此展示了高达几十的浓度动态。

12.6.5 SO₂ 和 NO₂ 传感器

用来检测有害气体 SO_2 和 NO_2 的 LED 基传感器设计为高分辨率。有害废气如 SO_2 和 NO_2 的高分辨率在线检测，是静态、船舶、货车和汽车发动机或发电厂燃烧过程中的一个非常重要的问题。测量结果可用于排放控制。因为有害气体的排放可以根据处理参数通过燃烧发动机和排气系统控制，传感器数据可以实现针对低排放发动机的闭环控制。

12.6.6 SO₂/NO₂ 气体排放传感器设计

实现的传感器基于三种不同的 LED 光源（图 12.20），它们光学上光纤耦合到自由路径测量单元，光学长度为 15cm。两种 LED 发光波长范围调整到 SO_2 和 NO_2 的最大吸收 286nm 和 405nm 附近，以便分别匹配 SO_2 和 NO_2 吸收峰。较长的近 590nm 波长发光选择第三种 LED 作为参考，如图 12.20 所示。

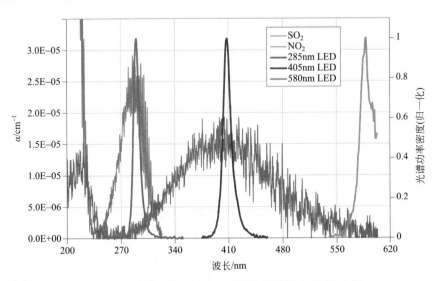

图 12.20 SO_2/NO_2 排放气体传感器选择采用 LED 用于 SO_2，NO_2 传感和参考 LED（580nm）（彩图见彩插）

对于废气应用，也使用完全光纤耦合反射单元来实现原位废气测量。采用耐用材料来实现纯光学传感器单元，以承受恶劣的排气管条件，如高温（几百摄氏度)、振动和化学腐蚀物质[13]。因为设计的气体浓度测量传感器有较小的横向干扰，因此设计了旁路吸收单元。测量时间可以通过系统改变，以使其适应不同的应用要求。通过长测量时间可以实现非常高的传感器分辨率，而快速测量只能获得较低的浓度分辨率。

12.6.7 测量配置

实验室测试的测量采用精密校准气体来评价传感器。校准气体 50ms 重复测量时间的典型测试结果如图 12.21 所示。

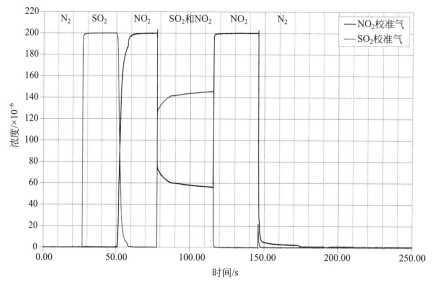

图 12.21 UV-LED 的 SO_2/NO_2 排放气体传感器采用校准气体测试（步长 200×10^{-6}）

传感器单元首先充满 N_2，然后将其充满 200×10^{-6} 的 SO_2，再通过 200×10^{-6} 的 NO_2 吹扫出去，再次充满 N_2 之前，使用了两种气体的混合，最后再次使用 200×10^{-6} 的 NO_2。快速信号变化反映了传感器的高时间分辨率。

零浓度的放大图显示出传感器的高浓度分辨率：对于 SO_2 以及 NO_2，浓度分辨率标准偏差约为 0.2×10^{-6}，如图 12.22 所示（路径长度为 15cm）。放大图中，可以看到 NO_2 和 SO_2 无交叉干扰的检测。最终用 N_2 吹扫单元后，可以观察少量 NO_2 的缓慢减少。这是由 NO_2 容易黏附到接触表面的典型行为引起，因此它需要一段时间，才能完全吹扫干净。基于光纤的 UV-LED SO_2/NO_2 汽车尾气传感器的典型设计示于图 12.23。反射单元为插入式构造，安装到内燃机排气管上，工作温度范围取决于外界条件（空气冷却等），可能高达 600℃。该传感器实现了约为 10cm（2×5cm）的有效吸收长度。

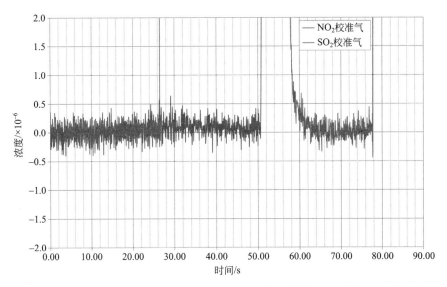

图 12.22　UV-LED SO_2/NO_2 废气传感器：零浓度时的动态行为（噪声）（彩图见彩插）

图 12.23　基于光纤的 UV-LED SO_2/NO_2 内燃机尾气传感器典型设计［反射单元为插入式安装，具有 10cm（2×5cm）的有效吸收长度］

12.7　结论与展望

过去的 30 年中，LED 已成为气体吸收传感应用中良好定义光谱的光源。最初，可见光和近红外区域的 LED 由于其可用性，或者其他波长 LED 的匮乏而占据主导地位。如今，从深紫外到红外几乎任何波长范围的 LED 都可用。

紫外 LED 扩大了基于 LED 应用，尤其是气体探测应用的可行性。深紫外范围内，大量物质例如 SO_2、NO_2 和臭氧气体，可以进行 50×10^{-6}（或更低）分辨率的高精度测量。这是因为紫外范围内存在的强吸收带，而且其不存在与其他高浓度环境气体如水蒸气的干扰。新型深紫外 LED 将实现低成本的光谱传感器和仪表，用于重要的工业和环境应用，如选择性 NO/NO_2 检测。紫外半导体发光器件的高功率密度，将促成大量生命科学应用，例如荧光光谱仪、高性能液相色谱法系统以及医疗诊断用可穿戴电子和治疗系统。

参考文献

[1] U. Platt, J. Stutz, in *Differential Optical Absorption Spectroscopy. Physics of Earth and Space Environments*(Springer, New York, 2008), ISSN: 1610-1677.

[2] S. Nakamura et al. (Nichia Chemical Industries, Ltd.), High-brightness InGaN blue, green and yellow light-emitting diodes with quantum well structures. Jpn. J. Appl. Phys. **34**, L797-L799(1995).

[3] *Ultra Low Power Carbon Dioxide Sensor COZIR™. Datasheet description of CO_2-COZIR Sensor*(Gas Sensing Solutions Ltd, Glasgow, UK, 2014).

[4] M. S. Shur, R. Gaska(Sensor Electronic Technology, Inc.), Deep-ultraviolet light-emitting diodes. IEEE Trans. Electron Dev. **57**(1)12-25(2010).

[5] H. Hirayama, (RIKEN), Quaternary InAlGaN-based high-efficiency ultraviolet light-emitting diodes. J. Appl. Phys. **97-99**, 091101-091101-19(2005).

[6] Sensor Electronic Technology, Inc., UVTOP Deep UV LED Technical Catalogue(2011), http://www.s-et.com/uvtop-catalogue.pdf. Accessed 07 Oct 2014.

[7] M. Fowles, R. P. Wayne, Ozone monitor using an LED source. J. Phys. E: Sci. Instrum. **14**(10)1143(1981).

[8] G. Wiegleb, *Einsatz von LED-Strahlungsquellen* in Analysengeräten. Laser und Optoelektronik **3**, 308-3110(1985).

[9] E. F. Schubert, *Light-Emitting Diodes*, 2nd edn. (Cambridge University Press, Cambridge, 2006), ISBN: 978-0521865388.

[10] J. Mellquist, A. Rosen, DOAS for flue gas monitoring-I. Temperature effects in the U.V./visible absorption spectra of NO, NO_2, SO_2 and NH_3. J. Quant. Spectrosc. Radiat. Transf. **56**(2), 187-208(1996).

[11] R. M. Mihalcea, D. S. Baer, R. K. Hanson, Tuneable diode-laser absorption measurements of NO_2 near 670 and 395 nm. Appl. Opt. **35**(21), 4059-4064(1996).

[12] M. Degner, *LED-Spektroskopie for Sensoranwendungen; am Beispiel der in-situ Abgasdetektion für Verbrennungsmaschinen*(Mensch & Buch Verlag, Berlin, 2012), ISBN: 978-3863871413.

[13] M. Degner, H. Ewald, E. Lewis, LED based spectroscopy—a low cost solution for high resolution concentration measurements e. g. for gas monitoring applications, in *Proceedings of the 5th International Conference on Sensing Technology*(ICST 11)(2011), ISBN 978-1457701665, pp. 145-150.

[14] M. Degner et al., Online detection of NO, NO_2 and SO_2 in UV-VIS region for exhaust of diesel combustion engines. IOP 2005. J. Phys. Conf. Ser. **15**(2005), 322-328, ISSN: 1742-6588.

[15] M. Degner et al., UV LED-based fiber coupled optical sensor for detection of ozone in the ppm and ppb range, *in Proceedings of 8th IEEE Conference on Sensors*, ISBN: 978-1424453351, pp. 95-99(2009).

[16] M. Kneissl et al., Ultraviolet InAlGaN light emitting diodes grown on hydride vapor phase epitaxy AlGaN/sapphire templates. Jpn. J. Appl. Phys. **45**(5A), 3905-3908(2006).

[17] Nichia Corporation, Specifications for UV LED, NVSU233A(T), 2014, http://www.nichia.co.jp/specification/products/led/NVSU233A-E.pdf. Accessed 13 June 2015.

[18] AvaLight-DH-S Deuterium-Halogen Ligth Source, Datasheet description of the *Avantes AvaLight-DH-S Deuterium-Halogen Ligth Source* (Avantes BV, Apeldoorn, NL, 2014).

[19] H. Hirayama et al., 226-273nm AlGaN deep-ultraviolet light-emitting diodes fabricated on multilayer AlN buffers on sapphire. Phys. Status Solid C **5**(9), 150-152, 2969-2971(2008).

[20] J. Rass et al., High power UV-B LEDs with long lifetime. Proc. of SPIE **9363**, 93631K(2015), doi:10.1117/12.2077426.

[21] Z. Gong et al., Optical power degradation mechanisms in AlGaN-based 280nm deep ultraviolet light-emitting diodes on sapphire. Appl. Phys. Lett. **88**, 121106-121106-3(2006).

[22] S. Sawyer, S. L. Rumyantsev, M. S. Shur, Degradation of AlGaN-based ultraviolet light emitting diodes. Solid-State Electron. **52**, 968-972(2008).

[23] M. Meneghini et al., Thermal degradation of InGaN/GaN LEDs ohmic contacts. Phys. Status Solid C **5**(6), 2250-2253(2008).

[24] R.-L. Lin, Y.-F. Chen, Equivalent circuit model of light-emitting-diode for system analyses of lighting drivers, in *Industry Applications Society Annual Meeting*, 2009. IAS 2009. IEEE 10.1109/IAS.2009.5324876.

第 13 章

化学与生命科学中的紫外荧光探测和光谱仪

Emmanuel Gutmann，Florian Erfurth，Anke Drewitz，Armin Scheibe 和 Martina C. Meinke[1]

摘要

  荧光技术是应用范围广泛的非破坏性分析方法。由于可以使用紫外光激发许多感兴趣的荧光团，而当前又有紧凑的固态紫外发光器件可用，所以 UV 荧光方法正不断涌现。本章将给出化学和生命科学中，荧光基本原理和应用的调研，着重于探讨固态紫外发光器件的实际和潜在应用。特别关注了用于微生物探测和皮肤疾病诊断的自发荧光光谱仪方法。

---

[1] E. Gutmann, F. Erfurth, A. Drewitz, A. Scheibe
医学、生物和环保技术促进协会（GMBU），光子学与传感技术部门，费斯巴赫 7 号，07745，德国耶拿
电子邮箱：gutmann@gmbu.de
M. C. Meinke
查理特医科大学，皮肤生理学实验和应用（CCP），皮肤病，性病和变态反应系，德国柏林，查理特广场 1 号，10117

13.1　简介

荧光技术是无损的光学分析方法，包括荧光光谱仪、荧光传感、成像和显微镜。现在荧光技术在众多的科学学科中使用越来越多，如分子生物学、生物物理学、化学、临床诊断、分析和环境化学。除了在基础和应用研究中的广泛使用，已有相当多工作，希望商业化以荧光为基础的新分析设备。在基因组学、蛋白质组学和药物发现领域，荧光检测系统是不可或缺的工具，可用来实现高通量的筛查。

通过增加商业可用性和采用紧凑型（激光）光源、高灵敏度探测器阵列或越来越高效的传感器和成像电子设备，进一步加强仪器性能，将极大增加荧光技术的使用。

由于周围介质对于荧光发光的强烈影响，绝大多数荧光分子用作探针，进行分析物识别或化学和生物系统研究。已设计和开发出许多新的、对特定微环境性质有选择性的荧光探针和指示剂，使得临床诊断和环境监测中，更多采用荧光技术。探测活细胞内部是另一个广阔的生命科学应用领域，主要受益于新颖和高度专业的荧光探头可用性。

除了特异性标记（生物）分子或生物结构的合成荧光探针的发展和应用，利用固有荧光分子品种的无标记自发荧光光谱仪，在生物细胞成像、组织诊断、微生物检测和蛋白质组学中获得越来越多的重视。许多这些固有的荧光团，如氨基酸、吡啶核苷酸或胶原，可以通过紫外光激发。因而，自发荧光光谱仪成为了固态紫外发光器件很有前途的应用领域。

关于荧光领域有许多专著、手册和综述，反映出在广泛应用领域的高度相关性（参见参考文献［1～8］）。天然及人造荧光团的荧光探测和光谱仪一般覆盖紫外、可见和红外光谱范围。由于可见光和近红外的高功率、结构紧凑（激光）光源广泛可用性，目前建立的荧光技术和探针，仍然专注于这个光谱范围。特别是生物成像和基因组学情况下，荧光仪器及探针设计用来规避短波长光产生的自发荧光发光，因为它可能干扰特定探针的荧光信号（通常在可见光或近红外光谱范围内发光）。然而，许多天然和合成的荧光团也可以使用紫外光激发。因此，本章的范围和目标在于极其广泛的荧光领域，重点关注固态紫外发光器件的实际和潜在应用。首先，13.2节概述荧光技术基本现象和设备，以及紫外可激发荧光团。接下来，13.3节涵盖作为以实验室为基础的有机、分析和环境化学，以及生物化学分析技术的荧光光谱仪应用。13.4节介绍荧光化学传感用于生物分子、结构和细胞功能的分析物识别和监测、成像和探测，以及基因组和蛋白质组研究。作为日益关注的特殊生物分析物的活体微生物检测，单独列于 13.5 节。最后，13.6 节讨论皮肤和组织疾病的荧光诊断，特别关注多波长自发荧光光谱仪用于皮肤癌诊断。

13.2　荧光检测和光谱仪的基础和装置

荧光一般是电子激发态通过发光，进行去激发。光致发光是吸收诱导发光，如果考虑分子多重自旋，可以细分为荧光和磷光。一种分子显示荧光则称为荧光团。直观显示光吸收和发射所涉及的不同过程和能量水平的常用工具，是图 13.1 给出的 Jablonski 图，1935 年由 Alexander Jablonski 教授首先提出[9]。它说明了荧光、磷光和延迟荧光的光谱和动力学关系。

1852 年，George Gabriel Stokes 爵士创造了荧光这个词，用于紫外线引起某些物质发出彩色光的效应，并给出了斯托克斯定律的公式[10]。公式表明，荧光波长总是比激发光波长更长。通常在溶液里的单光子吸收分子中，会观察到这个效应。吸收和发光最大值之间的距离，称为斯托克斯位移，通常用波数来表示（图 13.2）。一般情况下，斯托克斯位移由受激和基态振动能量的热化引起，但它也受到溶剂极性、复合物形成、激发态反应和/或能量转移的影响。位于光谱区比激发光更短波长的辐射发光，称为反斯托克斯发光。拉曼光谱仪中，经常出现反斯托克斯辐射（非弹性散射）。与此相反，反斯托克斯发光是一种不常见的效应，观察得到这个结果需要复杂的过程，像多光子吸收[11]、声子协助光致发光上转换（例如半导体纳米结构中）[12]或等离子体增强[13]。

光物理或光化学过程的一个重要参数是量子产率或量子效率，等于光子进行该过程的数量相对于吸收光子的总数量。所有可能过程的量子产率总和等于 1。荧光量子产率 Φ_F 是发射荧光光子数目和吸收光子数目之间的比率。它提供了竞争性非辐射过程导致激发单重态 S_1 耗尽的信息（图 13.1），如内转换（IC）、系统间串扰（ISC）、分子内电荷转移、构象变化和激发状态与其他分子相互作用（电子和质子转移，能量转移，受激准分子或激基复合物形成）。Φ_F 可以通过实验绝对测量，或者相对于已知 Φ_F 的标准荧光来确定。参考文献［14］中描述并比较了不同的测定 Φ_F 实验程序和技术。Φ_F 和发射光谱的形状都与激发光波长无关。如果荧光是唯一的去激发过程，本征或固有荧光寿命（τ_0）表示分子在激发态所花费的平均时间。这是一个理论值，并不能实验确定，因为像 IC、ISC 或化学反应这些竞争过程，会降低实验可获得的荧光寿命，后者称为激发态荧光寿命（τ_{ex}）。

荧光分子与其局域环境（例如溶剂、固体表面、组织媒介）之间的相互作用

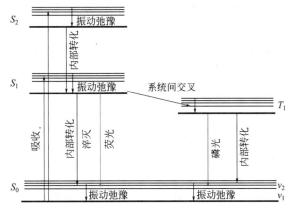

图 13.1 Jablonski 图

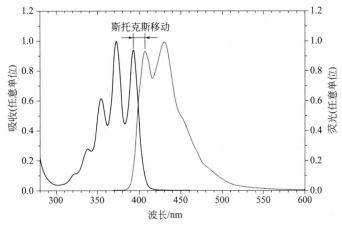

图 13.2 环己烷（彩色线）中 9，10 二苯基的
吸收（深色）和发射（浅色）光谱

通常反映为，光谱的外观及吸收和发射带的形状、荧光量子产率以及激发态分子的寿命。溶剂相关的发射带位置通常总结为术语，溶剂化显色现象[15]，它覆盖了物理、化学、温度和表面效应[16]。物理效应由溶质和溶剂的偶极-偶极相互作用引起。更极性的环境中，极性荧光团在发射之前，将弛豫到较低的振动能量状态，导致更低能量的发光，即更长的波长。化学效应是分子间氢键、质子或电子转移（例如 pH 值）、外部重原子效应和复合物形成。环境温度可直接通过温度依赖的竞争非辐射过程和间接依赖的化学现象，如基态复合物形成、氢键或扩散控制反应（猝灭）来影响发光特性。此外，如果溶质的两个电子激发态有非常接近的能量，可能会发生热量，促使分子到更高能量状态。金属表面可能诱发吸收荧光团的辐射衰减和共振能量转移率的增加或减少[1]。金属或表面增强荧光中，荧光团和金属表面模式之间的近场耦合，起着至关重要的作用[17]。

来自激发状态 S_1 的荧光分子反应，如质子或电子转移、能量转移、复合物形成或与其他分子碰撞，可能导致激发态通过辐射过程的耗尽，从而降低荧光强度和荧光寿命，这称为猝灭。非荧光基态复合物形成称为静态猝灭。对于动态或碰撞猝灭，关键要求是激发态寿命期间，猝灭剂必须扩散到荧光团，以便引起荧光强度的降低。这不需要光谱重叠，并且仅当荧光团和猝灭剂处于分子接触（约 0.5nm 内）时，才会发生[1]。猝灭荧光强度的降低可表示为

$$F_0/F = 1 + K_{SV}[Q]$$

式中，F 为猝灭剂存在下，荧光的强度；F_0 为不存在淬灭剂时的强度；$[Q]$ 为猝灭剂浓度；K_{SV} 为 Stern-Volmer 猝灭常数；K_{SV} 为通用术语，指动态或静态猝灭过程。对于静态和动态猝灭，猝灭剂浓度对荧光寿命的影响是不同的。对于静态猝灭 τ_0/τ 等于 1，而动态猝灭 $\tau_0/\tau = F_0/F$。典型猝灭剂的一些实例是分子氧（猝灭几乎所有荧光团）、芳族和脂族胺（猝灭未取代烃类）以及溴化物和碘化物（通过自旋-轨道相互作用猝灭）。

共振能量转移（RET，也称 FRET，指代 Förster 或荧光共振能量转移）是激发能量从施主荧光团到受主分子在 1~10nm 距离的贯通空间内转移。施主和受主必须频谱相关（施主发射由受主吸收），且施主和受主跃迁偶极取向必须大致平行。通过 RET 到受主（不一定是荧光本身），基于施主荧光团的光可检测发射猝灭。这种现象在生物传感和生物成像中频繁使用（见 13.4 节）。激发施主由 RET 去激发 50% 的距离定义为 Föster 半径 R_0，其幅度取决于施主和受主染料的光谱性质。

在激发态寿命 τ_{ex} 期间，荧光团旋转到何种程度，决定它的偏振或各向异性。这些都是相同现象的表达式。荧光各向异性（r）和偏振（P）定义为

$$r = (I_v - I_h)(I_v + 2I_h) \text{ 和 } P = (I_v - I_h)(I_v + I_h)$$

式中，I_v，I_h 为样品通过垂直偏振光激发时，垂直（v）和水平（h）偏振发射的荧光强度[1]。各向异性测量广泛用于生物化学应用（蛋白质的大小和形状、局部黏度或各种分子环境的刚性）。

发光体（荧光团和荧光粉）可以在各种化合物（无机、有机和有机金属）中找到。无机发光体的种类[4]包括：

- 过渡金属和稀土阳离子；
- 铀酰离子；
- 掺杂金属玻璃；
- 半导体材料晶体和纳米晶体（量子点）；
- 金属离子掺杂晶体（例如红宝石、绿宝石）；
- 晶体（如硅酸盐）中陷阱电子-空穴对和氧相关晶格缺陷；
- 气体（如 SO_2，NO）。

有机发光体通常分为天然（本征）和合成荧光团[18,19]。紫外吸收的天然荧

光团如下：
- 氨基酸（色氨酸、酪氨酸、苯丙氨酸）；
- 吡啶核苷酸（NADH 和 NADPH），黄素和维生素；
- 纤维素、壳多糖、木质素、孢粉、胶原和弹性蛋白；
- 木栓质及角质；
- 叶绿素和脱镁叶绿酸，类黄酮和生物碱；
- DNA/RNA 和腐殖类物质。

有关人体组织表征的自然荧光团概述，可以在 13.6 节的表 13.1 中找到。UV 光谱范围内吸收的合成有机发光体如下：
- 芳族和多环芳香族碳氢化合物（芘、蒽、菲、苯、苯并蒽、䓛）；
- 萘衍生物（丹磺酰氯、EDANS）、芘衍生物（瀑布蓝、Alexa Fluor 405 染料、1-Pyrenesulfonyl 氯化物、HPTS）；
- 香豆素（Alexa Fluor 350 染料、AMCA-X、DMACA、滨海蓝）；
- 喹啉（硫酸奎宁）；
- 吲哚、咪唑（DAPI、Hoechst33342）；
- 其他小杂环分子（Bimane、无水茶碱、咔唑与二芳基结构的染料）。

表 13.1 人体组织中的荧光团[141,142]

荧光团	激发光/nm	荧光/nm
氨基酸		
苯丙氨酸	260	280
酪氨酸	275	300
色氨酸	275	350
	280	350
结构蛋白质		
胶原蛋白	340~360	395~450
	320~350	400~440
弹性蛋白	360	410
	290~325	340,400
胶原交联	380~420	440~500
弹性交联	320~360,400	480~520
角蛋白	450~470	500~530
酶和辅酶		
NADH	350	460
	290,350~370	440~460

续表

荧光团	激发光/nm	荧光/nm
酶和辅酶		
NADPH	340	460
FAD,黄素	450	520
	450	500~540
维生素		
维生素 A	327	510
维生素 D	390	480
维生素 K	335	480
维生素 B_6	320~340	400~425
脂质		
脂褐素	340~390	430~460,540
蜡样质	340~395	430~460,540
卟啉		
	405	630
	400~450,630	635~690,704

此外，还有一类荧光团是有机金属化合物，覆盖钌、铼、铂、稀土金属或镧系离子的络合物，其中大部分的吸收在紫外波段。

原则上，可以记录得到荧光的几个参数。这些是给定激发和发光波长的强度，依赖于发射（荧光发光光谱）或激发波长（荧光激发光谱）或扫描模式中激发和发光波长（同步谱）之间的恒定差值。荧光强度也可记录垂直和水平偏振，从中可以计算出发光各向异性或偏振。荧光强度依赖于系统在激发波长处、以及来自于激发强度（直至饱和）的吸收系数。另一个参数是荧光寿命。激发波长范围结合几个发射光谱，给出了激发-发光矩阵（EEM）、荧光形貌或总发光。EEM 通常用于复杂多组分荧光系统，如完整食品系统或天然水中溶解有机物的表征（见 13.3 节），并可以作为特征样品的独特指纹。大多数情况下，复杂数据通过多变量和多路径方法（化学计量学）分析[20]。荧光成像显微镜、（微阵列）扫描仪或者多片阅读器中的空间分辨率增加了荧光测量的另外一个维度（见 13.4 节）。

用于荧光测量的仪表，通常需要通过单色仪或滤波器选择激发光和发射光波长。一般而言，光源放置成与发射探测器成 90°角。某些情况下（高度浓缩、不透明或固体样品），激发光聚焦到样品的前表面上，然后荧光发光从同一区域以 22.5°角收集（有时也用 30°或 60°），以实现最小化反射和散射光（正面技术）。

稳态光谱荧光计中，常用的光源是高压氙弧灯。特殊情况下也有使用汞灯、石英-钨卤素灯、LED、激光器或激光二极管。光源和其他荧光计部件的详细描述和评价，这由 Lakowicz 给出[1]。几乎所有的现代光谱荧光计，都使用光电倍增管（PMT）作为探测器。当然在光电倍增管不可用的光谱范围或价格过于昂贵时，也会使用类似的探测器，像 InGaAs、InAs 或 InSb 光电二极管。电荷耦合器件（CCD）可以让光谱仪实现更紧凑的设计。

激发态的动态信息对理解光物理、光化学和光生物过程是十分重要的。时间分辨荧光测量采用两种互补的技术：时域方法和频域或相位调制方法。时域荧光中，通过短脉冲光激发样品后，发光记录作为时间的函数。频域方法中，样品通过调制光源激发。样品发射的荧光也有类似的波形，但经过调制并且相对激发曲线产生相移。调制（M）和相移（φ）都通过样品发光的寿命确定，后者反过来可以通过观察到的 M 和 φ 进行计算[1,4,20]。对于频域，连续或脉冲源都适合，但时域必须脉冲源。人们经常使用激光器和激光二极管，但也有应用紫外 LED 的报道[21~23]。记录时域数据的可能方式包括条纹相机或脉冲串积分器，但大多数仪器都采用光电倍增管或雪崩光电二极管（APD），作为探测器的时间相关单光子计数（TCSPC）方法[24,25]。自从溶液中分子发光衰减曲线测量的首次应用后，TCSPC 目前已应用到非常先进的领域，如时间分辨激光扫描显微镜（荧光寿命成像显微镜 FLIM，FLIM 与 FRET 结合…）、扩散光学断层扫描、有机体组织自发荧光、荧光相关光谱仪或时间分辨单分子光谱仪，Becker 详细描述了最新的应用[26]。

13.3 实验室分析仪器用荧光

因为所有现有分子的约 10% 本身发荧光，而更多分子一般都可以通过与荧光探针、荧光光谱仪和荧光探测相关联进行改性，人们已经发现其在有机、分析和环境化学以及生物化学中广泛的应用[27]。特别是有机化学及相关领域，稳态和时间分辨荧光方法广泛用来研究结构与性质关系、化学环境（例如溶剂的黏度或 pH 值）对结构的影响，以及感兴趣分子的性能及其电子结构和激发态或电荷转移动力学。这里还要注意的是，后面的应用不限于有机物。固体物理学中，光致发光谱（PL）越来越多地用于研究无机物（特别是半导体纳米）材料的电子结构和动力学，并帮助对于控制催化活性或材料（光）电子性质的电子行为基本认识的理解[28,29]。

结合分离方法，如高效液相色谱（HPLC）、毛细管电泳（CE）或尺寸排阻色谱法（SEC），荧光光谱成为仪器分析中的一种强有力方法，已经常规应用于识别非常低浓度阈值的有机化学、生化和药用物质[27,30,31]。特此，常规或激光诱导荧光（LIF）流动单元通常安装在分离系统柱列的出口。LED紫外诱导荧光检测的可行性也已展示[32~34]。通常，强烈紫外吸收材料的荧光灵敏度比紫外吸收高10～1000倍，这使得荧光成为目前最灵敏的现代高效液相色谱检测方法。利用现代微流控器件和先进仪表，甚至可能在样品体积低到几纳升时，检测出单个分析物分子的存在[30]。除了灵敏度，荧光检测的另一个优点是高选择性，特别是结合了与样品分析物链接的特定荧光指示剂时（见13.4节）。

环境化学中，荧光的常见应用是天然或饮水中，通过经HPLC测量致癌多环芳香烃（PAH，例如，蒽和二萘嵌苯）[27]。食品分析中，高效液相色谱法结合荧光，有助于研究毒素如黄曲霉毒素（谷物某些批次中存在的致癌污染物）、病原微生物、脂肪氧化、维生素、氨基酸以及酶活性[35]。EEM模式中，单独荧光光谱法可用于分析复杂多组分荧光食品系统[36]（例如天然橄榄油[37]）和人或动物血清[38,39]。

荧光耦合分离方法也经常用于药物和毒物检测的取证（见13.7节）。

除了大量用于基础研究和分析化学，荧光光谱仪对一些工业应用领域也很重要，其中之一是荧光、磷光染料和颜料的分析，包括照明用的无机荧光粉或纺织品和纸张中的光学增白剂。后者也称为布兰科福尔荧光增白剂，这是紫外吸收和蓝光光谱范围发光的二苯乙烯或三嗪衍生物，感觉上颜色"更白"[40]。另一个工业应用是原油勘探中多环芳烃的探测[41]。荧光也用于认证和伪造检测，因此纸币、护照、信用卡或产品中，配备使用特殊荧光油墨制成的标记，在UV光激发下变得可见。几个利用UVA光谱范围内发光的紫外LED的假冒检测系统，已申请专利并商业化（例如参考文献[42]）。

此外，人们已经考虑将荧光签名鉴定，作为有机物质可能在火星表面土壤或岩石中存在的证据[43]。为此，欧洲航天局将于2018年发射ExoMars火星漫游者，携带的全景相机系统已经在审查使用包括，365nm LED或375nm激光二极管，这将允许漫游者利用光学监测，在钻屑中发现芳香族烃。

另一个新兴的应用领域是直接使用荧光检测，而不需HPLC分馏的烟雾、或天然和饮用水中有机物表征[44~48]。水样EEM中，溶解有机物的不同馏分，像蛋白相关氨基酸、腐殖酸或黄腐酸以及来自藻类或细菌的颜料，总是在同一区间发出荧光，因此可以通过单纯数据分析的方式进行分离（图13.3）。

除了天然有机物，人为水污染物如纺织和造纸工业的染料，也可以借助荧光鉴定。水质监测的一种方法是测量水样品的完整EEM，并随后使用多元数据分析，以标准化方式进行2D光谱分析[49]。对于监理点水质的快速检测，可能实现利用感兴趣组分激发和发光最大值，适当选择几个LED和有带通滤波器的光电二极管（均在紫外-可见光谱范围内）的经济型荧光检测系统[50]。

分析和环境化学以及生物化学中，许多技术基于通常使用单激发和单发光波

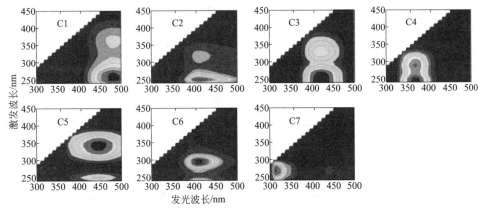

图 13.3　天然水样 EEM 中的典型区域
（授权转载自参考文献［48］，爱思唯尔 2011 年版权所有）
［C1—陆地腐殖质；C2—陆地/人为腐殖质；C3—海洋和陆地腐殖质；
C4—氨基酸（自由或结合蛋白质）；C5—陆地腐殖质；C6—海洋和陆地腐殖质；
C7—氨基酸（自由或结合蛋白质）］

长的荧光检测系统，来定性或定量确定目标分析物的存在，这或者是固有荧光，或者是通过荧光衍生而产生荧光。后一种情况下，荧光探针通过化学反应结合到分析物上，类似于比色法中使用的程序。以金属阳离子测定为例，螯合物采用喔星（8-羟基喹啉）、茜素或安息香生成，随后采用有机溶剂萃取[27]。另一个例子是生物样品中，利用本征蛋白质的荧光进行蛋白质的量化[51]。

过去几十年中，人们已经做了很多工作，让荧光检测系统走出实验室，进入感兴趣的领域，在此可以常规使用它们作为化学传感器，用于多种应用，而且理想是非专业人员操作。这将在下面章节给出。

13.4　环境监测和生物分析用荧光化学传感

过去四十年中，已经大量出现荧光化学传感领域应用，这是因为鉴定和监控环境中潜在有害物质和污染物的需要，包括对化学和生物恐怖主义的关注。其他重要的荧光化学传感领域包括：生物分析、药物开发、临床诊断和食品质量监督。荧光化学传感和生物传感领域是很活跃的研究领域，已有许多专著和全面的综述，涵盖了从基础知识到新型荧光探针或固定术等特殊问题的方方面面[1,3,6,52~55]。本节将重点关注荧光化学传感，用于（生物）化学分析物以及基因组和蛋白质组的识别、监测和成像研究，后面两节将专门介绍基于自发荧光的活体微生物检测和皮肤表征。

荧光化学传感器由四个主要部分组成，包含光源（a）光学刺激识别单元（b）与分析物进行特定相互作用，光学换能元件（c）将识别单元的物理或化学响应转换为荧光输出信号，以及光学检测系统（d）（图13.4）。

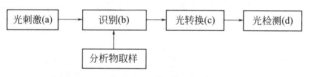

图13.4 荧光化学传感器的总体方案

使用的识别单元作为检测分析物的歧管，范围包括阳离子、阴离子或通过酶的官能团特定化学受体、抗体、蛋白质（外源凝集素或抗生物素蛋白）、DNA的神经受体或者甚至活的微生物。

特殊情况下，识别和换能单元是一种化学物质，结合到其上的分析物导致荧光产生或改变。实例是脱氢酶催化底物反应产生NADH，这可以通过监测NADH分别约350nm和450nm的荧光激发和发射来跟踪[6,56,57]：

$$基底 + NAD^+（无荧光）\rightarrow 产物 + NADH（荧光）$$

这种酶基生物传感器常用于化学和生物化学分析物，如乙醇或L-亮氨酸的检测[56,57]。

功能荧光染料是用于荧光化学传感器系统的主要换能单元类型。针对这种应用的荧光团包括：小的有机染料、金属配体复合物，像金属卟啉、过渡金属和镧系元素络合物、具有尺寸相关光学特性的无机量子点（QD）、碳、硅和发光金属纳米颗粒以及无机上转换磷光体。值得一提的是，使用无机纳米功能材料作为新一代荧光指示剂，是增长最快的研究领域之一[51]。

另一类广泛的换能单元是遗传编码的荧光蛋白质，其中绿色荧光蛋白（GFP）最为突出。（未修改的）GFP荧光团的激发最大值位于395nm和475nm，而最大发光位于509nm[58]。GFP及其同类可以通过许多细胞和生物体，进行人工表达。它们可以特定融合到单个细胞或宿主基因中，这一般使得这些同类成为研究单个细胞和生物样品的宝贵工具[58~60]。

近十年来，许多研究人员已经着手解决基于基因工程改造的、全细胞生物测定系统的发展和应用问题[61]。由此开始，具有全细胞标识的生物传感器系统，也开发和测试作为替代的分析工具。尤其是已考虑使用全细胞细菌生物传感器，来测试水污染物的各种效果，如遗传毒性、细胞毒性或膜电势、氧化过程或蛋白质损伤[61]。荧光生物传感器中，标识细菌通过融合gfp基因标识，从而通过基因工程，改造为诱导型基因启动子。由于其稳定性、灵敏度和方便的荧光探测，通过gfp基因编码的GFP是最流行的生物传感工具[62]。荧光输出信号强度成为GFP产出作为分析物诱导基因表达结果的度量[63]。GFP作为全细胞生物传感器中生物换能单元的一个缺点是，其产生和荧光发射之间的延迟，这使得它不能用于实时监测的实际应用[63]。已经开发和现场测试了基于全细胞的荧光生物传感器，用于进行石油产品相关芳香族化合物的相对生物利用率测量，如污染水和土壤样品中的苯、甲苯、乙苯和二甲苯（BTEX）[64,65]或饮用水中的砷和其他微量元素[66]。

原则上，任何诱导强度、波长、各向异性或者荧光团寿命变化的现象，都可用于化学传感。最直接的化学传感方法是换能器响应分析物的荧光强度变化。产生这种情况是基于称为碰撞猝灭的过程，当分析物接近时，它会影响荧光团的光输出强度（或寿命）。基于碰撞猝灭的荧光化学传感器实例是用于氧（基于长寿命金属配体络合物，例如450nm处$[Ru(Ph_2phen)_3]^{2+}$的吸收）[67,68]、氯（基于喹啉在318~366nm紫外光谱范围的吸收）[69]、二氧化硫或氯化烃[70,71]的传感器。

荧光共振能量转移（FRET）是另一种，或许也是最重要的荧光化学传感机制。虽然已经在使用紫外可激发荧光团，大多数基于FRET的pH、pCO_2、葡萄糖或离子传感策略，都还集中在可见光波长区域的荧光激发，目的是避免光漂白或不希望的自发荧光[72]。

对于pH和离子传感，尤其是对活细胞或体流体样品内Ca^{2+}，Mg^{2+}，Na^+和K^+的传感，也开发出了特殊波长的比率荧光指示剂（参见参考文献[73，74]）。这些指示剂的关键特征是，与离子结合产生荧光光谱中波长的偏移。该偏移可能发生在激发或发光光谱中。测量使用两个激发波长（双激发指示剂情况），或两个检测范围（双发射指示剂情况）获得。例如对于指示剂Fura-2，Ca^{2+}不存在时激发最大值为372nm，结合Ca^{2+}时则偏移到340nm[75]。特别是对成像蜂窝系统应用，人们感兴趣的另外一种化学传感离子是金属离子如Zn^{2+}，已经开发利用其激发UV荧光的探针，例如基于萘或喹啉衍生物作为荧光团[76,77]。

设置荧光化学传感系统的最简单方法是，将靶分析物与适当量的识别和换能分子或体外液相细胞物种进行混合。反应容器或装置置于荧光光学检测系统中，其中光源和荧光检测通道调节到换能器的激发和发光波长。这是生物分析中常规做法，其中多重分析基于96目，384目（或甚至更多）格式的微孔板，相应液体处理系统和读板器都是最先进的[6]。

特别针对现场测试应用以及高通量分析，使用液体有时不切实际，这是必须使用固相传感器和阵列。这种语境下，识别和换能单元的固定非常重要，这样可以均化并增加传感器阵列或其局部的浓度。外部试剂的可访问性以及活体微生物作为传感单元的生物相容性，也是关注的一些问题。因此，许多研究活动主要集中到了固定上，并因此已开发和成功应用各种物理和化学的策略，如吸附、交联、共价结合包封、Langmuir-Blodgett沉积或溶胶-凝胶包封[78~81]。

过去30年中，荧光检测方法已经广泛应用于生物分析检测，进行分析物识别、DNA测序、DNA杂交、聚合酶链反应产物探测和用于蛋白质分析以及蛋白质功能确定[6,82]。因为这个领域中,荧光是比通过放射性标记检测灵敏度更高和限制更少的方法,已经发展出许多例如与电泳分离技术(凝胶印迹法、2D凝胶电泳)、多孔板或微阵列以及自适应(自动)荧光读出系统相关联的先进测定法。

采用酶联免疫测定(ELISA),可以在液体样品中,探测蛋白质(例如抗原)、病毒、激素、毒素或杀虫剂。ELISA中,酶联抗体结合到特定分析物(抗原),而酶催化反应的发生作为分析物的测量,由此酶反应速率可以通过荧光基板方法量化,因为酶在反应中会消耗[1]。

自从1996年商用后,现在DNA微阵列,通常也称为生物芯片,在基因组学中成为常规,使用单一显微载玻片能够监控超过1000个基因的表达。微阵列技术可以视作生物传感技术的拓展,因为它利用了生物传感器的载玻片点状、微图案化阵列,允许快速和同时探测大量的生物组织[6]。它对于高通量分析,如人类染色体组测序相当有价值,其中需要表征数量巨大的基因及其产物[83]。

由于本征DNA荧光几乎可以忽略不计(核酸),因此染色是必要的[84]。微阵列技术的典型荧光核酸探针在可见光谱范围内激发,但如果基于某些有益的原因,也可以使用UV可激发探针如Hoechst 33342或DAPI。最先进的微阵列测序仪基于激光器激发和发光滤波器。通过图像分析手段,对于每个微阵列点的每个染色体,确定其信号强度并且通过聚类分析来分析该数据[6]。特别针对多色微阵列分析以及更好背景辨别,对每点光谱分辨荧光发光都进行分析的超光谱微阵列扫描技术是很有好处的[85]。

最近一个时期,生物学的焦点已经从基因组学转移到编目和分析蛋白质的蛋白质组学,目标是生物复杂性和功能的详细理解[6]。除了药物蛋白质组学,在处理药物作用和毒性的机械基础中,蛋白质还可以作为医疗诊断新的生物标志物。蛋白质组学的两个基本领域中,高通量技术是必须的,这就是蛋白质分析和蛋白质功能确定。虽然蛋白质芯片技术没有能够开发得和基因芯片技术一样好,其进步也是必然的[6]。类似于蛋白质微阵列中的DNA微阵列,载玻片上点了成千上万的蛋白质探针。接着,生物样品散布到载玻片上,可以探测到任何位置的结合。荧光探测是广泛使用的方法[86]。因为使用荧光标记物标记蛋白质样品(如荧光蛋白质或BODIPY染料)有风险,即荧光团结合可以改变蛋白质与固定捕获剂相互作用的能力,蛋白质的紫外吸收和本征自发荧光的紫外激发,是该领域有前途的探测方法[87~90]。

荧光显微镜是行之有效的生命科学中实现光学(生物)成像技术。覆盖这个领域有许多专著、手册和综述(参见参考文献[1,6,91~94])。显微镜中荧光作为光学对比方法的一个优点是,其有非常高的信噪比,允许甄别低浓度分子物种的空间分布。其中,检体(细胞、组织或凝胶)中感兴趣种类用荧光团标出的外源荧光和允许无标记生物成像的内源荧光(自发荧光),在荧光显微镜中都有使用[6]。特别是,荧光显微成像结合大量特定工程化改造荧光标记物,用于标记细胞不同部分和结构或探测不同的细胞功能,已在生物学和医学中产生了重大影响[6,91,95]。通常,这些荧光标记物设计用于可见光或 NIR 波长吸收和发光,从而抑制细胞或组织可能干扰标记物荧光发射信号的自发荧光背景(主要在紫外或蓝光光谱范围内激发)。然而,紫外自发荧光作为对比方法,实现了固有生物标志物,如氨基酸、(共)酶、脂类或结构蛋白的无标记成像,这在该领域越来越受重视[96]。

现在广泛使用的传统或宽场荧光显微镜,主要是外延荧光显微镜,其中相同物镜收集用于成像的荧光发光信号,从而实现物体或试样的激发光照明[93]。根据波长传输或反射光的二色分光镜,来从荧光中分离激发光。

历史上,最普遍的荧光激发源是汞蒸气高压弧光灯(通常称为 HBO 灯),但也有使用金属卤化物灯[93]。传统荧光显微镜的一个新发展是,应用 LED 作为激发光源[92]。用于显微镜的 LED 模块现在可从多家公司商购,允许紫外波长以及可见光谱范围的 LED 照明(从 255nm 开始),特征是尺寸紧凑、功耗低、高速开关和调光属性(最大强度的即时照度),以及其他最先进 LED 技术固有的优势[92]。

除了传统的显微镜,LED 也有望作为光源,用于棱镜型全反射荧光显微镜(TIRFM)[92]。TIRFM 中,棱镜放置在盖玻片上,并与之光耦合,当校准(LED)光以合适入射角导引到棱镜 [图 13.5(a)] 时,它作为(基于全反射的)光波导。如果下面物体刻意保持在水样低折射率介质中,并且不光学耦合到盖玻片,指数衰减倏逝波将延伸到垂直于玻璃/水界面的样品中。因此,样品的薄光学切片荧光发光能以极低背景噪声成像。受到 TIRFM 启发,2002 年 Ely Silk 首先[97]展示了常规荧光显微镜的一个简单照明方案,横向放置棱镜到载玻片支撑上,并将样品浸入与载玻片光学耦合的装载介质中,由此激发光穿过整个样品,均匀激发荧光团 [图 13.5(b)]。作为一种廉价和紧凑的 LED 基荧光显微镜的可能应用,WHO 正式在发展中国家推荐,用于结核病病人的隔膜筛查[98]。

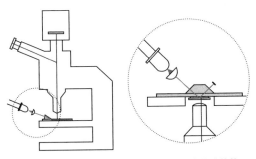
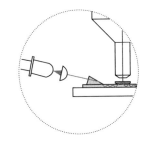

(a) 基于TIRFM配置,棱镜放置在显微镜载玻片的观测区域上方(此处显示为倒置的显微镜配置)

(b) 通过耦合棱镜耦合到显微镜载玻片的一侧
(出自参考文献[92])

图 13.5 采用 LED 照明的亮场荧光显微镜配置

由于采用了 LED，激发能量可以控制为光谱发射特性无明显变化，而且能快速甚至纳秒范围的开关，它们也作为照明光源，对两种专业荧光显微镜发展很有帮助：荧光共振能量转移显微镜（FRETM）和荧光寿命成像显微镜（FLIM）。对于 FRET 过程的定性和相对跟踪，且仅检查单一 FRET 多肽构建时，在单一激发波长处采集施主和受主发光就可以了。这种情况下，由于施主发光进入受主信道对 FRET 信号贡献，和施主激发波长对受主分子激发（光谱重叠）的频谱污染是恒定的。然而，对于定量测定或当频谱污染，由于周围媒介的不确定条件而变化时（例如荧光团附着到具有贯穿细胞的局部浓度变化蛋白质上时），有必要进行多次采集。这里，LED 是（低成本的）激光光源替代品，特别是当细胞测定中，预计到有快速 FRET 变化时，可实现快速多次采集[92]。另一个对定量分析 FRET 特别有用，但也对本征荧光团无标记成像有用的参数是荧光寿命[99]。FLIM 中，荧光团的荧光寿命使用空间分辨率来确定。大多数用于细胞生物学的荧光团寿命通常在纳秒量级，意味着采集精度要在皮秒范围内。如 13.2 节所讨论，两种原则的时域技术，即 TCSPC 和时间选通荧光计，以及频域荧光计可用于评估荧光寿命，基于脉冲或者调制 LED 发光。覆盖低至 255nm 紫外光谱范围的一些解决方案，已经开始进入市售[92]。

共聚焦显微镜的发展，进一步扩大了荧光显微镜的生物成像应用[100]。共聚焦显微镜是基于前部和后部焦点共轭、只允许（可动）样品选定平面上光线到达探测器的光学系统。激光扫描显微镜（LSM）是共聚焦显微镜的变体，其光束通过移动反射镜方式扫过样品，从而允许生物样本甚至在体内，就进行快速光学切片。基于共聚焦显微镜的另一种技术是荧光关联光谱（FCS），这是一种功能强大的分析方法，用于动态、局部浓度以及单分子体外和体内的光物理[8]。荧光信号强度的 FCS 波动中，在样品小的（共焦）检测体积内，进行平均值测量和分析。

TIRFM 和共聚焦显微镜（也结合 FCS）都可以用于单分子检测（SMD），其检测体积可小到小于 1fL[8]。目前，共聚焦显微镜特别是 FCS 中，只用激光器作为激发光源[1]。

常规荧光显微镜比较完善的应用是荧光原位杂化（FISH），其中组织、细胞或染色体的核酸分布可以原位分析。它依靠利用荧光探针特定标记的 DNA 或 RNA，以及计算机化敏感 CCD 探测进行显微成像[101]。此外，已经开发出基于探针携载荧光团混合物的方法（称为多色 FISH 和光谱核型分析），允许鉴定样本中的所有 24 种染色体[102,103]。

流式细胞仪是一种通常用于生物分析和医学诊断的光学方法，其中细胞悬浮在流体蒸汽中，并穿过检测装置。它可用于细胞计数、细胞分选［荧光激活细胞分选（FACS），其中包括仪器根据特定准则进行细胞分选的能力］以及生物标志物检测，因为它能在 1s 内同时进行多达数千个细胞的物理和化学特性多参数分析。连续过流式细胞仪和光学显微镜都有类似功能,不同之处在于,(共聚焦)显微镜中(激光)光束移动来分析细胞,而连续过流式细胞仪中细胞移动(流动)。典型的连续过流式细胞仪,基于一个或多个激光源进行荧光激发[6]。用于连续过流式细胞仪的荧光计种类繁多,在连续过流式细胞仪新应用的特定需求推动下,这个数字还在不断增加[6]。典型的紫外光谱范围荧光激发染料是免疫分型用的香豆素和级联蓝、DNA 分析和染色体染色用的 Hoechst33342 和 DAPI 以及钙通量测量用的 Indo 1。

免疫分型是连续过流式细胞仪的主要临床应用,基本用来处理基于表面抗原特征的白细胞分类,然后可用来分析特定疾病或恶性肿瘤。DNA 计数测量是连续过流式细胞仪的另一个主要应用,另外也用来识别涉及基因变化的细胞异常。

总体而言,光学和电学元件的单片集成,提供了小型化连续过流式细胞仪的可能性。正如荧光显微镜中,连续过流式细胞仪平台设计和多功能,受益于可以使用新颖、小巧和廉价的(激光)二极管发光器件取代笨重、低效的气体激光器[6]。基于 UV-LED 激发,已提出时间选通荧光的特别装置(图 13.6)[104]。微流控领域也有了显著进展[105,106]。这两方面的发展,提供了单片连续过流式细胞仪的良好基础,可以实现多功能和应用扩展[6]。

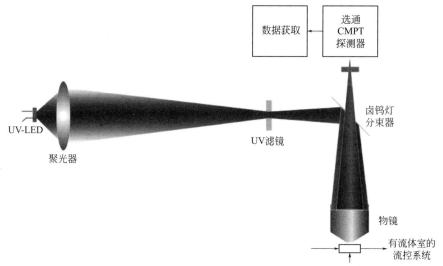

图 13.6 紫外 LED 基时间选通荧光连续过流式细胞仪的配置:
CPMT 为信道光电倍增管(出自参考文献 [104])

成像连续过流式细胞仪一般结合了空间分辨连续过流式细胞仪的统计能力和灵敏度,以及数码显微镜的定量形貌。这种组合对各种临床应用可能是有益的,因为细胞可以直接在体流体中成像和分析。这种情况下,人们已开发出紧凑式、手机开启的光流控成像、连续过流式细胞仪[107]。

13.5 用自发荧光探测微生物

微生物无处不在：岩石深处，海水下面，甚至最恶劣的环境如电线杆和沙漠中。宿主中可能导致疾病的类型称为病原体，因为健康和安全原因，其检测至关重要。医疗保健行业中，感兴趣的主要领域是食品工业、临床诊断以及水或环境质量控制[108]。

微生物可分为原核生物（即细菌和古细菌）和真核生物（如真菌和藻类）。病毒作为微生物的分类尚在讨论之中，主要取决于它们是有生命还是无生命。一些食品工业中关注的细菌性病原体实例是沙门氏菌、李斯特菌、大肠杆菌和弯曲杆菌[109]。医疗保健相关的病原体，例如耐甲氧西林金黄色葡萄球菌（MRSA）和难辨梭状芽孢杆菌，可能要对住院患者的感染负责。

人们使用了各种微生物检测和分析的方法，包括古典和现代以生物传感器为基础的技术。这依赖于非生物环境中应用时，是否存在足够验证生物质的最小量，或给定生物表面，已知特定病原体的确切数量。所有的检测方法都包含在此范围内。

基于生长介质上，靶生物增殖和随后目视菌落计数的培养方法，提供了参考信息。这种方法的主要缺点是，可能需要几天的培育时间[108]。市场上的快速检测方法，如ELISA、横向流动试纸（LFD）、聚合酶链反应（PCR）能够显著减少食品分析的时间和工作量，但它们仍然需要通过适当时间聚集的步骤[109]。特别针对分子生物学方法的缺点，还有设备和试剂的成本。

用于微生物检测相对较新的方法是生物传感器，结合了目标微生物、生物特定识别系统和物理化学换能器。使用的换能方法也包括荧光光学探测（另见13.4节）。生物传感器可以实现小型化和自动化，相比已有方法，既缩短分析时间，又可以提供选择性和灵敏度，同时有把大部分成本降低的潜力[109]。

荧光方法也适用于直接监测微生物细胞成分，及其代谢状态（存活、死亡、孢子）的荧光发光[110]。外在和内在荧光都可以用于传感目的。通常，外源合成荧光标记物（特别标记了要检测微生物的目标分析物特性）的发光比较强，并且主要在可见光谱区激发。

有时不采用针对微生物的荧光标记物，而是利用固有或自发荧光的荧光检测方法也称为无试剂鉴定。它通过受检微生物的天然成分，或产物中存在的荧光团引起。使用内在荧光进行微生物检测和鉴定，允许无创、无接触方式且不需样品制备的实时测量[111]。只有少数方法，如连续过流式细胞仪能够检测和区分活的非可培养（VBNC）细菌。目前的实验已经表明，不培养甚至没有可培养细菌存在下,都可能实现本征荧光光谱的使用[112]。此外,细胞荧光也可以用来确定活细胞的代谢状态,允许将其分类为三组,对应于生长曲线的三个主要阶段,即滞后期、指数期和静态期[112]。

许多微生物中的荧光生物分子,在紫外线光谱220~360nm范围之间激发(图13.7)。作为所有生物体有机组成部分的蛋白质,是从芳香族氨基酸(AAA)如色氨酸中获得荧光特性。其他重要的荧光来源,包括还原形式存在的吡啶核苷酸NADH和NADPH,这些是所有生物中都有的酶辅助因子。黄素也是如此,如腺嘌呤二核苷酸(FAD)和单核苷酸(FMN)在氧化形式时以及一些维生素B6化合物发出荧光。细胞壁组分如壳多糖(真菌、藻类)也是强的本征荧光源,同时还有钙离子(孢子)存在下的吡啶二羧酸(DPA)。相关荧光团及其光学参数的全面概述,由Pöhlker等人给出[18]。

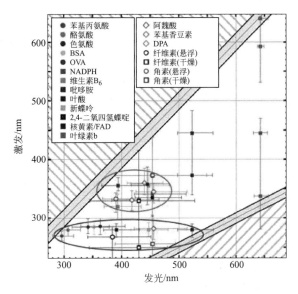

图13.7 概念性EEM,显示各种生物荧光团的激发和发光范围
(红色和蓝色椭圆表示"发光热点",其中有很多荧光团模式的聚集。
授权转载自参考文献[18],哥白尼出版社2012年版权所有)
BSA—牛血清白蛋白;OVA—卵白蛋白;NADPH—烟酰胺腺嘌呤二核苷酸磷酸;
FAD—腺嘌呤二核苷酸;DPA—吡啶二羧酸(彩图见彩插)

对于相关荧光团的本征荧光信号探测,通过光谱分辨率获得往往是有好处的,因为几个生物荧光团给出非常接近、很难判别的发光光谱[96]。使用本征荧光微生物检测的主要挑战是,荧光团的光谱特征对其局域环境高度敏感,如配体、蛋白质-蛋白质结合、pH值、亲水性或亲脂性。因此,这些因素影响荧光信号的详细知识就至关重要[96]。

如上所述,微生物检测的快速、无创方法将对去污工作、医疗测定或法庭调查特别有用。根据微生物载荷的位置，检测方法可以分为针对表面、流体或空气。

微生物的表面荧光检测可以在不同复杂性的不同基板材料，如玻璃、金属、塑料、布料、食物或甚至活组织上进行。人们已经使用从可见光（455～635nm）到紫外（365nm，每个1mW）光谱范围的滤波LED，作为激发源构建了实时原位检测系统的几个变体（图13.8）[111,113,114]。紫外二极管主要用来激发1cm²区域内NADH和DPA的荧光。最近，人们采用的半球形收集器，通过抛物线型反射镜可以收集达90%的荧光[114]。非球面透镜是另一种使用标准组件，现场收集发光的有效方式[113]。采用这些系统，可以提供非生物表面上，低至10个/cm²的微生物细胞检测。光电倍增管（PMT）通常因为其灵敏度，而用于带通滤波发光的检测。通过探测器前面的拒波滤波器，实现激发信号的消除。使用幅度调制光源，可以进一步改进灵敏度，并允许检测高达九个量级幅度的微生物浓度变化[111]。当采用280nm的LED光源（600μW，面积0.55cm²），在海水下激发生物膜时，也已使用光学滤波器实现了半球探测几何形状[115]。这里，细菌蛋白质通过其色氨酸荧光信号进行检测，对人造生物薄膜检测极限是$4×10^3$个细胞/cm²。针对280～800nm激发波长，采用市售荧光分光计，研究了临床相关细菌的表面污染荧光[116]。并采用荧光成像方法，完成了表面微生物的空间分布测量。安装有224nm（HeAg）和249nm（NeCu）空心阴极激光器的深紫外扫描显微镜，已用于不透明矿物和金属表面上细菌荧光成像，具有300nm空间分辨率和单细胞灵敏度[117]。另一种设备，使用成像光谱仪和线扫描来获取图像。食品工业中相关的细菌激发，通过365nm的UVA灯实现[118]。

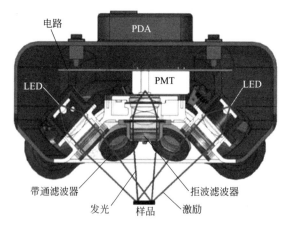

图13.8 基于固有荧光激发的可见光和紫外LED手持式微生物
检测和量化仪器示意图［滤波荧光反射通过光电倍增管检测
（PDA个人数字助理）。授权转载自参考文献［111］，
爱思唯尔2012年版权所有］

可见光和紫外（365nm）LED 已用于激发细菌、真菌和其他微生物的本征荧光，进行饮用水监测。使用专门为此目的设计的仪器，达到了每 1L 水 50 个细菌细胞的检测极限[110]。类似的激发光源已用于相关设备中，可以检测到 10 个/mL 的微生物细胞[111]。二者都通过 PMT 获取带通滤波荧光。基于 UV-LED 的多波长荧光系统在参考文献 [119] 中有描述，涵盖了 250～375nm 波长范围激发的多个微生物自发荧光。该系统具有 2～3ns 的导通时间、内部调制高达 300MHz，而且可以连续或脉冲方式工作[119]。另有基于非 LED UV 光源的其他相关研究报道。为了在 180～600nm 大范围内激发培养的细胞和组织，人们已报道了使用单色的同步加速器辐射[96]。微生物荧光研究中，使用最普遍的是商业荧光光谱仪结合石英比色皿采样。这已用于探测和区分像大肠杆菌、沙门氏菌和弯曲杆菌这些与食品工业相关的细菌。这里，浓度下降到 10^3 个细胞/mL 时，可以用 200～400nm 激发来测量，并用主成分分析（PCA）进行数据分析[120]。对 AAA 及核酸（NA）的 250nm，NADH 的 316nm 和 FAD 的 380nm 激发允许对乳酸菌在属、种和亚种水平的判别[121]。使用 250～340nm 激发来检测细菌细胞中色氨酸和 NADH 的荧光，并通过 PCA 和阶乘判别分析（FDA）对其比较[122]。色氨酸在 280nm 和 NADH 在 350nm 激发的荧光信号，已用于研究细胞的代谢和生长，同时对它们进行化学抑制[123]。使用 330～510nm 激发波长，用于临床显著物种的大肠杆菌、粪肠球菌和金黄色葡萄球菌，已经是一种经验证的快速鉴定方法。用于荧光光谱的 PCA 技术表明，细菌种类鉴定可以在不到 10min 时间，达到高于 90% 的灵敏度和特异性[124]。所述基于比色皿的方法和连续过流式细胞仪（见 13.4 节）之间，存在一定的重叠。后者是细胞生物学领域内，大数量细胞快速分析的常用工具，其荧光检测得到公认。这里除了外部荧光印迹或抗体探针，还可以使用细胞分子的本征荧光[116]。

本征荧光也用于包括小片生物材料和微生物的大气气溶胶颗粒检测（图 13.9）[18,125]。290nm 紫外 LED 线列已用于色氨酸激发，而 340nm 用于 NADH 来分辨甚至飞行中的细菌孢子[126]。探测通过 UV 透射光栅将光频谱色散到 32 阳极的 PMT 来提供，实现了 NADH $350\mu M$ 探测极限。使用 210～419nm 激发范围的光学参量振荡器，可以鉴定出 AAA 作为气溶胶的主要特征，从而进行研究[127]。通过抛物面聚光镜、光谱仪以及图像增强 CCD 相机实现了黄素、NAD（P）H 和色氨酸的荧光检测。

总之，紫外 LED 和 LD 光源的应用尚未广泛应用到基于微生物的荧光检测。但是，只要可以低成本获得有足够性能的发光器件，通过它们极有可能进一步改善和开发出本领域高效和紧凑的工具。

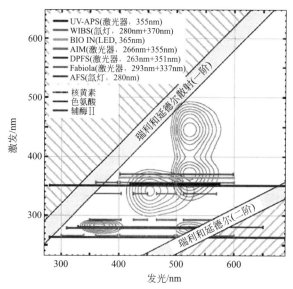

图 13.9 荧光团色氨酸、NADPH 和核糖的概念 EEM，用水平
彩色线条代表出轮廓线以及所选生物气溶胶探测器的工作范围
（单个线长度表示特定激发波长的测量发光带，为清楚起见
示为尖锐线段。单波长探测器显示为单一线段而双波长
探测器显示为双线段。授权转载自参考文献 [18]，
哥白尼出版社 2012 年版权所有）（彩图见彩插）

13.6 皮肤病医疗诊断用荧光

荧光检测作为组织诊断程序，应用于广泛的医疗领域，如皮肤科、口腔科、眼科、喉科、消化内科、神经内科或肿瘤科[128~134]。本节重点是皮肤科领域的荧光诊断，尤其是基于紫外自发荧光激发和光谱的皮肤癌诊断。

荧光诊断中，要区别自发荧光和外源荧光。对于外源荧光，荧光物质如 δ-氨基乙酰丙酸（ALA）或甲酯氨基乙酰丙酸（MAL）是局部应用的乳膏形式，或者是全身应用的测量前给定药物形式。ALA 将自己附着到健康组织和大多数情况下受癌症影响的病理变化组织上。ALA 在健康组织中分解成非荧光物质，而在受损组织中，形成原卟啉 IX（PpIX），这可以通过 UV 辐照产生 UVA 光谱范围的荧光[135]。自发荧光情况下，内源荧光团如 NAD（P）H 或色氨酸通过 UV 辐照激发，不需采用辅助物质。

首个用于荧光激发的紫外辐射源是伍兹灯，由罗伯特·伍兹于 1903 年发明。1925 年首次报道了它在皮肤科的应用，当时用于检测头皮真菌感染[136]。340～

400nm 范围内的紫外辐射，由高压汞弧灯通过光学滤波器，即伍兹滤波器产生。伍兹灯现在主要用于非光谱解析荧光成像，用来显示致癌病变的边界。由于伍兹灯的辐射强度较低，需要有黑暗的房间和包括视力适应的延长观察期[137]。随着紫外 LED 可用，该成像方法可以设置 UV-LED 基环形灯环绕摄像机目镜，从而实现更紧凑设计并适应数字成像系统[135]。

皮肤癌的无创检测中，基于 RGB 摄像头的图像处理系统是最先进的。某种程度上，这也适用于通常涵盖近红外光谱范围的多光谱照相机[138,139]。虽然图像处理系统非常可靠，该技术往往也很难探测和甄别癌前病变。

基于内在真皮荧光团激发的自发荧光光谱仪，有潜力克服图像处理皮肤癌诊断的局限性[140]。典型的真皮荧光团及其激发以及发光波长列于表 13.1。氨基酸一般在短波紫外范围（260~295nm）激发，而其荧光仍然在 UVA 范围。在此背景下，色氨酸已在诊断中起到了重要作用。结构蛋白如弹性蛋白和胶原蛋白是重要的真皮荧光团。酶和辅酶的突出代表是 NADH/NAD+ 系统，它们只在氧化形式下产生自发荧光。某些维生素和脂类以及卟啉（红光光谱范围内发光）也显示出自发荧光[141]。

在皮肤科能够解决从恶性组织分化出良性组织之前，需要研究讨论一些有关老化、增殖和光老化对自发荧光发光的影响。其中一个重要发现是，随着年龄增加，色氨酸降低，而到高龄时可能就没有了[143]。胶原蛋白也将减少，而弹性蛋白的自发荧光则增加。这与胶原/弹性蛋白指数 SAAID 的变化一致，它通过多光子显微镜测定，来评价皮肤的老化[144]。胶带剥离后，所观察到的增殖增加了色氨酸的自发荧光，因此可以用作增殖标记[145]。这也解释了银屑病患者的色氨酸自发荧光增加[146]。这些患者中，卟啉荧光也增加[142,147]。延长 UV 曝光时，色氨酸自发荧光也增加，这可能是源于上皮生长加强。然而慢性 UV 照射下，胶原荧光衰减[148]，并且因此可用作光学老化标记。此外，DeAraujo 等人使用激光激发自发荧光，来甄别引起一些皮肤感染的各种人类致病真菌[149]。

多年来，人们已经使用荧光光谱仪进行了很多皮肤科肿瘤诊断研究[140]。非黑色素瘤皮肤癌（NMSC）病变是用作荧光光谱仪辅助诊断的合适目标。NMSC 通常包括基础细胞癌（BCC）和鳞状细胞癌（SCC）肿瘤。这些病变是影响白种人的最常见癌症。BCC 偶尔的侵略性生长，会引起组织破坏，并且往往经初次治疗后会复发。SCC 是最广泛传播的第二大皮肤肿瘤，由于其转移的风险，通常更有侵略性，且相比 BCC 病变更难以治疗[150]。皮肤癌诊断的问题是大量各种皮肤肿瘤的恶性形式。它们有几种亚型如 BCC 和 SCC，并且各种良性和发育不良型都有光学及自发荧光性质差异。

不同激发波长的正常组织自发荧光光谱示于图 13.10（a）。Borisova 等人[140]测量了 I 型胶原、卟啉和角蛋白的纯样本，利用引用文献和表 13.1 中关于激发和发光最大值的知识，评估了光谱中的其他化合物。氨基酸荧光在紫外出现，胶原和 FAD 在约 400nm 波长出现。NADH 是最强的荧光团，具有约 450nm 发光，其次是弹性蛋白和角蛋白的绿色荧光。卟啉的自发荧光显示了 600nm 波长的低强度信号。图 13.10（b）显示不同激发波长下，BCC 肿瘤早期的自发荧光光谱。相比正常皮肤，最明显的区别是，BCC 荧光光谱的整体强度更低。这一观察经常在文献中报道[142,151]。用于诊断的一个关键参数是自发荧光光谱的偏移。虽然 320～360nm 范围内强度加倍，但在 390～460nm 范围内下降为之前的 1/3。这可能是因为肿瘤内光学参数的变化和组织厚度的增加。当卟啉在更高级肿瘤中增加时，也可以观察到它的自发荧光。恶性黑色素瘤（MM）的自发荧光诊断受限于辐射的强吸收和重吸收。此外由于低穿透深度，荧光仅限于皮肤表面。尽管如此，MM 也导致 NADH 荧光衰减[152]。

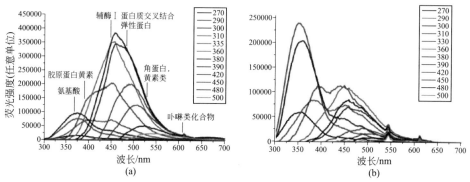

图 13.10　不同激发波长（从 270～500nm）下，正常皮肤（a）和 BCC（b）的自发荧光光谱，以及观察到的主要内源荧光化合物鉴别（BCC 光谱从切除的病变组织中记录。授权转载自参考文献［140］，IEEE 光电子协会 2014 年版权所有）（彩图见彩插）

　　现有研究重点关注了自发荧光的强度变化，并与正常皮肤进行了比较[151,153～157]。一些研究人员将自发荧光测量与漫反射光谱仪联系到一起[158～161]。Wollina 等人演示了漫反射校正的 NADH 自发荧光，利用 UV-LED 激发，可以区分 BCC 与光化性角化病（AK）[162]。其他研究人员通过时间分辨测量，完善了他们的自发荧光实验[151]。

　　Borisova 等人对 536 例患者进行了自发荧光研究，其中包括 BCC 感染（137 例病变）、SCC（29 例）、MM（41 例）、良性皮肤损伤（194 例）、角化棘皮瘤（11 例）和发育异常痣（124 例）[140]。除了自发荧光，也进行了皮肤漫反射测定。光谱根据 Savelieva 等人的结论[163]进行了解释。对于临床诊断，频谱形状必须包含在分析中，因而自发荧光分析使用 365nm 和 405nm 的激发波长获得，提取了 23 个光谱参数，包括强度水平、特定最小值和最大值、强度比、给定范围内光谱的斜率等。所获得的结果允许开发多光谱甄别算法。与正常组织相比，大部分 BCC 病变（80%）中观察到很强的自发荧光降低。SCC 情况下，产生了更高的自发荧光强度。另外，肿瘤阶段也会改变光谱行为。BCC 早期阶段，强度降低但不改变光谱形式。而在其高级阶段，BCC 在绿-红光谱范围显示出与内源性卟啉相关的显著荧光最大值[140,164]。为了更好地表征，还必须考虑强烈影响光谱的皮肤类型和黑色素含量，并作为算法的重要部分。多光谱分析提供了对于 NMSC 与良性、MM 与良性以及 MM 与 NMSC 的高达 99.1% 的高灵敏度、大于 90.5% 的针对性和大于 93.3% 的诊断准确率[140]。

除了紫外光谱范围内的直接激发，还可以利用 690～1000nm 可调飞秒激光器的双光子技术。这是基于两个近红外光子激发组织中，同一点处的内源性荧光团荧光[165]。仅在一点的激发产生了很高的空间分辨率，允许皮肤细胞结构约 $200\mu m$ 深度的高分辨率成像。虽然 NADH 是最重要的荧光团，FAD、弹性蛋白和胶原蛋白也对图像采集有贡献。因为多光子技术也能够确定荧光寿命，甚至可以进一步甄别荧光团。考虑大多数荧光团，如 NADH 是代谢活性物质，这些物质的潜在变化，可用于伤口愈合或肿瘤诊断[166,167]。

13.7 总结与展望

许多天然和合成的荧光团可用 UV 光激发，因而已经有很多紫外荧光检测和光谱仪的应用。由于低或中等功率 LED 模块通常足够用于传感的目的，用可用固态紫外发光器件取代笨重低效的灯或激光器时，几乎所有这些应用都从中受益。LED 尺寸紧凑、波长可调、功耗低、切换快速和可调光（仅举几个最先进 LED 技术的固有优势），不仅使得实现小型化和关注点测试和分析，而且会产生新的有前途方法，用于临床诊断和（环境）化学传感。尤其对于进行多组分目标的自发荧光分析，几乎没有可替代紫外 LED 技术的方案，因为它很容易提供用于荧光团组合的多种波长荧光激发，这会因为恶性肿瘤而产生特征性改变，或者作为目标特征用于探测。

参考文献

[1] J. R. Lakowicz, *Principles of Fluorescence Spectroscopy*, 3rd edn. (Springer Science+Business Media, New York, 2006).

[2] J. R. Lakowicz, C. D. Geddes(eds.), *Topics in Fluorescence Spectroscopy* (Springer, Berlin, 1991).

[3] O. S. Wolfbeis, M. Hof(eds.), *Springer Series on Fluorescence*, *Methods and Applications*, vol. 1-13 (Springer, Berlin, 2001-2013).

[4] B. Valeur, *Molecular Fluorescence—Principles and Applications* (Wiley, Weinheim, 2006).

[5] G. G. Guilbault(ed.), *Practical Fluorescence*, 2nd edn. (Marcel Dekker, New York, 1990).

[6] P. N. Prasad, *Introduction to biophotonics* (Wiley, Hoboken, 2003).

[7] J. Popp, V. V. Tuchin, A. Chiou, S. H. Heinemann (Eds.), *Handbook of Biophotonics*, Vol. 1-3 (Wiley-VCH, New York, 2011).

[8] S. Das, A. M. Powe, G. A. Baker, B. Valle, B. El-Zahab, H. O. Sintim, M. Lowry, S. O. Fakayode, M. E. McCarroll, G. Patonay, M. Li, R. M. Strongin, M. L. Geng, I. M. Warner, Molecular fluorescence, phosphorescence, and chemiluminescence spectrometry. Anal. Chem. **84**(2), 597-625(2012).

[9] A. Jablonski, Über den Mechanismus der Photolumineszenz von Farbstoffphosphoren. Z. Phys. **94**(1-2), 38-46(1935).

[10] G. G. Stokes, On the Change of Refrangibility of Light. Philos. Trans. R. Soc. Lond. **142**, 463-562(1852).

[11] W. Denk, J. H. Strickler, W. W. Webb, Two-photon laser scanning fluorescence microscopy. Science **248**(4951), 73-76(1990).

[12] S. Eshlaghi, W. Worthoff, A. Wieck, D. Suter, Luminescence upconversion in GaAs quantum wells. Phys. Rev. B **77**, 245317(2008).

[13] Y. Wang, F. Nan, X. Liu, L. Zhou, X. Peng, Z. Zhou, Y. Yu, Z. Hao, Y. Wu, W. Zhang, Q. Wang, Z. Zhang, Plasmon-enhanced light harvesting of chlorophylls on near-percolating silver films via one-photon anti-stokes upconversion. Sci. Rep. **3**, 1861(2013).

[14] K. Rurack, Fluorescence quantum yields: methods of determination and standards. in *Standardization and Quality Assurance in Fluorescence Measurements I*, ed. by U. Resch-Genger (Springer, Berlin, 2008), pp. 101-145.

[15] C. Reichardt, *Solvents and Solvent Effects in Organic Chemistry*, 3rd edn. (Wiley-VCH, Weinheim, 2003).

[16] E. L. Wehry, Effects of molecular environment on fluorescence and phosphorescence, in *Practical Fluorescence*, 2nd edn., ed. by G. G. Guilbault (Marcel Dekker Inc, New York, 1990).

[17] E. Fort, S. Gresillon, Surface enhanced fluorescence. J. Phys. D Appl. Phys. **41**, 013001(2008).

[18] C. Pöhlker, J. A. Huffman, U. Pöschl, Autofluorescence of atmospheric bioaerosols—fluorescent biomolecules and potential interferences. Atmos. Meas. Tech. **5**, 37-71(2012).

[19] L. D. Lavis, R. T. Raines, Bright ideas for chemical biology. ACS Chem. Biol. **3**, 142-155(2008).

[20] C. A. Stedmon, R. Bro, Characterizing dissolved organic matter fluorescence with parallel factor analysis: a tutorial. Limnol. Oceanogr. Methods **6**, 572-579(2008).

[21] H. Peng, E. Makarona, Y. He, Y. -K. Song, A. V. Nurmikko, J. Su, Z. Ren, M. Gherasimova, S. -R. Jeon, G. Cui, J. Han, Ultraviolet light-emitting diodes operating in the 340 nm wavelength range and application to time-resolved fluorescence spectroscopy. Appl. Phys. Lett. **85**, 1436-1438(2004).

[22] C. D. McGuinness, K. Sagoo, D. McLoskey, D. J. S. Birch, Selective excitation of tryptophan fluorescence decay in proteins using a subnanosecond 295 nm light-emitting diode and time-correlated single-photon counting. Appl. Phys. Lett. **86**, 261911(2005).

[23] C. D. McGuinness, A. M. Macmillan, K. Sagoo, D. McLoskey, D. J. S. Birch, Excitation of fluorescence decay using a 265 nm pulsed light-emitting diode: Evidence for aqueous phenylalanine rotamers. Appl. Phys. Lett. **89**, 063901(2006).

[24] D. V. O'Connor, D. Phillips, *Time-Correlated Single Photon Counting* (Academic Press, London, 1984).

[25] W. Becker, *Advanced time-correlated single-photon counting techniques* (Springer, Berlin, 2005).

[26] W. Becker, *The bh TCSPC Handbook*, 5th edn. (Becker & Hickl GmbH, Berlin, 2008), http://www.becker-hickl.de/.

[27] F. Rouessac, A. Rouessac, Fluorimetry and chemiluminescence (Chap. 11). in *Chemical Analysis: Modern Instrumentation Methods and Techniques*, 2nd edn. (John Wiley & Sons Ltd, Chichester, 2007).

[28] M. Matsuoka, M. Saito, M. Anpo, Photoluminescence Spectroscopy, in *Characterization of Solid Materials and Heterogeneous Catalysts: From Structure to Surface Reactivity*, ed. by M. Che, J. C. Vedrine(Wiley-VCH, Weinheim, 2012).

[29] L. Bergman, J. L. McHale(Eds.), *Handbook of Luminescent Semiconductor Materials* (CRC Press, Boca Raton, 2011).

[30] S. Das, A. M. Powe, G. A. Baker, B. Valle, B. El-Zahab, H. O. Sintim, M. Lowry, S. O. Fakayode, M. E. McCarroll, G. Patonay, M. Li, R. M. Strongin, M. L. Geng, I. M. Warner, Molecular fluorescence, phosphorescence, and chemiluminescence spectrometry. Anal. Chem. **84**, 597-625(2011).

[31] N. Her, G. Amy, D. McKnight, J. Sohn, Y. Yoon, Characterization of DOM as a function of MW by fluorescence EEM and HPLC-SEC using UVA, DOC and fluorescence detection. Water Res. **37**, 42954303(2003).

[32] Y. -S. Chang, C. -M. Shih, C. -H. Lin, UV light-emitting diode-induced fluorescence detection combined with online sample concentration techniques for capillary electrophoresis. Anal. Sci. **22**, 235-240(2006).

[33] A. Rodat-Boutonnet, P. Naccache, A. Morin, J. Fabre, B. Feurer, F. Couderc, A comparative study of LED-induced fluorescence and laser-induced fluorescence in SDS-CGE: application to the analysis of antibodies. Electrophoresis **33**, 1709-1714(2012).

[34] C. Sluszny, Y. He, E. S. Yeung, Light-emitting diode-induced fluorescence detection of native proteins in capillary electrophoresis. Electrophoresis **26**, 4197-4203(2005).

[35] J. R. Albani, Fluorescence spectroscopy in food analysis. In *Encyclopedia of Analytical Chemistry* (Wiley Online Libary, 2012).

[36] J. Christensen, L. Norgaard, R. Bro, S. B. Engelsen, Multivariate autofluorescence of intact food systems. Chem. Rev. **106**(6), 1979-1994(2006).

[37] E. Sikorska, I. Khmelinskii, M. Sikorski, Analysis of olive oils by fluorescence spectroscopy: methods and applications. in *Olive Oil—Constituents, Quality, Health Properties and Bioconversions*, ed. by B. Dimitrios(InTech, Rijeka, 2012).

[38] O. S. Wolfbeis, M. Leiner, Mapping of the total fluorescence of human blood serum as a new method for its characterization. Anal. Chim. Acta **167**, 203-215(1985).

[39] L. Bu-hong, Z. Zhen-xi, X. Shu-sen, C. Rong, Fluorescence spectral characteristics of human blood and its endogenous fluorophores. Spectrosc. Spectr. Anal. **26**, 1310-1313(2006).

[40] A. E. Siegrist, C. Eckhardt, J. Kaschig, E. Schmidt, *Optical Brighteners. Ullmann's Encyclopedia of Industrial Chemistry* (Wiley-VCH, New York, 2003).

[41] P. A. Pantoja, J. López-Gej, G. A. C. Le Roux, F. H. Quina, C. A. O. Nascimento, Prediction of crude oil properties and chemical composition by means of steady-state and time-resolved fluorescence. Energy Fuels **25**(8), 3598-3604(2011).

[42] M. Dobbs, J. Kelsoe, D. Haas, UV counterfeit currency detector, US 7715613 B2(2006).

[43] M. C. Storrie-Lombardi, J. P. Muller, M. R. Fisk, C. Cousins, B. Sattler, A. D. Griffiths, A. J. Coates, Laser-Induced Fluorescence Emission (L. I. F. E.): searching for Mars organics with a UV-enhanced PanCam. Astrobiology **9**(10), 953-964(2009).

[44] G. Zheng, K. He, F. Duan, Y. Cheng, Y. Ma, Measurement of humic-like substances in aerosols: a

review. Environ. Pollut. **181**, 301-314(2013).

[45] S. K. L. Ishii, T. H. Boyer, Behavior of reoccurring PARAFAC components in fluorescent dissolved organic matter in natural and engineered systems: a critical review. Environ. Sci. Technol. **46**, 2006-2017 (2012).

[46] J. Bridgeman, M. Bieroza, A. Baker, The application of fluorescence spectroscopy to organic matter characterisation in drinking water treatment. Rev. Environ. Sci. Biotechnol. **10**, 277-290(2011).

[47] A. Andrade-Eiroa, M. Canle, V. Cerdá, Environmental applications of excitation-emission spectrofluorimetry: an in-depth review I. Appl. Spectroscopy Rev. **48**, 1-49(2013).

[48] S. A. Baghoth, S. K. Sharma, G. L. Amy, Tracking natural organic matter(NOM)in a drinking water treatment plant using fluorescence excitation-emission matrices and PARAFAC. Water Res. **45**, 797-809 (2011).

[49] C. Goletz, M. Wagner, A. Grübel, W. Schmidt, N. Korf, P. Werner, Standardization of fluorescence excitation-emission-matrices in aquatic milieu. Talanta **85**, 650-656(2011).

[50] S. J. Hart, R. D. JiJi, Light emitting diode excitation emission matrix fluorescence spectroscopy. Analyst **127**, 1693-1699(2002).

[51] P. Desjardins, J. B. Hansen, M. Allen, Microvolume spectrophotometric and fluorometric determination of protein concentration. Curr. Protoc. Protein Sci. Unit 3. 10 (2009). doi: 10. 1002/0471140864. ps0310s55.

[52] U. Resch-Genger, M. Grabolle, S. Cavaliere-Jaricot, R. Nitschke, T. Nann, Quantum dots versus organic dyes as fluorescent labels. Nat. Methods **5**, 763-775(2008).

[53] Q. A. Zhao, F. Y. Li, C. H. Huang, Phosphorescent chemosensors based on heavy metal complexes. Chem. Soc. Rev. **39**, 3007-3030(2010).

[54] H. N. Kim, Z. Guo, W. Zhu, J. Yoon, H. Tian, Recent progress on polymer-based fluorescent and colorimetric chemosensors. Chem. Soc. Rev. **40**, 79-93(2011).

[55] A. P. de Silva, H. Q. N. Gunaratne, T. Gunnlaugsson, A. J. M. Huxley, C. P. McCoy, J. T. Rademacher, T. E. Rice, Signaling recognition events with fluorescent sensors and switches. Chem. Rev. **97**, 1515-1566(1997).

[56] T. Koshida, T. Arakawa, T. Gessei, D. Takahashi, H. Kudo, H. Saito, K. Yano, K. Mitsubayashi, Fluorescence biosensing system with a UV-LED excitation for l-leucine detection. Sens. Actuators B **146**, 177-182(2010).

[57] H. Kudo, M. Sawai, X. Wang, To Gessei, T. Koshida, K. Miyajima, H. Saito, K. Mitsubayashi, A NADH-dependent fiber-optic biosensor for ethanol determination with a UV-LED excitation system. Sens. Actuators **141**, 20-25(2009).

[58] R. Y. Tsien, The green fluorescent protein. Annu. Rev. Biochem. **67**, 509-544(1998).

[59] N. C. Shaner, P. A. Steinbach, R. Y. Tsien, A guide to choosing fluorescent proteins. Nat. Methods **2**, 905-909(2005).

[60] M. Chalfie, S. R. Kain(Eds.), Green fluorescent protein: properties, applications and protocols. in *Methods of Biochemical Analysis*, vol. **47**, 2nd edn. (John Wiley and Sons, Hoboken, 2006).

[61] E. Eltzov, R. S. Marks, Whole-cell aquatic biosensors. Anal. Bioanal. Chem. **400**, 895-913(2011).

[62] J. C. Pickup, F. Hussain, N. D. Evans, O. J. Rolinski, D. J. S. Birch, Fluorescence-based glucose sensors. Biosens. Bioelectron. **20**, 2555-2565(2005).

[63] Y. Lei, W. Chen, A. Mulchandani, Microbial biosensors. Anal. Chim. Acta **568**, 200-210(2006).

[64] Y. -F. Li, F. -Y. Li, C. -L. Ho, V. H. -C. Liao, Construction and comparison of fluorescence and

bioluminescence bacterial biosensors for the detection of bioavailable toluene and related compounds. Environ. Pollut. **152**, 123-129(2008).

[65] L. Stiner, L. J. Halverson, Development and characterization of a green fluorescent protein-based bacterial biosensor for bioavailable toluene and related compounds. Appl. Environ. Microbiol. **68**, 1962-1971(2002).

[66] J. Theytaz, T. Braschler, H. van Lintel, P. Renaud, E. Diesel, D. Merulla, J. van der Meer, Biochip with E. coli bacteria for detection of arsenic in drinking water. Procedia Chem. **1**(1), 1003-1006(2009).

[67] R. M. Bukowski, R. Ciriminna, M. Pagliaro, F. V. Bright, High-performance quenchometric oxygen sensors based on fluorinated xerogels doped with $[Ru(dpp)_3]^{2+}$. Anal. Chem. **77**, 2670-2672(2005).

[68] S. M. Grist, L. Chrostowski, K. C. Cheung, Optical oxygen sensors for applications in microfluidic cell culture. Sensors **10**, 9286-9316(2010).

[69] J. Biwersi, B. Tulk, A. S. Verkman, Long-wavelength chloride-sensitive fluorescent indicators. Anal. Biochem. **219**, 139-143(1994).

[70] O. S. Wolfbeis, A. Sharma, Fibre-optic fluorosensor for sulphur dioxide. Anal. Chim. Acta **208**, 53-58 (1988).

[71] G. M. Omann, J. R. Lakowicz, Interactions of chlorinated hydrocarbon insecticides with membranes. Biochem. Biophys. Acta **648**, 83-95(1982).

[72] G. N. M. van der Krogt, J. Ogink, B. Ponsioen, K. Jalink, A comparison of donor-acceptor pairs for genetically encoded FRET sensors: application to the Epac cAMP sensor as an example. PLoS one **3** (2008). doi:10.1371/journal.pone.0001916.

[73] P. Buet, B. Gersch, E. Grell, Spectral properties, cation selectivity and dynamic efficiency of fluorescent alkali ion indicators in aqueous solution around neutral pH. J. Fluoresc. **11**, 79-87(2001).

[74] T. Thestrup, J. Litzlbauer, I. Bartholomäus, M. Mues, L. Russo, H. Dana, Y. Kovalchuk, Y. Liang, G. Kalamakis, Y. Laukat, S. Becker, G. Witte, A. Geiger, T. Allen, L. C. Rome, T.-W. Chen, D. S. Kim, O. Garaschuk, C. Griesinger, O. Griesbeck, Optimized ratiometric calcium sensors for functional in vivo imaging of neurons and T lymphocytes. Nat. Methods **11**, 175-182(2014).

[75] I. D. Johnson, M. T. Z. Spence(eds.), in *The Molecular Probes Handbook. A Guide to Fluorescent Probes and Labeling Technologies*, 11th edn. (Life Technologies Corporation, 2010).

[76] K. P. Carter, A. M. Young, A. E. Palmer, Fluorescent sensors for measuring metal ions in living systems. Chem. Rev. **114**(8), 4564-4601(2014).

[77] Z. Xu, J. Yoon, D. R. Spring, Fluorescent chemosensors for Zn^{2+}. Chem. Soc. Rev. **39**, 1996-2006 (2010).

[78] E. Eltzov, R. S. Marks, Fiber-optic based cell sensors. in *Whole Cell Sensing Systems I*, ed. by S. Belkin, M. B. Gu(Springer, Berlin, 2010), pp. 131-154.

[79] A. F. Collings, F. Caruso, Biosensors: recent advances. Rep. Prog. Phys. **60**(11), 1397(1997).

[80] M. Pagliaro, *Silica-Based Materials for Advanced Chemical Applications*, Chapter 6 (RSC Publishing, Cambridge, 2009).

[81] A. Pannier, U. Soltmann, Potential applications of sol-gel immobilized microorganisms for bioremediation systems and biosensors. in *Advances in Materials Science Research*, vol. 12. Ed. by M. C. Wythers(Nova Science Publishers, New York, 2012).

[82] B. Rudolph, K. Weber, R. Möller, Biochips as novel bioassays. in *Handbook of Biophotonics*, vol. 2, ed. by J. Popp, V. V. Tuchin, A. Chiou, S. H. Heinemann(Wiley-VCH, New York, 2012).

[83] J. C. Venter, M. D. Adams, E. W. Myers, P. W. Li, R. J. Mural, G. G. Sutton, H. O. Smith, M.

Yandell, C. A. Evans, R. A. Holt, The sequence of the human genome. Science **291**, 1304-1351(2001).

[84] T. Gustavsson, R. Improta, D. Markovitsi, DNA: building blocks of life under UV irradiation. J. Phys. Chem. Lett. **1**, 2025-2030(2010).

[85] F. Erfurth, A. Tretyakov, B. Nyuyki, G. Mrotzek, W. -D. Schmidt, D. Fassler, H. P. Saluz, Two-laser, large-field hyperspectral microarray scanner for the analysis of multicolor microarrays. Anal. Chem. **80**, 7706-7713(2008).

[86] M. A. Coleman, V. H. Lao, B. W. Segelke, P. T. Beernink, High-throughput, fluorescence-based screening for soluble protein expression. J. Proteome Res. **3**, 1024-1032(2004).

[87] S. Kreusch, S. Schwedler, B. Tautkus, G. A. Cumme, A. Horn, UV measurements in microplates suitable for high-throughput protein determination. Anal. Biochem. **313**, 208-215(2003).

[88] J. Hallbauer, S. Kreusch, A. Klemm, G. Wolf, H. Rhode, Long-term serum proteomes are quite similar under high-and low-flux hemodialysis treatment. Proteomics Clin. Appl. **4**, 953-961(2010).

[89] P. Schulze, M. Ludwig, F. Kohler, D. Belder, Deep UV laser-induced fluorescence detection of unlabeled drugs and proteins in microchip electrophoresis. Anal. Chem. **77**(5), 1325-1329(2005).

[90] H. Szmacinski, K. Ray, J. R. Lakowicz, Metal-enhanced fluorescence of tryptophan residues in proteins: application toward label-free bioassays. Anal. Biochem. **385**(2), 358-364(2009).

[91] M. Schäferling, The art of fluorescence imaging with chemical sensors. Angew. Chem. Int. Ed. **51**, 3532-3554(2012).

[92] J. T. Wessels, U. Pliquett, F. S. Wouters, Light-emitting diodes in modern microscopy—From David to Goliath? Cytometry Part A **81**, 188-197(2012).

[93] B. Hermann, *Fluorescence Microscopy*, 2nd edn. (Bios Scientific Publishers, Oxford, 1998).

[94] H. R. Petty, Fluorescence microscopy: established and emerging methods, experimental strategies and applications in immunology. Microsc. Res. Tech. **70**, 687-709(2007).

[95] H. Kobayashi, M. Ogawa, R. Alford, P. L. Choyke, Y. Urano, New strategies for fluorescent probe design in medical diagnostic imaging. Chem. Rev. **110**, 2620-2640(2009).

[96] F. Jamme, S. Kascakova, S. Villette, F. Allouche, S. Pallu, V. Rouam, M. Réfrégiers, Deep UV autofluorescence microscopy for cell biology and tissue histology. Biol. Cell **105**, 277-288(2013).

[97] E. Silk, LED fluorescence microscopy in theory and practice. The Microscope **50**(2/3), 101-118(2002).

[98] L. W. Reza, S. Satyanarayna, D. A. Enarson, A. W. V. Kumar, K. Sagili, S. Kumar, L. A. Prabhakar, N. M. Devendrappa, A. Pandey, N. Wilson, S. Chadha, B. Thapa, K. S. Sachdeva, M. P. Kohli, LED-fluorescence microscopy for diagnosis of pulmonary tuberculosis under programmatic conditions in India. PLoS ONE **8**(10), e75566(2013). doi:10.1371/journal.pone.0075566.

[99] M. Schüttpelz, C. Müller, H. Neuweiler, M. Sauer, UV fluorescence lifetime imaging microscopy: a label-free method for detection and quantification of protein interactions. Anal. Chem. **78**, 663-669(2006).

[100] M. Minsky, Microscopy Apparatus US 3013467 A(1957).

[101] J. M. Levsky, R. H. Singer, Fluorescence in situ hybridization: past, present and future. J. Cell Sci. **116**, 2833-2838(2003).

[102] J. Bayani, J. A. Squire, Advances in the detection of chromosomal aberrations using spectral karyotyping. Clin. Genet. **59**, 65-73(2001).

[103] T. Liehr, A. Weise, A. B. Hamid, X. Fan, E. Klein, N. Aust, M. A. K. Othman, K. Mrasek, N. Kosyakova, Multicolor FISH methods in current clinical diagnostics. Expert Rev. Mol. Diagn. **13**, 251-255(2013).

[104] D. Jin, R. Connally, J. Piper, Practical time-gated luminescence flow cytometry II: experimental evaluation using UV LED excitation. Cytometry Part A **71**, 797-808(2007).

[105] A. A. Bhagat, S. S. Kuntaegowdanahalli, N. Kaval, C. J. Seliskar, I. Papautsky, Inertial microfluidics for sheath-less high-throughput flow cytometry. Biomed. Microdevices **12**, 187-195(2010).

[106] S. Köhler, S. Nagl, S. Fritzsche, D. Belder, Label-free real-time imaging in microchip free-flow electrophoresis applying high speed deep UV fluorescence scanning. Lab Chip **12**(3), 458-463(2012).

[107] H. Zhu, S. Mavandadi, A. F. Coskun, O. Yaglidere, A. Ozcan, Optofluidic fluorescent imaging cytometry on a cell phone. Anal. Chem. **83**(17), 6641-6647(2011).

[108] O. Lazcka, F. Campo, F. X. Munoz, Pathogen detection: a perspective of traditional methods and biosensors. Biosens. Bioelectron. **22**, 1205-1217(2007).

[109] V. Jasson, L. Jacxsens, P. Luning, A. Rajkovic, M. Uyttendaele, Alternative microbial methods: an overview and selection criteria. Food Microbiol. **27**, 710-730(2010).

[110] A. P. Kilungo, N. Carlton-Carew, L. S. Powers, Continuous real-time detection of microbial contamination in water using intrinsic fluorescence. J. Biosens. Bioelectron. **12**, 3(2013).

[111] L. S. Powers, W. R. Ellis, C. R. Lloyd, Real-time In-situ detection of microbes. J. Biosens. Bioelectron. Spec. Iss. S11(2012).

[112] M. S. Ammor, Recent advances in the use of intrinsic fluorescence for bacterial identification and characterization. J. Fluoresc. **17**, 455-459(2007).

[113] H. D. Smith, A. G. Duncan, P. L. Neary, C. R. Lloyd, A. J. Anderson, R. C. Sims, C. P. McKay, In situ microbial detection in mojave desert soil using native fluorescence. Astrobiology **12**, 247-257(2012).

[114] H. -Y. Kim, C. R. Estes, A. G. Duncan, B. D. Wade, F. C. Cleary, C. R. Lloyd, W. R. Ellis Jr, L. S. Powers, Real-time detection of microbial contamination. Eng. Med. Biol. Mag. IEEE **23**, 122-129(2004).

[115] M. Fischer, M. Wahl, G. Friedrichs, Design and field application of a UV-LED based optical fiber biofilm sensor. Biosens. Bioelectron. **33**, 172-178(2012).

[116] L. R. Dartnell, T. A. Roberts, G. Moore, J. M. Ward, J-Pr Muller, Fluorescence characterization of clinically-important bacteria. PLoS ONE **8**, e75270(2013).

[117] R. Bhartia, E. C. Salas, W. F. Hug, R. D. Reid, A. L. Lane, K. J. Edwards, K. H. Nealson, Label-free bacterial imaging with deep-UV-laser-induced native fluorescence. Appl. Environ. Microbiol. **76**, 7231-7237(2010).

[118] W. Jun, M. S. Kim, B. -K. Cho, P. D. Millner, K. Chao, D. E. Chan, Microbial biofilm detection on food contact surfaces by macro-scale fluorescence imaging. J. Food Eng. **99**, 314-322(2010).

[119] M. S. Shur, R. Gaska, Deep-ultraviolet light-emitting diodes. IEEE Trans. Electron Devices **57**, 12-25(2010).

[120] M. Sohn, D. S. Himmelsbach, F. E. Barton, P. J. Fedorka-Cray, Fluorescence spectroscopy for rapid detection and classification of bacterial pathogens. Appl. Spectrosc. **63**, 1251-1255(2009).

[121] S. Ammor, K. Yaakoubi, I. Chevallier, E. Dufour, Identification by fluorescence spectroscopy of lactic acid bacteria isolated from a small-scale facility producing traditional dry sausages. J. Microbiol. Methods **59**, 271-281(2004).

[122] B. Tourkya, T. Boubellouta, E. Dufour, F. Leriche, Fluorescence spectroscopy as a promising tool for a polyphasic approach to pseudomonad taxonomy. Curr. Microbiol. **58**, 39-46(2009).

[123] H. Wang, J. Wang, J. Xu, R. -X. Cai, Study on the influence of potassium iodate on the metabolism of

Escherichia coli by intrinsic fluorescence. Spectrochim. Acta Part A Mol. Biomol. Spectrosc. **64**, 316-320(2006).

[124] H. E. Giana, L. Silveira Jr, R. A. Zângaro, M. T. T. Pacheco, Rapid identification of bacterial species by fluorescence spectroscopy and classification through principal components analysis. J. of Fluoresc. **13**, 489-493(2003).

[125] V. R. Després, J. A. Huffman, S. M. Burrows, C. Hoose, A. S. Safatov, G. Buryak, J. Fröhlich-Nowoisky, W. Elbert, M. O. Andreae, U. Pöschl, R. Jaenicke, Primary biological aerosol particles in the atmosphere: a review. Tellus B **64**(2012).

[126] K. M. Davitt, Ultraviolet Light Emitting Diodes and Bio-aerosol Sensing, PhD thesis, Brown University(2006).

[127] A. Manninen, M. Putkiranta, J. Saarela, A. Rostedt, T. Sorvajärvi, J. Toivonen, M. Marjamäki, J. Keskinen, R. Hernberg, Fluorescence cross sections of bioaerosols and suspended biological agents. Appl. Opt. **48**, 4320-4328(2009).

[128] J. Popp, V. V. Tuchin, A. Chiou, S. H. Heinemann(eds.), *Handbook of Biophotonics*, Vol. 2, 1st edn. (Wiley-VCH, New York, 2012).

[129] D. C. G. De Veld, M. J. H. Witjes, H. J. C. M. Sterenborg, J. L. N. Roodenburg, The status of in vivo autofluorescence spectroscopy and imaging for oral oncology. Oral Oncol. **41**, 117-131(2005).

[130] C. Arens, D. Reussner, H. Neubacher, J. Woenckhaus, H. Glanz, Spectrometric measurement in laryngeal cancer. Eur. Arch. Otorhinolaryngol. **263**, 1001-1007(2006).

[131] V. R. Jacobs, S. Paepke, H. Schaaf, B. -C. Weber, M. Kiechle-Bahat, Autofluorescence ductoscopy: a new imaging technique for intraductal breast endoscopy. Clin. Breast Cancer **7**, 619-623(2007).

[132] B. Mayinger, P. Horner, M. Jordan, C. Gerlach, T. Horbach, W. Hohenberger, E. G. Hahn, Endoscopic fluorescence spectroscopy in the upper GI tract for the detection of GI cancer: initial experience. Am. J. Gastroenterol. **96**, 2616-2621(2001).

[133] B. Mayinger, M. Jordan, P. Horner, C. Gerlach, S. Muehldorfer, B. R. Bittorf, K. E. Matzel, W. Hohenberger, E. G. Hahn, K. Guenther, Endoscopic light-induced autofluorescence spectroscopy for the diagnosis of colorectal cancer and adenoma. J. Photochem. Photobiol. B, Biol. **70**, 13-20(2003).

[134] N. M. Broer, T. Liesenhoff, H. -H. Horch, Laser induced fluorescence spectroscopy for real-time tissue differentiation. Med. Laser Appl. **19**, 45-53(2004).

[135] J. Hegyi, V. Hegyi, T. Ruzicka, P. Arenberger, C. Berking, New developments in fluorescence diagnostics. J. Dtsch. Dermatol. Ges. **9**, 368-372(2011).

[136] J. Margarot, P. Devèze, Aspect de quelques dermatoses en lumière ultraparaviolette. Note préliminaire. Bull. Soc. Sci. Med. Biol. Montpellier **6**, 375-378(1925).

[137] P. Asawanonda, C. R. Taylor, Wood's light in dermatology. Int. J. Dermatol. **38**, 801-807(1999).

[138] M. Burroni, R. Corona, G. Dell'Eva, F. Sera, R. Bono, P. Puddu, R. Perotti, F. Nobile, L. Andreassi, P. Rubegni, Melanoma computer-aided diagnosis: reliability and feasibility study. Clin. Cancer Res. **10**, 1881-1886(2004).

[139] M. Burroni, U. Wollina, R. Torricelli, S. Gilardi, G. Dell'Eva, C. Helm, W. Bardey, N. Nami, F. Nobile, M. Ceccarini, A. Pomponi, B. Alessandro, P. Rubegni, Impact of digital dermoscopy analysis on the decision to follow up or to excise a pigmented skin lesion: a multicentre study. Skin Res. Technol. **17**, 451-460(2011).

[140] E. G. Borisova, L. P. Angelova, E. P. Pavlova, Endogenous and exogenous fluorescence skin cancer diagnostics for clinical applications. IEEE J. Sel. Top. Quantum Electron. **20**(2014).

[141] E. Borisova, P. Pavlova, E. Pavlova, P. Troyanova, L. Avramov, Optical biopsy of human skin—a tool for cutaneous tumours' diagnosis. Int. J. Bioautomation **16**, 53-72(2012).

[142] R. Na, Skin Autofluorescence in Demarcation of Basal Cell Carcinoma. Ph. D Thesis, Department of Dermatology, Copenhagen University(2001).

[143] N. Kollias, G. N. Stamatas, Optical non-invasive approaches to diagnosis of skin diseases. J. Invest. Dermatol. Symp. Proc. **7**, 64-75(2002).

[144] M. J. Koehler, K. König, P. Elsner, R. Bückle, M. Kaatz, In vivo assessment of human skin aging by multiphoton laser scanning tomography. Opt. Lett. **31**, 2879-2881(2006).

[145] J. C. Zhang, H. E. Savage, P. G. Sacks, T. Delohery, R. R. Alfano, A. Katz, S. P. Schantz, Innate cellular fluorescence reflects alterations in cellular proliferation. Lasers Surg. Med. **20**, 319-331(1997).

[146] N. Kollias, R. Gillies, R. Anderson, Fluorescence spectra of human skin-preliminary-report. J. Invest. Dermatol. **100**, 530(1993).

[147] R. Bissonnette, H. Zeng, D. I. McLean, W. E. Schreiber, D. L. Roscoe, H. Lui, Psoriatic plaques exhibit red autofluorescence that is due to protoporphyrin IX. J. Invest. Dermatol. **111**, 586-591(1998).

[148] N. Kollias, R. Gillies, M. Moran, I. E. Kochevar, R. R. Anderson, Endogenous skin fluorescence includes bands that may serve as quantitative markers of aging and photoaging. J. Invest. Dermatol. **111**, 776-780(1998).

[149] R. E. de Araujo, D. J. Rativa, M. A. Rodrigues, A. Marsden, L. G. Souza Filho, Optical spectroscopy on fungal diagnosis. in *New Developments in Biomedical Engineering*, ed. By D. Campolo(InTech, Rijeka, 2010).

[150] E. Drakaki, T. Vergou, C. Dessinioti, A. J. Stratigos, C. Salavastru, C. Antoniou, Spectroscopic methods for the photodiagnosis of nonmelanoma skin cancer. J. Biomed. Opt. **18**, 061221(2013).

[151] H. Zeng, D. I. McLean, C. E. MacAulay, B. Palcic, H. Lui, Autofluorescence of basal cell carcinoma.Proc. SPIE **3245**, 314-317(1998).

[152] W. Lohmann, E. Paul, In situ detection of melanomas by fluorescence measurements.Naturwissenschaften **75**, 201-202(1988).

[153] R. Na, I. -M. Stender, H. C. Wulf, Can autofluorescence demarcate basal cell carcinoma from normal skin. A comparison with protoporphyrin IX fluorescence. Acta Derm. Venereol. **81**, 246-249(2001).

[154] M. Panjehpour, C. E. Julius, M. N. Phan, T. Vo-Dinh, S. Overholt, Laser-induced fluorescence spectroscopy for in vivo diagnosis of non-melanoma skin cancers. Lasers Surg. Med. **31**, 367-373(2002).

[155] I. Georgakoudi, B. C. Jacobson, M. G. Müller, E. E. Sheets, K. Badizadegan, D. L. Carr-Locke, C. P. Crum, C. W. Boone, R. R. Dasari, J. Van Dam, M. S. Feld, NAD(P)H and collagen as in vivo quantitative fluorescent biomarkers of epithelial precancerous changes. Cancer Res. **62**, 682-687(2002).

[156] L. Brancaleon, A. J. Durkin, J. H. Tu, G. Menaker, J. D. Fallon, N. Kollias, In vivo fluorescence spectroscopy of nonmelanoma skin cancer. Photochem. Photobiol. **73**, 178-183(2001).

[157] J. de Leeuw, N. van der Beek, W. D. Neugebauer, P. Bjerring, H. A. Neumann, Fluorescence detection and diagnosis of non-melanoma skin cancer at an early stage. Lasers Surg. Med. **41**, 96-103(2009).

[158] H. Zeng, H. Lui, D. I. McLean, C. E. MacAulay, B. Palcic, Update on fluorescence spectroscopy studies of diseased skin. Proc. SPIE **2671**(1996), 196-198(1996).

[159] K. M. Katika, L. Pilon, Steady-state directional diffuse reflectance and fluorescence of human skin. Appl. Opt. **45**, 4174-4183(2006).

[160] E. Drakaki, E. Kaselouris, M. Makropoulou, A. A. Serafetinides, A. Tsenga, A. J. Stratigos, A. D. Katsambas, C. Antoniou, Laser-induced fluorescence and reflectance spectroscopy for the discrimination of basal cell carcinoma from the surrounding normal skin tissue. Skin Pharmacol Physiol **22**, 158-165(2009).

[161] E. Borisova, P. Troyanova, P. Pavlova, L. Avramov, Diagnostics of pigmented skin tumors based on laser-induced autofluorescence and diffuse reflectance spectroscopy. Quantum Electron. **38**, 597(2008).

[162] U. Wollina, C. Nelskamp, A. Scheibe, D. Faßler, W. -D. Schmidt, Fluorescence-remission sensoring of skin tumours: preliminary results. Skin Res. Technol. **13**, 463-471(2007).

[163] T. Savelieva, A. Ryabova, I. Andreeva, N. Kalyagina, V. Konov, V. Loschenov, Combined spectroscopic method for determining the fluorophore concentration in highly scattered media. Bull. Lebedev Phys. Inst. **38**, 334-338(2011).

[164] E. Carstea, L. Chervase, G. Pavelescu, D. Savastru, A. Forsea, E. Borisova, Combined optical techniques for skin lesion diagnosis: short communication. Optoelectron. Adv. Mater. RapidCommun. **4**, 1960-1963(2010).

[165] L. H. Laiho, S. Pelet, T. M. Hancewicz, P. D. Kaplan, P. T. So, Two-photon 3-D mapping of ex vivo human skin endogenous fluorescence species based on fluorescence emission spectra. J. Biomed. Opt. **10**, 024016.

[166] G. Deka, W. W. Wu, F. J. Kao, In vivo wound healing diagnosis with second harmonic and fluorescence lifetime imaging. J. Biomed. Opt. **18**, 061222(2013).

[167] M. C. Skala, K. M. Riching, D. K. Bird, A. Gendron-Fitzpatrick, J. Eickhoff, K. W. Eliceiri, P. J. Keely, N. Ramanujam, In vivo multiphoton fluorescence lifetime imaging of protein-bound and free nicotinamide adenine dinucleotide in normal and precancerous epithelia. J. Biomed. Opt. **12**, 024014 (2007).

第 14 章
UVB 诱导次生植物代谢物

Monika Schreiner，Inga Mewis，Susanne Neugart，Rita Zrenner，Johannes Glaab，Melanie Wiesner 和 Marcel A. K. Jansen[1]

摘要

流行病学研究已经揭示，蔬菜高消费与癌症和心血管疾病风险降低之间有负相关。这种保护作用主要是由于存在植物组织中的次生植物代谢物。这种背景下，过去十年里，UVB 辐射越来越清晰地作为植物次级代谢的重要调节手段。最近的研究强调低生态相关 UVB 水平的调节性能，与前人研究相反，其中 UVB 辐射完全被看成是应激因素。应用低剂量 UVB 触发了植物次生代谢物的明显变化，导致酚类化合物如黄酮类化合物和硫代葡萄糖苷的积累。

植物是固着生物，因此无法避免或多或少暴露于不利环境条件下[1]。在此背景下，次生植物代谢物在植物-环境相互作用中起到了根本的保护性功能。除了这些化合物的生理生态关联性，现有证据发现，经常食用水果和蔬菜的某些次生植物代谢物对人类健康有促进作用[2]。

---

[1] M. Schreiner，I. Mewis，S. Neugart，R. Zrenner，M. Wiesner
植物质量部门，大贝伦和埃尔福特蔬菜和观赏作物莱布尼茨研究所，德国大贝伦，西奥多-伊切特梅尔-威戈 1 号，14979
电子邮箱：schreiner@igzev.de
J. Glaab
费迪南德-布朗学院，莱布尼茨高频技术学院，古斯塔夫-基尔霍夫-斯特罗 4 号，德国柏林 12489
M. A. K. Jansen
科克大学生物，环境和地球科学学院，爱尔兰科克

14.1 次生植物代谢物的本质和形成

次生植物代谢物根据它们的化学结构和生理功能分类为类胡萝卜素、酚类化合物、硫苷、皂甙、硫化物、植物甾醇、植物雌激素、单萜和蛋白酶抑制剂[3]。

次生植物代谢物，如多酚和类胡萝卜素，广泛存在于水果和蔬菜作物中，而其他次生植物代谢物只分布在少数类群中。例如，硫代葡萄糖苷仅在顺序白花菜物种中发现，而硫化物的形成则仅限于百合科。同时针对每种次生植物代谢物类属，每个水果和蔬菜品种具有特定次生植物代谢物的鲜明性质。大多数次生植物代谢物存在于植物的器官中，然而，次生植物代谢物的浓度和组分可以有很大变化[4,5]。

次生植物代谢物间接完成植物与其所处环境的相互作用，充当了摄食抑制剂、授粉引诱剂和对病原体或各种非生物胁迫，抗氧化剂或信号分子的保护性化合物。这种植物-环境相互作用的基本组成部分是，响应 UVB 辐射曝光的紫外吸收和光保护次生植物代谢物，如酚类化合物和类胡萝卜素的形成[6~8]。与以前的研究相反，其中 UVB 辐射完全被当成一种应激因素，最近的研究都强调低生态环境相关 UVB 水平的调节性能，触发次生植物代谢物的不同变化。这导致了很大范围次生植物代谢物，包括抗氧化剂如抗坏血酸盐、谷胱甘肽和生育酚，类异戊二烯包括吲哚生物碱和吲哚胺以及复杂的二级植物代谢物的混合物，如精油、也酚类化合物、类胡萝卜素和硫代葡萄糖苷的积累[1,8~13]。

Munné-Bosch[14]指出了相互依存、相互作用化合物的广泛集成网络，从而预测，类黄酮的积累会影响更多次生代谢产物的积累。Kusano 等人[15]报道了 UVB 照射拟南芥时，初级和次级代谢物的全面重新编程。另外，生物合成途径可以争夺资源包括共享的前体。尽管存在这些不确定性，一些趋势已经有所表现。多胺和生育酚水平响应 UVB 辐射而快速（<24h）上升，并已假设这些化合物构成了植物对良性压力条件的"快速响应"[16]。Kusano 等人[15]同样假设了对于抗坏血酸和维生素 E 的快速响应作用。与此相反，许多类黄酮以很慢的速度积累，通常在几天后达到稳态水平[15~17]。硫代葡萄糖苷也在适应过程中积累较晚[15]。此前，人们认为暴露于应激的代谢物曲线首先会显示短暂适应阶段，接着是新的稳定状态[18]。Kusano 等人[15]表明开始（24h）UVB 间接改变初级代谢物，紧接着 96h 后测量得到次级代谢产物更复杂的重新编程。人们认为，UVB 辐射的早期阶段，植物通过对代谢途径的芳香族氨基酸前体进行碳分配而"接触抗原"[15]。因此，UVB 辐射会触发大量初级代谢的重新编程，积累"快速响应"代谢物，随后是次生代谢物的大量积累。显然，UVB 适应是一个动态过

程，产生连续的良性压力适应状态，每个都有自己特定模式的次级代谢物。随之而来的问题是，其目的是不是生产高"快速响应"代谢物（抗坏血酸盐、胺、维生素 E）或者高类黄酮的食物，还是两者兼而有之。所有命名的次生植物代谢物都是人类营养的重要饮食成分，但这些化合物不一定在植物中同时有高浓度。例如，聚胺在 UVB 曝光的植物中瞬态积累[16]，而在类黄酮有显著积累量的时间之后，其水平又回到 UVB 曝光前的量。我们还需要更多关于次生植物代谢物曲线中，UVB 产生间接变化动力学和生物合成途径之间潜在串扰的相关信息。

当然，UVB 辐射诱导的某些次生植物代谢积累，受到 UVB 辐照时间和 UVB 剂量的强烈影响[1,19]。但它也取决于植物的生理年龄[20]和植物器官的形态结构[12]。另外也存在物种、来源、品种间的基因差异[1,19]。此外，所有这些基于植物的变量与除 UVB 辐射之外的其他环境因素，例如水和营养供应、大气 CO_2 浓度、温度和太阳辐射都相互作用[21~25]。因此，需要精确操纵，来应用 UVB 辐射提高次生植物代谢物的浓度和组分。最终，如何做到这一点的知识可以形成基础"菜谱"，这将使得种植者能够精确操纵作物，以最大化次生植物代谢物中期望的营养含量。

14.2 次生植物代谢物的营养生理学

具有预防疾病功能的次生植物代谢物类别主要有抗氧化剂、对血压或血糖有影响的物质，或具有抗癌、免疫支撑、抗菌、抗真菌、抗病毒、降胆固醇、抗血栓形成或抗炎症效应的物质[26]。每种官能化合物都包含大量效力不同的化学物质。例如，有抗氧化特性的次生植物代谢物是类胡萝卜素、酚化合物、蛋白酶抑制剂、硫化物和植物雌性激素[27~29]。一些次生植物代谢物的特征是广谱的健康促进功能，例如酚类化合物和硫化物[30,31]，而其他次生植物代谢物则有特定功能如硫代葡萄糖苷的分解产物，由于引入第二阶段解毒硫代葡萄糖苷和抗肿瘤属性，而具有明显抗癌特性。后者引起细胞周期停滞和癌细胞的凋亡[32,33]。但是，植物中不同次级代谢物之间的某种平衡似乎是必要的。所以，只有单一某种次级植物代谢物的部分增强，可能导致对消费者健康的保护性或不利的影响。例如，西兰花中 4-甲基亚硫酰基硫代葡萄糖苷的富集会引起人类的血压降低并影响阳性胆固醇水平[34]。与此相反，同样的硫代葡萄糖苷（萝卜硫素）水解产物可能会抑制剂量和时间相关的早期阶段核苷酸切除的修复，而这是最重要的 DNA 修复途径之一[35]。另一个例子是，青菜（白菜亚种羊草）中 1-甲氧基-3-甲基硫代葡萄糖苷的富集，显示出野生和人类磺表达 S. 鼠伤寒沙门氏菌菌株中的诱变效应[36]。

14.3 水果蔬菜消费与慢性病的关系

新鲜蔬菜和水果富含天然的次生植物代谢物。大量的流行病学研究已经证明，水果、蔬菜消费和各种慢性疾病发病率与死亡率降低之间存在负相关[37]。已知各种浆果摄入[38]特别是酸果蔓汁[39]，分别有保护心脏和降低胆固醇作用。

Verkerk 等人[40]回顾了含硫代葡萄糖苷的芸苔蔬菜对健康的益处，特别是抗癌效能。当前 Wu 等人得到的荟萃分析数据[41~43]发现，芸苔可以间接降低肺癌、胃癌和大肠癌的发病率。此外，他们假定富含十字花科蔬菜饮食能有效通过重新平衡回补和衰竭，以及恢复代谢平衡来重新调节人体新陈代谢[44]，由此可以减轻氧化应激、高血压以及心血管系统中与炎症相关的慢性病[45]。

流行病学研究也显示癌症风险和其他族别蔬菜间存在明显关联。例如，大量消费富含类胡萝卜素，特别是番茄红素和β-胡萝卜素的西红柿或以西红柿为主产品，通常伴随不同类型癌症风险的降低，如通过荟萃分析证实的前列腺癌[46]。此外，人类饮食中的豆类似乎对预防心血管疾病起到关键作用。豆类消费与心血管疾病显著负相关，并降低相关风险约 11%[47]。另外，鼓励每天食用包含水果和蔬菜的地中海饮食模式，已经显示出可降低代谢综合症风险[48]以及对心血管和癌症的保护作用[49,50]。与此相反，补充合成的次生代谢物会导致不同的结果。一个惊人的例子是：重度吸烟者摄入 β-胡萝卜素补充剂伴随肺癌发病率增加，示例见 α 生育酚 β-胡萝卜素（ATBC）癌症预防研究[51]以及 β 胡萝卜素视黄醇效率试验（CARET）[52]。

14.4 植物-环境相互作用中的次生植物代谢物

14.4.1 植物的 UVB 感知和信令

植物能够特定地感知，并与 UVB 辐射反应（图 14.1）。我们可以在不同水平测量这种植物响应，如基因表达模式的特征改变[53,54]、形态和生理的特定变化[55,56]或者特别是某些植物次生代谢物积累[1,8,11,12,19]。数十年前人们已提出了存在检测 UVB 辐射的特定感光体[57]。但是直到近几年，采用 UVB 与特定感光体紫外响应轨迹 8（UVR8）的鉴定[58,59]，以及涉及下游信号传导途径的各种部件[60,61]才取得实质性进展。UVR8 感光体作为细胞质中的同二聚体存在，一旦吸收 UVB，就通过保留的色氨酸残基充当 UVB 发色团，促成快速单体化[62,63]。然后，受体 UVR8 的 UVB 诱导单体直接与多官能 E3 泛素连接酶组成型光形态 1 (COP1) 相互作用[64]，从而启动分子信号传导途径，这传导了基因表达的变化。为了达到这个目的，通过低水平 UVB 诱导的从细胞质进入细胞核快速易位是必要的[61,65]。细胞核中，UVR8 和 COP1 与若干 UVB 活化基因的染色质区域进行结合[66]。E3 泛素连接酶 COP1 的存在，单独通过促进 HY5 (伸长胚轴 5) 退化和其他促进转录因子来抑制光形态发生作用。然而，经过 UVB 辐射和随后 UVR8 单体与 COP1 的相互作用，bZIP 转录因子 HY5 通过 COP1 介导的退化和稳定化而得以预防[64]。反过来，HY5 和 HYH (HY5 同系物) 控制，涉及 UVB 驯化响应的一定范围关键部件表达式，并且对 UV 保护，包括苯丙途径的基因编码酶如 CHS (查尔酮合酶) 和 FLS (黄酮合酶) 很重要[67,68]。此外，还诱导了 RUP1 和 RUP2 蛋白质 (UVB 光形态生成反应 1 和 2 的阻抑物)。这些 WD40 重复蛋白质，对直接参与蛋白质-蛋白质相互作用的 UVR8 活动构成负反馈，从而通过再二聚使之失活并回归 UVR8 基态[69,70]。

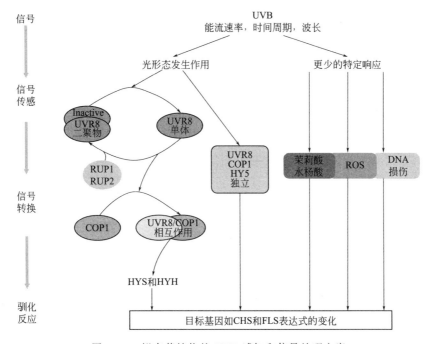

图 14.1 拟南芥植物的 UVB 感知和信号处理方案

虽然 UVR8 对于 UVB 辐射的曝光有特定响应，HY5、HYH 和 COP1 参与多个光形态生成反应的信号级联，并将与红光照射或光-暗转变的响应集成到 UVB 响应中。目前，UVR8-COP1-HY5 途径是分析紫外信号最广泛使用的通路。此外，人们已经提出其他非 UVR8 相关途径的存在[61,71]。类似于 UVR8-COP1-HY5 途径，该 UVR8 无关途径也被认为在低 UVB 能流率下运行，并对涉及类黄酮生物合成的基因表达产生额外控制[61]。

高 UVB 能流率时，UVB 特定信号通路都伴随着更少特定损伤的修复响应途径。高的 UVB 水平已广泛证实造成对大分子如 DNA 和蛋白质的损害，导致 DNA 复制受损、转录过程受损并损害光合作用[72,73]。这些有害响应至少部分由活性氧（ROS）间接造成[74]，而 ROS 本身也是很重要的信号分子。细胞损伤触发转录响应涉及信号分子，如 ROS 和受伤或防御相关因子包括茉莉酸、水杨酸和乙烯，这些已知都是特定基因的控制表达[61,75,76]。这些高 UVB 能流率响应都更少应激相关[77]，而基因特别广泛的控制表达与防卫、创伤响应或一般应激基因相互关联。

至少存在两个 UVB 的特定信号通路，有可能产生显示特定高剂量响应和波长依赖的响应网络，每个通路都有助于次生植物代谢物如类胡萝卜素、类黄酮或硫代葡萄糖苷生物合成的控制[6,8,53]以及非特异性 UVB 应激响应。这来自于基因表达的研究，研究还演示了特定表达曲线对能流速率[75]和特定 UVB 波长[54]的依赖。因此，UVB 感知和信令系统甚至可能对太阳光谱中微小变化响应[61]，这是研究 UVB 诱导植物代谢物变化的重要考虑因素。

14.4.2　UVB 应激源及植物生长调节剂

植物暴露到应激时，显示出应激特定的基因表达和蛋白质生产。一些转录组和蛋白质组的变化，将在代谢水平上放大，造成植物对应激最显著响应中，代谢物积累的变化[78,79]。然而，我们对暴露到应激的植物代谢变化知识和理解依然很零散[18]，许多研究调查只是某种特殊应激条件下某类代谢物的反应。当然，新的实验设计、取样、提取、代谢物指纹和表征以及鉴定的大力发展，正逐步形成小的次生代谢产物应激诱导变化更全面的概述[78]。生成的数据集不仅促进对植物应激响应的认识，而且有机会提高植物中营养和药用重要价值的代谢产物含量。

剂量至关重要，而对于大多数应激源，应该区分代谢可逆调整且植物适应其新环境的温和良性应激状态，以及与不可逆宏观损伤相关的更严重应激[80~82]。良性应激相关的代谢产物积聚变化，通常在对植物有生理益处的语境中解释，也就是对新环境条件适应的功能作用。实例包括相容性溶质、抗氧化剂和防冻化合物的积累[18]。然而，我们应该认识到，这种植物代谢中的变化可能潜在影响更广泛的生态系统，例如营养的相互作用[53]。事实上，人们有对植物代谢中环境诱发组分变化的实质兴趣，尝试针对消费者增加植物产品的营养品质和/或药用价值[1,19]。

从理论上讲，包括某些应激源的很广泛环境参数，可以用来增加有益营养的植物代谢产物含量。然而，实践中，只有少数应激源适用于商业园艺环境，其目的是提高特定次生植物代谢物的产量水平。一个主要考虑是方便应用，特别是剂量控制。要诱导出良性应激而非不良应激剂量的准确控制至关重要。可能导致降低生物质产率和/或玷污生产的不良应激，将导致价值损失。另一个考虑是应激源无残留，因为这会对提供人类食品生产的适用性产生影响。UVB 是很强大的应激源候选，可以（而且已经）用于商业化园艺环境。操纵 UVB 辐射有两种不同的方法。从本质上说，专门 UVB 研究中，太阳紫外辐射采用特定波长衰减滤波器（例如保护种植物的覆膜材料），而 UVB 补充研究中，植物暴露到 UVB 灯管组成的人造补充 UVB 辐射[83]。补充 UVB 情况下，UVB 剂量可以通过计时器或布置适当的紫外线管调光器来精确控制，而处理可以按需随时停止而且无任何残余。事实上，UVB 应用的另一个优点是任何"处理"可以瞬间终止（而植物一旦使用了化学植物生长调节剂，则有相对持久的影响）。紫外透射包覆材料以及 UV 发光 LED 开发进展，都为精密控制紫外光谱提供了迅速发展的机会。

低剂量 UVB 已展示出引起基因表达改变[64,68]，以及次生植物代谢物积累改变[1,13,19,84]，并且没有不良应激。宏观损伤、受损 DNA 积累以及光合机构失活都反应了不良应激，但这些通常是与高水平的 UVB 和/或低水平的相伴光合有效辐射（PAR）相关[81]。联合国环境规划署（2011）的 UVB 辐射影响综述，报道了环境 UVB 对生物量积累的极小影响[85]。因此，UVB 更多的是调节环境参数而不是作为应激源[86]。

14.5 结构分化 UVB 响应

低水平的 UVB 可引起明显的植物次生代谢变化，导致广泛的次生植物代谢物积累[1,12,13,84]。Planta 中最好的报道是 UVB 间接导致类黄酮积累，它有 ROS 清除和紫外屏蔽作用[84]。UVB 辐射会导致羟基化类黄酮积累不成比例地增加，即槲皮素与山柰的比例增加[16,84]。多羟基的黄酮素具有特别好的活性氧清除活性[87]，基于此，通常认为槲皮素和木犀草素是比山柰酚和芹菜素更好的 ROS 清除剂[84]。

另一组 UVB 驯化语境中广泛研究的代谢物是葡萄糖苷[19,53]。已发现这种含硫和含氮化合物通过植物物种收割前和收割后 UVB 暴露条件下诱导。特定脂肪族或芳香族硫苷的积累取决于物种、UVB 剂量和发育阶段，而且为组成型或者瞬态型积累之一[19]。

14.5.1 类黄酮和其他酚类

植物的类黄酮种类多样，而自然形成的是类黄酮苷。根据糖苷配基，它们可以分为六类（黄烷醇，黄烷酮，黄酮，黄酮醇，花青素和异黄酮）；已知结构源自羟基、糖基、酰基或甲氧基的有 6500 多种[87~92]。关键类黄酮的生物合成基因可以由 UVB 调控[59]，而类黄酮在细胞室范围内包括细胞壁、液泡、叶绿体、核以及毛状体中积累[84]。这类代谢物在 ROS 产生部位（例如叶绿体）细胞内的积累，凸显其重要的抗氧化性能[93]。类黄酮化合物已受到相当大的关注，因为它们对人类消费者有潜在的健康促进性质。但是也应该考虑到，某些酚类化合物具有不希望的性质，如紫花罗勒（罗勒）中的甲基丁香油酚同时有致癌和致畸的性质[94~97]。这表明尽管我们有紫外间接诱导类黄酮生物合成增加的一般知识，但是我们仍然有必要了解更多关于特定类黄酮化合物的增加。事实上，并非可以同样地诱导出所有的类黄酮化合物。UVB 辐射的效果根据 UVB 剂量、类黄酮和其他酚类结构以及更多环境因素，如 PAR 和温度改变而改变。

类黄酮和其他酚类针对 UVB 辐射剂量的响应

环境中以及高达 $24kJ/(m^2 \cdot d)$ 的 UVB 辐射，能够改变不同植物物种的类黄酮分布。类黄酮和酚类的生物合成似乎依赖于某个阈值[98]。较高 UVB 水平下生长的草莓有较高浓度的总酚、花青素和酚酸[99]。洛洛罗索生菜（变种皱叶莴苣）中已展示出，UVA 和 UVB 剂量与总酚和花青素浓度之间很强的负相关性[100]。人们发现相比温室植物，紫外透射塑料大棚中生长的洛洛罗索生菜的类黄酮浓度更高，并有更高的抗氧化活性[101]。通常，UVB 或更高的太阳辐射强度下，槲皮素和邻二羟基类黄酮增强，而山奈酚和邻-单羟基类黄酮不受影响[84,102~105]。大多数研究中，环境剂量的 UVB 辐射会导致拟南芥（每年生蔬菜和观赏植物）中，槲皮素与山奈的比例增加[103,105~109]。西番莲（大果西番莲）的愈伤组织培养显示出，C-类黄酮成分（如牡荆素或荭）的剂量相关反应，其中应用最低和最高的额外 UVB 辐射相比中间剂量 $25.3kJ/(m^2 \cdot d)$ 曝光，产生更小的增加[110]。相反在一些研究中，山区植物山金车（增强山金车）和山桦树（桦毛竹亚种 czerepanovii）中的槲皮素和山奈酚苷以及柚皮苷，并没有因为额外的 UVB 辐射而提高[21,111]，但山桦树中多羟基杨梅酮苷则增加了[111]。西兰花（甘蓝变种植物）和油菜籽中槲皮素及其苷类和山奈酚以及大部分山奈酚甙都已证实经额外 UVB 辐射后有增强[112,113]。黄酮醇则已证明增加更快，并比苹果中相关的花青素浓度更高，而苹果的抗氧化活性与此增加高度相关[114,115]。

UVB 辐射对酚酸的影响不大。无论是 Morales 等人[107]还是 Antilla 等人[111]，都没有发现低于环境 UVB 的辐照对白桦树和山白桦中的咖啡酰奎尼酸有效。然而，Tegelberg 等人[116]展示了白桦树暴露到略高于环境 UVB 辐照时，咖啡酰奎尼酸的增加。当研究环境或者或额外 UVB 的效果时，没有发现 UVB 对其他羟基酸的影响[103,111,116]。例如，青麦中羟基苯丙烯酸的苹果酸盐并没有因为较高温度（22℃）补充 UVB 辐射而增加[117]。

已知小于 $5kJ/(m^2·d)$ 的中等 UVB 辐照[118]是增加苯丙酶的基因编码途径[61,71]。培养过程中的中等 UVB 影响研究较少[19]。只有少数出版物描述了针对性的低或中等 UVB 辐照处理，来提高收割前[107,111,119]和收割后[12,120]作物的类黄酮水平。黑醋栗水果（黑茶藨子）3 期暴露到适中、短期 UVB 剂量时，黄酮醇、花色素和羟基苯甲酸有所增加，而羟基苯丙烯酸只在施加最高剂量时增加[120]。此外，收割后的中等 UVB 处理，增加了金莲花（旱金莲）的花和种子的总酚浓度，但叶片并没有增加[12]。当甘蓝暴露到单剂量中等 UVB 辐照时［小于 $1kJ/(m^2·d)UVB_{BE}$（生物有效 UVB_{BE} 采用广义植物加权函数计算）］，研究发现槲皮素糖苷在 UVB 辐照下降低。山柰酚贰情况下，糖基量和黄酮醇苷羟基肉桂酸残基影响其对 UVB 的响应[8]。例如，单酰化山柰四苷随着额外 UVB 下降，而单酰化山柰双苷在剂量为 $0.88kJ/(m^2·d)UVB_{BE}$ 时强烈增加。此外，羟基肉桂酸苷二芥子酰龙胆和芥子酰阿魏酰龙胆在 UVB 辐照下的增加依赖于剂量。第二个实验研究了中等 UVB 辐射和温度与甘蓝中，结构不同的酚类化合物的相互作用，单酰化槲皮贰的含量在更高 UVB 辐照和温度下提高[121]。与此同时，相同条件下 mRNA 表达黄酮 3′-羟化酶增加（图 14.2）。酰化山柰酚苷的响应更加多样化，并依赖于羟基肉桂酸残基和 7-O 位置中葡萄糖部分的数量。羟基酸衍生物本身几乎不受 UVB 辐射和温度影响。然而，中等 UVB 可增加苹果中的咖啡酰奎尼酸[119]。

类黄酮和其他酚类针对化学结构 3 的响应

最近的研究着重于类黄酮和其他酚类，对 UVB 辐射的结构依赖性响应。对类黄酮苷为糖苷配基、糖基化糖和酰化酚类以及有机酸的结构表征。

槲皮贰有比相应山柰酚贰更高的抗氧化活性[122]。与此一致，不同物种中，槲皮苷对于 UVB 辐射响应增加更多，例如白桦树、柳树或拟南芥[1,106,107,123,124]。当油菜籽暴露于较高 UVB 水平时，槲皮贰得到加强，而山柰贰显示出依赖于其酰化模式的其他变化[113]。薄荷中，柚皮芸香贰的浓度由于 UVB 而降低，而相关化合物圣草次苷和橙皮苷则增加[125]。与此相反，摘下的番茄水果暴露于 UVB 时，柚皮素查耳酮增加[126]。两个山地物种山金车和山桦树中采用更高 UVB 水平时，槲皮素和山柰酚贰都不受更高 UVB 水平的影响[21,111]。

白桦树幼苗中，特定糖基结合到糖苷配基并不会导致不同的类黄酮糖苷对 UVB 响应。黄酮醇苷槲皮素-3-半乳糖苷、槲皮素-3-鼠李糖苷和山柰酚-3-鼠李糖苷的水平随更高的 UVB 辐射而增加，但是杨梅黄酮苷则与糖基化无关，从而并没有响应[116]。然而，柳树不同克隆的葡萄糖分子中，黄酮的糖基化随更高的

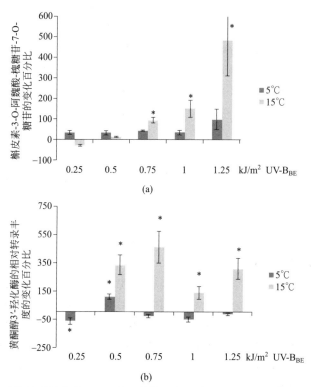

图 14.2 后续的剂量中等 UVB 处理植物,相比未处理对照植物中甘蓝的代表性
槲皮素糖苷的百分比变化 (a);后续的剂量中等 UVB 辐射处理植物,
相比未处理对照植物中的甘蓝-F3′H 相对转录丰度百分比变化 (b)[25]
["*"代表每个剂量上处理和未处理植物之间的显著差异
($p \leqslant 0.05$,通过 Tukey 的 HSD 测试)]

UVB 水平而增加,而木犀草素、芹菜素葡糖苷酸并没有受到 UVB 影响[127]。最近的研究也开始揭示了 UVB 对类黄酮糖基化模式的特定影响。类黄酮糖基化模式受到低剂量 UVB 曝光的显著影响,如芥蓝中的山奈酚甙所示[8]。虽然单酰化山奈四苷随着单次剂量高达 $0.88\text{kJ}/(\text{m}^2 \cdot \text{d})\text{UVB}_{BE}$ 曝光而下降,但单酰化山奈二葡糖苷在相同剂量下极大增加。例如拟南芥属暴露于低剂量紫外时,二苷和三苷积累,7-鼠李糖苷酶化黄酮醇占优势[16]。特定类黄酮糖苷的积累似乎是 UVB 响应的固有部分,其中 UVB 直接控制几个 UDP 葡糖基转移酶的表达[68]。而矛盾的是,糖基化降低类黄酮的抗氧化活性,并影响类黄酮的积累、稳定性和溶解性[128,129]。

类黄酮苷的响应依赖于酰化为黄酮醇糖苷(主要是羟基肉桂酸)的酚酸类型。青菜中总类黄酮水平随着额外 UVB 的曝光而增加,但是山奈苷酰化羟基阿魏酸或芥子酸并没有在 22℃ 时响应紫外辐照[117]。已证明甘蓝中的羟基肉桂酸本身的结构特征对 UVB 响应有影响[121]。虽然咖啡酸和羟基阿魏酸单乙酰化山奈酚三糖苷（含有儿茶酚结构）的水平，随着较高 UVB 辐射曝光而增加，阿魏和芥子酸单酰化山奈酚三糖苷（无邻苯二酚结构）并没有受到影响。油菜中非酰化山奈-3-O-槐糖甙-7-O-D-葡萄糖苷随着额外的 UV-B 而增加，而芥子酸单酰化山奈甙并不响应[113]。非酰化和醋酸单酰化的洋甘菊芹菜苷花（母菊）在更高海拔地区增加（对应更高的 UVB 水平），而乙酸二酰化芹菜苷几乎没有变化[130]。

此外酚酸以结构有关的方式，对更高水平 UVB 辐射作出响应。Harbaum-Piayda 等人[117]描述了青菜中咖啡酰苹果酸酯、羟基阿魏酸苹果酸酯、香豆素苹果酸酯、阿魏酸苹果酸酯和芥子酰苹果酸酯，在较高温度（22℃）并没有受到高 UVB 辐射的影响。白桦中不同的羟基肉桂酸，包括大多数咖啡酰奎尼酸衍生物和水杨酸衍生物，也不会受到额外 UVB 辐射的影响[111,116]。Tegelberg 等人[116]展示了白桦中 5-咖啡酰奎尼酸的浓度增加，而 3-咖啡酰奎尼酸酸的浓度并没有受到影响。然而，Huyskens-Keil 等人对黑醋栗果实的研究[120]，解释了单剂量中等 UVB 辐射［高达 $5kJ/(m^2 \cdot d)$］下羟基肉桂酸的增加。甘蓝的羟基肉桂酸衍生物（咖啡酰奎尼酸二芥子酰龙胆和芥子酰阿魏酰龙胆）几乎没有受后续剂量 UVB 辐射的影响[121]，但单一中等 UVB 剂量导致咖啡酰奎尼酸略有下降，而二芥子酰龙胆和芥子酰阿魏酰龙胆增加[8]。羟基肉桂酸如前所示，为 UVB 辐射诱导的活性氧清除剂[89]。UVB 曝光的番茄植物果实中咖啡酸、阿魏酸和 p-香豆酸比没有 UV-B 曝光中的更高[126,131]。

14.5.2 硫代葡萄糖苷

顺序白花菜中的特色防御化合物硫代葡萄糖苷，是与可变配基侧链共享一个共同糖基部分的磺化硫代糖苷[53,132]。根据侧链的结构，硫代葡萄糖苷分为三类：脂族、吲哚基和芳族硫苷。人们已经提出，不同的化学硫代葡萄糖苷结构表现出不同的生物活性。如前概述，类黄酮的生产和几种植物物种中，响应 UVB 的相关酚类化合物都有很多记录[8,23]；然而，其他非易失性化合物如硫代葡萄糖苷对 UVB 的响应还很少。过去大多数研究，使用自然界可能并不常见的相当高辐射水平 UVB ［$>15kJ/(m^2 \cdot d)$］作为应激因素，造成对植物的损伤和茉莉酸相关的 ROS 响应[133]。然而，最近的研究也表明，生态相关的低 UVB 水平可以触发十字花科，如花椰菜和金莲花的酚类化合物诱导和芥子油苷积累[12,53]。虽然特别高的 UVB 能流率诱导茉莉酮酸防御和伤害信号，低于环境 UVB 水平时，已显示诱导了水杨酸途径信号响应和发病机理相关蛋白的基因编码，如 PR-1，PR-2，PR-4 和 PR-5 连同 PDF1.2（植物防御素 1.2）的表达[53,76,134]。低生态相关 UVB 水平已显示出赋予了调节特性[61]，并且可以在植物防御代谢中，触发不同的变化[19]和储备植物防御反应[53]。连续 5 天约 $1kJ/(m^2 \cdot d)$ 的中等生态相关剂量 UVB，增加了西兰花嫩芽中脂肪族芥子油苷的含量，并随之导致宿主植物对于蚜虫桃蚜（苏尔寿）和鳞翅目大菜粉蝶适应性降低[48]。低到环境 UVB 的剂量，引起拟南芥和西兰花嫩芽中，脂肪族硫代葡萄糖苷的增加和 T. 草中芳香甙的增加（表 14.1）。因此，西兰花和 A. 拟南芥中植物对地上植食性昆虫的适应性改变[53,135]。特别是人们已经知道，植物中通过黑芥子酶释放的硫代葡萄糖苷相关水解产物，有抗昆虫和病原体的功能[136~138]。使用不同的 UVB 排斥薄膜，人们已经证明，特定物种的芥子油苷和硫葡萄糠甙的响应取决于叶龄[103]。作者的结论是，由于白芥中高的类黄酮和葡糖异硫氰酸盐含量或金莲花铁皮中增强的类黄酮水平和芥子酶活性，幼叶（富含氮和可溶性蛋白）相比老叶能更有效地被保护免受 UV 辐照。

芥子油苷不直接参与紫外防护，但是可以想象 UVB 对芥子油苷的间接诱导效应，因为这些化合物都参与了两个主要信号通路调节的常见植物防御反应[19,53,139]。事实上，西兰花和拟南芥中，低到中等的环境 UVB 剂量诱导特定的 4-甲基亚磺丁基硫代和 4-甲氧基吲哚-3-甲基硫苷（表 14.1），这与通过咀嚼昆虫诱导引起的包括 1-甲氧基吲哚-3-基甲基茉莉酸积累的响应有鲜明不同[137]。由于十字花科中，补充 UVB 对个别硫代葡萄糖苷积累的影响研究很少，与其他研究比较的任务更艰巨。然而 Nadeau 等人[140]发现，花椰菜管状小花响应毒物兴奋剂量的 UVC 曝光，产生 4-甲氧基吲哚-3-基甲基、4-羟基吲哚-3-基甲基和 4-甲亚硫酰基积累。

表 14.1 暴露于不同 UVB 剂量 1~2 天后，甘蓝叶片（萌芽阶段）、拟南芥（成熟植物）和 T. 草（成熟植物）中的葡糖异硫氰酸盐含量

种类	植物物种	葡糖异硫氰酸盐含量/[μmol/g(干重)]										
		甘蓝				拟南芥				T. 草		
	UVB 剂量 /(kJ/d)	0	0.6	0	0.9	0	0.6	0	1.1	0	0.6	1.2
脂肪质 GS	3-甲基亚磺酰基丙基-	23.77	34.27①	2.58	5.84①	0.70	0.90①	2.05	2.29	—	—	—
	（R）-2-羟基-3-丁烯基-	0.95	1.48①	0.79	2.35①	—	—	—	—	—	—	—
	4-甲亚硫酰基-	47.69	70.95①	10.34	15.77①	3.58	4.15①	14.38	17.46①	—	—	—
	5-甲基亚磺酰基戊-	0.21	0.34	0.08	0.12①	0.10	0.11	0.45	0.62①	—	—	—
	7-甲基亚磺庚-	—	—	—	—	0.20	0.26	0.38	0.51	—	—	—
	8-辛基甲基亚磺-	—	—	—	—	0.12	0.11	1.08	1.63①	—	—	—
	4-甲基硫代丁基-	9.90	13.40①	1.79	1.76	0.58	0.58	0.51	0.42	—	—	—

续表

种类	植物物种	葡糖异硫氰酸盐含量/[μmol/g(干重)]										
		甘蓝				拟南芥				T. 草		
	UVB 剂量/(kJ/d)	0	0.6	0	0.9	0	0.6	0	1.1	0	0.6	1.2
吲哚 GS	4-羟基-吲哚-3甲基-	4.09	4.21	0.88	1.42[①]	0.06	0.06	0.06	0.03	—	—	—
	吲哚-3甲基-	2.92	3.10	0.99	1.58[①]	2.56	2.49	3.96	5.61[①]	—	—	—
	4-甲氧基-吲哚-3甲基-	1.08	1.79[①]	1.31	1.61[①]	0.28	0.81[①]	0.88	2.11[①]	—	—	—
	1-甲氧基-吲哚-3甲基-	0.53	0.33[①]	0.53	0.50	0.09	0.12	2.45	3.05	—	—	—
芳烃 GS	苯甲基-	—	—	—	—	—	—	—	—	14.21	26.46ab	40.33
	总计	91.23	129.98[①]	19.28	30.95[①]	8.27	9.59[①]	18.85	22.93[①]	14.21	26.46ab	40.33

①表示处理分析的方差差异显著：$p > 0.05$。

注：1. 不同小写字母表示不同处理 Tukey 检验间差异显著：$p \leqslant 0.05$。
2. 灰色阴影表示使用相同物种的不同实验，包括不同实验条件。
3. GS 为硫代葡萄糖苷。
4. 数据根据 Schreiner 等人[12]和 Mewis 等人[53]提供的数据进行了部分调整。

14.6 定制的 UVB-LED 次生植物代谢物 UVB 诱导

过去几年，人们有极大兴趣使用 LED 作为植物生长照明或针对性触发某些植物属性作为园艺研究和相关产业的新途径[141]，除了在大棚或其他设施中，使用 LED 优化照明光谱，加快生长和收获节奏实现大规模蔬菜生产外，正在开展其他更多以应用为导向研究，如本章的工作。

14.6.1 研究现状：UVB-LED 用于植物照明

到 2015 年，已发表文献中，只有使用 LED 窄带 UVB 辐射对次生植物代谢物或其他植物特性影响的初步研究[142]。这些植物针对传统 UVB 光源发光的响应正在研究中，相关文章已在本章前面进行了讨论。但是，人们对来自 LED 超越 UVB 范围的植物 UV 辐射响应，则知之甚少。如 Li 和 Kubota[143]已经展示利用 373nm 峰值近紫外辐射补足的白光,可以提高叶莴苣幼苗生长过程中花青素的积累。

14.6.2 UVB-LED 针对性植物属性触发的优势

大多数 UV 辐射触发的光生物过程,受限于地球大气层内 UVB 和 UVC 辐射的缺乏,也就是植物的相应辐射应激。这些紫外触发过程的效率大多依赖于光谱,在 UV 光谱范围内,存在单个或多个吸收极大值。选择性触发某种光生物过程和高效利用紫外光源辐射,需要峰值波长完美匹配效率最大值的窄光谱发光。

紫外触发所讨论的次生植物代谢物的生产效率,尤其是类黄酮和硫代葡萄糖苷,应该有 UVB 谱局部最大值[12]。截至目前,研究人员仍在使用具有宽发光峰 UVB 谱的常规 UVB 辐射源,如低压汞气体放电荧光灯、磷光涂层转换 UVC 辐射到 280～360nm 的宽带 UVB 辐射(见图 14.3 中荧光灯)。但是宽的发光光谱不可能获得植物对于特定波长紫外辐射的差异响应。此外,不希望的串扰甚至不同波长 UV 辐射,对某些次生植物代谢物或其他植物特性可能是有害应激[19,86]。

研究光谱依赖性的一种选择是用光波带通滤波器,将其传播限制在特定波长范围。但是市售滤波器的性能,由于阻尼比率和中心波长位置,有很大限制。此外,开发并提供定制的特定传输滤波器相当昂贵,尤其我们考虑的是在大棚或更大的植物生长设施中大规模使用。

图 14.3 示出了不同 UVB 发光二极管和荧光粉涂层低压汞气体放电灯发射光谱。UVB-LED 为窄发射光谱(半高宽约 10nm)且没有任何杂峰。图中所示光

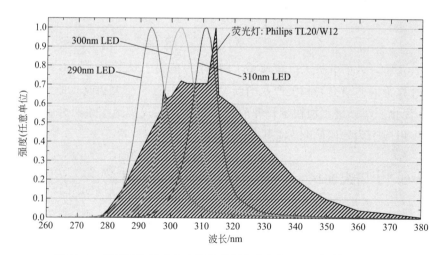

图 14.3 用于研究触发次生植物代谢物的常规 UVB 辐射源和峰值波长在 290～310nm 之间 UVB-LED 的发光光谱

谱峰值波长分别为 290nm、300nm 和 310nm。当然，通过调整 LED 有源区的 (InAlGaN) 材料组分，可以实现 UVB 光谱内的任意波长。除了用于光生物过程的优势，狭窄和完美匹配发光光谱的能量转换也更为高效。

由于植物的许多光生物过程对 UVB 辐射非常敏感，高能流速率可能会显著损害植物。植物的应激可以通过降低曝光时间和/或减小光功率来降低到适当水平。但是常规 UVB 辐射源的输出功率相对较高，但不使用滤波器时，只能小范围改变。与此相反，LED 的光功率可以通过简单改变工作电流即可在很宽范围内调节。紫外 LED 另一个优越的特性是尺寸紧凑，芯片尺寸小于 $0.4mm^3$ 或完全封装尺寸仅约 $100mm^3$，LED 是允许植物照明构造紧凑和节省空间模块的新途径。

因为低转化效率，常规以及基于二极管的紫外光源在工作过程中，产生大量的热。常规光源像气体放电灯的问题是，技术上没有相关解决方案来耗散灯的热量。因此热会辐射植物，最终可能对其属性有负面影响。相比之下，使用更好的热管理，如使用热沉或主动空气/水冷却，LED 产生热量可以有效耗散。

下一节中，我们将讨论一种用于植物生长实验的新颖 UVB-LED 装置。

14.6.3 UVB-LED 针对性植物属性触发实验装置

包括 12 个 AlGaN 基 LED 的 UVB 发光 310nm LED 照明模块，首次开发用于拟南芥叶和花椰菜芽中次生植物代谢物生产影响的实验研究。LED 是传感器电子科技公司制造的研究级样品，50mA 驱动电流下有 (1.01 ± 0.13)mW 的平均输出光功率。由于所使用 LED 的朗伯辐射特性，即使大角度时也有显著光功率的特性，我们使用紫外反射镜，聚焦整体发光功率到目标区域。放置在铝热沉上的 12 个 LED 采用反射镜形式，均匀照亮 20cm×30cm 目标区域。使用该结构模块，我们获得 30cm 工作距离处均匀的大于等于 $0.1W/m^2$（相当于在不小于 $0.36kJ/m^2$ 环境下曝光 1h）辐照度。图 14.4 示出了放置到生长室中的 UVB-LED 模块，用来保持植物处于生长高度可控的光合作用和优化生长条件下。

初步试验已经表明，紫外对拟南芥叶和花椰菜芽的次生植物代谢物生产有影响。此外，通过调整强度实现了 UV 辐射诱导应激的最小化。例如，5h UVB 曝光将未处理的拟南芥对照植物总芥子油苷含量从 3.0mg/g（干物质）增加到应用 UVB 24h 后处理植物叶子中高达 5.2mg/g（干物质）。

除了小规模的研究导向设计，也可以想象其他紫外 LED 模块的配置，特别是考虑全球范围内园艺工业实施基于 LED 的固态照明时。许多没有阳光照射植物的温室和植物制造设施，开始从常规气体放电灯向 LED 人工照明转变。特别是，垂直分层生长室成为新趋势，从而可以尽可能高效利用给定的有限空间，紧凑 LED 模块则是该应用的完美照明光源。

图 14.4　用于植物响应实验的均匀辐射模式 UVB-LED [峰值波长为 310nm，辐照不小于 $0.1W/m^2$（植物为西兰花芽）]

14.7　展望

本章检验了低剂量，但生态相关 UVB 用作各种新鲜食用植物产品，比如各种水果、蔬菜、药材和观赏植物以及多年生品种中，增强促进健康的次生植物代谢物新兴技术的可行性。通过将靶向以及新颖的定制窄带 UVB 应用到次生植物代谢物中，实现优化的浓度和分布，这将增加健康价值，并继而为种植者和加工者带来面向健康食品的市场新机遇。

通过 UVB 诱导处理，我们可以提升植物在生物制造系统中，生产和提取单个或多个功能性次生植物代谢物，这可以作为功能性食品和保健品的生物活性添加剂。然而，这种单独次生植物代谢物的针对性诱导，要求有每种次生植物代谢物的生物合成途径关键调节步骤的详细知识，从而可以特定地优化人们所希望得到的次生植物代谢物。

参考文献

[1] M. A. K. Jansen, K. Hectors, N. M. O'Brien, Y. Guisez, G. Potters, Plant stress and human health: Do human consumers benefit from UV-B acclimated crops? Plant Sci. **175**, 449-458(2008).

[2] H. C. Hung, K. J. Joshipura, R. Jiang, F. B. Hu, D. Hunter, S. A. Smith-Warner, G. A. Colditz, B.

Rosner, D. Spiegelman, W. C. Willett, Fruit and vegetable intake and risk of major chronic disease. J. Natl. Cancer Inst. **96**, 1577-1584(2004).

[3] B. Watzl, C. Leitzmann, *Bioaktive Substanzen in Lebensmitteln*(Hippokrates Verlag, Stuttgart, 2005).

[4] E. C. Montilla, M. R. Arzaba, S. Hillebrand, P. Winterhalter, Anthocyanin composition of black carrot (*Daucus carota ssp. sativus var. atrorubens* Alef.) cultivars antonina, beta sweet, deep purple, and purple haze. J. Agric. Food Chem. **59**, 3385-3390(2011).

[5] M. Wiesner, R. Zrenner, A. Krumbein, H. Glatt, M. Schreiner, Genotypic variation of the glucosinolate profile in Pak Choi (*Brassica rapa ssp chinensis*). J. Agric. Food Chem. **61**, 1943-1953(2013).

[6] E. Becatti, K. Petroni, D. Giuntini, A. Castagna, V. Calvenzani, G. Serra, A. Mensuali-Sodi, C. Tonelli, A. Ranieri, Solar UV-B radiation Influences carotenoid accumulation of tomato fruit through both ethylene-dependent and -independent mechanisms. J. Agric. Food Chem. **57**, 10979-10989 (2009).

[7] P. Majer, E. Hideg, Existing antioxidant levels are more important in acclimation to supplemental UV-B irradiation than inducible ones: studies with high light pretreated tobacco leaves, in *UV4Growth COST-Action FA09006-2nd Annual Network Meeting*, Book of Abstracts:22(2013).

[8] S. Neugart, M. Zietz, M. Schreiner, S. Rohn, L. W. Kroh, A. Krumbein, Structurally different flavonol glycosides and hydroxycinnamic acid derivatives respond differently to moderate UV-B radiation exposure. Physiol. Plantarum **145**, 582-593(2012).

[9] L. Cisneros-Zevallos, The use of controlled postharvest abiotic stresses as a tool for enhancing the nutraceutical content and adding-value of fresh fruits and vegetables. J. Food Sci. **68**, 1560-1565 (2003).

[10] Z. Katerova, D. Todorova, K. Tasheva, I. Sergiev, Influence of ultraviolet radiation on plant secondary metabolite production. Genet. Plant Physiol. **2**, 113-144(2012).

[11] C. P. Perez, M. Schreiner, A. Krumbein, D. Schwarz, H. P. Kläring, C. Ulrichs, S. Huyskens-Keil, Composition of carotenoids in tomato fruits as affected by moderate UVB radiation before harvest. Acta Hort. **821**, 217-221(2009).

[12] M. Schreiner, A. Krumbein, I. Mewis, C. Ulrichs, S. Huyskens-Keil, Short-term and moderate UV-B radiation effects on secondary plant metabolism in different organs of nasturtium(*Tropaeolum majus* L.). Innov. Food Sci. Emerg. **10**, 93-96(2009).

[13] W. J. Zhang, L. O. Björn, The effect of ultraviolet radiation on the accumulation of medicinal compounds in plants. Fitoterapia **80**, 207-218(2009).

[14] S. Munné-Bosch, The role of alpha-tocopherol in plant stress tolerance. J. Plant Physiol. **162**, 743-748 (2005).

[15] M. Kusano, T. Tohge, A. Fukushima, M. Kobayashi, N. Hayashi, H. Otsuki, Y. Kondou, H. Goto, M. Kawashima, F. Matsuda, R. Niida, M. Matsui, K. Saito, A. R. Fernie, Metabolomics reveals comprehensive reprogramming involving two independent metabolic responses of Arabidopsis to UV-B light. Plant J. **67**, 354-369(2011).

[16] K. Hectors, S. van Oevelen, Y. Guisez, M. A. K. Jansen, E. Prinsen, Dynamic changes in plant secondary metabolites during UV acclimation in *Arabidopsis thaliana*. Physiol. Plantarum(2014).

[17] J. P. Schnitzler, T. P. Jungblut, C. Feicht, M. Kofferlein, C. Langebartels, W. Heller, H. Sandermann, UV-B induction of flavonoid biosynthesis in Scots pine (*Pinus sylvestris* L) seedlings. Trees-Struct. Funct. **11**, 162-168(1997).

[18] T. Obata, A. R. Fernie, The use of metabolomics to dissect plant responses to abiotic stresses. Cell.

Mol. Life Sci. **69**, 3225-3243(2012).

[19] M. Schreiner, I. Mewis, S. Huyskens-Keil, M. A. K. Jansen, R. Zrenner, J. B. Winkler, N. O'Brien, A. Krumbein, UV-B-induced secondary plant metabolites-potential benefits for plant and human health. Crit. Rev. Plant Sci. **31**, 229-240(2012).

[20] P. D. Brown, J. G. Tokuhisa, M. Reichelt, J. Gershenzon, Variation of glucosinolate accumulation among different organs and developmental stages of *Arabidopsis thaliana*. Phytochemistry **62**, 471-481 (2003).

[21] A. Albert, V. Sareedenchai, W. Heller, H. K. Seidlitz, C. Zidorn, Temperature is the key to altitudinal variation of phenolics in *Arnica montana* L. cv. ARBO. Oecologia **160**, 1-8(2009).

[22] H. Behn, A. Albert, F. Marx, G. Noga, A. Ulbrich, Ultraviolet-B and photosynthetically active radiation interactively affect yield and pattern of monoterpenes in leaves of peppermint(*Mentha* x *piperita* L.). J. Agric. Food Chem. **58**, 7361-7367(2010).

[23] M. M. Caldwell, J. F. Bornman, C. L. Ballare, S. D. Flint, G. Kulandaivelu, Terrestrial ecosystems, increased solar ultraviolet radiation, and interactions with other climate change factors. Photochem. Photobiol. Sci. **6**, 252-266(2007).

[24] M. Götz, A. Albert, S. Stich, W. Heller, H. Scherb, A. Krins, C. Langebartels, H. K. Seidlitz, D. Ernst, PAR modulation of the UV-dependent levels of flavonoid metabolites in *Arabidopsis thaliana* (L.)Heynh. leaf rosettes: cumulative effects after a whole vegetative growth period. Protoplasma **243**, 95-103(2010).

[25] S. Neugart, M. Fiol, M. Schreiner, S. Rohn, R. Zrenner, L. W. Kroh, A. Krumbein, Interaction of moderate UV-B exposure and temperature on the formation of structurally different flavonol glycosides and hydroxycinnamic acid derivatives in kale(*Brassica oleracea var. sabellica*). J. Agric. Food Chem. (2014).

[26] H. Erbersdobler, A. Meyer, in *Praxishandbuch Functional Food*(B. Behr's Verlag GmbH & Co, Hamburg, 2003).

[27] M. Fiol, S. Adermann, S. Neugart, S. Rohn, C. Muegge, M. Schreiner, A. Krumbein, L. W. Kroh, Highly glycosylated and acylated flavonols isolated from kale(*Brassica oleracea* var. *sabellica*)—Structure-antioxidant activity relationship. Food Res. Int. **47**, 80-89(2012).

[28] F. J. Schweigert, Carotinoide, in *Praxishandbuch Functional Food*(B. Behr's Verlag GmbH & Co., Hamburg, 2003), pp. 1-18.

[29] R. M. Wang, J. Y. Tu, Q. G. Zhang, X. Zhang, Y. Zhu, W. D. Ma, C. Cheng, D. W. Brann, F. Yang, Genistein attenuates ischemic oxidative damage and behavioral deficits via eNOS/Nrf2/HO-1 signaling. Hippocampus **23**, 634-647(2013).

[30] P. Knekt, J. Kumpulainen, R. Jarvinen, H. Rissanen, M. Heliovaara, A. Reunanen, T. Hakulinen, A. Aromaa, Flavonoid intake and risk of chronic diseases. Am. J. Clin. Nutr. **76**, 560-568(2002).

[31] B. Watzl, Sulfide. Ernährungsumschau **49**, 493-496(2002).

[32] E. H. Jeffery, M. Araya, Physiological effects of broccoli consumption. Phytochem. Rev. **8**, 283-298 (2009).

[33] M. Traka, R. Mithen, Glucosinolates, isothiocyanates and human health. Phytochem. Rev. **8**, 269-282 (2009).

[34] R. Mithen, High glucoraphanin broccoli-the development of Beneforte™ broccoli and evidence of health benefits, in *International Symposium on Brassica and 18th Crucifer Genetic Workshop. Catania (Sicily)Italy*, 6th edn., pp. 274, ed. by F. Branca.

[35] A. L. Piberger, B. Köberle, A. Hartwig, The broccoli-born isothiocyanate sulforaphane impairs nucleotide excision repair: XPA as one potential target. Archives of toxicology(2013).

[36] M. Wiesner, M. Schreiner, H. Glatt, High mutagenic activity of juice from pak choi(*Brassica rapa ssp. chinensis*)sprouts due to its content of 1-methoxy-3-indolylmethyl glucosinolate, and its enhancement by elicitation with methyl jasmonate. Food Chem. Toxicol. (2014).

[37] S. R. Boreddy, S. K. Srivastava, Pancreatic cancer chemoprevention by phytochemicals. Cancer Lett. **334**, 86-94(2013).

[38] A. Basu, M. Rhone, T. J. Lyons, Berries: Emerging impact on cardiovascular health. Nutr. Rev. **68**, 168-177(2010).

[39] G. Ruel, S. Pomerleau, P. Couture, S. Lemieux, B. Lamarche, C. Couillard, Favourable impact of low-calorie cranberry juice consumption on plasma HDL-cholesterol concentrations in men. Br. J. Nutr. **96**, 357-364(2006).

[40] R. Verkerk, M. Schreiner, A. Krumbein, E. Ciska, B. Holst, I. Rowland, R. De Schrijver, M. Hansen, C. Gerhauser, R. Mithen, M. Dekker, Glucosinolates in *Brassica* vegetables: The influence of the food supply chain on intake, bioavailability and human health. Mol. Nutr. Food Res. **53**, S219-S265 (2009).

[41] Q. J. Wu, L. Xie, W. Zheng, E. Vogtmann, H. L. Li, G. Yang, B. T. Ji, Y. T. Gao, X. O. Shu, Y. B. Xiang, Cruciferous vegetables consumption and the risk of female lung cancer: A prospective study and a meta-analysis. Ann. Oncol. **24**, 1918-1924(2013).

[42] Q. J. Wu, Y. Yang, E. Vogtmann, J. Wang, L. H. Han, H. L. Li, Y. B. Xiang, Cruciferous vegetables intake and the risk of colorectal cancer: A meta-analysis of observational studies. Ann. Oncol. **24**, 1079-1087(2013).

[43] Q. J. Wu, Y. Yang, J. Wang, L. H. Han, Y. B. Xiang, Cruciferous vegetable consumption and gastric cancer risk: A meta-analysis of epidemiological studies. Cancer Sci. **104**, 1067-1073(2013).

[44] C. N. Armah, M. H. Traka, J. R. Dainty, M. Defernez, A. Janssens, W. Leung, J. F. Doleman, J. F. Potter, R. F. Mithen, A diet rich in high-glucoraphanin broccoli interacts with genotype to reduce discordance in plasma metabolite profiles by modulating mitochondrial function. Am. J. Clin. Nutr. **98**, 712-722(2013).

[45] L. Y. Wu, M. H. N. Ashraf, M. Facci, R. Wang, P. G. Paterson, A. Ferrie, B. H. J. Juurlink, Dietary approach to attenuate oxidative stress, hypertension, and inflammation in the cardiovascular system. Proc. Natl. Acad. Sci. U. S. A. **101**, 7094-7099(2004).

[46] J. M. Chan, P. H. Gann, E. L. Giovannucci, Role of diet in prostate cancer development and progression. J. Clin. Oncol. **23**, 8152-8160(2005).

[47] L. A. Bazzano, J. He, L. G. Ogden, C. Loria, S. Vupputuri, L. Myers, P. K. Whelton, Legume consumption and risk of coronary heart disease in US men and women. Arch. Intern. Med. **161**, 2573-2578(2001).

[48] C. M. Kastorini, H. J. Milionis, K. Esposito, D. Giugliano, J. A. Goudevenos, D. B. Panagiotakos, The effect of mediterranean diet on metabolic syndrome and its components a meta-analysis of 50 studies and 534,906 individuals. J. Am. Coll. Cardiol. **57**, 1299-1313(2011).

[49] G. Buckland, N. Travier, V. Cottet, C. A. Gonzalez, L. Lujan-Barroso, A. Agudo, A. Trichopoulou, P. Lagiou, D. Trichopoulos, P. H. Peeters, A. May, H. B. Bueno-de-Mesquita, F. J. B. Duijnhoven, T. J. Key, N. Allen, K. T. Khaw, N. Wareham, I. Romieu, V. McCormack, M. Boutron-Ruault, F. Clavel-Chapelon, S. Panico, C. Agnoli, D. Palli, R. Tumino, P. Vineis, P. Amiano, A. Barricarte, L.

Rodriguez, M. J. Sanchez, M. D. Chirlaque, R. Kaaks, B. Teucher, H. Boeing, M. M. Bergmann, K. Overvad, C. C. Dahm, A. Tjonneland, A. Olsen, J. Manjer, E. Wirfalt, G. Hallmans, I. Johansson, E. Lund, A. Hjartaker, G. Skeie, A. C. Vergnaud, T. Norat, D. Romaguera, E. Riboli, Adherence to the mediterranean diet and risk of breast cancer in the European prospective investigation into cancer and nutrition cohort study. Int. J. Cancer **132**, 2918-2927(2013).

[50] R. Estruch, E. Ros, J. Salas-Salvado, M. I. Covas, D. Corella, F. Aros, E. Gomez-Gracia, V. Ruiz-Gutierrez, M. Fiol, J. Lapetra, R. M. Lamuela-Raventos, L. Serra-Majem, X. Pinto, J. Basora, M. A. Munoz, J. V. Sorli, J. A. Martinez, M. A. Martinez-Gonzalez, P. S. Investigators, Primary prevention of cardiovascular disease with a mediterranean diet. N. Engl. J. Med. **368**, 1279-1290(2013).

[51] The Alpha-Tocopherol BCCPSG, The effect of vitamin E and beta carotene on the incidence of lung cancer and other cancers in male smokers. New Engl. J. Med. **330**, 1029-1035(1994).

[52] G. S. Omenn, G. E. Goodman, M. D. Thornquist, J. Balmes, M. R. Cullen, A. Glass, J. P. Keogh, F. L. Meyskens, B. Valanis, J. H. Williams, S. Barnhart, M. G. Cherniack, C. A. Brodkin, S. Hammar, Risk factors for lung cancer and for intervention effects in CARET, the beta-carotene and retinol efficacy trial. J. Natl. Cancer Inst. **88**, 1550-1559(1996).

[53] I. Mewis, M. Schreiner, N. Chau Nhi, A. Krumbein, C. Ulrichs, M. Lohse, R. Zrenner, UV-B irradiation changes specifically the secondary metabolite Profile in Broccoli sprouts: Induced signaling overlaps with defense response to biotic stressors. Plant Cell Physiol. **53**, 1546-1560(2012).

[54] R. Ulm, A. Baumann, A. Oravecz, Z. Mate, E. Adam, E. J. Oakeley, E. Schafer, F. Nagy, Genome-wide analysis of gene expression reveals function of the bZIP transcription factor HY5 in the UV-B response of Arabidopsis. Proc. Natl. Acad. Sci. U. S. A. **101**, 1397-1402(2004).

[55] K. Hectors, E. Prinsen, W. De Coen, M. A. K. Jansen, Y. Guisez, *Arabidopsis thaliana* plants acclimated to low dose rates of ultraviolet B radiation show specific changes in morphology and gene expression in the absence of stress symptoms. New Phytol. **175**, 255-270(2007).

[56] J. A. Lake, K. J. Field, M. P. Davey, D. J. Beerling, B. H. Lomax, Metabolomic and physiological responses reveal multi-phasic acclimation of *Arabidopsis thaliana* to chronic UV radiation. Plant, Cell Environ. **32**, 1377-1389(2009).

[57] E. Wellmann, UV radiation in photomorphogenesis, in *Photomorphogenesis*, *Encyclopedia of Plant Physiology*, ed. by W. J. Shropshire, H. Mohr(Springer, Berlin, 1983), pp. 745-756.

[58] L. Rizzini, J. J. Favory, C. Cloix, D. Faggionato, A. O'Hara, E. Kaiserli, R. Baumeister, E. Schafer, F. Nagy, G. I. Jenkins, R. Ulm, Perception of UV-B by the Arabidopsis UVR8 protein. Science **332**, 103-106(2011).

[59] K. Tilbrook, A. B. Arongaus, M. Binkert, M. Heijde, R. Yin, R. Ulm, The UVR8 UV-B photoreceptor:Perception, signaling and response. Arabidopsis book/Am. Soc. Plant Biol. **11**, e0164 (2013).

[60] M. Heijde, R. Ulm, UV-B photoreceptor-mediated signalling in plants. Trends Plant Sci. **17**, 230-237 (2012).

[61] G. I. Jenkins, Signal transduction in responses to UV-B radiation. Ann. Rev. Plant Biol. **60**, 407-431 (2009).

[62] J. M. Christie, A. S. Arvai, K. J. Baxter, M. Heilmann, A. J. Pratt, A. O'Hara, S. M. Kelly, M. Hothorn, B. O. Smith, K. Hitomi, G. I. Jenkins, E. D. Getzoff, Plant UVR8 photoreceptor senses UV-B by tryptophan-mediated disruption of cross-dimer salt bridges. Science **335**, 1492-1496 (2012).

[63] D. Wu, Q. Hu, Z. Yan, W. Chen, C. Y. Yan, X. Huang, J. Zhang, P. Y. Yang, H. T. Deng, J. W. Wang, X. W. Deng, Y. G. Shi, Structural basis of ultraviolet-B perception by UVR8. Nature **484**, U214-U296(2012).

[64] J. J. Favory, A. Stec, H. Gruber, L. Rizzini, A. Oravecz, M. Funk, A. Albert, C. Cloix, G. I. Jenkins, E. J. Oakeley, H. K. Seidlitz, F. Nagy, R. Ulm, Interaction of COP1 and UVR8 regulates UV-B-induced photomorphogenesis and stress acclimation in Arabidopsis. EMBO J. **28**, 591-601 (2009).

[65] E. Kaiserli, G. I. Jenkins, UV-B promotes rapid nuclear translocation of the Arabidopsis UV-B-specific signaling component UVR8 and activates its function in the nucleus. Plant Cell **19**, 2662-2673(2007).

[66] C. Cloix, G. I. Jenkins, Interaction of the Arabidopsis UV-B-specific signaling component UVR8 with chromatin. Mol. Plant **1**, 118-128(2008).

[67] B. A. Brown, C. Cloix, G. H. Jiang, E. Kaiserli, P. Herzyk, D. J. Kliebenstein, G. I. Jenkins, A UV-B-specific signaling component orchestrates plant UV protection. Proc. Natl. Acad. Sci. U. S. A. **102**, 18225-18230(2005).

[68] B. A. Brown, G. I. Jenkins, UV-B signaling pathways with different fluence-rate response profiles are distinguished in mature Arabidopsis leaf tissue by requirement for UVR8, HY5, and HYH. Plant Physiol. **146**, 576-588(2008).

[69] M. Heijde, R. Ulm, Reversion of the Arabidopsis UV-B photoreceptor UVR8 to the homodimeric ground state. Proc. Natl. Acad. Sci. U. S. A. **110**, 1113-1118(2013).

[70] M. Heilmann, G. I. Jenkins, Rapid reversion from monomer to dimer regenerates the ultraviolet-B photoreceptor UV RESISTANCE LOCUS8 in intact Arabidopsis plants. Plant Physiol. **161**, 547-555 (2013).

[71] C. Lang-Mladek, L. Xie, N. Nigam, N. Chumak, M. Binkert, S. Neubert, M. -T. Hauser, UV-B signaling pathways and fluence rate dependent transcriptional regulation of ARIADNE12. Physiol. Plantarum **145**, 527-539(2012).

[72] M. A. K. Jansen, V. Gaba, B. M. Greenberg, Higher plants and UV-B radiation: Balancing damage, repair and acclimation. Trends Plant Sci. **3**, 131-135(1998).

[73] B. A. Kunz, D. M. Cahill, P. G. Mohr, M. J. Osmond, E. J. Vonarx, Plant responses to UV radiation and links to pathogen resistance, in *International Review of Cytology—A Survey of Cell Biology*, vol. 255, ed. by K. W. Jeon(Elsevier Academic Press Inc., San Diego, 2006), pp. 1-40.

[74] E. Hideg, T. Nagy, A. Oberschall, D. Dudits, I. Vass, Detoxification function of aldose/aldehyde reductase during drought and ultraviolet-B(280-320nm) stresses. Plant, Cell Environ. **26**, 513-522 (2003).

[75] M. Brosché, A. Strid, Molecular events following perception of ultraviolet-B radiation by plants. Physiol. Plantarum **117**, 1-10(2003).

[76] S. A. H. Mackerness, S. L. Surplus, P. Blake, C. F. John, V. Buchanan-Wollaston, B. R. Jordan, B. Thomas, Ultraviolet-B-induced stress and changes in gene expression in *Arabidopsis thaliana*: role of signalling pathways controlled by jasmonic acid, ethylene and reactive oxygen species. Plant Cell Environ. **22**, 1413-1423(1999).

[77] J. Kilian, D. Whitehead, J. Horak, D. Wanke, S. Weinl, O. Batistic, C. D'Angelo, E. Bornberg-Bauer, J. Kudla, K. Harter, The AtGenExpress global stress expression data set: protocols, evaluation and model data analysis of UV-B light, drought and cold stress responses. Plant J. **50**, 347-363(2007).

[78] C. Brunetti, R. M. George, M. Tattini, K. Field, M. P. Davey, Metabolomics in plant environmental physiology. J. Exp. Bot. **64**, 4011-4020(2013).

[79] B. P. Lankadurai, E. G. Nagato, M. J. Simpson, Environmental metabolomics: An emerging approach to study organism responses to environmental stressors. Environ. Rev. **21**, 180-205(2013).

[80] T. Gaspar, T. Franck, B. Bisbis, C. Kevers, L. Jouve, J. F. Hausman, J. Dommes, Concepts in plant stress physiology. Application to plant tissue cultures. Plant Growth Regul. **37**, 263-285(2002).

[81] E. Hideg, M. A. K. Jansen, A. Strid, UV-B exposure, ROS, and stress: inseparable companions or loosely linked associates? Trends Plant Sci. **18**, 107-115(2013).

[82] I. Kranner, F. V. Minibayeva, R. P. Beckett, C. E. Seal, What is stress? Concepts, definitions and applications in seed science. New Phytol. **188**, 655-673(2010).

[83] P. J. Aphalo, A. Albert, A. McLeod, A. Heikkilä, I. Gómez, F. L. Figueroa, T. M. Robson, A. Strid, Manipulating UV radiation, in *Beyond the Visible: A Handbook of Best Practice in Plant UV Photobiology*, ed. by P. J. Aphalo, A. Albert, L. O. Björn, A. McLeod, T. M. Robson, E. Rosenqvist (University of Helsinki, Department of Biosciences, Division of Plant Biology, 2012), p. 206.

[84] G. Agati, M. Tattini, Multiple functional roles of flavonoids in photoprotection. New Phytol. **186**, 786-793(2010).

[85] C. L. Ballare, M. M. Caldwell, S. D. Flint, A. Robinson, J. F. Bornman, Effects of solar ultraviolet radiation on terrestrial ecosystems. Patterns, mechanisms, and interactions with climate change. Photochem. Photobiol. Sci. **10**, 226-241(2011).

[86] M. A. K. Jansen, J. F. Bornman, UV-B radiation: from generic stressor to specific regulator. Physiol. Plantarum **145**, 501-504(2012).

[87] K. E. Heim, A. R. Tagliaferro, D. J. Bobilya, Flavonoid antioxidants: chemistry, metabolism and structure-activity relationships. J. Nutr. Biochem. **13**, 572-584(2002).

[88] J. M. Calderon-Montano, E. Burgos-Moron, C. Perez-Guerrero, M. Lopez-Lazaro, A review on the dietary flavonoid kaempferol. Mini-Rev. Med. Chem. **11**, 298-344(2011).

[89] A. Edreva, The importance of non-photosynthetic pigments and cinnamic acid derivatives in photoprotection. Agric. Ecosyst. Environ. **106**, 135-146(2005).

[90] F. Ferreres, C. Sousa, D. M. Pereira, P. Valentao, M. Taveira, A. Martins, J. A. Pereira, R. M. Seabra, P. B. Andrade, Screening of antioxidant phenolic compounds produced by *in vitro* shoots of *Brassica oleracea* L. var. *costata* DC. Comb. Chem. High T. Scr. **12**, 230-240(2009).

[91] T. S. Huang, D. Anzellotti, F. Dedaldechamp, R. K. Ibrahim, Partial purification, kinetic analysis, and amino acid sequence information of a flavonol 3-*O*-methyltransferase from *Serratula tinctoria*. Plant Physiol. **134**, 1366-1376(2004).

[92] A. Scalbert, G. Williamson, Dietary intake and bioavailability of polyphenols. J. Nutr. **130**, 2073S-2085S(2000).

[93] I. Hernandez, L. Alegre, F. Van Breusegem, S. Munne-Bosch, How relevant are flavonoids as antioxidants in plants? Trends Plant Sci. **14**, 125-132(2009).

[94] J. L. Burkey, J. -M. Sauer, C. A. McQueen, I. Glenn Sipes, Cytotoxicity and genotoxicity of methyleugenol and related congeners—a mechanism of activation for methyleugenol. Mutat. Res. Fundam. Mol. Mech. Mutagen. **453**, 25-33(2000).

[95] K. Herrmann, F. Schumacher, W. Engst, K. E. Appel, K. Klein, U. M. Zanger, H. Glatt, Abundance of DNA adducts of methyleugenol, a rodent hepatocarcinogen, in human liver samples. Carcinogenesis **34**, 1025-1030(2013).

[96] N. T. Programm, Toxicology and carcinogenesis studies of methyleugenol. In: Natl. Toxicol. Program Tech. Report Series. pp. 1-420(2000).

[97] G. M. Williams, M. J. Iatropoulos, A. M. Jeffrey, J. D. Duan, Methyleugenol hepatocellular cancer initiating effects in rat liver. Food Chem. Toxicol. **53**, 187-196(2013).

[98] D. Comont, J. Martinez Abaigar, A. Albert, P. Aphalo, D. R. Causton, F. Lopez Figueroa, A. Gaberscik, L. Llorens, M. -T. Hauser, M. A. K. Jansen, M. Kardefelt, Luque P. de la Coba, S. Neubert, E. Nunez-Olivera, J. Olsen, M. Robson, M. Schreiner, R. Sommaruga, A. Strid, S. Torre, M. Turunen, S. Veljovic-Jovanovic, D. Verdaguer, M. Vidovic, J. Wagner, J. B. Winkler, G. Zipoli, D. Gwynn-Jones, UV responses of *Lolium perenne* raised along a latitudinal gradient across Europe: A filtration study. Physiol. Plantarum **145**, 604-618(2012).

[99] M. Ordidge, P. Garcia-Macias, N. H. Battey, M. H. Gordon, P. Hadley, P. John, J. A. Lovegrove, E. Vysini, A. Wagstaffe, Phenolic contents of lettuce, strawberry, raspberry, and blueberry crops cultivated under plastic films varying in ultraviolet transparency. Food Chem. **119**, 1224-1227(2010).

[100] E. Tsormpatsidis, R. G. C. Henbest, F. J. Davis, N. H. Battey, P. Hadley, A. Wagstaffe, UV irradiance as a major influence on growth, development and secondary products of commercial importance in Lollo Rosso lettuce 'Revolution' grown under polyethylene films. Environ. Exp. Bot. **63**, 232-239(2008).

[101] P. Garcia-Macias, M. Ordidge, E. Vysini, S. Waroonphan, N. H. Battey, M. H. Gordon, P. Hadley, P. John, J. A. Lovegrove, A. Wagstaffe, Changes in the flavonoid and phenolic acid contents and antioxidant activity of red leaf lettuce (Lollo Rosso) due to cultivation under plastic films varying in ultraviolet transparency. J. Agric. Food Chem. **55**, 10168-10172(2007).

[102] K. R. Markham, K. G. Ryan, S. J. Bloor, K. A. Mitchell, An increase in the luteolin: apigenin ratio in *Marchantia polymorpha* on UV-B enhancement. Phytochemistry **48**, 791-794(1998).

[103] K. Reifenrath, C. Müller, Species-specific and leaf-age dependent effects of ultraviolet radiation on two Brassicaceae. Phytochemistry **68**, 875-885(2007).

[104] M. Tattini, L. Guidi, L. Morassi-Bonzi, P. Pinelli, D. Remorini, E. Degl'Innocenti, A Giordano, R. Massai, G. Agati, On the role of flavonoids in the integrated mechanisms of response of *Ligustrum vulgare* and *Phillyrea latifolia* to high solar radiation. New Phytol. **167**, 457-470(2005).

[105] T. R. Winter, M. Rostas, Ambient ultraviolet radiation induces protective responses in soybean but does not attenuate indirect defense. Environ. Pollut. **155**, 290-297(2008).

[106] M. Goetz, A. Albert, S. Stich, W. Heller, H. Scherb, A. Krins, C. Langebartels, H. K. Seidlitz, Ernst, PAR modulation of the UV-dependent levels of flavonoid metabolites in Arabidopsis thaliana (L.)Heynh. leaf rosettes: cumulative effects after a whole vegetative growth period. Protoplasma **243**, 95-103(2010).

[107] L. O. Morales, R. Tegelberg, M. Brosche, M. Keinanen, A. Lindfors, P. J. Aphalo, Effects of solar UV-A and UV-B radiation on gene expression and phenolic accumulation in *Betula pendula* leaves. Tree Physiol. **30**, 923-934(2010).

[108] K. G. Ryan, K. R. Markham, S. J. Bloor, J. M. Bradley, K. A. Mitchell, B. R. Jordan, UVB radiation induced increase in quercetin: Kaempferol ratio in wild-type and transgenic lines of Petunia. Photochem. Photobiol. **68**, 323-330(1998).

[109] J. M. Zhang, M. B. Satterfield, J. S. Brodbelt, S. J. Britz, B. Clevidence, J. A. Novotny, Structural characterization and detection of kale flavonoids by electrospray ionization mass spectrometry. Anal.

Chem. **75**, 6401-6407(2003).

[110] F. Antognoni, S. Zheng, C. Pagnucco, R. Baraldi, F. Poli, S. Biondi, Induction of flavonoid production by UV-B radiation in *Passiflora quadrangularis* callus cultures. Fitoterapia **78**, 345-352 (2007).

[111] U. Anttila, R. Julkunen-Tiitto, M. Rousi, S. Yang, M. J. Rantala, T. Ruuhola, Effects of elevated ultraviolet-B radiation on a plant-herbivore interaction. Oecologia **164**, 163-175(2010).

[112] F. Kuhlmann, C. Mueller, Development-dependent effects of UV radiation exposure on broccoli plants and interactions with herbivorous insects. Environ. Exp. Bot. **66**, 61-68(2009).

[113] L. C. Olsson, M. Veit, G. Weissenbock, J. F. Bornman, Differential flavonoid response to enhanced UV-B radiation in *Brassica napus*. Phytochemistry **49**, 1021-1028(1998).

[114] Y. Ban, C. Honda, Y. Hatsuyama, M. Igarashi, H. Bessho, T. Moriguchi, Isolation and functional analysis of a MYB transcription factor gene that is a key regulator for the development of red coloration in apple skin. Plant Cell Physiol. **48**, 958-970(2007).

[115] S. F. Hagen, G. I. A. Borge, G. B. Bengtsson, W. Bilger, A. Berge, K. Haffner, K. A. Solhaug, Phenolic contents and other health and sensory related properties of apple fruit (*Malus domestica* Borkh., cv. Aroma):Effect of postharvest UV-B irradiation. Postharvest Biol. Tec. **45**, 1-10(2007).

[116] R. Tegelberg, R. J. Julkunen-Tiitto, P. J. Aphalo, Red:far-red light ratio and UV-B radiation: Their effects on leaf phenolics and growth of silver birch seedlings. Plant Cell Environ. **27**, 1005-1013 (2004).

[117] B. Harbaum-Piayda, B. Walter, G. B. Bengtsson, E. M. Hubbermann, W. Bilger, K. Schwarz, Influence of pre-harvest UV-B irradiation and normal or controlled atmosphere storage on flavonoid and hydroxycinnamic acid contents of pak choi (*Brassica campestris* L. ssp *chinensis* var. *communis*). Postharvest Biol. Tec. **56**, 202-208(2010).

[118] M. H. Sangtarash, M. M. Qaderi, C. C. Chinnappa, D. M. Reid, Differential sensitivity of canola (*Brassica napus*)seedlings to ultraviolet-B radiation, water stress and abscisic acid. Environ. Exp. Bot. **66**, 212-219(2009).

[119] J. E. Lancaster, P. F. Reay, J. Norris, R. C. Butler, Induction of flavonoids and phenolic acids in apple by UV-B and temperature. J. Hort. Sci. Biotech. **75**, 142-148(2000).

[120] S. Huyskens-Keil, I. Eichholz, L. W. Kroh, S. Rohn, UV-B induced changes of phenol composition and antioxidant activity in black currant fruit(*Ribes nigrum* L.). J. Appl. Bot. Food Qual. **81**, 140-144 (2007).

[121] S. Neugart, M. Fiol, M. Schreiner, S. Rohn, R. Zrenner, L. W. Kroh, A. Krumbein, Interaction of moderate UV-B exposure and temperature on the formation of structurally different flavonol glycosides and hydroxycinnamic acid derivatives in kale(Brassica oleracea var. sabellica). J. Agricu. Food Chem. (2015).

[122] M. Zietz, A. Weckmüller, S. Schmidt, S. Rohn, M. Schreiner, A. Krumbein, L. W. Kroh, Genotypic and climatic influence on the antioxidant activity of flavonoids in Kale (*Brassica oleracea* var. *sabellica*). J. Agric. Food Chem. **58**, 2123-2130(2010).

[123] K. Hectors, S. van Oevelen, Y. Guisez, E. Prinsen, M. A. K. Jansen, The phytohormone auxin is a component of the regulatory system that controls UV-mediated accumulation of flavonoids and UV-induced morphogenesis. Physiol. Plantarum **145**, 594-603(2012).

[124] L. Nybakken, R. Horkka, R. Julkunen-Tiitto, Combined enhancements of temperature and UVB influence growth and phenolics in clones of the sexually dimorphic *Salix myrsinifolia*. Physiol.

Plantarum **145**, 551-564(2012).

[125] Y. Dolzhenko, C. M. Bertea, A. Occhipinti, S. Bossi, M. E. Maffei, UV-B modulates the interplay between terpenoids and flavonoids in peppermint(*Mentha* × *piperita* L.). J. Photoch. Photobio. B **100**, 67-75(2010).

[126] D. Giuntini, V. Lazzeri, V. Calvenzani, C. Dall'Asta, G. Galaverna, C. Tonelli, K. Petroni, A. Ranieri, Flavonoid profiling and biosynthetic gene expression in flesh and peel of two tomato genotypes grown under UV-B-depleted conditions during ripening. J. Agric. Food Chem. **56**, 5905-5915(2008).

[127] R. Tegelberg, R. Julkunen-Tiitto, Quantitative changes in secondary metabolites of dark-leaved willow (*Salix myrsinifolia*) exposed to enhanced ultraviolet-B radiation. Physiol. Plantarum **113**, 541-547 (2001).

[128] D. Bowles, E. K. Lim, B. Poppenberger, F. E. Vaistij, Glycosyltransferases of lipophilic small molecules. Ann. Rev. Plant Biol. **57**, 567-597(2006).

[129] C. M. M. Gachon, M. Langlois-Meurinne, P. Saindrenan, Plant secondary metabolism glycosyltransferases:The emerging functional analysis. Trends Plant Sci. **10**, 542-549(2005).

[130] M. Ganzera, M. Guggenberger, H. Stuppner, C. Zidorn, Altitudinal variation of secondary metabolite profiles in flowering heads of *Matricaria chamomilla* cv. BONA. Planta Med. **74**, 453-457(2008).

[131] D. L. Luthria, S. Mukhopadhyay, D. T. Krizek, Content of total phenolics and phenolic acids in tomato(*Lycopersicon esculentum* Mill.)fruits as influenced by cultivar and solar UV radiation. J. Food Compos. Anal. **19**, 771-777(2006).

[132] F. Rohr, C. Ulrichs, M. Schreiner, R. Zrenner, I. Mewis, Responses of *Arabidopsis thaliana* plant lines differing in hydroxylation of aliphatic glucosinolate side chains to feeding of a generalist and specialist caterpillar. Plant Physiol. Biochem. **55**, 52-59(2012).

[133] V. G. Kakani, K. R. Reddy, D. Zhao, A. R. Mohammed, Effects of ultraviolet-B radiation on cotton (*Gossypium hirsutum* L.)morphology and anatomy. Ann. Bot. **91**, 817-826(2003).

[134] G. I. Jenkins, B. A. Brown, UV-B perception and signal transduction, in *Light and plant development*, ed. by G. C. Whitlelam, K. J. Halliday(Blackwell Publishing, Oxford, 2007), pp. 155-182.

[135] I. Mewis, E. Glawischnig, M. Schreiner, C. Ulrichs, R. Zrenner, Eco-physiological consequences of UV-B on Brassicaceae—Impact on the co-evolutionary arms race between plants and their enemies in *International Chemical Ecology Conference* 19-23 Aug 2013, Melbourne, Australia, p. 116 (2013).

[136] N. K. Clay, A. M. Adio, C. Denoux, G. Jander, F. M. Ausubel, Glucosinolate metabolites required for an Arabidopsis innate immune response. Science **323**, 95-101(2009).

[137] I. Mewis, H. M. Appel, A. Hom, R. Raina, J. C. Schultz, Major signaling pathways modulate Arabidopsis glucosinolate accumulation and response to both phloem-feeding and chewing insects. Plant Physiol. **138**, 1149-1162(2005).

[138] I. Mewis, J. G. Tokuhisa, J. C. Schultz, H. M. Appel, C. Ulrichs, J. Gershenzon, Gene expression and glucosinolate accumulation in *Arabidopsis thaliana* in response to generalist and specialist herbivores of different feeding guilds and the role of defense signaling pathways. Phytochemistry **67**, 2450-2462(2006).

[139] S. Textor, J. Gershenzon, Herbivore induction of the glucosinolate-myrosinase defense system:major trends, biochemical bases and ecological significance. Phytochem. Rev. **8**, 149-170(2009).

[140] F. Nadeau, A. Gaudreau, P. Angers, J. Arul, Changes in the level of glucosinolates in broccoli florets (*Brassica oleracea* var. *italic*) during storage following postharvest treatment with UV-C. Acta Hort. 145-148(2012).

[141] M. Olle, A. Virsilé, The effects of light-emitting diode lighting on greenhouse plant growth and quality. Agric. Food Sci. **22**, 223-234(2013).

[142] M. Schreiner, J. Martínez-Abaigar, J. Glaab, M. A. K. Jansen, UV-B Induced secondary plant metabolites-potential benefits for plant and human health. Optik & Photonik, **9**(2), 34-37(2014).

[143] Q. Li, C. Kubota, Effects of supplemental light quality on growth and phytochemicals of baby leaf lettuce. Environ. Exp. Bot. **67**, 59-64(2009).

第15章
紫外LED固化应用

Christian Dreyer 和 Franziska Mildner[❶]

摘要

通过发光二极管（LED）的紫外光进行树脂固化，是一个有广泛应用的新兴领域，相比热聚合，紫外光提供了许多优势，如反应速度快、配方无溶剂、能量消耗低以及环境温度下工作。由于额外的好处如使用离散波长、较低热辐射、更小尺寸、更灵活几何形状和相对很低的功率消耗，紫外LED已证实是现有常用汞灯光固化单元的很好替代品。通过单独调整化学品、光引发剂、制剂和光源的相互作用，已开发许多不同定制聚合物制剂用于涂料、油墨、黏合剂、复合材料和光固化。

---

❶ C. Dreyer，F. Mildner
弗劳恩霍夫高分子材料和复合材料研究院PYCO，德国泰尔托，坎茨街55号，14513
C. Dreyer
电子邮箱：christian.dreyer@pyco.fraunhofer.de
F. Mildner
电子邮箱：franziska.mildner@pyco.fraunhofer.de

15.1 简介

过去几十年中，UV 光固化技术已应用到多个领域，并持续进步，特别是涂料工业[1]。根据产品的不同，例如印制电路板、光盘、光纤涂层和油墨以及黏合剂和复合材料，所需光固化聚合物应该有不同的特征。固化反应中，基本上都是液态的树脂转化为高度交联的聚合物。因此，通常需要四个基本组成部分：（1）通过紫外吸收，光引发剂（PI）裂解成反应物（自由基或阳离子）；（2）官能化低聚物提供所产生聚合物的主链；（3）多功能组分作为交联剂提高网络密度；（4）反应过程中，单或多功能单体充当稀释剂控制混合物的黏度，并随后结合到网络中（图 15.1）[2]。

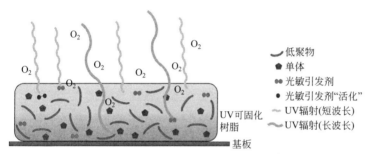

(a) 光引发剂分子通过吸收紫外光激发，形成自由基。光的穿透深度取决于波长：波长越长穿透材料深度越深

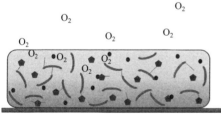

(b) 单体和低聚物分子在光引发剂自由基侵蚀下开始聚合。表面过程由于存在作为自由基清除剂的氧而得以抑制

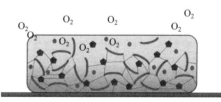

(c) 组分间化学反应完成后，留下固化的树脂。由于形成新键，在此过程中聚合物收缩。引发剂自由基可能由于氧的淬火而导致未固化的"黏性"表面

图 15.1　自由基光固化反应原理（来源：弗劳恩霍夫 PYCO）

相比热固化，光诱导聚合有着明显的优势，如反应速度快、无溶剂制剂，能耗低和室温聚合反应。UV 可固化制剂相比热固化系统，常常有更长的保质期，因为它们只要远离 UV 光保存即可，而这通过将树脂存储在 UV 不透明的容器中，就可以很容易地实现。尽管有这些优点，开发针对不同应用的新制剂，以及

研究其对所得材料的化学和力学性能影响时，仍然需要有多方面考虑。下文中，一些通用 UV 固化，特别是紫外 LED 的基础和应用，应该能够让大家深入体会 UV 固化聚合物技术。

15.2　光源

除了树脂的化学性质外，稀释剂单体和潜在的添加剂、光源和相应的光引发剂（PI），都在聚合方法初始步骤中，发挥着关键作用。传统 UV 固化光源，如含汞或惰性气体的压力蒸气灯都是多线宽光谱发光。这些灯都在很高温度下工作，并且能量大部分作为热（和可见光）浪费掉了，这也会使得灯泡退化而缩短寿命。为了有效激活 PI，光源发光光谱与其吸收光谱的大面积重叠是有利的。因此，如果不同波长范围内 PI 没有吸收，大量的光也是无效的[3]。

此外，产生的热量对聚合可能有不希望的效果，甚至导致固化聚合物热退化。当然使用 LED 可以克服这些缺点。它们的发光具有相对窄的波长范围，可以针对不同 PI 定制，从而实现最大吸收。LED 不会导致过热，因为不存在红外辐射，这使得二极管寿命长（假定 LED 和相应的电路有适当的热管理）和功耗低，从而能够使用电池供电，并开发小型移动设备。为了成功实现光聚合物固化，必须考虑三个有关光源的主要问题：通过 PI 达到有效吸收的光波长，辐照度即辐射功率密度，以及样品曝光持续时间。出于这个原因，固化聚合物树脂往往不是采用单一 LED，而是包括几种这样光源的模块，如图 15.2 所示。

 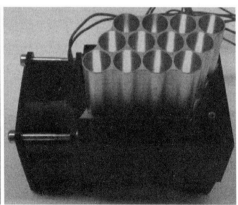

图 15.2　不同 UV-LED 模块（图片来自 OSA 照明有限公司）

第一代的 UV-LED 只有很低辐照度，导致聚合反应不充分或需要相当长曝光时间[4~6]，但最近的发展非常令人鼓舞。Vandewalle 等人比较了五组 LED 和卤素灯用于固化混合和微填充复合树脂，距离在 1~5mm 间，辐照度为 598~1390mW/cm² （1mm 距离时）。虽然 LED 并不完全一致，但它们通常提供 5mm 距离卤素灯固化单元相似，甚至更好的固化结果。此外，光的发散角与聚合度相关，更长距离时（5mm）间接地成正比[7]。所有这些使用 LED 发光进行的研究，都适用于典型牙科材料固化 PI-樟脑醌，其最大吸收带在约 470nm，已经是可见光（蓝光）波长区域。

  Neckers 等人进行了商业紫外 LED 与常规光源的丙烯酸酯制剂固化比较[8]。他们采用 H-灯泡（发光从 240~320nm）、氙灯以及 395nm UV-LED 模块和单个 5mm 较低输出功率的 395nm UV-LED 测试了木材涂层（薄膜厚度：100μm）、聚碳酸酯和一种耐腐蚀金属涂料（薄膜厚度：150μm）的固化。所有情况下，H-灯泡的固化都最快，而其他光源最晚也在 20s 后，达到相同程度的双键转化，氙灯和 UV-LED 甚至在 2s 后，就达到 90% 的最大转化。如预期一样，由于较低的光输出，5mm LED 相比于其他表现不佳，但也在 30s 后，达到几乎和 H-灯泡相同的双键转化量。这些结果显示了 UV-LED 和氙光源的可比性，同时也可以在固化深层的材料性质中看到：两种光源都导致木材和聚（碳酸酯）涂层稍微发黏的表面，但颜料防腐金属烤漆则没有。这种黏性来源于不完全的固化，并显然有与固化程度效应相关的一些材料特性，如表面硬度等。但是其他性能如附着力黏附性、耐溶剂性、光泽和耐磨损性都相同，这些取决于涂布的基材而不是光源类型。

  总之，紫外 LED 已建议作为常规 UV 光源的可用替代[8,9]。选择光源的另一个重要因素是涂层厚度。穿透型光固化只适用于相对薄的层。固化过程从表面开始，生成初始反应物质，随之开始聚合，这是通过低聚物分子量分布增加从而改变混合物黏度，当达到胶凝点时形成不溶网络。这种聚合抑制了固化过程，从而需要更长波长的光才能够穿透表面，形成完全固化。原则上，紫外 LED 适用于目前采用的普通广谱光源固化过程，但是必须至少要发出两种波长的光，深紫外用于初始固化（和表面固化），而近紫外则用于深层固化[10]。此外，所穿透树脂的光学特性影响光吸收，从而也会影响固化，例如阴影、透明度、类型、PI 构成、填充剂颗粒类型和尺寸、颜料以及任何类型的添加剂及其分布，都对吸收和折射率等有影响。

15.3 化学机制

  UV 固化反应基本上表达了包括三个步骤的链状聚合：起始、传播和终止。第一步中，PI 吸收光并取决于聚合类型形成自由基或阳离子。这些物质能够侵蚀单体或低聚物反应部分，并将自身转化为反应中心。重复该传播步骤使得形成聚合物链，其生长通过任何已有自由基复合而终止，如图 15.3 所示。

为了实现快速和有效的固化，光引发剂（PI）的选择很重要，因为其吸光度特征决定初始步骤和固化深度。理想状态下，这些分子应该是强吸收和短寿命，从而防止特别是针对自由基聚合的氧或稀释剂单体导致的淬火。起始速率（r）是 PI 吸光度（A）、起始物质形成量子产率（θ）和光强度（I_0）的函数：$r = \theta I_0 [1 - \exp(-A)]$。

$$I \xrightarrow{h\nu} 2I\cdot \quad\quad 自由基形成$$
$$I\cdot + R \longrightarrow IR\cdot \quad\quad 起始$$
$$IR\cdot + R' \longrightarrow IRR'\cdot \quad\quad 传播$$
$$2\,IRR'\cdot \longrightarrow IRR'R'RI \quad\quad 终止$$

图 15.3　自由基反应的步骤
（I 引发剂；R，R′有机侧链）

根据公式可以看出，初始速率可以通过增加光强度或吸光度来增加。基于 Lambert-Beer 定律，吸光度正比于样品厚度、引发剂浓度及其吸收系数[11]。对于丙烯酸酯体系的固化，模型确实预测出了最佳光引发剂浓度的存在和位置，同时相应的固化深度显示出与实验良好的相关性[12]。最常见的 PI 可以分为三类：第一类通过简单的光解形成自由基，即芳族酮基化合物从激发态弛豫时经历 C—C 键裂解，形成两个自由基。裂解片也可在 α 或 β 位置上发生。其中大多数是基于苯乙酮（苯甲酰基）片段（图 15.4）。

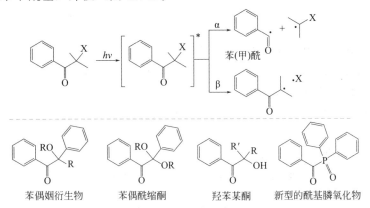

图 15.4　I 型引发剂的光解和实例[11,15]

II 型自由基间接源自 PI。当如二苯甲酮衍生物的 PI 通过光激发时，它从共引发剂中分裂氢，而共引发剂本身随后成为实际的引发剂。二苯甲酮、咕吨酮、苯偶酰等都用作发色团（图 15.5）。叔胺已经成为许多应用中重要的合作增效剂，因为它们有很强的反应活性和捕获氧气能力。然而，使用胺也可能导致不利影响，如聚合物变黄或降低硬度和光泽。

第三类包含用于阳离子聚合反应的引发剂，包含有机阳离子如二芳基碘或三芳基锍和无机阴离子的𬭩盐是其代表。存在供氢体时，PI 随其光解产生质子酸。随后，这些质子侵蚀单体官能团诱导聚合（图 15.6）。

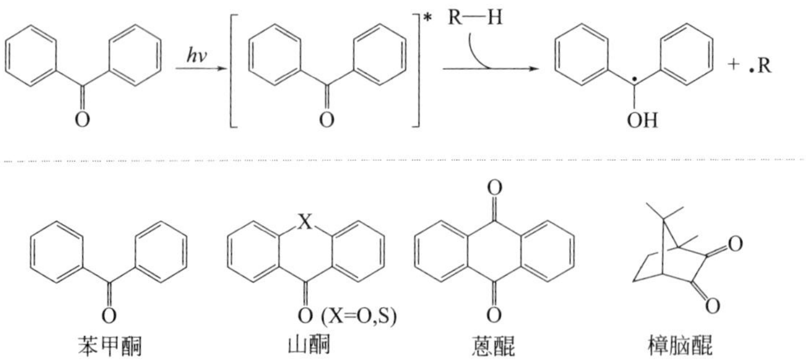

图 15.5 通过氢抽取形成自由基和 II 型引发剂实例[11,15]

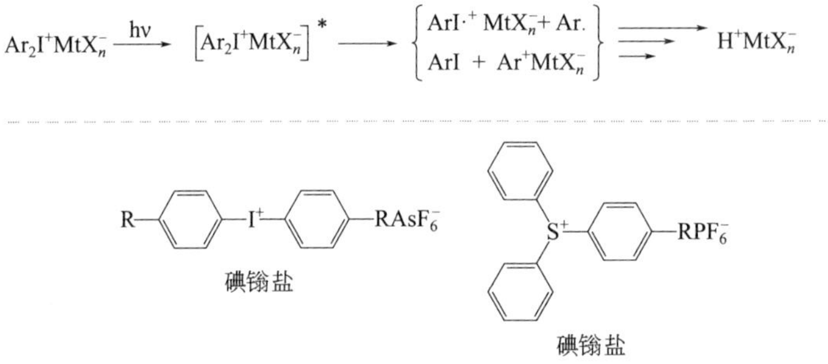

图 15.6 二芳基碘盐分解示意图和阳离子光引发剂实例[14,15]

阳离子作为光敏元并控制吸收率和量子产率，而阴离子确定相应形成酸的强度，以及由此传播步骤的反应活性。我们可以调整引发剂，因为阳离子吸收带可以通过化学修饰变化[13]，而相应质子施主酸性与其大小有关[14]。单体或低聚物受到质子侵蚀，从而产生能侵蚀其他分子的阳离子（图 15.7）。

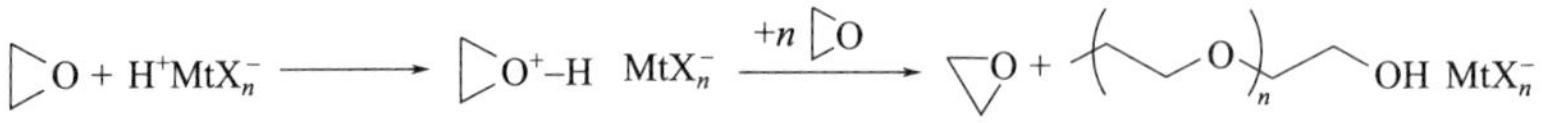

图 15.7 环氧化物单体的阳离子聚合机制[14]

自由基光聚合一般见于多官能丙烯酸酯，而光致阳离子聚合在单体中发生，对自由基如多官能环氧化物和乙烯醚、不饱和聚酯、苯乙烯、环醚、环状缩醛和内酯基团并不敏感。

自由基反应非常迅速并能保证快速固化，而阳离子固化则慢得多。但是阳离子聚合反应有两个显著优点：没有基于氧的聚合过程抑制，并且因为阳离子不会复合，所以即使没有光也可以继续固化（"暗反应"）[15]。常见单体类型简述见图 15.8。

克服氧致自由基淬火有几种方法。最常用的方法是使用如上所述的 II 型 PI，使用其他氧清除剂像三苯膦[16]或者在惰性气氛下工作成本都很高。最近 Studer 及其同事研究了二氧化碳气氛下，丙烯酸酯固化更具成本效益的替代方案，显示

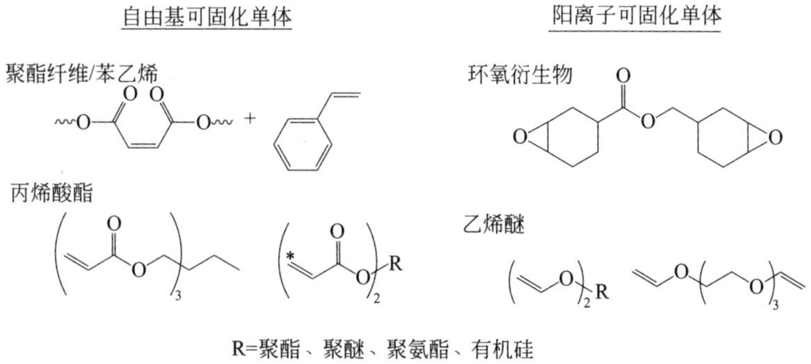

图 15.8 不同类型 UV 可固化单体的实例[11]

出对薄膜最佳转换的改进[17,18]。物理方法是添加蜡[19]或使用透明箔覆盖样品。克服氧抑制影响的最简单方法是增加辐射强度。通过这种方式，可以形成更多自由基来消耗氧分子。诱导阶段后，通过增加固化度，从而实现表面硬化来构建密封层，防止氧进一步扩散到材料中。此外，材料黏度变化会降低样品所捕获氧的迁移率。

也可以结合两种聚合方法来开发混合聚合物，如通过设计有丙烯酸酯以及乙烯基醚功能的单体来实现[20～22]。

15.4 动力学

特别对于工业应用，聚合快速性是重要数据，这可以通过动力学测量来估计。有了这个数据后，可以评估和比较各个光固化系统。分析方法基于观察化学转化导致光谱特性变化（IR 或 NMR 光谱），或者监控样品物理性能如放热或黏度或折射率变化。特别是对丙烯酸酯的超快固化反应，实时红外光谱（RT-IR）是一种合适的方法，可以跟踪化学反应，并同时获得定性和定量数据。固化发展正比于双键的官能团吸收带消失（图 15.9）。

未反应光引发剂的量可通过 UV 光谱记录来估计。不仅 PI 的光学性质而且其数量，都会决定反应。PI 添加越多，自由基形成越多，从而固化速度越快。与此相反，过量引发剂也可能会有不良影响：当存在许多自由基时，复合概率上升，导致仅有很短的动力学链长（KCL）。但是由于高交联，长链时才能够更有效地固化，另外也会影响力学性能。此外，未反应 PI 可能对聚合物的光学特性产生负面影响，而 PI 迁移到表面会造成毒性带来的风险[23]。反应速度本质上也取决于根据特定应用制成的树脂制剂。涂料一般组分及其功能概述示于表 15.1[24]。

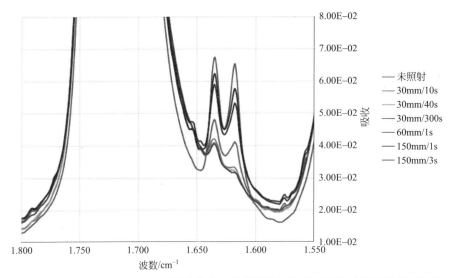

图 15.9 通过 365nm UV-LED 固化的着色树脂局部红外光谱记录［显示了光源不同距离（单位 mm）和经过不同曝光时间（单位 s）后双键吸光度的减少（吸收带 1600～1650cm^{-1}）］（彩图见彩插）

表 15.1 用于 UV 固化的涂料一般成分[24]

组分	数量(质量分数)/%	功能
低聚物	25～90	基本薄膜性能,薄膜形成
单体(反应稀释剂)	0～60	黏度调节,薄膜形成
光引发剂	1～10	固化过程起始
颜料,填充剂	0～60	改善力学性能,着色,折射率调整,提高硬度,耐刮擦/耐磨性增强,改善难燃性,降低成本
添加剂	0～3	加工行为和薄膜外观

15.5 医学应用

牙科应用中,使用 UV-LED 技术取代通用光固化单元已经比较成熟,同时也是研究很多的领域[5~7]。如前所述,过去十年中,LED 单元的辐照度显著改善,已实现有效的固化结果和良好的力学性能[25]。最常用的牙科树脂引发剂是樟脑醌（CQ）与胺（A）的共引发剂[26]。为了实现搪瓷和牙质之间的有效黏合,需要具有不同最大吸收的自蚀刻底料,因此也需要具有两个发光波长的 LED,否则相比卤素固化单元,会导致 LED 表现不佳。人们已展示几种治愈牙本质键合物的黏结强度影响[27]。除了光源,初始系统也有几个缺点:胺杂质的氧化显示出黄变、源于酸性含水介质的底料中存在质子化引起胺反应性降低，以及系统黏度强烈影响参与成分的相互作用。因此，人们开始研究其替代物，但目前为止仅双酰基膦氧化物（BAPO）有所应用[28]。近来，人们建议在牙科复合材料中，使用甲锗烷基作为光引发剂。它们可以简单两步合成准备，良率很高并且显示出468nm波长处非常高的消光系数，达$7240 dm^2/mol$（CQ：$380dm^2/mol$）。该二甲基化合物的聚合物含有若干无机填充剂，仅微溶于水，细胞毒性低，室温下保质期约为4年。特别是其中有一种含烷基和甲氧基元的锗引发剂；显示出增加固化深度同时降低复合材料固化时间的潜力[29]。牙科填充需要高达数毫米的厚层固化。为此目的，进行引发剂的光分解有好处，也即"光漂白"，产生的光解产物会展示出不同的吸收行为。如果这些产物相比初始引发剂更加透明，则底层的光强度会更高，从而使得固化增强，尤其是使用发射近单色光的LED作为光固化单元时。人们研究了通过470nm LED（强度：30mW，75mW和140mW）进行CQ/胺引发剂的光漂白，这用于3mm厚含有双酚A二缩水甘油醚二甲基丙烯酸酯和三甘醇二甲基丙烯酸酯的丙烯酸酯混合物样品固化。由于光漂白率比二甲基的快速网络形成慢得多，聚合反应接近终止时，只消耗了五分之一的引发剂。引发剂衰变的速率常数正比于辐照强度，但其空间分解极不均匀[30]。从化学观点看，聚合相当于形成许多共价键，即原先松散分布单体成为近邻。因此，这会产生自由空间，并且反应过程中材料会收缩，从而对磨料稳定性产生了负面影响，导致产生内部应力（最大达7MPa）[31]，并可能导致再次龋齿或修复材料的破损。人们开发了新的基于多功能甲基丙烯酸酯、疏基烯类或混合复合材料的化学改性单体来减少收缩[24,32,33]。减少收缩的最简单方法是增加（无机）填充剂的量，通过添加其到牙科复合材料中，来调整光学和力学性能如磨损、美学和射线不透明性的改善。通常无机颗粒如二氧化硅可以用于此目的，有通过光散射增加固化速度的正面效应。填充剂和树脂之间的高相容性，对实现复合材料的理想力学性能很有必要，这应该效仿牙科材料。最常用的实例是为树脂单体提供空腔的材料，其目的是获得广泛的相互交错的聚合物网络。除了宏观和微观尺度的填充剂，拥有特征性高比表面的纳米级填充剂，在过去十年中成为研究重点。它们的范围包括5~100nm的孤立离散颗粒，以及超过100nm的融合聚集体与团簇。对于复合物制剂，团簇似乎更有利，因为更高程度的黏度增加效应，离散纳米颗粒的含量受到限制[24,34]。添加硅烷化纳米二氧化硅和多孔硅烷化硅藻土作为共填充剂［比例：40%/60%（质量）］，增强了LED光源固化的甲基丙烯酸酯通用混合物机械强度、弹性模量和硬度。此外，300~400nm范围的TiO_2颗粒［0.5%（质量）］通过清晰变色，调整了样品的视觉外观，并有额外的机械强度[35]。另外，加入不同的填充剂，通过促进再矿化或抑制细菌生长，而获得医学优势[33]。无机抗菌剂已证明优于有机的，因为有更较好的耐热性、更低的表面迁移趋势和更低的毒性。为了克服分散性较差和不够好的色彩稳定性,人们在丙烯酸酯基中引入了油酸功能化的银纳米晶体。从而,纳米颗粒实现了有机物中的良好分散,并因此只需要更少的银,对减少遮蔽产生了积极影响。银达 50×10^{-6} 时,力学性能得到改善,但数量更高时则会降低力学性能,而遮蔽性能也是如此。与此相反,抗菌性能随着银纳米晶体的增加而上升。因此,我们必须找到力学、光学和抗菌特性之间的平衡点[36]。

新的医学应用光固化树脂所使用的化学品,必须对患者无害[37~39],而且固化过程中使用的光源也应如此。为了确保有足够深度的固化,需要采用强光源,这有可能导致不希望的牙齿和牙髓加热。因此,温度增加较少的 LED 相比卤素光固化单元,可以减小潜在危害[40]。暴露到石英卤钨灯或者 LED 固化的不同牙本质黏合剂的细胞,显示出 LED 固化的存活率更高。虽然是在体外进行实验,但这也清楚表明了光源和细胞毒性的关系[41]。

新的研究领域是开发促进伤口愈合、减少感染风险的组织黏合剂。到目前为止,生物医学用黏合剂主要有两类。第一类的代表为合成制剂,如氰基丙烯酸酯类,反应非常快但直接接触细胞会导致炎症。第二类基于生物质,如布林、明胶、胶原蛋白、多糖类或仿生物质,所有这些都有更好的生物相容性,但相比人造物,退化更快且黏附力更低。我们必须找到黏合强度和生物相容性之间的折中。人们已经将一种葡萄糖聚合物——右旋糖苷,用作血浆增容剂或伤口清洁和愈合剂,并正研究将其作为常用生物黏合剂替代品。右旋糖苷已经在组织工程中得到广泛研究,因为它具有低的细胞粘接性质,可以交联形成水凝胶能力,并有优良的生物相容性和降解性。为了克服力学性能不足和胶凝时间过长,已测试几个化学改性的右旋糖苷,作为潜在的生物黏合剂。其中有不同数量 2-异氰酸根合甲基丙烯酸酯的丰富羟基元的部分官能化形成了具有聚合双键的聚氨酯衍生物。所有情况下,采用 $30\mathrm{mW/cm^2}$ 功率辐照试样,以取得快速聚合和低细胞损伤的平衡。5min 辐照后,双键的转化率达到 80% 左右。紫外光交联聚合物相比市售的布林黏合剂显示出黏合强度增强,但仍低于氰基丙烯酸酯[42]。进一步实验形成了廉价明胶的混合网络,取得了改进的黏合强度和细胞毒性结果[43]。已证明2-甲基丙烯酸羟乙酯(HEMA)是比任何其他试剂危害更少的单体。氨基甲酸乙酯甲基丙烯酸右旋糖苷与这种单体的聚合显著促进了初始右旋糖苷衍生物的性能。黏合强度可以提高到 4.33MPa,比市售布林黏合剂高 86 倍。有趣的是,含有右旋糖苷的凝胶双键转化率经 5min 辐照后,几乎达 100%,大于纯的 HEMA 凝胶,但随着丙烯酸酯浓度的增加而降低。这可能是由于含右旋糖苷样品的更高凝胶黏度,阻碍了快速自由基的复合而导致的结果。不幸的是,所有研究的右旋糖苷水凝胶衍生物的溶胀比仍然过高,必须加以改进[44]。

15.6 涂层、油墨和印刷

涂层和印刷行业中，UV 固化特别流行，因为它突出的优点是节省时间和金钱。紫外 LED 的使用增加了这种方法的效率，特别是如喷墨打印等工业应用（图 15.10）。首先紫外 LED 具有长寿命，不需预热时间，也没有待机模式的电能浪费。窄发射带和少量余热也允许热敏感材料上的打印，从而增加了应用范围。安全性方面，低发热量是很重要的，同时 UVA-LED 或 UVB-LED 不会形成臭氧副产物。

图 15.10 采用 UV-LED 打印头的数码打印机适用于各种材料，如塑料薄膜、织物和塑料体材（图片来自 TECHNOPLOT CAD Vertriebs GmbH）

尽管紫外 LED 有很多优势，但仍然存在必须克服的使用限制。化学上，UV 油墨和涂料制剂必须分别调节到相对窄峰，以达到相同的固化速率。通常，油墨和涂料是基于薄层应用的快速固化丙烯酸酯。这种情况下，由于大的表面体积比，氧气抑制对聚合甚至产生了更强影响。为此，必须添加自由基清除剂或使用短波长发光，以应对氧屏蔽，从而实现快速有效的固化。最昂贵的可能方案是使用惰性气氛，这大多需要更复杂的工艺装置[45]。最近，人们研究了热后固化反应过程中氧的影响（无光照）。己二醇（HDDA）通过喷墨印刷到硅晶圆上，并通过发光在 365nm 的 18 个 LED 阵列进行固化。大气中的氧对光固化有独特效应，而交联则无论有无光都会发生。印刷过程中，吸收的氧含量已经足够对固化速度有明显的负面影响，即使反应本身在惰性气氛中进行[46]。

我们可以考虑使用阳离子聚合作为替代，它的高转换度、低迁移趋势、更少体积缩小以及良好的附着力特性，提供了很好的喷墨印刷应用条件。虽然普遍认为阳离子聚合很慢，人们已经通过单体或通用制剂的改性，取得很大进展[14]。设计的低黏度环氧树脂，实现了通过喷墨印刷制造印刷电路板（PCB）的焊料抗蚀剂配置。聚合物溶液液滴通过喷嘴沉积到表面，随后进行光固化过程。该方法的分辨率极限由液滴大小决定（大约 $10\mu m$）[47]，这对于电子器件的小型化非常重要。为了有更好的结果，该技术要求有低黏度（<60mPa·s）和短固化时间（<1min）。通用基于双酚 A 的环氧树脂 E51，通过采用不同分子量的聚乙二醇（PEG）改性来减少黏度。10%PI 的混合物添加到聚酰亚胺或者聚对苯二甲酸乙酯中，然后通过 350nm 的 UV 光源照射（$1W/cm^2$）。环氧基与羟基的比例为 2:1，PEG200 获得低至 568mPa·s 的黏度值。进一步增加羟基元是不利的，因为它可能除了固化不完全，还会导致柔性脂肪链的链缠结和黏度增加。事实证明，加入 30% 数量的活性稀释剂乙二醇二缩水甘油醚（EDGE），可以获得 60mPa·s 的应用所需黏度。由于 EDGE 具有短主链的化学结构，交联增强也伴随脆性、非柔性产物。经过 40s 后，理想制剂的固化速度已经超出 90%，50s 后完全固化，并表现出优良的力学性能[48]。喷墨印刷是当前塑料电子，如聚合物晶体管电路和有机 LED 生产用成熟技术[47]。

除了直接写入方法，UV 纳米压印光刻（UV-NIL）通常用于表面图案化。对于这种印刷技术，模具紧压树脂，随后受辐照固化从而实现相反形状[49,50]。我们可实现有 5nm 和更小水平分辨率的结构，来制造细胞、细菌生长或非线性光学、电路、微流控或半导体器件的衬底。聚合物图案化最广泛采用的代表技术是光刻。这是很有成本效益的方法，通过掩膜进行光刻胶辐照，其中掩膜确定了固化形貌。然后，未固化的其他树脂可以除去。该技术的分辨率从微米到小于 100nm 范围，但也可以通过先进材料制剂或光学光刻技术和短波长光源来提高。使用这些图案的实例包括半导体工业、LED 生产、液晶显示器（LCD）、光子晶体、数据存储设备或生物用途的微阵列。引入水凝胶如聚合聚（乙二醇）二丙烯酸酯（PEGDA）用于光刻，在以下各方面均非常有用，如给细胞提供空腔以在微环境中定位和操纵它们，在拟态体内条件研究细胞或细胞和某种基板间的相互作用[47]，制造用于组织工程的支架[51]。为了进一步简化实现聚合物表面的图案化，可以采用自起皱技术。到现在为止，已经有自上而下和自下而上的方法，用来实现微折叠，从而产生漫散射的表面涂层。自上而下的方法是光固化树脂通过高能光子辐照，产生仅顶部固化的聚合物，漂浮在未固化材料上。起皱工序后，图案化的聚合物通过较长波长发光，形成引发二次后固化工序进行固定[52,53]。相反的自下而上方法开始于底层树脂通过低能量光子的固化。氧的存在，阻止了顶部薄层的固化，而残余的未固化单体扩散到底层时，会诱发底层交联聚合物胀大。由于这种面内应力，仅用一个步骤就形成了皱褶，获得良好的限定图案，其皱褶波长和振幅可以很容易地通过调节光引发剂和氧浓度来改变[54]。

总体而言，热固性聚合物的最大优势，是其可调节用于很多应用的潜力，因为工艺过程中，有很多因素可以影响从而得到"量身定造"的产品。用于印刷或涂布的制剂，通常包含数量很大的颜料和/或添加剂用于光学和机械改性。人们开发了含有少量 [3%（质量）] 有机调节黏土颗粒的高抗聚合物纳米复合材料。

以前的研究已经证明，黏土分散剂对于固化速度很重要[55]，所以纳米粒子也应该确保这一点。丙烯酸酯复合材料通过自由基聚合，以及环氧化物复合材料通过阳离子引发剂聚合的固化，都不受无机填充剂存在的影响。UV光可以几秒内固化几毫米厚的涂层，与热固化相反，UV光不会导致其中有机盐的热退化，这对纳米颗粒的相容性很重要。纳米复合材料使得环氧化物更柔性和耐冲击，但丙烯酸酯的黏弹性质并没有受到影响。这两种情况下，发生消光效应对于一些涂层是可取的，而且该涂层抗溶剂、水分、风化和刮伤，从而特别适合室外的应用[56]。

厚样品的固化是管道系统的一个重要课题。由于重量轻和抗环境影响，复合管已成为金属管的重要替代品[57]。下水道的修复在这个领域具有重大的经济意义，因为大量的水会因为水管损坏而浪费。过去二十年中，使用UV光固化复合污水管内衬系统已变得极其重要，因为相对于热固化实现了巨大的过程加速，同时还能非开挖修复。尤其对小直径管道，UV-LED辐照很有利，因为其更小的几何尺寸，而且没有热光源对材料的损伤[58]。

15.7 光固化快速成型

紫外固化也适用于光固化快速成型。这是固体自由成型制造（SFF）技术，允许三维结构的快速成型（RP）。基于笛卡尔坐标，将物体切成层并通过逐层UV光固化的树脂进行沉积建造，随后通过后固化过程充分聚合成品工件。每个步骤中，固化深度应略大于（新）树脂层的平台高度，以确保新层与先前层的良好化学和机械附着力。通常，切片范围为 $25\sim100\mu m$，可制造从微米尺寸到最多数立方厘米的物体，而相应的分辨率为亚微米到几微米[59]。如果采用非线性光学进行固化，如双光子聚合，分辨率可以提高到低于 $100nm$[60,61]。最常用于光固化快速成型，形成刚性和玻璃状产品的是丙烯酸酯和/或低分子量的环氧树脂，因为它们高度交联而且已有基于弹性体的结构。相对于其他SFF技术如三维打印或绘图，光固化快速成型受限于只能使用一种树脂。尽管不同树脂原则上都可以在光固化快速成型中使用，但是由于额外的漂洗步骤等，往往需要先进的装置和漫长的过程。一般而言，该技术允许自下而上和自上而下过程。自下而上过程中，采用未固化层并且辐照为从生长方向向上。相反，自上而下过程中，已固化结构部分浸入含有树脂的容器中。容器底部由透明板构成，允许光从下方穿入样品。这种方法相比自下而上系统有一些优点，如需要较少量树脂、表面始终光滑且受到保护，从而避免氧化，而且不需重新涂覆。通过引入如数字微镜器件（DMD）或液晶显示器的动态掩膜投影机，可以一次固化形成完整的层（图15.11）[62]。

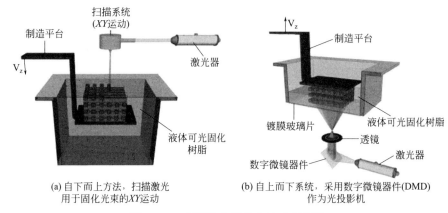

(a) 自下而上方法，扫描激光用于固化光束的XY运动　　(b) 自上而下系统，采用数字微镜器件(DMD)作为光投影机

图 15.11　不同的光固化快速成型配置

光固化快速成型非常适合小批量或量身定制解决方案的快速制造，如汽车行业、珠宝、手术工具或植入物的原型。最后一种情况是根据患者的磁共振成像（MRI）数据或断层扫描数据，来产生助听器或骨移植物的完美装置。组织工程中，通过光固化快速成型制作用于细胞黏附和生长的支架，得到人们的关注[59]，这也是法医学的新兴领域[63]。尽管 UV-LED 光源已经证明可用于光固化快速成型系统中，有较高的部件制造效率和精确性，但仍存在一些技术实现的挑战。一方面扫描速度的增加引起聚焦透镜的振动，导致精度明显受到影响[64,65]。另一方面如果使用机械扫描工作台，会产生误差。由于其运动学行为，如果线固化期间扫描器加速或减速，扫描速度不是固定而是变化的。因此，不同区域的曝光是不同的，导致骨形误差，也就是固化线起点和终端比中部大。研究表明，采用光开关或电源匹配法的扫描，适合于提高最终聚合物的精度。前一种情况中到扫描仪的距离是变化的，而后一种情况可调节扫描速度来配合光功率[66]。

15.8　结论与展望

各种树脂通过紫外辐射的固化过程已经是成熟技术，特别是相比于其他固化技术，例如热固化，它具有快速实施和低功耗的优点，这种效率可以通过使用 UV-LED 进一步改善。LED 需要明显更低的功耗，并有比普通灯泡更长的寿命。此外，它们更小、更紧凑的几何形状以及低发热量，可以开拓出全新的应用。到目前为止，UV-LED 潜力已经得到证明，尤其在牙科、医学、涂料、印刷和光刻领域。当然仍有一些挑战必须克服，进一步的研究活动则必须把重点放在开发短波长和高功率输出的 LED。从化学角度来看，制剂以及光引发剂必须针对窄波长发光器件和特定的应用进行定制。LED 光的厚层固化是特别困难的,因为这需要两种波长:较短波长用于表面固化,而较长波长发光能够更深地穿透材料。当然,紫外 LED 的固化应用,因为其众多的优点和特点,将是未来重点关注的新兴领域。

参考文献

[1] B. Strehmel, Photopolymere in der Industrie. Nachr. Chem. **64**, 128-133(2014).

[2] A. Endruweit, M. S. Johnson, Curing of composite components by ultraviolet radiation: A review. Polym. Compos. **27**, 119-128(2006).

[3] J. Kindernay, A. Blažková, J. Rudá et al., Effect of UV light source intensity and spectral distribution on the photopolymerisation reactions of a multifunctional acrylated monomer. J. Photochem. Photobiol. A **151**, 229-236(2002).

[4] A. Uhl, R. W. Mills, R. W. Vowles et al., Knoop hardness depth profiles and compressive strength of selected dental composites polymerized with halogen and LED light curing technologies. J. Biomed. Mater. Res. **63**, 729-738(2002).

[5] D. L. Leonard, D. G. Charlton, H. W. Roberts et al., Polymerization efficiency of LED curing lights. J. Esthet. Restor. Dent. **14**, 286-295(2002).

[6] C. Kurachi, A. M. Tuboy, D. V. Magalhães et al., Hardness evaluation of a dental composite polymerized with experimental LED-based devices. Dent. Mater. **17**, 309-317(2001).

[7] K. S. Vandewalle, H. W. Roberts, J. L. Nadrus et al., Effect of light dispersion of LED curing lights on resin composite polymerization. J. Esthet. Restor. Dent. **17**, 244-255(2005).

[8] D. C. Neckers, A. V. Fedorov, K. C. Anayaogu et al., Performance of the light emitting diodes versus conventional light sources in the UV light cured formulations. J. Appl. Polym. Sci. **105**, 803-808(2007).

[9] S. L. McDermott, J. E. Walsh, R. G. Howard, A comparison of the emission characteristics of UV-LEDs and fluorescent lamps for polymerization applications. Opt. Laser Technol. **40**, 487-493(2007).

[10] Strehmel B(2013) Akzente durch Licht und Polymere-Photopolymere als ökologische und rationelle Produktionsverfahren für zahlreiche industrielle Anwendungen. CHEManager 6/2013.

[11] C. Decker, Photoinitiated curing of multifunctional monomers. Acta Polym. **45**, 333-347(1994).

[12] J. H. Lee, R. K. Prud'homme, I. A. Aksay, Cure depth in photopolymerization: Experiments and theory. J. Mater. Res. **16**, 3536-3544(2001).

[13] Ortyl, R. Popielarz, New photoinitiators for cationic polymerization. Polimery **57**, 510-517(2012).

[14] J. V. Crivello, M. Sangermano, N. Razza Cationic UV-curing: Technology and applications. Macromol. Mater. Eng. (2014), doi:10.1002/mame.201300349.

[15] N. S. Allen, Photoinitiators for UV and visible curing of coatings: Mechanisms and properties. Photochem. Photobiol. A **100**, 101-107(1996).

[16] C. Belon, X. Allonas, C. Croutxé-Barghorn et al., Overcoming the oxygen inhibition in the photopolymerization of acrylates: A study of the beneficial effects of triphenylphosphine. Polym. Sci. Part A: Polym. Chem. **48**, 2462-2469(2010).

[17] K. Studer, C. Decker, E. Beck et al., Overcoming oxygen inhibition in UV-curing of acrylate coatings by carbon dioxide inerting, Part I. Prog. Org. Coat. **48**, 92-100(2003).

[18] K. Studer, C. Decker, E. Beck et al., Overcoming oxygen inhibition in UV-curing of acrylate coatings by carbon dioxide inerting, Part II. Prog. Org. Coat. **48**, 101-111(2003).

[19] D. A. Bolon, K. K. Webb, Barrier coats versus inert atmospheres. The elimination of oxygen inhibition in free-radical polymerizations. J. Appl. Polym. Sci. **22**, 2543-2551(1978).

[20] C. Decker, The use of UV irradiation in polymerization. Polym. Int. **45**, 133-141(1998).

[21] C. Decker, T. Nguyen Thi Viet, D. Decker et al., UV-radiation curing of acrylate/epoxide systems. Polymer **42**, 5531-5541(2001).

[22] J. R. Nowers, J. A. Constanzo, B. Narasimhan, Structure-property relationships in acrylate/epoxy interpenetrating polymer networks: Effects of the reaction sequence and composition. J. Appl. Polym. Sci. **104**, 891-901(2007).

[23] C. Decker, Kinetic study and new applications of UV radiation curing. Macromol. Rapid Commun. **23**, 1067-1093(2002).

[24] X. Allonas, C. Croutxé-Barghorn, K. W. Bögl, N. Helle et al., *Radiation Chemistry. Ullmann's Encyclopedia of Industrial Chemistry*(2012), doi:10.1002/14356007.a22_471.pub2.

[25] F. Stahl, A. A. Ashworth, K. D. Jandt et al., Light-emitting diode(LED) polymerization of dental composites: flexural properties and polymerization potential. Biomaterials **21**, 1379-1385(2000).

[26] J. W. Stansbury, Curing dental resins and composites by photopolymerization. J. Esthet. Dent. **12**, 300-308(2000).

[27] S. Y. Kim, I. B. Lee, B. H. Cho et al., Curing effectiveness of a light emitting diode on dentin bonding agents. J. Biomed. Mater. Res. **77B**, 164-170(2006).

[28] G. Ullrich, B. Ganster, U. Salz et al., Photoinitiators with functional groups. IX. Hydrophilic bisacylphosphine oxides for acidic aqueous formulations. J. Polym. Sci. A Polym. Chem. **44**, 1686-1700(2006).

[29] N. Moszner, F. Zeuner, I. Lamparth et al., Benzoylgermanium derivatives as novel visible-light photoinitiators for dental composites. Macromol. Mat. Eng. **294**, 877-886(2009).

[30] C. Vallo, S. Asmussen, G. Arenas et al., Photoinitiation rate profiles during polymerization of a dimethacrylate-based resin photoinitiated with camphorquinone/amine. Influence of an initiator photobleaching rate. Eur. Polym. J. **45**, 515-522(2009).

[31] K. Karthick, K. Sivakumar, P. Geetha et al., Polymerization shrinkage of composites—A review. J. Indian Acad. Dent. Spec. **2**, 32-36(2011).

[32] C. M. Chung, J. G. Kim, M. S. Kim et al., Development of a new photocurable composite resin with reduced curing shrinkage. Dent. Mater. **18**, 174-178(2002).

[33] J. G. Kim, C. M. Chung, Trifunctional methacrylate monomers and their photocured composites with reduced curing shrinkage, water sorption, and water solubility. Biomaterials **24**, 3845-3851(2003).

[34] C. N. Bowman, N. B. Cramer, J. W. Stansbury, Recent advances and developments in composite dental restorative materials. J. Dent. Res. **90**, 402-416(2011).

[35] H. Wang, X. Miao, M. Zhu et al., Synthesis of dental resins using diatomite and nano-sized SiO_2 and TiO_2. Prog. Nat. Sci. **22**, 94-99(2012).

[36] M. Zhu, F. Liu, R. Wang et al., Novel Ag nanocrystals based dental resin composites with enhanced mechanical and antibacterial properties. Prog. Nat. Sci. **23**, 573-578(2013).

[37] H. Schweikl, Die biologische Wirkung von Monomeren zahnärztlicher Komposite: Charakterisierung induzierter Genmutationen in vitro und molekulare Analyse HPRT-defizienter V79-Zellen. Dissertation, University of Regensburg(1997).

[38] H. Schweikl, G. Spagnuolo, G. Schmalz, Genetic and cellular toxicology of dental resin monomers. J.

Dent. Res. **85**, 870-877(2006).

[39] M. Goldberg, In vitro and in vivo studies on the toxicity of dental resin components: A review. Clin. Oral. Invest. **12**, 1-8(2008).

[40] A. Uhl, R. W. Mills, K. D. Jandt, Polymerization and light-induced heat of dental composites cured with LED and halogen technology. Biomaterials **24**, 1809-1820(2003).

[41] G. Ergün, F. Eğilmez, M. B. Üctaşli et al., Effect of light curing type on cytotoxicity of dentine-bonding agents. Int. Endod. J. **40**, 216-223(2007).

[42] D. Yang, H. Li, R. Niu et al., Photocrosslinkable tissue adhesives based on dextrans.Carbohydr. Polym. **86**, 1578-1585(2011).

[43] D. Yang, T. Wang, J. Nie, Dextran and gelatin based photocrosslinkable tissue adhesive.Carbohydr. Polym. **90**, 1428-1436(2012).

[44] D. Yang, T. Wang, X. Mu et al., The photocrosslinkable tissue adhesive based on copolymeric dextran/HEMA. Carbohydr. Polym. **91**, 1423-1431(2013).

[45] M. Beck, UV-LED lamps: A viable alternative for UV inkjet applications. Radtech Rep November/December 39-45(2009).

[46] R. Chartoff, M. Pilkenton, J. Lewman, Effect of oxygen on the crosslinking and mechanical properties of a thermoset formed by free-radical photocuring. J. Appl. Polym. Sci. **119**, 2359-2370(2011).

[47] E. Kumacheva, Z. Nie, Patterning surfaces with functional polymers. Nat. Mater. **7**, 277-290(2008).

[48] Z. G. Yang, C. Yang, Synthesis of low viscosity, fast UV curing solder resist based on epoxy resin for ink-jet printing. J. Appl. Polym. Sci. **129**, 187-192(2013).

[49] S. Zankovych, T. Hoffmann, J. Seekamp et al., Nanoimprint lithography: Challenges and prospects. Nanotechnology **12**, 91-95(2001).

[50] C. C. Wu, S. L. Hsu, W. C. Liao, A photo-polymerization resist for UV nanoimprint lithography. Microelectron. Eng. **86**, 325-329(2009).

[51] I. Vasiev, A. I. M. Greer, A. Z. Khokhar et al., Self-folding nano-and micropatterned hydrogel tissue engineering scaffolds by single step photolithographic process. Microelectron. Eng. **108**, 76-81(2013).

[52] R. Schubert, T. Scherzer, M. Hinkefuss et al., VUV-induced micro-folding of acrylate-based coatings 1. Real-time methods for the determination of the micro-folding kinetics. Surf. Coat. Technol. **203**, 1844-1849(2009).

[53] R. Schubert, F. Frost, M. Hinkefuss et al., VUV-induced micro-folding of acrylate-based coatings 2. Characterization of surface properties. Surf. Coat. Technol. **203**, 3734-3740(Corrigendum: Surf. Coat. Technol. **204**, 748(2009).

[54] A. J. Crosby, D. Chandra, Self-wrinkling of UV-cured polymer films. Adv. Mater. **23**, 3441-3445(2011).

[55] V. Landry, B. Riedl, P. Blanchet, Nanoclay dispersion effects on UV coatings curing.Prog. Org. Coat. **62**, 400-408(2008).

[56] C. Decker, L. Keller, K. Zahouily et al., Synthesis of nanocomposite polymers by UV-radiation curing. Polymer **46**, 6640-6648(2005).

[57] S. U. Pang, G. Li, D. Jerro et al., Fast joining of composite pipes using UV curing FRP composites. Polym. Compos. **25**, 298-306(2004).

[58] R. Dilg, Schlauchlining im Sammler. Verfahren, Regelwerke, Materialien, Einbau-/Aushärtetechniken und Entwicklungen. 3R Int. **46**, 621-627(2010).

[59] F. P. W. Melchels, J. Feijen, D. W. Grijpma, A review on stereolithography and its applications in biomedical engineering. Biomaterials **31**, 6121-6130(2010).

[60] S. H. Park, D. Y. Yang, K. S. Lee, Two-photon stereolithography for realizing ultraprecise three-dimensional nano/microdevices. Laser Photon. Rev. **3**, 1-12(2009).

[61] A. Spangenberg, N. Hobeika, F. Stehlin et al., Recent advances in two-photon stereolithography, in *Updates in Advanced Lithography*, ed. by S. Hosaka. InTech, pp. 35-63.

[62] T. Billiet, M. Vandenhaute, J. Schelfhout et al., A review of trends and limitations in hydrogel-rapid prototyping for tissue engineering. Biomaterials **33**, 6020-6041(2012).

[63] P. M. Puri, H. Khajuria, B. Prakash et al., Stereolithography: Potential applications in forensic science. Res. J. Eng. Sci. **1**, 47-50(2012).

[64] B. H. Kang, S. Y. Shin, Experiment of solidifying photo sensitive polymer by using UV LED, in *Proceedings of the SPIE 7266*, *Optomechatronic Technologies*, San Diego(2008).

[65] R. Xie, D. Li, S. Chao, An inexpensive stereolithography technology with high power UV-LED light. Rapid Prototyping J. **17**, 441-450(2011).

[66] R. Xie, D. Li, Research on the curing performance of UV-LED light based stereolithography. Opt. Laser Technol. **44**, 1163-1171(2012).

专业术语中英文对照表

A 激子(Γ_5 对称性)	A-excitons of(Γ_5-symmetry)
C 面	C-plane
DNA/RNA 复制	DNA/RNA replication
DNA 损伤	DNA damage
DNA 微阵列	DNA microarrays
DNA 修复	DNA repair
e^+-e^- 湮灭(γ 射线)	e^+-e^- annihilating(γ-rays)
H 灯泡	H-bulb
Ⅲ族氮化物材料体系	Group Ⅲ-nitride material system
In 偏析	In-segregation
k·p 理论	k·p theory
N 极性方向	N-polar directions
n 接触	n-contact
p 接触	P-contact
p 型	P-type
p 型短周期超晶格	p-SPSL
SP-QW 耦合	SP-QW coupling
S 参数	S parameter
TE 和 TM 偏振	TE and TM polarization
TE 偏振	TE polarized
TE 偏振发光	TE-polarized emission
TE 偏振光	TE-polarized light
TM 偏振光	TM-polarized light
UVB 发光	UVB radiation
UVB 曝光	UVB exposure
UVC 吸收带	UVC absorption bands
V_{Al}-杂质络合物	V_{Al}-impurity complexes
X 射线衍射	XRD(X-ray diffraction)
X 射线摇摆曲线	X-ray rocking curves
Γ_1 对称自由 A 激子[FXA(Γ_1)]	Free A-excitons of Γ_1-symmetry
靶向光疗	Targeted phototherapy
白炽发光体	Incandescence emitters
白癜风	Vitiligo

半高宽	FWHM (Full-width at half-maximum)
半极性衬底	Semipolar substrates
半绝缘行为	Semi-insulating behaviour
包装	Encapsulant
孢子失活	Spore inactivation
薄层	Thin layers
背激发配置	Rear-excitation configuration
本征缺陷	Intrinsic defects
比尔-兰伯特定律	Beer-Lambert law
吡啶核苷酸	NADPH, NADH
边发光激光二极管	Edge-type emitting laser diodes
扁平苔藓	Lichen planus
表面粗化	Surface roughening
表面等离激元	Surface plasmon polariton
表面等离子体	SP (Surface plasma)
表面发光区	Surface emission zone
表面活性剂	Surfactant
表面污染	Surface contamination
病原体	Pathogen
病原体检测	Pathogen detection
波导层	Waveguide layers
波导区	Waveguide zone
波长比率荧光指标	Wavelength ratiometric fluorescent indicators
伯恩斯	Burns
卟啉	Porphyrins
补骨脂素	Psoralen
补骨脂素加UVA疗法	PUVA (Psoralen plus UVA therapy)
不同的化学式结构	Different chemical glucosinolate structures
布格-朗伯-比尔定律	Bouguer-Lambert-Beer's law
侧壁	Sidewalls
叉指电极接触	Interdigitated finger contact
掺硅氮化铝插入层	Si-doped AlN interlayers
掺杂反应物	Doping reactants
超晶格	Superlattice
衬底	Substrates
衬底边缘发光区	Substrate edge emission zone
衬底表面预处理	Substrate surface pretreatment
衬底去除	Substrate removal
成核层	Nucleation layer
穿透位错	Threading dislocations

穿透位错密度	Threading dislocation density
垂直结构 LED	Vertical LED
垂直外腔面发射激光器	VECSEL(Vertical-external-cavity surface-emitting laser)
次生植物代谢物	Secondary plant metabolites
粗糙度	Roughness
带边发射	Band-edge emission
带通滤波荧光	Band-pass filtered fluorescence
单晶氮化铝衬底	Single-crystal AlN substrates
单能正电子束	Monoenergetic e^+-beam
弹性碰撞	Elastic collisions
氮化铝	AlN(Aluminum nitride)
氮化铝 ELOG 合并	AlN ELOG coalescence
氮化铝 ELOG 斜切	AlN ELOG offcut
氮化铝衬底生产	AlN substrate production
氮化铝晶体的籽晶生长	Seeded growth of AlN crystals
氮化铝上铝分压	Al partial pressure over AlN
氮化铝陶瓷	AlN ceramics
氮化铝体材料	AlN bulk material
氮化铝体衬底	Bulk AlN substrates
氮化铝体生长	AlN bulk growth
氮化铝外延模板	AlN epitaxial template
氮化铝原料	AlN source material
氮化铝柱形阵列	AlN pillar arrays
氘灯	Deuterium lamp
倒装芯片	Flip-chip
倒装芯片键合	Flip chip bonding
等离子体频率	Plasma frequency
等离子效应	Plasmonic effects
低压放电	Low pressure discharge
低压汞灯	Low-pressure mercury lamps
低于带隙发光	Below band-gap luminescence
电导率	Conductivity
电离能	Ionisation energy
电流-电压特性	Current-voltage characteristics
电流扩散长度	Current spreading length
电流密度	Current density
电流拥堵	Current crowding
电压降	Voltage drop
电致发光	Electroluminescence
电子过冲	Electron overflow

电子-空穴对	Electron-hole pairs
电子束	Electron beam
电子束泵浦	Electron-beam pumping
电子束激发	Electron-beam excitation
电子注入效率	Electron injection efficiency
电子阻挡层	EBL(Electron blocking layer)
电子阻挡高度	Electron-blocking height
动力学链长	Kinetic chain length
动态淬火	Dynamic quenching
短周期超晶格层	Short period superlattice layer
多波长荧光光度计	Multi-wavelength fluorimeter
多次反射效应	Multi-reflection effects
多光谱分析	Multispectral analysis
多晶晶锭	Polycrystalline boule
多晶生长	Polycrystalline growth
多量子阱	Multiple quantum well
多量子阱有源区	MQW active zone
多量子垒	Multi-quantum-barriers
多普勒展宽	Doppler-broadening
多形性日光疹	Polymorphic light eruption
多指接触	Multi-finger contacts
俄歇复合	Auger recombination
恶性黑色素瘤	Malignant melanoma
二次离子质谱	SIMS(Secondary-ion-mass spectrometry)
二次谐波产生	SHG(Second harmonic generation)
二酰基氧化膦	Bisacylphosphine oxides
发光带宽 $\Delta\lambda$	Emission bandwidth $\Delta\lambda$
发光二极管	LED(Light-emitting diodes)
发光分布	Emission distribution
发光功率退化	Degradation of the emission power
发光光谱	Emission spectrum
法布里-珀罗谐振器	Fabry-Perot resonator
反射	Reflectance
反射 p 型电极	Reflective p-type electrode
反射接触	Reflective contacts
反射率	Reflectivity
反斯托克斯发光	Anti-Stokes luminescence
反向畴	Inversion domains
反转轴向温度梯度	Inverting the axial temperature gradient
防伪检测	Counterfeit detection

非辐射复合	Non-radiative recombination
非辐射中心	Non-radiative centers
非黑色素瘤皮肤癌	NMSC (Nonmelanoma skin cancer)
非极性衬底	Nonpolar substrates
非逃逸区	No escape zone
非线性晶体	Nonlinear crystal
费米能级钉扎	Fermi-level pinning
费米能级控制	Fermi-level control
费米能级效应	Fermi-level effect
分布式布拉格反射镜	Distributed Bragg reflector
酚酸	Phenolic acid
封装	Packaging
封装材料	Packaging materials
峰值波长 λ	Peak wavelength λ
峰值发光波长	Peak emission wavelength
夫琅和费吸收	Fraunhofer absorption
辐射	Radiation
辐射复合效率	Radiative recombination efficiency
辐射和非辐射寿命	Radiative and nonradiative lifetimes
辐射角度	Radiation angle
辐照度	Irradiance
复合速率	Recombination rate
盖克曼	Goeckerman
坩埚	Crucible
感应耦合等离子体	ICP (Inductively coupled plasma)
高化学稳定性	High chemical stability
高宽高比	High-aspect-ratio
高能电子的弹道能量转移	Ballistic energy transfer of high-energy electrons
高通量筛选	High-throughput screening
高效液相色谱法	HPLC (High-performance liquid chromatography)
高压汞放电	High-pressure mercury discharge
各向同性发光	Isotropic emission
各向同性分布	Isotropic distribution
各向同性面内应变	Isotropic in-plane strain
各向异性	Anisotropy
各向异性生长	Anisotropic growth
工作电压	Operating voltages
功率-电流特性	Power-current characteristics
功率转换效率	Power conversion efficiency
汞灯	Mercury lamp

汞蒸气	Mercury vapor
共引发剂	Co-initiator
构型半导体芯片	Shaped semiconductor chip
骨形误差	Bone-shape error
固体自由成型制造	SFF(Solid freeform fabrication)
光泵紫外激光	Optically pumped UV lasers
光参考探测器	Optical reference detector
光传输	Optical transmission
光电倍增管	PMT(Photomultiplier tube)
光电化学刻蚀	Photo-electrochemical etching
光电子枪（PE-枪）	Photoelectron gun(PE-gun)
光刻	Photolithography
光疗	Phototherapy
光敏剂	Photosensitizer
光偏振	Optical polarization
光谱波动	Spectral fluctuation
光谱分辨率	Spectral resolution
光谱响应	Spectral responsiveness
光切割	Photocleavage
光散射	Light scattering
光提取效率	Light extraction efficiency
光吸收	Optical absorption
光吸收谱	Light absorptions spectroscopy
光学光谱	Optical spectroscopy
光学性质	Optical properties
光学增白剂	Optical brightener
光引发剂	Photoinitiator
光源	Light sources
光致荧光	PL(Photoluminescence)
光子结构	Photonic structure
光子晶体	Photonic crystal
硅衬底	Si substrate
国防高级研究计划局	DARPA(Defense advanced research projects agency)
国防威胁降低局	DTRA(Defense threat reduction agency)
过补偿	Overcompensation
过冲	Overshoot
合并	Coalescence
核酸染色	Nucleic acid staining
核糖核酸	RNA Cribonucleic acid)
黑色素细胞	Melanocytes

横向导电性	Lateral conductivity
横向生长	Lateral overgrowth
横向外延生长	ELOG(Epitaxial lateral overgrowth)
红斑	Erythema
槲皮素	Quercetin
化学传感	Chemical sensing
化学计量升华	Stoichiometric sublimation
化学计量学	Chemometrics
环境保护署	EPA(Environmental protection agency)
环境和增加的UVB辐射	Ambient and increased UVB radiation
环氧树脂	Epoxy
环状结构	Zonar structure
缓冲层	Buffer layer
黄光着色	Yellowish coloration
黄酮	Flavines
回流方法	Reflow method
基础细胞癌	BCC(Basal cell carcinoma)
基于LED的分光镜	LED-based spectroscope
基座	Susceptor
激发-发射矩阵	EEM(Excitation-emission matrix)
激光扫描显微镜	LSM(Laser scanning microscopy)
激光阈值功率密度	Laser threshold power densities
激子发光	Excitonic luminescence
激子极化激元	Exciton polaritons
激子-偏振瓶颈	Exciton-polariton bottleneck
激子束缚	Excitons bound
极化3D诱导空穴	Polarization-induced 3D hole generation
极化掺杂	Polarization doping
极化电场	Polarization fields
极化活化	Polarization-activated
疾病预防功能	Disease-preventing functions
计算流体动力学	CFD(Computational fluid dynamics)
家庭治疗	Home therapy
价带	Valence band
价带顺序	Order of the valence bands
减少等效能流	Reduction equivalent fluence
渐变偏振切换	Gradual polarization switching
渐逝场	Evanescent field
交叉干扰	Cross-interfering
交联聚合物	Crosslinked polymer

胶原蛋白	Collagen
角发光分布	Angular emission distribution
接触电阻率	Contact resistivity
结构完整性	Structural perfection
结垢沉积	Scaling deposits
结温	Junction temperature
截面 TEM	Cross-sectional TEM
介质势垒放电	Dielectric barrier discharge
芥子油苷	Glucosinolates
界面形状	Interface shape
金属功函数	Metal work function
金属接触	Metal contacts
金属卤化物灯	Metal halide lamps
金属有机物化学气相沉积	MOCVD(Metal-organic chemical vapor deposition)
金属有机物气相外延	MOVPE(Metalorganic vapor phase epitaxy)
紧凑型紫外激光源	Compact UV laser source
浸润条件	Wetting conditions
晶格失配	Lattice mismatch
晶粒选择	Grain selection
晶体场劈裂	Crystal field splitting
晶体管外壳 39	TO-39(Transistor Outline 39)
晶体生长	Crystal growth
晶体习性	Crystal habit
静态试验	Static tests
静态消毒试验	Static disinfection tests
镜面	Mirror facets
聚二甲基硅氧烷	Polydimethylsiloxane
聚合物	Polymers
开裂	Cracking
可调谐二极管激光吸收光谱	TDLAS(Tunable diode laser absorption spectroscopy)
可用紫外光	UV light available
刻蚀	Etching
空间平均飞行时间	Space-averaged time-of-flight
空间-时间分辨阴极荧光	STRCL(Spatio-time-resolved cathodoluminescence)
空气隙	Air gaps
空位	Vacancies
空穴浓度	Hole concentration
枯草芽孢杆菌	B. subtilis spores, bacillus subtilis spores
枯草芽孢杆菌灵敏度	Sensitivity of B. subtilis spores
枯草芽孢杆菌灭活	Inactivation of B. subtilis spores

枯草芽孢杆菌能流-失活响应	Fluence-inactivation response curve of B. subtilis spores
枯草芽孢杆菌消毒	Disinfection of B. subtilis spores
快速成型	RP(Rapid prototyping)
宽带 UVB	Broadband UVB
扩展缺陷	Extended defects
拉伸指数衰减	Stretched exponential decay
蓝宝石衬底	Sapphire substrates
类黄酮	Flavonoids
类黄酮生物合成基因	Flavonoid biosynthesis genes
理化水质	Physico-chemical water quality
连续过流式测试	Flow-through tests
连续过流式反应器	Flow-through reactor
量子阱	QW(quantum well)
量子阱厚度	Quantum well thickness
量子限制	Quantum confinement
量子效率	Quantum efficiency
临床研究	Clinical studies
临界厚度	Critical thickness
临界角	Critical angle
鳞状细胞癌	SCC(Squamous cell carcinoma)
流动单元	Flow cell
流动速率	Flow rate
流式细胞仪	Flow cytometry
铝镓氮	AlGaN
铝镓氮包覆	AlGaN cladding
绿色荧光蛋白	GFP(Green fluorescent protein)
脉冲电流注入	Pulsed current injection
脉冲流量	Pulsed-flow
慢性疾病	Chronic diseases
酶联免疫吸附测定	ELISA(Enzyme-linked immunosorbent assays)
美国政府工业卫生会议	ACGIH(American conference of governmental industrial hygienist)
美国卫生基金会 55 标准	NSF 55
镁受主	Mg acceptor
密封	Hermetically
面内压应变	Compressive in-plane strain
灭活速率常数 k	Inactivation rate constants k
灭菌	Sterilization
纳米复合材料	Nanocomposites
纳米颗粒	Nano-particles

纳米像素接触设计	Nanopixel contact design
纳米压印	Nano-imprinting
内部转换	Internal conversion
内建电场	Internal electric fields
内量子效率	Internal quantum efficiency
能带交叉	Band crossing
能流	Fluence
能流-失活响应曲线	Fluence-inactivation response curve
尼尔斯·吕贝里·芬森	Niels Ryberg Finsen
浓度测量	Concentration measurements
欧姆接触	Ohmic contact
欧姆金属接触	Ohmic metal contact
耦合系数	Coupling coefficient
抛光	Polishing
喷墨印刷	Ink-jet printing
碰撞淬火	Collisional quenching
皮肤 T 细胞淋巴瘤	Cutaneous T-cell lymphomas
皮肤癌	Skin cancer
皮肤癌诊断	Skin cancer diagnosis
偏振程度	Degree of polarization
偏振特性切换	Switching of polarization characteristics
偏振选择规则	Polarization selection rules
漂白	Photobleaching
普朗克定律	Planck's law
曝光时间	Exposure time
启动,传播和终止	Initiation propagation and termination
气体传感	Gas-sensing
气体放电	Gas discharge
气体放电灯	Gas discharge lamps
气相质量传递	Mass transport in the gas phase
器件寿命	Device lifetime
迁移	Migration
墙插效率	Wall plug efficiency
氢化物气相外延	HVPE(Hydride vapor phase epitaxy)
倾斜侧壁	Slanted sidewalls
倾斜畴	Tilted domains
灭活	Deactivation
全反射	Total internal reflection
全反射荧光显微镜	TIRFM(Total internal reflection fluorescence microscopy)

全身性硬化症	Systemic sclerosis
全向反射镜	Omnidirectional reflector
缺陷密度	Defect densities
缺陷形成	Defect formation
热提取	Heat extraction
热翻转	Thermal roll over
热管理	Thermal management
热光源	Thermal light sources
热激活能	Thermal activation energy
热膨胀系数	Thermal expansion coefficient
热区几何形状	Hot-zone geometry
热梯度	Thermal gradients
热退火	Thermal annealing
热阻	Thermal resistance
刃成分	Edge components
刃型和螺型位错	Edge-and screw-type dislocation
溶胶-凝胶固定	Sol-gel immobilization
溶解性有机物	Dissolved organic matter
溶致变色	Solvatochromism
三倍频(3ω)脉冲 Al_2O_3 钛激光器	Frequency-tripled(3ω) pulses of the Al_2O_3 Ti laser
三甲基铝	Trimethylaluminum
三维打印	3D-printing
色氨酸	Tryptophan
杀菌效率	Germicidal efficiency
山柰酚	Kaempferol
少子扩散长度	Minority carrier diffusion lengths
深层固化	Deep curing
深刻蚀倾斜台面侧壁	Deep etched angled mesa sidewall
深能级发射	Deep-level emissions
深能态发射	Deep-state emission
深紫外LED模块	DUV LED module
深紫外时间分辨光致发光谱	DUV-TRPL
深紫外透明	Deep-UV transparency
深紫外线	DUV(Deep-ultraviolet)
升华生长模型	Sublimation growth models
升华-再凝结	Sublimation-recondensation
生物薄膜	Biofilm
生物标记	Biomarkers
生物成像	Bioimaging
生物传感器	Biosensors

生物分析检测	Bioanalytical testing
生物剂量	Biodosimetry
生物剂量测定试验	Biodosimetry trials
生物相容性和降解性	Biocompatibility and degradability
生长过程	Growth procedure
生长气氛	Growth atmosphere
生长速度	Growth rate
失活	Inactivation
失活曲线	Inactivation curves
失配位错	Misfit dislocations
时间分辨光致发光	TRPL(Time-resolved photoluminescence)
时间分辨阴极荧光	TRCL(Time-resolved cathodoluminescence)
时间分辨荧光	Time-resolved fluorescence
时间关联单光子计数	TCSPC(Time-correlated single photon counting)
识别元件	Recognition element
实时红外光谱	RT-IR(Real-time infrared spectroscopy)
实验室规模的设备	Bench-scale apparatus
使用点	Point-of-use
势垒组分	Barrier composition
视力计	Optometer
适度 UVB 辐射	Moderate UVB radiation
收缩	Shrinkage
寿命	Lifetime
输出功率	Power output
数字微镜器件	DMD(Digital mirror device)
双分子复合系数	Bimolecular recombination coefficient
双光子聚合	Two-photon polymerization
水净化	Water purification
水凝胶	Hydrogels
水消毒用紫外 LED	UV LEDs for water disinfection
水因子	Water factor
水质	Water qualities
斯托克斯位移	Stokes shift
四倍频(4ω)锁模 Al_2O_3 钛激光器	Frequency-quadrupled(4ω)mode-locked Al_2O_3 Ti laser
四元 InAlGaN	Quaternary InAlGaN
隧穿结	Tunnel junction
隧穿注入	Tunnel injection
探索点缺陷的本征影响	Exploring intrinsic influences of point defects
碳化硅籽晶上的生长	Grown on SiC seeds

碳化钽	TaC (Tantalum carbide)
逃逸锥	Escape cone
特定糖部分	Particular sugar moiety
特应性皮炎	Atopic dermatitis
体外光化学疗法	Extracorporeal photochemotherapy
填充料	Filler
同质外延生长	Homoepitaxial growth
同质外延生长氮化铝	Homoepitaxially grown AlN
透明接触层	Transparent contact layer
透射电子显微镜	Transmission electron microscope
图形化氮化铝模板	Patterned AlN templates
图形化蓝宝石衬底	PSS (Patterned sapphire substrates)
兔耳	Rabbit ears
退化	Degradation
脱氧核糖核酸	DNA (deoxyribonucleic acid)
椭偏仪	Ellipsometry
外量子效率	External quantum efficincy
外延荧光	Epifluorescence
完全应变	Fully strained
微观夹杂物	Microscopic inclusions
微平截阵列	Micro frustrum array
微生物	Microbe, Microorganisms
微生物探测	Microorganism detection
微透镜阵列	Microlense array
微像素	Micro-pixel
微像素 LED	Micro pixel LEDs
微阵列读出电路	Microarray readers
位错	Dislocations
位错减少	Dislocation reduction
位错密度	Dislocation density
鎓盐	Onium salts
污垢	Fouling
无极准分子灯	Electrodeless excimer lamp
无裂纹	Crack-free
伍兹灯	Woods lamp
吸收	Absorption
吸收传感器	Absorption sensors
吸收单元	Absorption cell
吸收机制	Absorption mechanism
吸收截面	Absorption cross section

系统间交叉	Intersystem crossing
细胞凋亡	Apoptosis
纤锌矿晶体结构	Wurtzite crystal structure
氙气闪光灯	Xenon flash lamp
相干长度	Coherent length
相互作用	Interaction
肖克莱-里德-霍尔复合	Shockley-Read-Hall recombination
肖特基势垒高度	Schottky barrier height
消毒	Disinfection
消毒能力	Disinfection capacity
消毒试验	Disinfection tests
效率	Efficiency
信号处理	Signal-processing
信令分子	Signaling molecules
信令通路	Signaling pathways
压电电场	Piezo-electric fields
压电和自发	Piezoelectric and spontaneous
压应变	Compressively strained
牙本质黏结剂	Dentin bond agents
雅布隆斯基图	Jablonski diagram
亚皮秒	Sub-picosecond
炎症性疾病	Inflammatory disorders
赝配	Pseudomorphic
阳离子聚合	Cationic polymerization
氧清除剂	Oxygen scavengers
移植物抗宿主病	Graft-versus-host disease
异质结构	Heterostructure
异质界面	Hetero-interfaces
异质外延生长	Heteroepitaxial growth
阴极荧光	Cathodoluminescence
铟铝镓氮	InAlGaN
银屑病	Psoriasis
银屑病面积和严重程度指数	PASI(Psoriasis area and severity index)
银屑病严重程度指数	PSI(Psoriasis severity index)
荧光	Luminescence
荧光灯	Fluorescent lamp
荧光发光器件	Luminescence emitters
荧光发光体	Luminophores
荧光发射	Fluorescence emissions
荧光粉	Phosphors

荧光共振能量转移	FRET(Fluorescence resonance energy transfer)
荧光共振能量转移显微镜	FRETM(Fluorescence resonance energy transfer microscopy)
荧光关联光谱	FCS(Fluorescence correlation spectroscopy)
荧光化学传感器	Fluorescence chemical sensor
荧光激活细胞分选	FACS(Fluorescence-activated cell sorting)
荧光计	Fluorometer
荧光量子产率	Fluorescence quantum yield
荧光寿命	Fluorescence lifetime
荧光寿命成像显微镜	FLIM(Fluorescence lifetime imaging microscopy)
荧光探针	Fluorescent probe
荧光团	Fluorophores
荧光显微镜	Fluorescence microscopy
荧光原位杂交	FISH(Fluorescence in situ hybridization)
荧光诊断	Fluorescence diagnosis
荧光指示物	Fluorescent reporters
影响紫外能流	Influencing UV fluence
应变	Strain
应变状态	Strain state
应力引起的变化	Stress-induced changes
优化的照明光谱	Optimized lighting spectrum
有机硅	Silicone
有限时域差分	FDTD(Finite-difference time-domain)
有效辐射寿命	Effective radiative lifetime
有效势垒高度	Effective barrier height
有效吸收系数	Effective absorption coefficient
原卟啉 IX	PIPIX(Protoporphyrin IX)
原子力显微镜	AFM(Atomic-force microscope)
原子台阶线	Atomic step lines
远场辐射模式	Far-field radiation pattern
杂化聚合物	Hybrid polymers
杂质	Impurities
载流子密度	Carrier density
载流子输运	Carrier transport
载流子泄漏	Carrier leakage
增殖	Proliferation
窄脊形	Narrow ridge
窄谱 UVB 发光	Narrow-band UVB radiation
张应变	Tensile strain
樟脑	Camphorquinone

正电子湮灭谱	PAS(Positron annihilation spectroscopy)
政府工业卫生学家会议	ACGIH(American conference of governmental industrial hygienist)
中性硅束缚激子	Si^{0}X
中性氧束缚激子	O^{0}X
中压灯	Medium-pressure lamps
重复性	Reproducibility
主要成分分析	PCA(Principal component analysis)
注入效率	Injection efficiency
驻留时间	Residence time
柱状缓冲层	Pillar buffer
转导单元	Transduction elements
转换矩阵元	Transition matrix element
准分子灯	Excimer lamps
准分子激光器	Excimer lasers
子价带	Valence subbands
籽晶背面蒸发	Seed backside evaporation
紫外	UV(Ultraviolet)
紫外 A	UVA(32~400nm)
紫外 A1	UVA-1(340~400nm)
紫外 B	UVB(280~320nm)
紫外 C	UVC(200~280nm)
紫外 LED	UV-LED
紫外触发过程	UV-triggered processes
紫外反射接触	UV-reflective contacts
紫外放电灯	UV discharge lamps
紫外固化	UV curing
紫外光	UV light
紫外光吸收	UV light absorption
紫外光源	UV light source
紫外剂量	UV Dose
紫外净化模块	UV purification module
紫外敏感微生物	UV sensitive microorganisms
紫外纳米压印光刻	UV-NIL(UV nanoimprint lithography)
紫外杀菌	UV disinfection
紫外透射率	UVT(UV transmissivity)
紫外吸收	UV absorption
紫外线反应器性能	UV reactor performance
紫外响应位点 8	UVR8(UV-response locus 8)
自发荧光	Autofluorescence

自然荧光体	Natural fluorophores
自由基光聚合	Radical photopolymerization
自支撑单晶	Free-standing single crystals
总输出功率	Total output power
纵向载流子输运	Vertical carrier transport
组成型光形态生成1	COP1(Constitutively photomorphogenic 1)
组分渐变	Composition-graded
组织工程	Tissue engineering
组织黏合剂	Tissue adhesives
最少缺陷形成	Minimal defect formation
最小光毒性剂量	MPD(Minimal phototoxic dosage)
最小红斑量	MED(Minimal erythema dose)

单位换算表

1in=0.0254m

1ft=0.3048m

1mil=25.4×10^{-6}m

1yd=3ft=0.9144m

1cc=1cm^3

1US gal=3.78541dm^3

$t/℃=\dfrac{5}{9}(t/℉-32)$

1lb=0.45359237kg

1oz=$\dfrac{1}{16}$lb≈28.35g

1Da=1 原子质量单位

1N/m^2=1Pa

1N/mm^2=1MPa

1lbf/in^2=6894.76Pa≈6.895kPa≈0.006895MPa

1psi=6894.76Pa

1ksi=6894760Pa=6894.76kPa

1Msi=6894.76MPa

1atm=101325Pa

1mmHg=133.322Pa

1Torr=133.322Pa

1dyn/cm=10^{-3}N/m

1pli=175.16N/m

1P=10^{-1}Pa·s

1cP=10^{-3}Pa·s

1kgf·m=9.80665J

1ft·lbf=1.35582J

1cal=4.1840J

1J·cm/(℃·cm^2·s)=10^{2}W/(m·K)

1cal·cm/(cm^2·s·℃)=0.41868W/(m·K)

1Btu/(ft·h·℉)=1.73073W/(m·K)

1Btu·ft/(ft^2·h·℉)=1.73073W/(m·K)

1Btu·in/(ft^2·h·℉)=0.144228W/(m·K)

1cal/(cm·s·℃)=418.68W/(m·K)

1ft·lbf/in=0.5337J/cm

1pci=27.71g/cm^3

1Ω^{-1}·m^{-1}=1S/m

1R=2.58×10^{-4}C/kg

1cal/(g·℃)=4.18668J/(g·℃)

1Å=0.1nm

1sccm=1 标准状态立方厘米每分钟

1slm=1 标准状态升每分钟

1ppb=10^{-9}

1ppm=10^{-6}

1arcsec=0.01592°